江苏省“道德发展智库”成果
江苏省“公民道德与社会风尚协同创新中心”成果

国家社科基金重大招标项目
“现代伦理学诸理论形态研究”(10&ZD072)成果

2018年国家社会科学基金重大项目
“改革开放40年中国伦理道德数据库建设研究”
（18ZDA022）成果

中国伦理道德发展数据库

第七卷

樊 浩 王 珏 等著

中国社会科学出版社

图书在版编目（CIP）数据

中国伦理道德发展数据库：全七卷／樊浩等著．—北京：中国社会科学出版社，2018.12

ISBN 978－7－5203－3603－1

Ⅰ.①中…　Ⅱ.①樊…　Ⅲ.①社会公德—调查研究—中国
Ⅳ.①B822

中国版本图书馆CIP数据核字（2018）第260004号

出 版 人　赵剑英
责任编辑　高　歌
责任校对　石春梅
责任印制　戴　宽

出　　版　中国社会科学出版社
社　　址　北京鼓楼西大街甲158号
邮　　编　100720
网　　址　http://www.csspw.cn
发 行 部　010－84083685
门 市 部　010－84029450
经　　销　新华书店及其他书店

印刷装订　北京君升印刷有限公司
版　　次　2018年12月第1版
印　　次　2018年12月第1次印刷

开　　本　787×1092　1/16
印　　张　482.5
字　　数　8918千字
定　　价　2788.00元（全七卷）

中国伦理道德发展数据库
建设委员会

中国伦理道德发展数据库
编辑委员会

总　序

东南大学的伦理学科起步于20世纪80年代前期，由著名哲学家、伦理学家萧焜焘教授、王育殊教授创立，90年代初开始组建一支由青年博士构成的年轻的学科梯队，至90年代中期，这个团队基本实现了博士化。在学界前辈和各界朋友的关爱与支持下，东南大学的伦理学科得到了较大的发展。自20世纪末以来，我本人和我们团队的同仁一直在思考和探索一个问题：我们这个团队应当和可能为中国伦理学事业的发展做出怎样的贡献？换言之，东南大学的伦理学科应当形成和建立什么样的特色？我们很明白，没有特色的学术，其贡献总是有限的。2005年，我们的伦理学科被批准为“985工程”国家哲学社会科学创新基地，这个历史性的跃进推动了我们对这个问题的思考。经过认真讨论并向学界前辈和同仁求教，我们将自己的学科特色和学术贡献点定位于三个方面：道德哲学；科技伦理；重大应用。

以道德哲学为第一建设方向的定位基于这样的认识：伦理学在一级学科上属于哲学，其研究及其成果必须具有充分的哲学基础和足够的哲学含量；当今中国伦理学和道德哲学的诸多理论和现实课题必须在道德哲学的层面探讨和解决。道德哲学研究立志并致力于道德哲学的一些重大乃至尖端性的理论课题的探讨。在这个被称为“后哲学”的时代，伦理学研究中这种对哲学的执着、眷念和回归，着实是一种“明知不可为而为之”之举，但我们坚信，它是我们这个时代稀缺的学术资源和学术努力。科技伦理的定位是依据我们这个团队的历史传统、东南大学的学科生态以及对伦理道德发展的新前沿而做出的判断和谋划。东南大学最早的研究生培养方向就是“科学伦理学”，当年我本人就在这个方向下学习和研究，而东南大学以科学技术为主体、文管艺医综合发展的学科生态，也使我们这些90年代初成长起来的“新生代”再次认识到，选择科技伦理为学科生长点是明智之举。如果说道德哲学与科技伦理的定位与我们的学科传统有关，那么，重大应用的定位就是基于对伦理学的现实本性以及为中国伦理道德建设做贡献的愿望和抱负的选择。定位“重大应用”而不是一般的“应用伦理学”，昭明我们在这方面有所为也有所不为，只是试图在伦理学应用的某些重大方面和重大领域凝聚我们的努力。

基于以上定位，在“985工程”建设中，我们决定进行系列研究并在长期积累的基础上严肃而审慎地推出以“东大伦理”为标识的学术成果。“东大伦理”取名于两种考虑：这些系列成果的作者主要是东南大学伦理学团队的成员，有的系列也包括东南大学培养的伦理学博士生的优秀博士论文；更深刻的原因是，我们希望并努力使这些成果具有某种特色，以为中国伦理学事业的发展做出自己的贡献。“东大伦理”由六个系列构成：道德哲学研究系列；科技伦理研究系列；重大应用研究系列；与以上三个结构相关的译著系列；以丛刊形式出现并在20世纪90年代已经创刊的《伦理研究》专辑系列，该丛刊同样围绕三大定位组稿和出版；还有优秀博士论文系列。

“道德哲学系列”的基本结构是“两史一论”，即道德哲学基本理论；中国道德哲学；外国道德哲学。道德哲学理论的研究基础，不仅在概念上将“伦理”与“道德”相区分，而且在一定意义将伦理学、道德哲学、道德形而上学相区分。这些区分某种意义上回归到德国古典哲学的传统，但它更深刻地与中国道德哲学传统相契合。在这个被宣布“哲学终结”的时代，深入而细致、精致而宏大的哲学研究反倒是必需而稀缺的，虽然那个“致广大、尽精微、综罗百代”的“朱熹气象”在中国几乎已经一去不返，但这并不代表我们今天的学术已经不再需要深刻、精致和宏大气魄。中国道德哲学史、西方道德哲学史研究的理念基础，是将道德哲学史当作“哲学的历史”，而不只是道德哲学“原始的历史”和“反省的历史”，它致力探索和发现中西方道德哲学传统中那些具有“永远的现实性”的精神内涵，并在哲学层面进行中西方道德传统的对话与互释。专门史与通史，将是道德哲学史研究的两个基本维度，马克思主义的历史辩证法是其灵魂与方法。

“科技伦理系列”的学术风格与“道德哲学系列”相接并一致，它同样包括两个研究结构。第一个研究结构是科技道德哲学研究，它不是一般的科技伦理学，而是从哲学的层面、用哲学的方法进行科技伦理的理论建构和学术研究，故名之“科技道德哲学”而不是“科技伦理学”；第二个研究结构是当代科技前沿的伦理问题研究，如基因伦理研究、网络伦理研究、生命伦理研究等。第一个结构的学术任务是理论建构，第二个结构的学术任务是问题探讨，由此形成理论研究与现实研究之间的互补与互动。

“重大应用系列”以目前我作为首席专家的国家哲学社会科学重大招标课题和江苏省哲学社会科学重大委托课题为起步，以调查研究和对策研究为重点。目前我们正组织四个方面的大调查，即当今中国社会的伦理关系大调查；道德生活大调查；伦理—道德素质大调查；伦理—道德发展的经验教训及其影响因子的大调查。我们的目标和任务，是努力了解和把握当今中国伦理道德的真实状况，在此基础上进行理论推进和理论创新，为中国伦理道德建设提出具有战略意义和创新意义的对策思路。这就是我们对“重大应用”的诠释和理解，今后我们将沿着这个方向走下去，并贡献出团队和个人的研究成果。

“译著系列”、《伦理研究》丛刊，将围绕以上三个结构展开。我们试图进行的努力是：这两个系列将以学术交流，包括团队成员对国外著名大学、著名学术机构、著名学者的访问，以及高层次的国际国内学术会议为基础，以“我们正在做的事情”为主题和主线，由此凝聚自己的资源和努力。“优秀博士论文系列”将审慎地推出一些东南大学伦理学科的优秀博士论文，以检阅我们的文脉传承。

马克思曾经说过，历史只能提出自己能够完成的任务，因为任务的提出已经表明完成任务的条件已经具备或正在具备。也许，我们提出的是一个自己难以完成或不能完成的任务，因为我们完成任务的条件尤其是我本人和我们这支团队的学术资质方面的条件还远没有具备。我们期待通过漫漫兮求索乃至几代人的努力，建立起以道德哲学、科技伦理、重大应用为三原色的“东大伦理”的学术标识。这个计划所展示的，与其说是某些学术成果，不如说是我们这个团队的成员为中国伦理学事业贡献自己努力的抱负和愿望。我们无法预测结果，因为哲人罗素早就告诫，没有发生的事情是无法预料的，我们甚至没有足够的信心展望未来，我们唯一可以昭告和承诺的是：

我们正在努力！

我们将永远努力！

樊　浩

谨识于东南大学“舌在谷”

2007 年 2 月 11 日

前　言
国家需求—学术成长—学科发展的协奏

东南大学伦理学团队是中国第三个伦理学博士点，在学科建设的初期就将道德哲学、科技伦理、重大应用定位于“东大伦理”的三原色，但重大应用的“重大”如何确认？重大应用研究如何与道德哲学研究良性互动？这个学术研究和学科发展的战略问题一开始并不是很清晰，只是有一点很明确：之所以瞄准“重大”，就是要有所为有所不为，着力于理论创新和文化传承。在中国学术界，应用研究的缺陷很明显，很多是理论研究的功力不够而转向“应用”，就像高考，不少人是因为理科成绩不理想而选考文科，于是对文科学习的激情和好奇心不够，直接影响了人文社会科学教学与研究的质量。还有一个问题是，我们发现不少学者长期从事应用研究，理论研究的高度和深度明显下滑，学界所谓“上行”与“下行”之说便由此而来。在国家“985”创新基地建设的初期，在我们的学术与学科发展理念中只是知道必须“重大”，但到底何谓“重大”、如何“重大”却并不聚焦。

这一问题的自觉始于2007年。那一年，全国哲学社会科学规划办第一次启动全国范围的重大招标项目，东南大学以樊和平教授为首席专家申报的“构建社会主义和谐社会进程中的思想道德与和谐伦理的理论与实践研究”在激烈竞争中获得成功。一段时间后，江苏省哲学社会科学规划办公室委托樊和平教授作为首席专家之一，承担重大委托项目“当前我国思想道德文化多元、多样、多变的特点和规律研究”。当时，整个团队都很兴奋，同时压力也很大，更重要的是，面对这两个以前从未邂逅的“重大”项目，不知从何处下手。樊和平教授做了多种方案，一年中团队多次研讨，但总觉得难以聚焦，也难以找到突破口，最后樊和平教授决定两个课题都从国情省情的调查研究突破。然而，到底如何调查，这支从未受过调查研究系统训练的团队只是凭着青春期的那股朝气和勇气前行。樊和平教授制定了一个“‘四大结构’—‘六大群体’—‘两类地区’”的逻辑框架。“四大结构”即“四大调查”：伦理关系大调查、道德生活大调查、伦理道德素质大调查、伦理道德的影响因子大调查；“六大群体”即政府公务员群体、企业家与企业员工群体、青少年群体、青年知识分子群体、新兴群体、弱势群体；“两类地区”即在全国和江苏都分别从发达地区和发展中地区采样，在全国以江苏、广东（广东以专题调查和补充调查为主）和广西、新疆，在江苏以苏州和盐城分别代表发达地区和发展中地区。两大课题分别设总课题调查组和六大群体的子课题调查组，投放问卷一万多份，故称“万人大调查”。子课题组根据六大群体的不同情况分别设计问卷，分别召开座谈会，总课题组设计综合问卷不分群体进行综合调查和座谈。无疑，问卷设计是基础也是第一道难关，因为它不仅考验和锻炼学者将学术问题转化为现实问题的那种“入化”的学术能力和学术境界，而且必须在这个过程中打造和建立团队。据此，问题设计的基本方法是：樊和平教授设计总体框架和学术内容，然后由各子课题负责人设计四大调查和六大群体的相关内容，在此基础上集体研讨，最后由樊和平教授逐一修改定稿，最后形成了由五十多个问题构成的两大问卷，并开始了在全国和江苏的浩浩荡荡的调查研究。国家课题组分别在江苏、广西、新疆三地，以多阶层抽样的方式共投放问卷1200份，获得有效样本984份，有效回收率为82%，其中江苏地区417份，新疆、广西两地区共567份。江苏委托项目的总课题组的调查在三地同样投放1200份问卷，获得有效样本971份，有效回收率为81%，其中江苏427份，广西、新疆544份。六大群体中的每个课题组都投放了相当数量的调查问卷。当时，不少学者包括规划办的领导都提醒我们可能将课题展开得太大了，但团队处于高昂的热情之中，深夜从数百里之外的盐城回来，还从车厢里飘出一路歌声。调查研究最终形成了200多万字的研究报告和数据库《中国伦理道德报告》《中国大众意识形态报告》（中国社会科学出版社，2010年12月版），首发式和成果发布会后，包括《人民日报》和《光明日报》在内的各主流媒体都以不同方式对成果做了报道和介绍，受到时任中共中央政治局常委李长春同志的关注，并作了重要批示。

首轮道德国情调查焕发了东大伦理学团队的激情，它不仅主要是由东南大学伦理学团队组织和完成，而且主要是用伦理学的方法进行调查研究。首轮道德国情调查的重要尝试和进展是在问卷设计上做出了原创性的理论探索，但是在此过程中也暴露了这支团队在学术体制和能力结构上社会学素养方面的短板。为此，我们一方面进行知识学习，请社会调查的著名社会学家做学术辅导；另一方面着手组建一支新型的国际化的社会学团队。于是，在道德国情调查研究的过程中，一支来自世界各社会学重镇的知识结构和学术视野全新的优秀青年社会学团队暨东南大学社会学系诞生了，它从一开始便与伦理学团队交会，这一交会赋予两个团队、两个学科以特殊的活力与魅力。伦理学团队找到“道德哲学”与“重大应用”的结合点，形成了“道德国情与道德哲学前沿”江苏省创新团队，这个团队的目标和气派是“顶天立地”，方法和境界是在道德国情的调查研究中发现道德哲学前沿，而不再是从理论到理论，从热点到热点，更不是跟风西方学术，而是摆脱西方学术的路径信赖，将“前沿”与“热点”相区分，将“重大应用”聚力于道德国情的调查研究，在调查研究的基础上发现前沿，进行尖端性的道德哲学理论创新。

2013 年，“东大伦理”团队依托“公民道德与社会风尚”协同创新研究中心“2011 项目”和江苏省决策咨询基地“道德国情调查研究中心”，开展了第二轮江苏道德省情和中国道德国情调查。江苏调查由社会学系第一任系主任李林艳博士领衔，在 2007 年调查问卷的基础上补充一些新内容，并将整个问卷“社会学化”，使之更专业。江苏省省委常委、宣传部部长王燕文决定，全国调查搭载中国人民大学中国调查与数据中心的 CGSS 项目进行，CGSS（China General Social Survey）是中国人民大学社会学系和香港科技大学社会科学部发起的一项全国范围的大型抽样调查项目。2013 年为中国综合社会调查（CGSS）第二期（2010—2019）的第 4 次年度调查，也是 CGSS 自 2003 年开始以来的第 10 年。本次调查在全国一共抽取了 100 个县（区），加上北京、上海、天津、广州和深圳 5 个大城市，作为初级抽样单元。其中在每个抽中的县（区），随机抽取 4 个居委会或村委会；在每个居委会或村委会又计划调查 25 个家庭；在每个抽取的家庭，随机抽取一人进行访问。而在北京、上海、天津、广州和深圳这 5 个大城市，一共抽取 80 个居委会；在每个居委会计划调查 25 个家庭；在每个抽取的家庭，随机抽取一人进行访问。这样，在全国一共调查 480 个村/居委会，每个村/居委会调查 25 个家庭，每个家庭随机调查 1 人，最终完成有效调查样本 5666 个。江苏省道德省情调查项目由东南大学道德国情调查中心和社会学系具体实施，调查采用多阶段抽样方法，按照经济发展水平和地理位置进行分类。先把所有地级市分为三类，南京单独成一类，把其他地级市按照人均 GDP 高低分成两类，即人均 GDP 较高和较低两类。然后用概率比例规模抽样（PPS）在经济发展水平较高和较低这两大类中分别抽取了无锡市和连云港市，由此产生了南京、无锡和连云港三个地级市抽样样本。在每个地级市中，把城乡分开、按照 PPS 方法抽取两个区县，在每个区县中采用 PPS 方法抽取两个街道/乡镇，最后在每个街道/乡镇中采用 PPS 方法抽取两个社区（居委会/村委会）。随后利用社区常住人口名单进行系统抽样，每个社区抽取 50—60 户进行调查。因此，最终抽中了 3 个地级市中的 6 个区县、12 个街道/乡镇、24 个社区。入户问卷调查于 2013 年 9 月 5—15 日、11

月9日进行，访谈员主要是东南大学人文学院社会学系师生。入户之后，调查员利用KISH表抽取户内18—69岁的1名被访者进行面访。最终完成1281份调查问卷，其中南京完成问卷446份，无锡完成443份，连云港完成392份。第二次道德国情与道德省情调查，借助专业的社会学调查机构和调查团队进行，为中国道德国情与江苏道德省情调查提供更为专业的调研平台。但是在此过程中也经历了十分艰难的磨合，在与中国人民大学合作意向确定之后，樊和平教授就问卷中每个问题的主题及试图获得的相关信息，逐一与南京大学社会学家吴愈晓教授进行研讨，从而共同讨论出双方可以接受的问卷方式。在此过程中，伦理学与社会学两个学科的专家有学术交锋，乃至有不见面的学术争吵，社会学似乎认为伦理学主观并难以操作，而伦理学认为这是以社会学的偶然性代替伦理学的主观性，深度不够。然而，正是经过磨合甚至争吵，我们的国情调查才真正既有伦理学的主题和立场，又有社会学的味道。

2015年10月，东南大学伦理学团队成为江苏省首批重点高端智库“道德发展智库”，它以“道德发展研究院”为依托，以东南大学伦理学科为牵头单位，与“公民道德与社会风尚协同创新中心”合而为一，与江苏省委宣传部、北京大学世界伦理中心、吉林大学马克思主义基本理论教育部重点研究基地、华东师范大学中国传统思想文化研究所教育部重点研究基地、中山大学马克思主义与中国现代化教育部重点研究基地、中国人民大学伦理学与道德建设教育部重点研究基地合作，进行协同创新。道德发展智库成立后，江苏省委宣传部、江苏省文明办与东南大学伦理学团队在全国首创《江苏省道德发展测评体系》，该测评体系由李林艳博士为课题负责人，先后经过十一轮的艰难探索和修改。测评体系主要包括“主流价值引领”“崇德向善风尚”“人文精神培育”“道德突出问题治理”和“政策法规保障”5大类23项测评内容。2016年8月，以江苏省道德发展测评体系为指南，道德发展智库与江苏省委宣传部、江苏省文明办协同，组织320多位师生，由人文学院院长王珏教授为行政总负责，社会学系龙书芹博士在一线指挥，对江苏全省13个设区市、41个县（市），共抽中了70个区县、139个街道、248个社区，进行覆盖全省万户家庭的首轮江苏道德发展测评与第三轮道德省情大调查。第三次江苏道德省情调查总样本量7000份，其中有效样本量为6355份（成人问卷），同时完成青少年问卷704份。2017年9月19日，在第15个公民道德宣传日来临之际，江苏省文明办和东南大学道德发展智库联合发布2016年江苏省道德发展状况测评指数报告。此次调查主要由东南大学伦理学团队与社会学团队合作完成，同时也是学术研究与社会服务相结合的智库合作尝试。

2017 年，江苏省委宣传部、江苏省文明办与道德发展智库深入合作，开展“2017 年全国和江苏省道德发展状况调查”。调查以“道德发展”理念为核心，先由樊和平教授进行理念和理论研究，形成并发表《伦理道德，如何才是发展?》的长篇学术论文，论证“以发展看待道德”的理念，提出“七力”的调查研究的理论体系和问卷框架，即：公民道德的自主力、家庭伦理的承载力、集团伦理的建构力、社会伦理的凝聚力、政府伦理的公信力、生态伦理的亲和力、世界伦理的兼容力。由此，测评当代中国伦理道德发展的“七大指数”，即公民的道德自觉自持指数、家庭的伦理承载力指数、集团的伦理可靠性指数、社会的伦理凝聚力指数、政府的伦理公信力指数、生态的伦理亲和力指数、文化的伦理魅力指数。在“伦理道德，如何才是发展”的理论框架的基础上，伦理学与社会学团队相整合，分部分进行问卷设计，以此推进团队建设和个体学术发展，锻炼和提升学者和团队“顶天立地”的学术能力，最后由樊和平教授逐一修改，定稿问卷。虽然过程漫长并十分艰苦，足够让那些耐心和耐力不够的学者望而却步，但在此过程中大家明显感到，学者和团队又一次进步了。江苏省省委常委、宣传部部长王燕文再次决定，此次调查过程由北京大学政府管理学院中国国情研究中心通过招标完成，东南大学伦理团队进行全程合作和全程监督。为解决流动人口的覆盖偏差问题，调查采用“GPS/GIS 辅助的地址抽样”（GPS Assistant Area Sampling）方法，以单元格内人口数为规模度量（Measure of Size），按照分层、多阶段的概率与规模成比例的方法（Probabilities Proportional to Size，PPS）进行选取。调查团队于 2017 年 8—11 月在全国 29 个省（自治区、直辖市）、89 个市、143 个县（市）进行抽样调查，派出督导员 30 人，访员 185 人。中国道德国情调查实际共抽取了 13358 个符合调查资格的住宅单位，完成了 8755 个有效样本，有效回答率为 65.5%；江苏道德省情调查实际共抽取了 6523 个符合调查资格的住宅单位，完成了 4362 个有效样本，有效回答率为 66.9%，同时完成青少年样本 576 个。调查由人文学院院长王珏为行政总负责，道德发展研究院庞俊来副院长负责执行。第三次道德国情与第四次道德省情调查进一步完善了道德国情与道德省情调查的问卷体系，积极探索了适合当代中国的道德发展状况的伦理道德调查理论与社会调查实践方法。

目前，东南大学伦理学团队已经完成三轮中国道德国情调查（2007 年、2013 年、2017 年），四轮江苏道德省情调查（2007 年、2013 年、2016 年、2017 年）。东南大学道德发展研究院对所有调查数据全部进行复核，并以大众可以接受的方式呈现，以直接服务于政府决策、大众需求和理论研究。2018 年，为纪念改革开放 40 周年，东南大学道德发展智库决定出版“中国伦理道德国情数据库”系列，记录这个伟大时代、伟大民族的道德发展历程。数据库的建设由庞俊来、龙书芹、李林艳具体负责，樊和平、王珏总负责。我们的目标和抱负是：将中国伦理道德国情数据库做成服务政府决策和学术研究的最全面、最专业、最权威的数据库。显然，我们和最终目标的实现还有相当距离，但我们的承诺一如既往——

我们正在努力！

我们将永远努力！

樊　浩

2018年9月10日

总 目 录

中国伦理道德发展数据库·第一卷
伦理道德国情调查的问卷设计与初始数据库（2007 年）

本卷编著责任专家：徐　嘉

上篇　伦理道德国情调查问卷设计与行动方案

第一章　调查问卷 ……………………………………………………………… （3）

2007 年中国伦理道德状况调查问卷 ……………………………………………… （3）

2007 年中国思想、道德、文化状况调查问卷 …………………………………… （18）

2013 年中国综合社会调查问卷（CGSS） ………………………………………… （33）

2013 年居民伦理道德发展状况调查问卷 ………………………………………… （46）

2016 年居民伦理道德发展状况调查问卷 ………………………………………… （66）

2016 年江苏省居民伦理道德发展状况调查问卷（青少年问卷） ………… （88）

2017 年中国（暨江苏）伦理道德发展状况调查问卷 ……………………… （92）

2017 年江苏省伦理道德发展状况调查青少年问卷 ………………………… （149）

第二章　调查方案 …………………………………………………………… （151）

2017 年江苏省道德发展状况测评抽样设计与调查实施方案 ……………… （151）

2017 年中国伦理道德发展状况调查与研究抽样设计与调查实施方案 …… （164）

第三章　调查手册与受访者答案卡 ………………………………………… （180）

2017 年中国（暨江苏）伦理道德发展状况调查采访员手册 ……………… （180）

2017 年中国（暨江苏）伦理道德发展状况调查受访者答案卡 …………… （247）

第四章　调查数据使用说明 ………………………………………………… （277）

2017 年江苏省道德发展状况测评调查数据使用说明 ……………………… （277）

2017 年中国伦理道德发展状况调查数据使用说明 ………………………… （279）

第五章　理论框架：伦理道德，如何才是发展？ ………………………… （281）

下篇 伦理道德发展初始数据库（2007 年 · 中国与江苏）

第六章 2007 年中国伦理道德发展数据库 ……………………………… (317)
2007 年中国伦理道德状况调查数据库 ……………………………… (317)
2007 年中国伦理道德状况调查数据库 ……………………………… (317)
2007 年中国伦理道德状况比较数据库 ……………………………… (342)
2007 年中国思想、道德、文化状况调查数据库 ……………………… (370)
2007 年中国思想、道德、文化状况数据库 ………………………… (370)
2007 年中国思想、道德、文化状况比较数据库 ……………………… (393)
第七章 2007 年江苏省伦理道德发展数据库 ………………………… (419)
2007 年江苏省伦理道德状况数据库 ………………………………… (419)
后记 数字写春秋 ………………………………………………………… (434)

中国伦理道德发展数据库 · 第二卷
伦理道德发展的大众共识与群体差异数据库（2013 年）

本卷编著责任专家：李林艳

上篇 2013 年中国伦理道德发展数据库

第一章 2013 年中国伦理道德发展数据库频数分析表 ………………… (3)
第二章 2013 年中国伦理道德发展数据库交互分析表 ………………… (36)
中国伦理道德评价的户口差异 ………………………………………… (36)
中国伦理道德评价的年龄差异 ………………………………………… (65)
中国伦理道德评价的收入差异 ………………………………………… (94)
中国伦理道德评价的教育差异 ………………………………………… (123)
中国伦理道德评价的体制差异 ………………………………………… (153)
中国伦理道德评价的职业差异 ………………………………………… (181)
中国伦理道德评价的宗教差异 ………………………………………… (207)
中国伦理道德评价的民族差异 ………………………………………… (236)

下篇 2013 年江苏省伦理道德发展数据库

第三章 2013 年江苏省伦理道德发展数据库 …………………………… (267)
第四章 2013 年江苏省伦理道德发展数据库交互分析表 ……………… (384)
江苏省伦理道德评价的户口差异 ……………………………………… (384)
江苏省伦理道德评价的年龄差异 ……………………………………… (438)

江苏省伦理道德评价的收入差异 …… (494)
江苏省伦理道德评价的教育差异 …… (550)
江苏省伦理道德评价的性别差异 …… (602)
江苏省伦理道德评价的体制差异 …… (657)
江苏省伦理道德评价的职业差异 …… (713)
江苏省伦理道德评价的宗教差异 …… (766)
后记　数字写春秋 …… (822)

中国伦理道德发展数据库·第三卷
伦理道德发展的大众共识与群体差异数据库（中国·2017年）

本卷编著责任专家：庞俊来

第一章　2017 年中国伦理道德发展状况频数分析表 …… (1)
第二章　2017 年中国伦理道德发展数据库交互分析表 …… (331)
中国伦理道德评价的户口差异 …… (331)
中国伦理道德评价的年龄差异 …… (503)
中国伦理道德评价的收入差异 …… (677)
中国伦理道德评价的教育差异 …… (852)
中国伦理道德评价的性别差异 …… (1030)
中国伦理道德评价的政治面貌差异 …… (1201)
中国伦理道德评价的职业差异 …… (1377)
中国伦理道德评价的诸群体差异 …… (1551)
中国伦理道德评价的宗教信仰差异 …… (1745)
后记　数字写春秋 …… (1917)

中国伦理道德发展数据库·第四卷
伦理道德发展的大众共识与群体差异数据库（江苏省·2016年）

本卷编著责任专家：龙书芹

第一章　2016 年江苏省伦理道德发展数据库频数分析表 …… (1)
2016 年江苏省伦理道德调研成人问卷频数 …… (1)
2016 年江苏省伦理道德调研青少年问卷频数 …… (183)
第二章　2016 年江苏省伦理道德发展数据库交互分析表 …… (221)
江苏省伦理道德评价的宗教信仰差异 …… (221)

江苏省伦理道德评价的体制差异……………………………………………………（324）
江苏省伦理道德评价的职业差异……………………………………………………（429）
江苏省伦理道德评价的诸群体差异…………………………………………………（537）
江苏省伦理道德评价的性别差异……………………………………………………（649）
江苏省伦理道德评价的收入差异……………………………………………………（752）
江苏省伦理道德评价的年龄差异……………………………………………………（856）
江苏省伦理道德评价的教育差异……………………………………………………（963）
江苏省伦理道德评价的户口差异 …………………………………………………（1068）
后记　数字写春秋 ……………………………………………………………………（1172）

中国伦理道德发展数据库·第五卷
伦理道德发展的大众共识与群体差异数据库（江苏省·2017 年）

本卷编著责任专家：蒋艳艳

第一章　2017 年江苏省伦理道德发展状况频数分析表 ……………………………（1）
第二章　2017 年江苏省伦理道德发展数据库交互分析表 ………………………（319）
江苏省伦理道德评价的户口差异……………………………………………………（319）
江苏省伦理道德评价的年龄差异……………………………………………………（489）
江苏省伦理道德评价的收入差异……………………………………………………（661）
江苏省伦理道德评价的教育差异……………………………………………………（834）
江苏省伦理道德评价的性别差异 …………………………………………………（1010）
江苏省伦理道德评价的政治面貌差异 ……………………………………………（1180）
江苏省伦理道德评价的职业差异 …………………………………………………（1355）
江苏省伦理道德评价的诸群体差异 ………………………………………………（1530）
江苏省伦理道德评价的宗教信仰差异 ……………………………………………（1725）
后记　数字写春秋 ……………………………………………………………………（1898）

中国伦理道德发展数据库·第六卷
中国伦理道德发展的时序差异比较数据库（2007—2017）

本卷编著责任专家：许　敏

第一章　中国伦理道德发展比较数据库（2007—2017） ……………………………（1）
中国 2007 年与 2017 年伦理道德发展比较数据库 ………………………………（1）

中国 2007 年、2013 年、2017 年伦理道德发展比较数据库 …………………… (56)
第二章　江苏省伦理道德发展比较数据库（2007—2017） …………………… (87)
江苏省 2007 年与 2013 年伦理道德发展比较数据库 ………………………… (87)
江苏省 2013 年与 2016 年伦理道德发展比较数据库 ………………………… (111)
江苏省 2007 年、2013 年、2016 年伦理道德发展比较数据库 ……………… (157)
江苏省 2007 年、2013 年、2016 年、2017 年伦理道德发展比较数据库 ………………………………………………………………………… (184)
第三章　江苏省与全国伦理道德发展比较数据库（2013、2017） ………… (219)
2013 年江苏省与全国伦理道德发展比较数据库 …………………………… (219)
2017 年江苏省与全国伦理道德发展比较数据库 …………………………… (259)
后记　数字写春秋 ………………………………………………………… (547)

中国伦理道德发展数据库·第七卷
伦理道德发展的大众共识与地域差异比较数据库

本卷编著责任专家：洪岩璧

第一章　江苏省与全国伦理道德发展的共识与差异比较数据库 ……………… (1)
2013 年江苏省与全国伦理道德发展的共识与差异比较数据库 ……………… (1)
2013 年江苏省与全国诸社会群体道德认知的共识与差异比较数据库 …… (18)
2017 年江苏省与全国伦理道德发展的共识与差异比较数据库 …………… (57)
2017 年江苏省与全国诸社会群体道德认知的共识与差异比较数据库 …… (215)
第二章　江苏省伦理道德发展的共识与差异比较数据库 …………………… (579)
2007 年、2013 年、2016 年、2017 年江苏省伦理道德发展状况比较数据库 ……………………………………………………………………… (579)
2013 年、2016 年、2017 年江苏省伦理道德发展的共识与差异 ………… (602)
2013 年、2016 年、2017 年江苏省诸群体道德认知的共识与差异 ……… (646)
后记　数字写春秋 ……………………………………………………… (718)

第七卷目录

第一章　江苏省与全国伦理道德发展的共识与差异比较数据库 ………………… (1)
2013 年江苏省与全国伦理道德发展的共识与差异比较数据库 ………………… (1)
2013 年江苏省与全国诸社会群体道德认知的共识与差异比较数据库 …… (18)
2017 年江苏省与全国伦理道德发展的共识与差异比较数据库 ……………… (57)
2017 年江苏省与全国诸社会群体道德认知的共识与差异比较数据库 …… (215)
第二章　江苏省伦理道德发展的共识与差异比较数据库 ……………………… (579)
2007 年、2013 年、2016 年、2017 年江苏省伦理道德发展状况比较数据库 ……………………………………………………………………… (579)
2013 年、2016 年、2017 年江苏省伦理道德发展的共识与差异 ………… (602)
2013 年、2016 年、2017 年江苏省诸群体道德认知的共识与差异 ……… (646)
后记　数字写春秋 ……………………………………………………………… (718)

第一章　江苏省与全国伦理道德发展的共识与差异比较数据库

2013 年江苏省与全国伦理道德发展的共识与差异比较数据库

A1 性别

	全国	江苏
男	50.0%	46.4%
女	50.0%	53.6%
总计	100.0%	100.0%

如上表所示，江苏和全国的受访者男女比例差异不大。

A2 年龄

	全国	江苏
29 岁及以下	14.5%	14.8%
30—39 岁	17.4%	14.4%
40—49 岁	21.8%	21.3%
50—59 岁	19.3%	24.2%
60 岁及以上	27.0%	25.4%
总计	100.0%	100.0%

如上表所示，江苏和全国的受访者年龄分布差异不大。

A3 婚姻状况

	全国	江苏
未婚	10.9%	9.7%
已婚	78.7%	86.4%
离婚	2.0%	1.3%

续表

	全国	江苏
丧偶	8.3%	2.7%
拒绝回答	0.2%	
总计	100.0%	100.0%

如上表所示，江苏和全国的受访者婚姻状况存在一定差异。

A4 民族

	全国	江苏
汉族	91.2%	99.2%
少数民族	8.8%	0.8%
总计	100.0%	100.0%

如上表所示，江苏和全国的受访者的民族分布差异较大。

A5 宗教信仰

	全国	江苏
不信仰宗教	88.5%	92.7%
信仰宗教	11.5%	7.3%
总计	100.0%	100.0%

如上表所示，江苏和全国的受访者宗教信仰分布差异不大。

A8 户口

	全国	江苏
农业户口	55.0%	43.0%
非农业户口	45.0%	57.0%
总计	100.0%	100.0%

如上表所示，江苏和全国的受访者户口比例差异较大。

A13 2012 年家庭全年总收入

	全国	江苏
0 元	1.0%	1.3%
少于 1000 元	0.6%	2.4%

续表

	全国	江苏
1000—1999 元	0.3%	0.9%
2000—3999 元	2.1%	3.0%
4000—6999 元	3.1%	3.7%
7000—9999 元	1.6%	1.9%
1 万—2 万元	9.0%	10.8%
2 万—4 万元	21.5%	22.0%
4 万—6 万元	14.8%	20.3%
6 万—8 万元	10.5%	11.2%
8 万—10 万元	5.9%	9.0%
10 万—20 万元	9.1%	9.5%
20 万—30 万元	1.5%	2.2%
30 万—50 万元	0.5%	0.7%
50 万—100 万元	0.6%	0.2%
缺损值	18.7%	1.0%
总计	100.0%	100.0%

如上表所示，江苏和全国的受访者 2012 年全年总收入存在差异。

B10 如果您所在的单位有一项举措可以提高集体福利并使您个人得到利益，但会造成环境污染或社会公害，您会举报吗？

	全国	江苏
会	56.3%	61.2%
不会	43.7%	38.8%
总计	100.0%	100.0%

如上表所示，对于“如果您所在的单位有一项举措可以提高集体福利并使您个人得到利益，但会造成环境污染或社会公害，您会举报吗”这一问题的看法上，选择会举报的，全国和江苏分别为 56.3% 和 61.2%，相差 4.8%，因此，在对于此问题的看法上，全国和江苏存在共识。

B13 一些政府机关和大中小学，利用权力让本单位的职工子女在很好的学校读书，或降分录取，您认为这种行为道德吗？

	全国	江苏
为本单位人员谋福利，符合道德	3.7%	5.0%

续表

	全国	江苏
以权谋私，不道德	61.1%	53.3%
是对社会公众的欺骗，严重不道德	19.8%	19.8%
符合本单位员工利益和内部伦理，但严重侵蚀社会道德	7.1%	14.6%
无所谓道德不道德	8.3%	7.3%
总计	100.0%	100.0%

如上表所示，全国和江苏对于“一些政府机关和大中小学，利用权力让本单位的职工子女在很好的学校读书，或降分录取，您认为这种行为道德吗”这一问题的看法上，存在差异，其中认为是“以权谋私，不道德”的，全国和江苏分别为61.1%和53.3%，相差7.8%，而认为是“符合本单位员工利益和内部伦理，但严重侵蚀社会道德”的，全国和江苏分别为7.1%和14.6%，相差7.5%。因此，在此问题的看法上全国和江苏存在差异。

B18 受访者的社会经济地位在本地所属层次

	全国	江苏
上	1.0%	0.6%
中上	6.5%	7.9%
中	43.7%	51.1%
中下	33.6%	28.5%
下	15.0%	11.8%
总计	100.0%	100.0%

如上表所示，全国和江苏对于“受访者的社会经济地位在本地所属层次”这一问题的看法上，差异主要发生在自己是属于“中”还是“中下”，认为自己是中产阶层的全国和江苏分别为43.7%和51.1%，相差7.4%，而在中下层上全国和江苏分别为33.6%和28.5%，相差5.1%。因此，在本项上全国和江苏存在认知上的地域差异。

C1 对当前我国社会道德状况的总体评价

	全国	江苏
非常满意	2.1%	6.9%
比较满意	33.7%	59.2%
一般	41.5%	

续表

	全国	江苏
比较不满意	19.0%	26.5%
非常不满意	3.8%	7.4%
总计	100.0%	100.0%

如上表所示，对于当前我国社会道德状况的总体评价，虽然在选项的设置上有所不同，但是在一致的选项上，即“非常满意”，全国和江苏的百分比分别为2.1%和6.9%，在“比较不满意”上分别为19.0%和26.5%，在“非常不满意”上分别为3.8%和7.4%，可见即便排除差异项，全国与江苏的认知仍然存在较大地域差异。

C13 造成人际关系紧张的原因

	全国（单选）	江苏（多选）
社会资源缺乏，引发恶性竞争	8.9%	40.6%
过度宣扬竞争意识	5.1%	20.3%
社会财富分配不公，贫富差距过大	44.6%	71.0%
个人主义盛行	8.9%	37.9%
缺乏爱心	6.6%	45.1%
缺乏宽容	5.9%	52.5%
缺乏相互理解和沟通的意识和能力	10.8%	53.4%
制度安排不公正，机会不平等	6.2%	50.7%
一切诉诸利益或法律，人际关系缺乏伦理调节的机制和能力	1.5%	23.6%
其他	1.5%	
总计	100.0%	

如上表所示，对于当前我国社会造成人际关系紧张的原因，全国卷采用的是单选的提问方式，有44.6%的人认为“社会财富分配不公，贫富差距过大”是主要原因，远超其他选项。而在江苏卷中采用的是多选的方式，表中数据为各选项被选中的百分比情况，“社会财富分配不公，贫富差距过大”同样远超其他选项，71.0%的人都选择了这一选项。可见全国和江苏，在该问题的主要特征上是存在相似性的。

C14 造成人身心不和谐，如忧郁、精神分裂、自杀等的主要原因

	全国（单选）	江苏（多选）
欲望过多过大，不能知足常乐	16.7%	52.5%

续表

	全国（单选）	江苏（多选）
社会保障体系不健全，对自己和未来没有把握	12.5%	39.2%
竞争激烈，工作压力过大，身心疲惫	32.7%	70.9%
人与人之间缺乏信任感，人际关系紧张	11.3%	41.8%
有烦恼很难找到人倾诉和排解	5.7%	42.3%
个人的文化底蕴和文化积累不够，缺乏自我理解和自我调节能力	9.0%	37.1%
现代人缺乏安顿自己、化解内心矛盾的能力	3.5%	35.2%
缺乏道德公正，没有道德的人总是占便宜	2.9%	22.4%
缺乏理想和信念支持，精神没有寄托和归宿	3.3%	32.9%
生活压力大		68.4%
其他	2.4%	
总计	100.0%	

如上表所示，对于当前我国社会造成人身心不和谐，如忧郁、精神分裂、自杀等的主要原因，全国卷采用的是单选的提问方式，有32.7%的人认为“竞争激烈，工作压力过大，身心疲惫”是主要原因，远超其他选项。而在江苏卷中采用的是多选的方式，表中数据为各项被选中的百分比情况，“竞争激烈，工作压力过大，身心疲惫”同样远超其他选项，70.9%的人都选择了这一选项。可见全国和江苏，在该问题的主要特征上是存在相似性的。

C17 当前中国社会个人道德素质的主要问题

	全国	江苏
道德上无知	12.3%	13.4%
有道德知识，但不见诸行动	66.7%	73.7%
既无知，也不行动	17.2%	10.7%
其他	3.7%	2.1%
总计	100.0%	100.0%

如上表所示，在对于“当前中国社会个人道德素质的主要问题”的看法上，对于“有道德知识，但不见诸行动”，全国和江苏都认为是主要问题，分别为66.7%和73.7%，相差了7%，而在“既无知，也不行动”的选项上，全国和江苏分别为17.2%和10.7%，相差了6.5%，因此，我们认为，全国和江苏在本项选择上存在地域差异。

C19 对自己当前的生活状态的评价

全国调查选项	全国	江苏调查选项	江苏
非常幸福	13.3%	很满意	15.9%
比较幸福	58.2%	比较满意	66.0%
说不上幸福不幸福	19.2%		
比较不幸福	7.3%	不太满意	16.6%
非常不幸福	1.5%	很不满意	1.4%
拒绝回答	0.5%		
总计	100.0%		100.0%

如上表所示，在问被访者对于自己目前的生活状况的评价时，全国问卷和江苏问卷的提问方式不一样，全国问卷问的是幸福与否，而江苏问卷问的是满意与否，且全国问卷比江苏问卷多了一个中立选项，排除如果把中立选项的19.2%一分为二平均分给紧挨着的“比较幸福”和“比较不幸福”的情况，全国和江苏不存在显著差异，可以说存在共识。

C20 政府推动或倡导下列活动的效果如何？

	全国	江苏
志愿服务倡导和推广的效果	2.79	3
典型人物宣传（感动中国、中国好人、道德楷模等）的效果	2.76	2.89
文明城市创建的效果	2.54	2.79
《公民道德建设实施纲要》推进效果	2.48	2.78
学雷锋活动的效果	2.35	2.76
反腐倡廉举措的效果	1.82	2.68

注：表中数值为平均值，0 = 没有听说过该活动，1 = 完全没效果，2 = 效果较差，3 = 效果较好，4 = 效果很好

如上表所示，在对于政府推动或倡导的各项活动中，江苏的评价均高于全国，尤其在“反腐倡廉举措”和“学雷锋活动”这两项中江苏比全国水平分别高了0.86和0.41，可见存在较大差异。

C22 下列关系根据重要性程度进行排序

全国

	第一重要		第二重要		第三重要		总分
	频数	加权得分	频数	加权得分	频数	加权得分	
父母与子女	3458	10374	1505	3010	270	270	13654

续表

	第一重要		第二重要		第三重要		总分
	频数	加权得分	频数	加权得分	频数	加权得分	
夫妻	1423	4269	2621	5242	495	495	10006
兄弟姐妹	41	123	447	894	2420	2420	3437
个人与社会	183	549	266	532	473	473	1554
个人与国家	191	573	154	308	273	273	1154
朋友	42	126	156	312	592	592	1030
个人与自身的关系	84	252	65	130	202	202	584
人与自然的关系	66	198	94	188	150	150	536
个人与工作单位	30	90	84	168	203	203	461
上级与下级	47	141	75	150	149	149	440
同事或同学	25	75	68	136	222	222	433
师生	14	42	48	96	85	85	223
通过网络建立的关系	8	24	11	22	13	13	59
其他	6	18	3	6	14	14	38

加权规则：第一重要的频数 ×3，第二重要的频数 ×2，第三重要的频数 ×1

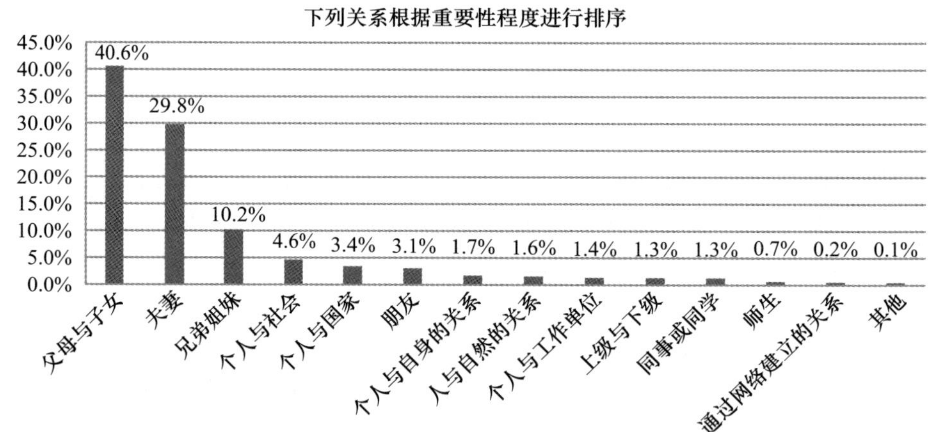

江苏

	第一重要		第二重要		第三重要		第四重要		第五重要		总分
	频数	加权得分	频数	加权得分	频数	加权得分	频数	加权得分	频数	加权得分	
父母与子女	792	3960	336	1344	76	228	26	52	9	9	5593
夫妇	296	1480	651	2604	130	390	62	124	25	25	4623

续表

	第一重要		第二重要		第三重要		第四重要		第五重要		总分
	频数	加权得分	频数	加权得分	频数	加权得分	频数	加权得分	频数	加权得分	
兄弟姐妹	6	30	109	436	742	2226	118	236	62	62	2990
同事或同学	2	10	12	48	66	198	237	474	170	170	900
上级或下级	4	20	18	72	20	60	99	198	127	127	477
师生	1	5	6	24	11	33	56	112	57	57	231
与自然的关系	15	75	12	48	18	54	48	96	51	51	324
个人与社会	22	110	54	216	47	141	119	238	187	187	892
个人与国家	74	370	35	140	47	141	102	204	130	130	985
个人与工作单位	7	35	9	36	21	63	68	136	104	104	374
通过网络建立的关系		1	4			2	4	2	2	10	
朋友	8	40	10	40	56	168	236	472	190	190	910
个人与自身的关系（身心和谐）	41	205	8	32	16	48	37	74	80	80	439

加权规则：第一重要的频数 ×5，第二重要的频数 ×4，第三重要的频数 ×3，第四重要的频数 ×2，第五重要的频数 ×1

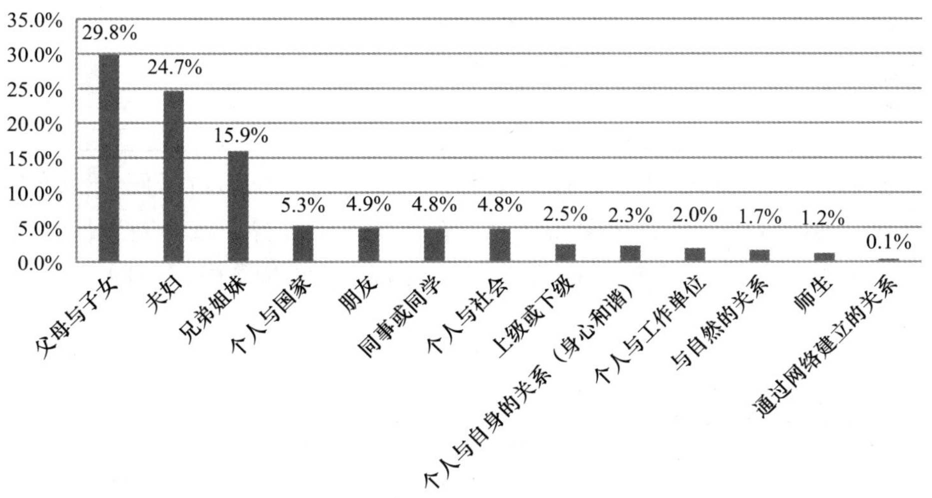

如图表所示，全国与江苏间总体趋势相近，前三位均为“父母与子女”“夫妇”“兄弟姐妹”，因此，可以认为全国与江苏存在基本共识。

C24 对个人生活最具根本意义的关系

	全国	江苏
家庭伦理关系或血缘关系	64.4%	67.4%
个人与社会的关系	19.3%	12.0%
职业伦理关系	3.0%	3.1%
个人与国家民族的关系	7.9%	8.6%
人与自然的关系	1.8%	2.1%
个人与他自身的关系	2.9%	6.7%
其他	0.7%	
总计	100.0%	100.0%

如上表所示，在对个人生活最具根本意义的关系上，具有较大差异的选项是“个人与社会的关系”，全国和江苏分别为19.3%和12.0%，相差7.3%，其他各项差别不明显，故在这一问题上江苏和全国存在共识。

C25 现在社会上有些人不守道德反而占了便宜，您会不会为了得到好处而效仿？

	全国	江苏
从来不这么做	73.1%	76.1%
通常不这么做，关键时刻会这么做	13.6%	14.2%
经常这么做	1.3%	0.8%
说不清	12.0%	8.9%
总计	100.0%	100.0%

如上表所示，在对于“现在社会上有些人不守道德反而占了便宜，您会不会为了得到好处而效仿”上，全国和江苏不存在明显的差异，其中差异最大的“说不清”一项中，全国与江苏也只差3.1%，因此，在本项中，全国与江苏存在共识。

C27 从网络中获得的信息对思想行为的影响

全国调查选项	全国	江苏调查选项	江苏
有影响	48.3%	影响很大	4.4%
没影响	4.1%	有一些影响	30.0%
不适用，因为不上网	47.6%	不太影响	18.1%
总计	100.0%	完全没有影响	4.7%

续表

全国调查选项	全国	江苏调查选项	江苏
		不适用，因为不上网	42.8%
		总计	100.0%

如上表所示，对于“从网络中获得的信息对思想行为的影响”上，全国的“有影响”为48.3%，而江苏的“影响很大”“有一些影响”和“不太影响”合计为52.5%，相差4.2%，而在“不适用，因为不上网”中，全国和江苏分别为47.6%和42.8%，相差4.8%，因此，我们认为，在这一问题上全国和江苏存在共识。

C28 下列状况的严重程度

	全国	江苏
干部贪污受贿，以权谋利的严重程度	3.93	3.17
社会财富分配不公，贫富悬殊过大的严重程度	3.89	3.17
企业损害社会利益的严重程度，如污染环境、以虚假广告误导公众等	3.49	2.96
坑蒙拐骗现象的严重程度	3.47	2.93
娱乐界以丑闻、绯闻炒作，污染社会风气的严重程度	3.31	2.82
很多人在公共场所缺乏公德如大声喧哗、不排队、随地吐痰的严重程度	3.43	2.8
生活奢侈、铺张浪费的严重程度	3.44	2.79
诚信缺乏、社会信用度低的严重程度	3.43	2.78
两性关系过度开放导致婚姻不稳定的严重程度	3.19	2.78
人际关系冷漠，见危不救的严重程度	3.32	2.76
自私自利、损人利己、物欲横流的严重程度	3.38	2.75
公众人物用知名度攫取财富的严重程度	3.15	2.71
媒体缺乏社会责任，炒作新闻的严重程度	3.26	2.7
缺乏公正心和正义感的严重程度	3.27	2.65
奉行功利主义，相互算计的严重程度	3.3	2.65
缺乏羞耻感的严重程度	3.15	2.57
年轻人缺乏责任感，不孝敬父母的严重程度	3.04	2.48
医生不守职业道德的严重程度	3.07	2.42
老无所养，缺乏安全感的严重程度	3.08	2.42
父母和子女代沟问题严重，难以沟通的严重程度	3.05	2.39
教师不尽职的严重程度	2.9	2.32
不爱国的严重程度	2.52	1.99

注：表中数值为平均值，全国的衡量指标为1 = 非常不严重，2 = 比较不严重，3 = 一般，4 = 比较严重，5 = 非常严重；江苏的衡量指标为1 = 非常不严重，2 = 比较不严重，3 = 比较严重，4 = 非常严重

虽然全国和江苏的衡量指标不一样，但是在对于“干部贪污受贿，以权谋利的严重程度”和“社会财富分配不公，贫富悬殊过大的严重程度”上均明显高于其他选项。因此，我们认为，在这一问题上全国和江苏存在共识。

C30a 如果与下列人员发生重大利益冲突，首先会选择哪种途径解决（家庭成员之间）

	全国	江苏
诉诸法律，打官司	0.6%	0.6%
直接找对方沟通但得理让人，适可而止	55.7%	58.3%
通过第三方从中调解，尽量不伤和气	8.9%	9.6%
能忍则忍	34.8%	31.5%
总计	100.0%	100.0%

如上表所示，在“如果与家庭成员发生重大利益冲突后，首先会选择哪种途径解决”这个问题上，全国和江苏并不存在较大差异，全国和江苏分别有55.7%和58.3%的人选择“直接找对方沟通但得理让人，适可而止”，34.8%和31.5%的人选择“能忍则忍”。在这一问题上，全国和江苏存在基本共识。

C30b 如果与下列人员发生重大利益冲突，首先会选择哪种途径解决（朋友之间）

	全国	江苏
诉诸法律，打官司	1.2%	2.6%
直接找对方沟通但得理让人，适可而止	51.5%	49.8%
通过第三方从中调解，尽量不伤和气	24.2%	29.1%
能忍则忍	23.1%	18.5%
总计	100.0%	100.0%

如上表所示，在“如果与朋友发生重大利益冲突后，首先会选择哪种途径解决”这一问题上，全国和江苏并不存在较大差异，全国和江苏分别有51.5%和49.8%的人选择“直接找对方沟通但得理让人，适可而止”，23.1%和18.5%的人选择“能忍则忍”，相差4.6%，在“通过第三方从中调解，尽量不伤和气”上分别为24.2%和29.1%，相差4.9%。因此在这一问题上，全国和江苏存在基本共识。

C30c 如果与下列人员发生重大利益冲突，首先会选择哪种途径解决（同事之间）

	全国	江苏
诉诸法律，打官司	2.7%	2.2%
直接找对方沟通但得理让人，适可而止	47.5%	46.2%
通过第三方从中调解，尽量不伤和气	29.7%	27.8%
能忍则忍	20.1%	23.9%
总计	100.0%	100.0%

如上表所示，在“如果与同事之间发生重大利益冲突后，首先会选择哪种途径解决”这一问题上，全国和江苏并不存在较大差异，全国和江苏分别有47.5%和46.2%的人选择“直接找对方沟通但得理让人，适可而止”，20.1%和23.9%的人选择“能忍则忍”，在“通过第三方从中调解，尽量不伤和气”上分别为29.7%和27.8%。因此在这一问题上，全国和江苏存在基本共识。

C30d 如果与下列人员发生重大利益冲突，首先会选择哪种途径解决（商业伙伴之间）

	全国	江苏
诉诸法律，打官司	34.8%	50.0%
直接找对方沟通但得理让人，适可而止	29.8%	24.6%
通过第三方从中调解，尽量不伤和气	25.6%	15.9%
能忍则忍	9.8%	9.5%
总计	100.0%	100.0%

如上表所示，在“如果与商业伙伴发生重大利益冲突后，首先会选择哪种途径解决”这一问题上，全国和江苏存在较大差异，全国和江苏分别有34.8%和50.0%的人选择“诉诸法律，打官司”，相差15.2%，有29.8%和24.6%的人选择“直接找对方沟通但得理让人，适可而止”，相差5.2%，25.6%和15.9%的人选择“通过第三方从中调解，尽量不伤和气”，相差9.7%。因此在这一问题上，全国和江苏存在差异。

C31 对当前我国伦理关系和道德风尚造成最大负面影响的因素

	全国	江苏
传统文化的崩坏	35.6%	26.6%
外来文化的冲击	23.0%	13.3%

续表

	全国	江苏
市场经济导致的个人主义	30.3%	43.7%
计算机网络技术的发展	8.0%	12.2%
其他	3.0%	4.2%
总计	100.0%	100.0%

如上表所示，对于“对当前我国伦理关系和道德风尚造成最大负面影响的因素”的认知上，在“传统文化的崩坏”上，全国和江苏分别为35.6%和26.6%，相差9%，在“外来文化的冲击”上，全国和江苏分别为23.0%和13.3%，相差9.7%，在“市场经济导致的个人主义”上，全国和江苏分别为30.3%和43.7%，相差13.4%，因此，我们认为，全国和江苏在这一问题认知上存在差异。

C32 成长中的道德训练的最重要场所或机构

	全国	江苏
家庭	50.7%	39.0%
学校	17.8%	26.4%
社会（包括职业生活）	25.2%	25.1%
国家或政府	3.5%	6.0%
媒体	1.7%	1.7%
其他	1.1%	1.9%
总计	100.0%	100.0%

如上表所示，对于“成长中的道德训练的最重要场所或机构”的认知，在“家庭”上，全国和江苏分别为50.7%和39.0%，相差11.7%，在“学校”上全国和江苏分别为17.8%和26.4%，相差9.6%。因此在这一问题中全国和江苏存在差异。

C33 对下列群体的伦理道德状况满意度

	全国	江苏
对农民的道德满意度	3.61	3.09
对工人的道德满意度	3.46	3.04
对教师的道德满意度	3.46	2.94
对专家学者的道德满意度	3.39	2.9
对青少年的道德满意度	3.27	2.82

续表

	全国	江苏
对医生的道德满意度	3.19	2.77
对商人的道德满意度	2.83	2.51
对企业家的道德满意度	2.82	2.49
对演艺娱乐界的道德满意度	2.94	2.34
对政府官员的道德满意度	2.53	2.33

注：表中数值为平均值，全国的衡量指标为 1 = 非常不严重，2 = 比较不严重，3 = 一般，4 = 比较严重，5 = 非常严重，江苏的衡量指标为 1 = 非常不严重，2 = 比较不严重，3 = 比较严重，4 = 非常严重

如上表所示，在对各群体的满意度上，无论在全国还是江苏对于农民、教师、工人和专家学者的满意度普遍高于其他群体，因此从总体特征上来讲，江苏和全国具有总体相似性。

C36 当前我国政府官员最严重的道德问题

	全国	江苏
贪污	43.1%	35.2%
以权谋私	24.8%	31.8%
受贿	7.9%	6.5%
生活作风腐败	8.6%	6.1%
官僚主义	3.1%	3.5%
平庸、不作为	3.9%	3.4%
政绩工程，折腾百姓	4.3%	6.0%
铺张浪费	1.6%	2.2%
拉帮结派	0.8%	2.4%
其他	1.8%	3.0%
总计	100.0%	100.0%

如上表所示，在“对当前我国政府官员最严重的道德问题”这一问题的看法上，全国和江苏在“贪污”“以权谋私”上存在较大差异，分别相差7.9%和7%，但是这两项的总和非常接近，而且在其他选项上不存在较大差异，因此，全国和江苏在这一问题的认知上存在基本共识。

C37 您的思想行为受什么人影响最大？

	全国	江苏
父母	41.2%	39.4%
教师	21.9%	22.8%
政府官员	7.9%	11.8%
先哲先贤	6.6%	8.3%
知识精英	5.7%	5.5%
农民	8.4%	4.2%
企业家	3.4%	3.2%
工人	3.6%	3.2%
演艺明星、体育明星	1.2%	1.6%

如上表所示，上表数据百分比为各项加权得分的总得分在所有项总得分之和中所占的比重，全国和江苏在各项数据上不存在直观上的巨大差异，因此，我们认为，在这一问题上全国和江苏存在共识。

C40 若国外报道与主流媒体宣传内容不一致更倾向于相信

	全国	江苏
主流媒体	40.3%	54.8%
国外报道	6.3%	7.9%
谁都不相信，自己判断	25.5%	24.6%
说不清	27.9%	12.7%
总计	100.0%	100.0%

如上表所示，在对“若国外报道与主流媒体宣传内容不一致更倾向于相信”的看法上，全国和江苏存在较大差异，其中在相信“主流媒体”上，全国为40.3%，江苏为54.8%，相差14.5%，在“说不清”上，全国为27.9%，江苏为12.7%，相差15.2%，因此，我们认为，在本项上全国和江苏存在差异。

C43 当前我国社会道德生活中最重要的元素

	全国	江苏
意识形态中所提倡的社会主义道德	18.1%	29.5%
中国传统道德	65.1%	46.8%

续表

	全国	江苏
西方文化影响而形成的道德	4.1%	2.8%
市场经济中形成的道德	11.1%	19.8%
其他	1.6%	1.1%
总计	100.0%	100.0%

如上表所示，对于“当前我国社会道德生活中最重要的元素”的看法，在“意识形态中所提倡的社会主义道德”中，全国和江苏分别为18.1%和29.5%，相差11.4%。在“中国传统道德”中，全国和江苏分别为65.1%和46.8%，相差18.3%，在“市场经济中形成的道德”中，全国和江苏分别为11.1%和19.8%，相差8.7%，因此在这一问题的看法上，全国和江苏存在差异。

C45 假如上司或老板是外国人，他侮辱了中国，但抗争会产生不利于自己的后果时的选择

	全国	江苏
当面抗议	57.9%	76.1%
保持沉默	19.8%	23.9%
暗地里报复	2.7%	
以屈求伸，背后骂几句就行了	9.2%	
无所谓	10.3%	
总计	100.0%	100.0%

如上表所示，在“假如上司或老板是外国人，他侮辱了中国，但抗争会产生不利于自己的后果时的选择”上，选择“当面抗议”的，全国和江苏分别为57.9%和76.1%，相差18.2%，这可能是因为全国问卷中选择“暗地里报复”“以屈求伸，背后骂几句就行了”和“无所谓”三项的干扰，分散了“当面抗议”的选择，但是刨去“暗地里报复”和“以屈求伸，背后骂几句就行了”这两项带有抗议意味的选项后，全国和江苏在抗议的倾向上分别为69.8%和76.1%，仍然相差6.3%，因此，在这一问题的看法上全国和江苏存在差异。

2013 年江苏省与全国诸社会群体道德认知的共识与差异比较数据库

B10 是否会举报您所在单位的一项可以使集体和个人得利但污染环境的举措 ＊ 诸群体

江苏

	官员	企业家	企业员工	农民	科教医群体	弱势群体	做小生意者	演艺界	自由职业者
会	59.3%	62.5%	62.8%	58.4%	60.5%	59.9%	65.6%	50.0%	63.6%
不会	40.7%	37.5%	37.2%	41.6%	39.5%	40.1%	34.4%	50.0%	36.4%
总计	100.0%	100.0%	100.0%	100.0%	100.0%	100.0%	100.0%	100.0%	100.0%
$\chi^2=2.415$ sig = 0.966									

由上表可知，诸群体在“是否会举报您所在单位的一项可以使集体和个人得利但污染环境的举措”的认知上具有共识。约 60% 左右的诸群体会选择举报，剩下 40% 左右选择不举报。

全国

	官员	企业家	企业员工	农民	科教医群体	弱势群体	做小生意者	演艺界
会	66.2%	62.9%	54.4%	56.5%	50.8%	53.8%	53.5%	61.5%
不会	33.8%	36.1%	44.0%	38.8%	49.2%	43.6%	46.5%	38.5%
总计	100.0%	100.0%	100.0%	100.0%	100.0%	100.0%	100.0%	100.0%
$\chi^2=56.267$ sig = 0.001								

由上表可知，诸群体在“是否会举报您所在单位的一项可以使集体和个人得利但污染环境的举措”的认知上具有差异。科教医群体、做小生意者、弱势群体和农民、企业员工选择举报的比例较低，仅 53% 左右；其他群体选择举报的比例较高，达 60% 以上。

由上表可知，江苏与全国的不同群体在“是否会举报您所在单位的一项可以使集体和个人得利但污染环境的举措”的认知上有较大差异。其中，官员群体江苏有 59.3% 选择举报，而全国有 66.2%；企业员工群体，江苏 62.8%、全国 54.4% 选择举报；科教医群体，江苏有 60% 以上选择举报，而全国仅有 50.8%。因此，江苏和全国的诸群体在该问题认知上存在差异。

B13 政府机关及大中小学利用权力让本单位的职工子女在更好的学校读书或降分录取的行为是否道德 * 诸群体

江苏

	官员	企业家	企业员工	农民	科教医群体	弱势群体	做小生意者	演艺界	自由职业者
为本单位人员谋福利，符合道德	3.7%	5.6%	4.6%	3.6%	2.6%	6.6%	6.5%		9.1%
以权谋私，不道德	51.9%	55.6%	49.6%	56.4%	44.7%	59.0%	53.8%	50.0%	63.6%
是对社会公众的欺骗，严重不道德	22.2%	16.7%	24.0%	22.6%	18.4%	15.6%	14.0%		
符合本单位员工利益和内部伦理，但严重侵蚀社会道德	18.5%	16.7%	15.7%	10.8%	25.4%	10.1%	17.2%	50.0%	18.2%
无所谓道德不道德	3.7%	5.6%	6.1%	6.7%	8.8%	8.7%	8.6%		9.1%
总计	100.0%	100.0%	100.0%	100.0%	100.0%	100.0%	100.0%	100.0%	100.0%

$\chi^2 = 48.171$ sig = 0.033

由上表可知，诸群体在“政府机关及大中小学利用权力让本单位的职工子女在更好的学校读书或降分录取的行为是否道德”的认知上有差异。企业员工和科教医群体选择“以权谋私，不道德”的相较其他群体较低，仅 49.6% 和 44.7%；科教医群体有 25.4% 认为“符合本单位员工利益和内部伦理，但严重侵蚀社会道德”高于其他群体。

全国

	官员	企业家	企业员工	农民	科教医群体	弱势群体	做小生意者	演艺界
为本单位人员谋福利，符合道德	5.6%	2.5%	3.3%	3.3%	4.8%	4.0%	2.8%	
以权谋私，不道德	62.0%	55.0%	63.0%	62.3%	61.0%	59.0%	59.2%	53.8%
是对社会公众的欺骗，严重不道德	21.1%	22.8%	20.0%	17.0%	17.1%	20.0%	28.2%	15.4%
符合本单位员工利益和内部伦理，但严重侵蚀社会道德	9.9%	11.9%	7.6%	5.2%	13.9%	6.6%	4.2%	15.4%
无所谓道德不道德	1.4%	7.9%	5.5%	9.7%	3.2%	9.1%	5.6%	15.4%
总计	100.0%	100.0%	100.0%	100.0%	100.0%	100.0%	100.0%	100.0%

$\chi^2 = 102.696$ sig = 0.000

由上表可知，诸群体在“政府机关及大中小学利用权力让本单位的职工子女在更好的学校读书或降分录取的行为是否道德”的认知上有差异。企业家群体选择的“以权谋私，不道德”的占55%，低于其他群体的60%左右。有13.9%的科教医群体选择“符合本单位员工利益和内部伦理，但严重侵蚀社会道德”高于其他群体。

总体而言，无论江苏还是全国，诸群体在“政府机关及大中小学利用权力让本单位的职工子女在更好的学校读书或降分录取的行为是否道德”的认知上存在共识。多数人认为“以权谋私，不道德”，在江苏及全国各占50%和60%左右；无论江苏还是全国，诸群体中仅有4%左右的人认为这是符合道德的，另有5%左右的居民认为无所谓道德不道德。因此，我们认为江苏和全国不同诸群体在该项认知上存在共识。

B18 社会经济地位在本地所属层次 ＊ 诸群体

江苏

	官员	企业家	企业员工	农民	科教医群体	弱势群体	做小生意者	演艺界	自由职业者
上			0.7%	1.0%		0.5%	1.1%		
中上	15.4%	27.8%	5.1%	8.3%	13.2%	7.5%	9.6%	25.0%	
中	57.7%	44.4%	47.4%	57.0%	52.6%	50.7%	55.3%	75.0%	40.0%
中下	23.1%	27.8%	34.0%	21.8%	30.7%	26.4%	22.3%		50.0%
下	3.8%		12.7%	11.9%	3.5%	14.9%	11.7%		10.0%
总计	100.0%	100.0%	100.0%	100.0%	100.0%	100.0%	100.0%	100.0%	100.0%
$\chi^2=53.587$ sig = 0.010									

由上表可知，诸群体在“社会经济地位在本地所属层次”的认知上存在差异。企业员工、农民、弱势群体、做小生意者、自由职业者对自己经济社会地位认知低于其他群体，处于中下与下层的比例较高。

全国

	官员	企业家	企业员工	农民	科教医群体	弱势群体	做小生意者	演艺界
1—最底层	0.8%	2.5%	4.6%	9.1%	2.3%	7.6%	6.5%	
2	5.3%	3.6%	5.7%	10.7%	3.9%	7.5%	10.1%	
3	8.4%	6.7%	13.7%	20.3%	8.3%	15.4%	15.2%	16.7%
4	17.6%	14.0%	19.9%	17.6%	14.5%	18.3%	19.6%	10.0%
5	40.5%	33.2%	34.2%	28.8%	38.9%	32.5%	32.6%	46.7%

续表

	官员	企业家	企业员工	农民	科教医群体	弱势群体	做小生意者	演艺界
6	14.5%	20.1%	14.3%	8.2%	20.2%	10.7%	10.9%	16.7%
7	6.9%	13.1%	5.0%	2.5%	7.3%	4.4%	2.9%	3.3%
8	3.8%	5.3%	1.5%	1.6%	3.1%	2.1%	0.7%	6.7%
9	2.3%	0.6%	0.2%	0.2%	0.8%	0.3%		
10—最顶层		0.6%	0.7%	0.5%	0.3%	0.7%	1.4%	
总计	100.0%	100.0%	100.0%	100.0%	100.0%	100.0%	100.0%	100.0%
$\chi^2=497.530$　sig = 0.000								

由上表可知，诸群体在“社会经济地位在本地所属层次”的认知上存在差异。农民、弱势群体和做小生意者相比其他群体定位较低，有 20.3%、15.4% 和 15.2% 认为自己仅处于第三层，且农民选择自己处于第五层的较少，仅占 28.8%。

由上表可知，无论是江苏还是全国，诸群体在“社会经济地位在本地所属层次”的认知上有共识。不论全国还是江苏，诸群体都较多选择自己处于中层。其中农民和弱势群体普遍认为自己处于中下阶层；企业家群体在江苏和全国分别有 27.8% 和 33.2% 选择处于中上。因此，江苏和全国的诸群体在该认知上具有一定共识。

C1 对当前我国社会道德状况的总体评价 * 诸群体

江苏

	官员	企业家	企业员工	农民	科教医群体	弱势群体	做小生意者	演艺界	自由职业者
非常满意	7.7%	5.6%	4.3%	19.3%	1.7%	6.3%	2.1%		
比较满意	61.5%	44.4%	53.7%	64.5%	49.1%	63.1%	70.2%	25.0%	63.6%
比较不满意	26.9%	38.9%	31.8%	11.7%	38.8%	25.9%	19.1%	75.0%	27.3%
非常不满意	3.8%	11.1%	10.1%	4.6%	10.3%	4.7%	8.5%		9.1%
总计	100.0%	100.0%	100.0%	100.0%	100.0%	100.0%	100.0%	100.0%	100.0%
$\chi^2=112.297$　sig = 0.000									

由上表可知，诸群体在“对当前我国社会道德状况的总体评价”上有差异。企业家、科教医群体的满意度较低，分别有 44.4% 和 49.1% 选择了比较满意，其他群体大约有 60% 左右选择了较为满意。

全国

	官员	企业家	企业员工	农民	科教医群体	弱势群体	做小生意者	演艺界
非常满意		1.5%	0.7%	3.4%	2.1%	2.0%	4.2%	
比较满意	29.6%	26.2%	27.4%	47.0%	26.2%	30.9%	38.0%	15.4%
一般	39.4%	51.0%	46.2%	34.2%	38.5%	42.1%	33.8%	38.5%
比较不满意	26.8%	17.8%	21.4%	12.3%	26.7%	20.0%	19.7%	46.2%
非常不满意	4.2%	3.5%	4.3%	1.6%	6.4%	4.3%	4.2%	
总计	100.0%	100.0%	100.0%	100.0%	100.0%	100.0%	100.0%	100.0%
$\chi^2=239.426$　sig = 0.000								

由上表可知，诸群体在“对当前我国社会道德状况的总体评价”上有差异。农民和做小生意者的满意度较高，分别有47%和38%选择较为满意，其他群体较为满意的比例都不足31%。

总体而言，无论是江苏还是全国，诸群体在“对当前我国社会道德状况的总体评价”的认知上存在一定共识。其中，企业家和科教医群体的满意度较低，选择比较不满意的江苏的企业家和科教医群体分别有38.9%和38.8%，全国的企业家和科教医群体选择一般和比较不满意的则有68.8%和65.2%；无论江苏还是全国，做小生意者和农民群体满意度较高。

C13 造成人际关系紧张的原因＊诸群体

江苏

	官员	企业家	企业员工	农民	科教医群体	弱势群体	做小生意者	演艺界	自由职业者	卡方检验
社会资源缺乏，引发恶性竞争	44.4%	38.9%	41.6%	46.7%	37.9%	38.2%	38.3%	25.0%	36.4%	$\chi^2=112.297$ sig = 0.000
相关部门过度宣扬竞争意识	18.5%	11.1%	23.1%	20.8%	16.4%	18.1%	22.3%	50.0%	18.2%	$\chi^2=23.471$ sig = 0.102
社会财富分配不公，贫富差距过大	70.4%	72.2%	75.2%	56.3%	82.8%	71.2%	66.0%	100.0%	90.9%	$\chi^2=46.718$ sig = 0.000
个人主义盛行	37.0%	38.9%	36.8%	40.1%	42.2%	39.0%	31.9%	25.0%	36.4%	$\chi^2=17.272$ sig = 0.368
缺乏爱心	48.1%	50.0%	40.4%	42.1%	42.2%	50.3%	50.0%	50.0%	54.5%	$\chi^2=24.235$ sig = 0.085
缺乏宽容	63.0%	66.7%	49.5%	45.7%	56.9%	55.8%	54.3%	75.0%	63.6%	$\chi^2=23.901$ sig = 0.092

续表

	官员	企业家	企业员工	农民	科教医群体	弱势群体	做小生意者	演艺界	自由职业者	卡方检验
缺乏相互理解和沟通的意识和能力	77.8%	33.3%	53.1%	47.2%	61.2%	52.4%	55.3%	50.0%	54.5%	$\chi^2=27.407$ sig = 0.037
制度安排不公正，机会不平等	48.1%	61.1%	53.1%	35.5%	59.5%	54.7%	43.6%	75.0%	45.5%	$\chi^2=41.414$ sig = 0.000
一切诉诸利益或法律，人际关系缺乏伦理调节的机制和能力	29.6%	27.8%	22.4%	23.9%	25.0%	24.3%	21.3%		36.4%	$\chi^2=19.680$ sig = 0.235

由上表可知，诸群体在“造成人际关系紧张的原因”的选择上有差异，超过80%的科教医群体认为“社会财富分配不公，贫富差距过大”导致了人际关系紧张，而官员则认为主要是人们“缺乏相互理解和沟通的意识和能力”导致了人际关系紧张。

全国

	官员	企业家	企业员工	农民	科教医群体	弱势群体	做小生意者	演艺界
社会资源缺乏，引发恶性竞争	5.6%	6.9%	9.6%	9.1%	7.5%	8.2%	9.9%	7.7%
过度宣扬竞争意识	5.6%	8.9%	4.9%	3.3%	7.0%	5.2%	5.6%	
社会财富分配不公，贫富差距过大	46.5%	44.6%	42.0%	42.9%	41.2%	42.5%	39.4%	53.8%
个人主义盛行	12.7%	6.4%	9.9%	6.8%	10.2%	8.6%	7.0%	15.4%
缺乏爱心		5.0%	5.6%	5.4%	4.8%	7.3%	5.6%	7.7%
缺乏宽容	2.8%	5.9%	5.6%	5.6%	3.7%	5.8%	7.0%	7.7%
缺乏相互理解和沟通的意识和能力	12.7%	13.9%	10.5%	9.1%	16.6%	9.9%	14.1%	
制度安排不公正，机会不平等	7.0%	6.9%	7.9%	5.1%	5.9%	5.3%	9.9%	7.7%
一切诉诸利益或法律，人际关系缺乏伦理调节的机制和能力	4.2%	1.0%	1.7%	1.2%	0.5%	1.4%	1.4%	
其他	1.4%		0.2%	0.3%	1.1%	0.7%		
总计	100.0%	100.0%	100.0%	100.0%	100.0%	100.0%	100.0%	100.0%
$\chi^2=215.899$　sig = 0.000								

由上表可知，诸群体在“造成人际关系紧张的原因”的选择上有差异。科教医群体相较其他群体更多选择“缺乏相互理解和沟通的意识和能力”，占16.6%。

总体而言，江苏和全国的诸群体在“造成人际关系紧张的原因”的认知上有共识。江苏和全国的诸群体认为“社会财富分配不公，贫富差距过大”是最为主要的原因。其次，“缺乏相互理解和沟通的意识和能力”也是重要的原因。

C14 造成人身心不和谐，如忧郁、精神分裂、自杀等的主要原因 * 诸群体

江苏

	官员	企业家	企业员工	农民	科教医群体	弱势群体	做小生意者	演艺界	自由职业者	卡方检验
生活压力大	66.7%	61.1%	51.9%	47.7%	59.5%	50.3%	60.6%	75.0%	27.3%	$\chi^2=19.365$ sig=0.250
竞争激烈，工作压力过大，身心疲惫	74.1%	77.8%	74.3%	57.4%	78.4%	71.2%	73.4%	50.0%	45.5%	$\chi^2=31.586$ sig=0.011
社会保障体系不健全，对自己和未来没有把握	33.3%	55.6%	39.9%	33.0%	53.4%	37.7%	36.2%	25.0%	63.6%	$\chi^2=23.731$ sig=0.096
人与人之间缺乏信任感，人际关系紧张	63.0%	72.2%	41.3%	29.9%	50.0%	43.5%	38.3%	25.0%	72.7%	$\chi^2=35.978$ sig=0.003
有烦恼很难找到人倾诉和排解	48.1%	44.4%	39.9%	36.5%	50.9%	44.0%	44.7%	25.0%	54.5%	$\chi^2=14.311$ sig=0.576
个人的文化底蕴和文化积累不够，缺乏自我理解和自我调节能力	48.1%	44.4%	37.7%	29.4%	44.0%	37.2%	37.2%	75.0%	45.5%	$\chi^2=16.503$ sig=0.418
现代人缺乏安顿自己、化解内心矛盾的能力	63.0%	44.4%	32.9%	28.4%	44.0%	36.6%	31.9%	50.0%	45.5%	$\chi^2=24.784$ sig=0.074
缺乏道德公正，没有道德的人总是讨便宜	33.3%	27.8%	21.2%	16.8%	24.1%	24.1%	27.7%	25.0%	36.4%	$\chi^2=14.898$ sig=0.532
缺乏理想和信念支持，精神没有寄托和归宿	33.3%	44.4%	32.2%	25.4%	44.0%	32.2%	40.4%	50.0%	36.4%	$\chi^2=20.496$ sig=0.199

由上表可知，诸群体在“造成人身心不和谐，如忧郁、精神分裂、自杀等的主要原因”的选择上整体有共识，多数人认为“生活压力大、缺乏信任感，人际

关系紧张以及缺乏安顿自己、化解矛盾的能力”是主要的原因。

全国

	官员	企业家	企业员工	农民	科教医群体	弱势群体	做小生意者	演艺界
欲望过多过大，不能知足常乐	18.3%	16.8%	14.4%	17.2%	13.4%	16.0%	9.9%	7.7%
社会保障体系不健全，对自己和未来没有把握	5.6%	12.9%	12.3%	10.6%	10.7%	12.5%	12.7%	23.1%
竞争激烈，工作压力过大，身心疲惫	36.6%	33.2%	35.8%	26.5%	36.9%	31.0%	42.3%	23.1%
人与人之间缺乏信任感，人际关系紧张	12.7%	10.4%	11.2%	10.0%	10.2%	10.9%	9.9%	15.4%
有烦恼很难找到人倾诉和排解	1.4%	4.5%	5.3%	6.9%	5.9%	5.0%	7.0%	
个人的文化底蕴和文化积累不够，缺乏自我理解和自我调节能力	14.1%	9.4%	8.6%	7.9%	8.0%	8.6%	5.6%	15.4%
现代人缺乏安顿自己、化解内心矛盾的能力	1.4%	6.9%	3.4%	2.8%	5.3%	3.3%	1.4%	7.7%
缺乏道德公正，没有道德的人总是讨便宜	1.4%	0.5%	3.4%	3.2%	2.1%	2.5%	7.0%	
缺乏理想和信念支持，精神没有寄托和归宿	7.0%	3.5%	3.6%	1.9%	4.8%	3.3%	4.2%	7.7%
总计	100.0%	100.0%	100.0%	100.0%	100.0%	100.0%	100.0%	100.0%
$\chi^2 = 237.909$　sig = 0.000								

由上表可知，诸群体在“造成人身心不和谐，如忧郁、精神分裂、自杀等的主要原因”的选择上有差异。农民相较其他群体仅有26.5%选择“竞争激烈”，做小生意者则更多选择“竞争激烈，工作压力过大，身心疲惫”，占42.3%；官员选择“个人文化底蕴和积累”的较多，达14.1%。

总体而言，江苏和全国的诸群体在“造成人身心不和谐，如忧郁、精神分裂、自杀等的主要原因”的选择上存在差异。江苏诸群体认为“现代人缺乏安顿自己、化解内心矛盾的能力”是一个重要的原因，但是全国诸群体并不看重。无论江苏还是全国，农民和演艺界诸群体对于“竞争激烈，工作压力过大，身心疲惫”的选择都少于其他群体水平。因此，江苏和全国诸群体在该认知上存在差异。

C17 当前中国社会个人道德素质的主要问题 ＊ 诸群体

江苏

	官员	企业家	企业员工	农民	科教医群体	弱势群体	做小生意者	演艺界	自由职业者
道德上无知	19.2%	33.3%	13.4%	9.9%	14.7%	13.8%	10.9%		36.4%
有道德知识，但不见诸行动	61.5%	50.0%	73.2%	76.4%	75.9%	73.4%	76.1%	100.0%	54.5%
既无知，也不行动	11.5%	16.7%	12.2%	10.5%	8.6%	9.8%	10.9%		9.1%
其他	7.7%		1.2%	3.1%	0.9%	2.9%	2.2%		
总计	100.0%	100.0%	100.0%	100.0%	100.0%	100.0%	100.0%	100.0%	100.0%
$\chi^2 = 27.708$ sig = 0.273									

由上表可知，诸群体在“当前中国社会个人道德素质的主要问题”的选择上有共识。大致70%左右的诸群体选择“有道德知识，但不见诸行动”，10%左右的诸群体选择“既无知，也不行动”。

全国

	官员	企业家	企业员工	农民	科教医群体	弱势群体	做小生意者	演艺界
道德上无知	18.3%	10.4%	11.8%	11.9%	7.0%	12.0%	9.9%	7.7%
有道德知识，但不见诸行动	70.4%	71.3%	65.3%	60.0%	73.3%	61.9%	73.2%	76.9%
既道德上无知，也不见道德行动	11.3%	15.3%	18.5%	13.0%	17.1%	17.2%	14.1%	7.7%
其他		1.0%	1.1%	1.8%	1.1%	1.8%	2.8%	
总计	100.0%	100.0%	100.0%	100.0%	100.0%	100.0%	100.0%	100.0%
$\chi^2 = 160.014$ sig = 0.000								

由上表可知，诸群体在“当前中国社会个人道德素质的主要问题”的选择上有差异。农民和弱势群体较其他群体较少选择“有道德知识，但不见诸行动”，仅占60%和61.9%。

总体而言，江苏和全国的诸群体在“当前中国社会个人道德素质的主要问题”的认知上有差异。江苏61.5%的官员和50%的企业家选择“有道德知识，但不见诸行动”，全国选择该选项的官员和企业家高达70.4%和71.3%。而选择该选项的其他群体的人数，江苏普遍高于全国。因此判断，江苏和全国的诸群体在此认知上有差异。

C19 对自己目前的社会状态是否满意 ＊ 诸群体

江苏

	官员	企业家	企业员工	农民	科教医群体	弱势群体	做小生意者	演艺界	自由职业者
很满意	29.6%	11.1%	12.5%	34.5%	9.5%	12.3%	14.9%		
比较满意	55.6%	83.3%	65.1%	53.8%	72.4%	70.2%	63.8%	100.0%	90.9%
不太满意	11.1%	5.6%	20.9%	10.7%	17.2%	16.0%	20.2%		
很不满意	3.7%		1.4%	1.0%	0.9%	1.6%	1.1%		9.1%
总计	100.0%	100.0%	100.0%	100.0%	100.0%	100.0%	100.0%	100.0%	100.0%
$\chi^2=87.364$　sig = 0.000									

由上表可知，诸群体在“对自己目前的社会状态是否满意”的认知上有差异，30%左右的官员和农民很满意自己的社会状况。但是20%左右的企业员工和做小生意者不太满意自己的社会状况。

全国

	官员	企业家	企业员工	农民	科教医群体	弱势群体	做小生意者	演艺界
非常不幸福	0.8%	0.8%	0.7%	1.8%	1.0%	1.9%	2.9%	
比较不幸福	3.1%	4.2%	5.7%	9.0%	4.7%	7.9%	10.1%	3.3%
说不上幸福不幸福	12.2%	16.8%	20.1%	16.5%	17.9%	19.3%	21.7%	13.3%
比较幸福	62.6%	63.7%	60.1%	60.5%	60.4%	55.8%	50.0%	73.3%
非常幸福	21.4%	14.5%	13.2%	11.6%	15.3%	14.6%	15.2%	10.0%
总计	100.0%	100.0%	100.0%	100.0%	100.0%	100.0%	100.0%	100.0%
$\chi^2=111.266$　sig = 0.000								

由上表可知，诸群体在“对自己目前的社会状态是否满意”的认知上存在差异，农民、弱势群体和做小生意者满意度较低，“比较幸福”和“非常幸福”的比例分别是72.1%、70.4%和65.2%。

总体而言，无论是江苏还是全国，诸群体在“对自己目前的社会状态是否满意或幸福”的认知上有共识。其中，大部分群体选择“比较满意”居多，占60%左右。企业家群体占比最高，在江苏占83.3%，在全国占63.7%；农民和弱势群体则满意度稍低一些，有近10%选择“不太满意”。因此，江苏和全国的诸群体在该认知上存在共识。

C20 您觉得政府推动或倡导的下列活动，效果如何 ＊ 诸群体

江苏

	官员	企业家	企业员工	农民	科教医群体	弱势群体	做小生意者	演艺界	自由职业者	F 检验
文明城市创建的效果	3.07	2.94	2.83	3.54	2.74	3.00	3.05	2.75	2.73	F = 10.454 sig = 0.000
学雷锋活动的效果	2.81	2.67	2.68	3.11	2.54	2.87	2.96	2.25	2.64	F = 5.802 sig = 0.000
典型人物宣传（感动中国、中国好人、道德楷模等）的效果	2.74	3.17	2.90	3.42	2.78	3.12	3.16	3.25	3.18	F = 6.794 sig = 0.000
志愿服务倡导和推广的效果	2.88	3.22	3.09	3.57	2.98	3.26	3.05	2.75	3.18	F = 6.546 sig = 0.000
反腐倡廉举措的效果	2.78	3.00	2.83	3.31	2.57	2.86	2.83	2.50	2.82	F = 5.166 sig = 0.000
《公民道德建设实施纲要》推进的效果	3.08	3.67	3.47	4.22	3.23	3.63	3.79	3.25	3.91	F = 8.872 sig = 0.000

注：表中数值为平均值，1 = 完全没效果，2 = 效果较差，3 = 效果较好，4 = 效果很好，5 = 没听说过

由上表可知，诸群体在“您觉得政府推动或倡导的下列活动，效果如何”的认知上存在差异。如文明城市创建中，官员、农民群体、弱势群体和做小生意者觉得效果较好；在学雷锋活动的满意度上，除农民外诸群体普遍认为效果没有其他活动好。

全国

	官员	企业家	企业员工	农民	科教医群体	弱势群体	做小生意者	演艺界	F 检验
文明城市创建	3.35	3.39	3.48	4.16	3.27	3.63	3.69	3.38	F = 25.908 sig = 0.000
学雷锋活动	3.08	3.17	3.17	3.62	2.82	3.31	3.20	3.00	F = 15.114 sig = 0.000
典型人物的宣传（感动中国，中国好人等）	3.25	3.47	3.36	3.91	3.21	3.59	3.32	3.46	F = 16.767 sig = 0.000
志愿服务的倡导和推广	3.38	3.50	3.50	4.24	3.27	3.74	3.54	3.54	F = 26.892 sig = 0.000
反腐倡廉的举措	3.04	3.05	2.96	3.48	2.78	3.16	3.03	2.38	F = 11.718 sig = 0.000

续表

	官员	企业家	企业员工	农民	科教医群体	弱势群体	做小生意者	演艺界	F 检验
公民道德建设实施纲要的推进	3.48	3.62	3.67	4.56	3.37	4.02	4.17	3.08	F = 30.283 sig = 0.000

注：表中数值为平均值，1 = 完全没有效果，2 = 有较少的效果，3 = 一般，4 = 有较多的效果，5 = 有非常多的效果

由上表可知，诸群体在“您觉得政府推动或倡导的下列活动，效果如何”的认知上存在差异。相较于其他群体，农民对各个活动的效果的评价较高，科教医群体相较其他群体普遍认为效果略差些。

总体而言，无论是江苏还是全国，诸群体在“您觉得政府推动或倡导的下列活动，效果如何”的认知上有共识。其中，农民认为效果最好，科教医群体相较于其他群体认为效果差一些。“学雷锋活动”是诸群体都认为效果较差一些的活动。“文明城市创建”和“志愿服务的倡导和推广”是诸群体认为效果较好的活动，全国平均值3.3以上，江苏的平均值在3以上。因此，江苏和全国的诸群体在该认知上有共识。

C22a 下列关系中，根据重要程度进行排序（第一重要）＊诸群体

江苏

	官员	企业家	企业员工	农民	科教医群体	弱势群体	做小生意者	演艺界	自由职业者
父母与子女	63.0%	61.1%	64.7%	53.6%	47.0%	70.1%	60.2%	25.0%	72.7%
夫妇	25.9%	22.2%	21.7%	26.6%	30.4%	19.8%	26.9%	50.0%	27.3%
兄弟姐妹				1.6%		0.8%			
同事或同学					0.9%	0.3%			
上级或下级		5.6%		1.6%					
师生						0.3%			
与自然的关系			1.0%		2.6%	1.3%	1.1%		
个人与社会			1.2%	4.7%		0.8%	4.3%		
个人与国家	11.1%	11.1%	6.0%	9.4%	7.8%	3.7%	3.2%		
个人与工作单位			1.0%			0.8%			
朋友			1.0%	1.6%	0.9%	.			

续表

	官员	企业家	企业员工	农民	科教医群体	弱势群体	做小生意者	演艺界	自由职业者
个人与自身的关系（身心和谐）			3.4%	1.0%	10.4%	2.1%	4.3%	25.0%	
总计	100.0%	100.0%	100.0%	100.0%	100.0%	100.0%	100.0%	100.0%	100.0%
$\chi^2=141.936$ sig = 0.000									

由上表可知，诸群体在“下列关系中，根据重要程度进行排序（第一重要）”的选择上存在差异，分别有10.4%的科教医群体和25%的演艺界群体认为与自身的关系是第一重要的。农民、科教医群体与演艺界认为“父母与子女”是最主要关系的比例偏低，分别为53.6%、47.0%和25.0%。

全国

	官员	企业家	企业员工	农民	科教医群体	弱势群体	做小生意者	演艺界
父母与子女	59.2%	63.9%	61.0%	62.2%	54.0%	61.1%	57.7%	61.5%
夫妻	25.4%	22.8%	25.6%	26.5%	27.8%	24.2%	28.2%	23.1%
兄弟姐妹			0.3%	0.7%		1.0%		
同事或同学		0.5%	0.6%	0.2%		0.5%	1.4%	7.7%
上级与下级	4.2%		1.4%	1.1%	1.6%	0.5%		
师生		1.0%	0.4%	0.2%		0.2%		
人与自然的关系	1.4%	0.5%	1.3%	0.5%	5.9%	1.1%		
个人与社会	2.8%	5.0%	4.1%	1.9%	3.7%	3.3%	1.4%	7.7%
个人与国家	4.2%	3.0%	1.5%	3.4%	1.1%	4.1%	5.6%	
个人与工作单位			1.2%	0.2%	1.6%	0.5%		
通过网络建立的关系		0.5%	0.2%			0.2%		
朋友		1.0%	0.9%	0.5%	1.1%	0.7%	1.4%	
个人与自身的关系	2.8%	2.0%	1.0%	0.4%	2.7%	1.9%	4.2%	
其他			0.2%	0.2%		0.1%		
总计	100.0%	100.0%	100.0%	100.0%	100.0%	100.0%	100.0%	100.0%
$\chi^2=231.468$ sig = 0.000								

由上表可知，诸群体在“下列关系中，根据重要程度进行排序（第一重要）”的选择上存在差异。相较于其他群体，做小生意者和科教医群体较少认为“父母与子女”是最为重要的关系，仅占57.7%和54%。

总体而言，无论是江苏还是全国，诸群体在“下列关系中，根据重要程度进行排序（第一重要）”的选择上有共识。诸群体中认为父母与子女关系是第一重要的人数最多，大多占60%左右。因此，江苏和全国的诸群体在该认知上存在一定共识。

C22b 下列关系中，根据重要程度进行排序（第二重要）＊诸群体

江苏

	官员	企业家	企业员工	农民	科教医群体	弱势群体	做小生意者	演艺界	自由职业者
父母与子女	29.6%	33.3%	23.9%	33.2%	39.1%	21.2%	26.9%	75.0%	27.3%
夫妇	48.1%	61.1%	55.9%	43.2%	41.7%	56.0%	48.4%	25.0%	63.6%
兄弟姐妹	7.4%		6.3%	7.9%	4.3%	10.6%	17.2%		9.1%
同事或同学			1.0%	1.1%	2.6%	0.8%			
上级或下级	11.1%	5.6%	1.7%	1.1%	0.9%	0.8%	1.1%		
师生			0.2%	0.5%		0.8%			
与自然的关系			1.0%	1.1%	0.9%	1.3%			
个人与社会	3.7%		5.4%	3.7%	8.7%	3.4%	1.1%		
个人与国家			2.0%	4.2%		4.0%	3.2%		
个人与工作单位			1.0%	1.6%			1.1%		
通过网络建立的关系				0.5%					
朋友			0.7%	1.6%	0.9%	0.5%	1.1%		
个人与自身的关系（身心和谐）			1.0%	0.5%	0.9%	0.5%			
总计	100.0%	100.0%	100.0%	100.0%	100.0%	100.0%	100.0%	100.0%	100.0%
$\chi^2=113.293$　sig = 0.110									

由上表可知，诸群体在“下列关系中，根据重要程度进行排序（第二重要）”的选择上有共识。除演艺界群体外多数群体选择夫妇关系是第二重要的。

全国

	官员	企业家	企业员工	农民	科教医群体	弱势群体	做小生意者	演艺界
父母与子女	28.2%	23.8%	25.2%	27.6%	27.3%	26.8%	23.9%	7.7%
夫妻	47.9%	48.0%	45.9%	48.5%	40.6%	45.6%	43.7%	38.5%
兄弟姐妹	2.8%	7.9%	7.0%	9.3%	3.2%	8.1%	8.5%	15.4%
同事或同学	1.4%	0.5%	1.7%	0.4%	2.1%	1.4%	1.4%	

续表

	官员	企业家	企业员工	农民	科教医群体	弱势群体	做小生意者	演艺界
上级与下级	1.4%	3.0%	1.8%	0.8%	0.5%	1.3%	1.4%	7.7%
师生		0.5%	1.0%	1.1%	1.1%	0.7%		7.7%
人与自然的关系	2.8%	1.5%	1.8%	1.1%	4.3%	1.6%	5.6%	7.7%
个人与社会	1.4%	3.0%	4.1%	3.5%	6.4%	5.3%	11.3%	
个人与国家	8.5%	3.5%	2.8%	1.7%	4.8%	2.8%	1.4%	
个人与工作单位	4.2%	3.0%	2.3%	0.7%	5.9%	1.1%		
通过网络建立的关系			0.4%	0.1%		0.2%		
朋友	1.4%	4.0%	3.9%	1.8%	1.1%	2.9%	2.8%	15.4%
个人与自身的关系		1.0%	1.5%	0.5%	2.1%	1.4%		
其他			0.1%	0.1%				
总计	100.0%	100.0%	100.0%	100.0%	100.0%	100.0%	100.0%	100.0%
$\chi^2=239.316$　sig = 0.000								

由上表可知，诸群体在“下列关系中，根据重要程度进行排序（第二重要）”的认知上存在差异。科教医群体相较其他群体认为夫妻关系第二重要的占比较少，仅有40.6%；官员群体更多的认为“个人与国家”的关系是第二重要的，占8.5%。

总体而言，江苏和全国的诸群体在“下列关系中，根据重要程度进行排序（第二重要）”的认知上存在差异。大多都认为夫妻关系是第二重要的，此外，全国样本的官员中有10%左右认为个人与国家的关系是第二重要的，与此同时，江苏的科教医群体中也有8%左右认为个人与社会的关系是第二重要的。因此，江苏和全国的诸群体在该认知上存在差异。

C22c 下列关系中，根据重要程度进行排序（第三重要）＊诸群体

江苏

	官员	企业家	企业员工	农民	科教医群体	弱势群体	做小生意者	演艺界	自由职业者
父母与子女	7.4%	5.6%	6.6%	6.9%	8.8%	4.6%	6.5%		
夫妇	7.4%	11.1%	8.3%	13.3%	14.0%	9.1%	17.4%		
兄弟姐妹	40.7%	50.0%	60.3%	57.4%	52.6%	64.2%	55.4%	75.0%	72.7%
同事或同学	11.1%	16.7%	5.6%	3.2%	7.0%	3.8%	4.3%		9.1%
上级或下级			2.0%	2.7%		1.3%	1.1%	25.0%	

续表

	官员	企业家	企业员工	农民	科教医群体	弱势群体	做小生意者	演艺界	自由职业者
师生			0.5%	1.1%		1.9%			
与自然的关系			1.2%	1.1%	2.6%	2.2%			
个人与社会	3.7%		3.7%	3.7%	3.5%	3.8%	5.4%		
个人与国家	18.5%	5.6%	3.2%	5.3%	3.5%	2.2%	3.3%		9.1%
个人与工作单位	3.7%		2.0%	1.1%	2.6%	1.6%			9.1%
朋友	7.4%	11.1%	4.4%	4.3%	2.6%	4.6%	5.4%		
个人与自身的关系（身心和谐）			2.2%		2.6%	0.8%	1.1%		
总计	100.0%	100.0%	100.0%	100.0%	100.0%	100.0%	100.0%	100.0%	100.0%
$\chi^2=104.931$　sig = 0.105									

由上表可知，不同群体在“下列关系中，根据重要程度进行排序（第三重要）”的认知上有共识，11.1%的企业家认为与朋友的关系是第三重要，18.5%的官员认为个人与国家的关系是第三重要。

全国

	官员	企业家	企业员工	农民	科教医群体	弱势群体	做小生意者	演艺界
父母与子女	7.0%	4.5%	5.0%	4.1%	6.4%	4.6%	12.7%	15.4%
夫妻	4.2%	9.4%	7.2%	8.7%	7.0%	9.3%	11.3%	7.7%
兄弟姐妹	42.3%	33.7%	38.5%	53.2%	27.3%	41.4%	39.4%	30.8%
同事或同学	5.6%	4.5%	6.4%	1.2%	8.0%	4.0%		7.7%
上级与下级	4.2%	5.0%	3.8%	1.1%	7.0%	2.5%		
师生	1.4%	1.0%	1.1%	1.4%	2.1%	1.7%	1.4%	
人与自然的关系	2.8%	3.5%	2.6%	1.9%	2.7%	2.9%	2.8%	
个人与社会	12.7%	10.4%	9.7%	6.2%	11.2%	8.3%	9.9%	7.7%
个人与国家	7.0%	4.0%	3.2%	4.9%	3.7%	5.4%	8.5%	
个人与工作单位	2.8%	4.5%	5.0%	0.8%	10.2%	3.8%	2.8%	23.1%
通过网络建立的关系		1.0%	0.2%	0.2%	0.5%	0.2%		
朋友	8.5%	11.9%	11.8%	9.5%	9.6%	10.5%	9.9%	7.7%
个人与自身的关系	1.4%	5.9%	4.5%	2.7%	3.2%	3.6%	1.4%	
其他		0.5%	0.2%	0.3%	0.5%	0.2%		
总计	100.0%	100.0%	100.0%	100.0%	100.0%	100.0%	100.0%	100.0%
$\chi^2=323.452$　sig = 0.000								

由上表可知，诸群体在“下列关系中，根据重要程度进行排序（第三重要）”的认知上存在差异。农民有53.2%认为兄弟姐妹关系是第三重要的，但是科教医群体、演艺界和企业家选择该选项比例较低，仅有27.3%、30.8%和33.7%。

由上表可知，江苏和全国的诸群体在“下列关系中，根据重要程度进行排序（第三重要）”的认知上存在差异。诸群体中大多数在江苏有50%以上的认为兄弟姐妹是第三重要的关系，而在全国仅有40%左右。而在全国，有10%左右的群体选择朋友是第三重要的关系。因此，江苏和全国的诸群体在该认知上存在差异。

C24 对个人生活最具根本性意义的关系 ＊ 诸群体

江苏

	官员	企业家	企业员工	农民	科教医群体	弱势群体	做小生意者	演艺界	自由职业者
家庭伦理关系或血缘关系	59.3%	64.7%	68.0%	68.6%	58.6%	68.5%	72.0%	75.0%	81.8%
个人与社会的关系	18.5%	11.8%	11.7%	12.0%	12.1%	10.5%	16.1%		18.2%
职业伦理关系	7.4%		2.4%	1.6%	2.6%	4.6%	3.2%		
个人与国家民族的关系	11.1%	17.6%	8.7%	9.9%	10.3%	8.9%	2.2%		
人与自然的关系		5.9%	1.7%	1.6%	6.9%	1.3%	2.2%		
个人与他自身的关系	3.7%		7.5%	6.3%	9.5%	6.2%	4.3%	25.0%	
总计	100.0%	100.0%	100.0%	100.0%	100.0%	100.0%	100.0%	100.0%	100.0%
$\chi^2=45.452$ sig = 0.255									

由上表可知，诸群体在“对个人生活最具根本性意义的关系”的选择上有共识，诸群体中大多数选择家庭伦理关系或血缘关系。

全国

	官员	企业家	企业员工	农民	科教医群体	弱势群体	做小生意者	演艺界
家庭伦理关系或血缘关系	47.9%	53.0%	59.0%	70.6%	52.4%	62.5%	62.0%	46.2%
个人与社会的关系	38.0%	22.3%	22.9%	13.3%	25.7%	18.4%	18.3%	46.2%
职业伦理关系	2.8%	5.4%	4.2%	1.1%	5.3%	2.9%	1.4%	7.7%
个人与国家民族的关系	7.0%	11.4%	6.2%	5.7%	9.6%	8.7%	11.3%	

续表

	官员	企业家	企业员工	农民	科教医群体	弱势群体	做小生意者	演艺界
个人与自然的关系	2.8%	1.0%	2.4%	1.0%	1.6%	1.9%		
个人与他自身的关系	1.4%	5.4%	3.5%	1.5%	3.2%	2.8%	4.2%	
其他			0.2%	0.1%	0.5%	0.1%		
总计	100.0%	100.0%	100.0%	100.0%	100.0%	100.0%	100.0%	100.0%
$\chi^2=226.836$　sig = 0.000								

由上表可知，诸群体在“对个人生活最具根本性意义的关系”的选择上存在差异。农民、弱势群体和做小生意者选择“家庭伦理关系”的比其他群体占比更高，达62%及以上。官员群体有38%选择“个人与社会的关系”，演艺界有46.2%选择“个人与社会的关系”，远高于其他群体。

由上表可知，江苏和全国的诸群体在“对个人生活最具根本性意义的关系”的认知上存在差异。江苏的诸群体选择“家庭伦理关系或血缘关系”比全国更多。官员群体较其他群体也有较多选择“个人与社会的关系”，在江苏和全国分别是18.5%和38%。因此，江苏和全国的诸群体在该认知上存在差异。

C25 是否会为了得到好处而仿效他人不守道德 ＊ 诸群体

江苏

	官员	企业家	企业员工	农民	科教医群体	弱势群体	做小生意者	演艺界	自由职业者
从来不这么做	88.9%	83.3%	69.7%	86.8%	69.0%	79.1%	79.8%	50.0%	54.5%
通常不这么做，关键时刻会这么做	3.7%	5.6%	17.5%	6.6%	21.6%	12.8%	12.8%	50.0%	27.3%
经常这么做			1.4%	1.0%		0.3%	1.1%		
说不清	7.4%	11.1%	11.3%	5.6%	9.5%	7.9%	6.4%		18.2%
总计	100.0%	100.0%	100.0%	100.0%	100.0%	100.0%	100.0%	100.0%	100.0%
$\chi^2=45.880$　sig = 0.005									

由上表可知，诸群体在“是否会为了得到好处而仿效他人不守道德”的认知上存在差异，科教医群体、企业员工、演艺界和自由职业者选择“通常不这么做，关键时刻会这么做”的较多。

全国

	官员	企业家	企业员工	农民	科教医群体	弱势群体	做小生意者	演艺界
从来不这么做	81.7%	65.3%	68.0%	74.7%	77.0%	72.1%	73.2%	69.2%
通常不这么做，关键时刻会这么做	12.7%	19.3%	16.5%	10.4%	13.4%	13.2%	9.9%	30.8%
经常这么做		4.0%	1.3%	0.6%	1.6%	1.3%	4.2%	
说不清	4.2%	9.9%	12.8%	12.1%	7.0%	12.1%	9.9%	
总计	100.0%	100.0%	100.0%	100.0%	100.0%	100.0%	100.0%	100.0%
$\chi^2=88.103$ sig=0.000								

由上表可知，诸群体在“是否会为了得到好处而仿效他人不守道德”的认知上存在差异。企业家和演艺界选择“通常不这么做，关键时刻会这么做”的比例较高，达19.3%和30.8%。

总的来说，无论是江苏还是全国，诸群体在“是否会为了得到好处而仿效他人不守道德”的认知上有差异。江苏和全国的诸群体中，农民和官员选择“从来不这么做”的比例最高，而演艺界和企业员工选择该选项的较少。全国的农民和企业家选择“从来不这么做”的比例远低于江苏，而科教医群体选择该项的比例明显高于江苏。因此，江苏和全国的诸群体在该认知上有差异。

C27 从网络中获得的信息对思想行为的影响 * 诸群体

江苏

	官员	企业家	企业员工	农民	科教医群体	弱势群体	做小生意者	演艺界	自由职业者
影响很大		11.1%	4.3%	1.0%	7.8%	3.4%	10.9%		
有一些影响	40.7%	44.4%	34.7%	10.4%	46.6%	27.4%	29.3%	100.0%	27.3%
不太影响	18.5%	33.3%	21.2%	6.2%	24.1%	19.7%	8.7%		45.5%
完全没有影响	3.7%		5.5%	2.6%	6.0%	4.7%	3.3%		9.1%
不适用，因为不上网	37.0%	11.1%	34.2%	79.8%	15.5%	44.7%	47.8%		18.2%
总计	100.0%	100.0%	100.0%	100.0%	100.0%	100.0%	100.0%	100.0%	100.0%
$\chi^2=204.065$ sig=0.000									

由上表可知，诸群体在“从网络中获得的信息对思想行为的影响”的认知上存在差异，高达79.8%的农民认为“不适用”，但是7.8%的科教医群体认为“影响很大”。

全国

	官员	企业家	企业员工	农民	科教医群体	弱势群体	做小生意者	演艺界
影响很大	5.6%	8.4%	9.9%	3.2%	10.7%	7.2%	5.6%	23.1%
有一些影响	35.2%	46.5%	33.9%	8.8%	44.4%	21.3%	22.5%	53.8%
影响不大	36.6%	27.7%	25.6%	7.8%	29.9%	17.3%	11.3%	23.1%
完全没有影响	5.6%	5.0%	5.9%	3.4%	2.1%	3.7%	4.2%	
不适用，因为不上网	15.5%	12.4%	24.6%	73.9%	11.8%	49.6%	56.3%	
总计	100.0%	100.0%	100.0%	100.0%	100.0%	100.0%	100.0%	100.0%
$\chi^2=948.929$　sig = 0.000								

由上表可知，诸群体在“从网络中获得的信息对思想行为的影响”的认知上存在差异。农民、弱势群体和做小生意者较多选择“不适用”，而其他群体大约有40%以上选择有一些影响。科教医群体选择“影响很大”的占比最高，达10.7%。

总的来说，多数群体较多选择“有一些影响”，其中企业家、科教医群体比例较高，达45%左右。因此，江苏和全国的诸群体在该认知上有共识。

C28 下列状况的严重程度＊诸群体

江苏

	官员	企业家	企业员工	农民	科教医群体	弱势群体	做小生意者	演艺界	自由职业者	F检验
坑蒙拐骗	2.93	2.94	2.94	2.87	2.89	2.97	2.86	2.25	3.00	F = 0.850 sig = 0.558
人际关系冷漠，见危不救	2.78	2.83	2.79	2.58	2.80	2.79	2.81	2.75	2.82	F = 1.602 sig = 0.119
诚信缺乏，社会信用度低	2.59	2.89	2.82	2.66	2.79	2.79	2.81	3.00	3.18	F = 1.723 sig = 0.089
很多人在公共场所缺乏公德，如大声喧哗、不排队、随地吐痰等	2.70	2.78	2.82	2.59	2.91	2.81	2.87	3.00	3.09	F = 2.835 sig = 0.004
自私自利，损人利己，物欲横流	2.59	2.89	2.79	2.57	2.75	2.81	2.78	2.50	2.73	F = 2.272 sig = 0.021
缺乏公正心和正义感	2.59	2.72	2.67	2.42	2.73	2.69	2.68	2.50	2.82	F = 2.934 sig = 0.003

续表

	官员	企业家	企业员工	农民	科教医群体	弱势群体	做小生意者	演艺界	自由职业者	F 检验
缺乏羞耻感	2.52	2.67	2.61	2.24	2.62	2.63	2.65	2.50	3.00	F = 5.846 sig = 0.000
干部贪污受贿，以权谋利	2.78	2.89	3.20	2.93	3.25	3.23	3.29	3.00	3.73	F = 4.964 sig = 0.000
生活奢侈，铺张浪费	2.56	2.89	2.83	2.51	2.81	2.87	2.87	2.75	2.82	F = 4.198 sig = 0.000
奉行功利主义，相互算计	2.41	2.72	2.67	2.46	2.62	2.72	2.69	3.00	2.64	F = 2.602 sig = 0.000
企业损害社会利益的严重程度，如污染环境、以虚假广告误导公众等	2.81	2.89	2.98	2.73	3.03	3.01	3.04	2.75	3.27	F = 3.276 sig = 0.008
娱乐界以丑闻、绯闻炒作，污染社会风气	2.81	3.06	2.91	2.50	2.91	2.79	2.86	2.75	3.00	F = 4.806 sig = 0.001
媒体缺乏社会责任，炒作新闻	2.69	3.00	2.76	2.45	2.68	2.70	2.78	2.75	2.70	F = 3.033 sig = 0.000
社会财富分配不公，贫富悬殊过大	2.85	3.11	3.26	3.01	3.05	3.20	3.19	2.75	3.73	F = 3.972 sig = 0.002
教师不尽职	2.07	2.39	2.39	2.04	2.17	2.43	2.38	2.00	2.91	F = 5.536 sig = 0.000
医生不守职业道德	2.22	2.61	2.51	2.12	2.41	2.46	2.47	2.00	2.82	F = 4.695 sig = 0.000
公众人物用知名度攫取财富	2.67	3.06	2.76	2.36	2.81	2.75	2.74	3.00	3.09	F = 5.525 sig = 0.000
不爱国	1.81	2.39	2.06	1.79	2.03	1.99	1.93	1.75	2.18	F = 2.285 sig = 0.000
两性关系过度开放导致婚姻不稳定	2.72	2.94	2.80	2.63	2.67	2.84	2.93	2.75	2.27	F = 2.582 sig = 0.020
年轻人缺乏责任感，不孝敬父母	2.37	2.72	2.58	2.23	2.40	2.49	2.54	2.00	2.55	F = 4.012 sig = 0.008
父母和子女代沟问题严重，难以沟通	2.37	2.39	2.43	2.13	2.48	2.44	2.45	2.25	2.64	F = 4.009 sig = 0.000
父母过度干涉子女的工作和生活	2.33	2.17	2.21	2.05	2.27	2.18	2.27	2.75	2.09	F = 1.878 sig = 0.000
老无所养，缺乏安全感	2.27	2.44	2.48	2.22	2.50	2.44	2.40	2.75	2.73	F = 2.069 sig = 0.036

注：表中数值为平均值，1 = 非常不严重，2 = 比较不严重，3 = 比较严重，4 = 非常严重

由上表可知，诸群体在“下列状况的严重程度”的认知上存在差异。

全国

	官员	企业家	企业员工	农民	科教医群体	弱势群体	做小生意者	演艺界	F 检验
坑蒙拐骗	3. 59	3. 53	3. 54	3. 23	3. 58	3. 49	3. 56	3. 54	F = 11. 010 sig = 0. 000
人际关系冷漠	3. 44	3. 39	3. 44	2. 95	3. 45	3. 36	3. 46	3. 38	F = 27. 634 sig = 0. 000
诚信缺乏，社会信用低	3. 48	3. 56	3. 55	3. 06	3. 60	3. 43	3. 44	3. 77	F = 25. 904 sig = 0. 000
公共场所缺乏公德，如大声喧哗，不排队，随地吐痰等	3. 66	3. 46	3. 48	3. 12	3. 47	3. 43	3. 38	3. 62	F = 13. 497 sig = 0. 000
自私自利，损人利己，物欲横流	3. 56	3. 28	3. 40	3. 10	3. 43	3. 39	3. 42	3. 69	F = 12. 419 sig = 0. 000
缺乏公正心和正义感	3. 42	3. 28	3. 32	2. 94	3. 35	3. 25	3. 37	3. 23	F = 15. 283 sig = 0. 000
缺乏羞耻感	3. 25	3. 14	3. 17	2. 84	3. 29	3. 11	3. 11	3. 08	F = 10. 807 sig = 0. 000
干部贪污受贿，以权谋私	3. 77	4. 00	3. 96	3. 66	4. 04	3. 83	3. 87	4. 31	F = 7. 394 sig = 0. 000
生活奢侈，铺张浪费	3. 38	3. 49	3. 48	3. 22	3. 50	3. 42	3. 39	3. 46	F = 6. 558 sig = 0. 000
奉行功利主义，互相算计	3. 35	3. 39	3. 34	2. 94	3. 37	3. 23	3. 08	3. 62	F = 13. 994 sig = 0. 000
企业损害社会利益，如污染环境，以虚假广告误导公众等	3. 69	3. 63	3. 61	3. 01	3. 72	3. 41	3. 42	3. 77	F = 28. 906 sig = 0. 000
娱乐界以丑闻，绯闻炒作，污染社会风气	3. 48	3. 52	3. 29	2. 61	3. 57	3. 05	3. 00	3. 15	F = 28. 403 sig = 0. 000
媒体缺乏社会责任，炒作新闻	3. 39	3. 41	3. 26	2. 57	3. 40	3. 05	3. 21	3. 62	F = 29. 629 sig = 0. 000
社会财富分配不公，贫富悬殊过大	3. 92	3. 77	3. 95	3. 71	3. 91	3. 81	3. 80	4. 15	F = 4. 448 sig = 0. 000
教师不尽职	2. 85	3. 03	2. 94	2. 60	2. 87	2. 89	2. 97	2. 85	F = 11. 063 sig = 0. 000
医生不守职业道德	3. 21	3. 32	3. 12	2. 73	2. 98	3. 10	3. 18	3. 08	F = 18. 043 sig = 0. 000
公众人物用知名度攫取财富	3. 14	3. 21	3. 13	2. 53	3. 28	2. 92	3. 03	3. 46	F = 23. 215 sig = 0. 000

续表

	官员	企业家	企业员工	农民	科教医群体	弱势群体	做小生意者	演艺界	F 检验
不爱国	2.48	2.72	2.57	2.22	2.53	2.47	2.48	2.77	F = 11.767 sig = 0.000
两性关系过度开放导致婚姻不稳定	3.07	3.24	3.19	2.73	3.23	3.08	3.13	3.15	F = 14.896 sig = 0.000
年轻人缺乏责任感，不孝敬父母	3.10	3.20	3.05	2.80	3.09	3.06	3.06	3.23	F = 10.036 sig = 0.000
父母和子女代沟问题严重，难以沟通	3.07	3.12	3.05	2.80	3.14	3.08	3.11	3.00	F = 12.051 sig = 0.000
老无所养，缺乏安全感	3.13	3.18	3.13	2.87	3.09	3.09	3.23	3.54	F = 8.241 sig = 0.000

注：表中数值为平均值，1 = 非常不严重，2 = 比较不严重，3 = 一般，4 = 比较严重，5 = 非常严重

由上表可知，诸群体在“下列状况的严重程度”的认知上存在差异。

由上表可知，无论是江苏还是全国，不同群体在“下列状况的严重程度”的认知上有共识。诸多现象中，“干部贪污受贿，以权谋私”现象最为严重，各个群体都选择较多。因此，江苏和全国的诸群体在该认知上有共识。

C30a 与家庭成员之间发生冲突时首先选择的解决途径 ＊ 诸群体

江苏

	官员	企业家	企业员工	农民	科教医群体	弱势群体	做小生意者	演艺界	自由职业者
诉诸法律，打官司			1.0%	0.5%	0.9%	0.5%			
直接找对方沟通，但得理让人，适可而止	70.4%	61.1%	60.2%	60.3%	64.3%	52.5%	59.6%	50.0%	36.4%
通过第三方（如社会机构，朋友等）从中调解，尽量不伤和气	7.4%	5.6%	10.9%	5.2%	7.0%	10.0%	10.6%	50.0%	18.2%
能忍则忍	22.2%	33.3%	27.9%	34.0%	27.8%	36.9%	29.8%		45.5%
总计	100.0%	100.0%	100.0%	100.0%	100.0%	100.0%	100.0%	100.0%	100.0%
χ^2 = 29.789　sig = 0.192									

由上表可知，诸群体在“与家庭成员之间发生冲突时首先选择的解决途径”

的选择上有共识。诸群体大多数都选择“直接找对方沟通，但得理让人，适可而止”。但自由职业者更倾向于“能忍则忍”，演艺界人士除“直接找对方沟通外”更倾向于第三方调解。

全国

	官员	企业家	企业员工	农民	科教医群体	弱势群体	做小生意者	演艺界
诉诸法律，打官司			0.6%	0.8%		0.6%		
直接找对方沟通，但得理让人，适可而止	46.5%	60.4%	58.0%	53.1%	56.7%	52.0%	52.1%	61.5%
通过第三方从中调解，尽量不伤和气	5.6%	7.4%	7.6%	9.0%	8.0%	8.9%	5.6%	
能忍则忍	45.1%	29.7%	31.3%	34.4%	33.2%	34.0%	35.2%	38.5%
总计	100.0%	100.0%	100.0%	100.0%	100.0%	100.0%	100.0%	100.0%
$\chi^2=51.579$　sig = 0.148								

由上表可知，诸群体在“与家庭成员之间发生冲突时首先选择的解决途径”的选择上有共识。诸群体大多数都会选择“直接找对方沟通，但得理让人，适可而止”。

总的来说，江苏和全国的诸群体在“与家庭成员之间发生冲突时首先选择的解决途径”的选择上有差异。诸群体大多选择“直接找对方沟通”，也有较多人选择“能忍则忍”，但全国和江苏的官员和演艺界人士在选择比例上差别很大。因此，江苏和全国的诸群体在该认知上有差异。

C30b 与朋友之间发生冲突时首先选择的解决途径 ＊ 诸群体

江苏

	官员	企业家	企业员工	农民	科教医群体	弱势群体	做小生意者	演艺界	自由职业者
诉诸法律，打官司			1.7%	2.7%	0.9%	4.3%	2.2%		
直接找对方沟通但得理让人，适可而止	59.3%	27.8%	53.8%	55.4%	53.1%	43.3%	48.4%	75.0%	45.5%
通过第三方（如社会机构，朋友等）从中调解，尽量不伤和气	29.6%	55.6%	28.5%	23.1%	27.4%	29.1%	34.4%	25.0%	36.4%

续表

	官员	企业家	企业员工	农民	科教医群体	弱势群体	做小生意者	演艺界	自由职业者
能忍则忍	11.1%	16.7%	16.1%	18.8%	18.6%	23.3%	15.1%		18.2%
总计	100.0%	100.0%	100.0%	100.0%	100.0%	100.0%	100.0%	100.0%	100.0%
$\chi^2=33.056$ sig = 0.103									

由上表可知，诸群体在“与朋友之间发生冲突时首先选择的解决途径”的选择上有共识。大多数群体选择“直接找对方沟通”，而企业家和演艺界人士的选择明显与其他群体不同。

全国

	官员	企业家	企业员工	农民	科教医群体	弱势群体	做小生意者	演艺界
诉诸法律，打官司	1.4%		1.3%	1.5%	0.5%	1.1%	1.4%	
直接找对方沟通但得理让人，适可而止	46.5%	59.4%	53.1%	48.9%	56.1%	47.8%	42.3%	61.5%
通过第三方从中调解，尽量不伤和气	25.4%	20.3%	24.1%	22.6%	24.6%	23.2%	25.4%	38.5%
能忍则忍	25.4%	18.3%	19.3%	23.2%	16.0%	23.7%	26.8%	
总计	100.0%	100.0%	100.0%	100.0%	100.0%	100.0%	100.0%	100.0%
$\chi^2=59.564$ sig = 0.038								

由上表可知，诸群体在“与朋友之间发生冲突时首先选择的解决途径”的认知上存在差异。企业家选择“直接找对方沟通”的最多，占59.4%，演艺界群体更多选择“直接找对方沟通”，占61.5%。

由上表可知，江苏和全国的诸群体在“与朋友之间发生冲突时首先选择的解决途径”的选择上存在差异。其中，江苏和全国的企业家群体选择“直接找对方沟通”的比例差距较大，分别占27.8%和59.4%；农民和弱势群体比其他群体更多选择“能忍则忍”。因此，江苏和全国的不同群体在该认知上存在差异。

C30c 与同事之间发生冲突时首先选择的解决途径 * 诸群体

江苏

	官员	企业家	企业员工	农民	科教医群体	弱势群体	做小生意者	演艺界	自由职业者
诉诸法律，打官司			1.7%	1.8%		3.3%	2.2%		20.0%

续表

	官员	企业家	企业员工	农民	科教医群体	弱势群体	做小生意者	演艺界	自由职业者
直接找对方沟通但得理让人，适可而止	63.0%	44.4%	47.1%	47.9%	50.9%	41.2%	47.3%	75.0%	30.0%
通过第三方（如社会机构，朋友等）从中调解，尽量不伤和气	18.5%	27.8%	29.0%	21.2%	28.9%	29.8%	26.4%	25.0%	30.0%
能忍则忍	18.5%	27.8%	22.2%	29.1%	20.2%	25.7%	24.2%		20.0%
总计	100.0%	100.0%	100.0%	100.0%	100.0%	100.0%	100.0%	100.0%	100.0%
$\chi^2=35.812$　sig = 0.057									

由上表可知，诸群体在“与同事之间发生冲突时首先选择的解决途径”的选择上有共识。大多数群体倾向于选择“直接找对方沟通”。

全国

	官员	企业家	企业员工	农民	科教医群体	弱势群体	做小生意者	演艺界
诉诸法律，打官司	2.8%	1.0%	2.0%	2.4%	3.2%	1.8%	2.8%	15.4%
直接找对方沟通但得理让人，适可而止	42.3%	50.0%	43.7%	29.4%	44.9%	35.8%	40.8%	30.8%
通过第三方从中调解，尽量不伤和气	23.9%	23.3%	28.8%	17.1%	29.4%	22.9%	19.7%	38.5%
能忍则忍	29.6%	15.8%	18.8%	10.4%	17.1%	16.1%	18.3%	15.4%
总计	100.0%	100.0%	100.0%	100.0%	100.0%	100.0%	100.0%	100.0%
$\chi^2=497.118$　sig = 0.000								

由上表可知，诸群体在“与同事之间发生冲突时首先选择的解决途径”的选择上存在差异。企业家有50%选择“直接找对方沟通”，官员选择“能忍则忍”的较其他群体更多，占29.6%。

由上表可知，江苏和全国的诸群体在“与同事之间发生冲突时首先选择的解决途径”的选择上存在差异。官员与农民群体选择差距较大。其中，江苏的官员群体选择“直接找对方沟通”的占63%，但是在全国范围内只占42.3%；江苏的农民群体有29.1%选择“能忍则忍”，但是在全国仅有10.4%选择此项。因此，江苏和全国的诸群体在该认知上存在差异。

C30d 与商业伙伴之间发生冲突时首先选择的解决途径 ＊ 诸群体

江苏

	官员	企业家	企业员工	农民	科教医群体	弱势群体	做小生意者	演艺界	自由职业者
诉诸法律，打官司	63.0%	72.2%	54.8%	37.9%	56.4%	47.6%	43.5%	25.0%	60.0%
直接找对方沟通但得理让人，适可而止	25.9%	11.1%	20.9%	28.0%	20.0%	28.0%	31.5%	75.0%	
通过第三方（如社会机构，朋友等）从中调解，尽量不伤和气	3.7%	16.7%	17.6%	9.3%	20.9%	16.0%	14.1%		40.0%
能忍则忍	7.4%		6.8%	24.8%	2.7%	8.4%	10.9%		
总计	100.0%	100.0%	100.0%	100.0%	100.0%	100.0%	100.0%	100.0%	100.0%
$\chi^2=93.236$ sig = 0.000									

由上表可知，诸群体在“与商业伙伴之间发生冲突时首先选择的解决途径”的选择上存在差异。企业家更多选择“诉诸法律”，占72.2%；农民较其他群体更多选择“能忍则忍”，占24.8%。

全国

	官员	企业家	企业员工	农民	科教医群体	弱势群体	做小生意者	演艺界
诉诸法律，打官司	23.9%	32.2%	25.4%	14.8%	26.2%	20.4%	25.4%	53.8%
直接找对方沟通但得理让人，适可而止	18.3%	24.3%	20.4%	14.6%	18.7%	18.2%	19.7%	30.8%
通过第三方从中调解，尽量不伤和气	15.5%	20.3%	19.8%	11.7%	20.9%	14.8%	12.7%	7.7%
能忍则忍	4.2%	9.9%	5.4%	4.0%	4.8%	6.7%	11.3%	
不适用	38.0%	13.4%	28.6%	53.6%	29.4%	39.3%	31.0%	7.7%
总计	100.0%	100.0%	100.0%	100.0%	100.0%	100.0%	100.0%	100.0%
$\chi^2=279.962$ sig = 0.000								

由上表可知，诸群体在“与商业伙伴之间发生冲突时首先选择的解决途径”的选择上存在差异。官员、弱势群体、农民较其他群体更多选择“不适用”，分别占38%、39.3%和53.6%。

由上表可知，无论是江苏还是全国，诸群体在“与商业伙伴之间发生冲突时首先选择的解决途径”的选择上有共识。由于存在干扰项，全国比江苏多了“不适用”项，所以比例明显有差别，但诸群体较多选择“诉诸法律”，其中企业家的比例最高，在江苏和全国分别占到72.2%和32.2%；在“通过第三方调解”的选择上，科教医群体占比最高，在江苏和全国都是20.9%。因此，江苏和全国的诸群体在该认知上存在共识。

C31 对当前我国伦理关系和道德风尚造成最大负面影响的因素 ＊ 诸群体

江苏

	官员	企业家	企业员工	农民	科教医群体	弱势群体	做小生意者	演艺界	自由职业者
传统文化的崩坏	22.2%	33.3%	27.8%	27.8%	28.7%	25.1%	23.3%	50.0%	27.3%
外来文化的冲击	18.5%	11.1%	14.8%	9.7%	15.7%	12.8%	7.8%		18.2%
市场经济导致的个人主义	37.0%	44.4%	40.6%	41.5%	43.5%	46.5%	53.3%	50.0%	45.5%
计算机网络技术的发展	18.5%	5.6%	12.8%	10.8%	9.6%	13.4%	12.2%		
其他	3.7%	5.6%	3.9%	10.2%	2.6%	2.2%	3.3%		9.1%
总计	100.0%	100.0%	100.0%	100.0%	100.0%	100.0%	100.0%	100.0%	100.0%

$\chi^2=37.926$　sig = 0.217

由上表可知，诸群体在“对当前我国伦理关系和道德风尚造成最大负面影响的因素”的认知上有共识。

全国

	官员	企业家	企业员工	农民	科教医群体	弱势群体	做小生意者	演艺界
传统文化的崩坏	25.4%	26.7%	29.9%	38.6%	22.5%	33.4%	29.6%	38.5%
外来文化的冲击	23.9%	21.8%	22.0%	18.9%	23.0%	21.6%	33.8%	30.8%
市场经济导致的个人主义	32.4%	39.1%	34.4%	21.8%	38.5%	27.2%	26.8%	23.1%
计算机网络技术的发展	15.5%	9.9%	8.6%	4.7%	12.3%	7.6%	7.0%	7.7%
其他			1.0%	0.7%		1.1%		
总计	100.0%	100.0%	100.0%	100.0%	100.0%	100.0%	100.0%	100.0%

$\chi^2=241.599$　sig = 0.000

由上表可知，诸群体在“对当前我国伦理关系和道德风尚造成最大负面影响的因素”的认知上存在差异。农民和弱势群体更多选择“传统文化的崩坏”，占38.6%和33.4%，做小生意者更多选择“外来文化的冲击”，其他都较多选择

“市场经济导致的个人主义”。

由上表可知，江苏和全国的诸群体在“对当前我国伦理关系和道德风尚造成最大负面影响的因素”的认知上存在差异。江苏的诸群体多数选择“市场经济导致的个人主义”，但是全国的诸群体中，农民和弱势群体选择最多的是“传统文化的崩坏”，而有 33.8% 的做小生意群体选择“外来文化的冲击”。因此，江苏和全国的诸群体在该认知上存在差异。

C32 成长中得到道德训练的最重要场所或机构 * 诸群体

江苏

	官员	企业家	企业员工	农民	科教医群体	弱势群体	做小生意者	演艺界	自由职业者
家庭	37.0%	38.9%	40.8%	42.5%	34.5%	36.3%	37.2%	50.0%	36.4%
学校	11.1%	16.7%	26.2%	18.7%	38.8%	29.7%	24.5%		27.3%
社会（包括职业生活）	25.9%	38.9%	23.8%	27.5%	20.7%	25.0%	28.7%	50.0%	27.3%
国家或政府	22.2%	5.6%	5.1%	7.3%	2.6%	6.6%	4.3%		9.1%
媒体	3.7%		2.2%	1.6%	1.7%	1.1%	2.1%		
其他			1.9%	2.6%	1.7%	1.3%	3.2%		
总计	100.0%	100.0%	100.0%	100.0%	100.0%	100.0%	100.0%	100.0%	100.0%
$\chi^2=46.209$ sig = 0.231									

由上表可知，诸群体在“成长中得到道德训练的最重要场所或机构”的认知上有共识。

全国

	官员	企业家	企业员工	农民	科教医群体	弱势群体	做小生意者	演艺界
家庭	45.1%	37.1%	43.2%	60.3%	43.9%	49.8%	47.9%	38.5%
学校	16.9%	15.8%	19.6%	13.5%	26.7%	18.0%	21.1%	23.1%
社会	31.0%	41.6%	32.0%	19.1%	20.3%	23.9%	26.8%	23.1%
国家或政府	5.6%	0.5%	3.1%	1.7%	5.3%	4.5%	2.8%	15.4%
媒体	1.4%	4.5%	1.3%	1.6%	2.1%	1.8%		
其他			0.3%	0.9%	0.5%	0.9%	1.4%	
总计	100.0%	100.0%	100.0%	100.0%	100.0%	100.0%	100.0%	100.0%
$\chi^2=220.844$ sig = 0.000								

由上表可知，诸群体在“成长中得到道德训练的最重要场所或机构”的认知上存在差异。企业家更多选择“社会”，占41.6%，而其他群体较多选择“家庭”。

由上表可知，江苏和全国的诸群体在“成长中得到道德训练的最重要场所或机构”的认知上存在差异。江苏范围内，诸群体多数选择家庭，但是在全国范围中，企业家最多选择的场所是“社会”，占41.6%。全国和江苏的对比中，农民群体差异较大，选择“家庭”的农民在江苏占42.5%，但是在全国占60.3%。因此，江苏和全国的诸群体在该认知上存在差异。

C33 对下列群体的伦理道德状况的满意度 ＊ 诸群体

江苏

	官员	企业家	企业员工	农民	科教医群体	弱势群体	做小生意者	演艺界	自由职业者	F检验
对政府官员的道德满意度	2.59	2.44	2.25	2.65	2.18	2.30	2.22	2.00	1.82	F = 5.687 sig = 0.000
对企业家的道德满意度	2.59	2.56	2.40	2.68	2.43	2.53	2.42	2.00	2.18	F = 3.540 sig = 0.000
对演艺娱乐界的道德满意度	2.31	1.89	2.20	2.78	2.19	2.45	2.18	2.00	2.18	F = 11.354 sig = 0.000
对教师的道德满意度	3.04	2.89	2.85	3.15	2.95	2.97	2.78	2.50	2.45	F = 5.161 sig = 0.000
对青少年的道德满意度	2.85	2.83	2.76	3.04	2.82	2.81	2.68	2.50	2.64	F = 4.418 sig = 0.000
对农民的道德满意度	3.07	2.89	3.03	3.38	2.99	3.07	3.04	2.75	3.00	F = 7.930 sig = 0.000
对商人的道德满意度	2.52	2.39	2.42	2.61	2.43	2.54	2.63	2.25	2.36	F = 2.034 sig = 0.039
对工人的道德满意度	3.11	3.00	3.01	3.19	2.95	3.04	2.99	2.75	3.00	F = 3.174 sig = 0.001
对专家学者的道德满意度	2.93	2.83	2.81	3.14	2.79	2.91	2.90	2.75	2.91	F = 4.383 sig = 0.000
对医生的道德满意度	3.00	2.61	2.66	3.02	2.77	2.78	2.71	2.75	2.18	F = 5.533 sig = 0.000

注：表中数值为平均值，1 = 非常不满意，2 = 比较不满意，3 = 比较满意，4 = 非常满意

由上表可知，诸群体在“对下列群体的伦理道德状况的满意度”的评价上存在差异。

全国

	官员	企业家	企业员工	农民	科教医群体	弱势群体	做小生意者	演艺界	F 检验
对政府官员的道德满意度	2.70	2.49	2.38	2.57	2.42	2.47	2.62	2.54	F = 3.561 sig = 0.001
对企业家的道德满意度	2.92	3.09	2.83	2.85	2.90	2.79	2.83	3.15	F = 2.872 sig = 0.005
对演艺娱乐界的道德满意度	2.55	2.69	2.66	2.62	2.62	2.57	2.76	2.69	F = 0.872 sig = 0.528
对教师的道德满意度	3.32	3.37	3.38	3.54	3.48	3.37	3.31	3.54	F = 4.193 sig = 0.000
对青少年的道德满意度	3.24	3.27	3.22	3.27	3.16	3.21	3.24	3.54	F = 0.986 sig = 0.439
对农民的道德满意度	3.41	3.42	3.47	3.79	3.43	3.53	3.76	3.46	F = 16.250 sig = 0.000
对商人的道德满意度	2.68	2.92	2.73	2.81	2.63	2.72	2.85	2.77	F = 2.358 sig = 0.021
对工人的道德满意度	3.42	3.35	3.42	3.35	3.37	3.36	3.48	3.46	F = 0.722 sig = 0.653
对专家学者的道德满意度	3.23	3.27	3.31	3.23	3.28	3.21	3.31	3.62	F = 0.912 sig = 0.496
对医生的道德满意度	3.00	3.06	3.04	3.33	3.21	3.08	3.03	3.23	F = 8.429 sig = 0.000

注：表中数值为平均值，1 = 非常不满意，2 = 比较不满意，3 = 一般，4 = 比较满意，5 = 非常满意

由上表可知，诸群体在“对下列群体的伦理道德状况的满意度”的认知上存在差异。

总的来说，江苏和全国的诸群体在“对下列群体的伦理道德状况的满意度”的认识上存在共识。其中对教师、农民、工人和专家学者的满意度普遍较高，都达到一般及以上，对演艺娱乐界和商人的满意度较低，平均水平都在比较不满意左右。因此，江苏和全国的诸群体在该认知上存在共识。

C36 当前我国政府官员最严重的道德问题 ＊ 诸群体

江苏

	官员	企业家	企业员工	农民	科教医群体	弱势群体	做小生意者	演艺界	自由职业者
贪污	22.2%	11.1%	31.9%	42.9%	21.6%	38.8%	42.4%		60.0%
以权谋私	29.6%	38.9%	34.4%	23.8%	37.9%	31.6%	30.4%	50.0%	20.0%
受贿		16.7%	5.7%	6.3%	8.6%	7.2%	4.3%	25.0%	10.0%
生活作风腐败	3.7%	5.6%	6.9%	5.8%	2.6%	7.8%	2.2%		
官僚主义	11.1%	5.6%	3.7%	2.6%	6.0%	2.1%	5.4%		
平庸、不作为	11.1%		3.4%	2.1%	7.8%	2.4%	3.3%		
政绩工程，折腾百姓	22.2%	5.6%	7.1%	2.6%	8.6%	4.0%	6.5%	25.0%	10.0%
铺张浪费		5.6%	2.0%	2.6%	1.7%	2.1%	2.2%		
拉帮结派		5.6%	1.5%	7.4%	1.7%	1.6%	1.1%		
其他		5.6%	3.4%	3.7%	3.4%	2.4%	2.2%		
总计	100.0%	100.0%	100.0%	100.0%	100.0%	100.0%	100.0%	100.0%	100.0%
$\chi^2=122.357$ sig = 0.000									

由上表可知，诸群体在“当前我国政府官员最严重的道德问题”的选择上存在差异。农民更多选择“贪污”问题，占42.9%，多数群体都更多选择“以权谋私”，占30%左右。

全国

	官员	企业家	企业员工	农民	科教医群体	弱势群体	做小生意者	演艺界
贪污	28.2%	30.7%	37.7%	47.0%	29.9%	43.3%	53.5%	38.5%
以权谋私	22.5%	29.2%	27.5%	20.6%	28.9%	24.0%	26.8%	30.8%
受贿	7.0%	11.9%	9.1%	6.6%	6.4%	7.6%	2.8%	7.7%
生活作风腐败	11.3%	8.9%	8.6%	7.5%	10.7%	8.7%	5.6%	23.1%
官僚主义	1.4%	5.0%	4.5%	2.5%	3.2%	2.8%	1.4%	
平庸，不作为	9.9%	2.5%	3.8%	3.7%	7.0%	3.7%	2.8%	
政绩工程，折腾百姓	14.1%	6.4%	5.0%	3.2%	7.5%	3.8%	1.4%	
铺张浪费		1.5%	1.4%	2.3%	2.7%	1.4%	1.4%	
拉帮结派	2.8%	1.5%	0.8%	0.5%	1.6%	0.7%	1.4%	
其他	1.4%	1.5%	0.6%	0.7%	0.5%	1.2%	1.4%	
总计	100.0%	100.0%	100.0%	100.0%	100.0%	100.0%	100.0%	100.0%
$\chi^2=200.725$ sig = 0.000								

由上表可知，诸群体在“当前我国政府官员最严重的道德问题”的认知上存在差异。农民、弱势群体和做小生意者都在“贪污”上相较其他群体更为关注，选择的人数占比分别是47%、43.3%和53.5%。

由上表可知，无论是江苏还是全国，诸群体在“当前我国政府官员最严重的道德问题”的认知上有共识。其中，“贪污”和“以权谋私”是最为主要的两个方面，其中农民、弱势群体和做小生意者最为关注“贪污”问题，江苏的比例在40%左右，而全国都在40%以上。因此，江苏和全国的诸群体在该认知上有共识。

C37a 对您思想行为影响第一重要的人 * 诸群体

江苏

	官员	企业家	企业员工	农民	科教医群体	弱势群体	做小生意者	演艺界	自由职业者
政府官员	3.7%	5.9%	11.6%	18.2%	4.4%	14.4%	13.0%		9.1%
企业家			1.0%	3.4%	2.7%	1.9%	4.3%		
演艺明星、体育明星			0.7%			0.5%			
教师	7.4%	5.9%	9.4%	11.4%	15.9%	13.0%	8.7%	50.0%	9.1%
知识精英			4.0%		7.1%	1.9%	4.3%		
自由撰稿人			0.2%			0.3%			
农民			0.7%	2.3%		1.9%			
工人			2.5%	2.3%		0.5%			
先哲先贤	7.4%	11.8%	7.2%	6.3%	5.3%	6.2%	6.5%	25.0%	9.1%
父母	81.5%	76.5%	62.6%	56.3%	64.6%	59.3%	63.0%	25.0%	72.7%
总计	100.0%	100.0%	100.0%	100.0%	100.0%	100.0%	100.0%	100.0%	100.0%

$\chi^2=80.863$ sig=0.222

由上表可知，诸群体在“对您思想行为影响第一重要的人”的认知上有共识。诸群体选择最多的是“父母”，基本都在60%以上。其次便是“教师”和“先哲先贤”。

全国

	官员	企业家	企业员工	农民	科教医群体	弱势群体	做小生意者	演艺界
政府官员	14.1%	11.9%	8.0%	5.7%	8.6%	8.7%	2.8%	7.7%

续表

	官员	企业家	企业员工	农民	科教医群体	弱势群体	做小生意者	演艺界
企业家	5.6%	5.9%	2.1%	1.0%		2.6%	1.4%	
演艺明星、体育明星		0.5%	0.7%	0.6%	0.5%	0.7%		
教师	2.8%	8.9%	10.9%	8.5%	12.8%	11.2%	18.3%	15.4%
知识精英	4.2%	3.5%	3.4%	1.6%	7.0%	2.1%		
自由职业者	1.4%	0.5%	0.9%	0.4%		0.7%		
农民		1.0%	2.1%	5.4%	1.6%	2.5%	1.4%	7.7%
工人		1.0%	1.1%	0.6%		1.6%		
先哲先贤	7.0%	5.9%	2.5%	2.3%	5.9%	3.1%	4.2%	
父母	64.8%	60.4%	68.1%	69.8%	62.6%	64.7%	71.8%	69.2%
总计	100.0%	100.0%	100.0%	100.0%	100.0%	100.0%	100.0%	100.0%
$\chi^2=235.390$　sig = 0.000								

由上表可知，诸群体在“对您思想行为影响第一重要的人”的认知上存在差异。除了共同选择的“父母”，做小生意者有18.3%选择“教师”，相较其他群体略多。有14.1%的官员选择“政府官员”，较其他群体更多。

由上表可知，江苏和全国的诸群体在“对您思想行为影响第一重要的人”的认知上存在差异。虽然选择父母的占比最多，但是江苏农民群体仅有56.3%选择，而在全国则有69.8%选择。江苏的诸群体较少选择其他群体，但是在全国其他选择较广泛。因此，江苏和全国的诸群体在该认知上存在差异。

C37b 对您思想行为影响第二重要的人 ＊ 诸群体

江苏

	官员	企业家	企业员工	农民	科教医群体	弱势群体	做小生意者	演艺界	自由职业者
政府官员	14.8%		7.3%	11.7%	2.7%	9.7%	9.4%		
企业家		6.3%	5.5%	5.6%	1.8%	4.7%	8.2%		
演艺明星、体育明星			1.8%	3.1%		2.4%	1.2%		
教师	40.7%	50.0%	47.0%	31.5%	51.4%	43.8%	41.2%		54.5%
知识精英		6.3%	6.3%	3.7%	8.1%	5.3%	7.1%		18.2%
自由撰稿人			0.3%			0.6%			9.1%
农民	11.1%		3.4%	15.4%	0.9%	5.3%	7.1%		

续表

	官员	企业家	企业员工	农民	科教医群体	弱势群体	做小生意者	演艺界	自由职业者
工人	7.4%		4.4%	2.5%	0.9%	3.8%	3.5%	25.0%	
先哲先贤	18.5%	18.8%	9.4%	7.4%	13.5%	4.1%	5.9%	25.0%	
父母	7.4%	18.8%	14.6%	19.1%	20.7%	20.3%	16.5%	50.0%	18.2%
总计	100.0%	100.0%	100.0%	100.0%	100.0%	100.0%	100.0%	100.0%	100.0%
$\chi^2=144.659$ sig = 0.000									

由上表可知，诸群体在“对您思想行为影响第二重要的人”的认知上存在差异。演艺界更多选择“父母”，而其他群体更多选择“教师”；“先哲先贤”也是官员和企业家以及演艺界选择较多的选项。

全国

	官员	企业家	企业员工	农民	科教医群体	弱势群体	做小生意者	演艺界
政府官员	11.3%	4.0%	4.5%	4.8%	2.1%	5.2%	2.8%	7.7%
企业家	4.2%	14.4%	3.8%	1.8%	4.3%	4.4%	2.8%	7.7%
演艺明星、体育明星	1.4%	2.0%	1.3%	0.5%	0.5%	1.6%	1.4%	
教师	47.9%	38.1%	44.6%	37.5%	45.5%	36.9%	40.8%	38.5%
知识精英	8.5%	7.9%	6.0%	3.0%	13.4%	5.6%	4.2%	7.7%
自由职业者		5.0%	2.1%	1.1%	0.5%	1.5%	2.8%	
农民		1.5%	7.5%	24.4%	3.2%	11.8%	8.5%	
工人		4.5%	4.9%	2.4%	0.5%	4.7%	8.5%	15.4%
先哲先贤	19.7%	8.9%	9.8%	4.2%	12.3%	8.2%	9.9%	15.4%
父母	7.0%	11.9%	13.1%	13.3%	15.0%	15.2%	16.9%	7.7%
总计	100.0%	100.0%	100.0%	100.0%	100.0%	100.0%	100.0%	100.0%
$\chi^2=495.165$ sig = 0.000								

由上表可知，不同群体在“对您思想行为影响第二重要的人”的认知上存在差异。其中多数选择“教师”群体，但是企业家、农民和弱势群体的选择该项的比例较低，占37%左右，低于其他群体的45%左右。

由上表可知，无论是江苏还是全国，不同群体在“对您思想行为影响第二重要的人”的认知上有共识。其中，多数人选择教师群体，在江苏和全国都占40%左右。江苏和全国也有部分群体选择“先哲先贤”选项，占15%左右。因此，江苏和全国的不同群体在该认知上有共识。

C37c 对您思想行为影响第三重要的人 ＊ 诸群体

江苏

	官员	企业家	企业员工	农民	科教医群体	弱势群体	做小生意者	演艺界	自由职业者
政府官员	30. 8%	26. 7%	13. 9%	15. 7%	13. 5%	17. 6%	22. 5%		27. 3%
企业家		13. 3%	5. 0%	0. 7%	3. 8%	5. 0%	2. 5%		
演艺明星、体育明星	3. 8%		7. 8%	2. 6%	1. 9%	5. 7%	5. 0%		
教师	23. 1%	26. 7%	16. 4%	13. 7%	12. 5%	14. 8%	20. 0%	25. 0%	9. 1%
知识精英	19. 2%	6. 7%	16. 7%	4. 6%	27. 9%	10. 4%	5. 0%	50. 0%	27. 3%
自由撰稿人			2. 8%		4. 8%	1. 9%	1. 3%		
农民	3. 8%		7. 8%	27. 5%	3. 8%	12. 3%	11. 3%		9. 1%
工人	3. 8%	13. 3%	8. 1%	9. 2%	2. 9%	11. 3%	7. 5%		
先哲先贤	11. 5%	6. 7%	13. 6%	17. 0%	17. 3%	13. 5%	11. 3%		18. 2%
父母	3. 8%	6. 7%	7. 8%	9. 2%	11. 5%	7. 5%	13. 8%	25. 0%	9. 1%
	100. 0%	100. 0%	100. 0%	100. 0%	100. 0%	100. 0%	100. 0%	100. 0%	100. 0%

$\chi^2 = 152.587$　sig = 0. 000

由上表可知，不同群体在“对您思想行为影响第三重要的人”的认知上存在差异。30. 8%的官员和 26. 7%的企业家选择“政府官员”；企业员工和科教医群体更多选择“知识精英”，分别占 16. 7%和 27. 9%。

全国

	官员	企业家	企业员工	农民	科教医群体	弱势群体	做小生意者	演艺界
政府官员	9. 9%	8. 4%	9. 1%	13. 6%	10. 2%	11. 2%	14. 1%	7. 7%
企业家	7. 0%	7. 4%	6. 2%	2. 6%	2. 7%	4. 5%	5. 6%	
演艺明星、体育明星	2. 8%	3. 0%	2. 9%	1. 1%	5. 9%	2. 6%	4. 2%	
教师	9. 9%	14. 9%	15. 5%	13. 9%	17. 1%	14. 9%	14. 1%	15. 4%
知识精英	35. 2%	20. 3%	17. 0%	9. 2%	21. 9%	14. 6%	7. 0%	7. 7%
自由职业者	4. 2%	5. 4%	3. 9%	2. 8%	3. 2%	4. 3%	5. 6%	7. 7%
农民	2. 8%	9. 9%	9. 6%	23. 9%	5. 3%	11. 0%	15. 5%	7. 7%
工人	7. 0%	4. 0%	9. 1%	7. 7%	4. 8%	10. 0%	4. 2%	7. 7%
先哲先贤	9. 9%	15. 3%	14. 6%	8. 3%	14. 4%	13. 0%	11. 3%	15. 4%
父母	11. 3%	7. 4%	7. 4%	6. 1%	7. 5%	6. 4%	4. 2%	23. 1%
总计	100. 0%	100. 0%	100. 0%	100. 0%	100. 0%	100. 0%	100. 0%	100. 0%

$\chi^2 = 386.636$　sig = 0. 000

由上表可知，不同群体在“对您思想行为影响第三重要的人”的认知上存在差异。官员、企业家、企业员工和科教医群体更多选择“知识精英”，而农民和做小生意者更多选择“农民”，分别占 23.9% 和 15.5%。

由上表可知，无论是江苏还是全国，不同群体在“对您思想行为影响第三重要的人”的认知上有共识。官员、企业家和科教医群体较多选择“知识精英”，而农民更多选择“农民”；其他诸群体选择较为平均。因此，江苏和全国的不同群体在该认知上有共识。

C40 如果国外报道与主流媒体宣传内容不一致，更倾向于相信 * 诸群体

江苏

	官员	企业家	企业员工	农民	科教医群体	弱势群体	做小生意者	演艺界	自由职业者
主流媒体	51.9%	27.8%	50.9%	81.1%	38.6%	53.4%	56.5%	25.0%	18.2%
国外报道	11.1%	16.7%	9.5%	3.6%	11.4%	6.1%	8.7%	25.0%	18.2%
谁都不相信，自己判断	29.6%	38.9%	27.3%	7.7%	36.8%	27.0%	14.1%	25.0%	54.5%
说不清	7.4%	16.7%	12.4%	7.7%	13.2%	13.5%	20.7%	25.0%	9.1%
总计	100.0%	100.0%	100.0%	100.0%	100.0%	100.0%	100.0%	100.0%	100.0%

$\chi^2 = 103.833$ sig = 0.000

由上表可知，不同群体在“如果国外报道与主流媒体宣传内容不一致，更倾向于相信谁”的选择上存在差异。

全国

	官员	企业家	企业员工	农民	科教医群体	弱势群体	做小生意者	演艺界
主流媒体	59.2%	32.7%	39.5%	44.3%	34.2%	39.0%	39.4%	38.5%
国外报道	4.2%	14.4%	7.3%	1.9%	12.3%	6.7%	2.8%	15.4%
谁都不相信，自己判断	29.6%	38.1%	34.6%	15.5%	40.1%	24.5%	26.8%	46.2%
说不清	7.0%	14.4%	18.3%	37.8%	13.4%	29.4%	31.0%	
总计	100.0%	100.0%	100.0%	100.0%	100.0%	100.0%	100.0%	100.0%

$\chi^2 = 332.672$ sig = 0.000

由上表可知，不同群体在“如果国外报道与主流媒体宣传内容不一致，更倾向于相信谁”的选择上存在差异。企业家和科教医群体更多选择“谁都不相信，

自己判断”，分别占38.1%和40.1%。其他群体更多选择“主流媒体”。

由上表可知，无论是江苏还是全国，不同群体在“如果国外报道与主流媒体宣传内容不一致，更倾向于相信谁”的选择上有共同点。其中，多数群体都选择相信“主流媒体”，占40%左右，其中官员和农民比例最高；企业家群体与其他群体不同，更多选择“谁都不相信，自己判断”，在江苏和全国的比例分别是38.9%和38.1%。因此，江苏和全国的不同群体在该认知上有共识。

C43 当前我国社会道德生活中最重要的元素 ＊ 诸群体

江苏

	官员	企业家	企业员工	农民	科教医群体	弱势群体	做小生意者	演艺界	自由职业者
意识形态中所提倡的社会主义道德	44.4%	27.8%	27.9%	34.3%	26.7%	29.5%	27.5%	25.0%	27.3%
中国传统道德	33.3%	44.4%	51.1%	46.3%	45.7%	42.9%	48.4%	75.0%	45.5%
西方文化影响而形成的道德	3.7%	5.6%	2.5%	1.1%	3.4%	3.3%	4.4%		
市场经济中形成的道德	18.5%	22.2%	18.0%	16.6%	23.3%	22.4%	18.7%		27.3%
其他			0.5%	1.7%	0.9%	1.9%	1.1%		
总计	100.0%	100.0%	100.0%	100.0%	100.0%	100.0%	100.0%	100.0%	100.0%
$\chi^2=22.424$　sig = 0.896									

由上表可知，不同群体在“当前我国社会道德生活中最重要的元素”的选择上有共识。其中除了官员群体，其他群体都更多选择“中国传统道德”。

全国

	官员	企业家	企业员工	农民	科教医群体	弱势群体	做小生意者	演艺界
意识形态中所提倡的社会主义道德	18.3%	16.8%	17.8%	15.7%	21.9%	17.2%	18.3%	15.4%
中国传统道德	69.0%	59.9%	58.9%	65.0%	54.5%	62.2%	60.6%	69.2%
西方文化影响而形成的道德	5.6%	1.5%	5.2%	2.5%	2.7%	4.3%	7.0%	
市场经济中形成的道德	7.0%	19.8%	14.9%	5.9%	18.7%	9.9%	11.3%	15.4%

续表

	官员	企业家	企业员工	农民	科教医群体	弱势群体	做小生意者	演艺界
其他			0.1%					
总计	100.0%	100.0%	100.0%	100.0%	100.0%	100.0%	100.0%	100.0%
$\chi^2=195.264$ sig = 0.000								

由上表可知，不同群体在“当前我国社会道德生活中最重要的元素”的选择上存在差异。除了都较多选择的“中国传统道德”群体，科教医群体更多选择“意识形态中所提倡的社会主义道德”，占21.9%；企业家更多选择“市场经济中形成的道德”，占19.8%。

由上表可知，江苏和全国的不同群体在“当前我国社会道德生活中最重要的元素”的选择上存在差异。江苏的诸群体多数选择“中国传统道德”，仅官员群体占比较低，较多选择“意识形态中所提倡的社会主义道德”；在全国则都是选择“中国传统道德”居多，占60%左右，官员群体也有69%选择。因此，江苏和全国的不同群体在该认知上存在差异。

C45 假设上司或老板是外国人，他侮辱了中国，但抗争会产生不利于自己的后果，会选择何种做法 ＊ 诸群体

江苏

	官员	企业家	企业员工	农民	科教医群体	弱势群体	做小生意者	演艺界	自由职业者
当面抗议	88.9%	83.3%	75.5%	82.3%	71.6%	74.1%	74.5%	100.0%	72.7%
保持沉默	11.1%	16.7%	24.5%	17.7%	28.4%	25.9%	25.5%		27.3%
总计	100.0%	100.0%	100.0%	100.0%	100.0%	100.0%	100.0%	100.0%	100.0%
$\chi^2=10.667$ sig = 0.221									

由上表可知，不同群体在“假设上司或老板是外国人，他侮辱了中国，但抗争会产生不利于自己的后果，会选择何种做法”的回答上有共识。70%以上的诸群体都会选择“当面抗议”，剩下不足30%选择“保持沉默”。

全国

	官员	企业家	企业员工	农民	科教医群体	弱势群体	做小生意者	演艺界
当面抗议	69.0%	65.8%	55.7%	56.2%	67.4%	53.5%	60.6%	38.5%

续表

	官员	企业家	企业员工	农民	科教医群体	弱势群体	做小生意者	演艺界
保持沉默	15.5%	16.3%	21.4%	16.8%	15.0%	19.8%	15.5%	30.8%
暗地里报复	4.2%	3.5%	3.3%	1.3%	4.8%	2.7%	1.4%	
以屈求伸，背后骂几句就行了	4.2%	7.4%	10.1%	7.9%	9.1%	9.0%	12.7%	23.1%
无所谓	5.6%	5.9%	7.5%	10.5%	3.7%	11.3%	8.5%	
总计	100.0%	100.0%	100.0%	100.0%	100.0%	100.0%	100.0%	100.0%
$\chi^2=141.394$ sig = 0.000								

由上表可知，不同群体在“假设上司或老板是外国人，他侮辱了中国，但抗争会产生不利于自己的后果，会选择何种做法”的回答上存在差异。选择“当面抗议”的企业员工、农民、弱势群体和演艺界占比较低，其中演艺界仅占 38.5%。

由上表可知，江苏和全国的不同群体在“假设上司或老板是外国人，他侮辱了中国，但抗争会产生不利于自己的后果，会选择何种做法”的回答上存在差异。其中，江苏的科教医群体选择“当面抗议”的相比较低，仅占 71.6%，在全国则相比其他群体较高，达 67.4%。诸群体在“当面抗议”的选择上，江苏的选择比例普遍高于全国，江苏占 75% 左右，而在全国仅占 60% 左右。因此，江苏和全国的诸群体在该认知上存在差异。但是两者的选项设置不同，也存在一定干扰。

2017 年江苏省与全国伦理道德发展的共识与差异比较数据库

受访对象的性别

	全国	江苏
女性	53.2%	52.2%
男性	46.8%	47.8%
总计	100.0%	100.0%

如表所示，江苏和全国的受访者男女比例基本一致。

A1 年龄

	全国	江苏
18 岁以下	1.9%	1.3%

续表

	全国	江苏
18—25 岁	10.8%	10.2%
26—35 岁	20.0%	19.9%
36—50 岁	31.5%	32.3%
51 岁以上	35.7%	36.0%
总计	100.0%	100.0%

如表所示，江苏和全国的受访者年龄分布基本一致。

A2 您是在农村、小城镇，还是城市长大的

	全国	江苏
农村	72%	71.1%
小城镇	12.1%	9.4%
城市	15.9%	19.5%
总计	100.0%	100.0%

如表所示，江苏和全国的受访者在生长地域上存在一定差异。

A3a 您上过多少年学

	全国	江苏
0 年	3.6%	3.4%
1 年	0.6%	0.5%
2 年	1.9%	1.5%
3 年	2.3%	2.3%
4 年	1.9%	2.7%
5 年	7.5%	8.1%
6 年	10.8%	4.1%
7 年	1.3%	2.8%
8 年	6.4%	13.3%
9 年	23.4%	17.3%
10 年	1.9%	1.5%
11 年	2.7%	4.9%
12 年	18.7%	16.1%
13 年	1.5%	1.7%
14 年	2.1%	2.8%

续表

	全国	江苏
15 年	5. 9%	7. 6%
16 年	5. 3%	7. 3%
17 年	0. 8%	0. 9%
18 年	0. 7%	0. 6%
19 年	0. 4%	0. 7%
20 年	0. 1%	
21 年	0. 1%	
总计	100. 0%	100. 0%

如表所示，江苏和全国的受访者的受教育年限存在差异。

A3b 您的最高学历是什么

	全国	江苏
小学以下	8. 6%	5. 9%
小学	20. 1%	16. 8%
初中	31. 2%	32. 5%
高中	19. 5%	18. 1%
职高/中专	4. 7%	6. 7%
大专	7. 0%	8. 7%
大学	7. 6%	10. 8%
硕士	0. 8%	0. 5%
博士	0. 4%	0. 1%
总计	100. 0%	100. 0%

如表所示，江苏和全国的受访者的最高学历占比基本一致。其中，初中学历占比超过 30%，高中学历人数占比超过 18%，小学学历人数占比超过 16%。

A4 您现在的户口属于下列哪一种

	全国	江苏
本市农业户口	59. 9%	51. 8%
本市非农户口	31. 7%	39. 0%
外地农业户口	6. 3%	7. 4%
外地非农户口	2. 0%	1. 9%
总计	100. 0%	100. 0%

如表所示，江苏和全国的受访者的户口类型基本一致。

A5 您的户口本上是现在住的地址吗

	全国	江苏
是	85.1%	90.3%
否	14.8%	9.7%
总计	100.0%	100.0%

如表所示，江苏和全国的受访者的户口本在是现在居住的地址上存在差异。

A6 您的户口所在地和现在的住址相比较，符合下列哪一种情况

	全国	江苏
与现住址不同省/自治区/直辖市	25.0%	34.2%
与现住址同省/自治区/直辖市，不同地级市	13.7%	12.3%
与现住址同省/自治区/直辖市，同地级市，不同市辖区/县	16.5%	8.7%
与现住址同省/自治区/直辖市，同地级市，同市辖区/县，不同乡镇/街道	37.7%	30.4%
与现住址同街道/乡镇	7.1%	14.4%
总计	100.0%	100.0%

如表所示，江苏和全国的受访者的户口所在地与现住址存在差异。

A7 您的民族是

	全国	江苏
汉族	93.1%	99.2%
蒙族	0.9%	0.4%
满族	0.4%	0.1%
回族	1.8%	0.1%
藏族	0.3%	0.1%
壮族	0.97%	
彝族	0.3%	
侗族	1.3%	
布依族	0.7%	
其他	0.2%	
总计	100.0%	100.0%

如表所示，江苏和全国的受访者的民族分布基本一致，受访者中汉族人口占

比达到90%。

A8 您有宗教信仰吗

	全国	江苏
有	8.5%	8.5%
没有	91.5%	91.5%
总计	100.0%	100.0%

如表所示，江苏和全国的受访者的宗教信仰基本一致。

A8a 您信仰什么宗教

	全国	江苏
佛教	47.7%	49.0%
道教	4.1%	3.1%
伊斯兰教/回教	18.8%	0.3%
民间信仰	4.0%	2.8%
天主教	8.9%	11.8%
基督教	15.1%	33.0%
其他（请说明）	1.2%	
总计	100.0%	100.0%

如表所示，江苏和全国的受访者的宗教信仰类型存在差异。其中，伊斯兰教和基督教的占比差别很大。

A9 您目前的具体职业是

	全国	江苏
办事人员（如办公室普通职员、业务人员）	8.4%	11.8%
服务人员（如营业员、保安、收银员等）	9.0%	9.9%
做小生意者（如卖菜、开小餐馆等）	11.2%	10.6%
流动小贩	1.1%	0.9%
体力工人（勤杂工、搬运工等）	7.2%	8.2%
技术工人/维修人员/手工艺人	10.8%	15.4%
企业领导/公司老板	0.4%	0.8%
企业中层管理人员	1.4%	2.3%
教师、医生、科研/技术/工程人员	4.5%	4.5%

续表

	全国	江苏
事业单位领导	0.5%	0.3%
文化、艺术、体育从业人员	0.5%	0.8%
普通公务员	1.0%	0.8%
机关干部（科级及以上）	0.3%	0.3%
军人/警察	0.2%	0.1%
农民/牧民	28.4%	18.2%
无业/失业/下岗	9.4%	11.1%
从未工作过	5.9%	4.0%
总计	100.0%	100.0%

如表所示，江苏和全国的受访者的具体职业存在差异。

B1a 过去一年，您对纸质报纸的使用情况是

	全国	江苏
从不	65.7%	55.2%
很少	21.8%	28.6%
有时	8.4%	9.9%
经常	2.7%	4.7%
非常频繁	0.4%	1.4%
总计	99.1%	99.7%

如表所示，江苏和全国的受访者在“过去一年，您对纸质报纸的使用情况”上存在差异。其中，对于“从不使用”的情况，全国和江苏的差异为10.5%。

B1b 过去一年，您对纸质杂志的使用情况是

	全国	江苏
从不	69.8%	61.5%
很少	19.8%	25%
有时	8%	9.6%
经常	2.2%	3.2%
非常频繁	0.2%	0.7%
总计	100.0%	100.0%

如表所示，江苏和全国的受访者对于“过去一年，您对纸质杂志的使用情况”调查结果基本一致。各个频度的百分比占比差异最大均不超过9%。因此，全国和

江苏的居民对纸质杂志的使用情况一致。

B1c 过去一年，您对广播的使用情况是

	全国	江苏
从不	63.3%	62.5%
很少	21.1%	22.0%
有时	11.2%	9.7%
经常	4.0%	4.7%
非常频繁	0.5%	1.1%
总计	100.0%	100.0%

如表所示，江苏和全国的受访者对于“过去一年，您对广播的使用情况”调查结果基本一致。各个频度的百分比占比差异均不超过2%。因此，全国和江苏的居民对广播的使用情况一致。

B1d 过去一年，您对电视的使用情况是

	全国	江苏
从不	2.7%	1.5%
很少	11.9%	7.2%
有时	25.5%	22.7%
经常	41.6%	48.4%
非常频繁	18.4%	20.2%
总计	100.0%	100.0%

如表所示，江苏和全国的受访者对于“过去一年，您对电视的使用情况”调查结果基本一致。各个频度的百分比占比差异最大不超过7%。因此，全国和江苏的居民对电视的使用情况一致。

B1e 过去一年，您对各种政府网站的使用情况是

	全国	江苏
从不	69.7%	64.5%
很少	16.6%	20.4%
有时	8.4%	8.8%
经常	4.3%	5.4%

续表

	全国	江苏
非常频繁	1.0%	0.9%
总计	100.0%	100.0%

如表所示，江苏和全国的受访者对于“过去一年，您对各种政府网站的使用情况”调查结果基本一致。其中，对于“从不使用”的情况，全国和江苏的差异最大，仅为5.2%。因此，全国和江苏的居民对各种政府网站的使用情况一致。

B1f 过去一年，您对社交媒体（微博、微信、博客、播客等）的使用情况是

	全国	江苏
从不	30.8%	28.8%
很少	8.2%	5.8%
有时	14.8%	14.0%
经常	29.8%	28.7%
非常频繁	16.4%	22.6%
总计	100.0%	100.0%

如表所示，江苏和全国的受访者对于“过去一年，您对社交媒体（微博、微信、博客、播客等）的使用情况”上基本一致。但江苏对社交媒体的使用较全国更频繁一些。

B1g 过去一年，您对新媒体（如数字报纸、移动电视等）的使用情况是

	全国	江苏
从不	55.8%	48.4%
很少	17.4%	14.0%
有时	12.3%	13.7%
经常	9.7%	15.0%
非常频繁	4.7%	9.0%
总计	100.0%	100.0%

如表所示，江苏和全国的受访者对于“过去一年，您对新媒体（如数字报纸、移动电视等）的使用情况”上基本一致。但江苏对新媒体的使用较全国稍频繁一些。

B2 跟五年前相比，您觉得自己的社会经济地位有什么变化

	全国	江苏
上升了	48.9%	57.7%
差不多	44.3%	37.3%
下降了	6.8%	4.9%
总计	100.0%	100.0%

如表所示，江苏和全国的受访者对于“跟五年前相比，您觉得自己的社会经济地位的变化”的认知上存在差异。其中，认为上升的居民中，全国与江苏差异为8.8%。认为差不多的居民中，全国和江苏的差异为7%。因此，对于此问题，全国和江苏的居民在看法上存在差异。

B3 您感觉在未来的五年中，您的生活水平将会有什么变化

	全国	江苏
上升很多	18.4%	22.1%
略有上升	64.1%	57.9%
没有变化	14.3%	17.0%
略有下降	2.4%	2.4%
下降很多	0.8%	0.6%
总计	100.0%	100.0%

如表所示，江苏和全国的受访者对于“您感觉在未来的五年中，您的生活水平将会有什么变化”的认知上存在共识。各个指标的百分比占比中，全国与江苏的差异均不超过7%。因此，全国和江苏的居民对这一问题的看法存在共识。

B4 总的来说，您觉得目前的生活幸福吗

	全国	江苏
非常不幸福	1.3%	0.6%
不太幸福	4.9%	3.5%
谈不上幸福不幸福	20.3%	18.8%
比较幸福	61.2%	64.0%
非常幸福	12.3%	13.1%
总计	100.0%	100.0%

如表所示，江苏和全国的受访者对于“总的来说，您觉得目前的生活幸福吗”的认知上存在共识。各个指标的百分比占比中，全国与江苏的差异均不超过3%。

因此，全国和江苏的居民对这一问题的看法存在共识。

B5 您对自己目前的生活状态满意吗

	全国	江苏
非常满意	12.5%	11.3%
比较满意	72.7%	76.4%
不太满意	13.9%	12.1%
非常不满意	0.9%	0.3%
总计	100.0%	100.0%

如表所示，江苏和全国的受访者对于“您对自己目前的生活状态满意度”的认知上存在共识。各个指标的百分比占比中，全国与江苏的差异均不超过4%。因此，全国和江苏的居民对这一问题的看法存在共识。

B6 社会上发生的一些事情，您一般是从什么渠道最先知道？

	全国	江苏
电视	64.6%	62.7%
报纸	3.2%	4.3%
电台广播	2.1%	2.2%
微博微信等网络社交媒介	37.3%	41.3%
网络	27.3%	30.3%
和朋友亲友同事交谈	25.9%	34.6%
单位传达	0.9%	1.3%

如表所示，江苏和全国的受访者对于“社会上发生的一些事情，您一般是从什么渠道最先知道”的认识基本一致。各个指标的百分比占比中，全国与江苏的差异均较小。因此，全国和江苏的居民对这一问题的看法存在共识。

B7 从网络中获得的信息对您的思想行为有多大程度的影响

	全国	江苏
影响很大	22.2%	21.7%
有一些影响	53.6%	55.7%
影响很小	18.9%	18.2%
完全没有影响	5.3%	4.4%
总计	100.0%	100.0%

如表所示，江苏和全国的受访者对于“从网络中获得的信息对您的思想行为有多大程度的影响”的认知上存在共识。各个指标的百分比占比中，全国与江苏的差异均不超过3%。因此，全国和江苏的居民对这一问题的看法存在共识。

B8 您认为中国梦和您个人、家庭追求美好生活有多大程度的关系

	全国	江苏
关系很大	35.5%	35.7%
关系不大	36.9%	38.6%
根本没有关系	9.1%	8.5%
不清楚什么是中国梦	18.4%	17.2%
总计	100.0%	100.0%

如表所示，江苏和全国的受访者对于“您认为中国梦和您个人、家庭追求美好生活有多大程度的关系”的认知上存在共识。各个指标的百分比占比中，全国与江苏的差异均不超过3%。因此，全国和江苏的居民对这一问题的看法存在共识。

B9 您对当前我国社会道德状况的总体满意度

	全国	江苏
非常满意	6.9%	4.8%
比较满意	66.7%	68.7%
不太满意	23.7%	24.5%
非常不满意	2.6%	2.0%
总计	100.0%	100.0%

如表所示，江苏和全国的受访者对于“您对当前我国社会道德状况的总体满意度”的认知上存在共识。各个指标的百分比占比中，全国与江苏的差异均不超过2%。因此，全国和江苏的居民对这一问题的看法存在共识。

B10 您对当前我国社会人与人之间的关系的总体满意度

	全国	江苏
非常满意	6.0%	4.9%
比较满意	67.8%	69.3%
不太满意	24.3%	24.1%
非常不满意	1.8%	1.7%

续表

	全国	江苏
总计	100.0%	100.0%

如表所示，江苏和全国的受访者对于“您对当前我国社会人与人之间的关系的总体满意度”的认知上存在共识。各个指标的百分比占比中，全国与江苏的差异均不超过3%。因此，全国和江苏的居民对这一问题的看法存在共识。

B11 您对自己的道德状况的满意度

	全国	江苏
非常满意	15.3%	16.2%
比较满意	77.6%	78.0%
不太满意	6.5%	5.4%
非常不满意	0.6%	0.4%
总计	100.0%	100.0%

如表所示，江苏和全国的受访者对于“您对自己的道德状况的满意度”的认知上存在共识。各个指标的百分比占比中，全国与江苏的差异均不超过2%。因此，全国和江苏的居民对这一问题的看法存在共识。

B12 您觉得今后中国社会的道德状况会变成什么样

	全国	江苏
越来越差	5.6%	5.6%
不变	10.8%	9.7%
越来越好	71.4%	75.0%
不知道	12.2%	9.7%
总计	100.0%	100.0%

如表所示，江苏和全国的受访者对于“您觉得今后中国社会的道德状况会变成什么样”的认知上存在共识。各个指标的百分比占比中，全国与江苏的差异均不超过5%。因此，全国和江苏的居民对这一问题的看法存在共识。

B13 您认为我国目前人与人之间的关系受什么影响？

	全国	江苏
利益	64.3%	66.0%
情感	47.5%	47.6%

续表

	全国	江苏
国家倡导的主流价值观	21.8%	26.6%
中国传统价值观	25.9%	27.6%
西方价值观	3.5%	3.6%

如表所示，江苏和全国的受访者在“您认为我国目前人与人之间的关系受什么影响”的认知上存在共识。各个指标的百分比占比中，全国与江苏的差异均不超过5%。因此，全国和江苏的居民对这一问题的看法存在共识。

B14 对中国社会，您最担忧的问题

	全国	江苏
腐败不能根治	39.5%	41.8%
生态环境恶化	38.6%	39.5%
分配不公，两极分化	18.3%	31.3%
老无所养，未来没有把握	27.2%	25.0%
生活水平下降	22.4%	15.1%
道德滑坡，社会风气恶化	15.8%	20.1%
人际关系紧张	14.2%	10.8%

如表所示，江苏和全国的受访者对于“对中国社会，您最担忧的问题”的认知上存在差异。全国和江苏在“分配不公，两极分化”和“生活水平下降”的选择上差异较大。

B15 对伦理关系和道德生活，您最向往的是?

	全国	江苏
传统社会的伦理和道德（如仁义礼智信）	60.1%	57.4%
战争年代为理想而献身的革命精神（如革命烈士无私献身精神）	15.5%	19.8%
新中国成立后到“文化大革命”前的大公无私的集体主义精神	9.8%	8.8%
追求个人利益的市场经济下的道德	10.0%	8.7%
西方道德（如个人主义，实用主义，功利主义）	2.6%	3.7%
其他	2.1%	1.7%
总计	100.0%	100.0%

如表所示，江苏和全国的受访者对于“伦理关系和道德生活，您最向往的是?”的认知上存在共识。各个指标的百分比占比中，全国与江苏的差异均不超过

5%。因此，全国和江苏的居民对这一问题的看法存在共识。

B16 您认为当前我国社会道德生活中最重要的内容是什么？

江苏

	第一重要		第二重要		第三重要		总分
	频数	加权得分	频数	加权得分	频数	加权得分	
意识形态中所提倡的社会主义道德	2188	6564	1210	2420	577	577	9561
中国传统道德	1402	4206	1742	3484	902	902	8592
西方文化影响而形成的道德	500	1500	870	1740	1968	1968	5208
市场经济中形成的道德	235	705	426	852	710	710	2267

加权规则：第一重要的频数 ×3，第二重要的频数 ×2，第三重要的频数 ×1

全国

	第一重要		第二重要		第三重要		总分
	频数	加权得分	频数	加权得分	频数	加权得分	
中国传统道德	4212	12636	2352	4704	1204	1204	18544
意识形态中所提倡的社会主义道德	1978	5934	3290	6580	2140	2140	14654
市场经济中形成的道德	1465	4395	1630	3260	3303	3303	10958
西方文化影响而形成的道德	690	2070	712	1424	1137	1137	4631
其他	8	24	6	12	2	2	38

加权规则：第一重要的频数 ×3，第二重要的频数 ×2，第三重要的频数 ×1

由上表可知，对于江苏和全国的数据进行加权后可以看出，在各选项上的百分比基本相近，可见全国和江苏在该问题上存在基本共识。

B17 您认为目前我国社会中伦理道德对人际关系的调节能力如何

	全国	江苏
良好	18.2%	18.8%
一般	58.4%	64.4%
很差	10.8%	8.6%
几乎没有，一切都听从利益支配	12.6%	8.2%
总计	100.0%	100.0%

如表所示，江苏和全国的受访者对于“您认为目前我国社会中伦理道德对人际关系的调节能力”的认知上存在共识。各个指标的百分比占比中，全国与江苏的差异均不超过6%。因此，全国和江苏的居民对这一问题的看法存在共识。

B18 您认为目前我国社会中伦理道德对个人行为的约束能力如何

	全国	江苏
良好	17.0%	18.7%
一般	58.0%	63.4%
很差	13.2%	10.3%
几乎没有，一切都听从利益支配	11.8%	7.7%
总计	100.0%	100.0%

如表所示，江苏和全国的受访者对于“您认为当前我国社会伦理道德对个人行为的约束能力如何”的认知上存在共识。各个指标的百分比占比中，全国与江苏的差异均不超过7%。因此，全国和江苏的居民对这一问题的看法存在共识。

B19 您认为当今中国社会最基本的伦理冲突是？

	全国	江苏
人与自然的冲突	22.4%	17.1%
人与自身的冲突	31.2%	24.1%
人与人之间的冲突	46.3%	62.5%
个人与社会的冲突	30.9%	45.6%
个人与政府的冲突	7.5%	11.3%

如表所示，江苏和全国的受访者对于“您认为当今中国社会最基本的伦理冲突”的认知上存在差异。其中，在“人与人之间的冲突”“人与社会的冲突”上差异较大。因此，全国和江苏的居民对这一问题的看法存在差异。

B20 在下列关系中，您认为哪些关系对您来说最重要？

江苏

	第一重要		第二重要		第三重要		第四重要		第五重要		总分
	频数	加权得分	频数	加权得分	频数	加权得分	频数	加权得分	频数	加权得分	
父母与子女	2903	14515	1000	4000	185	555	94	188	37	37	19295
夫妇	858	4290	2229	8916	547	1641	158	316	85	85	15248

续表

	第一重要		第二重要		第三重要		第四重要		第五重要		总分
	频数	加权得分	频数	加权得分	频数	加权得分	频数	加权得分	频数	加权得分	
兄弟姐妹	20	100	519	2076	2272	6816	582	1164	216	216	10372
个人与国家	332	1660	113	452	269	807	420	840	618	618	4377
朋友	23	115	71	284	256	768	911	1822	821	821	3810
同事或同学	25	125	99	396	285	855	887	1774	609	609	3759
个人与社会	98	490	131	524	170	510	470	940	675	675	3139
个人与工作单位	26	130	50	200	94	282	249	498	308	308	1418
上级或下级	15	75	57	228	84	252	162	324	295	295	1174
与自然的关系	20	100	50	200	90	270	141	282	163	163	1015
个人与自身的关系（身心和谐）	33	165	26	104	41	123	73	146	174	174	712
师生	1	5	8	32	40	120	131	262	191	191	610
通过网络建立的各种“群”的关系	7	35	3	12	8	24	28	56	67	67	194
其他					5	15	9	18	12	12	45

加权规则：第一重要的频数 ×5，第二重要的频数 ×4，第三重要的频数 ×3，第四重要的频数 ×2，第五重要的频数 ×1

全国

	第一重要		第二重要		第三重要		第四重要		第五重要		总分
	频数	加权得分	频数	加权得分	频数	加权得分	频数	加权得分	频数	加权得分	
父母与子女	5903	29515	2060	8240	286	858	114	228	57	57	38898
夫妇	1849	9245	4435	17740	742	2226	332	664	139	139	30014
兄弟姐妹	117	585	1031	4124	4642	13926	478	956	269	269	19860
同事或同学	200	1000	361	1444	713	2139	1595	3190	976	976	8749
朋友	37	185	99	396	378	1134	1984	3968	1850	1850	7533
个人与社会	85	425	109	436	388	1164	985	1970	1226	1226	5221
个人与国家	163	815	104	416	305	915	496	992	918	918	4056
个人与工作单位	96	480	115	460	191	573	736	1472	772	772	3757
与自然的关系	87	435	141	564	301	903	625	1250	453	453	3605
上级或下级	88	440	112	448	347	1041	458	916	513	513	3358
师生	13	65	72	288	215	645	435	870	551	551	2419

续表

	第一重要		第二重要		第三重要		第四重要		第五重要		总分
	频数	加权得分	频数	加权得分	频数	加权得分	频数	加权得分	频数	加权得分	
个人与自身的关系（身心和谐）	101	505	44	176	134	402	247	494	470	470	2047
通过网络建立的各种“群”的关系	6	30	8	32	25	75	68	136	229	229	502
其他	3	15	4	16	2	6	3	6	14	14	57

加权规则：第一重要的频数 ×5，第二重要的频数 ×4，第三重要的频数 ×3，第四重要的频数 ×2，第五重要的频数 ×1

如表所示，全国与江苏在该问题的看法上基本相似，其中认为“父母与子女”的关系最重要的选择上，几乎无差异。所以，在该问题上全国与江苏存在基本共识。

B21 您认为哪一种关系对社会秩序最具根本性意义

	全国	江苏
家庭关系或血缘关系	32.6%	27.6%
个人与社会的关系	46.7%	41.8%
职业关系	4.6%	3.4%
个人与国家民族的关系	10.4%	21.5%
人与自然的关系	2.0%	1.7%
个人与自身的关系	3.7%	4.0%
总计	100.0%	100.0%

如表所示，江苏和全国的受访者对于“您认为哪一种关系对社会秩序最具根本性意义”上存在差异。其中，在“个人与国家民族的关系”上，全国与江苏差异最大，为 11.1%。在“家庭关系或血缘关系”与“个人与社会的关系”差异分别为 5% 和 4.9%。因此，全国和江苏的居民对这一问题的看法存在共识。

B22 您认为哪一种关系对个人生活最具根本性意义

	全国	江苏
家庭关系或血缘关系	54.3%	60.0%
个人与社会的关系	19.8%	16.1%

续表

	全国	江苏
职业关系	12.6%	4.7%
个人与国家民族的关系	4.9%	11.2%
人与自然的关系	1.9%	1.6%
个人与自身的关系	6.5%	6.4%
总计	100.0%	100.0%

如表所示，江苏和全国的受访者对于“您认为哪一种关系对个人生活最具根本性意义”上存在差异。其中，在“家庭关系或血缘关系”“职业关系”“个人与国家民族的关系”的选项中，全国和江苏之间的差异均超过5%。因此，全国和江苏的居民对这一问题的看法存在差异。

B23 对于个人而言，您认为家庭、社会和国家三者的重要性程度如何？

江苏

	第一位		第二位		总分
	频数	加权得分	频数	加权得分	
国家	2279	4558	1544	1544	6102
社会	133	266	919	919	1185
家庭	1941	3882	1864	1864	5746

全国

	第一位		第二位		总分
	频数	加权得分	频数	加权得分	
国家	4002	8004	2926	2926	10930
社会	506	1012	2174	2174	3186
家庭	4213	8426	3602	3602	12028

如表所示，在对于该问题的看法上，全国与江苏存在差异。全国问卷调查结果显示三者的排序为家庭、国家与社会，而江苏问卷调查则为国家、家庭与社会。所以，江苏与全国存在差异。

B24a 信息技术、网络技术的发展对伦理道德的影响（第一选择）

	全国	江苏
消极影响	15.7%	14.8%

续表

	全国	江苏
没有影响	29.5%	22.5%
积极影响	54.8%	62.8%
总计	100.0%	100.0%

如表所示，江苏和全国的受访者在“信息技术、网络技术的发展对伦理道德的影响”上存在差异。其中，对于“没有影响”和“积极影响”的差异均达到7%。因此，全国和江苏的居民对这一问题的看法存在差异。

B24b 市场经济对我国伦理道德的影响（第二选择）

	全国	江苏
消极影响	15.2%	16.8%
没有影响	25.5%	21.6%
积极影响	59.4%	61.6%
总计	100.0%	100.0%

如表所示，江苏和全国的受访者在“市场经济对我国伦理道德的影响”的认知上存在共识。各个指标的百分比占比中，全国与江苏的差异均不超过4%。因此，全国和江苏的居民对这一问题的看法存在共识。

B24c 西方文化对我国伦理道德的影响（第三选择）

	全国	江苏
消极影响	21.9%	21.2%
没有影响	33.5%	28.8%
积极影响	44.6%	50.0%
总计	100.0%	100.0%

如表所示，江苏和全国的受访者在“西方文化对我国伦理道德的影响”的认知上存在共识。各个指标的百分比占比中，全国与江苏的差异均不超过6%。因此，全国和江苏的居民对这一问题的看法存在共识。

B25 如果国外报道与国家主流媒体的宣传内容不一致，您倾向于相信

	全国	江苏
主流媒体	68.5%	70.2%
国外报道	4.1%	2.8%

续表

	全国	江苏
谁都不相信，自己判断	27.3%	27.0%
总计	100.0%	100.0%

如表所示，江苏和全国的受访者在“如果国外报道与国家主流媒体的宣传内容不一致，您倾向于相信”的认知上存在共识。各个指标的百分比占比中，全国与江苏的差异均不超过3%。因此，全国和江苏的居民对这一问题的看法存在共识。

B26 如果朋友圈的消息与国家主流媒体的报道不一致，您会相信哪一个？

	全国	江苏
主流媒体	59.6%	62.3%
朋友圈/亲朋圈子	9.2%	10.9%
都不相信，自己比较判断	30.4%	26.4%
其他	0.8%	0.5%
总计	100.0%	100.0%

如表所示，江苏和全国的受访者在“如果朋友圈的消息与国家主流媒体的报道不一致，您会相信哪一个”的认知上存在共识。各个指标的百分比占比中，全国与江苏的差异均不超过4%。因此，全国和江苏的居民对这一问题的看法存在共识。

C1 您认为当前中国社会个人道德素质的主要问题是？

	全国	江苏
道德上无知	13.2%	9.6%
有道德知识，但不见诸行动	69.4%	79.7%
既有道德上无知，也不见道德行动	16.7%	10.5%
其他	0.8%	0.3%
总计	100.0%	100.0%

如表所示，江苏和全国的受访者在“您认为当前中国社会个人道德素质的主要问题”的认知上存在差异。其中，对于“有道德知识，但不见诸行动”中，全国与江苏的差异为10.3%。对于“既有道德上无知，也不见道德行动”上全国与江苏的差异为6.1%。因此，全国和江苏的居民对这一问题的看法存在差异。

C2 您根据什么来判断某种行为是否符合伦理或道德?

	全国	江苏
传统道德观念	51.3%	59.1%
风俗习惯	47.9%	33.7%
大多数人认同的道德规范	35.4%	46.9%
当事人共同利益和意志	18.3%	18.7%
自己的良心	57.1%	62.9%
意识形态的要求	8.5%	12.2%

如表所示，江苏和全国的受访者在“您根据什么来判断某种行为是否符合伦理或道德”上存在差异。其中，在“风俗习惯”上，全国和江苏的差异为14.2%。在“传统道德观念”上差异为7.8%。在“大多数认同的道德规范”上全国与江苏的差异为11.5%。因此，全国和江苏的居民对这一问题的看法存在差异。

C3a 请结合自己的情况进行选择：我会经常关心比我不幸的人

	全国	江苏
完全不符合	3.0%	3.3%
有点符合	30.6%	21.0%
一般	33.2%	33.9%
比较符合	28.5%	32.7%
完全符合	4.7%	9.2%
总计	100.0%	100.0%

如表所示，江苏和全国的受访者在“我会经常关心比我不幸的人”的认知上存在差异。各个指标的百分比占比中，全国与江苏的差异均不超过10%。因此，全国和江苏的居民对这一问题的看法存在差异。

C3b 请结合自己的情况进行选择：我时常会同情他人的难处

	全国	江苏
完全不符合	2.0%	2.1%
有点符合	28.9%	20.4%
一般	34.3%	32.3%
比较符合	26.9%	36.8%
完全符合	7.9%	8.3%

续表

	全国	江苏
总计	100.0%	100.0%

如表所示，江苏和全国的受访者对于“我时常会同情他人的难处”的认知上存在差异。其中，“比较符合”差异较大，为9.9%。“有点符合”差异为8.5%。因此，全国和江苏的居民对这一问题的看法存在差异。

C3c 请结合自己的情况进行选择：在做决定前，我会试着从每个人的立场去考虑问题

	全国	江苏
完全不符合	3.0%	3.3%
有点符合	24.8%	19.7%
一般	38.5%	36.3%
比较符合	26.9%	32.1%
完全符合	6.9%	8.6%
总计	100.0%	100.0%

如表所示，江苏和全国的受访者对于“做决定前，我会试着从每个人的立场去考虑问题”的认知上存在共识。各个指标的百分比占比中，全国与江苏的差异均不超过6%。因此，全国和江苏的居民对这一问题的看法存在共识。

C3d 请结合自己的情况进行选择：当我看到有人被利用时，时常想要保护他们

	全国	江苏
完全不符合	5.2%	4.4%
有点符合	25.4%	21.8%
一般	38.2%	37.5%
比较符合	25.0%	30.2%
完全符合	6.3%	6.1%
总计	100.0%	100.0%

如表所示，江苏和全国的受访者对于“当我看到有人被利用时，时常想要保护他们”的认知上存在共识。各个指标的百分比占比中，全国与江苏的差异均不超过6%。因此，全国和江苏的居民对这一问题的看法存在共识。

C3e 请结合自己的情况进行选择：我有时会试图站在他人的角度，以更好地理解我的朋友

	全国	江苏
完全不符合	3.5%	2.7%
有点符合	23.9%	19.4%
一般	35.1%	32.2%
比较符合	30.0%	36.0%
完全符合	7.5%	9.7%
总计	100.0%	100.0%

如表所示，江苏和全国的受访者对于“我有时会试图站在他人的角度，以更好地理解我的朋友”的认知上存在共识。各个指标的百分比占比中，全国与江苏的差异均不超过6%。因此，全国和江苏的居民对这一问题的看法存在共识。

C3f 请结合自己的情况进行选择：他人的不幸通常不会给我带来很大的不安

	全国	江苏
完全不符合	14.0%	12.2%
有点符合	27.7%	21.3%
一般	33.9%	35.7%
比较符合	19.9%	25.3%
完全符合	4.5%	5.5%
总计	100.0%	100.0%

如表所示，江苏和全国的受访者对于“他人的不幸通常不会给我带来很大的不安”的认知上存在共识。各个指标的百分比占比中，全国与江苏的差异均不超过7%。因此，全国和江苏的居民对这一问题的看法存在共识。

C3g 请结合自己的情况进行选择：在观看电视剧或电影之后，我会感觉到自己仿佛成了其中的一个角色

	全国	江苏
完全不符合	15.8%	18.8%
有点符合	23.8%	20.5%
一般	34.5%	31.5%
比较符合	21.4%	22.7%
完全符合	4.6%	6.4%
总计	100.0%	100.0%

如表所示，江苏和全国的受访者对于“在观看电视剧或电影之后，我会感觉到自己仿佛成了其中一个角色”的认知上存在共识。各个指标的百分比占比中，全国与江苏的差异均不超过7%。因此，全国和江苏的居民对这一问题的看法存在共识。

C3h 请结合自己的情况进行选择：当我对某人很不耐烦的时候，我通常会暂时站在他的位置上

	全国	江苏
完全不符合	10.7%	8.5%
有点符合	28.7%	23.7%
一般	34.2%	36.1%
比较符合	20.9%	25.9%
完全符合	5.5%	5.8%
总计	100.0%	100.0%

如表所示，江苏和全国的受访者对于“当我对某人很不耐烦的时候，我通常会暂时站在他的位置上”的认知上存在共识。各个指标的百分比占比中，全国与江苏的差异均不超过5%。因此，全国和江苏的居民对这一问题的看法存在共识。

C3i 请结合自己的情况进行选择：读故事会想象如果这些事情发生在自己身上，我会是怎样的感受

	全国	江苏
完全不符合	12.9%	13.9%
有点符合	24.7%	20.0%
一般	33.7%	33.2%
比较符合	22.7%	26.0%
完全符合	6.1%	6.9%
总计	100.0%	100.0%

如表所示，江苏和全国的受访者对于“读故事会想象如果这些事情发生在自己身上，我会是怎样的感受”的认知上存在共识。各个指标的百分比占比中，全国与江苏的差异均不超过5%。因此，全国和江苏的居民对这一问题的看法存在共识。

C3j 请结合自己的情况进行选择：在批评他人之前，我会尝试想象一下如果我处于那个位置会是什么感受

	全国	江苏
完全不符合	7.6%	3.7%
有点符合	27.2%	19.1%
一般	34.2%	36.6%
比较符合	24.5%	33.3%
完全符合	6.5%	7.4%
总计	100.0%	100.0%

如表所示，江苏和全国的受访者对于“在批评他人之前，我会尝试想象一下如果我处于那个位置会是什么感受”的认知上存在差异。各个指标的百分比占比中，全国与江苏的差异均超过8%。因此，全国和江苏的居民对这一问题的看法存在差异。

C4 您认为当今中国社会最重要和最需要的德性是？（根据重要性程度排序）

江苏

	第一重要		第二重要		第三重要		第四重要		第五重要		总分
	频数	加权得分	频数	加权得分	频数	加权得分	频数	加权得分	频数	加权得分	
诚信	745	3725	725	2900	480	1440	447	894	392	392	9351
爱（仁爱、博爱、友爱）	1086	5430	477	1908	319	957	246	492	327	327	9114
公正	639	3195	563	2252	335	1005	367	734	431	431	7617
责任	239	1195	355	1420	588	1764	833	1666	331	331	6376
孝敬	542	2710	363	1452	289	867	378	756	468	468	6253
善良	288	1440	367	1468	305	915	544	1088	594	594	5505
宽容	167	835	276	1104	772	2316	359	718	182	182	5155
义（道义、义务）	159	795	555	2220	293	879	229	458	331	331	4683
正直	134	670	121	484	248	744	207	414	263	263	2575
谦让	126	630	128	512	99	297	191	382	221	221	2042
忠恕（将心比心）	77	385	106	424	141	423	102	204	174	174	1610
勇敢	64	320	89	356	131	393	86	172	150	150	1391
节制	40	200	117	468	84	252	118	236	106	106	1262
理智	20	100	55	220	163	489	133	266	150	150	1225

续表

	第一重要		第二重要		第三重要		第四重要		第五重要		总分
	频数	加权得分	频数	加权得分	频数	加权得分	频数	加权得分	频数	加权得分	
敬业	20	100	49	196	89	267	82	164	188	188	915
其他	3	15	1	4							19

加权规则：第一重要的频数 ×5，第二重要的频数 ×4，第三重要的频数 ×3，第四重要的频数 ×2，第五重要的频数 ×1

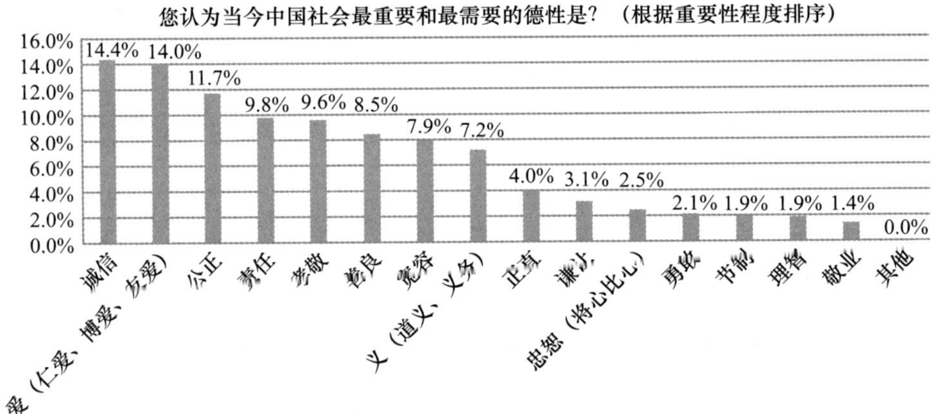

全国

	第一重要		第二重要		第三重要		第四重要		第五重要		总分
	频数	加权得分	频数	加权得分	频数	加权得分	频数	加权得分	频数	加权得分	
爱（仁爱、博爱、友爱）	2515	12575	945	3780	527	1581	415	830	427	427	19193
诚信	943	4715	1378	5512	1200	3600	1033	2066	944	944	16837
责任	765	3825	975	3900	1363	4089	1262	2524	668	668	15006
公正	1098	5490	1038	4152	780	2340	901	1802	694	694	14478
孝敬	1407	7035	723	2892	540	1620	764	1528	1173	1173	14248
宽容	378	1890	814	3256	1393	4179	671	1342	446	446	11113
善良	500	2500	559	2236	498	1494	962	1924	856	856	9010
义（道义、义务）	342	1710	1008	4032	405	1215	362	724	386	386	8067
忠恕（将心比心）	173	865	348	1392	448	1344	302	604	383	383	4588
谦让	198	990	196	784	297	891	461	922	556	556	4143
正直	104	520	196	784	408	1224	453	906	677	677	4111

续表

	第一重要		第二重要		第三重要		第四重要		第五重要		总分
	频数	加权得分	频数	加权得分	频数	加权得分	频数	加权得分	频数	加权得分	
节制	142	710	202	808	204	612	326	652	287	287	3069
理智	60	300	102	408	330	990	338	676	389	389	2763
勇敢	55	275	115	460	162	486	249	498	297	297	2016
敬业	33	165	102	408	129	387	160	320	436	436	1716
其他	10		1								

加权规则：第一重要的频数×5，第二重要的频数×4，第三重要的频数×3，第四重要的频数×2，第五重要的频数×1

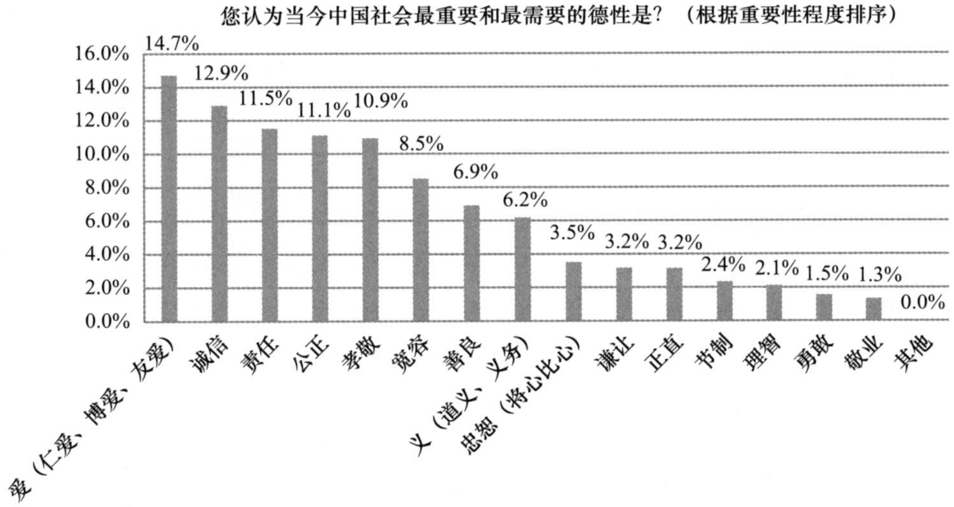

您认为当今中国社会最重要和最需要的德性是？（根据重要性程度排序）

16.0%
14.0%
12.0%
10.0%
8.0%
6.0%
4.0%
2.0%
0.0%
爱（仁爱、博爱、友爱） 14.7%
诚信 12.9%
责任 11.5%
公正 11.1%
孝敬 10.9%
宽容 8.5%
善良 6.9%
义（道义、义务） 6.2%
忠恕（将心比心） 3.5%
谦让 3.2%
正直 3.2%
节制 2.4%
理智 2.1%
勇敢 1.5%
敬业 1.3%
其他 0.0%

如图表中所示，在全国与江苏的前五项“爱”“诚信”“责任”“公正”“孝敬”上，每项的百分比均差距很小，且均在10%以内。所以，在该问题上，江苏与全国存在基本共识。

C5 一个制药厂做药品销售时，出资50万元请您向公众介绍自己服药后的良好效果，您过去服用这药时并没有效果，但也没有发现很大的副作用，您将如何决定

	全国	江苏
接受邀请，心安理得	11.3%	12.1%
接受邀请，心里不安，但这笔巨款很有吸引力	19.5%	14.0%

续表

	全国	江苏
拒绝，这是虚假广告欺骗大众	68.8%	73.6%
其他	0.4%	0.3%
总计	100.0%	100.0%

如表所示，江苏和全国的受访者对于“一个制药厂做药品销售时，出资50万元请您向公众介绍自己服药后的良好效果，您过去服用这药时并没有效果，但也没有发现很大的副作用，您将如何决定”的认知上存在共识。各个指标的百分比占比中，全国与江苏的差异均不超过6%。因此，全国和江苏的居民对这一问题的看法存在共识。

C6 您正在申请一个重要的职位，如果具有两次以上在敬老院做义工的经历（不需要出具证据），将可能优先获得这个职位，您将如何决定

	全国	江苏
如实填报，没做过义工，今后多参加这类活动	73.2%	76.2%
填报参加过两次义工，这机会太重要了，反正不需要出具证据	15.0%	14.6%
先填报，交表之后去做两次义工	11.5%	8.9%
其他	0.4%	0.3%
总计	100.0%	100.0%

如表所示，江苏和全国的受访者对于“您正在申请一个重要的职位，如果具有两次以上在敬老院做义工的经历（不需要出具证据），将可能优先获得这个职位，您将如何决定”的认知上存在共识。各个指标的百分比占比中，全国与江苏的差异均不超过5%。因此，全国和江苏的居民对这一问题的看法存在共识。

C7 如果您全权代表本单位与另一单位进行项目谈判，对方要求您给予一千万元的优惠，事成之后将您正在寻找工作的女儿安排到这一单位并且获得较好职位，您将如何决定

	全国	江苏
拒绝，不能以公谋私	77.9%	76.8%
接受，女儿前途重要，并且我有权决定	21.1%	22.6%
其他	1.0%	0.6%
总计	100.0%	100.0%

如表所示，江苏和全国的受访者对于“如果您全权代表本单位与另一单位进

行项目谈判，对方要求您给予一千万元的优惠，事成之后将您正在寻找工作的女儿安排到这一单位并且获得较好职位，您将如何决定”的认知上存在共识。各个指标的百分比占比中，全国与江苏的差异均不超过2%。因此，全国和江苏的居民对这一问题的看法存在共识。

C8 现在社会上有些人不守道德反而讨了便宜，您会不会仿效

	全国	江苏
从来不这么做	51.7%	53.7%
通常不这么做，关键时刻会这么做	24.9%	26.8%
经常这么做	1.0%	0.9%
相信善有善报，恶有恶报，终将会善恶报应	22.3%	18.5%
其他	0.2%	0.1%
总计	100.0%	100.0%

如表所示，江苏和全国的受访者对于“现在社会上有些人不守道德反而讨了便宜，您会不会仿效”的认知上存在共识。各个指标的百分比占比中，全国与江苏的差异均不超过6%。因此，全国和江苏的居民对这一问题的看法存在共识。

C9a 下列说法您是否认同：目前大多数人将职业当作谋生的手段，缺乏责任感和奉献精神

	全国	江苏
完全不同意	5.0%	3.4%
不太同意	28.0%	30.4%
比较同意	55.5%	54.9%
完全同意	11.5%	11.4%
总计	100.0%	100.0%

如表所示，江苏和全国的受访者对于“目前大多数人将职业当作谋生的手段，缺乏责任感和奉献精神”的认知上存在共识。各个指标的百分比占比中，全国与江苏的差异均不超过3%。因此，全国和江苏的居民对这一问题的看法存在共识。

C9b 下列说法您是否认同：企业老板剥削员工，利益关系不公正

	全国	江苏
完全不同意	6.2%	5.3%
不太同意	34.4%	33.0%

续表

	全国	江苏
比较同意	50. 2%	51. 4%
完全同意	9. 2%	10. 4%
总计	100. 0%	100. 0%

如表所示，江苏和全国的受访者对于“企业老板剥削员工，利益关系不公正”的认知上存在共识。各个指标的百分比占比中，全国与江苏的差异均不超过2%。因此，全国和江苏的居民对这一问题的看法存在共识。

C9c 下列说法您是否认同：老板和员工、上级和下级相互勾结，共同对社会不负责任

	全国	江苏
完全不同意	9. 8%	6. 9%
不太同意	43. 6%	41. 3%
比较同意	38. 5%	42. 1%
完全同意	8. 0%	9. 7%
总计	100. 0%	100. 0%

如表所示，江苏和全国的受访者对于“老板和员工、上级和下级相互勾结，共同对社会不负责任”的认知上存在共识。各个指标的百分比占比中，全国与江苏的差异均不超过4%。因此，全国和江苏的居民对这一问题的看法存在共识。

C9d 下列说法您是否认同：是否离婚主要考虑自己的感受和利益

	全国	江苏
完全不同意	21. 0%	24. 7%
不太同意	44. 7%	52. 3%
比较同意	27. 5%	19. 9%
完全同意	6. 8%	3. 1%
总计	100. 0%	100. 0%

如表所示，江苏和全国的受访者对于“是否离婚主要考虑自己的感受和利益”的认知上存在共识。各个指标的百分比占比中，全国与江苏的差异均不超过8%。因此，全国和江苏的居民对这一问题的看法存在共识。

C9e 下列说法您是否认同：是否离婚应该从家庭整体（包括子女）考虑

	全国	江苏
完全不同意	1.8%	1.0%
不太同意	12.9%	5.8%
比较同意	54.4%	56.7%
完全同意	30.9%	36.4%
总计	100.0%	100.0%

如表所示，江苏和全国的受访者对于“是否离婚应该从家庭整体（包括子女）考虑”的认知上存在共识。各个指标的百分比占比中，全国与江苏的差异均不大。因此，全国和江苏的居民对这一问题的看法存在共识。

C9f 下列说法您是否认同：婚姻是社会的事，应当兼顾社会评价和社会后果

	全国	江苏
完全不同意	5.5%	5.0%
不太同意	27.1%	21.4%
比较同意	52.1%	52.7%
完全同意	15.2%	20.8%
总计	100.0%	100.0%

如表所示，江苏和全国的受访者对于“婚姻是社会的事，应当兼顾社会评价和社会后果”的认知上存在共识。各个指标的百分比占比中，全国与江苏的差异均不大。因此，全国和江苏的居民对这一问题的看法存在共识。

C9g 下列说法您是否认同：婚姻应当是自由的，如果有更满意或更合适的人就与现在的配偶离婚

	全国	江苏
完全不同意	36.5%	45.8%
不太同意	41.4%	45.5%
比较同意	19.2%	7.4%
完全同意	2.9%	1.3%
总计	100.0%	100.0%

如表所示，江苏和全国的受访者对于“婚姻应当是自由的，如果有更满意或更合适的人就与现在的配偶离婚”的认知上存在差异。各个指标的百分比占比中，“比较同意”的差异达到11.8%。因此，全国和江苏的居民对这一问题的看法存在差异。

C9h 下列说法您是否认同：婚姻意味着责任，要考虑给对方造成什么后果，不能轻率地选择离婚

	全国	江苏
完全不同意	1.4%	1.1%
不太同意	10.5%	3.2%
比较同意	53.2%	50.0%
完全同意	34.9%	45.7%
总计	100.0%	100.0%

如表所示，江苏和全国的受访者对于“婚姻意味着责任，要考虑给对方造成什么后果，不能轻率地选择离婚”上存在差异。其中，在“完全同意”和“不太同意”，全国与江苏差异最大，分别为8.8%和7.3%。因此，全国和江苏的居民对这一问题的看法存在差异。

C9i 下列说法您是否认同：遇到困难的时候，兄弟姊妹通常都会给予力所能及的帮助

	全国	江苏
完全不同意	1.1%	0.6%
不太同意	8.8%	4.7%
比较同意	49.3%	53.8%
完全同意	40.8%	40.9%
总计	100.0%	100.0%

如表所示，江苏和全国的受访者对于“遇到困难的时候，兄弟姊妹通常都会给予力所能及的帮助”的认知上存在共识。各个指标的百分比占比中，全国与江苏的差异均不超过5%。因此，全国和江苏的居民对这一问题的看法存在共识。

C9j 下列说法您是否认同：无论父母对自己如何，都应当尽赡养义务

	全国	江苏
完全不同意	1.2%	0.6%
不太同意	6.8%	3.5%
比较同意	37.5%	41.7%
完全同意	54.5%	54.2%
总计	100.0%	100.0%

如表所示，江苏和全国的受访者对于“无论父母对自己如何，都应当尽赡养

义务”的认知上存在共识。各个指标的百分比占比中，全国与江苏的差异均不超过5%。因此，全国和江苏的居民对这一问题的看法存在共识。

C9k 下列说法您是否认同：为了家庭利益可以一定程度上牺牲国家利益

	全国	江苏
完全不同意	19.6%	17.3%
不太同意	51.4%	50.4%
比较同意	23.4%	25.9%
完全同意	5.6%	6.3%
总计	100.0%	100.0%

如表所示，江苏和全国的受访者对于“为了家庭利益可以一定程度上牺牲国家利益”的认知上存在共识。各个指标的百分比占比中，全国与江苏的差异均不超过3%。因此，全国和江苏的居民对这一问题的看法存在共识。

C9l 下列说法您是否认同：为了国家利益可以一定程度上牺牲家庭利益

	全国	江苏
完全不同意	9.9%	5.3%
不太同意	30.0%	25.4%
比较同意	44.1%	50.6%
完全同意	16.0%	18.7%
总计	100.0%	100.0%

如表所示，江苏和全国的受访者对于“为了国家利益可以一定程度上牺牲家庭利益”的认知上存在共识。各个指标的百分比占比中，全国与江苏的差异均不超过7%。因此，全国和江苏的居民对这一问题的看法存在共识。

C10 假设您的上司或老板是外国人，他侮辱了中国，但抗争会产生不利于自己的后果，您会选择

	全国	江苏
当面抗议	62.9%	66.3%
保持沉默	19.9%	18.7%
暗地里报复	2.3%	2.5%
以屈求伸，背后骂几句就行了	9.4%	8.8%

续表

	全国	江苏
无所谓	5.5%	3.7%
总计	100.0%	100.0%

如表所示，江苏和全国的受访者对于“假设您的上司或老板是外国人，他侮辱了中国，但抗争会产生不利于自己的后果，您会选择”的认知上存在共识。各个指标的百分比占比中，全国与江苏的差异均不超过4%。因此，全国和江苏的居民对这一问题的看法存在共识。

C11 如果条件允许的话，您希望您的孩子生活在国内，还是到国外定居?

	全国	江苏
还是在国内生活好	47.5%	58.8%
到国外定居	12.3%	9.5%
走一步看一步	14.1%	11.2%
没考虑过	26.1%	20.4%
总计	100.0%	100.0%

如表所示，江苏和全国的受访者对于“如果条件允许的话，您希望您的孩子生活在国内，还是到国外定居?”上存在差异。其中，在“还是在国内生活好”上全国与江苏差异最大，为11.3%。其次，在“没考虑过”上全国与江苏差异为5.7%。因此，全国和江苏的居民对这一问题的看法存在差异。

C12a 您常常在人与人之间体验到自己身上有一种“伦理感”的存在吗?

	全国	江苏
没有，只感受到自己实实在在的生活	23.8%	20.1%
偶尔有，但主要是因为那种情况下我的利益与它高度一致	34.4%	31.0%
偶尔有，是在受某种作品或生活情境的影响之后	21.6%	21.2%
时常有，它是一种内在的信念	20.2%	27.8%
总计	100.0%	100.0%

如表所示，江苏和全国的受访者对于“您常常在人与人之间体验到自己身上有一种‘伦理感’的存在吗?”的认知上存在共识。各个指标的百分比占比中，全国与江苏的差异均不超过8%。因此，对于此问题的看法，全国和江苏存在共识。

C12b 您常常在家庭体验到自己身上有一种“伦理感”的存在吗?

	全国	江苏
没有，只感受到自己实实在在的生活	19.0%	17.4%
偶尔有，但主要是因为那种情况下我的利益与它高度一致	22.8%	16.6%
偶尔有，是在受某种作品或生活情境的影响之后	21.8%	16.1%
时常有，它是一种内在的信念	36.4%	49.8%
总计	100.0%	100.0%

如表所示，江苏和全国的受访者对于“您常常在家庭体验到自己身上有一种‘伦理感’的存在吗”上存在差异。各个指标的百分比占比中，“偶尔有，但主要是因为那种情况下我的利益与它高度一致”、“偶尔有，是在受某种作品或生活情境的影响之后”、“时常有，它是一种内在的信念”全国与江苏的差异均超过5%。因此，全国和江苏的居民对这一问题的看法存在差异。

C12c 您常常在单位体验到自己身上有一种“伦理感”的存在吗?

	全国	江苏
没有，只感受到自己实实在在的生活	26.3%	21.3%
偶尔有，但主要是因为那种情况下我的利益与它高度一致	33.9%	32.4%
偶尔有，是在受某种作品或生活情境的影响之后	27.2%	27.8%
时常有，它是一种内在的信念	12.5%	18.5%
总计	100.0%	100.0%

如表所示，江苏和全国的受访者对于“您常常在单位体验到自己身上有一种‘伦理感’的存在吗”的认知上存在共识。各个指标的百分比占比中，全国与江苏的差异均不超过6%。因此，全国和江苏的居民对这一问题的看法存在共识。

C12d 您常常在社区、城市体验到自己身上有一种“伦理感”的存在吗?

	全国	江苏
没有，只感受到自己实实在在的生活	31.7%	22.4%
偶尔有，但主要是因为那种情况下我的利益与它高度一致	29.0%	28.4%
偶尔有，是在受某种作品或生活情境的影响之后	24.5%	28.7%
时常有，它是一种内在的信念	14.7%	20.5%
总计	100.0%	100.0%

如表所示，江苏和全国的受访者对于“您常常在社区、城市体验到自己身上有一种‘伦理感’的存在吗”的认知上存在差异。各个指标的百分比占比中，全

国与江苏的差异最大达到9.3%。因此，全国和江苏的居民对这一问题的看法存在差异。

C13 您常常体验到自己身上有一种“道德感”的存在和满足吗?

	全国	江苏
没有，只是凭自己的感觉和利益办事	27.0%	14.0%
在有监督的环境中或有别人在场时有，其他环境中没有	13.9%	13.4%
经常有，问心无愧、不做亏心事最重要	33.8%	51.1%
没有特别的感觉，但从来不做不道德的事	24.9%	21.4%
其他	0.3%	0.1%
总计	100.0%	100.0%

如表所示，江苏和全国的受访者对于“您常常体验到自己身上有一种‘道德感’的存在和满足吗”的认知上存在差异。各个指标的百分比占比中，全国与江苏的差异有两项超过10%。因此，全国和江苏的居民对这一问题的看法存在差异。

C14 您认为国家对于个人存在的意义是

	全国	江苏
国家离我们很遥远，个人最重要	24.0%	20.7%
国家最重要，是我们的安身之地，国家富强个人才能过得好	75.7%	79.1%
其他	0.3%	0.3%
总计	100.0%	100.0%

如表所示，江苏和全国的受访者对于“您认为国家对于个人存在的意义”的认知上存在共识。各个指标的百分比占比中，全国与江苏的差异均不超过4%。因此，全国和江苏的居民对这一问题的看法存在共识。

C15 您认为对社会生活而言，个体德性和社会公正哪个更重要?

	全国	江苏
个体德性最重要	18.0%	14.8%
社会公正最重要	31.0%	32.2%
二者应当统一，但二者矛盾时应先追求个体德性	28.1%	26.2%
二者应当统一，但二者矛盾时应先追求社会公正	23.0%	26.8%
总计	100.0%	100.0%

如表所示，江苏和全国的受访者对于“您认为对社会生活而言，个体德性和

社会公正哪个更重要”的认知上存在共识。各个指标的百分比占比中，全国与江苏的差异均不超过4%。因此，全国和江苏的居民对这一问题的看法存在共识。

C16 在公共生活中，个人之所以要遵守道德，是因为

	全国	江苏
遵守道德有利于自身利益的实现	22.6%	20.7%
个人是社会的一分子，应当遵守道德	41.4%	39.2%
遵守道德社会才能有序和美好	27.2%	35.6%
不遵守道德会被别人议论或谴责	8.6%	4.4%
其他	0.2%	0.1%
总计	100.0%	100.0%

如表所示，江苏和全国的受访者对于“在公共生活中，个人之所以要遵守道德的原因”的认知上存在共识。各个指标的百分比占比中，全国与江苏的差异均不大。因此，全国和江苏的居民对这一问题的看法存在共识。

C17 关于职业劳动的说法，您最认同的是

	全国	江苏
职业劳动是个人和家庭谋生的手段	55.0%	54.0%
职业劳动是为社会创造财富	25.3%	24.5%
职业劳动是个人兴趣和价值实现的方式	19.4%	21.2%
其他	0.3%	0.3%
总计	100.0%	100.0%

如表所示，江苏和全国的受访者对于“关于职业劳动的说法，您最认同的是”的认知上存在共识。各个指标的百分比占比中，全国与江苏的差异均不超过2%。因此，全国和江苏的居民对这一问题的看法存在共识。

C18 忧郁、自杀的原因是

	全国	江苏
欲望过多过大，不能知足常乐	34.1%	30.9%
对自己和未来没有把握	29.7%	29.2%
竞争激烈，工作压力过大，身心疲惫	44.3%	50.5%
人与人之间缺乏信任感，人际关系紧张	33.7%	37.9%
有烦恼很难找到人倾诉和排解	28.1%	24.4%

续表

	全国	江苏
缺乏自我理解和自我调节能力	24.7%	24.1%
现代人缺乏安顿自己、化解内心矛盾的能力	24.1%	25.8%
缺乏道德公正，没有道德的人总是讨便宜	13.9%	23.5%
缺乏理想和信念支持，精神没有寄托和归宿	18.4%	22.5%
生活压力大	39.2%	56%
生活孤独无聊		
其他	0.4%	0.6%

如表所示，江苏和全国的受访者对于“忧郁、自杀的原因是”的认知上存在差异。各个指标的百分比占比中，全国与江苏的差异最大达到了16.8%。因此，全国和江苏的居民对这一问题的看法存在差异。

C19a 如果您与家庭成员之间发生重大利益冲突，您会

	全国	江苏
诉诸法律，打官司	1.2%	1.0%
直接找对方沟通但得理让人，适可而止	51.7%	53.5%
通过第三方（如社会机构，朋友等）从中调解，尽量不伤和气	13.8%	9.9%
能忍则忍	33.3%	35.6%
总计	100.0%	100.0%

如表所示，江苏和全国的受访者对于“如果您与家庭成员之间发生重大利益冲突，您会”的认知上存在共识。各个指标的百分比占比中，全国与江苏的差异均不超过4%。因此，全国和江苏的居民对这一问题的看法存在共识。

C19b 如果您与朋友之间发生重大利益冲突，您会

	全国	江苏
诉诸法律，打官司	1.9%	2.3%
直接找对方沟通但得理让人，适可而止	48.5%	53.8%
通过第三方（如社会机构，朋友等）从中调解，尽量不伤和气	29.1%	22.0%
能忍则忍	20.5%	22.0%
总计	100.0%	100.0%

如表所示，江苏和全国的受访者对于“如果您与朋友之间发生重大利益冲突，您会”的认知上存在共识。各个指标的百分比占比中，全国与江苏的差异均不大。

因此，全国和江苏的居民对这一问题的看法存在共识。

C19c 如果您与同事之间发生重大利益冲突，您会

	全国	江苏
诉诸法律，打官司	3.4%	4.1%
直接找对方沟通但得理让人，适可而止	43.5%	53.6%
通过第三方（如社会机构，朋友等）从中调解，尽量不伤和气	39.4%	29.3%
能忍则忍	13.7%	13.1%
总计	100.0%	100.0%

如表所示，江苏和全国的受访者对于“如果您与同事之间发生重大利益冲突，您会”上存在差异。其中，在“直接找对方沟通但得理让人，适可而止”和“通过第三方（如社会机构，朋友等）从中调解，尽量不伤和气”上，差异最大，为10.1%。因此，全国和江苏的居民对这一问题的看法存在差异。

C19d 如果您与商业伙伴之间发生重大利益冲突，您会

	全国	江苏
诉诸法律，打官司	31.0%	40.5%
直接找对方沟通但得理让人，适可而止	27.3%	26.7%
通过第三方（如社会机构，朋友等）从中调解，尽量不伤和气	31.6%	27.4%
能忍则忍	10.1%	5.3%
总计	100.0%	100.0%

如表所示，江苏和全国的受访者对于“如果您与商业伙伴之间发生重大利益冲突，您会”的认知上存在差异。各个指标的百分比占比中，全国与江苏的差异最大为9.5%。因此，全国和江苏的居民对这一问题的看法存在差异。

C20 您认为在自己的成长中得到道德训练的最重要场所或机构是？

	全国	江苏
家庭	33.8%	34.2%
学校	26.2%	23.5%
社会（如工作单位、社区等）	33.3%	31.1%
国家或政府	3.2%	6.7%
媒体	1.1%	1.7%

续表

	全国	江苏
其他	2.4%	2.7%
总计	100.0%	100.0%

如表所示，江苏和全国的受访者对于“您认为在自己的成长中得到道德训练的最重要场所或机构”的认知上存在共识。各个指标的百分比占比中，全国与江苏的差异均不超过4%。因此，全国和江苏的居民对这一问题的看法存在共识。

C21 您的思想行为受什么人影响最大?

	全国	江苏
政府官员	20.7%	24.9%
企业家	16.6%	20.6%
演艺明星	3.6%	7.5%
教师	45.7%	45.4%
知识精英	12.0%	16.1%
公众人物	14.7%	26.6%
农民	10.6%	7.4%
工人	2.6%	3.2%
先哲先贤	15.5%	14.2%
父母	73.3%	69.2%
网络大V	3.1%	3.4%
宗教人士	1.5%	0.8%

如表所示，江苏和全国的受访者对于“您的思想行为受什么人影响最大”的认知上存在差异。各个指标的百分比占比中，“公众人物”中，全国与江苏的差异为11.9%。因此，全国和江苏的居民对这一问题的看法存在差异。

C22 影响您道德判断和道德选择的最主要的因素是?

	全国	江苏
自己的良心	68.7%	72.7%
大多数人持有的观点	37.0%	38.7%
公众人士和权威人物的观点	8.0%	7.1%
国外媒体的观点	4.0%	5.0%
自己的利益	15.0%	14.5%

续表

	全国	江苏
他人的评价	7.4%	6.6%
社会后果	15.6%	14.0%
大多数人认可的道德规范	15.3%	18.6%
先贤教导	4.7%	5.4%
“朋友圈”的观点	0.8%	2.4%

如表所示，江苏和全国的受访者对于“影响您道德判断和道德选择的最主要的因素”的认知上存在共识。各个指标的百分比占比中，全国与江苏的差异均不超过4%。因此，全国和江苏的居民对这一问题的看法存在共识。

C23 现在经常有一些网民在网络上曝光别人的隐私，您怎么看待这种行为?

	全国	江苏
这是违法行为，应该制止	36.4%	43.6%
这是不道德行为，应该进行谴责	44.3%	44.2%
这是社会监督的重要途径，不必完全禁止，但需要规范和引导	17.1%	10.7%
这是网民的自由，别人不应该干涉	2.1%	1.6%
总计	100.0%	100.0%

如表所示，江苏和全国的受访者对于“现在经常有一些网民在网络上曝光别人的隐私，您怎么看待这种行为”的认知上存在共识。各个指标的百分比占比中，全国与江苏的差异均不大。因此，全国和江苏的居民对这一问题的看法存在共识。

C24a 您最近两年是否参加过志愿者活动?

	全国	江苏
是	15.6%	17.9%
否	84.4%	82.1%
总计	100.0%	100.0%

如表所示，江苏和全国的受访者对于“您最近两年是否参加过志愿者活动”的认知上存在共识。各个指标的百分比占比中，全国与江苏的差异均不超过3%。因此，全国和江苏的居民对这一问题的看法存在共识。

C24b 您参加志愿者活动的频率

	全国	江苏
从来没有	84.4%	82.1%
参加过一两次	7.8%	8.7%
参加过两三次	6.0%	6.8%
经常参加	1.8%	2.4%
总计	100.0%	100.0%

如表所示，江苏和全国的受访者对于“您参加志愿者活动的频率”的认知上存在共识。各个指标的百分比占比中，全国与江苏的差异均不超过2%。因此，全国和江苏的居民对这一问题的看法存在共识。

C24c 您最近两年是否参加过无偿献血?

	全国	江苏
是	14.0%	11.9%
否	86.0%	88.1%
总计	100.0%	100.0%

如表所示，江苏和全国的受访者对于“您最近两年是否参加过无偿献血?”的认知上存在共识。各个指标的百分比占比中，全国与江苏的差异均不超过3%。因此，全国和江苏的居民对这一问题的看法存在共识。

C24d 您参加无偿献血的频率

	全国	江苏
从来没有	86.0%	88.1%
参加过一两次	7.5%	5.8%
参加过两三次	5.6%	5.1%
经常参加	0.9%	1.0%
总计	100.0%	100.0%

如表所示，江苏和全国的受访者对于“您参加无偿献血的频率”的认知上存在共识。各个指标的百分比占比中，全国与江苏的差异均不超过3%。因此，全国和江苏的居民对这一问题的看法存在共识。

C24e 您最近两年是否参加过捐款、捐物?

	全国	江苏
是	34.9%	42.9%
否	65.1%	57.1%
总计	100.0%	100.0%

如表所示，江苏和全国的受访者对于“您最近两年是否参加过捐款、捐物”的认知上存在共识。各个指标的百分比占比中，全国与江苏的差异均不大。因此，全国和江苏的居民对这一问题的看法存在共识。

C24f 您参加捐款、捐物的频率

	全国	江苏
从来没有	65.1%	57.1%
参加过一两次	14.6%	19.4%
参加过两三次	15.4%	15.9%
经常参加	4.9%	7.5%
总计	100.0%	100.0%

如表所示，江苏和全国的受访者对于“您参加捐款、捐物的频率”的认知上存在共识。各个指标的百分比占比中，全国与江苏的差异均不大。因此，全国和江苏的居民对这一问题的看法存在共识。

C25 目前中国社会的两性关系日益开放，它对社会风尚的影响是：

	全国	江苏
是社会进步的表现	13.9%	11.1%
两性关系混乱必然导致道德沦丧、污染社会风气	50.9%	60.9%
个人选择，无所谓好坏	34.8%	27.8%
其他	0.4%	0.2%
总计	100.0%	100.0%

如表所示，江苏和全国的受访者对于“目前中国社会的两性关系日益开放，它对社会风尚的影响”上存在差异。其中，在“两性关系混乱必然导致道德沦丧、污染社会风气”上差异较大，为10%。因此，全国和江苏的居民对这一问题的看法存在差异。

C26 您对一些重要事情所持的观点和看法与其他人一致的时候有多少？

	全国	江苏
非常少	5.1%	2.1%
比较少	13.6%	10.3%
一般	42.3%	48.7%
比较多	33.5%	34.4%
非常多	5.4%	4.5%
总计	100.0%	100.0%

如表所示，江苏和全国的受访者对于“您对一些重要事情所持的观点和看法与其他人一致的时候有多少”的认知上存在共识。各个指标的百分比占比中，全国与江苏的差异均不大。因此，全国和江苏的居民对这一问题的看法存在共识。

C27 您对待目前社会上一部分人的奢侈消费行为的态度是？

	全国	江苏
钞票是他们自己的，他们愿意怎么花就怎么花	40.2%	31.3%
他们应该遵守勤俭的传统美德，适度消费	43.9%	56.1%
过度消费行为只要对别人无害，就不应干涉	15.8%	12.4%
其他	0.1%	0.2%
总计	100.0%	100.0%

如表所示，江苏和全国的受访者对于“您对待目前社会上一部分人的奢侈消费行为的态度”的认知上存在差异。各个指标的百分比占比中，全国与江苏的差异最大达到12.2%。因此，全国和江苏的居民对这一问题的看法存在差异。

C28 孝敬、礼让、仁爱、节俭等优良传统，您认为现在还需要这些吗？

	全国	江苏
这些好传统什么时候都不能丢	78.0%	84.0%
可有可无	9.0%	6.2%
已经过时，没必要讲这些	5.4%	2.6%
有些要，有些不要	7.6%	7.2%
总计	100.0%	100.0%

如表所示，江苏和全国的受访者对于“孝敬、礼让、仁爱、节俭等优良传统，您认为现在还需要这些吗”的认知上存在共识。各个指标的百分比占比中，全国与

江苏的差异均不超过6%。因此，全国和江苏的居民对这一问题的看法存在共识。

C29 民族英雄和新时期的先进人物的精神还值得在全社会大力倡导吗？

	全国	江苏
我很佩服他们，现在社会就缺这种精神，要加大宣传	59.6%	71.3%
以前知道一些，现在不太关注了	25.1%	21.4%
时过境迁，这些典型的影响力越来越小，没太多人关心了	11.5%	5.5%
不知道，也不关心	3.8%	1.8%
总计	100.0%	100.0%

如表所示，江苏和全国的受访者对于“民族英雄和新时期的先进人物的精神还值得在全社会大力倡导吗”上存在差异。其中，在“我很佩服他们，现在社会就缺这种精神，要加大宣传”上，全国与江苏差异最大，为11.7%。在“时过境迁，这些典型的影响力越来越小，没太多人关心了”上，江苏与全国的差异为6%。在“以前知道一些，现在不太关注了”上，江苏与全国的差异为3.7%。因此，全国和江苏的居民对这一问题的看法存在差异。

C30 当在公交车上遇到小偷正在偷乘客钱包时，您会选择以下哪种做法？

	全国	江苏
马上冲上去制止	19.5%	22.5%
出于害怕，装作什么都没有看到	12.1%	6.4%
不敢直接与小偷对抗，但以适当方式悄悄提醒当事人或报警	60.9%	65.1%
只要偷的不是我，不用多管闲事，免得惹麻烦	6.9%	5.3%
其他	0.7%	0.7%
总计	100.0%	100.0%

如表所示，江苏和全国的受访者对于“当在公交车上遇到小偷正在偷乘客钱包时，您会选择以下哪种做法”的认知上存在共识。各个指标的百分比占比中，全国与江苏的差异均不超过6%。因此，全国和江苏的居民对这一问题的看法存在共识。

C31 小王知道做某件事是道德的但没去行动，哪种因素是他采取行动最大的障碍？

	全国	江苏
采取行动会损害自己利益	16.2%	19.1%

续表

	全国	江苏
采取行动也难以取得预期效果	24.1%	16.3%
大家都不做，我何必管闲事	17.2%	17.5%
自身能力有限，心有余而力不足	30.0%	34.8%
即使我不做，相信还会有别人去做	7.8%	8.5%
明白就行，让别人去做吧	4.1%	3.2%
其他	0.6%	0.5%
总计	100.0%	100.0%

如表所示，江苏和全国的受访者对于“小王知道做某件事是道德的但没去行动，哪种因素是他采取行动最大的障碍”的认知上存在共识。各个指标的百分比占比中，全国与江苏的差异均不超过6%。因此，全国和江苏的居民对这一问题的看法存在共识。

C32 当与他人发生分歧时，能否体谅宽容他人？

	全国	江苏
不宽容，必须弄清是非曲直	10.6%	7.3%
偶尔	34.2%	26.6%
有时	39.3%	43.8%
经常	16.0%	22.3%
总计	100.0%	100.0%

如表所示，江苏和全国的受访者对于“当与他人发生分歧时，能否体谅宽容他人”的认知上存在共识。各个指标的百分比占比中，全国与江苏的差异均不超过8%。因此，全国和江苏的居民对这一问题的看法存在共识。

C33 您认为解决当前我国的公民道德和社会风尚问题，最关键的途径是

	全国	江苏
加强法制	34.0%	45.1%
弘扬优秀传统道德	49.8%	50.9%
建设伦理道德的核心价值	17.4%	16.9%
惩治官员腐败	23.2%	23.7%
解决分配不公问题	13.0%	13.3%
提高个人道德素质	30.3%	34.1%

如表所示，江苏和全国的受访者对于“您认为解决当前我国的公民道德和社

会风尚问题，最关键的途径”上存在差异。其中，在“加强法制”上，全国与江苏差异最大，为11.1%。因此，全国和江苏的居民对这一问题的看法存在差异。

C34 您知道社会主义核心价值观吗？请您把它们选出来

	全国	江苏
文明	72.8%	82.7%
诚信	83.7%	89.5%
勇敢	35.0%	34.4%
爱国	75.8%	79.7%
创新	32.4%	29.9%
友善	51.7%	53.3%
勤劳	24.7%	20.4%

如表所示，江苏和全国的受访者对于“您知道社会主义核心价值观吗”的认知上存在差异。各个指标的百分比占比中，全国和江苏对“文明”的选择差别较大。因此，全国和江苏的居民对这一问题的看法存在差异。

C35 您认为社会主义核心价值观与您的工作、生活有关系吗？

	全国	江苏
对改变社会风气有好处，每个人都应该这样做人做事	85.0%	85.7%
与个人工作、生活没关系	15.0%	14.3%
总计	100.0%	100.0%

如表所示，江苏和全国的受访者对于“您认为社会主义核心价值观与您的工作、生活有关系吗”的认知上存在共识。各个指标的百分比占比中，全国与江苏的差异均不超过1%。因此，全国和江苏的居民对这一问题的看法存在共识。

C36 在全社会特别是青少年中开展革命传统教育，您认为有没有这个必要？

	全国	江苏
很有必要，什么时候都不能忘本	83.8%	90.3%
可有可无	9.7%	5.9%
没有必要，已经过时了	6.5%	3.8%
总计	100.0%	100.0%

如表所示，江苏和全国的受访者对于“在全社会特别是青少年中开展革命传统教育，您认为有没有这个必要”的认知上存在共识。各个指标的百分比占比中，

全国与江苏的差异均不超过7%。因此，全国和江苏的居民对这一问题的看法存在共识。

C37 当您途经一场所，正遇到升国旗仪式，看到国旗在国歌声中升起的时候，您会怎么做？

	全国	江苏
原地站立，面向国旗行注目礼	33.3%	24.4%
停下来看一看	54.8%	64.5%
只当没看见，该干嘛干嘛	11.9%	11.1%
总计	100.0%	100.0%

如表所示，江苏和全国的受访者对于“当您途经一场所，正遇到升国旗仪式，看到国旗在国歌声中升起的时候，您会怎么做”上存在差异。各个指标的百分比占比中，全国与江苏的差异较大。因此，全国和江苏的居民对这一问题的看法存在差异。

C38 今年您参加过纪念中国共产党成立96周年等主题教育活动吗？

	全国	江苏
参加过，很受教育	14.8%	8.7%
听说过，但是没有参加过	57.2%	63.5%
这种活动基本都是形式大于内容	9.5%	10.2%
不关心这些	18.5%	17.5%
总计	100.0%	100.0%

如表所示，江苏和全国的受访者对于“今年您参加过纪念中国共产党成立96周年等主题教育活动吗”的认知上存在共识。各个指标的百分比占比中，全国与江苏的差异均不超过7%。因此，全国和江苏的居民对这一问题的看法存在共识。

D1 您认为现代家庭关系中最令人担忧的问题是

	全国	江苏
只有一个孩子，对家庭的未来没把握	22.1%	25.0%
独生子女难以承担养老责任，老无所养	28.8%	34.3%
年轻人不愿结婚，或不愿生孩子，家族传承危机	15.6%	16.3%
婚姻不稳定，年轻人缺乏守护婚姻的意识和能力	24.3%	25.8%
子女尤其是独生子女缺乏责任感，孝道意识薄弱	18.5%	17.3%

续表

	全国	江苏
代沟严重，父母与子女之间难以沟通	28.1%	23.1%
婆媳关系紧张	9.7%	6.3%
父母不民主，不能容忍差异	10.4%	7.3%
“啃老”现象严重	6.5%	11.5%
父母只培养孩子的知识和技能，忽视良好品德的养成	13.1%	12.5%
两性关系过度开放	2.9%	4.2%

如表所示，江苏和全国的受访者对于“您认为现代家庭关系中最令人担忧的问题”的认知上存在共识。各个指标的百分比占比中，全国与江苏的差异均不超过6%。因此，全国和江苏的居民对这一问题的看法存在共识。

D2 您对家庭的感觉是

	全国	江苏
温馨幸福	19.9%	19.3%
比较幸福	68.4%	71.2%
不太幸福	4.8%	2.8%
一般，没感觉	6.2%	6.4%
很不幸福，希望逃离	0.4%	0.3%
其他	0.3%	0.1%
总计	100.0%	100.0%

如表所示，江苏和全国的受访者对于“您对家庭的感觉”的认知上存在共识。各个指标的百分比占比中，全国与江苏的差异均不超过3%。因此，全国和江苏的居民对这一问题的看法存在共识。

D3a 您对不婚的态度是

	全国	江苏
完全赞同	0.9%	0.7%
比较赞同	6.3%	3.0%
中立	39.1%	41.9%
比较反对	33.8%	36.9%
强烈反对	19.8%	17.5%
总计	100.0%	100.0%

如表所示，江苏和全国的受访者对于“您对不婚的态度”的认知上存在共识。

各个指标的百分比占比中，全国与江苏的差异最大为3.3%。因此，全国和江苏的居民对这一问题的看法存在共识。

D3b 您对试婚的态度是

	全国	江苏
完全赞同	0.6%	0.4%
比较赞同	8.6%	4.2%
中立	37.3%	37.5%
比较反对	32.5%	39.8%
强烈反对	21.0%	18.1%
总计	100.0%	100.0%

如表所示，江苏和全国的受访者对于“您对试婚的态度”的认知上存在共识。各个指标的百分比占比中，全国与江苏的差异均不大。因此，全国和江苏的居民对这一问题的看法存在共识。

D3c 您对同居的态度是

	全国	江苏
完全赞同	0.8%	0.8%
比较赞同	9.1%	5.3%
中立	41.8%	47.1%
比较反对	29.1%	33.2%
强烈反对	19.2%	13.5%
总计	100.0%	100.0%

如表所示，江苏和全国的受访者对于“您对同居的态度”的认知上存在共识。各个指标的百分比占比中，全国与江苏的差异均不超过6%。因此，全国和江苏的居民对这一问题的看法存在共识。

D3d 您对同性恋的态度是

	全国	江苏
完全赞同	0.4%	0.6%
比较赞同	1.6%	1.1%
中立	16.9%	19.0%
比较反对	33.4%	38.2%

续表

	全国	江苏
强烈反对	47.6%	41.1%
总计	100.0%	100.0%

如表所示，江苏和全国的受访者对于“您对同性恋的态度”的认知上存在共识。各个指标的百分比占比中，全国与江苏的差异均不超过7%。因此，全国和江苏的居民对这一问题的看法存在共识。

D3e 您对婚外恋的态度是

	全国	江苏
完全赞同	0.2%	0.1%
比较赞同	0.7%	0.6%
中立	9.5%	7.0%
比较反对	29.9%	36.9%
强烈反对	59.7%	55.4%
总计	100.0%	100.0%

如表所示，江苏和全国的受访者对于“您对婚外恋的态度”的认知上存在差异。各个指标的百分比占比中，全国与江苏的差异均不超过7%。因此，全国和江苏的居民对这一问题的看法存在共识。

D3f 您对丁克家庭的态度是

	全国	江苏
完全赞同	0.4%	0.6%
比较赞同	1.8%	1.5%
中立	27.0%	32.5%
比较反对	31.4%	36.1%
强烈反对	39.4%	29.4%
总计	100.0%	100.0%

如表所示，江苏和全国的受访者对于“您对丁克家庭的态度”的认知上存在差异。各个指标的百分比占比中，全国与江苏的差异最大达到10%。因此，全国和江苏的居民对这一问题的看法存在差异。

D3g 您对代孕的态度是

	全国	江苏
完全赞同	0.3%	0.2%
比较赞同	1.4%	1.3%
中立	19.8%	26.8%
比较反对	32.3%	38.3%
强烈反对	46.2%	33.4%
总计	100.0%	100.0%

如表所示，江苏和全国的受访者对于“您对代孕的态度”上存在差异。其中，在“中立”“比较反对”“强烈反对”中，全国与江苏的百分比差异均超过5%。因此，全国和江苏的居民对这一问题的看法存在差异。

D4 您如何看待为了应对拆迁、征地、买房等而出现的“假离婚”现象？

	全国	江苏
完全赞同	2.2%	1.1%
比较赞同	14.7%	9.4%
不太赞同	38.6%	45.7%
坚决反对	44.5%	43.8%
总计	100.0%	100.0%

如表所示，江苏和全国的受访者对于“您如何看待为了应对拆迁、征地、买房等而出现的‘假离婚’现象”的认知上存在共识。各个指标的百分比占比中，全国与江苏的差异均不超过7%。因此，全国和江苏的居民对这一问题的看法存在共识。

D5 如果夫妻中需要一方为对方或家庭做出牺牲，您的态度是

	全国	江苏
非常不愿意	3.0%	1.8%
不太愿意	20.4%	15.0%
比较愿意	52.7%	57.6%
愿意，时常这么做	23.9%	25.6%
总计	100.0%	100.0%

如表所示，江苏和全国的受访者对于“如果夫妻中需要一方为对方或家庭做出牺牲，您的态度”的认知上存在共识。各个指标的百分比占比中，全国与江苏

的差异均不超过 6%。因此，全国和江苏的居民对这一问题的看法存在共识。

D6 在恋爱或婚姻中，您有为对方而改变自己的意识吗？

	全国	江苏
有，经常这样做	33.9%	45.0%
有，但做起来有些困难	36.6%	34.2%
没想过这个问题	23.9%	16.8%
无须改变，只有找到愿为我改变的人才是真爱	5.4%	3.5%
其他	0.3%	0.6%
总计	100.0%	100.0%

如表所示，江苏和全国的受访者对于“在恋爱或婚姻中，您有为对方而改变自己的意识吗”上存在差异。其中，在“有，经常这样做”上差异超过 11%。在“没想过这个问题”上，江苏与全国的差异为 7.1%。因此，全国和江苏的居民对这一问题的看法存在差异。

D7 在恋爱或婚姻中，你与对方相处的原则是

	全国	江苏
先对他/她好，然后希望他/她对我好	58.4%	68.9%
他/她对我好，我才对他/她好	19.7%	17.1%
他/她对我好就行了	15.2%	7.0%
我对他/她好，他/她对我不那么好	2.9%	2.1%
他/她对我不好，我没必要对他/她好	1.6%	1.2%
其他	2.1%	3.7%
总计	100.0%	100.0%

如表所示，江苏和全国的受访者对于“在恋爱或婚姻中，你与对方相处的原则”上存在差异。其中，在“先对他/她好，然后希望他/她对我好”差异超过 10%。在“他/她对我好就行了”上，全国与江苏的差异超过 8%。因此，全国和江苏的居民对这一问题的看法存在差异。

D8 你认为生育孩子是否是一种人生义务？

	全国	江苏
是，如果大家都不生育，人种会灭绝	25.0%	27.2%
是，不生孩子家族延传会中断	40.2%	41.1%

续表

	全国	江苏
不是，但没有孩子将老无所养也过于孤独	28.0%	23.0%
不是，自己觉得快乐就行，有孩子负担过重	5.9%	7.8%
其他	1.0%	0.9%
总计	100.0%	100.0%

如表所示，江苏和全国的受访者对于“你认为生育孩子是否是一种人生义务”的认知上存在共识。各个指标的百分比占比中，全国与江苏的差异均不超过5%。因此，全国和江苏的居民对这一问题的看法存在共识。

D9 如果孩子面临重大问题（婚姻、升学、就业等）时，您的态度是

	全国	江苏
全部包办，替他们做决定或搞定	5.8%	3.8%
积极建议，努力说服他们采纳	24.5%	26.6%
只提建议，让他们自己选择	40.2%	44.2%
不表态，免得子女将来埋怨	7.2%	6.8%
经常提出建议，但大多不起作用	4.3%	2.8%
孩子/孩子太小	17.7%	15.5%
其他	0.4%	0.3%
总计	100.0%	100.0%

如表所示，江苏和全国的受访者对于“如果孩子面临重大问题（婚姻、升学、就业等）时，您的态度”的认知上存在共识。各个指标的百分比占比中，全国与江苏的差异均不超过4%。因此，全国和江苏的居民对这一问题的看法存在共识。

D10 您对子女所提出的有关人生发展方面的建议，是否经常被采纳？

	全国	江苏
经常被采纳	19.8%	14.9%
较多被采纳	61.6%	62.8%
基本不采纳	16.8%	21.3%
从不被采纳并遭到嘲讽	1.7%	0.9%
总计	100.0%	100.0%

如表所示，江苏和全国的受访者对于“您对子女所提出的有关人生发展方面的建议，是否经常被采纳”的认知上存在共识。各个指标的百分比占比中，

全国与江苏的差异均不超过 5% 。因此，全国和江苏的居民对这一问题的看法存在共识。

D11 您认为现在孩子价值观的形成受何种因素影响最大

	全国	江苏
父母	59.5%	61.9%
老师	60.4%	52.3%
同伴	27.1%	27.3%
网络，朋友圈	18.4%	21.7%
明星	1.7%	2.8%
道德模范	5.4%	10.7%
伟大人物	2.5%	7.6%

如表所示，江苏和全国的受访者对于“您认为现在孩子价值观的形成受何种因素影响最大”的认知上存在共识。各个指标的百分比占比中，全国与江苏的差异最大为 8.1% ，其他选项差异很小。因此，全国和江苏的居民对这一问题的看法存在共识。

D12 您认为老人是否有义务帮子女带孩子？

	全国	江苏
有，天经地义的	21.3%	20.5%
没有，老人帮助带孙辈，子女应感恩	41.1%	42.8%
没有义务，不过带孙辈也是天伦之乐，应该帮助带	33.2%	33.7%
没想过	4.3%	3.0%
总计	100.0%	100.0%

如表所示，江苏和全国的受访者对于“您认为老人是否有义务帮子女带孩子”的认知上存在共识。各个指标的百分比占比中，全国与江苏的差异均不超过 2% 。因此，全国和江苏的居民对这一问题的看法存在共识。

D13 您认为最理想的养老方式是哪种？

	全国	江苏
敬老院、护理院等专业养老机构	13.4%	14.7%
与子女同住	53.3%	53.9%
自己单住，生活难以自理时找护工	14.3%	14.7%

续表

	全国	江苏
与兄弟姐妹抱团养老	5.3%	5.2%
与志趣相投的人一起养老	12.5%	10.7%
其他	1.3%	0.9%
总计	100.0%	100.0%

如表所示，江苏和全国的受访者对于“您认为最理想的养老方式是哪种”的认知上存在共识。各个指标的百分比占比中，全国与江苏的差异均不超过2%。因此，全国和江苏的居民对这一问题的看法存在共识。

D14 当父母一方长期生活不能自理时，主要承担照顾工作的人应该是

	全国	江苏
子女照顾	47.2%	56.7%
父母中还有能力的另一方（老伴）	35.2%	28.1%
雇保姆，老伴协助	6.0%	4.4%
雇保姆，子女协助	7.9%	5.3%
送护理机构，家人经常探望	3.1%	5.2%
其他	0.6%	0.2%
总计	100.0%	100.0%

如表所示，江苏和全国的受访者对于“当父母一方长期生活不能自理时，主要承担照顾工作的人应该是”的认知上存在差异。各个指标的百分比占比中，全国与江苏在“子女照顾”一项的选择上差异达到9.5%，“父母中还有能力的另一方”的选择上差异达到7.1%，两者的差异较大。因此，全国和江苏的居民对这一问题的看法存在差异。

D15 在过去的十天里，您为父母做过以下哪些事情

	全国	江苏
看望	21.1%	22.5%
打电话	35.5%	34.0%
买东西	23.9%	29.5%
陪看病	4.3%	4.1%
生活照料	22.8%	27.5%
做家务	25.6%	32.3%

续表

	全国	江苏
谈心聊天	21.6%	29.3%
给钱	9.2%	6.3%
外出游玩	2.4%	1.5%
无	8.8%	6.6%
父母已去世	18.7%	21.9%

如表所示，江苏和全国的受访者对于“在过去的十天里，您为父母做过以下哪些事情”的认知上存在共识。各个指标的百分比占比中，全国与江苏的差异均不超过8%。因此，全国和江苏的居民对这一问题的看法存在共识。

D16 您是否觉得孤独？

	全国	江苏
经常	5.1%	3.4%
有时	24.0%	21.5%
不太觉得	33.5%	33.2%
不觉得	37.5%	41.9%
总计	100.0%	100.0%

如表所示，江苏和全国的受访者对于“您是否觉得孤独”的认知上存在共识。各个指标的百分比占比中，全国与江苏的差异均不超过5%。因此，全国和江苏的居民对这一问题的看法存在共识。

D17 现在开展的弘扬好家风好家训活动，您认为有意义吗？

	全国	江苏
很有意义	71.1%	83.5%
可有可无	16.7%	9.9%
没有必要	12.2%	6.7%
总计	100.0%	100.0%

如表所示，江苏和全国的受访者对于“现在开展的弘扬好家风好家训活动，您认为有意义吗”的认知上存在差异。各个指标的百分比占比中，全国与江苏的差异较大，在“很有意义”的选择上差异达12.4%。因此，全国和江苏的居民对这一问题的看法存在差异。

D18 您所在的地方发生过虐待儿童的事件吗？

	全国	江苏
经常会发生	4.2%	0.9%
偶尔发生	16.9%	7.2%
没听说过	78.9%	91.8%
总计	100.0%	100.0%

如表所示，江苏和全国的受访者对于“您所在的地方发生过虐待儿童的事件吗”上存在差异。其中，在“没听说过”中，全国和江苏差异最大，为12.9%。其次，“偶尔发生”上，江苏与全国的差异为9.7%。因此，全国和江苏的居民对这一问题的看法存在差异。

D19 在大街或社区里，看到行走或生活困难的老人，您经常的反应是？

	全国	江苏
想到自己的（祖）父母或自己的未来，情不自禁地想帮助他	43.7%	41.4%
出于义务责任感，想帮助他	26.3%	27.9%
有同情感，但没有想帮助的冲动	25.2%	26.9%
没有感觉，习以为常	4.6%	3.6%
其他	0.2%	0.2%
总计	100.0%	100.0%

如表所示，江苏和全国的受访者对于“在大街或社区里，看到行走或生活困难的老人，您经常的反应”的认知上存在共识。各个指标的百分比占比中，全国与江苏的差异均不超过3%。因此，全国和江苏的居民对这一问题的看法存在共识。

D20 如果您的父母或兄妹偷了别人的东西，警察正在查找，您的行为反应可能是？

	全国	江苏
批评他，但不会告发	26.4%	19.3%
批评他，陪他送回原处或去承认错误	54.0%	62.4%
默认，因为他得到的东西正是家庭所急需的	6.4%	4.6%
告发，因为出于正义感	5.0%	8.2%
告发，因为可能会连累自己	2.0%	1.4%
不管不问，由他自己决定	5.8%	3.9%
其他	0.4%	0.3%
总计	100.0%	100.0%

如表所示，江苏和全国的受访者对于“如果您的父母或兄妹偷了别人的东西，警察正在查找，您的行为反应可能是”的认知上存在共识。各个指标的百分比占比中，全国与江苏的差异较小。因此，全国和江苏的居民对这一问题的看法存在共识。

D21 当独生子女单独组成家庭后，父母和子女哪一种居住方式更好？

	全国	江苏
单独居住	29.4%	30.3%
和父母同住	32.8%	29.8%
和父母及祖辈共同居住	8.7%	6.7%
和父母靠近居住	28.3%	32.7%
其他	0.7%	0.5%
总计	100.0%	100.0%

如表所示，江苏和全国的受访者对于“当独生子女单独组成家庭后，父母和子女哪一种居住方式更好”的认知上存在共识。各个指标的百分比占比中，全国与江苏的差异均不超过5%。因此，全国和江苏的居民对这一问题的看法存在共识。

D22 您是否认为把老人送到养老院是不孝行为？

	全国	江苏
是	19.1%	16.4%
相对而言，部分是	51.6%	45.3%
不是	28.9%	38.1%
其他	0.3%	0.3%
总计	100.0%	100.0%

如表所示，江苏和全国的受访者对于“您是否认为把老人送到养老院是不孝行为”的认知上存在差异。各个指标的百分比占比中，全国和江苏的差异较大，在“相对而言……”的选择上为6.3%，在“不是”的选择上达到9.2%。因此，全国和江苏的居民对这一问题的看法存在差异。

E1 您认为企业最重要的社会责任是什么？

	全国	江苏
为企业和企业股东自身赚钱	14.2%	18.9%
通过依法纳税为国家积累财富	22.5%	21.0%

续表

	全国	江苏
通过诚信经营提供质量可靠的产品，满足社会大众生活需求	56.6%	54.3%
为员工谋福利	6.4%	5.7%
其他	0.3%	0.1%
总计	100.0%	100.0%

如表所示，江苏和全国的受访者对于“您认为企业最重要的社会责任是什么”的认知上存在共识。各个指标的百分比占比中，全国与江苏的差异均不超过4.7%。因此，全国和江苏的居民对这一问题的看法存在共识。

E2a 下列关于企业的说法，您的同意程度是：只要能为员工谋福利就是一个好单位

	全国	江苏
完全同意	14.9%	7.9%
比较同意	54.3%	48.4%
不太同意	27.7%	34.8%
完全不同意	3.1%	8.9%
总计	100.0%	100.0%

如表所示，江苏和全国的受访者对于“只要能为员工谋福利就是一个好单位”的态度上存在差异。各个指标的百分比占比中，全国与江苏的差异均超过5%。因此，全国和江苏的居民对这一问题的看法存在差异。

E2b 下列关于企业的说法，您的同意程度是：经济效益好坏是衡量企业成败的唯一标准

	全国	江苏
完全同意	10.0%	3.9%
比较同意	42.4%	31.0%
不太同意	41.6%	53.9%
完全不同意	6.0%	11.3%
总计	100.0%	100.0%

如表所示，江苏和全国的受访者对于“经济效益好坏是衡量企业成败的唯一标准”的态度上存在差异。各个指标的百分比占比中，全国与江苏的差异均超过5%，最大达到12.3%。因此，全国和江苏的居民对这一问题的看法存在差异。

E2c 下列关于企业的说法，您的同意程度是：企业做慈善都是做做样子，其实还是为自己做广告

	全国	江苏
完全同意	6.0%	4.1%
比较同意	41.1%	38.8%
不太同意	46.8%	47.0%
完全不同意	6.1%	10.2%
总计	100.0%	100.0%

如表所示，江苏和全国的受访者对于“企业做慈善都是做做样子，其实还是为自己做广告”的态度上存在共识。各个指标的百分比占比中，全国与江苏的差异均不超过5%。因此，全国和江苏的居民对这一问题的看法存在共识。

E2d 下列关于企业的说法，您的同意程度是：企业和员工之间只是合同关系，效益好就好好干，效益不好就跳槽

	全国	江苏
完全同意	5.9%	2.9%
比较同意	30.6%	28.7%
不太同意	51.4%	51.1%
完全不同意	12.1%	17.3%
总计	100.0%	100.0%

如表所示，江苏和全国的受访者对于“企业和员工之间只是合同关系，效益好就好好干，效益不好就跳槽”的态度上存在共识。各个指标的百分比占比中，全国与江苏的差异均不超过6%。因此，全国和江苏的居民对这一问题的看法存在共识。

E2e 下列关于企业的说法，您的同意程度是：企业不需要对员工讲什么伦理关怀，员工表现好就发奖金，不好就辞退

	全国	江苏
完全同意	4.5%	2.2%
比较同意	23.8%	18.6%
不太同意	55.7%	56.6%
完全不同意	16.1%	22.6%
总计	100.0%	100.0%

如表所示，江苏和全国的受访者对于“企业不需要对员工讲什么伦理关怀，员工表现好就发奖金，不好就辞退”的态度上存在共识。各个指标的百分比占比中，全国与江苏的差异均不超过7%。因此，全国和江苏的居民对这一问题的看法存在共识。

E2f 下列关于企业的说法，您的同意程度是：企业为了履行社会责任，应当放弃一些自身利益

	全国	江苏
完全同意	21.6%	22.6%
比较同意	50.9%	55.5%
不太同意	23.4%	17.6%
完全不同意	4.1%	4.3%
总计	100.0%	100.0%

如表所示，江苏和全国的受访者对于“企业为了履行社会责任，应当放弃一些自身利益”的态度上存在共识。各个指标的百分比占比中，全国与江苏的差异均不超过5%。因此，全国和江苏的居民对这一问题的看法存在共识。

E2g 下列关于企业的说法，您的同意程度是：讲信用、遵循道德规范的企业能够获得更好的利益

	全国	江苏
完全同意	25.6%	27.3%
比较同意	53.3%	57.1%
不太同意	18.0%	12.2%
完全不同意	3.2%	3.4%

如表所示，江苏和全国的受访者对于“讲信用、遵循道德规范的企业能够获得更好的利益”的态度上存在共识。各个指标的百分比占比中，全国与江苏的差异均不超过6%。因此，全国和江苏的居民对这一问题的看法存在共识。

E2h 下列关于企业的说法，您的同意程度是：企业只是一台赚钱的机器，能赚钱就行，无所谓社会责任，声誉也不重要

	全国	江苏
完全同意	2.5%	1.2%
比较同意	16.7%	10.7%

续表

	全国	江苏
不太同意	54.2%	64.2%
完全不同意	26.6%	24.0%

如表所示，江苏和全国的受访者对于“企业只是一台赚钱的机器，能赚钱就行，无所谓社会责任，声誉也不重要”上存在差异。其中，在“不太同意”上，全国与江苏差异最大，为10%。其次，在“比较同意”上，全国与江苏的差异为6%。因此，全国和江苏的居民对这一问题的看法存在差异。

E2i 下列关于企业的说法，您的同意程度是：同样的产品，国企生产的比私企的更有保障

	全国	江苏
完全同意	7.8%	6.8%
比较同意	42.8%	39.8%
不太同意	40.2%	43.6%
完全不同意	9.2%	9.8%
总计	100.0%	100.0%

如表所示，江苏和全国的受访者对于“同样的产品，国企生产的比私企的更有保障。”的认知上存在共识。各个指标的百分比占比中，全国与江苏的差异均不超过4%。因此，全国和江苏的居民对这一问题的看法存在共识。

E3 下面哪种说法更符合或接近您的个人想法

	全国	江苏
个人和工作单位之间是聘用或雇佣关系，通过工资和付出劳动满足彼此需求	46.8%	43.0%
不只是利益关系，应当还有很多情感的联系，应当共命运	35.4%	37.6%
个人是单位的一分子，单位如同个人的另一个家	17.5%	19.3%
其他	0.3%	0.1%
总计	100.0%	100.0%

如表所示，江苏和全国的受访者对于“下面哪种说法更符合或接近您的个人想法”的态度上存在共识。各个指标的百分比占比中，全国与江苏的差异均不超过4%。因此，全国和江苏的居民对这一问题的看法存在共识。

E4a 您对自己所在企业履行劳动安全保障的满意情况如何

	全国	江苏
非常不满意	3.2%	3.0%
不太满意	21.6%	25.5%
比较满意	68.8%	64.8%
非常满意	6.4%	6.7%
总计	100.0%	100.0%

如表所示，江苏和全国的受访者对于“您对自己所在企业履行劳动安全保障的满意情况如何”的态度上存在共识。各个指标的百分比占比中，全国与江苏的差异均不超过4%。因此，全国和江苏的居民对这一问题的看法存在共识。

E4b 您对自己所在企业履行员工薪酬合理的满意情况如何

	全国	江苏
非常不满意	2.5%	4.0%
不太满意	25.2%	32.2%
比较满意	63.2%	57.3%
非常满意	9.1%	6.5%
总计	100.0%	100.0%

如表所示，江苏和全国的受访者对于“您对自己所在企业履行员工薪酬合理的满意情况如何”的态度上存在共识。各个指标的百分比占比中，全国与江苏的差异均不超过7%。因此，全国和江苏的居民对这一问题的看法存在共识。

E4c 您对自己所在企业履行关心员工生活的满意情况如何

	全国	江苏
非常不满意	2.9%	3.8%
不太满意	25.3%	30.5%
比较满意	61.7%	57.0%
非常满意	10.1%	8.7%
总计	100.0%	100.0%

如表所示，江苏和全国的受访者对于“您对自己所在企业履行关心员工生活的满意情况如何”的态度上存在共识。各个指标的百分比占比中，全国与江苏的差异均不超过5.2%。因此，全国和江苏的居民对这一问题的看法存在共识。

E4d 您对自己所在企业履行诚实守法经营的满意情况如何

	全国	江苏
非常不满意	1.7%	1.8%
不太满意	15.7%	16.9%
比较满意	73.2%	71.7%
非常满意	9.3%	9.5%
总计	100.0%	100.0%

如表所示，江苏和全国的受访者对于“您对自己所在企业履行诚实守法经营的满意情况如何”的态度上存在共识。各个指标的百分比占比中，全国与江苏的差异均不超过2%。因此，全国和江苏的居民对这一问题的看法存在共识。

E4e 您对自己所在企业履行产品质量可靠的满意情况如何

	全国	江苏
非常不满意	1.2%	1.8%
不太满意	14.0%	16.4%
比较满意	73.1%	72.0%
非常满意	11.7%	9.9%
总计	100.0%	100.0%

如表所示，江苏和全国的受访者对于“您对自己所在企业履行产品质量可靠的满意情况如何”的态度上存在共识。各个指标的百分比占比中，全国与江苏的差异均不超过2%。因此，全国和江苏的居民对这一问题的看法存在共识。

E4f 您对自己所在企业履行环境保护措施的满意情况如何

	全国	江苏
非常不满意	3.9%	2.9%
不太满意	24.2%	26.6%
比较满意	59.9%	60.1%
非常满意	12.1%	10.4%
总计	100.0%	100.0%

如表所示，江苏和全国的受访者对于“您对自己所在企业履行环境保护措施的满意情况如何”的态度上存在共识。各个指标的百分比占比中，全国与江苏的差异均不超过2.4%。因此，全国和江苏的居民对这一问题的看法存在共识。

E4g 您对自己所在企业履行慈善公益事业的满意情况如何

	全国	江苏
非常不满意	3.4%	3.5%
不太满意	23.9%	25.0%
比较满意	61.7%	60.3%
非常满意	11.0%	11.2%
总计	100.0%	100.0%

如表所示，江苏和全国的受访者对于“您对自己所在企业履行慈善公益事业的满意情况如何”的认知上存在共识。各个指标的百分比占比中，全国与江苏的差异均不超过1.5%。因此，全国和江苏的居民对这一问题的看法存在共识。

E5 您对本地的或自己熟悉的企业家的道德状况怎么评价

	全国	江苏
总体还不错	43.4%	54.2%
普遍比较差	19.8%	15.8%
和普通群众没有太大差别	36.8%	30.0%
总计	100.0%	100.0%

如表所示，江苏和全国的受访者对于“您对本地的或自己熟悉的企业家的道德状况怎么评价”的评价上存在差异。其中，在“总体还不错”“和普通群众没有太大差别”上差异显著，超过6%。因此，全国和江苏的居民对这一问题的看法存在差异。

E6a 对公务员道德状况的满意度

	全国	江苏
非常满意	4.5%	3.8%
比较满意	66.8%	61.5%
不太满意	25.6%	30.0%
非常不满意	3.0%	4.7%
总计	100.0%	100.0%

如表所示，江苏和全国的受访者对于“对公务员道德状况的满意度”的认知上存在共识。各个指标的百分比占比中，全国与江苏的差异均不超过5.3%。因此，全国和江苏的居民对这一问题的看法存在共识。

E6b 对医生道德状况的满意度

	全国	江苏
非常满意	6.3%	3.3%
比较满意	63.0%	62.7%
不太满意	27.0%	29.6%
非常不满意	3.7%	4.4%
总计	100.0%	100.0%

如表所示，江苏和全国的受访者对于“对医生道德状况的满意度”的认知上存在共识。各个指标的百分比占比中，全国与江苏的差异均不超过3%。因此，全国和江苏的居民对这一问题的看法存在共识。

E6c 对教师道德状况的满意度

	全国	江苏
非常满意	9.7%	5.3%
比较满意	65.5%	66.8%
不太满意	21.1%	23.5%
非常不满意	3.7%	4.5%
总计	100.0%	100.0%

如表所示，江苏和全国的受访者对于“对教师道德状况的满意度”的认知上存在共识。各个指标的百分比占比中，全国与江苏的差异均不超过4.5%。因此，全国和江苏的居民对这一问题的看法存在共识。

E6d 对个体工商户道德状况的满意度

	全国	江苏
非常满意	4.9%	2.9%
比较满意	62.2%	58.8%
不太满意	29.0%	30.8%
非常不满意	4.0%	7.5%
总计	100.0%	100.0%

如表所示，江苏和全国的受访者对于“对个体工商户道德状况的满意度”的认知上存在共识。各个指标的百分比占比中，全国与江苏的差异均不超过4%。因此，全国和江苏的居民对这一问题的看法存在共识。

E7 怎么称呼周围那些经营企业或做生意发了财的人?

	全国	江苏
企业家	9.6%	19.3%
老板	81.8%	94.2%
商人	20.1%	29.6%
生意人	23.1%	40%
土豪	6.8%	9.9%
暴发户	6.1%	9.8%
其他	0.8%	0.4%

如表所示，江苏和全国的受访者对于“怎么称呼周围那些经营企业或做生意发了财的人”的态度上存在差异。其中，对“企业家”“老板”“商人”“生意人”的称呼差异较大，均超过6%。因此，全国和江苏的居民对这一问题的看法存在差异。

E8 如果您有一个不错的家庭企业，但儿子或女儿缺乏经营能力或经营兴趣，难以交班，您可能选择

	全国	江苏
养儿媳或女婿，交给她/他经营	32.4%	43.5%
交给儿媳和女婿有风险，离婚了怎么办，还是自己撑到有第三代接管	17.8%	12.1%
找一个懂经营的职业经理人，我们家庭成员做董事长	34.5%	35.9%
做一天是一天，最后将钞票留给子孙，但外人不可靠，不能交给外人	13.4%	8.1%
其他	1.9%	0.5%
总计	100.0%	100.0%

如表所示，江苏和全国的受访者对于“如果您有一个不错的家庭企业，但儿子或女儿缺乏经营能力或经营兴趣，难以交班，您可能选择”的选择上存在差异。各个指标的百分比占比中，全国与江苏在其中三项选择上的差异超过5%，最大达到11.1%。因此，全国和江苏的居民对这一问题的看法存在差异。

E9 在市场上购买食品、衣物、家用电器等商品时，您觉得有安全感吗?

	全国	江苏
有安全感，相信产品质量	25.0%	26.6%
没安全感，不相信他们的标签，常担心质量问题影响自己的健康	22.7%	19.1%
没安全感，担心在价格上被欺骗，要货比三家	21.4%	17.2%

续表

	全国	江苏
一般还可以，相信大商店的产品，不相信小商店和地摊货	30.7%	36.9%
其他	0.3%	0.1%
总计	100.0%	100.0%

如表所示，江苏和全国的受访者对于“在市场上购买食品、衣物、家用电器等商品时，您觉得有安全感吗”的感知上存在共识。各个指标的百分比占比中，全国与江苏的差异均不超过6.2%。因此，全国和江苏的居民对这一问题的看法存在共识。

E10 您怎么看待电视、报纸和其他主流媒体上的广告？

	全国	江苏
相信，因为是明星们推荐	15.0%	8.4%
将信将疑，眼见为真	47.2%	51.9%
不相信，是企业和那些明星联合起来忽悠大众	26.7%	28.7%
讨厌，既欺骗大众，又占用公共媒体资源	10.4%	10.8%
其他	0.7%	0.3%
总计	100.0%	100.0%

如表所示，江苏和全国的受访者对于“您怎么看待电视、报纸和其他主流媒体上的广告”的认知上存在共识。各个指标的百分比占比中，全国与江苏的差异均不超过6.6%。因此，全国和江苏的居民对这一问题的看法存在共识。

E11 您怎么看待现在一些企业做公益和慈善？

	全国	江苏
是做善事，把赚的公众的钱还给社会	26.5%	22.4%
是在做秀，为自己立牌坊	17.8%	17.0%
是做广告，把弱势群体当作宣传自己的工具	24.1%	25.4%
做总比不做好，随他去吧	31.1%	34.9%
其他	0.6%	0.3%
总计	100.0%	100.0%

如表所示，江苏和全国的受访者对于“您怎么看待现在一些企业做公益和慈善”的认知上存在共识。各个指标的百分比占比中，全国与江苏的差异最大为4.1%。因此，全国和江苏的居民对这一问题的看法存在共识。

E12 一些政府机关、企事业单位和大中小学，利用权力为本单位的职工子女在入学、招工中提供特殊政策，您认为这种行为道德吗？

	全国	江苏
为本单位人员谋福利，符合道德	16.5%	12.9%
以权谋私，不道德	35.3%	46.0%
是对社会公众的不公平，严重不道德	30.9%	27.0%
符合本单位员工利益，但严重侵蚀社会道德	10.7%	7.4%
无所谓道德不道德	6.6%	6.7%
总计	100.0%	100.0%

如表所示，江苏和全国的受访者对于“一些政府机关、企事业单位和大中小学，利用权力为本单位的职工子女在入学、招工中提供特殊政策，您认为这种行为道德吗”的认知上存在差异。其中，在“以权谋私，不道德”上，差异最大，超过10%。因此，全国和江苏的居民对这一问题的看法存在差异。

E13 单位有一项举措可以提高集体福利并使您个人得到利益，但会造成环境污染，您会举报吗？

	全国	江苏
会	65.4%	75.9%
不会	34.6%	24.1%
总计	100.0%	100.0%

如表所示，江苏和全国的受访者对于“单位有一项举措可以提高集体福利并使您个人得到利益，但会造成环境污染，您会举报吗”的认知上存在差异。各个指标的百分比占比中，全国与江苏的差异均超过10%。因此，全国和江苏的居民对这一问题的看法存在差异。

E14 您认为您所工作的单位同事之间是何种关系？

	全国	江苏
平等合作关系	58.2%	73.5%
利益竞争关系	25.2%	15.5%
彼此没有关系	14.1%	7.9%
其他	2.5%	3.1%
总计	100.0%	100.0%

如表所示，江苏和全国的受访者对于“您认为您所工作的单位同事之间是何种关系”的认知上存在差异。各个指标的百分比占比中，全国与江苏的差异大都超过7%。因此，全国和江苏的居民对这一问题的看法存在差异。

E15 为了单位组织的利益，你的单位是否会默认员工做违背道德的事情？

	全国	江苏
常常	5.5%	3.0%
较多	14.8%	7.9%
一般	24.5%	25.5%
较少	26.6%	24.8%
从来没有	28.6%	38.7%
总计	100.0%	100.0%

如表所示，江苏和全国的受访者对于“为了单位组织的利益，你的单位是否会默认员工做违背道德的事情”的认知上存在差异。各个指标的百分比占比中，全国与江苏的差异较大，选项“从来没有”，全国和江苏的差异达到了10.1%。因此，全国和江苏的居民对这一问题的看法存在差异。

E16 您所工作的单位是否存在如下现象

	全国	江苏
给领导干部送礼讨好	30.8%	38.7%
背后互相告恶状	22.4%	26.9%
拉帮结派	18.5%	20.3%
为谋私利找关系走后门	27.7%	40.4%
奖惩制度不公平	18.8%	19%
领导干部滥用职权	20.8%	26.3%
都不存在	33.7%	36.1%

如表所示，江苏和全国的受访者对于“您所工作的单位是否存在如下现象”的认知上存在差异。其中，在“为谋私利找关系走后门”上，差异最大，为12.7%。在“给领导干部送礼讨好”上，江苏与全国差异为7.9%。在“领导干部滥用职权”上，江苏与全国差异为5.5%。因此，全国和江苏的居民对这一问题的看法存在差异。

E17a 您对只有国企才应该履行社会责任的同意程度是?

	全国	江苏
完全同意	3.3%	2.3%
比较同意	30.2%	15.1%
不太同意	52.1%	61.5%
完全不同意	14.5%	21.1%
总计	100.0%	100.0%

如表所示，江苏和全国的受访者对于“您对只有国企才应该履行社会责任的同意程度是”的态度上存在差异。其中，在“比较同意”“不太同意”差异均超过 8%。因此，全国和江苏的居民对这一问题的看法存在差异。

E17b 您对只有大企业才应该履行社会责任的同意程度是?

	全国	江苏
完全同意	3.1%	2.2%
比较同意	28.7%	14.7%
不太同意	50.6%	60.9%
完全不同意	17.6%	22.3%
总计	100.0%	100.0%

如表所示，江苏和全国的受访者对于“您对只有大企业才应该履行社会责任的同意程度是”的态度上存在差异。各个指标的百分比占比中，全国与江苏的差异有两项均超过 7%。因此，全国和江苏的居民对这一问题的看法存在差异。

E17c 您对只有盈利多的企业才需要履行社会责任的同意程度是?

	全国	江苏
完全同意	4.1%	2.3%
比较同意	27.5%	15.4%
不太同意	52.1%	57.9%
完全不同意	16.3%	24.4%
总计	100.0%	100.0%

如表所示，江苏和全国的受访者对于“您对只有盈利多的企业才需要履行社会责任的同意程度”的态度上存在差异。其中，在“比较同意”上，差异最大，为 12.1%。在“完全不同意”上差异超过 8%，在“不太同意”上差异超过 5%。因此，全国和江苏的居民对这一问题的看法存在差异。

E17d 您对污染类企业要履行更多的社会责任的同意程度是？

	全国	江苏
完全同意	26.5%	25.9%
比较同意	41.4%	46.0%
不太同意	23.4%	20.1%
完全不同意	8.7%	8.0%
总计	100.0%	100.0%

如表所示，江苏和全国的受访者对于“您对污染类企业要履行更多的社会责任的同意程度”的认知上存在共识。各个指标的百分比占比中，全国与江苏的差异均不超过5%。因此，全国和江苏的居民对这一问题的看法存在共识。

E17e 您对小企业只要管好自己就行了，不要履行社会责任的同意程度是？

	全国	江苏
完全同意	2.7%	1.3%
比较同意	19.3%	10.6%
不太同意	55.6%	60.5%
完全不同意	22.5%	27.6%
总计	100.0%	100.0%

如表所示，江苏和全国的受访者对于“您对小企业只要管好自己就行了，不要履行社会责任的同意程度”的认知上存在差异。各个指标的百分比占比中，全国与江苏在“比较同意”和“完全不同意”的选择上，差异均超过5%。因此，全国和江苏的居民对这一问题的看法存在差异。

E18a 您觉得下列哪类单位最讲道德

	全国	江苏
国有（控股）企业	18.4%	22.0%
民营企业	4.8%	2.2%
私营企业	2.5%	2.0%
外资企业	6.4%	9.2%
学校	43.8%	38.3%
医院	4.9%	3.0%
政府机关	14.4%	20.7%
民间组织	4.9%	2.6%

续表

	全国	江苏
总计	100.0%	100.0%

如表所示，江苏和全国的受访者对于“您觉得下列哪类单位最讲道德”的认知上存在共识。各个指标的百分比占比中，全国与江苏的差异均不超过6.3%。因此，全国和江苏的居民对这一问题的看法存在共识。

E18b 您觉得下列哪类单位道德水平最差

	全国	江苏
国有（控股）企业	5.5%	3.4%
民营企业	11.6%	13.0%
私营企业	30.0%	36.8%
外资企业	3.8%	3.3%
学校	3.4%	2.8%
医院	18.3%	21.6%
政府机关	15.3%	8.8%
民间组织	12.3%	10.3%
总计	100.0%	100.0%

如表所示，江苏和全国的受访者对于“您觉得下列哪类单位道德水平最差”的认知上存在共识。各个指标的百分比占比中，全国与江苏的差异均不超过6.8%。因此，全国和江苏的居民对这一问题的看法存在共识。

E19a 以下关于学校的说法，您的同意程度是：学校越来越以营利为目的

	全国	江苏
完全同意	7.2%	11.8%
比较同意	42.4%	45.6%
不太同意	41.2%	35.3%
完全不同意	9.2%	7.3%
总计	100.0%	100.0%

如表所示，江苏和全国的受访者对于“学校越来越以营利为目的”的认知上存在共识。各个指标的百分比占比中，全国与江苏的差异均不超过5.9%。因此，全国和江苏的居民对这一问题的看法存在共识。

E19b 以下关于学校的说法，您的同意程度是：学校主要传授知识和技能，培养道德不重要

	全国	江苏
完全同意	1.2%	0.9%
比较同意	12.7%	8.1%
不太同意	58.9%	55.5%
完全不同意	27.1%	35.5%
总计	100.0%	100.0%

如表所示，江苏和全国的受访者对于“学校主要传授知识和技能，培养道德不重要”的认知上存在共识。各个指标的百分比占比中，全国与江苏的差异均不超过8.4%。因此，全国和江苏的居民对这一问题的看法存在共识。

E19c 以下关于学校的说法，您的同意程度是：学校升学率高比素质教育更重要

	全国	江苏
完全同意	2.2%	1.7%
比较同意	13.0%	9.4%
不太同意	58.3%	53.7%
完全不同意	26.5%	35.2%
总计	100.0%	100.0%

如表所示，江苏和全国的受访者对于“学校升学率高比素质教育更重要”的认知上存在共识。各个指标的百分比占比中，全国与江苏的差异均不超过8.7%。因此，全国和江苏的居民对这一问题的看法存在共识。

E19d 以下关于学校的说法，您的同意程度是：青少年儿童行为不端，主要是学校没教好

	全国	江苏
完全同意	1.7%	1.3%
比较同意	14.4%	10.0%
不太同意	59.1%	58.0%
完全不同意	24.8%	30.7%
总计	100.0%	100.0%

如表所示，江苏和全国的受访者对于“青少年儿童行为不端，主要是学校没

教好”的认知上存在共识。各个指标的百分比占比中，全国与江苏的差异均不超过5.9%。因此，全国和江苏的居民对这一问题的看法存在共识。

E19e 以下关于学校的说法，您的同意程度是：要想孩子培养得好，就要多给老师送礼

	全国	江苏
完全同意	2.0%	1.4%
比较同意	12.5%	5.6%
不太同意	47.4%	44.6%
完全不同意	38.1%	48.4%
总计	100.0%	100.0%

如表所示，江苏和全国的受访者对于“要想孩子培养得好，就要多给老师送礼”上存在差异。其中，在“完全不同意”上，差异最大，为10.3%。在“比较同意”上，差异超过6%。因此，全国和江苏的居民对这一问题的看法存在差异。

E20 您所在单位或集体，当员工或村民受到不应该的对待时，员工或村民有没有申诉的机会？

	全国	江苏
有	64.7%	76.8%
没有	35.3%	23.2%
总计	100.0%	100.0%

如表所示，江苏和全国的受访者对于“您所在单位或集体，当员工或村民受到不应该的对待时，员工或村民有没有申诉的机会”上存在差异。其中，各个指标间差异均较大，超过10%。因此，全国和江苏的居民对这一问题的看法存在差异。

E21 您所在单位或集体，当员工或村民受到不应该的对待时，员工或村民有没有申诉的地方或渠道？

	全国	江苏
有	67.0%	78.1%
没有	33.0%	21.9%
总计	100.0%	100.0%

如表所示，江苏和全国的受访者对于“您所在单位或集体，当员工或村民受

到不应该的对待时，员工或村民有没有申诉的地方或渠道”上存在差异。其中，各个指标间差异均较大，超过10%。因此，全国和江苏的居民对这一问题的看法存在差异。

E22 您所在单位或集体，当员工或村民受到不应该的对待时，有没有人进行过申诉？

	全国	江苏
全部会申诉	4.1%	2.5%
大部分会申诉	20.1%	21.2%
小部分会申诉	55.4%	55.8%
无人申诉	20.5%	20.5%
总计	100.0%	100.0%

如表所示，江苏和全国的受访者对于“您所在单位或集体，当员工或村民受到不应该的对待时，有没有人进行过申诉”的认知上存在共识。各个指标的百分比占比中，全国与江苏的差异均不超过2%。因此，全国和江苏的居民对这一问题的看法存在共识。

E23 您所在单位或集体，在多大程度上认真对待员工或村民的申诉？

	全国	江苏
完全不认真	10.5%	6.3%
不太认真	21.7%	19.8%
一般	34.0%	38.0%
比较认真	29.5%	30.9%
非常认真	4.3%	5.1%
总计	100.0%	100.0%

如表所示，江苏和全国的受访者对于“您所在单位或集体，在多大程度上认真对待员工或村民的申诉”的认知上存在共识。各个指标的百分比占比中，全国与江苏的差异均不超过4.2%。因此，全国和江苏的居民对这一问题的看法存在共识。

E24 您所在单位是否有道德方面的教育或活动？

	全国	江苏
有	4.1%	10.8%

续表

	全国	江苏
没有	42.0%	35.6%
不知道	53.9%	53.6%
总计	100.0%	100.0%

如表所示，江苏和全国的受访者对于“您所在单位是否有道德方面的教育或活动”的认知上存在共识。各个指标的百分比占比中，全国与江苏的差异均不超过6.7%。因此，全国和江苏的居民对这一问题的看法存在共识。

E25a 对当地企业道德状况的满意度是

	全国	江苏
非常不满意	2.2%	2.4%
不太满意	22.3%	25.7%
比较满意	73.2%	69.4%
非常满意	2.3%	2.5%
总计	100.0%	100.0%

如表所示，江苏和全国的受访者对于“对当地企业道德状况的满意度”的认知上存在共识。各个指标的百分比占比中，全国与江苏的差异均不超过4%。因此，全国和江苏的居民对这一问题的看法存在共识。

E25b 对当地医院道德状况的满意度是

	全国	江苏
非常不满意	3.4%	4.3%
不太满意	25.5%	28.4%
比较满意	65.5%	63.2%
非常满意	5.6%	4.0%
总计	100.0%	100.0%

如表所示，江苏和全国的受访者对于“对当地医院道德状况的满意度”的认知上存在共识。各个指标的百分比占比中，全国与江苏的差异均不超过3%。因此，全国和江苏的居民对这一问题的看法存在共识。

E25c 对当地政府道德状况的满意度是

	全国	江苏
非常不满意	3.7%	4.1%
不太满意	24.5%	25.4%
比较满意	64.7%	64.6%
非常满意	7.2%	5.9%
总计	100.0%	100.0%

如表所示，江苏和全国的受访者对于“对当地政府道德状况的满意度”的认知上存在共识。各个指标的百分比占比中，全国与江苏的差异均不超过2%。因此，全国和江苏的居民对这一问题的看法存在共识。

E25d 对当地学校的道德状况的满意度是

	全国	江苏
非常不满意	1.4%	2.8%
不太满意	16.3%	19.2%
比较满意	71.5%	69.4%
非常满意	10.8%	8.6%
总计	100.0%	100.0%

如表所示，江苏和全国的受访者对于“对当地学校的道德状况的满意度”的认知上存在共识。各个指标的百分比占比中，全国与江苏的差异均不超过3%。因此，全国和江苏的居民对这一问题的看法存在共识。

E25e 对当地的 NGO 组织（如红十字会等）的满意度是

	全国	江苏
非常不满意	2.2%	2.1%
不太满意	17.1%	18.3%
比较满意	68.1%	69.2%
非常满意	12.6%	10.5%
总计	100.0%	100.0%

如表所示，江苏和全国的受访者对于“对当地的 NGO 组织（如红十字会等）的满意度”的认知上存在共识。各个指标的百分比占比中，全国与江苏的差异均不超过3%。因此，全国和江苏的居民对这一问题的看法存在共识。

F1a 您认为随地吐痰是否关乎道德？

	全国	江苏
有关	91.2%	93.6%
无关	8.8%	6.4%
总计	100.0%	100.0%

如表所示，江苏和全国的受访者对于“您认为随地吐痰是否关乎道德”的认知上存在共识。各个指标的百分比占比中，全国与江苏的差异均不超过3%。因此，全国和江苏的居民对这一问题的看法存在共识。

F1b 您认为插队是否关乎道德？

	全国	江苏
有关	91.1%	94.1%
无关	8.9%	5.9%
总计	100.0%	100.0%

如表所示，江苏和全国的受访者对于“您认为插队是否关乎道德”的认知上存在共识。各个指标的百分比占比中，全国与江苏的差异均不超过3%。因此，全国和江苏的居民对这一问题的看法存在共识。

F1c 您认为公交或地铁上大声打电话是否关乎道德？

	全国	江苏
有关	87.2%	90.8%
无关	12.8%	9.2%
总计	100.0%	100.0%

如表所示，江苏和全国的受访者对于“您认为公交或地铁上大声打电话是否关乎道德”的认知上存在共识。各个指标的百分比占比中，全国与江苏的差异均不超过3.6%。因此，全国和江苏的居民对这一问题的看法存在共识。

F1d 您认为餐馆里说话声音很大是否关乎道德？

	全国	江苏
有关	85.8%	90.0%
无关	14.2%	10.0%
总计	100.0%	100.0%

如表所示，江苏和全国的受访者对于“您认为餐馆里说话声音很大是否关乎

道德”的认知上存在共识。各个指标的百分比占比中，全国与江苏的差异均不超过5%。因此，全国和江苏的居民对这一问题的看法存在共识。

F1e 您认为在公共场所的椅子或沙发上躺着睡觉是否关乎道德?

	全国	江苏
有关	88.1%	91.1%
无关	11.9%	8.9%
总计	100.0%	100.0%

如表所示，江苏和全国的受访者对于“认为在公共场所的椅子或沙发上躺着睡觉是否关乎道德”的认知上存在共识。各个指标的百分比占比中，全国与江苏的差异均不超过3%。因此，全国和江苏的居民对这一问题的看法存在共识。

F1f 您本人是否做过随地吐痰的行为?

	全国	江苏
经常做	2.8%	3.3%
偶尔做	37.3%	33.5%
从来不做	59.9%	63.2%
总计	100.0%	100.0%

如表所示，江苏和全国的受访者对于“您本人是否做过随地吐痰的行为”的认知上存在共识。各个指标的百分比占比中，全国与江苏的差异均不超过4%。因此，全国和江苏的居民对这一问题的看法存在共识。

F1g 您本人是否做过插队的行为?

	全国	江苏
经常做	2.2%	0.8%
偶尔做	28.4%	15.8%
从来不做	69.4%	83.3%
总计	100.0%	100.0%

如表所示，江苏和全国的受访者对于“您本人是否做过插队的行为”的认知存在差异。其中，在“偶尔做”“从来不做”上，全国与江苏差异较大，均超过10%。因此，全国和江苏的居民对这一问题的看法存在差异。

F1h 您本人是否做过在公交或地铁上大声打电话的行为？

	全国	江苏
经常做	2.8%	1.1%
偶尔做	27.8%	19.2%
从来不做	69.5%	79.7%
总计	100.0%	100.0%

如表所示，江苏和全国的受访者对于“您本人是否做过在公交或地铁上大声打电话的行为”的认知上存在差异。各个指标的百分比占比中，在“偶尔做”和“从来不做”的选择上，差异均超过8%。因此，全国和江苏的居民对这一问题的看法存在差异。

F1i 您本人是否做过在餐馆里说话声音很大的行为？

	全国	江苏
经常做	2.9%	1.3%
偶尔做	26.1%	19.8%
从来不做	71.0%	78.9%
总计	100.0%	100.0%

如表所示，江苏和全国的受访者对于“您本人是否做过在餐馆里说话声音很大的行为”的认知上存在共识。各个指标的百分比占比中，全国与江苏的差异均不大。因此，全国和江苏的居民对这一问题的看法存在共识。

F1j 您本人是否做过在公共场所的椅子或沙发上躺着睡觉的行为？

	全国	江苏
经常做	2.6%	1.0%
偶尔做	13.3%	8.4%
从来不做	84.0%	90.6%
总计	100.0%	100.0%

如表所示，江苏和全国的受访者对于“您本人是否做过在公共场所的椅子或沙发上躺着睡觉的行为”的认知上存在共识。各个指标的百分比占比中，全国与江苏的差异均不超过6.6%。因此，全国和江苏的居民对这一问题的看法存在共识。

F2 入夜后，很多中老年朋友在广场上伴着录音机的音乐跳舞，产生噪音。有人向政府或物管投诉，要求阻止。对这件事您怎么看

	全国	江苏
在广场上跳舞是居民的自由，不应干预	22.5%	7.9%
跳舞如果破坏了别人的清静，就应该停止	22.3%	20.4%
中老年人没地方活动，即便跳舞构成干扰，也应尽量容忍和理解	21.5%	21.2%
请跳舞者降低音量，大家相互妥协	32.4%	50.0%
其他（请说明）	1.4%	0.5%
总计	100.0%	100.0%

如表所示，江苏和全国的受访者对于“入夜后，很多中老年朋友在广场上伴着录音机的音乐跳舞，产生噪音。有人向政府或物管投诉，要求阻止。对这件事您怎么看”的看法上存在差异。其中，“在广场上跳舞是居民的自由，不应干预”“请跳舞者降低音量，大家相互妥协”全国和江苏差异较大，均超过10%。因此，全国和江苏的居民对这一问题的看法存在差异。

F3a 社会上经常发生一些因个人认为自身受到不公正待遇而导致的社会泄愤事件，比如厦门公交爆炸案、徐州幼儿园爆炸案。对下列说法，您的同意程度如何：这是暴徒行为，无论何种情况下，都不应该采取暴力手段

	全国	江苏
完全同意	40.3%	37.5%
比较同意	50.4%	52.3%
不太同意	7.7%	5.8%
完全不同意	1.5%	4.4%
总计	100.0%	100.0%

如表所示，江苏和全国的受访者对于“这是暴徒行为，无论何种情况下，都不应该采取暴力手段”的认知上存在共识。各个指标的百分比占比中，全国与江苏的差异均不超过3%。因此，全国和江苏的居民对这一问题的看法存在共识。

F3b 社会上经常发生一些因个人认为自身受到不公正待遇而导致的社会泄愤事件，比如厦门公交爆炸案、徐州幼儿园爆炸案。对下列说法，您的同意程度如何：其他社会成员在需要的时候没有及时给予帮助，因此我们每个人都有责任

	全国	江苏
完全同意	15.4%	16.3%
比较同意	49.3%	57.0%

续表

	全国	江苏
不太同意	29.9%	23.3%
完全不同意	5.4%	3.4%
总计	100.0%	100.0%

如表所示，江苏和全国的受访者对于“其他社会成员在需要的时候没有及时给予帮助，因此我们每个人都有责任”的认知上存在共识。各个指标的百分比占比中，全国与江苏的差异均不大。因此，全国和江苏的居民对这一问题的看法存在共识。

F3c 社会上经常发生一些因个人认为自身受到不公正待遇而导致的社会泄愤事件，比如厦门公交爆炸案、徐州幼儿园爆炸案。对下列说法，您的同意程度如何：他们的遭遇值得同情，但应该去报复那些给予他们不公待遇的人，而不是伤及无辜

	全国	江苏
完全同意	11.9%	9.9%
比较同意	33.9%	33.3%
不太同意	36.0%	40.8%
完全不同意	18.2%	16.1%
总计	100.0%	100.0%

如表所示，江苏和全国的受访者对于“他们的遭遇值得同情，但应该去报复那些给予他们不公待遇的人，而不是伤及无辜”的认知上存在共识。各个指标的百分比占比中，全国与江苏的差异均不超过5%。因此，全国和江苏的居民对这一问题的看法存在共识。

F3d 社会上经常发生一些因个人认为自身受到不公正待遇而导致的社会泄愤事件，比如厦门公交爆炸案、徐州幼儿园爆炸案。对下列说法，您的同意程度如何：受到不公平待遇，应该充分相信政府，积极寻求相关部门的帮助

	全国	江苏
完全同意	25.2%	24.6%
比较同意	55.2%	63.5%
不太同意	16.0%	10.2%
完全不同意	3.7%	1.7%
总计	100.0%	100.0%

如表所示，江苏和全国的受访者对于“受到不公平待遇，应该充分相信政府，积极寻求相关部门的帮助”的选择上存在差异。其中，在“比较同意”“不太同意”上，差异均比较大。因此，全国和江苏的居民对这一问题的看法存在差异。

F4 总的来说，您认为当今的社会公不公平?

	全国	江苏
完全不公平	5.9%	4.9%
比较不公平	29.3%	29.5%
说不上公平但也不能说不公平	38.0%	36.2%
比较公平	24.7%	28.1%
非常公平	2.1%	1.2%
总计	100.0%	100.0%

如表所示，江苏和全国的受访者对于“总的来说，您认为当今的社会公不公平”的认知上存在共识。各个指标的百分比占比中，全国与江苏的差异均不超过4%。因此，全国和江苏的居民对这一问题的看法存在共识。

F5 和前几年相比，您认为目前我国社会的分配不公、两极分化现象?

	全国	江苏
有较大改善	33.5%	30.7%
没什么变化	53.0%	44.1%
更加恶化	13.5%	25.3%
总计	100.0%	100.0%

如表所示，江苏和全国的受访者对于“和前几年相比，您认为目前我国社会的分配不公、两极分化现象”的认知上存在差异。其中，认为“没什么变化”和“更加恶化”中，全国与江苏差异较大，均超过8.9%。因此，全国和江苏的居民对这一问题的看法存在差异。

F6 您认为目前我国社会成员之间的收入差距

	全国	江苏
合理，可以接受	17.3%	13.5%
不合理，但可以接受	60.3%	56.1%
不合理，不能接受	22.3%	30.3%
总计	100.0%	100.0%

如表所示，江苏和全国的受访者对于“您认为目前我国社会成员之间的收入差距”的认知上存在共识。各个指标的百分比占比中，全国与江苏的差异均不超过 8%。因此，全国和江苏的居民对这一问题的看法存在共识。

F7a 请问您是否同意当前的社会是人人为自己

	全国	江苏
完全同意	11.2%	15.0%
比较同意	57.9%	58.1%
不太同意	29.2%	24.6%
完全不同意	1.6%	2.3%
总计	100.0%	100.0%

如表所示，江苏和全国的受访者对于“请问您是否同意当前的社会是人人为自己”的认知上存在共识。各个指标的百分比占比中，全国与江苏的差异均不超过 5%。因此，全国和江苏的居民对这一问题的看法存在共识。

F7b 请问您是否同意现在社会的大多数人是见利忘义的

	全国	江苏
完全同意	7.7%	11.3%
比较同意	50.3%	47.5%
不太同意	38.3%	37.6%
完全不同意	3.7%	3.6%
总计	100.0%	100.0%

如表所示，江苏和全国的受访者对于“请问您是否同意现在社会的大多数人是见利忘义的”的认知上存在共识。各个指标的百分比占比中，全国与江苏的差异均不超过 4%。因此，全国和江苏的居民对这一问题的看法存在共识。

F7c 请问您是否同意现在社会是一个物欲横流的社会

	全国	江苏
完全同意	7.5%	14.4%
比较同意	47.5%	48.8%
不太同意	39.6%	33.0%
完全不同意	5.4%	3.8%
总计	100.0%	100.0%

如表所示，江苏和全国的受访者对于“请问您是否同意现在社会是一个物欲横流的社会”的认知上存在共识。各个指标的百分比占比中，全国与江苏的差异均不大。因此，全国和江苏的居民对这一问题的看法存在共识。

F7d 请问您是否同意当前大多数人都是以集体利益为重

	全国	江苏
完全同意	5. 8%	5. 3%
比较同意	37. 3%	36. 6%
不太同意	51. 5%	52. 6%
完全不同意	5. 4%	5. 4%
总计	100. 0%	100. 0%

如表所示，江苏和全国的受访者对于“请问您是否同意当前大多数人都是以集体利益为重”的认知上存在共识。各个指标的百分比占比中，全国与江苏的差异均不超过 1. 1% 。因此，全国和江苏的居民对这一问题的看法存在共识。

F7e 请问您是否同意当前大多数人都是家庭利益至上

	全国	江苏
完全同意	17. 2%	17. 2%
比较同意	55. 4%	63. 0%
不太同意	24. 2%	17. 5%
完全不同意	3. 2%	2. 3%
总计	100. 0%	100. 0%

如表所示，江苏和全国的受访者对于“请问您是否同意当前大多数人都是家庭利益至上”的认知上存在差异。各个指标的百分比占比中，全国与江苏在“比较同意”和“不太同意”的选择上差异较大。因此，全国和江苏的居民对这一问题的看法存在差异。

F7f 请问您是否同意当前的社会是个金钱至上的社会

	全国	江苏
完全同意	14. 2%	19. 8%
比较同意	49. 9%	51. 2%
不太同意	31. 4%	26. 0%
完全不同意	4. 5%	2. 9%
总计	100. 0%	100. 0%

如表所示，江苏和全国的受访者对于“请问您是否同意当前的社会是个金钱至上的社会”的认知上存在共识。各个指标的百分比占比中，全国与江苏的差异均不大，选择“比较同意”的最多，其次是“不太同意”。因此，全国和江苏的居民对这一问题的看法存在共识。

F7g 请问您是否同意现在社会守道德的人大都吃亏，不守道德的人占便宜

	全国	江苏
完全同意	8.3%	9.0%
比较同意	42.2%	43.4%
不太同意	44.2%	42.6%
完全不同意	5.3%	5.0%
总计	100.0%	100.0%

如表所示，江苏和全国的受访者对于“请问您是否同意现在社会守道德的人大都吃亏，不守道德的人占便宜”的认知上存在共识。各个指标的百分比占比中，全国与江苏的差异均不超过2%。因此，全国和江苏的居民对这一问题的看法存在共识。

F7h 请问您是否同意现在社会中好人有好报，恶人终归会受到惩罚

	全国	江苏
完全同意	15.2%	17.6%
比较同意	50.7%	54.3%
不太同意	30.5%	24.5%
完全不同意	3.6%	3.5%
总计	100.0%	100.0%

如表所示，江苏和全国的受访者对于“请问您是否同意现在社会中好人有好报，恶人终归会受到惩罚”的认知上存在共识。各个指标的百分比占比中，全国与江苏的差异均不超过6%。因此，全国和江苏的居民对这一问题的看法存在共识。

F7i 请问您是否同意人们的生活水平越高，就越幸福

	全国	江苏
完全同意	17.4%	18.9%
比较同意	44.6%	51.1%

续表

	全国	江苏
不太同意	33.9%	27.3%
完全不同意	4.0%	2.8%
总计	100.0%	100.0%

如表所示，江苏和全国的受访者对于“请问您是否同意人们的生活水平越高，就越幸福”的认知上存在共识。各个指标的百分比占比中，全国与江苏的差异均不超过7%。因此，全国和江苏的居民对这一问题的看法存在共识。

F7j 请问您是否同意我们的社会中道德能够很好地约束人们的行为

	全国	江苏
完全同意	6.5%	11.2%
比较同意	48.8%	53.9%
不太同意	39.8%	32.1%
完全不同意	4.9%	2.9%
总计	100.0%	100.0%

如表所示，江苏和全国的受访者对于“请问您是否同意我们的社会中道德能够很好地约束人们的行为”的认知上存在共识。各个指标的百分比占比中，全国和江苏都是选择“比较同意”的最多，其次为“不太同意”。因此，全国和江苏的居民对这一问题的看法存在共识。

F7k 请问您是否同意现有的规范和习俗能够很好地调节人与人的关系

	全国	江苏
完全同意	6.2%	9.0%
比较同意	51.2%	55.8%
不太同意	37.5%	31.7%
完全不同意	5.1%	3.4%
总计	100.0%	100.0%

如表所示，江苏和全国的受访者对于“请问您是否同意现有的规范和习俗能够很好地调节人与人的关系”的认知上存在共识。各个指标的百分比占比中，全国与江苏的差异均不超过6%。因此，全国和江苏的居民对这一问题的看法存在共识。

F71 请问您是否同意现在社会大多数人都有荣辱感

	全国	江苏
完全同意	8.0%	6.6%
比较同意	54.3%	56.4%
不太同意	32.7%	32.8%
完全不同意	5.0%	4.2%
总计	100.0%	100.0%

如表所示，江苏和全国的受访者对于“请问您是否同意现在社会大多数人都有荣辱感”的认知上存在共识。各个指标的百分比占比中，全国与江苏的差异均不超过2.5%。因此，全国和江苏的居民对这一问题的看法存在共识。

F8 您听说过或参加过道德讲堂吗?

	全国	江苏
参加过	9.7%	7.3%
听说过，但没参加过	34.9%	43.7%
没听说过	55.4%	49.0%
总计	100.0%	100.0%

如表所示，江苏和全国的受访者对于“您听说过或参加过道德讲堂吗”的认知上存在差异。各个指标的百分比占比中，全国与江苏在“听说过……”和“没听说过”的选择上差异明显。因此，全国和江苏的居民对这一问题的看法存在差异。

F9 如果您参加过道德讲堂，您觉得开展这样的活动有意义吗?

	全国	江苏
很有意义	77.6%	94.3%
可有可无	17.1%	5.1%
没有必要	5.4%	0.6%
总计	100.0%	100.0%

如表所示，江苏和全国的受访者对于“如果您参加过道德讲堂，您觉得开展这样的活动有意义吗”上存在差异。其中，在认为“很有意义”“可有可无”中，全国与江苏差异较大，均达到12%。因此，全国和江苏的居民对这一问题的看法存在差异。

F10 您对您生活的地方（您所在的社区）社会公德状况满意吗?

	全国	江苏
非常满意	4.9%	6.7%
比较满意	63.2%	74.1%
不太满意	27.2%	17.7%
非常不满意	4.6%	1.6%
总计	100.0%	100.0%

如表所示，江苏和全国的受访者对于“您对您生活的地方（您所在的社区）社会公德状况满意吗”的满意度上存在差异。其中，在认为“比较满意”“不太满意”中，全国与江苏差异明显。因此，全国和江苏的居民对这一问题的看法存在差异。

F11a 当前社会坑蒙拐骗现象的严重程度如何

	全国	江苏
非常不严重	7.8%	6.8%
比较不严重	44.1%	40.6%
比较严重	40.3%	39.8%
非常严重	7.8%	12.8%
总计	100.0%	100.0%

如表所示，江苏和全国的受访者对于“当前社会坑蒙拐骗现象的严重程度如何”的认知上存在共识。各个指标的百分比占比中，全国与江苏的差异均不超过5%。因此，全国和江苏的居民对这一问题的看法存在共识。

F11b 当前社会人际关系冷漠，见危不救的严重程度如何

	全国	江苏
非常不严重	9.3%	4.7%
比较不严重	44.2%	43.8%
比较严重	41.0%	42.6%
非常严重	5.6%	8.9%
总计	100.0%	100.0%

如表所示，江苏和全国的受访者对于“当前社会人际关系冷漠，见危不救的严重程度如何”的认知上存在共识。各个指标的百分比占比中，全国与江苏的差异较小，都倾向于选择“比较不严重”和“比较严重”。因此，全国和江苏的居民对这一问题的看法存在共识。

F11c 当前社会诚信缺乏，不讲信用的严重程度如何

	全国	江苏
非常不严重	9.2%	4.8%
比较不严重	42.2%	42.3%
比较严重	41.7%	43.0%
非常严重	6.9%	9.9%
总计	100.0%	100.0%

如表所示，江苏和全国的受访者对于“当前社会诚信缺乏，不讲信用的严重程度如何”的认知上存在共识。各个指标的百分比占比中，全国与江苏的差异均不超过4.4%。因此，全国和江苏的居民对这一问题的看法存在共识。

F11d 当前社会人与人之间缺乏信任，社会安全度低的严重程度如何

	全国	江苏
非常不严重	8.3%	4.5%
比较不严重	38.4%	34.7%
比较严重	44.6%	48.0%
非常严重	8.7%	12.8%
总计	100.0%	100.0%

如表所示，江苏和全国的受访者对于“当前社会人与人之间缺乏信任，社会安全度低的严重程度如何”的认知上存在共识。各个指标的百分比占比中，全国与江苏的差异均不超过4.1%。因此，全国和江苏的居民对这一问题的看法存在共识。

F11e 当前社会缺乏公德，如公共场所大声喧哗、随地吐痰等的严重程度如何

	全国	江苏
非常不严重	10.2%	4.9%
比较不严重	44.1%	51.8%
比较严重	36.8%	35.6%
非常严重	9.0%	7.7%
总计	100.0%	100.0%

如表所示，江苏和全国的受访者对于“当前社会缺乏公德，如公共场所大声喧哗、随地吐痰等的严重程度如何”的认知上存在共识。各个指标的百分比占比中，全国和江苏都倾向于认为这个问题并不严重。因此，全国和江苏的居民对这

一问题的看法存在共识。

F11f 当前社会自私自利，损人利己的严重程度如何

	全国	江苏
非常不严重	9.8%	5.4%
比较不严重	41.2%	45.2%
比较严重	42.5%	41.3%
非常严重	6.5%	8.1%
总计	100.0%	100.0%

如表所示，江苏和全国的受访者对于“当前社会自私自利，损人利己的严重程度如何”的认知上存在共识。各个指标的百分比占比中，全国与江苏的差异均不超过4.4%。因此，全国和江苏的居民对这一问题的看法存在共识。

F11g 当前社会缺乏公正心和正义感的严重程度如何

	全国	江苏
非常不严重	9.8%	5.2%
比较不严重	43.1%	43.7%
比较严重	40.9%	41.0%
非常严重	6.2%	10.1%
总计	100.0%	100.0%

如表所示，江苏和全国的受访者对于“当前社会缺乏公正心和正义感的严重程度如何”的认知上存在共识。各个指标的百分比占比中，全国与江苏的差异均不超过4.6%。因此，全国和江苏的居民对这一问题的看法存在共识。

F11h 当前社会私欲膨胀，物欲横流的严重程度如何

	全国	江苏
非常不严重	9.5%	4.2%
比较不严重	42.8%	38.9%
比较严重	40.5%	44.2%
非常严重	7.1%	12.7%
总计	100.0%	100.0%

如表所示，江苏和全国的受访者对于“当前社会私欲膨胀，物欲横流的严重程度如何”的认知上存在共识。各个指标的百分比占比中，全国与江苏的差异均

不大。因此，全国和江苏的居民对这一问题的看法存在共识。

F11i 当前社会缺乏羞耻感的严重程度如何

	全国	江苏
非常不严重	11.2%	5.6%
比较不严重	49.2%	50.1%
比较严重	33.3%	36.3%
非常严重	6.2%	8.0%
总计	100.0%	100.0%

如表所示，江苏和全国的受访者对于“当前社会缺乏羞耻感的严重程度如何”的认知上存在共识。各个指标的百分比占比中，全国与江苏的差异均不大。因此，全国和江苏的居民对这一问题的看法存在共识。

F11j 当前社会干部贪污受贿，以权谋利的严重程度如何

	全国	江苏
非常不严重	7.7%	2.7%
比较不严重	36.4%	32.8%
比较严重	38.1%	46.1%
非常严重	17.8%	18.4%
总计	100.0%	100.0%

如表所示，江苏和全国的受访者对于“当前社会干部贪污受贿，以权谋利的严重程度如何”的认知上存在差异。各个指标的百分比占比中，江苏认为这种现象的严重程度要明显高于全国。因此，全国和江苏的居民对这一问题的看法存在差异。

F11k 当前社会生活奢侈，铺张浪费的严重程度如何

	全国	江苏
非常不严重	7.3%	3.8%
比较不严重	38.3%	41.6%
比较严重	39.9%	40.5%
非常严重	14.4%	14.1%
总计	100.0%	100.0%

如表所示，江苏和全国的受访者对于“当前社会生活奢侈，铺张浪费的严重

程度如何”的认知上存在共识。各个指标的百分比占比中，全国与江苏的差异均不超过3.5%。因此，全国和江苏的居民对这一问题的看法存在共识。

F11l 当前社会干部不作为，扯皮推诿的严重程度如何

	全国	江苏
非常不严重	6.9%	3.0%
比较不严重	35.5%	30.6%
比较严重	39.1%	46.5%
非常严重	18.5%	19.9%
总计	100.0%	100.0%

如表所示，江苏和全国的受访者对于“当前社会干部不作为，扯皮推诿的严重程度如何”的认知上存在差异。各个指标的百分比占比中，江苏认为该现象的严重程度比之全国明显较高。因此，全国和江苏的居民对这一问题的看法存在差异。

F12 您怎么看待做生意发了财的人

	全国	江苏
他们自己有本事，应该发财	57.7%	76.9%
尊重他们，他们为社会做了贡献	44.7%	52.8%
没什么了不起，他们常用不正当手段发财	12.7%	6.0%
是土豪，没文化，没教养	7.7%	7.3%
是他们运气好	17.3%	18.5%
有钱没钱，这都是命	16.4%	16.9%
天道不公，希望他们明天就破产	1.0%	1.0%
其他	0.5%	0.3%

如表所示，江苏和全国的受访者对于“您怎么看待做生意发了财的人”的态度上存在差异。各个指标的百分比占比中，全国与江苏的差异最大为19.2%。因此，全国和江苏的居民对这一问题的看法存在差异。

F13a 企业损害社会利益，如污染环境、以虚假广告误导公众等的严重程度如何

	全国	江苏
非常不严重	4.7%	2.6%

续表

	全国	江苏
比较不严重	38.5%	38.0%
比较严重	47.5%	44.0%
非常严重	9.3%	15.3%
总计	100.0%	100.0%

如表所示，江苏和全国的受访者对于“企业损害社会利益，如污染环境、以虚假广告误导公众等的严重程度如何”的认知上存在共识。各个指标的百分比占比中，全国与江苏的差异均不大。因此，全国和江苏的居民对这一问题的看法存在共识。

F13b 娱乐界以丑闻、绯闻炒作，污染社会风气的严重程度如何

	全国	江苏
非常不严重	5.8%	1.5%
比较不严重	27.7%	22.4%
比较严重	53.0%	57.5%
非常严重	13.5%	18.6%
总计	100.0%	100.0%

如表所示，江苏和全国的受访者对于“娱乐界以丑闻、绯闻炒作，污染社会风气严重程度如何”的认知上存在共识。各个指标的百分比占比中，全国与江苏的差异均不大。因此，全国和江苏的居民对这一问题的看法存在共识。

F13c 媒体缺乏社会责任，炒作新闻的严重程度如何

	全国	江苏
非常不严重	6.6%	1.6%
比较不严重	31.0%	24.0%
比较严重	50.1%	52.0%
非常严重	12.3%	22.4%
总计	100.0%	100.0%

如表所示，江苏和全国的受访者对于“媒体缺乏社会责任，炒作新闻的严重程度如何”上存在差异。其中，“非常严重”上，全国与江苏差异较大，为10.1%。“比较不严重”上，差异为7%。“非常不严重”上，差异为5%。因此，全国和江苏的居民对这一问题的看法存在差异。

F13d 社会财富分配不公，贫富悬殊过大的严重程度如何

	全国	江苏
非常不严重	5.9%	1.2%
比较不严重	26.6%	19.1%
比较严重	48.5%	46.4%
非常严重	19.0%	33.4%
总计	100.0%	100.0%

如表所示，江苏和全国的受访者对于“社会财富分配不公，贫富悬殊过大的严重程度如何”的认知上存在差异。其中，“非常严重”中，全国与江苏差异较大，超过14%。在“比较不严重”上，差异超过7%。因此，全国和江苏的居民对这一问题的看法存在差异。

F13e 教师不尽职的严重程度如何

	全国	江苏
非常不严重	15.3%	8.4%
比较不严重	56.6%	55.7%
比较严重	24.1%	27.2%
非常严重	4.1%	8.7%
总计	100.0%	100.0%

如表所示，江苏和全国的受访者对于“教师不尽职的严重程度如何”的认知上存在差异。各个指标的百分比占比中，全国比之江苏更倾向于认为该现象不严重。因此，全国和江苏的居民对这一问题的看法存在差异。

F13f 医生不守职业道德的严重程度如何

	全国	江苏
非常不严重	13.8%	7.8%
比较不严重	51.5%	51.2%
比较严重	29.6%	31.5%
非常严重	5.1%	9.5%
总计	100.0%	100.0%

如表所示，江苏和全国的受访者对于“医生不守职业道德的严重程度如何”的认知上存在共识。各个指标的百分比占比中，全国与江苏的差异均不超过6%。因此，全国和江苏的居民对这一问题的看法存在共识。

F13g 公众人物用知名度攫取财富的严重程度如何

	全国	江苏
非常不严重	8.6%	3.0%
比较不严重	34.9%	34.7%
比较严重	44.8%	42.8%
非常严重	11.8%	19.4%
总计	100.0%	100.0%

如表所示，江苏和全国的受访者对于“公众人物用知名度攫取财富的严重程度如何”的认知上存在共识。各个指标的百分比占比中，全国与江苏的差异均不大。因此，全国和江苏的居民对这一问题的看法存在共识。

F13h 两性关系过度开放导致婚姻不稳定的严重程度如何

	全国	江苏
非常不严重	8.5%	2.5%
比较不严重	43.6%	39.1%
比较严重	37.3%	43.3%
非常严重	10.6%	15.1%
总计	100.0%	100.0%

如表所示，江苏和全国的受访者对于“两性关系过度开放导致婚姻不稳定的严重程度如何”的认知上存在共识。各个指标的百分比占比中，全国与江苏的差异均不超过6%。因此，全国和江苏的居民对这一问题的看法存在共识。

F13i 年轻人缺乏责任感，不孝敬父母的严重程度如何

	全国	江苏
非常不严重	13.1%	6.0%
比较不严重	53.4%	52.4%
比较严重	28.0%	31.6%
非常严重	5.5%	9.9%
总计	100.0%	100.0%

如表所示，江苏和全国的受访者对于“年轻人缺乏责任感，不孝敬父母的严重程度如何”的认知上存在共识。各个指标的百分比占比中，全国与江苏的差异均不大。因此，全国和江苏的居民对这一问题的看法存在共识。

F14 您是否知道您生活的社区（村）有社区公约、村规民约？

	全国	江苏
知道有	36.9%	50.3%
知道没有	16.7%	8.9%
不知道有没有	46.5%	40.8%
总计	100.0%	100.0%

如表所示，江苏和全国的受访者对于“您是否知道您生活的社区（村）有社区公约、村规民约”的了解程度上存在差异。其中“知道有”中，全国与江苏差异较大，为13.4%。因此，全国和江苏的居民对这一问题的看法存在差异。

F15a 您周围的人在日常生活中遵守步行、骑车不闯红灯的情况

	全国	江苏
不遵守	7.6%	7.7%
基本遵守	67.5%	67.9%
自觉遵守	24.8%	24.4%
总计	100.0%	100.0%

如表所示，江苏和全国的受访者对于“您周围的人在日常生活中遵守步行、骑车不闯红灯的情况”的看法上存在共识。各个指标的百分比占比中，全国与江苏的差异均不超过1%。因此，全国和江苏的居民对这一问题的看法存在共识。

F15b 您周围的人在日常生活中遵守乘车、购物自觉排队的情况

	全国	江苏
不遵守	4.9%	3.7%
基本遵守	68.6%	71.7%
自觉遵守	26.5%	24.6%
总计	100.0%	100.0%

如表所示，江苏和全国的受访者对于“您周围的人在日常生活中遵守乘车、购物自觉排队的情况”的看法上存在共识。各个指标的百分比占比中，全国与江苏的差异均不超过3.1%。因此，全国和江苏的居民对这一问题的看法存在共识。

F15c 您周围的人在日常生活中遵守文明游览的情况

	全国	江苏
不遵守	6.5%	3.8%

续表

	全国	江苏
基本遵守	67.2%	74.4%
自觉遵守	26.3%	21.8%
总计	100.0%	100.0%

如表所示，江苏和全国的受访者对于“您周围的人在日常生活中遵守文明游览的情况”的看法上存在共识。各个指标的百分比占比中，全国与江苏的差异不大，都倾向于选择遵守。因此，全国和江苏的居民对这一问题的看法存在共识。

F15d 您周围的人在日常生活中遵守社区公约、村规民约的情况

	全国	江苏
不遵守	5.5%	3.5%
基本遵守	67.9%	75.9%
自觉遵守	26.7%	20.6%
总计	100.0%	100.0%

如表所示，江苏和全国的受访者对于“您周围的人在日常生活中遵守社区公约、村规民约的情况”的看法上存在共识。各个指标的百分比占比中，全国与江苏的差异不大，都倾向于选择遵守。因此，全国和江苏的居民对这一问题的看法存在共识。

F16a 您对下列关于网络的说法是否赞同：网络是个虚拟空间，不受现实生活中的道德规范约束

	全国	江苏
非常不赞同	28.5%	34.3%
不太赞同	49.2%	50.9%
比较赞同	17.8%	12.0%
非常赞同	4.4%	2.8%
总计	100.0%	100.0%

如表所示，江苏和全国的受访者对于“网络是个虚拟空间，不受现实生活中的道德规范约束”的认同度上存在共识。各个指标的百分比占比中，全国与江苏的差异均不超过5.8%。因此，全国和江苏的居民对这一问题的看法存在共识。

F16b 您对下列关于网络的说法是否赞同：人肉搜索侵犯个人隐私，应该杜绝

	全国	江苏
非常不赞同	3.7%	3.3%
不太赞同	23.6%	10.7%
比较赞同	51.9%	62.1%
非常赞同	20.8%	23.8%
总计	100.0%	100.0%

如表所示，江苏和全国的受访者对于“人肉搜索侵犯个人隐私，应该杜绝”的看法上存在差异。其中，在认为“不太赞同”“比较赞同”中，全国与江苏差异较大，均超过10%。因此，全国和江苏的居民对这一问题的看法存在差异。

F16c 您对下列关于网络的说法是否赞同：明知网络谣言仍转发的，应该受到惩罚

	全国	江苏
非常不赞同	4.1%	2.3%
不太赞同	17.4%	7.7%
比较赞同	49.9%	61.0%
非常赞同	28.6%	29.1%
总计	100.0%	100.0%

如表所示，江苏和全国的受访者对于“明知网络谣言仍转发的，应该受到惩罚”的看法上存在差异。其中，在认为“不太赞同”“比较赞同”中，全国与江苏差异较大。因此，全国和江苏的居民对这一问题的看法存在差异。

F17 被陌生人不小心踩到并发出哎哟一声后，您认为对方会做何种反应？

	全国	江苏
用言语或手势表达歉意	75.9%	83.5%
不会有任何表示	18.7%	12.2%
反而说你大惊小怪	5.4%	4.3%
总计	100.0%	100.0%

如表所示，江苏和全国的受访者对于“被陌生人不小心踩到并发出哎哟一声后，您认为对方会做何种反应”的看法上存在差异。各个指标的百分比占比中，前两项全国与江苏的差异均超过6%。因此，全国和江苏的居民对这一问题的看法存在差异。

F18 您觉得您周围大多数人工作生活的精神状态怎么样?

	全国	江苏
精神饱满、积极向上	42.0%	47.1%
安于现状、按部就班	54.4%	50.9%
精神萎靡、无所事事	3.5%	2.0%
总计	100.0%	100.0%

如表所示，江苏和全国的受访者对于“您觉得您周围大多数人工作生活的精神状态怎么样”的认知上存在共识。各个指标的百分比占比中，全国与江苏的差异不大。因此，全国和江苏的居民对这一问题的看法存在共识。

F19a 占卜算命在您身边常见吗?

	全国	江苏
经常见到	11.7%	9.0%
偶尔见到	49.2%	50.2%
没见到	39.1%	40.7%
总计	100.0%	100.0%

如表所示，江苏和全国的受访者对于“占卜算命在您身边常见吗”的认知上存在共识。各个指标的百分比占比中，全国与江苏的差异均不超过3%。因此，全国和江苏的居民对这一问题的看法存在共识。

F19b 操办喜事比富斗阔在您身边常见吗?

	全国	江苏
经常见到	10.3%	13.5%
偶尔见到	43.7%	42.7%
没见到	46.0%	43.8%
总计	100.0%	100.0%

如表所示，江苏和全国的受访者对于“操办喜事比富斗阔在您身边常见吗”的认知上存在共识。各个指标的百分比占比中，全国与江苏的差异均不大。因此，全国和江苏的居民对这一问题的看法存在共识。

F19c 在父母生前不尽孝却对父母的丧事大操大办在您身边常见吗?

	全国	江苏
经常见到	8.6%	9.4%

续表

	全国	江苏
偶尔见到	40.6%	41.8%
没见到	50.8%	48.9%
总计	100.0%	100.0%

如表所示，江苏和全国的受访者对于“在父母生前不尽孝却对父母的丧事大操大办在您身边常见吗”的认知上存在共识。各个指标的百分比占比中，全国与江苏的差异均不超过2%。因此，全国和江苏的居民对这一问题的看法存在共识。

F19d 赌博或变相赌博在您身边常见吗？

	全国	江苏
经常见到	12.8%	15.5%
偶尔见到	43.5%	48.0%
没见到	43.7%	36.5%
总计	100.0%	100.0%

如表所示，江苏和全国的受访者对于“赌博或变相赌博在您身边常见吗”的认知上存在差异。各个指标的百分比占比中，全国选择“没见到”的最多，而江苏选择“偶尔见到”的最多。因此，全国和江苏的居民对这一问题的看法存在差异。

F19e 封建迷信活动在您身边常见吗？

	全国	江苏
经常见到	5.1%	6.0%
偶尔见到	28.1%	32.7%
没见到	66.8%	61.3%
总计	100.0%	100.0%

如表所示，江苏和全国的受访者对于“封建迷信活动在您身边常见吗”的认知上存在共识。各个指标的百分比占比中，全国与江苏的差异不大。因此，全国和江苏的居民对这一问题的看法存在共识。

F19f 非法宗教活动在您身边常见吗？

	全国	江苏
经常见到	2.1%	1.4%

续表

	全国	江苏
偶尔见到	14.3%	11.3%
没见到	83.6%	87.3%
总计	100.0%	100.0%

如表所示，江苏和全国的受访者对于“非法宗教活动在您身边常见吗”的认知上存在共识。各个指标的百分比占比中，全国与江苏的差异均不超过4%。因此，全国和江苏的居民对这一问题的看法存在共识。

F20 您认为目前我国社会中道德和幸福的现实关系是?

	全国	江苏
总体上道德和幸福能够一致，能惩恶扬善	67.9%	72.5%
有道德讲伦理的人大都吃亏，不守道德的人更能讨便宜	23.8%	22.0%
道德与幸福没有关系，能挣钱有发展无论怎样行动都行	8.3%	5.5%
总计	100.0%	100.0%

如表所示，江苏和全国的受访者对于“您认为目前我国社会中道德和幸福的现实关系是”的认知上存在共识。各个指标的百分比占比中，全国与江苏的差异不大。因此，全国和江苏的居民对这一问题的看法存在共识。

F21a 您在所在单位，有没有一种亲切和踏实的感觉?

	全国	江苏
有	19.5%	29.8%
还可以	68.0%	60.4%
没有	12.6%	9.8%
总计	100.0%	100.0%

如表所示，江苏和全国的受访者对于“您在所在单位，有没有一种亲切和踏实的感觉”的感知上存在差异。其中，认为“有”“还可以”的，江苏与全国差异均超过7.5%。因此，全国和江苏的居民对这一问题的看法存在差异。

F21b 您在所在社区/村，有没有一种亲切和踏实的感觉?

	全国	江苏
有	25.6%	30.8%
还可以	68.5%	62.9%

续表

	全国	江苏
没有	5.9%	6.2%
总计	100.0%	100.0%

如表所示，江苏和全国的受访者对于“您在所在社区/村，有没有一种亲切和踏实的感觉”的认知上存在共识。各个指标的百分比占比中，全国与江苏的差异均不超过6%。因此，全国和江苏的居民对这一问题的看法存在共识。

F21c 您在所在城市，有没有一种亲切和踏实的感觉？

	全国	江苏
有	26.1%	29.1%
还可以	65.0%	63.4%
没有	8.9%	7.5%
总计	100.0%	100.0%

如表所示，江苏和全国的受访者对于“您在所在城市，有没有一种亲切和踏实的感觉”的认知上存在共识。各个指标的百分比占比中，全国与江苏的差异均不超过3%。因此，全国和江苏的居民对这一问题的看法存在共识。

F22 您认为您目前的状况是？

	全国	江苏
生活富裕，但不感到幸福和快乐	7.1%	2.1%
生活富裕，幸福也快乐	11.0%	10.0%
生活小康，幸福且快乐	47.0%	57.2%
生活小康，但不感到幸福和快乐	5.8%	6.6%
生活清贫，幸福且快乐	23.9%	20.6%
生活贫困，既不幸福也不快乐	5.2%	3.6%
总计	100.0%	100.0%

如表所示，江苏和全国的受访者对于“您认为您目前的状况”的认知上存在差异。其中，认为“生活小康，幸福且快乐”中，全国与江苏差异最大，为10.2%。因此，全国和江苏的居民对这一问题的看法存在差异。

F23 最近这些年，您的生活水平对幸福感的影响是怎样的？

	全国	江苏
生活水平提高了，但幸福感和快乐感降低了	11.6%	7.9%
生活水平提高了，幸福感和快乐感提高了	50.7%	62.1%
生活水平没变，幸福感和快乐感提高了	27.7%	22.5%
生活水平没变，幸福感和快乐感降低了	5.8%	5.0%
生活水平下降，但幸福感和快乐感提高了	1.9%	0.8%
生活水平下降，幸福感和快乐感也降低了	2.2%	1.7%
总计	100.0%	100.0%

如表所示，江苏和全国的受访者对于“最近这些年，您的生活水平对幸福感的影响是怎样的”的认知上存在差异。其中，认为“生活水平提高了，幸福感和快乐感提高了”的，全国与江苏差异最大，为11.4%。其次，“生活水平没变，幸福感和快乐感提高了”差异为5.2%。因此，全国和江苏的居民对这一问题的看法存在差异。

F24a 近十年以来，您认为下列哪一类人获得的利益最多？（第一选择）

	全国	江苏
工人	1.2%	0.5%
农民	2.8%	1.7%
公务员	10.1%	11.9%
国有企业的经营管理者	9.7%	10.3%
集体企业的经营管理者	3.9%	2.1%
私营企业家	10.8%	21.7%
外商、境外来大陆的投资者	9.7%	10.0%
个体户	5.3%	5.2%
私营、外资企业中的管理人员	10.4%	6.9%
专家学者、专业技术人员	4.7%	6.0%
政府官员	31.0%	23.4%
其他	0.4%	0.3%
总计	100.0%	100.0%

如表所示，江苏和全国的受访者对于“近十年以来，您认为下列哪一类人获得的利益最多？（第一选择）”的认知上存在差异。认为“私营企业家”的，全国与江苏差异最大，为10.9%。因此，全国和江苏的居民对这一问题的看法存在差异。

F24b 近十年以来，您认为下列哪一类人获得的利益最少？（第二选择）

	全国	江苏
工人	21.1%	24.3%
农民	69.3%	70.5%
公务员	1.3%	0.7%
国有企业的经营管理者	0.6%	0.4%
集体企业的经营管理者	0.7%	0.3%
私营企业家	0.8%	0.5%
外商、境外来大陆的投资者	0.4%	0.3%
个体户	3.0%	1.3%
私营、外资企业中的管理人员	0.8%	0.3%
专家学者、专业技术人员	0.9%	0.7%
政府官员	0.6%	0.6%
其他	0.5%	0.1%
总计	100.0%	100.0%

如表所示，江苏和全国的受访者对于“近十年以来，您认为下列哪一类人获得的利益最少？（第二选择）”的认知上存在共识。各个指标的百分比占比中，全国与江苏的差异很小。因此，全国和江苏的居民对这一问题的看法存在共识。

F25 您认为弱势群体产生的最主要原因是？

	全国	江苏
制度不合理，社会关怀不够	41.6%	39.8%
收入分配不公	40.9%	47.6%
机会不平等	34.6%	33.6%
弱势群体自己不努力	19.3%	20.4%
缺乏生存技能	27.0%	35.0%

如表所示，江苏和全国的受访者对于“您认为弱势群体产生的最主要原因”的认知上存在差异。各个指标的百分比占比中，全国和江苏在“收入分配不公”和“缺乏生存技能”的选择上差异明显。因此，全国和江苏的居民对这一问题的看法存在差异。

F26 您认为我们是否应该改造城市的垃圾筒，为一些老人或流浪者在垃圾筒中找东西时提供方便？

	全国	江苏
应该，社会有义务为他们提供一种有尊严的生活	77.6%	84.7%

续表

	全国	江苏
不应该，这些人本来就与城市不和谐	16.8%	9.9%
做这样的事不值得，应该将钱花到更重要的地方	5.3%	5.1%
其他	0.3%	0.3%
总计	100.0%	100.0%

如表所示，江苏和全国的受访者对于“您认为我们是否应该改造城市的垃圾筒，为一些老人或流浪者在垃圾筒中找东西时提供方便”上存在差异。其中，认为“应该，社会有义务为他们提供一种有尊严的生活”；“不应该，这些人本来就与城市不和谐”，全国与江苏的差异较大。因此，全国和江苏的居民对这一问题的看法存在差异。

F27 对当今中国社会，您更担忧哪种问题？

	全国	江苏
坑蒙拐骗，不守信用	27.1%	31.6%
人与人之间互不信任，相互提防，没有安全感	47.5%	46.2%
可信任的人很少，遇到问题难以找到人倾诉和帮助	24.3%	18.3%
其他	1.1%	3.9%
总计	100.0%	100.0%

如表所示，江苏和全国的受访者对于“对当今中国社会，您更担忧哪种问题”的认知上存在共识。各个指标的百分比占比中，全国与江苏的差异不大。因此，全国和江苏的居民对这一问题的看法存在共识。

F28 您觉得大多数人都是可以相信的吗？如果1分代表“大多数人都可以相信”，5分代表“对其他人都应该小心防备”，您会选几分？

	全国	江苏
大多数人都可以相信	8.8%	9.5%
2	37.2%	34.1%
3	43.4%	41.8%
4	8.6%	12.7%
对其他人都应小心防备	2.0%	1.9%
总计	100.0%	100.0%

如表所示，江苏和全国的受访者对于“您觉得大多数人都是可以相信的吗？

如果 1 分代表‘大多数人都可以相信’，5 分代表‘对其他人都应该小心防备’，您会选几分”的认知上存在共识。各个指标的百分比占比中，全国与江苏的差异最大为 4.1%。因此，全国和江苏的居民对这一问题的看法存在共识。

F29a 您对您的家人的信任程度如何？

	全国	江苏
完全信任	83.2%	81.1%
比较信任	15.3%	18.5%
不太信任	1.4%	0.3%
根本不信任	0.2%	0.1%
总计	100.0%	100.0%

如表所示，江苏和全国的受访者对于“您对您的家人的信任程度如何”的认知上存在共识。各个指标的百分比占比中，全国与江苏的差异最大为 3.2%。因此，全国和江苏的居民对这一问题的看法存在共识。

F29b 您对您的邻居的信任程度如何？

	全国	江苏
完全信任	24.3%	12.1%
比较信任	66.0%	79.2%
不太信任	9.0%	8.1%
根本不信任	0.7%	0.6%
总计	100.0%	100.0%

如表所示，江苏和全国的受访者对于“您对您的邻居的信任程度如何”的信任度上存在差异。其中，在认为“完全信任”“比较信任”中，全国与江苏差异较大，均超过 10%。因此，全国和江苏的居民对这一问题的看法存在差异。

F29c 您对外地人的信任程度如何？

	全国	江苏
完全信任	2.9%	1.0%
比较信任	28.8%	19.4%
不太信任	54.1%	58.5%
根本不信任	14.1%	21.1%
总计	100.0%	100.0%

如表所示，江苏和全国的受访者对于“您对外地人的信任程度如何”的认知上存在差异。各个指标的百分比占比中，全国与江苏在“比较信任”和“根本不信任”的选择上存在明显差异。因此，全国和江苏的居民对这一问题的看法存在差异。

F29d 您对陌生人的信任程度如何？

	全国	江苏
完全信任	1.2%	0.7%
比较信任	19.2%	7.9%
不太信任	53.9%	56.5%
根本不信任	25.7%	34.9%
总计	100.0%	100.0%

如表所示，江苏和全国的受访者对于“您对陌生人的信任程度如何”的信任度上存在差异。其中，认为“比较信任”“根本不信任”中，江苏与全国差异较大，均能超过8%。因此，全国和江苏的居民对这一问题的看法存在差异。

F29e 您对外国人的信任程度如何？

	全国	江苏
完全信任	1.4%	0.8%
比较信任	15.9%	11.0%
不太信任	54.8%	56.4%
根本不信任	27.9%	31.8%
总计	100.0%	100.0%

如表所示，江苏和全国的受访者对于“您对外国人的信任程度如何”的认知上存在共识。各个指标的百分比占比中，全国与江苏的差异不大。因此，全国和江苏的居民对这一问题的看法存在共识。

F29f 您对同事或同学的信任程度如何？

	全国	江苏
完全信任	7.5%	6.9%
比较信任	74.6%	79.8%
不太信任	15.9%	12.1%
根本不信任	2.1%	1.1%

续表

	全国	江苏
总计	100.0%	100.0%

如表所示，江苏和全国的受访者对于“您对同事或同学的信任程度如何”的认知上存在共识。各个指标的百分比占比中，全国与江苏的差异不大。因此，全国和江苏的居民对这一问题的看法存在共识。

F29g 您对您的上司或领导的信任程度如何？

	全国	江苏
完全信任	6.0%	7.0%
比较信任	65.2%	75.4%
不太信任	25.3%	16.3%
根本不信任	3.5%	1.3%
总计	100.0%	100.0%

如表所示，江苏和全国的受访者对于“您对您的上司或领导的信任程度如何”的信任度上存在差异。其中，认为“比较信任”中，全国与江苏差异为10.2%。在“不太信任”上，全国与江苏的差异为9%。因此，全国和江苏的居民对这一问题的看法存在差异。

F29h 您对您的朋友的信任程度如何？

	全国	江苏
完全信任	16.3%	15.0%
比较信任	76.0%	80.9%
不太信任	6.5%	3.4%
根本不信任	1.2%	0.6%
总计	100.0%	100.0%

如表所示，江苏和全国的受访者对于“您对您的朋友的信任程度如何”的认知上存在共识。各个指标的百分比占比中，全国与江苏的差异不大。因此，全国和江苏的居民对这一问题的看法存在共识。

F30 您是否同意“在这个社会上，您一不小心别人就会想办法占您的便宜”？

	全国	江苏
非常不同意	6.1%	4.3%

续表

	全国	江苏
比较不同意	34.4%	27.6%
说不上同意不同意	32.1%	30.8%
比较同意	23.9%	34.2%
非常同意	3.6%	3.1%
总计	100.0%	100.0%

如表所示，江苏和全国的受访者对于“您是否同意‘在这个社会上，您一不小心别人就会想办法占您的便宜’”的态度上存在差异。其中，认为“比较同意”的，全国与江苏差异为10.3%。在“比较不同意”上，全国与江苏差异超过6%。因此，全国和江苏的居民对这一问题的看法存在差异。

F31 您对所生活的地方道德建设满意吗?

	全国	江苏
满意	11.9%	11.4%
基本满意	74.9%	79.1%
不满意	13.2%	9.5%
总计	100.0%	100.0%

如表所示，江苏和全国的受访者对于“您对所生活的地方道德建设满意吗”的认知上存在共识。各个指标的百分比占比中，全国与江苏的差异均不超过4.2%。因此，全国和江苏的居民对这一问题的看法存在共识。

F32a 您对商人的信任程度如何?

	全国	江苏
完全信任	3.6%	1.3%
比较信任	53.5%	44.7%
不太信任	39.4%	48.8%
根本不信任	3.5%	5.2%
总计	100.0%	100.0%

如表所示，江苏和全国的受访者对于“您对商人的信任程度如何”上存在差异。各个指标的百分比占比中，认为“比较信任”“不太信任”的，全国与江苏的差异较大。因此，全国和江苏的居民对这一问题的看法存在差异。

F32b 您对单位领导/社区（村）干部的信任程度如何？

	全国	江苏
完全信任	5.1%	4.7%
比较信任	57.3%	64.2%
不太信任	31.6%	27.9%
根本不信任	6.0%	3.3%
总计	100.0%	100.0%

如表所示，江苏和全国的受访者对于“您对单位领导/社区（村）干部的信任程度如何”的认知上存在共识。各个指标的百分比占比中，全国与江苏的差异不大。因此，全国和江苏的居民对这一问题的看法存在共识。

F32c 您对公务员的信任程度如何？

	全国	江苏
完全信任	6.9%	7.0%
比较信任	63.6%	61.6%
不太信任	26.7%	27.8%
根本不信任	2.9%	3.6%
总计	100.0%	100.0%

如表所示，江苏和全国的受访者对于“您对公务员的信任程度如何”的认知上存在共识。各个指标的百分比占比中，全国与江苏的差异均不超过2%。因此，全国和江苏的居民对这一问题的看法存在共识。

F32d 您对教师的信任程度如何？

	全国	江苏
完全信任	14.6%	11.8%
比较信任	69.7%	70.7%
不太信任	14.0%	15.3%
根本不信任	1.7%	2.3%
总计	100.0%	100.0%

如表所示，江苏和全国的受访者对于“您对教师的信任程度如何”的认知上存在共识。各个指标的百分比占比中，全国与江苏的差异均不超过3%。因此，全国和江苏的居民对这一问题的看法存在共识。

F32e 您对警察的信任程度如何？

	全国	江苏
完全信任	17.1%	20.2%
比较信任	66.4%	66.1%
不太信任	14.6%	11.4%
根本不信任	1.9%	2.2%
总计	100.0%	100.0%

如表所示，江苏和全国的受访者对于“您对警察的信任程度如何”的认知上存在共识。各个指标的百分比占比中，全国与江苏的差异很小。因此，全国和江苏的居民对这一问题的看法存在共识。

F32f 您对医生的信任程度如何？

	全国	江苏
完全信任	13.3%	10.4%
比较信任	63.6%	66.8%
不太信任	20.5%	19.8%
根本不信任	2.6%	3.0%
总计	100.0%	100.0%

如表所示，江苏和全国的受访者对于“您对医生的信任程度如何”的认知上存在共识。各个指标的百分比占比中，全国与江苏的差异很小。因此，全国和江苏的居民对这一问题的看法存在共识。

F32g 您对法官的信任程度如何？

	全国	江苏
完全信任	16.0%	16.9%
比较信任	65.3%	71.0%
不太信任	16.3%	10.6%
根本不信任	2.4%	1.5%
总计	100.0%	100.0%

如表所示，江苏和全国的受访者对于“您对法官的信任程度如何”的认知上存在共识。各个指标的百分比占比中，全国与江苏的差异不大。因此，全国和江苏的居民对这一问题的看法存在共识。

F32h 您对农民的信任程度如何？

	全国	江苏
完全信任	12.4%	11.3%
比较信任	75.0%	76.7%
不太信任	11.3%	10.6%
根本不信任	1.3%	1.3%
总计	100.0%	100.0%

如表所示，江苏和全国的受访者对于“您对农民的信任程度如何”的认知上存在共识。各个指标的百分比占比中，全国与江苏的差异均不超过2%。因此，全国和江苏的居民对这一问题的看法存在共识。

F32i 您对工人的信任程度如何？

	全国	江苏
完全信任	9.9%	10.4%
比较信任	75.5%	76.4%
不太信任	13.0%	12.1%
根本不信任	1.6%	1.2%
总计	100.0%	100.0%

如表所示，江苏和全国的受访者对于“您对工人的信任程度如何”的认知上存在共识。各个指标的百分比占比中，全国与江苏的差异均不超过1%。因此，全国和江苏的居民对这一问题的看法存在共识。

F32j 您对专家学者的信任程度如何？

	全国	江苏
完全信任	11.4%	10.4%
比较信任	59.5%	63.8%
不太信任	23.4%	22.8%
根本不信任	5.7%	3.0%
总计	100.0%	100.0%

如表所示，江苏和全国的受访者对于“您对专家学者的信任程度如何”的认知上存在共识。各个指标的百分比占比中，全国与江苏的差异不大。因此，全国和江苏的居民对这一问题的看法存在共识。

F32k 您对演艺娱乐圈的信任程度如何？

	全国	江苏
完全信任	3.6%	1.6%
比较信任	31.8%	34.1%
不太信任	46.1%	47.7%
根本不信任	18.5%	16.6%
总计	100.0%	100.0%

如表所示，江苏和全国的受访者对于“您对演艺娱乐圈的信任程度如何”的认知上存在共识。各个指标的百分比占比中，全国与江苏的差异均不超过3%。因此，全国和江苏的居民对这一问题的看法存在共识。

F32l 您对公众人物的信任程度如何？

	全国	江苏
完全信任	4.6%	3.2%
比较信任	43.6%	47.8%
不太信任	38.1%	40.2%
根本不信任	13.7%	8.8%
总计	100.0%	100.0%

如表所示，江苏和全国的受访者对于“您对公众人物的信任程度如何”的认知上存在共识。各个指标的百分比占比中，全国与江苏的差异不大。因此，全国和江苏的居民对这一问题的看法存在共识。

F33 您在生活中经常买到假冒伪劣商品吗？

	全国	江苏
经常	7.3%	5.1%
偶尔	64.8%	68.9%
没有	27.9%	25.9%
总计	100.0%	100.0%

如表所示，江苏和全国的受访者对于“您在生活中经常买到假冒伪劣商品吗”的认知上存在共识。各个指标的百分比占比中，全国与江苏的差异不大。因此，全国和江苏的居民对这一问题的看法存在共识。

F34 您在购物、就医、理财等方面经常遇到虚假广告吗?

	全国	江苏
经常	11.0%	14.8%
偶尔	55.4%	57.9%
没有	33.5%	27.3%
总计	100.0%	100.0%

如表所示，江苏和全国的受访者对于“您在购物、就医、理财等方面经常遇到虚假广告吗”的认知上存在共识。各个指标的百分比占比中，全国与江苏的差异不大。因此，全国和江苏的居民对这一问题的看法存在共识。

F35 如果在路边看到一个老人摔倒，您的反应是?

	全国	江苏
立即扶起	44.0%	37.7%
等有证人时再扶	26.7%	27.2%
先拍照，再扶起	7.2%	11.9%
不扶，避免惹是生非	9.9%	9.2%
报警	11.1%	13.3%
其他	1.0%	0.7%
总计	100.0%	100.0%

如表所示，江苏和全国的受访者对于“如果在路边看到一个老人摔倒，您的反应是”的认知上存在共识。各个指标的百分比占比中，全国与江苏的差异不大。因此，全国和江苏的居民对这一问题的看法存在共识。

F36 我们都听说过或见证过好心人救助老人却反被诬陷的事情。假如您是这位好心人，您会?

	全国	江苏
我是多管闲事，下次再也不会帮助别人了	23.6%	23.2%
我正直善良真心待人，对得起良知和良心	39.0%	43.0%
下次还是会伸出援手，但是会提高警惕，注意保护自己	36.9%	33.6%
其他	0.5%	0.2%
总计	100.0%	100.0%

如表所示，江苏和全国的受访者对于“我们都听说过或见证过好心人救助老人却反被诬陷的事情。假如您是这位好心人，您会”的认知上存在共识。各个指

标的百分比占比中，全国与江苏的差异均不超过4%。因此，全国和江苏的居民对这一问题的看法存在共识。

F37a 您对政府官员的伦理道德整体状况的满意度？

	全国	江苏
非常不满意	6.2%	5.3%
比较不满意	31.1%	36.0%
比较满意	60.7%	55.6%
非常满意	2.0%	3.0%
总计	100.0%	100.0%

如表所示，江苏和全国的受访者对于“您对政府官员的伦理道德整体状况的满意度”的认知上存在共识。各个指标的百分比占比中，全国与江苏的差异不大。因此，全国和江苏的居民对这一问题的看法存在共识。

F37b 您对一般公务员的伦理道德整体状况的满意度？

	全国	江苏
非常不满意	2.3%	4.1%
比较不满意	26.3%	31.4%
比较满意	67.0%	60.8%
非常满意	4.4%	3.7%
总计	100.0%	100.0%

如表所示，江苏和全国的受访者对于“您对一般公务员的伦理道德整体状况的满意度”的认知上存在共识。各个指标的百分比占比中，全国与江苏的差异不大。因此，全国和江苏的居民对这一问题的看法存在共识。

F37c 您对企业家的伦理道德整体状况的满意度？

	全国	江苏
非常不满意	1.6%	2.6%
比较不满意	23.8%	28.7%
比较满意	68.6%	63.4%
非常满意	6.0%	5.3%
总计	100.0%	100.0%

如表所示，江苏和全国的受访者对于“您对企业家的伦理道德整体状况的满

意度”的认知上存在共识。各个指标的百分比占比中，全国与江苏的差异不大。因此，全国和江苏的居民对这一问题的看法存在共识。

F37d 您对演艺娱乐界的伦理道德整体状况的满意度？

	全国	江苏
非常不满意	7.7%	10.8%
比较不满意	43.8%	43.1%
比较满意	42.4%	42.3%
非常满意	6.1%	3.8%
总计	100.0%	100.0%

如表所示，江苏和全国的受访者对于“您对演艺娱乐界的伦理道德整体状况的满意度”的认知上存在共识。各个指标的百分比占比中，全国与江苏的差异很小。因此，全国和江苏的居民对这一问题的看法存在共识。

F37e 您对教师的伦理道德整体状况的满意度？

	全国	江苏
非常不满意	1.7%	2.3%
比较不满意	14.9%	18.7%
比较满意	69.5%	69.5%
非常满意	13.9%	9.6%
总计	100.0%	100.0%

如表所示，江苏和全国的受访者对于“您对教师的伦理道德整体状况的满意度”的认知上存在共识。各个指标的百分比占比中，全国与江苏的差异不大。因此，全国和江苏的居民对这一问题的看法存在共识。

F37f 您对青少年的伦理道德整体状况的满意度？

	全国	江苏
非常不满意	1.1%	2.0%
比较不满意	16.9%	16.4%
比较满意	70.2%	70.7%
非常满意	11.9%	10.9%
总计	100.0%	100.0%

如表所示，江苏和全国的受访者对于“您对青少年的伦理道德整体状况的满

意度”的认知上存在共识。各个指标的百分比占比中，全国与江苏的差异均不超过1%。因此，全国和江苏的居民对这一问题的看法存在共识。

F37g 您对弱势群体的伦理道德整体状况的满意度?

	全国	江苏
非常不满意	2.1%	2.3%
比较不满意	25.7%	21.5%
比较满意	69.9%	74.4%
非常满意	2.4%	1.8%
总计	100.0%	100.0%

如表所示，江苏和全国的受访者对于“您对弱势群体的伦理道德整体状况的满意度”的认知上存在共识。各个指标的百分比占比中，全国与江苏的差异不大。因此，全国和江苏的居民对这一问题的看法存在共识。

F37h 您对自由职业者的伦理道德整体状况的满意度?

	全国	江苏
非常不满意	1.3%	1.6%
比较不满意	20.8%	18.4%
比较满意	72.6%	76.5%
非常满意	5.4%	3.5%
总计	100.0%	100.0%

如表所示，江苏和全国的受访者对于“您对自由职业者的伦理道德整体状况的满意度”的认知上存在共识。各个指标的百分比占比中，全国与江苏的差异均不超过4%。因此，全国和江苏的居民对这一问题的看法存在共识。

F37i 您对农民的伦理道德整体状况的满意度?

	全国	江苏
非常不满意	0.9%	1.6%
比较不满意	14.1%	10.7%
比较满意	74.9%	77.5%
非常满意	10.1%	10.2%
总计	100.0%	100.0%

如表所示，江苏和全国的受访者对于“您对农民的伦理道德整体状况的满意

度”的认知上存在共识。各个指标的百分比占比中，全国与江苏的差异不大。因此，全国和江苏的居民对这一问题的看法存在共识。

F37j 您对商人的伦理道德整体状况的满意度？

	全国	江苏
非常不满意	2.3%	2.5%
比较不满意	28.6%	31.0%
比较满意	62.1%	62.6%
非常满意	6.9%	3.9%
总计	100.0%	100.0%

如表所示，江苏和全国的受访者对于“您对商人的伦理道德整体状况的满意度”的认知上存在共识。各个指标的百分比占比中，全国与江苏的差异均不超过3%。因此，全国和江苏的居民对这一问题的看法存在共识。

F37k 您对工人的伦理道德整体状况的满意度？

	全国	江苏
非常不满意	0.6%	1.0%
比较不满意	14.9%	11.7%
比较满意	75.9%	81.2%
非常满意	8.6%	6.1%
总计	100.0%	100.0%

如表所示，江苏和全国的受访者对于“您对工人的伦理道德整体状况的满意度”的认知上存在共识。各个指标的百分比占比中，全国与江苏的差异不大。因此，全国和江苏的居民对这一问题的看法存在共识。

F37l 您对专家学者的伦理道德整体状况的满意度？

	全国	江苏
非常不满意	1.6%	1.6%
比较不满意	18.7%	17.1%
比较满意	68.9%	73.4%
非常满意	10.9%	8.0%
总计	100.0%	100.0%

如表所示，江苏和全国的受访者对于“您对专家学者的伦理道德整体状况的

满意度”的认知上存在共识。各个指标的百分比占比中，全国与江苏的差异不大。因此，对于此问题的看法上全国和江苏存在共识

F37m 您对医生的伦理道德整体状况的满意度？

	全国	江苏
非常不满意	2.9%	3.4%
比较不满意	21.7%	22.2%
比较满意	66.0%	68.1%
非常满意	9.4%	6.2%
总计	100.0%	100.0%

如表所示，江苏和全国的受访者对于“您对医生的伦理道德整体状况的满意度”的认知上存在共识。各个指标的百分比占比中，全国与江苏的差异很小。因此，全国和江苏的居民对这一问题的看法存在共识。

F38 下列哪些因素可能影响人际关系紧张？

	全国	江苏
社会资源缺乏，引发恶性竞争	29.6%	23.5%
过度宣扬竞争意识	25.2%	22.7%
社会财富分配不公，贫富差距过大	33.0%	34.0%
个人主义盛行	18.6%	22.1%
缺乏爱心	22.3%	24.7%
缺乏相互理解和沟通的意识和能力	18.6%	17.2%
制度安排不公正，机会不平等	23.1%	24.2%
以权谋私，官员腐败	21.2%	24.4%
缺乏道德信用	18.7%	26.2%
人与人、人与社会之间缺乏信任	28.4%	36.2%
传统伦理瓦解，社会缺乏统一的价值观	9.1%	8.1%
一切诉诸利益或法律，人际关系缺乏伦理调节的机制和能力	4.3%	4.7%

如表所示，江苏和全国的受访者对于“下列哪些因素可能影响人际关系紧张”的认知上存在差异。各个指标的百分比占比中，“人与人、人与社会之间缺乏信任”中，江苏与全国差异为7.8%。因此，全国和江苏的居民对这一问题的看法存在差异。

F39 您认为在现代中国社会实际奉行的道德价值是？

	全国	江苏
义利合一，用符合道德的方式谋利	51.6%	59.2%
见利忘义，唯利是图	37.1%	31.0%
不计较利害得失，道德至上	11.0%	9.5%
其他	0.2%	0.2%
总计	100.0%	100.0%

如表所示，江苏和全国的受访者对于“您认为在现代中国社会实际奉行的道德价值”的认知上存在共识。各个指标的百分比占比中，全国与江苏的差异不大。因此，全国和江苏的居民对这一问题的看法存在共识。

F40 对形成我国当前各种新型伦理关系和道德观念，哪些因素影响最大？

	全国	江苏
网络和媒体	47.2%	57.5%
政府	59.4%	61.5%
大学及其文化	22.7%	21.6%
市场	32.6%	38.8%
企业	21.0%	23.8%
社会团体	17.8%	21.3%
知识精英	11.3%	9.5%
国外的思潮与生活方式	12.5%	16.2%

如表所示，江苏和全国的受访者对于“对形成我国当前各种新型伦理关系和道德观念，哪些因素影响最大”的认知上存在差异。其中，在“网络和媒体”中，全国与江苏差异最大。因此，全国和江苏的居民对这一问题的看法存在差异。

F41 对当前我国伦理关系和道德风尚造成最大负面影响的因素是？

	全国	江苏
传统文化的崩坏	41.2%	37.9%
外来文化的冲击	37.7%	35.8%
市场经济导致的个人主义	26.2%	26.8%
网络技术的发展	21.7%	22.2%
分配不公，两极分化	25.9%	37.5%
以权谋私，官员腐败	23.7%	26.9%

如表所示，江苏和全国的受访者对于“对当前我国伦理关系和道德风尚造成最大负面影响的因素”的认知上存在差异。各个指标的百分比占比中，“分配不公，两极分化”中，江苏与全国差异为11.6%。因此，全国和江苏的居民对这一问题的看法存在差异。

F42 造成当今不良道德风尚的最主要原因是？

	全国	江苏
以权谋私，官员腐败	55.3%	59.9%
企业不讲诚信和损害社会利益	41.1%	37.9%
学校道德教育功能弱化	24.4%	24.9%
家庭伦理功能弱化	16.5%	17.3%
个人缺乏道德自觉	40.0%	47.3%
分配不公，两极分化	25.3%	34.6%
社会的不良影响	35.8%	40.7%

如表所示，江苏和全国的受访者对于“造成当今不良道德风尚的最主要原因”的认知上存在差异。各个指标的百分比占比中，“分配不公，两极分化”中，江苏与全国差异为9.3%。因此，全国和江苏的居民对这一问题的看法存在差异。

F43a 导致当前医患关系紧张的主要原因是？

	全国	江苏
医生缺乏职业道德，对病人不负责任	33.8%	37.3%
医疗制度不合理，看病难看病贵	45.3%	47.1%
医生腐败，不送红包不认真看病	12.9%	11.5%
“医闹”，病人蓄意闹事	7.7%	3.7%
其他	0.3%	0.3%
总计	100.0%	100.0%

如表所示，江苏和全国的受访者对于“导致当前医患关系紧张的主要原因”的认知上存在共识。各个指标的百分比占比中，全国与江苏的差异均不超过4%。因此，全国和江苏的居民对这一问题的看法存在共识。

F43b 导致当前医患关系紧张的次要原因是？

	全国	江苏
医生缺乏职业道德，对病人不负责任	35.9%	38.7%

续表

	全国	江苏
医疗制度不合理，看病难看病贵	31.6%	32.1%
医生腐败，不送红包不认真看病	18.2%	19.3%
“医闹”，病人蓄意闹事	14.2%	9.6%
其他	0.2%	0.3%
总计	100.0%	100.0%

如表所示，江苏和全国的受访者对于“导致当前医患关系紧张的次要原因”的认知上存在共识。各个指标的百分比占比中，全国与江苏的差异不大。因此，全国和江苏的居民对这一问题的看法存在共识。

F44 您是否曾经与医生（医院）发生过矛盾或纠纷?

	全国	江苏
是	4.5%	3.5%
否	95.5%	96.5%
总计	100.0%	100.0%

如表所示，江苏和全国的受访者对于“您是否曾经与医生（医院）发生过矛盾或纠纷”的认知上存在共识。各个指标的百分比占比中，全国与江苏的差异均不超过1%。因此，全国和江苏的居民对这一问题的看法存在共识。

F45 您采取了哪些方式来解决医患纠纷?

	全国	江苏
与医院协商	44.1%	49.7%
寻求卫生局调解或介入	23.4%	21.5%
医学鉴定	12.5%	10.7%
司法诉讼	18.2%	16.8%
寻求媒体曝光	10%	9.4%
信访	4.7%	5.4%
寻求第三方医疗纠纷调解委员会调解	13.2%	12.1%
直接找医生或医院算账	19.2%	20.1%

如表所示，江苏和全国的受访者对于“您采取了哪些方式来解决医患纠纷”的认知上存在共识。各个指标的百分比占比中，全国与江苏的差异不大。因此，全国和江苏的居民对这一问题的看法存在共识。

F46 某些患者会在手术前给医生红包，您认为送红包的主要理由是？

	全国	江苏
不相信医生能平等地对待每个病人，送红包能提高关注度，必须送	24.3%	27.0%
医生很辛苦，送红包是表示尊敬和感谢	13.7%	9.4%
大家都送，我不送会吃亏，不送心里不踏实	17.5%	20.7%
送红包能让医生更对我更用心，但我不会这么做	18.0%	21.0%
大家都送红包，事实上无助于提高治疗效果，我不会这么做	18.3%	15.2%
想送，但我没有能力送	8.2%	6.7%
总计	100.0%	100.0%

如表所示，江苏和全国的受访者对于“某些患者会在手术前给医生红包，您认为送红包的主要理由”的认知上存在共识。各个指标的百分比占比中，全国与江苏的差异不大。因此，全国和江苏的居民对这一问题的看法存在共识。

G1 和前几年相比，您认为目前我国官员腐败现象有什么变化？

	全国	江苏
有很大改善	12.8%	12.2%
有较大改善	65.1%	63.5%
没什么变化	19.5%	20.6%
更加恶化	2.3%	3.1%
其他	0.3%	0.7%
总计	100.0%	100.0%

如表所示，江苏和全国的受访者对于“和前几年相比，您认为目前我国官员腐败现象有什么变化”的认知上存在共识。各个指标的百分比占比中，全国与江苏的差异均不超过2%。因此，全国和江苏的居民对这一问题的看法存在共识。

G2 您认为干部当官的目的是？

	全国	江苏
为国家与社会做贡献	27%	31.9%
为人民服务，为百姓做好事做实事	45.4%	48.3%
为家庭增光，光宗耀祖	25.6%	32.5%
为自己升官发财	34.3%	50.2%
没特殊目的，一个稳定而待遇高的职业而已	21.1%	20.6%
其他	0.2%	0.3%

如表所示，江苏和全国的受访者对于“您认为干部当官的目的”的认知上存在共识。各个指标的百分比占比中，“为自己升官发财”，江苏与全国相差15.9%。因此，全国和江苏的居民对这一问题的看法存在差异。

G3 与前几年相比，您对政府官员的信任度有什么变化？

	全国	江苏
信任度提高了	38.8%	41.7%
更加不信任	13.6%	8.7%
没什么变化	47.4%	49.4%
其他	0.2%	0.2%
总计	100.0%	100.0%

如表所示，江苏和全国的受访者对于“与前几年相比，您对政府官员的信任度有什么变化”的认知上存在共识。各个指标的百分比占比中，全国与江苏的差异不大。因此，全国和江苏的居民对这一问题的看法存在共识。

G4 在生活中或媒体上看到政府官员时，您首先想到的是？

	全国	江苏
公仆，为老百姓谋福利	19.3%	18.0%
官僚，根本不了解我们的情况	22.2%	19.8%
有权有势的人	20.1%	27.3%
有本事的人	14.3%	9.3%
领导，决定我们命运的人	9.5%	9.2%
贪官	5.7%	8.5%
惹不起但躲得起的人	3.1%	2.6%
遇到大事可以信任的人	2.9%	3.5%
其他	3.0%	1.8%
总计	100.0%	100.0%

如表所示，江苏和全国的受访者对于“在生活中或媒体上看到政府官员时，您首先想到的是”的认知上存在差异。各个指标的百分比占比中，全国选择“官僚……”更多，而江苏选择“有权有势”的人更多，差异明显。因此，全国和江苏的居民对这一问题的看法存在差异。

G5 您觉得当前我国政府官员道德问题最严重的是？

	全国	江苏
贪污受贿	49.5%	56.8%
以权谋私	56.0%	66.6%
生活作风腐败	31.6%	34.8%
官僚主义	15.1%	19.5%
平庸，不作为，只保护自己不解决实际问题	35.8%	36.7%
乱作为，搞政绩工程折腾百姓	22.2%	24.0%
铺张浪费	12.9%	11.9%
拉帮结派	13.3%	9.3%
骄横跋扈，欺压百姓	7.2%	5.9%

如表所示，江苏和全国的受访者对于“您觉得当前我国政府官员道德问题最严重的是”的认知上存在差异。各个指标的百分比占比中，在“以权谋私”中，江苏与全国差异为10.6%。因此，全国和江苏的居民对这一问题的看法存在差异。

G6 政府在制定政策和决策时充分考虑到伦理道德方面的要求了吗？

	全国	江苏
有考虑，能够从日常生活中感受到	37.1%	32.8%
有考虑，能够从政策文件中体会到	23.7%	30.0%
只是口头上说说，没有实质性行动	28.1%	28.4%
没有考虑，政策制度都是从自己的政绩和富人的利益着想	10.4%	8.5%
其他	0.7%	0.3%
总计	100.0%	100.0%

如表所示，江苏和全国的受访者对于“政府在制定政策和决策时充分考虑到伦理道德方面的要求了吗”的认知上存在共识。各个指标的百分比占比中，全国与江苏的差异不大。因此，全国和江苏的居民对这一问题的看法存在共识。

G7a 您认为本地区社区提供的服务做得怎么样？

	全国	江苏
很好	8.2%	7.5%
比较好	67.1%	71.9%
不太好	22.7%	19.5%
很差	2.0%	1.1%
总计	100.0%	100.0%

如表所示，江苏和全国的受访者对于“您认为本地区社区提供的服务做得怎么样”的认知上存在共识。各个指标的百分比占比中，全国与江苏的差异不大。因此，全国和江苏的居民对这一问题的看法存在共识。

G7b 您认为周围人的尊重和关爱本地区做得怎么样？

	全国	江苏
很好	9. 7%	10. 3%
比较好	69. 4%	73. 5%
不太好	19. 6%	15. 1%
很差	1. 4%	1. 1%
总计	100. 0%	100. 0%

如表所示，江苏和全国的受访者对于“您认为周围人的尊重和关爱本地区做得怎么样”的认知上存在共识。各个指标的百分比占比中，全国与江苏的差异不大。因此，全国和江苏的居民对这一问题的看法存在共识。

G7c 您认为社会服务机构提供专业化服务本地区做得怎么样？

	全国	江苏
很好	10. 1%	9. 5%
比较好	54. 6%	55. 8%
不太好	32. 2%	29. 5%
很差	3. 1%	5. 2%
总计	100. 0%	100. 0%

如表所示，江苏和全国的受访者对于“您认为社会服务机构提供专业化服务本地区做得怎么样”的认知上存在共识。各个指标的百分比占比中，全国与江苏的差异均不超过3%。因此，全国和江苏的居民对这一问题的看法存在共识。

G7d 您认为政府实施的社会援助本地区做得怎么样？

	全国	江苏
很好	10. 7%	10. 0%
比较好	52. 8%	61. 0%
不太好	31. 8%	25. 6%
很差	4. 7%	3. 4%
总计	100. 0%	100. 0%

如表所示，江苏和全国的受访者对于“您认为政府实施的社会援助本地区做得怎么样”的认知上存在共识。各个指标的百分比占比中，全国与江苏的差异不大。因此，全国和江苏的居民对这一问题的看法存在共识。

G7e 您认为公益与慈善事业本地区做得怎么样？

	全国	江苏
很好	9.0%	9.0%
比较好	52.1%	61.2%
不太好	32.6%	25.8%
很差	6.2%	4.0%
总计	100.0%	100.0%

如表所示，江苏和全国的受访者对于“您认为公益与慈善事业本地区做得怎么样”的认知上存在差异。各个指标的百分比占比中，江苏认为本地慈善做得更好。因此，全国和江苏的居民对这一问题的看法存在差异。

G7f 您认为志愿者帮助本地区做得怎么样？

	全国	江苏
很好	9.7%	10.3%
比较好	55.3%	61.6%
不太好	29.4%	24.7%
很差	5.6%	3.4%
总计	100.0%	100.0%

如表所示，江苏和全国的受访者对于“您认为志愿者帮助本地区做得怎么样”的认知上存在共识。各个指标的百分比占比中，全国与江苏的差异不大。因此，全国和江苏的居民对这一问题的看法存在共识。

G8 您认为有必要为好人树碑立传吗？

	全国	江苏
很有必要，可以让更多的人知道他们、学习他们	67.8%	81.8%
可有可无	15.9%	10.5%
没有必要	16.3%	7.8%
总计	100.0%	100.0%

如表所示，江苏和全国的受访者对于“您认为有必要为好人树碑立传吗”

的认知上存在差异。各个指标的百分比占比中，在“很有必要……”的选择上，全国与江苏的差异十分明显。因此，全国和江苏的居民对这一问题的看法存在差异。

G9 党中央出台了一系列治国理政的新举措，给社会生活带来了什么变化？

	全国	江苏
社会在向好的方面发展，对未来生活更有信心	50.8%	58.6%
目前没看出有什么影响	21.4%	19.7%
虽然出台了一些政策，感觉解决不了什么问题	19.1%	15.1%
不关心这些，说不清楚	8.6%	6.5%
其他	0.1%	0.1%
总计	100.0%	100.0%

如表所示，江苏和全国的受访者对于“党中央出台了一系列治国理政的新举措，给社会生活带来了什么变化”的认知上存在共识。各个指标的百分比占比中，全国与江苏的差异不大。因此，全国和江苏的居民对这一问题的看法存在共识。

G10a 就业政策对促进社会公平有效果吗？

	全国	江苏
较大效果	6.3%	8.0%
有点效果	57.1%	66.6%
没有效果	31.4%	23.5%
更不公平	4.4%	1.6%
大大加剧了不公平	0.8%	0.3%
总计	100.0%	100.0%

如表所示，江苏和全国的受访者对于“就业政策对促进社会公平有效果吗”的认知上存在差异。各个指标的百分比占比中，可以看出江苏认为效果更好。因此，全国和江苏的居民对这一问题的看法存在差异。

G10b 教育政策对促进社会公平有效果吗？

	全国	江苏
较大效果	8.9%	11.0%
有点效果	61.1%	68.3%
没有效果	25.1%	15.3%

续表

	全国	江苏
更不公平	4.4%	3.4%
大大加剧了不公平	0.5%	2.0%
总计	100.0%	100.0%

如表所示，江苏和全国的受访者对于“教育政策对促进社会公平有效果吗”上存在差异。其中，在“有点效果”、“没有效果”上，全国与江苏差异分别为7.2%和9.8%。因此，全国和江苏的居民对这一问题的看法存在差异。

G10c 医疗卫生政策对促进社会公平有效果吗？

	全国	江苏
较大效果	9.9%	12.5%
有点效果	57.4%	60.8%
没有效果	25.2%	20.2%
更不公平	6.7%	3.9%
大大加剧了不公平	0.8%	2.6%
总计	100.0%	100.0%

如表所示，江苏和全国的受访者对于“医疗卫生政策对促进社会公平有效果吗”的认知上存在共识。各个指标的百分比占比中，全国与江苏的差异均不超过5%。因此，全国和江苏的居民对这一问题的看法存在共识。

G10d 低保政策对促进社会公平有效果吗？

	全国	江苏
较大效果	10.0%	13.8%
有点效果	50.3%	60.7%
没有效果	26.9%	19.0%
更不公平	11.2%	4.4%
大大加剧了不公平	1.6%	2.1%
总计	100.0%	100.0%

如表所示，江苏和全国的受访者对于“低保政策对促进社会公平有效果吗”上存在差异。其中，在“有点效果”上，全国与江苏差异最大，超过10%。因此，全国和江苏的居民对这一问题的看法存在差异。

G10e 房地产政策对促进社会公平有效果吗？

	全国	江苏
较大效果	5.9%	5.2%
有点效果	34.9%	43.5%
没有效果	38.8%	31.3%
更不公平	15.3%	12.5%
大大加剧了不公平	5.1%	7.6%
总计	100.0%	100.0%

如表所示，江苏和全国的受访者对于“房地产政策对促进社会公平有效果吗”的认知上存在共识。各个指标的百分比占比中，全国与江苏的差异不大。因此，全国和江苏的居民对这一问题的看法存在共识。

G10f 拆迁安置政策对促进社会公平有效果吗？

	全国	江苏
较大效果	5.8%	6.2%
有点效果	34.0%	46.5%
没有效果	38.0%	26.2%
更不公平	16.1%	12.5%
大大加剧了不公平	6.1%	8.6%
总计	100.0%	100.0%

如表所示，江苏和全国的受访者对于“拆迁安置政策对促进社会公平有效果吗”上存在差异。其中，在“没有效果”上，全国与江苏的差异为11.8%。因此，全国和江苏的居民对这一问题的看法存在差异。

G11 如果遭遇重大公共事件，您相信政府公布的信息和采取的措施吗？

	全国	江苏
相信，大都是可靠的，比网络流传的可靠	62.6%	72.6%
不相信，都是安抚百姓的策略措施	16.4%	14.2%
将信将疑，走一步看一步	21.0%	13.1%
其他	0.1%	
总计	100.0%	100.0%

如表所示，江苏和全国的受访者对于“如果遭遇重大公共事件，您相信政府公布的信息和采取的措施吗”上存在差异。其中，在“相信，大都是可靠的，比

网络流传的可靠”上，全国与江苏的差异为10%。因此，全国和江苏的居民对这一问题的看法存在差异。

G12a 政府推动或倡导的文明城市创建效果如何？

	全国	江苏
完全没效果	2.1%	1.9%
效果较差	22.4%	13.5%
效果较好	65.1%	67.0%
效果很好	10.4%	17.6%
总计	100.0%	100.0%

如表所示，江苏和全国的受访者对于“政府推动或倡导的文明城市创建效果如何”的认知上存在差异。江苏更倾向于认为该活动的效果好。因此，全国和江苏的居民对这一问题的看法存在差异。

G12b 政府推动或倡导的学雷锋活动效果如何？

	全国	江苏
完全没效果	2.7%	2.5%
效果较差	24.3%	18.8%
效果较好	63.7%	64.9%
效果很好	9.4%	13.8%
总计	100.0%	100.0%

如表所示，江苏和全国的受访者对于“政府推动或倡导的学雷锋活动效果如何”的认知上存在共识。各个指标的百分比占比中，全国与江苏的差异不大。因此，全国和江苏的居民对这一问题的看法存在共识。

G12c 政府推动或倡导的典型人物的宣传效果如何？

	全国	江苏
完全没效果	2.6%	2.1%
效果较差	22.3%	18.8%
效果较好	64.1%	61.0%
效果很好	11.0%	18.1%
总计	100.0%	100.0%

如表所示，江苏和全国的受访者对于“政府推动或倡导的典型人物的宣传效

果如何”的认知上存在共识。各个指标的百分比占比中，全国与江苏的差异不大。因此，全国和江苏的居民对这一问题的看法存在共识。

G12d 政府推动或倡导的志愿服务的倡导和推广效果如何？

	全国	江苏
完全没效果	2.2%	2.0%
效果较差	23.8%	18.8%
效果较好	60.0%	60.5%
效果很好	14.0%	18.7%
总计	100.0%	100.0%

如表所示，江苏和全国的受访者对于“政府推动或倡导的志愿服务的倡导和推广效果如何”的认知上存在共识。各个指标的百分比占比中，全国与江苏的差异不大。因此，全国和江苏的居民对这一问题的看法存在共识。

G12e 政府推动或倡导的反腐倡廉的举措效果如何？

	全国	江苏
完全没效果	4.6%	4.2%
效果较差	22.7%	18.9%
效果较好	56.3%	57.9%
效果很好	16.5%	19.0%
总计	100.0%	100.0%

如表所示，江苏和全国的受访者对于“政府推动或倡导的反腐倡廉的举措效果如何”的认知上存在共识。各个指标的百分比占比中，全国与江苏的差异不大。因此，全国和江苏的居民对这一问题的看法存在共识。

G12f 政府推动或倡导的《公民道德建设实施纲要》的推进效果如何？

	全国	江苏
完全没效果	4.3%	2.3%
效果较差	24.5%	18.9%
效果较好	58.6%	62.9%
效果很好	12.5%	15.9%
总计	100.0%	100.0%

如表所示，江苏和全国的受访者对于“政府推动或倡导的《公民道德建设实

施纲要》的推进效果如何”的认知上存在共识。各个指标的百分比占比中，全国与江苏的差异不大。因此，全国和江苏的居民对这一问题的看法存在共识。

G13 您对于我们正在走的中国特色社会主义道路怎么看？

	全国	江苏
充满信心，因为它可以给中国带来繁荣富强	47.0%	53.5%
不太了解，但相信这条路能够让老百姓都过上好日子	36.4%	34.2%
表示怀疑，走这条路究竟怎么样，现在还说不清楚	11.6%	8.2%
走什么样的路，跟我没关系	4.8%	4.0%
其他	0.2%	0.1%
总计	100.0%	100.0%

如表所示，江苏和全国的受访者对于“您对于我们正在走的中国特色社会主义道路怎么看”的认知上存在共识。各个指标的百分比占比中，全国与江苏的差异不大。因此，全国和江苏的居民对这一问题的看法存在共识。

G14 党的十八大提出，到 2020 年全面建成小康社会，到 21 世纪中叶建成社会主义现代化国家，您认为这样的目标能实现吗？

	全国	江苏
相信一定能实现	31.2%	40.1%
有困难，但只要努力还是能实现的	56.0%	49.8%
不可能实现	3.7%	3.1%
说不清楚，跟我没关系	8.9%	6.9%
其他	0.2%	0.1%
总计	100.0%	100.0%

如表所示，江苏和全国的受访者对于“党的十八大提出，到 2020 年全面建成小康社会，到 21 世纪中叶建成社会主义现代化国家，您认为这样的目标能实现吗”的认知上存在共识。各个指标的百分比占比中，全国与江苏的差异不大。因此，全国和江苏的居民对这一问题的看法存在共识。

G15 您对您周围的党员干部道德状况怎么评价？

	全国	江苏
总体还不错	42.3%	51.4%

续表

	全国	江苏
普遍比较差	21.7%	19.1%
和普通群众没有太大差别	36.0%	29.6%
总计	100.0%	100.0%

如表所示，江苏和全国的受访者对于“您对您周围的党员干部道德状况怎么评价”的认知上存在差异。各个指标的百分比占比中，江苏对党员干部道德状况的满意度比全国高。因此，全国和江苏的居民对这一问题的看法存在差异。

G16 您认为当前官员的勤政作为是怎样的？

	全国	江苏
努力作为，成绩显著	22.7%	24.8%
努力作为，成绩一般	48.8%	53.4%
行政不作为	19.3%	17.3%
行政乱作为	9.2%	4.5%
总计	100.0%	100.0%

如表所示，江苏和全国的受访者对于“您认为当前官员的勤政作为是怎样的”的认知上存在共识。各个指标的百分比占比中，全国与江苏的差异不大。因此，全国和江苏的居民对这一问题的看法存在共识。

G17 您到政府部门办事，首先选择的方法是？

	全国	江苏
找亲朋好友帮忙办理	18.5%	12.7%
找政府中的熟人办理	21.2%	24.5%
送红包	1.7%	1.0%
直接找相关职能部门办理	58.2%	61.6%
其他	0.5%	0.2%
总计	100.0%	100.0%

如表所示，江苏和全国的受访者对于“您到政府部门办事，首先选择的方法”的认知上存在共识。各个指标的百分比占比中，全国与江苏的差异不大。因此，全国和江苏的居民对这一问题的看法存在共识。

H1 您认为近五年来，您所在地区政府的环境保护工作做得怎么样？

	全国	江苏
片面注重经济发展，忽视了环境保护工作	22.6%	17.6%
重视不够，环保投入不足	29.6%	25.9%
虽尽了努力，但效果不佳	18.7%	14.2%
尽了很大努力，有一定成效	23.7%	34.3%
取得了很大的成绩	5.4%	8.1%
总计	100.0%	100.0%

如表所示，江苏和全国的受访者对于“您认为近五年来，您所在地区政府的环境保护工作做得怎么样”的认知上存在共识。各个指标的百分比占比中，全国与江苏的差异不大。因此，全国和江苏的居民对这一问题的看法存在共识。

H2a 在最近的一年里，您是否从事过垃圾分类投放

	全国	江苏
从不	40.5%	44.7%
偶尔	45.1%	38.5%
经常	14.4%	16.8%
总计	100.0%	100.0%

如表所示，江苏和全国的受访者对于“在最近的一年里，您是否从事过垃圾分类投放”上存在共识。各个指标的百分比占比中，全国与江苏的差异不大。因此，全国和江苏的居民对这一问题的看法存在共识。

H2b 在最近的一年里，您是否与自己的亲戚朋友讨论过环保问题

	全国	江苏
从不	38.0%	45.6%
偶尔	50.7%	43.3%
经常	11.3%	11.2%
总计	100.0%	100.0%

如表所示，江苏和全国的受访者对于“在最近的一年里，您是否与自己的亲戚朋友讨论过环保问题”的认知上存在共识。各个指标的百分比占比中，全国与江苏的差异不大。因此，全国和江苏的居民对这一问题的看法存在共识。

H2c 在最近的一年里，您是否在采购日常用品时自己带购物篮或购物袋

	全国	江苏
从不	22.7%	22.9%
偶尔	52.0%	45.9%
经常	25.2%	31.2%
总计	100.0%	100.0%

如表所示，江苏和全国的受访者对于“在最近的一年里，您是否在采购日常用品时自己带购物篮或购物袋”的认知上存在共识。各个指标的百分比占比中，全国与江苏的差异不大。因此，全国和江苏的居民对这一问题的看法存在共识。

H2d 在最近的一年里，您是否优先选择公交、步行等绿色出行方式?

	全国	江苏
从不	12.9%	18.8%
偶尔	42.0%	39.7%
经常	45.1%	41.5%
总计	100.0%	100.0%

如表所示，江苏和全国的受访者对于“在最近的一年里，您是否优先选择公交、步行等绿色出行方式”的认知上存在共识。各个指标的百分比占比中，全国与江苏的差异不大。因此，全国和江苏的居民对这一问题的看法存在共识。

H2e 在最近的一年里，您是否为环境保护捐款?

	全国	江苏
从不	67.2%	73.9%
偶尔	27.3%	22.0%
经常	5.5%	4.1%
总计	100.0%	100.0%

如表所示，江苏和全国的受访者对于“在最近的一年里，您是否为环境保护捐款”的认知上存在共识。各个指标的百分比占比中，全国与江苏的差异不大。因此，全国和江苏的居民对这一问题的看法存在共识。

H2f 在最近的一年里，您是否主动关注环境方面的信息报道和宣传教育？

	全国	江苏
从不	61.6%	69.0%
偶尔	31.5%	24.7%
经常	6.9%	6.3%
总计	100.0%	100.0%

如表所示，江苏和全国的受访者对于“在最近的一年里，您是否主动关注环境方面的信息报道和宣传教育”的认知上存在共识。各个指标的百分比占比中，全国与江苏的差异不大。因此，全国和江苏的居民对这一问题的看法存在共识。

H2g 在最近的一年里，您是否积极参加民间环保团体举办的环保活动？

	全国	江苏
从不	72.7%	78.2%
偶尔	23.3%	17.9%
经常	4.0%	3.9%
总计	100.0%	100.0%

如表所示，江苏和全国的受访者对于“在最近的一年里，您是否积极参加民间环保团体举办的环保活动”的认知上存在共识。各个指标的百分比占比中，全国与江苏的差异均不超过6%。因此，全国和江苏的居民对这一问题的看法存在共识。

H2h 在最近的一年里，您是否积极参加要求解决环境问题的投诉、上诉？

	全国	江苏
从不	79.7%	81.9%
偶尔	17.2%	15.0%
经常	3.1%	3.1%
总计	100.0%	100.0%

如表所示，江苏和全国的受访者对于“在最近的一年里，您是否积极参加要求解决环境问题的投诉、上诉”的认知上存在共识。各个指标的百分比占比中，全国与江苏的差异均不超过3%。因此，全国和江苏的居民对这一问题的看法存在共识。

H3 如果您的周围有一片森林，政府将成材的树林砍伐下来办木材厂，将极大提高您的收入，但将破坏环境，您会支持这一决定吗？

	全国	江苏
支持，对大家有好处	11.9%	8.7%
反对，这是发子孙财，破坏生态	70.0%	70.2%
不支持也不反对，政府决定	18.0%	21.0%
其他	0.1%	0.1%
总计	100.0%	100.0%

如表所示，江苏和全国的受访者对于“如果您的周围有一片森林，政府将成材的树林砍伐下来办木材厂，将极大提高您的收入，但将破坏环境，您会支持这一决定吗”的认知上存在共识。各个指标的百分比占比中，全国与江苏的差异不大。因此，全国和江苏的居民对这一问题的看法存在共识。

H4 如果要办一个化工厂，您是这个厂的持股职工，但会给下游地区造成污染，您会支持这个决定吗？

	全国	江苏
支持，我们不会受到污染	12.9%	6.8%
反对，这是嫁祸于人	69.0%	76.4%
不支持也不反对，成了可分红，不成是领导的责任	17.9%	16.8%
其他	0.2%	0.1%
总计	100.0%	100.0%

如表所示，江苏和全国的受访者对于“如果要办一个化工厂，您是这个厂的持股职工，但会给下游地区造成污染，您会支持这个决定吗”的认知上存在共识。各个指标的百分比占比中，全国与江苏的差异不大。因此，全国和江苏的居民对这一问题的看法存在共识。

H5 您认为造成生态环境问题的最主要原因是？

	全国	江苏
企业唯利是图，造成环境污染	26.6%	32.4%
政府缺乏生态意识，政策失当	34.8%	32.1%
个人缺乏环保意识	20.5%	18.0%
当代人自私自利，不顾未来和子孙利益	17.2%	16.8%
其他	0.9%	0.6%
总计	100.0%	100.0%

如表所示，江苏和全国的受访者对于“您认为造成生态环境问题的最主要原因”的认知上存在共识。各个指标的百分比占比中，全国与江苏的差异不大。因此，全国和江苏的居民对这一问题的看法存在共识。

H6 如果环境保护主管部门邀请您参加座谈会或听证会，您是否会出席？

	全国	江苏
会	71.0%	68.0%
不会	29.0%	32.0%
总计	100.0%	100.0%

如表所示，江苏和全国的受访者对于“如果环境保护主管部门邀请您参加座谈会或听证会，您是否会出席”的认知上存在共识。各个指标的百分比占比中，全国与江苏的差异均不超过3%。因此，全国和江苏的居民对这一问题的看法存在共识。

H7 若您所在社区参加“绿色社区”创建活动，您是否会积极参与？

	全国	江苏
会	76.7%	73.5%
不会	23.3%	26.5%
总计	100.0%	100.0%

如表所示，江苏和全国的受访者对于“若您所在社区参加‘绿色社区’创建活动，您是否会积极参与”的认知上存在共识。各个指标的百分比占比中，全国与江苏的差异均不超过3%。因此，全国和江苏的居民对这一问题的看法存在共识。

I1 如果您周围有很多外国人，您愿意和他们建立什么样的关系？

	全国	江苏
愿意做朋友	36.0%	40.6%
愿意做兄弟姐妹	10.7%	4.5%
不愿意来往，得提防他们	4.3%	3.0%
偶尔交往，仅限于礼节性的	13.4%	15.0%
无法和他们来往，存在语言、文化、习俗等障碍	35.2%	36.7%
其他	0.4%	0.3%
总计	100.0%	100.0%

如表所示，江苏和全国的受访者对于“如果您周围有很多外国人，您愿意和他们建立什么样的关系”的认知上存在共识。各个指标的百分比占比中，全国与江苏的差异不大。因此，全国和江苏的居民对这一问题的看法存在共识。

I2 您更愿意过春节还是圣诞节？

	全国	江苏
圣诞节	0.7%	0.5%
春节	79.1%	82.4%
两个都愿意过	17.2%	15.8%
两个都不想过	3.0%	1.4%
总计	100.0%	100.0%

如表所示，江苏和全国的受访者对于“您更愿意过春节还是圣诞节”的认知上存在共识。各个指标的百分比占比中，全国与江苏的差异不大。因此，全国和江苏的居民对这一问题的看法存在共识。

I3 您同意中国人与外国人通婚吗？

	全国	江苏
非常同意	6.1%	3.6%
比较同意	57.2%	68.4%
不太同意	31.4%	23.3%
强烈反对	5.3%	4.8%
总计	100.0%	100.0%

如表所示，江苏和全国的受访者对于“您同意中国人与外国人通婚吗”上存在差异。其中，表示“比较同意”和“不太同意”中，全国与江苏差异明显。因此，全国和江苏的居民对这一问题的看法存在差异。

I4 对外来的城市农民工如建筑工人、家庭保姆等，您的态度是

	全国	江苏
看不起和排斥	2.2%	0.7%
无视和冷漠以对	7.8%	3.8%
尊重和体谅	73.0%	77.1%
同情和友爱	16.7%	18.4%
其他	0.3%	0.1%
总计	100.0%	100.0%

如表所示，江苏和全国的受访者对于“对外来的城市农民工如建筑工人、家庭保姆等，您的态度”的认知上存在共识。各个指标的百分比占比中，全国与江苏的差异不大。因此，全国和江苏的居民对这一问题的看法存在共识。

I5 您在日常生活中与同乡人和外乡人的关系是

	全国	江苏
与同乡人交往多	41.2%	42.7%
与外乡人交往多	12.0%	9.1%
一样多	19.1%	23.4%
偶尔与外乡人有交往，主要与同乡人交往	27.7%	24.7%
其他	0.1%	0.1%
总计	100.0%	100.0%

如表所示，江苏和全国的受访者对于“您在日常生活中与同乡人和外乡人的关系”的认知上存在共识。各个指标的百分比占比中，全国与江苏的差异不大。因此，全国和江苏的居民对这一问题的看法存在共识。

I6 您所在地区的政府对待外来人员的政策取向是

	全国	江苏
不冷不热，顺其自然	44.1%	45.6%
提高门槛，严加限制	16.2%	10.4%
降低门槛，广泛吸收	24.1%	33.2%
对有钱人、高级专家采取特殊政策吸引，对一般人严格限制	15.0%	10.7%
其他	0.6%	0.1%
总计	100.0%	100.0%

如表所示，江苏和全国的受访者对于“您所在地区的政府对待外来人员的政策取向”的认知上存在共识。各个指标的百分比占比中，全国与江苏的差异不大。因此，全国和江苏的居民对这一问题的看法存在共识。

I7 您认为在当前的中国，读书还能不能改变命运？

	全国	江苏
读书只是改变命运的一个路径	35.7%	38.6%
读书是改变命运的主要路径	42.5%	40.4%
读书是改变命运的唯一路径	12.4%	12.5%

续表

	全国	江苏
不再是改变命运的路径，没权势的人读了书照样穷	9.2%	8.4%
其他	0.2%	0.1%
总计	100.0%	100.0%

如表所示，江苏和全国的受访者对于“您认为在当前的中国，读书还能不能改变命运”的认知上存在共识。各个指标的百分比占比中，全国与江苏的差异均不超过3%。因此，全国和江苏的居民对这一问题的看法存在共识。

I8 您如何认识名牌大学里农村学生比例急剧减少的现象？

	全国	江苏
是一种社会倒退	12.5%	9.6%
农村教育的落后	39.7%	37.2%
教育不公平	28.4%	33.2%
有钱人和有权人特权的表现	12.0%	13.4%
代际不公，社会不公的延续和加剧	6.6%	5.7%
其他	0.9%	1.0%
总计	100.0%	100.0%

如表所示，江苏和全国的受访者对于“您如何认识名牌大学里农村学生比例急剧减少的现象”的认知上存在共识。各个指标的百分比占比中，全国与江苏的差异均不超过5%。因此，全国和江苏的居民对这一问题的看法存在共识。

I9 您的同学指出您们家乡的某一风俗习惯很落后保守，您会作出什么反应？

	全国	江苏
坦然面对，承认这一风俗习惯确实落后	52.9%	52.2%
虽然认为说得对，但是感觉他在批评自己的家乡，因此不自在	28.2%	30.4%
虽然认为说得对，但是感到受到羞辱	8.4%	8.9%
批评家乡就是批评自己，要为家乡的风俗习惯做辩护	10.2%	8.3%
其他	0.2%	0.2%
总计	100.0%	100.0%

如表所示，江苏和全国的受访者对于“您的同学指出您们家乡的某一风俗习惯很落后保守，您会作出什么反应”的认知上存在共识。各个指标的百分比占比中，全国与江苏的差异均不超过2%。因此，全国和江苏的居民对这一问题的看法存在共识。

I10 如果您有机会出国，初到国外时，您交朋友会有意识地交中国朋友吗？

	全国	江苏
会，认为在异国他乡找自己本国人有一种归属感	50.4%	63.7%
不会，看缘分交朋友，不强调国籍	20.8%	13.2%
不会，会有意识地多交外国朋友	3.9%	4.5%
视情况而定	24.8%	18.7%
总计	100.0%	100.0%

如表所示，江苏和全国的受访者对于“如果您有机会出国，初到国外时，您交朋友会有意识的交中国朋友吗”的认知上存在差异。各个指标的百分比占比中，全国与江苏的差异最大达到13.3%。因此，全国和江苏的居民对这一问题的看法差异较大。

I11 您是否愿意与不同民族的人交往？

	全国	江苏
非常不愿意	2.8%	2.3%
不太愿意	16.3%	18.0%
比较愿意	71.4%	74.0%
非常愿意	9.5%	5.7%
总计	100.0%	100.0%

如表所示，江苏和全国的受访者对于“您是否愿意与不同民族的人交往”的认知上存在共识。各个指标的百分比占比中，全国与江苏的差异不大。因此，全国和江苏的居民对这一问题的看法存在共识。

I12 您是否愿意与不同宗教信仰的人相处？

	全国	江苏
非常不愿意	4.6%	2.8%
不太愿意	22.9%	23.1%
比较愿意	65.4%	70.0%
非常愿意	7.0%	4.0%
总计	100.0%	100.0%

如表所示，江苏和全国的受访者对于“您是否愿意与不同宗教信仰的人相处”的认知上存在共识。各个指标的百分比占比中，全国与江苏的差异不大。因此，全国和江苏的居民对这一问题的看法存在共识。

I13 您与您的邻居平时来往多吗？

	全国	江苏
非常多	17.8%	17.0%
比较多	48.3%	55.9%
偶尔	29.1%	23.6%
几乎不来往	4.9%	3.6%
总计	100.0%	100.0%

如表所示，江苏和全国的受访者对于“您与您的邻居平时来往多吗”的认知上存在共识。各个指标的百分比占比中，全国与江苏的差异不大。因此，全国和江苏的居民对这一问题的看法存在共识。

I14a 您在多大程度上愿意和农民工、进城务工人员成为邻居？

	全国	江苏
非常愿意	13.7%	10.8%
比较愿意	76.9%	77.8%
不太愿意	9.0%	10.8%
很不愿意	0.4%	0.6%
总计	100.0%	100.0%

如表所示，江苏和全国的受访者对于“您在多大程度上愿意和农民工、进城务工人员成为邻居”的认知上存在共识。各个指标的百分比占比中，全国与江苏的差异均不超过3%。因此，全国和江苏的居民对这一问题的看法存在共识。

I14b 您在多大程度上愿意和商人成为邻居？

	全国	江苏
非常愿意	11.0%	7.7%
比较愿意	70.6%	70.0%
不太愿意	17.2%	21.4%
很不愿意	1.1%	0.9%
总计	100.0%	100.0%

如表所示，江苏和全国的受访者对于“您在多大程度上愿意和商人成为邻居”的认知上存在共识。各个指标的百分比占比中，全国与江苏的差异不大。因此，全国和江苏的居民对这一问题的看法存在共识。

I14c 您在多大程度上愿意和企业家或高级管理人员成为邻居？

	全国	江苏
非常愿意	15.6%	14.7%
比较愿意	70.7%	71.4%
不太愿意	12.7%	12.6%
很不愿意	1.1%	1.2%
总计	100.0%	100.0%

如表所示，江苏和全国的受访者对于“您在多大程度上愿意和企业家或高级管理人员成为邻居”的认知上存在共识。各个指标的百分比占比中，全国与江苏的差异均不超过1%。因此，全国和江苏的居民对这一问题的看法存在共识。

I14d 您在多大程度上愿意和技术工人成为邻居？

	全国	江苏
非常愿意	19.2%	18.7%
比较愿意	72.4%	74.7%
不太愿意	7.7%	6.0%
很不愿意	0.7%	0.6%
总计	100.0%	100.0%

如表所示，江苏和全国的受访者对于“您在多大程度上愿意和技术工人成为邻居”的认知上存在共识。各个指标的百分比占比中，全国与江苏的差异很小。因此，全国和江苏的居民对这一问题的看法存在共识。

I14e 您在多大程度上愿意和教师成为邻居？

	全国	江苏
非常愿意	28.3%	25.8%
比较愿意	65.7%	68.8%
不太愿意	5.3%	4.9%
很不愿意	0.6%	0.6%
总计	100.0%	100.0%

如表所示，江苏和全国的受访者对于“您在多大程度上愿意和教师成为邻居”的认知上存在共识。各个指标的百分比占比中，全国与江苏的差异均不超过3%。因此，全国和江苏的居民对这一问题的看法存在共识。

I14f 您在多大程度上愿意和医生成为邻居？

	全国	江苏
非常愿意	26.2%	22.2%
比较愿意	65.7%	69.4%
不太愿意	7.2%	7.4%
很不愿意	0.8%	1.0%
总计	100.0%	100.0%

如表所示，江苏和全国的受访者对于“您在多大程度上愿意和医生成为邻居”的认知上存在共识。各个指标的百分比占比中，全国与江苏的差异均不超过4%。因此，全国和江苏的居民对这一问题的看法存在共识。

I14g 您在多大程度上愿意和富人成为邻居？

	全国	江苏
非常愿意	13.0%	8.1%
比较愿意	56.7%	52.7%
不太愿意	25.4%	32.6%
很不愿意	4.9%	6.5%
总计	100.0%	100.0%

如表所示，江苏和全国的受访者对于“您在多大程度上愿意和富人成为邻居”的认知上存在共识。各个指标的百分比占比中，全国与江苏的差异不大。因此，全国和江苏的居民对这一问题的看法存在共识。

I14h 您在多大程度上愿意和土豪成为邻居？

	全国	江苏
非常愿意	10.0%	6.2%
比较愿意	50.9%	46.9%
不太愿意	31.3%	36.8%
很不愿意	7.9%	10.2%
总计	100.0%	100.0%

如表所示，江苏和全国的受访者对于“您在多大程度上愿意和土豪成为邻居”的认知上存在共识。各个指标的百分比占比中，全国与江苏的差异不大。因此，全国和江苏的居民对这一问题的看法存在共识。

I14i 您在多大程度上愿意和专家学者成为邻居?

	全国	江苏
非常愿意	17.8%	13.1%
比较愿意	60.2%	66.5%
不太愿意	18.2%	16.8%
很不愿意	3.8%	3.5%
总计	100.0%	100.0%

如表所示，江苏和全国的受访者对于“您在多大程度上愿意和专家学者成为邻居”的认知上存在共识。各个指标的百分比占比中，全国与江苏的差异不大。因此，全国和江苏的居民对这一问题的看法存在共识。

I14j 您在多大程度上愿意和政府官员成为邻居?

	全国	江苏
非常愿意	12.5%	10.1%
比较愿意	54.7%	57.5%
不太愿意	25.2%	27.0%
很不愿意	7.7%	5.4%
总计	100.0%	100.0%

如表所示，江苏和全国的受访者对于“您在多大程度上愿意和政府官员成为邻居”的认知上存在共识。各个指标的百分比占比中，全国与江苏的差异均不超过3%。因此，全国和江苏的居民对这一问题的看法存在共识。

I14k 您在多大程度上愿意和公众人物，演艺人士成为邻居?

	全国	江苏
非常愿意	9.4%	6.0%
比较愿意	51.2%	49.9%
不太愿意	28.8%	33.0%
很不愿意	10.7%	11.2%
总计	100.0%	100.0%

如表所示，江苏和全国的受访者对于“您在多大程度上愿意和公众人物，演艺人士成为邻居”的认知上存在共识。各个指标的百分比占比中，全国与江苏的差异不大。因此，全国和江苏的居民对这一问题的看法存在共识。

I15 您如何看待中国对其他落后国家的广泛援助计划？

	全国	江苏
完全支持，认为这有助于提升国家形象和国际地位	45.6%	35.4%
支持，认为我们应该帮助比我们落后的国家	26.3%	32.6%
支持，但国家应该征求纳税人的意见	9.7%	11.2%
不支持，因为我们国家尚存在很多贫困人口	18.4%	20.8%
总计	100.0%	100.0%

如表所示，江苏和全国的受访者对于“您如何看待中国对其他落后国家的广泛援助计划”的认知上存在差异。各个指标的百分比占比中，全国与江苏的差异最大达到 10.2%。因此，全国和江苏的居民对这一问题的看法存在差异。

I16 您听说过一些道德模范的故事吗？您愿意像他们那样做人做事吗？

	全国	江苏
知道一些，他们很了不起，应努力向他们学习	52.0%	55.2%
知道一些，很敬佩他们，但自己学不来	28.0%	26.6%
知道一些，我感到他们那样做有点不值得	4.6%	6.2%
没听说过谁是道德模范和身边好人	15.3%	12.0%
其他	0.1%	0.1%
总计	100.0%	100.0%

如表所示，江苏和全国的受访者对于“您听说过一些道德模范的故事吗？您愿意像他们那样做人做事吗”的认知上存在共识。各个指标的百分比占比中，全国与江苏的差异不大。因此，全国和江苏的居民对这一问题的看法存在共识。

I17 当有陌生人走进您的单位或社区，或在车厢中与陌生人在一起时，您经常的态度是

	全国	江苏
对他/她微笑	32.1%	27.2%
主动打招呼	15.5%	11.0%
没有任何反应	29.5%	27.1%
保持警惕，防止上当	22.6%	34.5%
其他	0.2%	0.2%
总计	100.0%	100.0%

如表所示，江苏和全国的受访者对于“当有陌生人走进您的单位或社区，或

在车厢中与陌生人在一起时，您经常的态度”上存在差异。其中，在“保持警惕，防止上当”中，全国与江苏差异最大，为11.9%。其次，在“对他/她微笑”上，全国与江苏的差异接近5%。因此，全国和江苏的居民对这一问题的看法存在差异。

I18 假设您双手抱着东西走进电梯，您觉得电梯里的陌生人可能会怎样？

	全国	江苏
主动问您去几楼并帮您按楼层	37.5%	32.7%
当作没看见	15.1%	15.0%
会在您的请求下给予帮助	47.4%	52.3%
总计	100.0%	100.0%

如表所示，江苏和全国的受访者对于“假设您双手抱着东西走进电梯，您觉得电梯里的陌生人可能会怎样”的认知上存在共识。各个指标的百分比占比中，全国与江苏的差异不大。因此，全国和江苏的居民对这一问题的看法存在共识。

J1 您目前的婚姻状况是

	全国	江苏
未婚	13.3%	11.1%
已婚	81.8%	85.4%
离婚	1.3%	1.0%
丧偶	3.5%	2.4%
其他	0.1%	
总计	100.0%	100.0%

如表所示，江苏和全国的受访者对于“您目前的婚姻状况”的情况上基本一致。各个指标的百分比占比中，全国与江苏的差异不大。因此，全国和江苏的居民婚姻状况的情况基本一致。

J2 您家里住在一起并且一起吃饭的有几个人（包括您自己）？

	全国	江苏
1	5.5%	4.0%
2	22.3%	20.5%
3	26.3%	27.6%
4	21.3%	17.6%

续表

	全国	江苏
5	14.1%	19.5%
6	7.7%	7.8%
7	1.5%	1.8%
8	0.7%	0.5%
9	0.2%	0.2%
10	0.2%	0.2%
11	0.1%	
总计	100.0%	100.0%

如表所示，江苏和全国的受访者对于“您家里住在一起并且一起吃饭的有几个人（包括您自己）”的数量基本一致。各个指标的百分比占比中，全国与江苏的差异不大。因此，全国和江苏的居民对这一问题的情况基本一致。

J3 请问您有几个子女？

	全国	江苏
1	14.9%	13.8%
2	43.7%	55.6%
3	35.1%	26.7%
4	5.4%	3.5%
5	0.8%	0.3%
6	0.2%	0.1%
7		
总计	100.0%	100.0%

如表所示，江苏和全国的受访者对于“您有几个子女”的数量上存在差异。其中，在“有1个子女”中，全国与江苏差异较大，为11.9%。其次，在“有2个子女”中，全国与江苏的差异接近9%。因此，全国和江苏的居民子女人数的情况存在较大差异。

J3a1 请问您有几个子女？（其中儿子）

	全国	江苏
1	21.9%	29.9%
2	67.3%	62.7%

续表

	全国	江苏
3	10.2%	7.2%
4	0.5%	0.2%
5	0.1%	
6		
7		
总计	100.0%	100.0%

如表所示，江苏和全国的受访者对于“请问您有几个子女？（其中儿子）”的数量上基本一致。各个指标的百分比占比中，全国与江苏的差异不大。因此，全国和江苏的居民儿子人数的情况基本一致。

J3a2 请问您有几个子女？（其中女儿）

	全国	江苏
1	41.9%	45.5%
2	48.0%	46.5%
3	9.2%	7.4%
4	0.7%	0.6%
5	0.1%	
6		0.1%
7		
总计	100.0%	100.0%

如表所示，江苏和全国的受访者对于“请问您有几个子女？（其中女儿）”的数量上基本一致。各个指标的百分比占比中，全国与江苏的差异均不超过4%。因此，全国和江苏的居民女儿人数的情况基本一致。

J4 您目前的居住状况是？

	全国	江苏
与配偶居住	21.1%	19.9%
与配偶及已婚子女居住	10.9%	13.2%
与配偶及父母居住	8.2%	8.8%
独自居住	5.8%	4.0%
与配偶及未婚子女居住	28.8%	32.1%

续表

	全国	江苏
祖父母辈与孙辈居住	7.6%	3.8%
其他	17.5%	18.1%
总计	100.0%	100.0%

如表所示，江苏和全国的受访者对于“您目前的居住状况”的情况基本一致。各个指标的百分比占比中，全国与江苏的差异不大。因此，全国和江苏的居民居住状况的情况基本一致。

J5 请问您现在的住房属于以下哪种情况？

	全国	江苏
父母买或祖上传的私房	14.2%	14.3%
自己买或盖的房	65.9%	69.5%
与父母合买的商品房	1.1%	1.6%
单位/房管局的房	2.8%	0.8%
单位分的公房	1.0%	1.3%
租私人的房	12.8%	9.8%
租房管局的房	0.3%	0.2%
其他	2.0%	2.5%
总计	100.0%	100.0%

如表所示，江苏和全国的受访者对于“请问您现在的住房属于以下哪种情况”的情况基本一致。各个指标的百分比占比中，全国与江苏的差异均不超过4%。因此，全国和江苏的居民住房情况基本一致。

J6 您最近一年来的月平均收入属于下面哪个范围？

	全国	江苏
无收入	16.4%	15.1%
1—999 元	10.3%	9.5%
1000—1999 元	19.8%	13.4%
2000—3999 元	32.6%	35.5%
4000—5999 元	14.6%	18.8%
6000—8999 元	4.7%	4.8%
9000—12999 元	1.1%	1.9%
13000—20000 元	0.4%	0.6%

续表

	全国	江苏
20000 元以上	0.2%	0.5%
总计	100.0%	100.0%

如表所示，江苏和全国的受访者对于“您最近一年来的月平均收入属于下面哪个范围”的情况基本一致。各个指标的百分比占比中，全国与江苏的差异不大。因此，全国和江苏的居民一年来月平均收入的情况基本一致。

J7 2016 年您的家庭全年总收入属于下面哪个范围？

	全国	江苏
少于 1000 元	0.8%	0.6%
1000—1999 元	0.6%	0.3%
2000—3999 元	1.0%	0.5%
4000—6999 元	1.8%	0.9%
7000—9999 元	3.8%	1.2%
1 万—1.9999 万元	10.4%	4.1%
2 万—3.9999 万元	21.4%	11.8%
4 万—5.9999 万元	21.8%	21.8%
6 万—7.9999 万元	15.7%	20.0%
8 万—9.9999 万元	10.9%	15.7%
10 万—19.9999 万元	9.6%	19.3%
20 万—29.9999 万元	1.7%	2.7%
30 万—49.9999 万元	0.5%	0.8%
50 万—99.9999 万元	0.1%	0.3%
100 万元及以上	0.1%	0.1%
总计	100.0%	100.0%

如表所示，江苏和全国的受访者对于“2016 年您的家庭全年总收入属于下面哪个范围”的情况有差异。各个指标的百分比占比中，全国与江苏的差异较大。因此，全国和江苏的居民全年家庭总收入的情况有差异。

J8 您目前的政治面貌是

	全国	江苏
共产党员	6.5%	8.5%

续表

	全国	江苏
民主党派	0.2%	0.3%
共青团员	6.5%	7.7%
群众	86.8%	83.6%
总计	100.0%	100.0%

如表所示，江苏和全国的受访者对于“您目前的政治面貌”的情况基本一致。各个指标的百分比占比中，全国与江苏的差异不大。因此，全国和江苏的居民政治面貌的情况基本一致。

J9 您经常离开本市外出（包括出差、旅游、探亲等）吗？

	全国	江苏
每周几次	0.3%	0.4%
每月几次	1.8%	3.1%
每年几次	16.1%	24.3%
每年一次	19.5%	11.7%
两三年一次	6.1%	4.6%
几乎不去	56.3%	56.0%
总计	100.0%	100.0%

如表所示，江苏和全国的受访者对于“您经常离开本市外出（包括出差、旅游、探亲等）吗”的情况基本一致。各个指标的百分比占比中，全国与江苏的差异不大。因此，全国和江苏的居民对这一问题的情况基本一致。

J10 您去过国外或港、澳、台地区吗？

	全国	江苏
去过	7.1%	7.8%
没去过	92.9%	92.2%
总计	100.0%	100.0%

如表所示，江苏和全国的受访者对于“您去过国外或港、澳、台地区吗”的情况基本一致。各个指标的百分比占比中，全国与江苏的差异均不超过1%。因此，全国和江苏的居民对这一问题的情况基本一致。

J11 您的家人和亲戚当中是否有人曾经或正在国外学习、工作或生活？

	全国	江苏
有	8.3%	13.4%
没有	91.7%	86.6%
总计	100.0%	100.0%

如表所示，江苏和全国的受访者对于“您的家人和亲戚当中是否有人曾经或正在国外学习、工作或生活”的情况基本一致。各个指标的百分比占比中，全国与江苏的差异不大。因此，全国和江苏的居民对这一问题的情况基本一致。

J12 您的好朋友当中是否有人曾经或正在国外学习、工作或生活？

	全国	江苏
有	9.2%	15.4%
没有	90.8%	84.6%
总计	100.0%	100.0%

如表所示，江苏和全国的受访者对于“您的好朋友当中是否有人曾经或正在国外学习、工作或生活？”的情况有所差异。各个指标的百分比占比中，全国与江苏的差异均超过6%。因此，全国和江苏的居民对这一问题的情况有所差异。

2017 年江苏省与全国诸社会群体道德认知的共识与差异比较数据库

B1a 过去一年，您对纸质报纸的使用情况是

江苏

	官员	企业家	企业员工	农民	科教医群体	弱势群体	做小生意者	演艺界
从不	19.1%	20.6%	43.4%	79.9%	21.9%	58.7%	59.6%	42.4%
很少	26.5%	47.1%	35.2%	13.4%	37.2%	30.4%	25.9%	39.4%
有时	25.0%	23.5%	14.0%	4.1%	22.4%	7.4%	8.0%	9.1%
经常	22.1%	5.9%	5.9%	2.0%	14.3%	2.8%	5.0%	6.1%
非常频繁	7.4%	2.9%	1.6%	0.6%	4.1%	0.7%	1.4%	3.0%
$\chi^2=545.872$　sig = 0.00								

如表所示，不同群体对于“过去一年，您对纸质报纸的使用情况”的回答有显著差异。

全国

	官员	企业家	企业员工	农民	科教医群体	弱势群体	做小生意者	演艺界
从不	24.8%	26.5%	53.6%	79.8%	30.6%	69.2%	71.5%	55.6%
很少	21.8%	20.6%	28.2%	15.6%	37.7%	21.9%	20.6%	26.7%
有时	35.8%	35.3%	13.3%	3.5%	22.3%	6.4%	6.1%	11.1%
经常	15.2%	14.7%	4.3%	1.1%	7.8%	2.1%	1.6%	6.7%
非常频繁	2.4%	2.9%	0.6%	0.1%	1.6%	0.4%	0.2%	
$\chi^2=1009.777$　sig = 0.00								

如表所示，不同群体对于“过去一年，您对纸质报纸的使用情况”的回答有显著差异。

总体而言，江苏与全国居民在对“在过去一年中，使用纸质报纸的频率”的回答上差异不大，因此，居民对此存在共识。

B1b 过去一年，您对纸质杂志的使用情况是

江苏

	官员	企业家	企业员工	农民	科教医群体	弱势群体	做小生意者	演艺界
从不	29.4%	23.5%	51.6%	84.3%	29.9%	63.1%	67.7%	39.4%

续表

	官员	企业家	企业员工	农民	科教医群体	弱势群体	做小生意者	演艺界
很少	25.0%	44.1%	29.6%	11.3%	36.1%	27.5%	21.5%	27.3%
有时	25.0%	26.5%	14.3%	2.8%	21.1%	7.0%	7.2%	24.2%
经常	14.7%	5.9%	3.8%	1.3%	10.3%	1.9%	3.4%	6.1%
非常频繁	5.9%		0.8%	0.4%	2.6%	0.4%	0.2%	3.0%
$\chi^2=499.045$ sig = 0.00								

如表所示，不同群体对于“过去一年，您对纸质杂志的使用情况”的回答有显著差异。

全国

	官员	企业家	企业员工	农民	科教医群体	弱势群体	做小生意者	演艺界
从不	35.2%	35.3%	60.7%	82.5%	35.2%	70.3%	75.3%	60.9%
很少	28.5%	23.5%	25.6%	13.6%	37.1%	19.0%	18.2%	17.4%
有时	24.2%	32.4%	10.5%	3.2%	20.1%	8.2%	5.4%	13.0%
经常	10.3%	8.8%	2.9%	0.7%	7.3%	2.1%	1.0%	6.5%
非常频繁	1.8%		0.2%		0.3%	0.3%	0.1%	2.2%
$\chi^2=749.689$ sig = 0.00								

如表所示，不同群体对于“过去一年，您对纸质杂志的使用情况”的回答有显著差异。

总体而言，江苏与全国居民在对于“过去一年，您对纸质杂志的使用情况”的回答上基本一致。因此，江苏与全国的居民在对纸质杂志的使用上基本一致。

B1c 过去一年，您对广播的使用情况是

江苏

	官员	企业家	企业员工	农民	科教医群体	弱势群体	做小生意者	演艺界
从不	35.3%	32.4%	54.1%	75.8%	41.5%	66.1%	66.9%	57.6%
很少	27.9%	23.5%	27.2%	12.8%	31.8%	21.3%	20.2%	27.3%
有时	19.1%	26.5%	12.3%	7.1%	15.4%	7.9%	7.9%	3.0%
经常	14.7%	11.8%	4.9%	3.7%	8.2%	4.0%	4.4%	6.1%
非常频繁	2.9%	5.9%	1.5%	0.6%	3.1%	0.7%	0.6%	6.1%
$\chi^2=226.888$ sig = 0.00								

如表所示，不同群体对于“过去一年，您对广播的使用情况”的回答有显著差异。

全国

	官员	企业家	企业员工	农民	科教医群体	弱势群体	做小生意者	演艺界
从不	41.8%	25.0%	55.4%	70.2%	42.6%	65.4%	68.9%	46.7%
很少	29.7%	21.9%	23.8%	18.6%	30.8%	20.5%	17.8%	33.3%
有时	17.0%	31.3%	14.4%	8.0%	20.3%	10.3%	9.9%	11.1%
经常	10.3%	18.8%	5.6%	3.0%	5.5%	3.2%	3.1%	8.9%
非常频繁	1.2%	3.1%	0.8%	0.2%	0.8%	0.6%	0.3%	
$\chi^2 = 299.169$ sig = 0.00								

如表所示，不同群体对于“过去一年，您对广播的使用情况”的回答有显著差异。

由上表可知，江苏与全国居民在对于“过去一年，您对广播的使用情况”的回答上有共识。因此，江苏与全国的居民在对广播媒体的使用上具有共识。

B1d 过去一年，您对电视的使用情况是

江苏

	官员	企业家	企业员工	农民	科教医群体	弱势群体	做小生意者	演艺界
从不	4.4%		2.0%	0.3%	2.0%	1.6%	1.4%	3.0%
很少	11.8%	2.9%	8.2%	3.7%	10.7%	7.8%	6.6%	6.1%
有时	25.0%	35.3%	24.7%	12.9%	28.6%	22.5%	29.0%	39.4%
经常	38.2%	50.0%	46.1%	58.0%	43.4%	47.0%	47.3%	39.4%
非常频繁	20.6%	11.8%	19.0%	25.2%	15.3%	21.1%	15.7%	12.1%
$\chi^2 = 132.588$ sig = 0.00								

如表所示，不同群体对“过去一年，您对电视的使用情况”的回答有显著差异。

全国

	官员	企业家	企业员工	农民	科教医群体	弱势群体	做小生意者	演艺界
从不	1.2%	6.1%	3.0%	1.6%	3.1%	3.1%	3.3%	6.5%
很少	12.7%	3.0%	11.1%	10.8%	15.2%	11.0%	16.5%	17.4%

续表

	官员	企业家	企业员工	农民	科教医群体	弱势群体	做小生意者	演艺界
有时	27.3%	30.3%	27.4%	22.2%	28.6%	25.7%	27.1%	34.8%
经常	45.5%	48.5%	45.7%	40.4%	38.6%	40.9%	39.6%	41.3%
非常频繁	13.3%	12.1%	12.8%	25.1%	14.4%	19.3%	13.5%	
$\chi^2=200.786$ sig = 0.00								

如表所示，不同群体对于“过去一年，您对电视的使用情况”的回答有显著差异。

由上表可知，江苏与全国居民在对于“过去一年，您对电视的使用情况”的回答上基本一致。农民群体对于电视的使用频率较高，其他群体的使用频率基本上是“有时或经常”。因此，可以认为江苏与全国的居民在对电视的使用上有共识。

B1e 过去一年，您对各种政府网站的使用情况是

江苏

	官员	企业家	企业员工	农民	科教医群体	弱势群体	做小生意者	演艺界
从不	16.2%	23.5%	53.1%	87.5%	29.7%	68.3%	71.3%	48.5%
很少	23.5%	35.3%	26.0%	7.5%	35.9%	20.5%	17.6%	36.4%
有时	29.4%	20.6%	11.3%	2.9%	19.5%	7.6%	6.9%	9.1%
经常	25.0%	17.6%	8.0%	1.8%	12.8%	3.2%	4.0%	3.0%
非常频繁	5.9%	2.9%	1.6%	0.3%	2.1%	0.4%	0.2%	3.0%
$\chi^2=563.409$ sig = 0.00								

如表所示，不同群体对于“过去一年，您对各种政府网站的使用情况”的回答有显著差异。

全国

	官员	企业家	企业员工	农民	科教医群体	弱势群体	做小生意者	演艺界
从不	19.1%	15.2%	54.9%	88.7%	32.0%	71.1%	72.1%	55.6%
很少	24.7%	33.3%	25.4%	6.5%	28.3%	17.0%	17.0%	26.7%
有时	29.0%	33.3%	11.4%	3.3%	23.9%	7.6%	7.3%	8.9%
经常	19.1%	15.2%	6.8%	1.3%	13.6%	3.4%	3.1%	6.7%
非常频繁	8.0%	3.0%	1.6%	0.2%	2.1%	0.9%	0.5%	2.2%
$\chi^2=1287.899$ sig = 0.00								

如表所示，不同群体对于“过去一年，您对各种政府网站的使用情况”的回答有显著差异。

由上表可知，江苏与全国居民在对于“过去一年，您对各种政府网站的使用情况”的回答上基本一致。官员和企业家群体对于各种政府网站的使用频率基本上是“很少”“有时”或“经常”。其余群体对政府网站的使用频率基本上是“从不”或者“很少”，占比较大。因此，可以认为江苏与全国的居民在对政府网站的使用上具有共识。

B1f 过去一年，您对社交媒体（微博、微信、博客、播客等）的使用情况是

江苏

	官员	企业家	企业员工	农民	科教医群体	弱势群体	做小生意者	演艺界
从不	2.9%	5.9%	16.3%	63.5%	4.1%	29.1%	21.4%	6.1%
很少	8.8%		4.8%	8.0%	2.6%	6.2%	5.7%	
有时	8.8%	20.6%	15.1%	11.0%	16.4%	13.3%	17.4%	15.2%
经常	42.6%	26.5%	34.3%	11.9%	42.1%	27.5%	37.4%	39.4%
非常频繁	36.8%	47.1%	29.5%	5.6%	34.9%	23.8%	18.2%	39.4%
$\chi^2=563.409$　sig = 0.00								

如表所示，不同群体对于“过去一年，您对社交媒体（微博、微信、博客、播客等）的使用情况”的回答有显著差异。

全国

	官员	企业家	企业员工	农民	科教医群体	弱势群体	做小生意者	演艺界
从不	9.0%	3.0%	12.2%	59.9%	8.6%	28.0%	16.0%	17.4%
很少	6.0%	9.1%	6.5%	9.8%	5.2%	8.4%	8.5%	6.5%
有时	22.9%	9.1%	16.6%	11.3%	14.4%	14.2%	20.9%	10.9%
经常	41.0%	48.5%	39.3%	14.7%	43.7%	31.7%	35.5%	39.1%
非常频繁	21.1%	30.3%	25.3%	4.4%	28.0%	17.7%	19.1%	26.1%
$\chi^2=1755.119$　sig = 0.00								

如表所示，不同群体对于“过去一年，您对社交媒体（微博、微信、博客、播客等）的使用情况”的回答有显著差异。

由上表可知，江苏与全国居民在对于“过去一年，您对社交媒体（微博、微

信、博客、播客等）的使用情况”的回答上基本一致。官员、企业家、企业员工、科教医群体、做小生意者、演艺界使用社交媒体的频率基本上是“经常或非常频繁”；农民使用频率大多为“从不”，弱势群体使用频率多为“经常”和“从不”，较为两极分化。因此，江苏和全国的居民在社交媒体的使用上存在共识。

B1g 过去一年，您对新媒体（如数字报纸、移动电视等）的使用情况是

江苏

	官员	企业家	企业员工	农民	科教医群体	弱势群体	做小生意者	演艺界
从不	13.2%	8.8%	38.6%	78.9%	20.4%	47.4%	49.0%	18.2%
很少	25.0%	14.7%	15.7%	8.0%	12.2%	13.9%	18.5%	15.2%
有时	19.1%	26.5%	16.5%	6.9%	22.4%	13.7%	10.5%	39.4%
经常	30.9%	23.5%	18.5%	4.6%	27.6%	14.8%	15.3%	9.1%
非常频繁	11.8%	26.5%	10.6%	1.6%	17.3%	10.3%	6.7%	18.2%
$\chi^2=796.600$ sig = 0.00								

如表所示，不同群体对于“过去一年，您对新媒体（如数字报纸、移动电视等）的使用情况”的回答有显著差异。

全国

	官员	企业家	企业员工	农民	科教医群体	弱势群体	做小生意者	演艺界
从不	23.3%	36.4%	38.2%	78.6%	29.6%	54.2%	53.2%	51.1%
很少	34.4%	27.3%	22.7%	11.3%	19.0%	17.9%	18.2%	11.1%
有时	17.8%	21.2%	18.9%	5.0%	18.8%	12.1%	15.1%	15.6%
经常	16.0%	6.1%	13.6%	3.8%	22.5%	10.5%	8.8%	15.6%
非常频繁	8.6%	9.1%	6.8%	1.4%	10.1%	5.3%	4.7%	6.7%
$\chi^2=997.575$ sig = 0.00								

如表所示，不同群体对于“过去一年，您对新媒体（如数字报纸、移动电视等）的使用情况”的回答有显著差异。

由上表可知，江苏与全国居民在对于“过去一年，您对新媒体（如数字报纸、移动电视等）的使用情况”的回答上有差异。企业家、科教医群体和演艺界的差异很明显。农民和弱势群体基本不使用新媒体。因此，可以说江苏与全国的居民在新媒体使用上基本是有差异的。

B2 跟五年前相比，您觉得自己的社会经济地位有什么变化？

江苏

	官员	企业家	企业员工	农民	科教医群体	弱势群体	做小生意者	演艺界
上升了	67.2%	75.8%	59.4%	54.2%	73.5%	54.9%	58.3%	59.4%
差不多	28.1%	18.2%	37.0%	40.4%	23.3%	38.5%	37.3%	40.6%
下降了	4.7%	6.1%	3.6%	5.4%	3.2%	6.6%	4.4%	
$\chi^2=47.236$　sig = 0.00								

如表所示，不同群体对于“跟五年前相比，您觉得自己的社会经济地位有什么变化”的认知有显著差异。

全国

	官员	企业家	企业员工	农民	科教医群体	弱势群体	做小生意者	演艺界
上升了	58.9%	75.8%	50.4%	48.2%	58.1%	45.8%	49.1%	57.1%
差不多	37.3%	15.2%	45.2%	44.0%	36.8%	47.0%	42.3%	38.1%
下降了	3.8%	9.1%	4.4%	7.8%	5.1%	7.2%	8.5%	4.8%
$\chi^2=66.870$　sig = 0.00								

如表所示，不同群体对于“跟五年前相比，您觉得自己的社会经济地位有什么变化”的认知有显著差异。

由上表可知，江苏与全国居民在对于“跟五年前相比，您觉得自己的社会经济地位有什么变化”的认知上存在共识。不论是哪个群体，都认为自己的社会地位“差不多”或“上升了”，占比和都在90%以上。因此，江苏与全国的居民在对“跟五年前相比，您觉得自己的社会经济地位有什么变化”的认知上有共识。

B3 您感觉在未来的五年中，您的生活水平将会有什么变化？

江苏

	官员	企业家	企业员工	农民	科教医群体	弱势群体	做小生意者	演艺界
上升很多	22.6%	59.4%	24.2%	14.2%	30.2%	22.4%	21.1%	37.5%
略有上升	58.1%	37.5%	58.1%	57.5%	56.0%	57.2%	62.0%	53.1%
没有变化	16.1%	3.1%	15.3%	24.6%	11.0%	16.9%	13.9%	9.4%
略有下降	3.2%		2.2%	2.6%	2.2%	2.4%	2.8%	
下降很多			0.1%	1.0%	0.5%	1.1%	0.2%	
$\chi^2=108.462$　sig = 0.00								

如表所示，不同群体对于“您感觉在未来的五年中，您的生活水平将会有什么变化”的认知有显著差异。

全国

	官员	企业家	企业员工	农民	科教医群体	弱势群体	做小生意者	演艺界
上升很多	32.1%	43.3%	18.9%	15.4%	29.7%	17.9%	17.1%	23.8%
略有上升	56.8%	50.0%	66.7%	63.8%	59.9%	63.4%	66.0%	61.9%
没有变化	8.6%	3.3%	11.9%	16.7%	9.5%	15.5%	13.1%	14.3%
略有下降	2.5%		1.9%	3.2%	0.6%	2.2%	3.1%	
下降很多		3.3%	0.6%	0.9%	0.3%	1.0%	0.6%	
$\chi^2=122.330$ sig = 0.00								

如表所示，不同群体对于“您感觉在未来的五年中，您的生活水平将会有什么变化”的认知有显著差异。

由上表可知，江苏与全国居民对于“您感觉在未来的五年中，您的生活水平将会有什么变化”的认知存在共识。大多数农民认为在未来的五年中，自己的生活“没有变化”或“略有上升”。其余群体认为在未来五年内，自己的生活“略有上升”或“上升很多”。因此，江苏与全国的居民对于“您感觉在未来的五年中，您的生活水平将会有什么变化”的认知存在共识。

B4 总的来说，您觉得目前的生活幸福吗？

江苏

	官员	企业家	企业员工	农民	科教医群体	弱势群体	做小生意者	演艺界
非常不幸福	1.5%		0.7%	0.6%	1.0%	0.6%	0.2%	
不太幸福		11.8%	3.0%	3.7%	1.0%	4.3%	3.0%	9.1%
谈不上幸福不幸福	16.2%	5.9%	17.0%	20.3%	11.7%	21.2%	17.7%	18.2%
比较幸福	66.2%	64.7%	64.6%	65.4%	71.4%	61.0%	67.3%	48.5%
非常幸福	16.2%	17.6%	14.8%	10.0%	14.8%	12.9%	11.7%	24.2%
$\chi^2=59.292$ sig = 0.01								

如表所示，不同群体对于“总的来说，您觉得目前的生活幸福吗”的认知有显著差异。

全国

	官员	企业家	企业员工	农民	科教医群体	弱势群体	做小生意者	演艺界
非常不幸福	1.8%	2.9%	0.8%	1.5%	1.6%	1.6%	1.0%	2.2%
不太幸福	1.8%	2.9%	3.9%	6.3%	3.4%	4.8%	4.9%	8.7%
谈不上幸福不幸福	10.2%	17.6%	17.1%	23.5%	13.2%	21.2%	20.3%	15.2%
比较幸福	63.5%	61.8%	65.5%	59.7%	62.4%	58.8%	62.9%	54.3%
非常幸福	22.8%	14.7%	12.8%	9.0%	19.4%	13.6%	10.9%	19.6%
χ^2 = 139.194　sig = 0.00								

如表所示，不同群体对于“总的来说，您觉得目前的生活幸福吗”的认知有显著差异。

由上表可知，江苏与全国居民在对于“总的来说，您觉得目前的生活幸福吗”的评价上存在共识。不论哪个群体，都倾向认为自己目前的生活“比较幸福”。演艺界人士幸福度相对较低。所以，江苏与全国的居民在对“总的来说，您觉得目前的生活幸福吗”的认知上有共识。

B5 您对自己目前的生活状态满意吗？

江苏

	官员	企业家	企业员工	农民	科教医群体	弱势群体	做小生意者	演艺界
非常满意	14.7%	8.8%	11.5%	9.8%	16.9%	11.1%	10.6%	12.1%
比较满意	79.4%	82.4%	77.9%	77.5%	75.9%	74.2%	76.3%	72.7%
不太满意	5.9%	2.9%	10.3%	12.7%	7.2%	14.1%	13.1%	15.2%
非常不满意		5.9%	0.3%			0.6%		
χ^2 = 67.810　sig = 0.00								

如表所示，不同群体对于“您对自己目前的生活状态满意吗”的认知有显著差异。

全国

	官员	企业家	企业员工	农民	科教医群体	弱势群体	做小生意者	演艺界
非常满意	24.4%	21.2%	12.9%	10.5%	19.8%	12.5%	12.0%	13.0%
比较满意	69.5%	69.7%	75.4%	72.1%	69.9%	71.7%	74.1%	65.2%
不太满意	5.5%	9.1%	11.1%	16.4%	10.0%	14.6%	13.2%	21.7%

续表

	官员	企业家	企业员工	农民	科教医群体	弱势群体	做小生意者	演艺界
非常不满意	0.6%		0.6%	1.1%	0.3%	1.2%	0.7%	
$\chi^2=93.992$　sig = 0.00								

如表所示，不同群体对于“您对自己目前的生活状态满意吗”的认知有显著差异。

由上表可知，江苏与全国居民对于“您对自己目前的生活状态满意吗”的认知存在共识。不同群体均倾向选择对目前的生活状态“比较满意”。因此，江苏与全国的居民在此问题上的认知是有共识的。

B6 社会上发生的一些事情，您一般是从什么渠道最先知道？

江苏

	官员	企业家	企业员工	农民	科教医群体	弱势群体	做小生意者	演艺界
电视	22.6%	28.1%	29.8%	51.6%	27.0%	35.1%	33.4%	25.4%
报纸	8.9%	3.1%	2.8%	2.1%	3.2%	1.8%	2.7%	1.7%
电台广播		1.6%	1.1%	1.8%	1.2%	1.2%	1.1%	
微博微信等网络社交媒介	34.7%	34.4%	27.7%	8.6%	32.5%	24.2%	25.7%	30.5%
网络	22.6%	21.9%	22.0%	4.8%	24.6%	18.3%	15.9%	22.0%
和朋友亲友同事交谈	6.5%	10.9%	15.4%	30.9%	9.0%	19.1%	21.3%	16.9%
单位传达	4.8%		1.2%	0.1%	2.6%	0.3%		3.4%

如表所示，不同群体对于“社会上发生的一些事情，您一般是从什么渠道最先知道”的选择有显著差异。

全国

	官员	企业家	企业员工	农民	科教医群体	弱势群体	做小生意者	演艺界
电视	30.8%	28.1%	30.4%	57.6%	25.2%	37.6%	34.8%	26.6%
报纸	10.0%	3.5%	2.6%	1.2%	4.0%	1.6%	1.3%	6.3%
电台广播	0.7%	1.8%	1.6%	1.5%	1.2%	1.0%	1.2%	
微博微信等网络社交媒介	24.1%	38.6%	27.8%	11.8%	31.7%	25.1%	28.3%	35.4%
网络	23.4%	22.8%	23.9%	6.0%	29.4%	17.5%	19.9%	22.8%
和朋友亲友同事交谈	5.0%	5.3%	12.8%	21.8%	6.1%	16.9%	14.5%	7.6%
单位传达	6.0%		1.0%	0.1%	2.4%	0.2%		1.3%

如表所示，不同群体对于“社会上发生的一些事情，您一般是从什么渠道最先知道”的选择有显著差异。

由上表可知，在第一选择上，江苏与全国居民在对于“社会上发生的一些事情，您一般是从什么渠道最先知道”的选择上存在共识。农民群体主要从电视上了解发生的事情。其余各群体主要从“电视”和“微博微信”的认知上了解，但是电视占比更大一些。因此，江苏与全国的居民在这个问题上的选择上存在共识。

B7 从网络中获得的信息对您的思想行为有多大程度的影响?

江苏

	官员	企业家	企业员工	农民	科教医群体	弱势群体	做小生意者	演艺界
影响很大	32.8%	25.0%	23.7%	11.2%	27.9%	21.6%	19.1%	28.1%
有一些影响	54.7%	68.8%	53.6%	56.7%	59.5%	55.9%	56.8%	62.5%
影响很小	10.9%	3.1%	19.1%	24.7%	10.0%	17.5%	19.9%	6.3%
完全没有影响	1.6%	3.1%	3.6%	7.4%	2.6%	5.0%	4.1%	3.1%
$\chi^2=65.173$　sig = 0.00								

如表所示，不同群体对于“从网络中获得的信息对您的思想行为有多大程度的影响”的选择有显著差异。

全国

	官员	企业家	企业员工	农民	科教医群体	弱势群体	做小生意者	演艺界
影响很大	34.0%	32.4%	25.3%	16.3%	26.3%	22.9%	18.1%	34.9%
有一些影响	45.3%	41.2%	51.2%	53.4%	59.9%	53.9%	56.3%	53.5%
影响很小	17.3%	26.5%	18.8%	22.0%	12.1%	18.4%	20.0%	11.6%
完全没有影响	3.3%		4.8%	8.4%	1.6%	4.9%	5.6%	
$\chi^2=116.588$　sig = 0.00								

如表所示，不同群体对于“从网络中获得的信息对您的思想行为有多大程度的影响”的选择有显著差异。

由上表可知，江苏与全国居民在对于“从网络中获得的信息对您的思想行为有多大程度的影响”的选择上存在共识。不同群体都认为网络中获得信息对自己的思想行为“有一些影响”。因此，江苏与全国的居民在这一问题上是有共识的。

B8 您认为中国梦和您个人、家庭追求美好生活有多大程度的关系？

江苏

	官员	企业家	企业员工	农民	科教医群体	弱势群体	做小生意者	演艺界
关系很大	67.6%	52.9%	42.4%	21.8%	66.3%	32.9%	30.4%	50.0%
关系不大	30.9%	38.2%	38.8%	35.2%	30.6%	39.5%	44.7%	46.9%
根本没有关系	1.5%	8.8%	8.3%	9.9%	1.0%	8.5%	10.7%	3.1%
不清楚什么是中国梦			10.6%	33.1%	2.0%	19.1%	14.3%	
χ^2 = 379.019　sig = 0.00								

如表所示，不同群体对于“您认为中国梦和您个人、家庭追求美好生活有多大程度的关系”的认知有显著差异。

全国

	官员	企业家	企业员工	农民	科教医群体	弱势群体	做小生意者	演艺界
关系很大	63.3%	58.8%	45.6%	24.1%	59.2%	34.6%	32.3%	50.0%
关系不大	25.9%	32.4%	36.0%	38.0%	30.4%	36.6%	41.3%	37.0%
根本没有关系	7.8%	5.9%	8.7%	10.8%	4.7%	8.5%	9.8%	6.5%
不清楚什么是中国梦	3.0%	2.9%	9.6%	27.2%	5.7%	20.3%	16.7%	6.5%
χ^2 = 533.304　sig = 0.00								

如表所示，不同群体对于“您认为中国梦和您个人、家庭追求美好生活有多大程度的关系”的认知有显著差异。

由上表可知，江苏与全国居民在对于“您认为中国梦和您个人、家庭追求美好生活有多大程度的关系”的认知上存在共识。农民、弱势群体和做小生意者认为中国梦和自己“关系不大”的较多；而其余群体均认为中国梦与自己“关系很大”，官员群体占比尤其高。因此，江苏与全国的居民对此问题的认知存在共识。

B9 您对当前我国社会道德状况的总体满意度是

江苏

	官员	企业家	企业员工	农民	科教医群体	弱势群体	做小生意者	演艺界
非常满意	8.8%	5.9%	5.0%	3.8%	7.2%	4.8%	3.7%	6.1%
比较满意	61.8%	73.5%	69.6%	76.7%	61.0%	66.2%	65.9%	60.6%
不太满意	26.5%	14.7%	24.0%	18.5%	30.3%	26.0%	28.3%	30.3%

续表

	官员	企业家	企业员工	农民	科教医群体	弱势群体	做小生意者	演艺界
非常不满意	2.9%	5.9%	1.4%	0.9%	1.5%	2.9%	2.1%	3.0%
$\chi^2=54.831$ sig = 0.00								

如表所示，不同群体对于“当前我国社会道德状况的总体满意度”的认知是有显著差异的。

全国

	官员	企业家	企业员工	农民	科教医群体	弱势群体	做小生意者	演艺界
非常满意	15.2%		7.9%	5.7%	7.2%	7.3%	5.8%	6.5%
比较满意	65.2%	66.7%	67.4%	68.3%	60.5%	66.0%	66.9%	69.6%
不太满意	18.9%	27.3%	22.1%	23.6%	28.4%	23.7%	25.7%	17.4%
非常不满意	0.6%	6.1%	2.6%	2.3%	4.0%	3.1%	1.6%	6.5%
$\chi^2=58.590$ sig = 0.00								

如表所示，不同群体对于“当前我国社会道德状况的总体满意度”的认知是有显著差异的。

由上表可知，江苏与全国居民对于当前我国社会道德状况的总体满意度是有共识的。不同群体都对当前我国社会道德状况“比较满意”，占比都在60%以上。所以，江苏与全国的居民对这一问题的认知存在共识。

B10 您对当前我国社会人与人之间的关系的总体满意度是

江苏

	官员	企业家	企业员工	农民	科教医群体	弱势群体	做小生意者	演艺界
非常满意	5.9%	8.8%	4.6%	5.6%	8.2%	4.5%	3.3%	9.1%
比较满意	67.6%	73.5%	69.8%	75.7%	66.8%	67.0%	67.2%	51.5%
不太满意	25.0%	11.8%	23.3%	18.5%	24.0%	26.4%	27.7%	36.4%
非常不满意	1.5%	5.9%	2.2%	0.1%	1.0%	2.1%	1.8%	3.0%
$\chi^2=57.430$ sig = 0.00								

如表所示，不同群体对于“当前我国社会人与人之间的关系的总体满意度”有显著差异。

全国

	官员	企业家	企业员工	农民	科教医群体	弱势群体	做小生意者	演艺界
非常满意	12.1%	6.1%	6.3%	5.0%	8.2%	6.1%	5.4%	8.7%
比较满意	67.3%	66.7%	67.2%	70.9%	65.5%	66.7%	66.3%	69.6%
不太满意	20.6%	21.2%	24.5%	22.9%	23.7%	25.1%	26.3%	17.4%
非常不满意		6.1%	2.1%	1.1%	2.6%	2.0%	1.9%	4.3%
$\chi^2=46.941$ sig = 0.00								

如表所示，不同群体对于“当前我国社会人与人之间的关系的总体满意度”有显著差异。

由上表可知，江苏与全国居民对于“当前我国社会人与人之间的关系的总体满意度”是有共识的。不同群体都对当前我国人与人之间关系“比较满意”占比最高。所以，江苏与全国的居民对这一问题的认知存在共识。

B11 您对自己的道德状况的满意度是

江苏

	官员	企业家	企业员工	农民	科教医群体	弱势群体	做小生意者	演艺界
非常满意	23.5%	14.7%	15.4%	16.6%	20.5%	16.3%	13.7%	30.3%
比较满意	69.1%	82.4%	79.4%	76.7%	74.9%	78.5%	78.8%	60.6%
不太满意	7.4%	2.9%	4.7%	6.4%	4.1%	5.0%	6.5%	9.1%
非常不满意			0.5%	0.3%	0.5%	0.2%	1.0%	
$\chi^2=27.807$ sig = 0.146								

如表所示，不同群体对于“自己的道德状况的满意度”并没有显著差异。

全国

	官员	企业家	企业员工	农民	科教医群体	弱势群体	做小生意者	演艺界
非常满意	30.3%	20.6%	16.8%	13.6%	22.7%	14.3%	13.9%	15.2%
比较满意	63.6%	70.6%	76.9%	80.0%	72.7%	77.9%	77.7%	73.9%
不太满意	5.5%	5.9%	5.6%	6.0%	4.7%	7.1%	7.9%	10.9%
非常不满意	0.6%	2.9%	0.7%	0.4%		0.7%	0.6%	
$\chi^2=75.942$ sig = 0.00								

如上表所示，不同群体对于“自己道德状况的满意度”存在显著差异。

由上表可知，江苏与全国居民对于“自己道德状况”的满意度是存在差异的。其中，各个群体都对自己的道德状况表示“比较满意”占比最大。但是，在企业家中，认为“比较满意”的，江苏和全国的数据差异较大，分别为82.4%和70.6%。所以，江苏与全国的居民对这一问题的认知存在差异。

B12 您觉得今后中国社会的道德状况会变成什么样

江苏

	官员	企业家	企业员工	农民	科教医群体	弱势群体	做小生意者	演艺界
越来越差	8.8%	11.8%	4.8%	5.3%	5.6%	6.5%	5.0%	3.0%
不变	8.8%	17.6%	10.5%	9.2%	3.6%	9.0%	11.5%	24.2%
越来越好	82.4%	70.6%	77.0%	73.3%	81.0%	73.5%	74.0%	63.6%
不知道			7.7%	12.2%	9.7%	11.0%	9.5%	9.1%
$\chi^2=74.942$　sig = 0.00								

如表所示，不同群体对于“今后中国社会的道德状况会变成什么样”的评价存在显著差异。

全国

	官员	企业家	企业员工	农民	科教医群体	弱势群体	做小生意者	演艺界
越来越差	5.4%	5.9%	7.0%	4.3%	5.9%	5.7%	5.7%	8.7%
不变	8.4%	14.7%	10.0%	12.3%	7.0%	10.5%	10.8%	13.0%
越来越好	78.4%	64.7%	73.2%	68.9%	80.1%	71.3%	71.2%	71.7%
不知道	7.8%	14.7%	9.8%	14.6%	7.0%	12.5%	12.4%	6.5%
$\chi^2=68.655$　sig = 0.00								

如表所示，不同群体对于“今后中国社会的道德状况会变成什么样”的评价存在显著差异。

由上表可知，江苏与全国居民对于“今后中国社会的道德状况会变成什么样”的评价是存在共识的。其中，各个群体中的大部分人都对自己的道德状况表示“越来越好”，占比都很高。所以，江苏与全国的居民对这一问题的评价存在共识。

B13 您认为我国目前人与人之间的关系受什么影响?

江苏

	官员	企业家	企业员工	农民	科教医群体	弱势群体	做小生意者	演艺界
利益	38.9%	37.3%	37.6%	34.9%	38.6%	41.4%	38.8%	32.1%
情感	27.4%	21.6%	25.3%	30.9%	28.0%	29.2%	26.2%	30.4%
国家倡导的主流价值观	14.2%	13.7%	17.4%	15.4%	18.0%	13.2%	16.8%	12.5%
中国传统价值观	17.7%	23.5%	17.3%	17.0%	12.7%	14.7%	15.7%	19.6%
西方价值观	1.8%	3.9%	2.4%	1.8%	2.7%	1.6%	2.5%	5.4%

如表所示，不同群体对于“我国目前人与人之间的关系受什么影响”的选择存在差异。

全国

	官员	企业家	企业员工	农民	科教医群体	弱势群体	做小生意者	演艺界
利益	31.8%	34.0%	38.5%	40.4%	34.7%	39.5%	41.9%	39.2%
情感	23.4%	35.8%	25.9%	32.6%	25.3%	29.6%	28.2%	28.4%
国家倡导的主流价值观	21.8%	13.2%	15.2%	11.2%	17.6%	12.7%	13.7%	13.5%
中国传统价值观	21.1%	15.1%	17.7%	14.8%	18.7%	15.8%	13.5%	12.2%
西方价值观	1.9%	1.9%	2.7%	1.0%	3.7%	2.3%	2.7%	6.8%

如表所示，不同群体对于“我国目前人与人之间的关系受什么影响”的选择存在差异。

由上表可知，江苏与全国居民在对于“我国目前人与人之间的关系受什么影响”的选择上存在共识。其中，各个群体都倾向于选择“利益”，占比最高。其次为受情感因素的影响，占比均超过20%。所以，江苏与全国的居民对这一问题的认知存在共识。

B14 对中国社会，您最担忧的问题是?

江苏

	官员	企业家	企业员工	农民	科教医群体	弱势群体	做小生意者	演艺界
腐败不能根治	18.5%	22.0%	24.3%	21.8%	23.6%	21.2%	24.7%	22.7%
生态环境恶化	21.8%	28.8%	22.3%	17.1%	26.1%	21.5%	23.6%	31.8%

续表

	官员	企业家	企业员工	农民	科教医群体	弱势群体	做小生意者	演艺界
分配不公，两极分化	21.8%	16.9%	17.4%	16.1%	15.8%	17.4%	17.0%	10.6%
老无所养，未来没有把握	4.8%	5.1%	12.4%	19.3%	9.2%	13.1%	13.3%	15.2%
生活水平下降	8.1%	5.1%	6.9%	10.4%	4.9%	9.4%	6.9%	4.5%
道德滑坡，社会风气恶化	19.4%	18.6%	11.0%	9.2%	14.4%	11.4%	9.2%	6.1%
人际关系紧张	5.6%	3.4%	5.7%	6.2%	6.0%	6.2%	5.3%	9.1%

如表所示，不同群体对“对中国社会，您最担忧的问题”的选择存在差异。

全国

	官员	企业家	企业员工	农民	科教医群体	弱势群体	做小生意者	演艺界
腐败不能根治	19.9%	36.1%	22.8%	23.6%	18.7%	21.3%	23.2%	18.1%
生态环境恶化	24.6%	21.3%	22.4%	21.1%	24.9%	21.8%	21.2%	25.3%
分配不公，两极分化	13.5%	11.5%	11.2%	9.0%	14.5%	10.5%	10.1%	12.0%
老无所养，未来没有把握	11.7%	9.8%	13.4%	18.8%	11.8%	15.7%	13.2%	10.8%
生活水平下降	9.6%	1.6%	10.9%	15.2%	6.3%	12.4%	14.4%	12.0%
道德滑坡，社会风气恶化	12.5%	18.0%	9.6%	6.1%	15.4%	9.7%	9.4%	12.0%
人际关系紧张	8.2%	1.6%	9.7%	6.2%	8.2%	8.6%	8.5%	9.6%

如表所示，不同群体对“对中国社会，您最担忧的问题”的选择存在差异。

由上表可知，江苏与全国居民在对“对中国社会，您最担忧的问题”的选择上是存在共识的。其中，各个群体都倾向于选择“腐败不能根治”和“生态环境恶化”。但是全国问卷中，企业家最担忧的问题为“腐败不能根治”，比江苏高约14%，所以，江苏与全国对这一问题的认知存在一定的差异。

B15 对伦理关系和道德生活，您最向往的是？

江苏

	官员	企业家	企业员工	农民	科教医群体	弱势群体	做小生意者	演艺界
传统社会的伦理和道德（如仁义礼智信）	60.3%	57.6%	59.5%	57.6%	62.1%	54.1%	59.2%	45.5%

续表

	官员	企业家	企业员工	农民	科教医群体	弱势群体	做小生意者	演艺界
战争年代为理想而献身的革命精神（如革命烈士无私献身精神）	14.7%	27.3%	19.5%	22.8%	14.9%	18.2%	22.3%	24.2%
新中国成立后到“文化大革命”前的大公无私的集体主义精神	8.8%	3.0%	7.1%	9.5%	9.7%	9.5%	9.7%	12.1%
追求个人利益的市场经济下的道德	14.7%	9.1%	7.5%	8.7%	8.2%	10.8%	5.4%	9.1%
西方道德（如个人主义，实用主义，功利主义）	1.5%	3.0%	4.7%	0.6%	3.6%	5.2%	1.6%	6.1%
其他			1.7%	0.6%	1.5%	2.3%	1.8%	3.0%
$\chi^2=92.179$ sig = 0.00								

如表所示，不同群体对“对伦理关系和道德生活，您最向往的是”的选择存在显著差异。

全国

	官员	企业家	企业员工	农民	科教医群体	弱势群体	做小生意者	演艺界
传统社会的伦理和道德（如仁义礼智信）	55.5%	63.6%	56.5%	66.8%	60.5%	58.3%	55.5%	73.3%
战争年代为理想而献身的革命精神（如革命烈士无私献身精神）	18.9%	12.1%	16.4%	14.1%	13.5%	16.2%	15.8%	13.3%
新中国成立后到“文化大革命”前的大公无私的集体主义精神	12.8%	6.1%	9.8%	10.3%	12.2%	9.3%	8.3%	8.9%
追求个人利益的市场经济下的道德	9.8%	12.1%	12.3%	7.0%	8.2%	10.2%	13.9%	2.2%
西方道德（如个人主义，实用主义，功利主义）	1.8%		2.5%	0.7%	3.7%	3.7%	3.6%	2.2%
其他	1.2%	6.1%	2.4%	1.3%	1.9%	2.4%	2.9%	
$\chi^2=164.326$ sig = 0.00								

如表所示，不同群体对“对伦理关系和道德生活，您最向往的是”的选择存在显著差异。

由上表可知，无论是江苏还是全国，不同群体在对“对伦理关系和道德生活，您最向往的是”的选择上存在共识。其中，各个群体中大部分人都倾向选择“传统社会的伦理和道德（如仁义礼智信）”。其次，部分人选择“战争年代为理想而献身的革命精神（如革命烈士无私献身精神）”是最向往的伦理关系和道德生活。所以，江苏与全国的居民对这一问题的选择存在共识。

B16a 您认为当前我国社会道德生活中最重要的内容是什么？

江苏

	官员	企业家	企业员工	农民	科教医群体	弱势群体	做小生意者	演艺界
意识形态中所提倡的社会主义道德	29.4%	23.5%	32.0%	35.7%	38.5%	30.3%	33.4%	31.3%
中国传统道德	54.4%	52.9%	49.9%	48.9%	47.2%	53.1%	47.7%	46.9%
西方文化影响而形成的道德	1.5%	11.8%	5.7%	4.4%	3.6%	5.0%	8.0%	12.5%
市场经济中形成的道德	14.7%	11.8%	12.3%	10.9%	10.8%	11.5%	10.9%	9.4%
其他				0.1%		0.1%		
$\chi^2=33.278$ sig = 0.226								

如表所示，不同群体对“当前我国社会道德生活中最重要的内容”的选择不存在显著差异。

全国

	官员	企业家	企业员工	农民	科教医群体	弱势群体	做小生意者	演艺界
意识形态中所提倡的社会主义道德	41.5%	27.3%	40.4%	42.0%	43.5%	41.5%	38.4%	53.5%
中国传统道德	25.6%	36.4%	30.1%	26.8%	31.3%	29.9%	32.8%	23.3%
西方文化影响而形成的道德	12.8%	21.2%	9.6%	6.6%	9.5%	9.3%	10.8%	9.3%
市场经济中形成的道德	20.1%	15.2%	19.7%	24.6%	15.6%	19.1%	17.9%	14.0%
其他			0.1%			0.1%	0.1%	
$\chi^2=165.717$ sig = 0.00								

如表所示，不同群体对“当前我国社会道德生活中最重要的内容”的选择存在显著差异。

由上表可知，江苏与全国居民在对“当前我国社会道德生活中最重要的内容”的选择上存在差异。其中，江苏居民中，50%左右的居民都认为“中国传统道德”最重要，而全国居民中，许多居民认为“意识形态中所提倡的社会主义道德”最重要；此外，全国与江苏的数据都显示，我国道德社会受西方文化影响较少。所以，江苏与全国的居民在对这一问题的选择上存在差异。

B16b 您认为当前我国社会道德生活中第二重要的内容是什么？

江苏

	官员	企业家	企业员工	农民	科教医群体	弱势群体	做小生意者	演艺界
意识形态中所提倡的社会主义道德	42.4%	43.8%	40.3%	37.6%	37.7%	43.9%	38.9%	56.3%
中国传统道德	25.8%	21.9%	29.0%	29.6%	32.5%	26.9%	30.2%	25.0%
西方文化影响而形成的道德	6.1%	9.4%	11.0%	11.1%	9.4%	8.7%	10.5%	12.5%
市场经济中形成的道德	25.8%	25.0%	19.7%	21.7%	20.4%	20.6%	20.3%	6.3%
$\chi^2=23.113$ sig=0.338								

如表所示，不同群体对“当前我国社会道德生活中第二重要的内容”的选择不存在显著差异。

全国

	官员	企业家	企业员工	农民	科教医群体	弱势群体	做小生意者	演艺界
意识形态中所提倡的社会主义道德	41.5%	27.3%	40.4%	42.0%	43.5%	41.5%	38.4%	53.5%
中国传统道德	25.6%	36.4%	30.1%	26.8%	31.3%	29.9%	32.8%	23.3%
西方文化影响而形成的道德	12.8%	21.2%	9.6%	6.6%	9.5%	9.3%	10.8%	9.3%
市场经济中形成的道德	20.1%	15.2%	19.7%	24.6%	15.6%	19.1%	17.9%	14.0%
其他			0.1%			0.1%	0.1%	
$\chi^2=77.896$ sig=0.00								

如表所示，不同群体对“当前我国社会道德生活中第二重要的内容”的选择存在显著差异。

由上表可知，江苏与全国居民在对“当前我国社会道德生活中第二重要的内容”的选择上是存在差异的。其中，江苏居民中，多数居民都认为“意识形态中所提倡的社会主义道德”第二重要，全国居民中，多数居民认为“意识形态中所提倡的社会主义道德”第二重要（企业家群体却较多选择“中国传统道德”）。所以，江苏与全国的居民对这一问题的选择上存在差异。

B16c 您认为当前我国社会道德生活中第三重要的内容是什么？

江苏

	官员	企业家	企业员工	农民	科教医群体	弱势群体	做小生意者	演艺界
意识形态中所提倡的社会主义道德	27.0%	34.4%	22.1%	21.0%	18.8%	21.7%	22.7%	6.5%
中国传统道德	11.1%	15.6%	14.1%	14.8%	16.1%	13.4%	12.9%	12.9%
西方文化影响而形成的道德	15.9%	15.6%	18.2%	15.0%	19.4%	16.6%	17.8%	16.1%
市场经济中形成的道德	46.0%	34.4%	45.6%	49.2%	45.7%	48.4%	46.6%	64.5%
$\chi^2=18.504$　sig = 0.617								

如表所示，不同群体对“当前我国社会道德生活第三重要的内容”的选择没有显著差异。

全国

	官员	企业家	企业员工	农民	科教医群体	弱势群体	做小生意者	演艺界
意识形态中所提倡的社会主义道德	19.5%	30.3%	27.7%	28.1%	22.8%	27.2%	30.4%	21.4%
中国传统道德	12.6%	6.1%	18.0%	14.2%	14.4%	14.6%	18.0%	4.8%
西方文化影响而形成的道德	20.8%	21.2%	14.3%	11.9%	21.4%	16.0%	13.7%	16.7%
市场经济中形成的道德	47.2%	42.4%	40.0%	45.8%	41.5%	42.2%	37.9%	57.1%
其他								
$\chi^2=79.150$　sig = 0.00								

如表所示，不同群体对“当前我国社会道德生活第三重要的内容”的选择存在显著差异。

由上表可知，江苏与全国居民在对“当前我国社会道德生活第三重要的内容”的选择上存在共识。所以，江苏与全国的居民对这一问题的选择上存在共识。

B17 您认为目前我国社会中伦理道德对人际关系的调节能力如何？

江苏

	官员	企业家	企业员工	农民	科教医群体	弱势群体	做小生意者	演艺界
良好	26.5%	23.5%	18.9%	18.0%	20.2%	19.0%	16.2%	12.5%

续表

	官员	企业家	企业员工	农民	科教医群体	弱势群体	做小生意者	演艺界
一般	63.2%	55.9%	63.3%	67.9%	66.8%	64.1%	63.5%	62.5%
很差	8.8%	11.8%	9.8%	7.0%	7.8%	8.1%	10.0%	6.3%
几乎没有，一切都听从利益支配	1.5%	8.8%	8.0%	7.0%	5.2%	8.8%	10.4%	18.8%
$\chi^2=28.796$　sig = 0.119								

如表所示，不同群体对“目前我国社会中伦理道德对人际关系的调节能力”的评价没有显著差异。

全国

	官员	企业家	企业员工	农民	科教医群体	弱势群体	做小生意者	演艺界
良好	33.1%	17.6%	17.5%	18.3%	18.9%	18.1%	16.5%	17.8%
一般	54.1%	52.9%	58.5%	59.0%	60.1%	58.6%	56.2%	60.0%
很差	8.3%	14.7%	11.1%	10.0%	9.6%	10.6%	14.0%	4.4%
几乎没有，一切都听从利益支配	4.5%	14.7%	12.8%	12.8%	11.4%	12.7%	13.2%	17.8%
$\chi^2=47.648$　sig = 0.00								

如表所示，不同群体对“目前我国社会中伦理道德对人际关系的调节能力”的评价存在显著差异。

由上表可知，江苏与全国居民在对“目前我国社会中伦理道德对人际关系的调节能力”的评价上是存在差异的。其中，各个群体中大部分人都倾向于选择“一般”，但是，江苏占比明显高于全国。所以，江苏与全国的居民对这一问题的评价上存在差异。

B18 您认为目前我国社会中伦理道德对个人行为的约束能力如何？

江苏

	官员	企业家	企业员工	农民	科教医群体	弱势群体	做小生意者	演艺界
良好	20.6%	29.4%	18.8%	18.3%	16.0%	20.2%	14.5%	12.5%
一般	60.3%	55.9%	62.9%	65.6%	68.6%	61.6%	65.8%	59.4%
很差	13.2%	8.8%	10.5%	9.1%	9.8%	10.5%	10.4%	15.6%

续表

	官员	企业家	企业员工	农民	科教医群体	弱势群体	做小生意者	演艺界
几乎没有，一切都听从利益支配	5.9%	5.9%	7.8%	7.1%	5.7%	7.8%	9.3%	12.5%
$\chi^2=20.091$　sig = 0.515								

如表所示，不同群体在对“您认为目前我国社会中伦理道德对个人行为的约束能力如何”的评价上不存在显著差异。

全国

	官员	企业家	企业员工	农民	科教医群体	弱势群体	做小生意者	演艺界
良好	27.7%	17.6%	17.1%	17.4%	16.8%	16.5%	15.1%	17.8%
一般	53.5%	58.8%	57.3%	59.2%	61.2%	57.9%	56.3%	51.1%
很差	13.8%	11.8%	13.8%	11.6%	12.6%	13.1%	16.4%	8.9%
几乎没有，一切都听从利益支配	5.0%	11.8%	11.8%	11.9%	9.4%	12.5%	12.2%	22.2%
$\chi^2=41.816$　sig = 0.04								

如表所示，不同群体在对“您认为目前我国社会中伦理道德对个人行为的约束能力如何”的评价上存在显著差异。

由上表可知，江苏与全国居民在对“您认为目前我国社会中伦理道德对个人行为的约束能力如何”的评价上存在差异。其中，各个群体中大多数人都倾向于选择“一般”，但是，江苏占比略高于全国。所以，江苏与全国的居民对这一问题的评价存在差异。

B19 您认为当今中国社会最基本的伦理冲突是？

江苏

	官员	企业家	企业员工	农民	科教医群体	弱势群体	做小生意者	演艺界
人与自然的冲突	9.3%	6.7%	11.5%	9.7%	15.4%	10.5%	8.6%	12.3%
人与自身的冲突	13.1%	8.9%	17.0%	13.6%	15.1%	13.8%	15.8%	15.8%
人与人之间的冲突	31.8%	51.1%	36.1%	40.0%	36.5%	41.8%	38.6%	31.6%
个人与社会的冲突	39.3%	24.4%	28.5%	27.2%	27.9%	28.0%	29.7%	29.8%
个人与政府的冲突	6.5%	8.9%	6.9%	9.4%	5.1%	5.9%	7.2%	10.5%

如表所示，不同群体在“当今中国社会最基本的伦理冲突”的选择上存在

差异。

全国

	官员	企业家	企业员工	农民	科教医群体	弱势群体	做小生意者	演艺界
人与自然的冲突	15.7%	6.5%	15.8%	15.8%	18.8%	17.4%	14.4%	16.2%
人与自身的冲突	18.7%	17.4%	25.5%	23.0%	16.9%	21.4%	23.0%	14.7%
人与人之间的冲突	30.2%	50.0%	31.7%	34.1%	35.7%	34.6%	32.3%	33.8%
个人与社会的冲突	25.5%	17.4%	22.0%	22.0%	24.4%	21.4%	23.7%	27.9%
个人与政府的冲突	9.8%	8.7%	5.1%	5.1%	4.2%	5.3%	6.6%	7.4%

如表所示，不同群体在“当今中国社会最基本的伦理冲突”的选择上存在差异。

由上表可知，江苏与全国居民在“当今中国社会最基本的伦理冲突”的选择上是存在共识的。其中，各个群体中大部分人都倾向于选择“人与人之间的冲突”是当今社会最基本的伦理冲突，其次为“个人与社会的冲突”。所以，江苏与全国的居民对这一问题的选择上存在共识。

B20a 在下列关系中，您认为哪些关系对您来说最重要？第一位

江苏

	官员	企业家	企业员工	农民	科教医群体	弱势群体	做小生意者	演艺界
父母与子女	67.6%	52.9%	67.2%	60.6%	66.3%	69.3%	67.3%	69.7%
夫妇	17.6%	32.4%	18.6%	24.7%	18.9%	17.1%	21.9%	24.2%
兄弟姐妹			0.4%	0.5%	1.0%	0.4%	0.6%	
同事或同学	1.5%		0.9%	0.3%	1.0%	0.3%	0.8%	
上级或下级	1.5%		0.5%	0.3%		0.3%	0.2%	
师生						0.1%		
与自然的关系			0.6%	0.6%		0.3%	0.4%	
个人与社会	1.5%	5.9%	2.1%	3.2%	3.1%	1.6%	2.6%	
个人与国家	8.8%	8.8%	7.4%	7.8%	7.7%	8.4%	5.0%	6.1%
个人与工作单位			0.5%	0.8%	0.5%	0.7%	0.4%	
通过网络建立的各种“群”的关系			0.1%	0.4%		0.2%		
朋友			0.7%	0.3%	0.5%	0.6%	0.4%	

续表

	官员	企业家	企业员工	农民	科教医群体	弱势群体	做小生意者	演艺界
个人与自身的关系（身心和谐）	1.5%		1.0%	0.6%	1.0%	0.7%	0.4%	
$\chi^2=75.301$　sig = 0.740								

如表所示，不同群体对“最重要的人伦关系（第一位）”的选择不存在显著差异。

全国

	官员	企业家	企业员工	农民	科教医群体	弱势群体	做小生意者	演艺界
父母与子女	65.1%	67.6%	61.1%	73.3%	66.7%	68.0%	63.3%	73.9%
夫妇	21.7%	29.4%	23.8%	19.2%	18.9%	19.7%	26.0%	17.4%
兄弟姐妹	0.6%		1.8%	0.9%	1.3%	1.5%	1.3%	
同事或同学	3.0%	2.9%	3.3%	1.6%	2.8%	2.2%	2.1%	2.2%
上级或下级	2.4%		1.1%	0.7%	0.8%	1.1%	1.1%	
师生			0.2%	0.2%		0.1%		
与自然的关系			1.3%	0.8%	1.3%	1.0%	1.1%	
个人与社会			1.1%	0.7%	1.3%	1.2%	0.8%	2.2%
个人与国家	4.8%		1.7%	1.4%	3.4%	2.3%	1.0%	2.2%
个人与工作单位	0.6%		2.0%	0.7%	1.6%	0.9%	0.9%	
通过网络建立的各种“群”的关系			0.2%			0.1%		
朋友	0.6%		0.7%	0.2%	0.5%	0.5%	0.4%	
个人与自身的关系（身心和谐）	1.2%		1.7%	0.2%	1.6%	1.4%	1.7%	2.2%
其他			0.1%				0.2%	
$\chi^2=189.141$　sig = 0.00								

如表所示，不同群体对“最重要的人伦关系（第一位）”的选择存在显著差异。

由上表可知，江苏与全国居民在对“最重要的关系（第一位）”的选择上存在共识。其中，各个群体都倾向于选择“父母与子女”的关系，其次为“夫妇”关系。所以，江苏与全国的居民在对这一问题的选择上存在共识。

B20b 在下列关系中，您认为哪些关系对您来说最重要？第二位

江苏

	官员	企业家	企业员工	农民	科教医群体	弱势群体	做小生意者	演艺界
父母与子女	25.0%	35.3%	21.6%	27.3%	21.4%	22.1%	21.3%	21.2%
夫妇	51.5%	41.2%	52.6%	48.1%	52.0%	50.3%	55.2%	48.5%
兄弟姐妹	2.9%	14.7%	11.3%	11.4%	8.7%	14.2%	10.0%	15.2%
同事或同学	7.4%		2.3%	1.9%	3.1%	2.1%	2.6%	
上级或下级	1.5%		1.5%	1.1%	0.5%	1.2%	2.0%	
师生				0.3%	1.0%	0.3%		
与自然的关系			1.4%	1.8%	2.0%	0.6%	1.0%	
个人与社会	2.9%		2.7%	2.7%	4.6%	3.1%	3.2%	9.1%
个人与国家	4.4%	2.9%	2.8%	2.7%	3.1%	2.3%	2.4%	
个人与工作单位	4.4%	2.9%	1.2%	0.9%	1.5%	1.0%	1.2%	
通过网络建立的各种“群”的关系			0.1%	0.1%		0.1%		
朋友		2.9%	1.9%	1.1%	1.5%	2.0%	0.8%	3.0%
个人与自身的关系（身心和谐）			0.5%	0.6%	0.5%	0.8%	0.2%	3.0%
$\chi^2=100.707$　sig = 0.103								

如表所示，不同群体对“第二重要的人伦关系”的选择不存在显著差异。

全国

	官员	企业家	企业员工	农民	科教医群体	弱势群体	做小生意者	演艺界
父母与子女	22.9%	32.4%	27.2%	20.4%	23.1%	22.7%	28.8%	17.8%
夫妇	48.8%	44.1%	45.1%	61.3%	46.6%	46.6%	51.4%	35.6%
兄弟姐妹	10.8%	2.9%	10.7%	8.8%	11.9%	15.9%	10.4%	22.2%
同事或同学	5.4%	14.7%	5.2%	2.7%	5.4%	4.6%	3.1%	8.9%
上级或下级	2.4%		1.6%	0.9%	1.3%	1.5%	0.9%	2.2%
师生	1.2%		0.8%	0.7%	0.8%	1.0%	0.6%	
与自然的关系	1.2%		2.2%	1.6%	1.8%	1.4%	1.1%	4.4%
个人与社会	3.0%		1.6%	0.7%	2.1%	1.4%	0.9%	2.2%
个人与国家	1.8%	2.9%	1.0%	1.2%	1.8%	1.3%	0.7%	2.2%
个人与工作单位	1.8%	2.9%	2.2%	0.7%	1.8%	1.4%	0.9%	
通过网络建立的各种“群”的关系			0.1%			0.2%	0.1%	

续表

	官员	企业家	企业员工	农民	科教医群体	弱势群体	做小生意者	演艺界
朋友	0.6%		1.5%	0.7%	3.1%	1.3%	0.6%	2.2%
个人与自身的关系（身心和谐）			0.6%	0.2%	0.3%	0.7%	0.5%	2.2%
其他			0.1%					
$\chi^2=322.235$　sig = 0.00								

如表所示，不同群体对“第二重要的人伦关系”的选择存在显著差异。

由上表可知，江苏与全国居民在对“第二重要的人伦关系”的选择上存在差异。其中，各个群体都倾向于选择“夫妇”关系，但是全国占比略低于江苏，其次为“父母与子女”关系，但是江苏略高于全国。所以，江苏与全国的居民在对这一问题的选择上存在差异。

B20c 在下列关系中，您认为哪些关系对您来说最重要？第三位

江苏

	官员	企业家	企业员工	农民	科教医群体	弱势群体	做小生意者	演艺界
父母与子女	5.9%	8.8%	4.5%	3.8%	5.1%	3.8%	4.6%	6.1%
夫妇	13.2%	8.8%	11.9%	13.7%	11.2%	13.4%	11.1%	6.1%
兄弟姐妹	52.9%	50.0%	50.3%	57.3%	51.0%	50.5%	55.9%	39.4%
同事或同学	5.9%	5.9%	6.9%	3.6%	9.7%	7.2%	6.4%	24.2%
上级或下级	1.5%	5.9%	2.6%	1.7%	3.6%	1.5%	1.2%	3.0%
师生	1.5%		1.2%	0.4%	2.6%	1.0%	0.4%	
与自然的关系	1.5%		2.2%	1.7%	2.6%	2.2%	2.0%	3.0%
个人与社会	4.4%	5.9%	3.7%	5.2%	3.6%	3.6%	3.0%	6.1%
个人与国家	4.4%	2.9%	5.9%	5.2%	2.6%	8.1%	5.2%	3.0%
个人与工作单位	4.4%	2.9%	2.7%	1.4%	3.6%	1.7%	2.4%	3.0%
通过网络建立的各种“群”的关系			0.3%			0.1%	0.4%	
朋友	4.4%	8.8%	6.5%	5.1%	3.6%	6.1%	6.0%	6.1%
个人与自身的关系（身心和谐）			1.2%	0.6%	1.0%	0.8%	1.2%	
其他			0.1%	0.4%		0.1%		
$\chi^2=122.820$　sig = 0.015								

如表所示，不同群体对“第三重要的人伦关系”的选择存在显著差异。

全国

	官员	企业家	企业员工	农民	科教医群体	弱势群体	做小生意者	演艺界
父母与子女	3.6%		3.9%	2.7%	3.1%	3.4%	3.3%	4.4%
夫妇	8.4%	5.9%	9.5%	7.6%	10.1%	9.1%	7.3%	8.9%
兄弟姐妹	47.0%	58.8%	44.4%	65.0%	44.6%	49.8%	56.7%	42.2%
同事或同学	9.0%	2.9%	11.0%	4.4%	15.0%	9.7%	6.1%	13.3%
上级或下级	9.6%	11.8%	6.0%	2.8%	4.7%	3.4%	3.4%	4.4%
师生	0.6%		2.4%	2.3%	2.1%	3.1%	1.9%	2.2%
与自然的关系	4.8%		3.5%	3.5%	3.4%	2.9%	4.7%	2.2%
个人与社会	6.0%	11.8%	4.4%	3.5%	5.4%	5.3%	4.0%	4.4%
个人与国家	5.4%	5.9%	3.8%	3.4%	2.8%	3.5%	3.0%	6.7%
个人与工作单位	3.0%		3.5%	1.0%	5.7%	2.0%	1.9%	4.4%
通过网络建立的各种“群”的关系			0.7%	0.1%		0.3%	0.2%	
朋友	1.8%	2.9%	4.2%	2.7%	2.6%	5.8%	5.6%	6.7%
个人与自身的关系（身心和谐）	0.6%		2.7%	0.9%	0.5%	1.6%	1.8%	
其他			0.1%					
$\chi^2=440.467$　sig = 0.00								

如表所示，不同群体对“第三重要的人伦关系”的选择存在显著差异。

由上表可知，江苏与全国居民在对“第三重要的人伦关系”的选择上存在共识。其中，各个群体都倾向于选择“兄弟姐妹”关系。所以，江苏与全国在对这一问题的选择上存在共识。

B20d 在下列关系中，您认为哪些关系对您来说最重要？第四位

江苏

	官员	企业家	企业员工	农民	科教医群体	弱势群体	做小生意者	演艺界
父母与子女			2.7%	2.4%	3.1%	1.8%	1.6%	3.0%
夫妇	4.4%		4.1%	3.1%	3.1%	3.7%	4.0%	3.0%
兄弟姐妹	22.1%	14.7%	13.4%	11.3%	11.8%	14.5%	12.9%	18.2%
同事或同学	19.1%	20.6%	22.7%	16.4%	30.3%	19.9%	19.6%	27.3%
上级或下级	5.9%	8.8%	3.9%	4.0%	4.1%	3.2%	3.4%	9.1%
师生	2.9%	2.9%	3.0%	2.3%	4.6%	3.6%	2.2%	

续表

	官员	企业家	企业员工	农民	科教医群体	弱势群体	做小生意者	演艺界
与自然的关系	1.5%	2.9%	3.1%	4.6%	3.6%	2.6%	3.8%	
个人与社会	13.2%	17.6%	9.6%	14.4%	8.2%	9.9%	12.1%	6.1%
个人与国家	8.8%		8.6%	13.3%	8.7%	9.8%	8.1%	6.1%
个人与工作单位	11.8%	5.9%	7.8%	2.8%	7.2%	5.1%	5.6%	9.1%
通过网络建立的各种“群”的关系	1.5%	5.9%	0.9%	0.3%		0.6%	0.4%	3.0%
朋友	8.8%	17.6%	18.4%	22.4%	13.3%	23.8%	23.8%	15.2%
个人与自身的关系（身心和谐）		2.9%	1.6%	1.9%	2.1%	1.5%	2.4%	
其他			0.1%	0.8%		0.1%		
$\chi^2=187.738$ sig = 0.00								

如表所示，不同群体对“第四重要的人伦关系”的选择存在显著差异。

全国

	官员	企业家	企业员工	农民	科教医群体	弱势群体	做小生意者	演艺界
父母与子女	1.8%		1.6%	0.8%	1.6%	1.7%	1.1%	
夫妇	6.7%		4.1%	3.5%	3.9%	4.1%	3.0%	6.7%
兄弟姐妹	4.9%		7.0%	4.9%	5.7%	5.2%	5.8%	4.4%
同事或同学	15.2%	11.8%	17.4%	18.6%	21.3%	18.6%	19.2%	28.9%
上级或下级	9.8%	8.8%	7.2%	4.4%	5.7%	5.0%	4.3%	4.4%
师生	1.8%		4.4%	5.0%	8.8%	5.6%	4.3%	11.1%
与自然的关系	3.7%	14.7%	7.3%	8.7%	3.4%	6.9%	7.3%	8.9%
个人与社会	5.5%	17.6%	10.1%	12.4%	7.8%	12.2%	12.5%	8.9%
个人与国家	9.1%		4.4%	7.9%	7.8%	4.9%	4.8%	4.4%
个人与工作单位	16.5%	8.8%	12.0%	4.5%	13.5%	8.8%	9.2%	4.4%
通过网络建立的各种“群”的关系		2.9%	1.1%	0.3%	1.3%	0.7%	1.5%	
朋友	20.7%	32.4%	19.8%	26.1%	16.4%	23.6%	24.4%	15.6%
个人与自身的关系（身心和谐）	4.3%	2.9%	3.4%	2.8%	2.9%	2.6%	2.7%	2.2%
其他				0.1%			0.1%	
$\chi^2=316.081$ sig = 0.00								

如表所示，不同群体对“第四重要的人伦关系”的选择存在显著差异。

由上表可知，江苏与全国的居民在对“第四重要的关系”的选择上存在共识。其中，各个群体都倾向于选择“朋友”关系，其次为“同事或同学”。所以，江苏与全国的居民在对这一问题的选择上存在共识。

B20e 在下列关系中，您认为哪些关系对您来说最重要？第五位

江苏

	官员	企业家	企业员工	农民	科教医群体	弱势群体	做小生意者	演艺界
父母与子女	1.5%	2.9%	1.1%	1.2%	0.5%	0.4%	1.2%	
夫妇		2.9%	2.1%	2.6%	2.6%	1.9%	1.0%	3.0%
兄弟姐妹		2.9%	5.2%	4.8%	6.2%	5.3%	4.5%	6.1%
同事或同学	14.7%	11.8%	14.5%	12.0%	11.9%	15.3%	15.4%	6.1%
上级或下级	7.4%	2.9%	8.4%	4.9%	10.9%	6.2%	6.3%	12.1%
师生		14.7%	4.6%	3.0%	9.8%	3.7%	6.1%	12.1%
与自然的关系	1.5%	2.9%	3.1%	5.0%	2.1%	4.1%	3.6%	12.1%
个人与社会	8.8%	5.9%	15.0%	21.1%	10.4%	15.2%	15.8%	9.1%
个人与国家	20.6%	14.7%	12.7%	16.3%	13.0%	15.3%	14.0%	12.1%
个人与工作单位	11.8%	14.7%	8.4%	4.7%	10.9%	7.6%	4.3%	9.1%
通过网络建立的各种“群”的关系	4.4%	2.9%	1.0%	1.2%	1.0%	2.1%	1.4%	6.1%
朋友	23.5%	14.7%	20.0%	18.5%	16.6%	18.3%	22.7%	9.1%
个人与自身的关系（身心和谐）	5.9%	5.9%	3.7%	3.8%	4.1%	4.4%	3.8%	3.0%
其他			0.2%	1.0%		0.1%		
$\chi^2=191.784$ sig = 0.00								

如上表所示，不同群体对“第五重要的人伦关系”的选择存在显著差异。

全国

	官员	企业家	企业员工	农民	科教医群体	弱势群体	做小生意者	演艺界
父母与子女	1.8%		0.7%	0.3%	0.8%	1.0%	0.4%	
夫妇	0.6%	2.9%	1.9%	1.3%	2.9%	1.7%	1.4%	2.2%
兄弟姐妹	3.1%		3.4%	2.9%	2.6%	3.4%	3.0%	6.7%
同事或同学	14.7%	17.6%	11.3%	10.6%	11.9%	13.0%	9.8%	6.7%
上级或下级	5.5%	2.9%	7.8%	5.4%	9.4%	5.4%	5.1%	2.2%

续表

	官员	企业家	企业员工	农民	科教医群体	弱势群体	做小生意者	演艺界
师生	8.6%		5.8%	6.8%	8.8%	6.3%	6.5%	11.1%
与自然的关系	3.7%	2.9%	5.1%	6.1%	3.9%	4.9%	5.8%	4.4%
个人与社会	12.3%	23.5%	13.3%	15.8%	10.6%	14.5%	16.0%	8.9%
个人与国家	8.6%	8.8%	8.8%	13.3%	6.2%	11.2%	9.9%	13.3%
个人与工作单位	12.3%	14.7%	14.1%	5.9%	12.5%	8.8%	7.5%	2.2%
通过网络建立的各种“群”的关系	3.1%	2.9%	3.5%	1.2%	2.1%	3.0%	4.5%	4.4%
朋友	22.7%	17.6%	18.4%	24.9%	24.4%	20.6%	23.4%	31.1%
个人与自身的关系（身心和谐）	3.1%	5.9%	5.7%	5.1%	3.6%	6.0%	6.5%	6.7%
其他			0.1%	0.3%	0.3%	0.2%	0.1%	
$\chi^2 = 104.847703$　sig = 0.00								

如表所示，不同群体对“第五重要的人伦关系”的选择存在显著差异。

由上表可知，江苏与全国的居民在对“第五重要的人伦关系”的选择上存在共识。其中，各个群体都倾向于选择“朋友”关系，其次为“同事或同学”。所以，江苏与全国的居民在对这一问题的选择上存在共识。

B21 您认为哪一种关系对社会秩序最具根本性意义

江苏

	官员	企业家	企业员工	农民	科教医群体	弱势群体	做小生意者	演艺界
家庭关系或血缘关系	26.5%	30.3%	23.9%	28.2%	28.6%	30.1%	26.6%	39.4%
个人与社会的关系	33.8%	30.3%	43.1%	40.9%	38.3%	41.6%	45.2%	33.3%
职业关系	4.4%	9.1%	4.5%	2.2%	5.1%	2.7%	2.8%	9.1%
个人与国家民族的关系	29.4%	27.3%	22.9%	23.3%	21.4%	20.2%	18.3%	12.1%
人与自然的关系	1.5%		2.1%	1.0%	3.1%	1.4%	2.0%	
个人与自身的关系	4.4%	3.0%	3.5%	4.4%	3.6%	3.9%	5.0%	6.1%
$\chi^2 = 55.549$　sig = 0.015								

如表所示，不同群体对“哪一种关系对社会秩序最具根本性意义”的选择存在显著差异。

全国

	官员	企业家	企业员工	农民	科教医群体	弱势群体	做小生意者	演艺界
家庭关系或血缘关系	30.1%	23.5%	26.8%	37.7%	28.4%	33.8%	29.3%	32.6%
个人与社会的关系	46.4%	58.8%	51.3%	44.8%	46.3%	44.8%	48.4%	47.8%
职业关系	4.8%	2.9%	4.8%	3.7%	6.7%	5.0%	4.1%	4.3%
个人与国家民族的关系	12.7%	11.8%	10.5%	9.1%	12.7%	10.3%	12.6%	8.7%
人与自然的关系	1.8%		2.3%	2.3%	1.6%	1.7%	2.1%	
个人与自身的关系	4.2%	2.9%	4.3%	2.4%	4.4%	4.4%	3.5%	6.5%
$\chi^2=71.297318$ sig = 0.00								

如表所示，不同群体对“哪一种关系对社会秩序最具根本性意义”的选择存在显著差异。

由上表可知，江苏与全国居民在对“您认为哪一种关系对社会秩序最具根本性意义”的选择上存在共识。其中，各个群体都倾向于选择“个人与社会的关系”和“家庭关系或血缘关系”。所以，江苏与全国的居民在对这一问题的选择上存在共识。

B22 您认为哪一种关系对个人生活最具根本性意义

江苏

	官员	企业家	企业员工	农民	科教医群体	弱势群体	做小生意者	演艺界
家庭关系或血缘关系	55.9%	63.6%	54.4%	61.4%	54.1%	65.8%	58.9%	54.5%
个人与社会的关系	19.1%	12.1%	17.8%	15.3%	20.4%	13.7%	17.3%	18.2%
职业关系	11.8%		4.7%	3.1%	11.2%	4.1%	5.8%	12.1%
个人与国家民族的关系	7.4%	18.2%	14.3%	10.2%	7.7%	9.7%	10.9%	6.1%
人与自然的关系	4.4%	3.0%	1.6%	1.8%	2.6%	1.2%	1.4%	
个人与自身的关系	1.5%	3.0%	7.1%	8.3%	4.1%	5.6%	5.6%	9.1%
$\chi^2=104.784$ sig = 0.00								

如表所示，不同群体对“哪一种关系对个人生活最具根本性意义”的选择存在显著差异。

全国

	官员	企业家	企业员工	农民	科教医群体	弱势群体	做小生意者	演艺界
家庭关系或血缘关系	50.9%	61.8%	50.8%	55.2%	52.1%	55.8%	55.5%	40.0%
个人与社会的关系	26.3%	17.6%	21.0%	20.1%	23.4%	18.2%	18.7%	33.3%
职业关系	12.0%	11.8%	13.0%	12.9%	12.2%	12.1%	12.8%	6.7%
个人与国家民族的关系	6.0%	2.9%	5.2%	4.7%	5.7%	4.6%	4.8%	8.9%
人与自然的关系			1.7%	2.5%	1.3%	2.0%	1.5%	
个人与自身的关系	4.8%	5.9%	8.4%	4.5%	5.2%	7.3%	6.7%	11.1%
$\chi^2=71.297318$　sig = 0.00								

如表所示，不同群体对“哪一种关系对个人生活最具根本性意义”的选择存在显著差异。

由上表可知，江苏与全国居民在对“您认为哪一种关系对个人生活最具根本性意义”的选择上存在共识。其中，各个群体都倾向于选择“家庭关系或血缘关系”；其次为“个人与社会的关系”，占比多为20%左右。所以，江苏与全国的居民在对这一问题的选择上存在共识。

B23a 对于个人而言，您认为家庭、社会和国家三者的重要性程度如何？第一位

江苏

	官员	企业家	企业员工	农民	科教医群体	弱势群体	做小生意者	演艺界
国家	55.9%	54.5%	54.1%	60.9%	55.1%	45.8%	53.1%	36.4%
社会	5.9%	3.0%	3.4%	2.4%	2.6%	3.0%	2.8%	3.0%
家庭	38.2%	42.4%	42.5%	36.7%	42.3%	51.2%	44.1%	60.6%
$\chi^2=58.190$　sig = 0.00								

如表所示，不同群体在“对于个人而言，您认为家庭、社会和国家三者的重要性程度如何？第一位”的选择上存在显著差异。

全国

	官员	企业家	企业员工	农民	科教医群体	弱势群体	做小生意者	演艺界
国家	66.5%	55.9%	49.6%	45.7%	49.1%	43.3%	42.4%	39.1%
社会	5.4%	5.9%	4.7%	7.0%	5.2%	5.5%	5.5%	15.2%

续表

	官员	企业家	企业员工	农民	科教医群体	弱势群体	做小生意者	演艺界
家庭	28.1%	38.2%	45.8%	47.3%	45.7%	51.2%	52.0%	45.7%
$\chi^2=75.469905$ sig = 0.00								

如表所示，不同群体在“对于个人而言，您认为家庭、社会和国家三者的重要性程度如何？第一位”的选择上存在显著差异。

由上表可知，江苏与全国居民在“对于个人而言，您认为家庭、社会和国家三者的重要性程度如何？第一位”的选择上存在共识。其中，各个群体都倾向于选择“国家”；其次为“家庭”；最后为“社会”。所以，江苏与全国的居民对这一问题的选择存在共识。

B23b 对于个人而言，您认为家庭、社会和国家三者的重要性程度如何？第二位

江苏

	官员	企业家	企业员工	农民	科教医群体	弱势群体	做小生意者	演艺界
国家	22.1%	32.4%	33.3%	30.8%	29.6%	41.1%	37.8%	40.6%
社会	35.3%	29.4%	23.6%	20.0%	29.6%	18.7%	18.6%	28.1%
家庭	42.6%	38.2%	43.1%	49.2%	40.8%	40.2%	43.6%	31.3%
$\chi^2=61.167$ sig = 0.00								

如表所示，不同群体在“对于个人而言，您认为家庭、社会和国家三者的重要性程度如何？第二位”的选择上存在显著差异。

全国

	官员	企业家	企业员工	农民	科教医群体	弱势群体	做小生意者	演艺界
国家	21.6%	27.3%	29.6%	35.1%	33.3%	34.9%	35.9%	34.8%
社会	24.0%	21.2%	26.7%	20.7%	25.8%	27.3%	26.3%	17.4%
家庭	54.5%	51.5%	43.7%	44.2%	40.8%	37.9%	37.9%	47.8%
$\chi^2=21.193$ sig = 0.00								

如表所示，不同群体在“对于个人而言，您认为家庭、社会和国家三者的重要性程度如何？第二位”的选择上存在显著差异。

由上表可知，江苏与全国居民在“对于个人而言，您认为家庭、社会和国家

三者的重要性程度如何（第二位）”的选择上存在共识。其中，大部分群体都倾向于选择“家庭”；其次为“国家”和“社会”。所以，江苏与全国的居民在对这一问题的选择上存在共识。

B24a 请根据您的理解选择对下列陈述的评价：信息技术、网络技术的发展对伦理道德的影响

江苏

	官员	企业家	企业员工	农民	科教医群体	弱势群体	做小生意者	演艺界
消极影响	14.8%	10.7%	15.7%	14.1%	13.9%	14.8%	13.6%	15.4%
没有影响	13.1%	39.3%	21.0%	25.2%	13.2%	23.2%	23.7%	26.9%
积极影响	72.1%	50.0%	63.2%	60.6%	72.8%	61.9%	62.6%	57.7%
$\chi^2=21.193$　sig = 0.097								

如表所示，不同群体对于“信息技术、网络技术的发展对伦理道德的影响”的评价没有显著差异。

全国

	官员	企业家	企业员工	农民	科教医群体	弱势群体	做小生意者	演艺界
消极影响	16.0%	12.0%	14.7%	14.2%	20.0%	15.0%	19.5%	20.0%
没有影响	20.8%	36.0%	26.7%	35.3%	19.3%	30.1%	28.6%	20.0%
积极影响	63.2%	52.0%	58.6%	50.5%	60.7%	54.9%	51.9%	60.0%
$\chi^2=62.253$　sig = 0.00								

如表所示，不同群体对于“信息技术、网络技术的发展对伦理道德的影响”的评价存在显著差异。

由上表可知，江苏与全国居民对于“信息技术、网络技术的发展对伦理道德的影响”的评价存在差异。认为有积极影响的，江苏的占比略高于全国的占比；消极影响中，全国的占比明显高于江苏的占比。所以，江苏与全国的居民对这一问题的评价存在差异。

B24b 请根据您的理解选择对下列陈述的评价：市场经济对我国伦理道德的影响

江苏

	官员	企业家	企业员工	农民	科教医群体	弱势群体	做小生意者	演艺界
消极影响	20.0%	10.3%	17.8%	13.8%	17.2%	17.2%	17.8%	8.0%

续表

	官员	企业家	企业员工	农民	科教医群体	弱势群体	做小生意者	演艺界
没有影响	15.0%	20.7%	21.1%	23.1%	11.0%	23.6%	19.8%	36.0%
积极影响	65.0%	69.0%	61.1%	63.1%	71.7%	59.2%	62.4%	56.0%
$\chi^2=24.265$ sig = 0.043								

如表所示，不同群体对“市场经济对我国伦理道德的影响”的评价存在显著差异。

全国

	官员	企业家	企业员工	农民	科教医群体	弱势群体	做小生意者	演艺界
消极影响	17.7%	14.8%	16.3%	10.5%	21.8%	15.3%	17.7%	16.1%
没有影响	20.8%	29.6%	23.0%	27.8%	20.1%	26.9%	24.9%	22.6%
积极影响	61.5%	55.6%	60.7%	61.6%	58.1%	57.8%	57.4%	61.3%
$\chi^2=48.436$ sig = 0.00								

如表所示，不同群体对“市场经济对我国伦理道德的影响”的评价存在显著差异。

由上表可知，江苏与全国居民在对“市场经济对我国伦理道德的影响”的评价上存在差异。认为有积极影响的，江苏的科教医群体占比明显高于全国的占比；消极影响中，全国的演艺界占比明显高于江苏的占比。所以，江苏与全国的居民对这一问题的评价存在差异。

B24c 请根据您的理解选择对下列陈述的评价：西方文化对我国伦理道德的影响

江苏

	官员	企业家	企业员工	农民	科教医群体	弱势群体	做小生意者	演艺界
消极影响	19.6%	18.5%	22.4%	23.3%	23.9%	21.3%	15.1%	13.6%
没有影响	19.6%	22.2%	26.5%	31.5%	20.1%	29.9%	34.7%	13.6%
积极影响	60.8%	59.3%	51.2%	45.2%	56.0%	48.8%	50.2%	72.7%
$\chi^2=30.378$ sig = 0.007								

如表所示，不同群体对“西方文化对我国伦理道德的影响”的评价存在显著差异。

全国

	官员	企业家	企业员工	农民	科教医群体	弱势群体	做小生意者	演艺界
消极影响	24.0%	20.0%	21.8%	20.1%	28.3%	21.8%	22.8%	20.7%
没有影响	23.1%	32.0%	29.9%	39.3%	21.6%	33.8%	35.2%	24.1%
积极影响	52.9%	48.0%	48.3%	40.6%	50.2%	44.3%	42.0%	55.2%
$\chi^2=56.684$　sig = 0.00								

如表所示，不同群体对“西方文化对我国伦理道德的影响”的评价存在显著差异。

由上表可知，江苏与全国居民在对“西方文化对我国伦理道德的影响”的评价上存在差异。认为有积极影响的，江苏的占比略高于全国的占比；消极影响中，全国的占比明显高于江苏的占比。所以，江苏与全国的居民对这一问题的评价存在差异。

B25 如果国外报道与国家主流媒体的宣传内容不一致，您倾向于相信

江苏

	官员	企业家	企业员工	农民	科教医群体	弱势群体	做小生意者	演艺界
主流媒体	71.6%	63.6%	66.6%	76.0%	65.4%	71.9%	70.1%	38.7%
国外报道		12.1%	3.6%	1.3%	6.4%	2.7%	1.7%	6.5%
谁都不相信，自己判断	28.4%	24.2%	29.9%	22.7%	28.2%	25.5%	28.1%	54.8%
$\chi^2=63.005$　sig = 0.00								

如表所示，不同群体对“如果国外报道与国家主流媒体的宣传内容不一致时，您倾向于相信谁”的选择存在显著差异。

全国

	官员	企业家	企业员工	农民	科教医群体	弱势群体	做小生意者	演艺界
主流媒体	72.4%	50.0%	64.7%	77.8%	61.5%	65.9%	63.6%	56.5%
国外报道	1.9%	5.9%	4.8%	2.2%	6.1%	5.3%	4.0%	8.7%
谁都不相信，自己判断	25.6%	44.1%	30.5%	20.0%	32.4%	28.8%	32.4%	34.8%
$\chi^2=149.394$　sig = 0.00								

如表所示，不同群体对“如果国外报道与国家主流媒体的宣传内容不一致时，您倾向于相信谁”的选择存在显著差异。

由上表可知，江苏与全国居民在对“如果国外报道与国家主流媒体的宣传内容不一致时，您倾向于相信谁”的选择上存在显著差异。各个群体都倾向于选择“主流媒体”，其次为“谁都不相信，自己判断”，所以，江苏与全国的居民对这一问题的选择存在共识。

B26 如果朋友圈的消息与国家主流媒体的报道不一致，您会相信哪一个？

江苏

	官员	企业家	企业员工	农民	科教医群体	弱势群体	做小生意者	演艺界
主流媒体	66.2%	61.8%	60.7%	64.1%	60.0%	63.8%	60.7%	39.4%
朋友圈/亲朋圈子	5.9%	11.8%	10.3%	14.1%	8.2%	10.1%	10.9%	15.2%
都不相信，自己比较判断	27.9%	26.5%	28.6%	20.6%	31.8%	25.8%	28.4%	42.4%
其他			0.4%	1.3%		0.3%		3.0%
χ^2 = 54.679　sig = 0.00								

如表所示，不同群体对“如果朋友圈的消息与国家主流媒体的报道不一致时，您会相信哪一个”的选择存在显著差异。

全国

	官员	企业家	企业员工	农民	科教医群体	弱势群体	做小生意者	演艺界
主流媒体	63.9%	41.2%	57.0%	66.7%	55.9%	56.3%	56.5%	60.9%
朋友圈/亲朋圈子	9.6%	8.8%	11.8%	6.3%	7.0%	10.0%	9.8%	10.9%
都不相信，自己比较判断	25.3%	50.0%	30.8%	25.4%	37.1%	33.0%	32.8%	28.3%
其他	1.2%		0.3%	1.5%		0.7%	0.9%	
χ^2 = 136.828　sig = 0.00								

如表所示，不同群体对“如果朋友圈的消息与国家主流媒体的报道不一致时，您会相信哪一个”的选择存在显著差异。

由上表可知，江苏与全国居民在对“如果朋友圈的消息与国家主流媒体的宣传内容不一致时，您会相信哪一个”的选择上存在显著差异。各个群体都倾向选择“主流媒体”，其次为“谁都不相信，自己判断”。所以，江苏与全国的居民对这一问题的选择存在共识。

C1 您认为当前中国社会个人道德素质的主要问题是？

江苏

	官员	企业家	企业员工	农民	科教医群体	弱势群体	做小生意者	演艺界
道德上无知	10.3%	12.1%	9.9%	10.2%	9.2%	8.1%	11.5%	15.2%
有道德知识，但不见诸行动	77.9%	84.8%	80.0%	78.5%	81.6%	81.3%	75.4%	75.8%
既道德上无知，也不见道德行动	11.8%	3.0%	10.0%	11.0%	9.2%	10.1%	12.9%	9.1%
其他			0.1%	0.3%		0.5%	0.2%	
$\chi^2=20.534$　sig = 0.488								

如表所示，不同群体对于“当前中国社会个人道德素质的主要问题”的选择没有显著差异。

全国

	官员	企业家	企业员工	农民	科教医群体	弱势群体	做小生意者	演艺界
道德上无知	10.2%	11.8%	10.6%	17.3%	10.2%	13.3%	9.5%	10.9%
有道德知识，但不见诸行动	76.5%	73.5%	73.6%	63.7%	75.1%	69.7%	70.7%	76.1%
既道德上无知，也不见道德行动	13.3%	11.8%	15.1%	18.5%	13.4%	15.9%	19.1%	13.0%
其他		2.9%	0.7%	0.6%	1.3%	1.0%	0.7%	
$\chi^2=97.735$　sig = 0.000								

如表所示，不同群体对于“当前中国社会个人道德素质的主要问题”的选择有显著差异。

由上表可知，江苏与全国居民对于“当前中国社会个人道德素质的主要问题”的选择是存在差异的。其中，所有群体在“有道德知识，但不见诸行动”占比最大。但是，在“道德上无知”中，全国农民占比明显比江苏农民占比高，江苏演艺界明显高于全国演艺界的占比。因此，我们认为，在这一问题上，全国与江苏的居民选择存在差异。

C2 您根据什么来判断某种行为是否符合伦理或道德？

江苏

	官员	企业家	企业员工	农民	科教医群体	弱势群体	做小生意者	演艺界
传统道德观念	26.1%	26.0%	26.4%	24.1%	26.4%	25.2%	24.4%	20.0%

续表

	官员	企业家	企业员工	农民	科教医群体	弱势群体	做小生意者	演艺界
风俗习惯	12.4%	13.7%	13.0%	15.6%	15.9%	14.5%	16.0%	18.8%
大多数人认同的道德规范	19.3%	23.3%	19.9%	20.7%	23.2%	19.3%	20.7%	23.5%
当事人的共同利益和意志	9.9%	2.7%	8.8%	7.2%	8.6%	7.6%	8.1%	8.2%
自己的良心	22.4%	28.8%	25.4%	27.8%	21.9%	28.8%	26.9%	24.7%
意识形态的要求	9.9%	5.5%	6.6%	4.5%	4.1%	4.7%	3.9%	4.7%

如表所示，不同群体对于“您根据什么来判断某种行为是否符合伦理或道德”的看法存在差异。

全国

	官员	企业家	企业员工	农民	科教医群体	弱势群体	做小生意者	演艺界
传统道德观念	25.0%	24.4%	23.2%	23.6%	25.4%	23.4%	22.9%	24.0%
风俗习惯	18.5%	17.1%	20.5%	23.4%	17.9%	22.6%	21.4%	26.0%
大多数人认同的道德规范	17.1%	22.0%	16.2%	16.5%	18.5%	15.5%	15.7%	19.0%
当事人的共同利益和意志	9.2%	11.0%	10.4%	6.5%	8.2%	8.2%	9.6%	6.0%
自己的良心	21.2%	19.5%	24.6%	28.3%	22.8%	26.1%	26.4%	18.0%
意识形态的要求	9.0%	6.1%	5.1%	1.7%	7.2%	4.1%	4.0%	7.0%

如表所示，不同群体对于“您根据什么来判断某种行为是否符合伦理或道德”的看法存在差异。

由上表可知，江苏与全国居民在对于“您根据什么来判断某种行为是否符合伦理或道德问题”的选择上，存在差异。其中，所有群体在受“传统道德观念”影响和“自己的良心”的占比较大。但是，与全国居民的选择不同的是，江苏居民在选择“大多数人认同的道德规范”的比例上高于“风俗习惯”。因此，我们认为，在这一问题上，全国与江苏的居民认知存在差异。

C3a 请结合自己的情况进行选择：我会经常关心比我不幸的人

江苏

	官员	企业家	企业员工	农民	科教医群体	弱势群体	做小生意者	演艺界
完全不符合	2.9%	8.8%	3.1%	3.7%	2.0%	3.5%	2.4%	3.0%

续表

	官员	企业家	企业员工	农民	科教医群体	弱势群体	做小生意者	演艺界
有点符合	5.9%	23.5%	19.8%	23.1%	20.9%	20.3%	25.3%	12.1%
一般	32.4%	26.5%	33.8%	32.2%	33.2%	35.1%	33.7%	45.5%
比较符合	48.5%	32.4%	31.1%	34.3%	32.1%	33.1%	31.3%	27.3%
完全符合	10.3%	8.8%	12.2%	6.7%	11.7%	7.9%	7.2%	12.1%
$\chi^2=57.281$　sig = 0.001								

如表所示，不同群体对于“我会经常关心比我不幸的人”的看法上有显著差异。

全国

	官员	企业家	企业员工	农民	科教医群体	弱势群体	做小生意者	演艺界
完全不符合	1.8%	2.9%	3.0%	2.2%	4.9%	3.1%	3.5%	4.3%
有点符合	29.3%	29.4%	31.1%	29.9%	27.1%	29.5%	34.7%	28.3%
一般	24.6%	20.6%	35.0%	35.0%	26.6%	32.9%	31.0%	41.3%
比较符合	32.9%	29.4%	27.2%	28.4%	33.9%	29.6%	26.5%	21.7%
完全符合	11.4%	17.6%	3.6%	4.5%	7.5%	4.8%	4.3%	4.3%
$\chi^2=86.927$　sig = 0.000								

如表所示，不同群体对于“我会经常关心比我不幸的人”的看法上有显著差异。

由上表可知，江苏与全国居民在“我会经常关心比我不幸的人”的看法上，存在共识。其中，官员、企业家认为“比较符合”的占比较高。企业员工、弱势群体、做小生意者、演艺界人群认为“一般”的占比较高。所有群体中，认为“完全不符合”的占比均最低。因此，我们认为，在这一问题上，全国与江苏的居民认知存在共识。

C3b 请结合自己的情况进行选择：我时常会同情他人的难处

江苏

	官员	企业家	企业员工	农民	科教医群体	弱势群体	做小生意者	演艺界
完全不符合		5.9%	2.0%	2.7%	0.5%	2.4%	1.2%	6.1%
有点符合	5.9%	14.7%	19.8%	22.0%	19.5%	19.6%	26.0%	12.1%
一般	29.4%	23.5%	31.6%	33.2%	26.2%	34.1%	31.2%	30.3%

续表

	官员	企业家	企业员工	农民	科教医群体	弱势群体	做小生意者	演艺界
比较符合	52.9%	41.2%	37.2%	34.2%	38.5%	37.2%	35.0%	45.5%
完全符合	11.8%	14.7%	9.5%	8.0%	15.4%	6.6%	6.6%	6.1%
$\chi^2=67.291$ sig = 0.000								

如表所示，不同群体对于“我时常会同情他人的难处”的看法有显著差异。

全国

	官员	企业家	企业员工	农民	科教医群体	弱势群体	做小生意者	演艺界
完全不符合	1.8%	2.9%	3.0%	2.2%	4.9%	3.1%	3.5%	4.3%
有点符合	29.3%	29.4%	31.1%	29.9%	27.1%	29.5%	34.7%	28.3%
一般	24.6%	20.6%	35.0%	35.0%	26.6%	32.9%	31.0%	41.3%
比较符合	32.9%	29.4%	27.2%	28.4%	33.9%	29.6%	26.5%	21.7%
完全符合	11.4%	17.6%	3.6%	4.5%	7.5%	4.8%	4.3%	4.3%
$\chi^2=93.202$ sig = 0.000								

如表所示，不同群体对于“我时常会同情他人的难处”的看法有显著差异。

由上表可知，江苏与全国居民对于“我时常会同情他人的难处”的看法存在差异。官员、企业家、企业员工在选择上差异明显。因此，我们认为，在这一问题上，全国与江苏的居民认知存在共识。

C3c 请结合自己的情况进行选择：在做决定前，我会试着从每个人的立场去考虑问题

江苏

	官员	企业家	企业员工	农民	科教医群体	弱势群体	做小生意者	演艺界
完全不符合	1.5%	5.9%	3.2%	4.1%	2.0%	2.8%	4.2%	6.3%
有点符合	13.2%	20.6%	18.6%	19.3%	21.4%	19.2%	24.6%	25.0%
一般	23.5%	17.6%	36.7%	40.2%	29.6%	37.2%	32.9%	28.1%
比较符合	45.6%	44.1%	32.0%	31.1%	34.2%	32.1%	30.4%	28.1%
完全符合	16.2%	11.8%	9.5%	5.3%	12.8%	8.7%	7.9%	12.5%
$\chi^2=58.387$ sig = 0.001								

如表所示，不同群体对于“在做决定前，我会试着从每个人的立场去考虑问题”的看法有显著差异。

全国

	官员	企业家	企业员工	农民	科教医群体	弱势群体	做小生意者	演艺界
完全不符合	0.6%		2.1%	1.6%	1.6%	2.4%	2.4%	2.2%
有点符合	28.7%	32.4%	29.2%	30.5%	23.1%	27.5%	29.9%	28.3%
一般	24.0%	14.7%	36.4%	35.7%	25.6%	34.2%	33.6%	34.8%
比较符合	32.9%	35.3%	24.7%	25.5%	39.6%	27.6%	25.5%	32.6%
完全符合	13.8%	17.6%	7.6%	6.7%	10.1%	8.2%	8.5%	2.2%
$\chi^2=136.508$　sig = 0.000								

如表所示，不同群体对于“在做决定前，我会试着从每个人的立场去考虑问题”的看法有显著差异。

由上表可知，江苏与全国居民在对于“在做决定前，我会试着从每个人的立场去考虑问题”的看法上存在差异。其中，所有群体均偏向于选择“一般”、“比较符合”和“有点符合”，但江苏和全国的诸群体差异明显。因此，我们认为，在这一问题上，全国与江苏的居民认知存在差异。

C3d 请结合自己的情况进行选择：当我看到有人被利用时，时常想要保护他们

江苏

	官员	企业家	企业员工	农民	科教医群体	弱势群体	做小生意者	演艺界
完全不符合	5.9%	8.8%	4.5%	4.7%	2.6%	4.3%	4.0%	9.1%
有点符合	13.2%	20.6%	19.4%	24.9%	22.1%	21.8%	24.9%	24.2%
一般	29.4%	32.4%	37.6%	38.0%	31.8%	38.0%	39.2%	24.2%
比较符合	42.6%	35.3%	31.7%	27.7%	33.8%	30.3%	27.0%	24.2%
完全符合	8.8%	2.9%	6.8%	4.7%	9.7%	5.7%	4.8%	18.2%
$\chi^2=50.397$　sig = 0.006								

如表所示，不同群体对于“当我看到有人被利用时，时常想要保护他们”的看法有显著差异。

全国

	官员	企业家	企业员工	农民	科教医群体	弱势群体	做小生意者	演艺界
完全不符合	4.2%	2.9%	6.0%	3.9%	3.4%	6.3%	4.8%	
有点符合	19.2%	17.6%	25.2%	28.6%	19.9%	22.8%	28.3%	28.3%

续表

	官员	企业家	企业员工	农民	科教医群体	弱势群体	做小生意者	演艺界
一般	37.1%	38.2%	37.8%	38.4%	32.6%	39.7%	36.0%	39.1%
比较符合	28.7%	23.5%	24.4%	24.4%	33.9%	24.6%	24.3%	30.4%
完全符合	10.8%	17.6%	6.6%	4.8%	10.1%	6.6%	6.5%	2.2%
$\chi^2=103.874$ sig = 0.000								

如表所示，不同群体对于“当我看到有人被利用时，时常想要保护他们”的看法有显著差异。

由上表可知，江苏与全国居民在对于“当我看到有人被利用时，时常想要保护他们”的看法上存在共识。其中，所有群体均偏向于选择一般和比较符合，且这两部分占比之和均超过50%。因此，我们认为，在这一问题上，全国与江苏的居民认知存在共识。

C3e 请结合自己的情况进行选择：我有时会试图站在他人的角度，以更好地理解我的朋友

江苏

	官员	企业家	企业员工	农民	科教医群体	弱势群体	做小生意者	演艺界
完全不符合	1.5%	2.9%	2.2%	3.4%	1.0%	2.8%	3.2%	6.1%
有点符合	10.3%	20.6%	18.5%	20.7%	19.0%	19.7%	19.6%	27.3%
一般	30.9%	35.3%	30.9%	37.4%	24.1%	32.1%	32.1%	24.2%
比较符合	39.7%	26.5%	38.1%	32.3%	34.4%	35.6%	37.4%	36.4%
完全符合	17.6%	14.7%	10.3%	6.1%	21.5%	9.8%	7.7%	6.1%
$\chi^2=77.619$ sig = 0.000								

如表所示，不同群体对于“我有时会试图站在他人的角度，以更好地理解我的朋友”的看法有显著差异。

全国

	官员	企业家	企业员工	农民	科教医群体	弱势群体	做小生意者	演艺界
完全不符合	2.4%		4.4%	3.3%	1.8%	3.8%	3.1%	2.2%
有点符合	22.8%	17.6%	22.9%	26.6%	15.3%	23.9%	23.3%	17.4%
一般	29.3%	23.5%	35.0%	38.5%	27.2%	33.8%	34.8%	37.0%

续表

	官员	企业家	企业员工	农民	科教医群体	弱势群体	做小生意者	演艺界
比较符合	32.3%	35.3%	29.7%	26.5%	41.2%	31.0%	31.1%	39.1%
完全符合	13.2%	23.5%	8.1%	5.1%	14.5%	7.6%	7.6%	4.3%
$\chi^2=144.091$　sig = 0.000								

如表所示，不同群体对于“我有时会试图站在他人的角度，以更好地理解我的朋友”的看法有显著差异。

由上表可知，江苏与全国居民在对于“我有时会试图站在他人的角度，以更好地理解我的朋友”的看法上，存在差异。其中，在江苏官员、企业员工、科教医群体、演艺界认为“比较符合”的占比均高于其余选项。在全国企业员工、农民对于该问题的看法认为“一般”的高于其余选项。因此，我们认为，在这一问题上，全国与江苏的居民认知存在差异。

C3f 请结合自己的情况进行选择：他人的不幸通常不会给我带来很大的不安

江苏

	官员	企业家	企业员工	农民	科教医群体	弱势群体	做小生意者	演艺界
完全不符合	10.3%	14.7%	11.6%	11.1%	15.0%	12.0%	15.3%	6.1%
有点符合	10.3%	29.4%	19.9%	22.2%	20.7%	22.2%	21.5%	30.3%
一般	39.7%	35.3%	36.0%	37.2%	34.2%	35.2%	34.4%	33.3%
比较符合	33.8%	17.6%	25.5%	25.5%	20.7%	26.1%	23.1%	27.3%
完全符合	5.9%	2.9%	6.9%	4.0%	9.3%	4.5%	5.6%	3.0%
$\chi^2=40.036$　sig = 0.066								

如表所示，不同群体对于“他人的不幸通常不会给我带来很大的不安”的看法没有显著差异。

全国

	官员	企业家	企业员工	农民	科教医群体	弱势群体	做小生意者	演艺界
完全不符合	12.2%	8.8%	16.1%	10.7%	15.6%	14.1%	17.5%	15.2%
有点符合	21.3%	20.6%	25.7%	32.2%	19.3%	26.8%	28.0%	21.7%
一般	36.0%	26.5%	33.8%	33.7%	34.9%	34.6%	32.0%	34.8%
比较符合	25.6%	32.4%	19.9%	19.6%	25.0%	19.4%	17.8%	26.1%

续表

	官员	企业家	企业员工	农民	科教医群体	弱势群体	做小生意者	演艺界
完全符合	4.9%	11.8%	4.5%	3.8%	5.2%	5.1%	4.6%	2.2%
$\chi^2=95.065$ sig = 0.000								

如表所示，不同群体对于“他人的不幸通常不会给我带来很大的不安”的看法有显著差异。

由上表可知，江苏与全国居民在对于“他人的不幸通常不会给我带来很大的不安”这一看法上存在差异。在江苏官员、企业员工、科教医群体、农民、弱势群体、做小生意者、演艺界认为“一般”的占比较高，均超过30%。全国层面企业家对于该问题的看法认为“比较符合”的占比较高。因此，我们认为，在这一问题上，全国与江苏的居民认知存在差异。

C3g 请结合自己的情况进行选择：在观看电视剧或电影之后，我会感觉到自己仿佛成了其中的一个角色

江苏

	官员	企业家	企业员工	农民	科教医群体	弱势群体	做小生意者	演艺界
完全不符合	17.9%	17.6%	15.6%	19.6%	18.0%	21.5%	19.6%	9.1%
有点符合	11.9%	17.6%	19.5%	21.4%	21.6%	21.0%	22.4%	9.1%
一般	38.8%	35.3%	31.6%	33.5%	30.9%	29.1%	32.5%	54.5%
比较符合	22.4%	23.5%	25.9%	20.2%	21.1%	22.6%	19.8%	15.2%
完全符合	9.0%	5.9%	7.4%	5.4%	8.2%	5.8%	5.8%	12.1%
$\chi^2=50.951$ sig = 0.005								

如表所示，不同群体对于“在观看电视剧或电影之后，我会感觉到自己仿佛成了其中的一个角色”的看法有显著差异。

全国

	官员	企业家	企业员工	农民	科教医群体	弱势群体	做小生意者	演艺界
完全不符合	25.6%	12.5%	14.4%	17.6%	18.4%	14.0%	16.6%	10.9%
有点符合	17.7%	12.5%	24.1%	25.0%	19.9%	23.1%	25.2%	19.6%
一般	32.3%	37.5%	35.2%	34.5%	33.4%	34.4%	33.2%	45.7%
比较符合	19.5%	34.4%	21.6%	19.8%	21.8%	22.8%	20.9%	19.6%

续表

	官员	企业家	企业员工	农民	科教医群体	弱势群体	做小生意者	演艺界
完全符合	4.9%	3.1%	4.7%	3.1%	6.5%	5.6%	4.1%	4.3%
$\chi^2=66.688$　sig = 0.000								

如表所示，不同群体对于“在观看电视剧或电影之后，我会感觉到自己仿佛成了其中的一个角色”的看法有显著差异。

由上表可知，江苏与全国居民在对于“在观看电视剧或电影之后，我会感觉到自己仿佛成了其中的一个角色”的看法上存在共识。各个群体表示“一般”的占比均最高；认为“完全符合”的占比都是最少的，且都不足10%。因此，我们认为，在这一问题上，全国与江苏的居民认知存在共识。

C3h 请结合自己的情况进行选择：当我对某人很不耐烦的时候，我通常会暂时站在他/她的位置上

江苏

	官员	企业家	企业员工	农民	科教医群体	弱势群体	做小生意者	演艺界
完全不符合	10.6%	8.8%	7.3%	8.0%	11.3%	9.0%	9.3%	6.1%
有点符合	19.7%	32.4%	22.8%	23.7%	25.8%	23.5%	25.8%	27.3%
一般	36.4%	23.5%	34.5%	37.4%	33.0%	38.1%	34.9%	30.3%
比较符合	22.7%	32.4%	30.3%	26.4%	23.2%	22.7%	24.0%	21.2%
完全符合	10.6%	2.9%	5.1%	4.5%	6.7%	6.8%	6.0%	15.2%
$\chi^2=46.094$　sig = 0.017								

如表所示，不同群体对于“当我对某人很不耐烦的时候，我通常会暂时站在他/她的位置上”的看法有显著差异。

全国

	官员	企业家	企业员工	农民	科教医群体	弱势群体	做小生意者	演艺界
完全不符合	10.3%	12.1%	10.3%	10.0%	12.3%	11.1%	11.3%	8.7%
有点符合	23.0%	18.2%	27.3%	33.3%	23.0%	27.4%	27.6%	30.4%
一般	35.2%	33.3%	34.3%	33.1%	32.7%	35.4%	33.1%	45.7%
比较符合	20.0%	30.3%	21.4%	19.3%	27.2%	20.7%	21.8%	15.2%
完全符合	11.5%	6.1%	6.7%	4.4%	4.7%	5.4%	6.2%	
$\chi^2=73.786$　sig = 0.000								

如表所示，不同群体对于“当我对某人很不耐烦的时候，我通常会暂时站在他/她的位置上”的看法有显著差异。

由上表可知，江苏与全国居民在对于“当我对某人很不耐烦的时候，我通常会暂时站在他/她的位置上”的看法上，存在共识。各个群体表示“一般”的占比均最高，且都超过30%。因此，我们认为，在这一问题上，全国与江苏的居民认知存在共识。

C3i 请结合自己的情况进行选择：当我在读一个有趣的故事或者看一部电影的时候，会想象如果这些事情发生在自己身上，我会是怎样的感受

江苏

	官员	企业家	企业员工	农民	科教医群体	弱势群体	做小生意者	演艺界
完全不符合	11.8%	5.9%	11.5%	16.5%	10.8%	15.1%	15.1%	6.1%
有点符合	19.1%	14.7%	18.5%	19.5%	18.6%	23.0%	17.9%	21.2%
一般	30.9%	38.2%	34.6%	35.9%	37.6%	30.2%	32.6%	30.3%
比较符合	27.9%	23.5%	27.4%	22.6%	23.7%	25.6%	28.1%	36.4%
完全符合	10.3%	17.6%	7.9%	5.6%	9.3%	6.2%	6.3%	6.1%
$\chi^2=54.038$ sig = 0.002								

如表所示，不同群体对于“当我在读一个有趣的故事或者看一部电影的时候，会想象如果这些事情发生在自己身上，我会是怎样的感受”的看法有显著差异。

全国

	官员	企业家	企业员工	农民	科教医群体	弱势群体	做小生意者	演艺界
完全不符合	11.7%	6.1%	11.1%	15.6%	12.2%	11.4%	14.2%	10.9%
有点符合	21.0%	24.2%	24.4%	26.5%	20.6%	24.4%	24.6%	21.7%
一般	33.3%	30.3%	34.6%	35.2%	29.2%	32.5%	32.8%	39.1%
比较符合	26.5%	21.2%	22.5%	18.9%	31.5%	24.9%	21.9%	28.3%
完全符合	7.4%	18.2%	7.4%	3.8%	6.5%	6.8%	6.5%	
$\chi^2=111.697$ sig = 0.000								

如表所示，不同群体对于“当我在读一个有趣的故事或者看一部电影的时候，会想象如果这些事情发生在自己身上，我会是怎样的感受”的看法有显著差异。

由上表可知，江苏与全国居民在对于“当我在读一个有趣的故事或者看一部

电影的时候，会想象如果这些事情发生在自己身上，我会是怎样的感受”的看法上存在差异。在江苏，各群体都表示“一般”的占比最高；但在全国，科教医群体倾向于选择“比较符合”。因此，我们认为，在这一问题上，全国与江苏的居民认知存在差异。

C3j 请结合自己的情况进行选择：在批评他人之前，我会尝试想象一下如果我处于那个位置会是什么感受

江苏

	官员	企业家	企业员工	农民	科教医群体	弱势群体	做小生意者	演艺界
完全不符合	1.5%	5.9%	2.9%	4.7%	3.1%	4.1%	3.2%	
有点符合	11.8%	23.5%	17.2%	18.7%	21.1%	19.7%	22.4%	27.3%
一般	33.8%	20.6%	35.3%	38.4%	35.1%	37.2%	37.7%	36.4%
比较符合	42.6%	38.2%	37.3%	33.0%	27.8%	31.5%	29.4%	30.3%
完全符合	10.3%	11.8%	7.3%	5.2%	12.9%	7.6%	7.3%	6.1%
$\chi^2=50.085$　sig = 0.006								

如表所示，不同群体对于“在批评他人之前，我会尝试想象一下如果我处于那个位置会是什么感受”的看法有显著差异。

全国

	官员	企业家	企业员工	农民	科教医群体	弱势群体	做小生意者	演艺界
完全不符合	3.6%	8.8%	6.8%	7.9%	4.9%	8.4%	8.5%	2.2%
有点符合	24.8%	23.5%	26.9%	30.2%	19.5%	26.0%	27.4%	21.7%
一般	32.7%	23.5%	33.2%	35.4%	34.1%	34.4%	32.4%	47.8%
比较符合	30.3%	26.5%	25.5%	22.1%	32.8%	24.7%	23.7%	26.1%
完全符合	8.5%	17.6%	7.6%	4.4%	8.6%	6.6%	8.0%	2.2%
$\chi^2=92.632$　sig = 0.000								

如表所示，不同群体对于“在批评他人之前，我会尝试想象一下如果我处于那个位置会是什么感受”的看法有显著差异。

由上表可知，江苏与全国居民在对于“在批评他人之前，我会尝试想象一下如果我处于那个位置会是什么感受”的这一看法上，存在差异。在江苏，官员、企业家、企业员工认为“比较符合”的占比较高；但两者的农民、科教医群体、弱势群体、做小生意者、演艺界则认为“一般”的占比高于“比较符合”的占

比。因此，我们认为，在这一问题上，全国与江苏的居民的认知存在差异。

C4a 您认为当今中国社会最重要和最需要的德性是？（第一位）

江苏

	官员	企业家	企业员工	农民	科教医群体	弱势群体	做小生意者	演艺界
爱（仁爱、博爱、友爱）	27.9%	26.5%	27.1%	21.1%	31.1%	24.8%	22.3%	36.4%
义（道义、义务）	4.4%	2.9%	3.4%	3.8%	5.1%	3.7%	3.4%	3.0%
宽容	1.5%	2.9%	4.1%	4.1%	3.6%	3.5%	4.4%	
责任	8.8%	8.8%	4.8%	4.4%	5.6%	5.9%	7.0%	6.1%
公正	22.1%	8.8%	14.7%	15.1%	12.2%	15.6%	12.1%	9.1%
诚信	13.2%	23.5%	16.1%	18.0%	18.4%	17.6%	17.5%	6.1%
忠恕（将心比心）			1.8%	2.2%	2.6%	1.5%	1.6%	6.1%
理智			0.3%	0.3%		0.5%	1.2%	3.0%
节制			1.0%	1.5%		0.5%	1.0%	9.1%
谦让	2.9%		2.6%	4.1%	1.5%	2.6%	3.8%	
勇敢			1.2%	1.5%	2.0%	1.4%	2.4%	
正直	2.9%		4.3%	2.0%	2.0%	2.5%	4.2%	
善良	5.9%		5.5%	7.4%	2.0%	8.0%	6.4%	9.1%
孝敬	10.3%	26.5%	12.7%	14.1%	12.8%	11.7%	11.1%	12.1%
敬业			0.5%	0.4%	1.0%	0.1%	1.4%	
其他				0.1%		0.1%		
$\chi^2=166.618$ sig = 0.000								

如表所示，不同群体对于“当今中国社会最重要和最需要的德性（第一位）”的选择有显著差异。

全国

	官员	企业家	企业员工	农民	科教医群体	弱势群体	做小生意者	演艺界
爱（仁爱、博爱、友爱）	33.5%	23.5%	32.2%	25.9%	31.8%	29.8%	25.6%	35.6%
义（道义、义务）	6.0%	8.8%	4.0%	4.4%	3.4%	3.7%	2.9%	6.7%
宽容	3.0%		5.0%	3.7%	4.1%	4.2%	5.5%	2.2%
责任	6.0%	11.8%	11.3%	7.7%	7.2%	7.9%	10.4%	4.4%
公正	14.4%	11.8%	12.2%	13.3%	11.9%	11.6%	14.4%	15.6%
诚信	11.4%	20.6%	9.9%	12.0%	13.4%	9.6%	11.0%	17.8%

续表

	官员	企业家	企业员工	农民	科教医群体	弱势群体	做小生意者	演艺界
忠恕（将心比心）	0.6%		1.8%	1.8%	1.0%	2.3%	2.2%	2.2%
理智			0.7%	0.7%	0.5%	0.6%	0.9%	
节制	1.8%		1.8%	1.9%	0.5%	1.7%	0.9%	2.2%
谦让	2.4%		3.0%	2.1%	2.3%	2.1%	2.2%	2.2%
勇敢			0.5%	0.4%	0.8%	0.8%	0.7%	
正直	1.8%		1.0%	1.3%	1.3%	1.2%	1.2%	
善良	4.2%	5.9%	4.6%	6.8%	6.7%	6.2%	4.2%	2.2%
孝敬	13.2%	17.6%	11.3%	17.9%	14.2%	17.6%	17.4%	8.9%
敬业	1.8%		0.6%	0.1%	0.8%	0.3%	0.5%	
其他			0.1%			0.3%		
$\chi^2=209.644$　sig = 0.000								

如表所示，不同群体对于“当今中国社会最重要和最需要的德性（第一位）”的选择有显著差异。

由上表可知，江苏与全国居民对于“当今中国社会最重要和最需要的德性排第一位”的选择上存在共识。“爱”最高，选择“公正”和“诚信”的也不少。因此，我们认为，在这一问题上，全国与江苏的居民认知存在共识。

C4b 您认为当今中国社会最重要和最需要的德性是？（第二位）

江苏

	官员	企业家	企业员工	农民	科教医群体	弱势群体	做小生意者	演艺界
爱（仁爱、博爱、友爱）	8.8%	5.9%	11.0%	9.8%	13.3%	10.9%	11.7%	24.2%
义（道义、义务）	10.3%	5.9%	16.8%	10.0%	13.8%	11.9%	8.9%	15.2%
宽容	8.8%	14.7%	6.6%	5.0%	7.7%	6.3%	6.4%	15.2%
责任	5.9%		8.5%	6.0%	9.7%	8.7%	9.9%	6.1%
公正	19.1%	17.6%	11.8%	14.1%	14.8%	13.0%	12.9%	6.1%
诚信	20.6%	20.6%	16.6%	16.8%	14.8%	17.2%	16.1%	6.1%
忠恕（将心比心）	2.9%	2.9%	2.2%	3.4%	2.6%	2.4%	1.8%	
理智	1.5%	2.9%	1.2%	1.1%	2.0%	1.1%	1.8%	
节制	1.5%	2.9%	1.8%	4.4%	1.0%	2.7%	3.2%	

续表

	官员	企业家	企业员工	农民	科教医群体	弱势群体	做小生意者	演艺界
谦让	1.5%		3.0%	3.8%	2.0%	2.4%	3.0%	9.1%
勇敢	1.5%		2.0%	2.5%	0.5%	1.7%	3.2%	
正直	2.9%	2.9%	3.0%	2.4%	1.5%	2.6%	4.0%	
善良	4.4%	11.8%	6.9%	10.5%	9.2%	8.9%	8.0%	3.0%
孝敬	8.8%	5.9%	7.9%	8.6%	4.6%	9.2%	8.0%	9.1%
敬业	1.5%	5.9%	0.7%	1.3%	2.6%	1.0%	1.0%	6.1%
其他				0.1%				
$\chi^2=161.157$ sig = 0.000								

如表所示，不同群体对于“当今中国社会最重要和最需要的德性（第二位）”的选择有显著差异。

全国

	官员	企业家	企业员工	农民	科教医群体	弱势群体	做小生意者	演艺界
爱（仁爱、博爱、友爱）	12.0%	17.6%	12.2%	9.5%	11.4%	11.1%	10.9%	11.1%
义（道义、义务）	15.1%	2.9%	12.2%	10.1%	16.0%	12.4%	9.6%	20.0%
宽容	6.6%	14.7%	10.2%	8.1%	8.3%	10.3%	9.5%	4.4%
责任	11.4%	17.6%	10.8%	11.4%	10.9%	11.0%	12.2%	11.1%
公正	9.6%	5.9%	13.9%	11.7%	11.9%	11.0%	12.6%	6.7%
诚信	21.7%	17.6%	14.6%	16.5%	16.5%	14.5%	18.2%	17.8%
忠恕（将心比心）	3.6%	5.9%	3.1%	5.2%	2.3%	4.1%	3.3%	2.2%
理智			1.0%	1.5%	0.5%	1.1%	1.5%	2.2%
节制	3.0%	2.9%	3.4%	2.0%	2.6%	2.2%	1.3%	2.2%
谦让	1.2%		1.9%	2.9%	2.6%	2.1%	1.8%	4.4%
勇敢	0.6%		1.3%	1.3%	0.8%	1.6%	1.0%	
正直	1.2%		2.0%	3.0%	2.1%	2.0%	2.0%	2.2%
善良	4.8%	2.9%	4.9%	6.6%	5.4%	7.4%	6.6%	2.2%
孝敬	6.6%	8.8%	7.3%	9.4%	7.0%	8.2%	8.1%	8.9%
敬业	2.4%	2.9%	1.2%	0.9%	1.8%	1.1%	1.4%	4.4%
其他								
$\chi^2=169.420$ sig = 0.000								

如表所示，不同群体对于“当今中国社会最重要和最需要的德性（第二位）”

的选择有显著差异。

由上表可知，江苏与全国居民在对于“当今中国社会最重要和最需要的德性（第二位）”的选择上存在共识。全国和江苏都是对“诚信”的选择更多，其他选项的占比差异不明显。因此，我们认为，在这一问题上，全国与江苏的居民认知存在共识。

C4c 您认为当今中国社会最重要和最需要的德性是？第三位

江苏

	官员	企业家	企业员工	农民	科教医群体	弱势群体	做小生意者	演艺界
爱（仁爱、博爱、友爱）	7.4%	20.6%	7.2%	5.5%	9.7%	7.7%	7.6%	12.1%
义（道义、义务）	4.4%	14.7%	7.5%	6.1%	5.6%	6.4%	7.4%	3.0%
宽容	17.6%	14.7%	18.9%	18.9%	20.4%	15.6%	18.7%	21.2%
责任	19.1%	8.8%	14.5%	12.9%	15.3%	13.0%	13.1%	9.1%
公正	5.9%	5.9%	6.6%	7.7%	6.6%	8.6%	8.5%	3.0%
诚信	8.8%	8.8%	10.3%	11.1%	15.3%	11.8%	9.9%	12.1%
忠恕（将心比心）	4.4%		2.4%	4.1%	1.0%	2.9%	5.2%	15.2%
理智	4.4%		3.9%	3.8%	2.6%	3.9%	3.6%	3.0%
节制	1.5%		1.8%	2.4%	1.5%	1.8%	2.4%	
谦让		2.9%	2.6%	2.4%	1.0%	2.6%	1.0%	6.1%
勇敢	1.5%	2.9%	3.3%	2.9%	2.0%	3.0%	3.2%	3.0%
正直	11.8%	8.8%	4.9%	5.9%	4.6%	6.2%	5.8%	
善良	2.9%	8.8%	6.8%	8.6%	6.1%	7.6%	4.2%	9.1%
孝敬	4.4%	2.9%	6.7%	6.8%	5.6%	7.2%	5.8%	3.0%
敬业	5.9%		2.5%	0.9%	2.6%	1.7%	3.4%	

$\chi^2=132.264$　sig = 0.012

如表所示，不同群体对于“当今中国社会最重要和最需要的德性（第三位）”的选择有显著差异。

全国

	官员	企业家	企业员工	农民	科教医群体	弱势群体	做小生意者	演艺界
爱（仁爱、博爱、友爱）	6.0%	5.9%	6.0%	5.8%	8.0%	6.0%	6.2%	8.9%

续表

	官员	企业家	企业员工	农民	科教医群体	弱势群体	做小生意者	演艺界
义（道义、义务）	5.4%	5.9%	4.4%	4.2%	7.0%	4.9%	4.4%	2.2%
宽容	18.1%	5.9%	15.5%	16.0%	15.8%	16.9%	14.7%	22.2%
责任	20.5%	20.6%	16.3%	14.9%	14.2%	15.6%	16.5%	22.2%
公正	7.2%	2.9%	9.2%	9.7%	10.3%	8.4%	8.4%	2.2%
诚信	14.5%	20.6%	15.2%	12.7%	11.9%	13.8%	14.8%	13.3%
忠恕（将心比心）	4.2%		4.9%	6.7%	4.4%	4.4%	4.5%	6.7%
理智	3.6%		3.7%	4.4%	2.3%	4.0%	2.9%	2.2%
节制	1.8%	2.9%	2.8%	1.9%	3.4%	2.3%	2.3%	2.2%
谦让	3.6%		3.7%	3.3%	3.6%	3.1%	4.0%	2.2%
勇敢	0.6%	5.9%	1.3%	2.3%	1.6%	2.1%	1.4%	
正直	6.0%	5.9%	3.9%	5.8%	5.4%	4.3%	4.1%	2.2%
善良	1.8%	11.8%	5.6%	5.5%	3.9%	6.3%	6.4%	4.4%
孝敬	5.4%	11.8%	5.4%	5.8%	6.2%	6.4%	7.8%	4.4%
敬业	1.2%		2.1%	0.8%	2.1%	1.6%	1.5%	4.4%
$\chi^2=136.290$　sig = 0.006								

如表所示，不同群体对于“当今中国社会最重要和最需要的德性（第三位）”的选择有显著差异。

由上表可知，江苏与全国居民在对于“当今中国社会最重要和最需要的德性（第三位）”的选择上存在共识。其中，各个群体对于“宽容”“责任”“公正”“诚信”的重视度较高。因此，我们认为，在这一问题上，全国与江苏的居民认知存在共识。

C4d 您认为当今中国社会最重要和最需要的德性是？第四位

江苏

	官员	企业家	企业员工	农民	科教医群体	弱势群体	做小生意者	演艺界
爱（仁爱、博爱、友爱）	4.4%	2.9%	5.3%	6.2%	6.6%	6.2%	4.6%	
义（道义、义务）	4.4%	2.9%	5.0%	4.5%	5.1%	6.3%	4.4%	9.1%
宽容	4.4%	2.9%	9.2%	7.3%	8.2%	8.3%	9.1%	
责任	16.2%	20.6%	21.8%	18.2%	19.4%	18.5%	16.7%	24.2%

续表

	官员	企业家	企业员工	农民	科教医群体	弱势群体	做小生意者	演艺界
公正	8.8%	17.6%	8.6%	8.1%	10.2%	8.3%	7.9%	12.1%
诚信	20.6%	11.8%	9.4%	9.0%	12.2%	10.2%	12.7%	12.1%
忠恕（将心比心）			2.5%	2.1%	1.5%	2.9%	1.6%	3.0%
理智	1.5%		3.1%	3.6%	2.0%	3.4%	2.4%	3.0%
节制	2.9%		2.1%	3.5%	4.1%	2.7%	3.0%	3.0%
谦让	4.4%	5.9%	4.0%	5.8%	4.1%	3.7%	5.6%	3.0%
勇敢	1.5%		1.4%	3.2%	2.0%	2.0%	1.8%	3.0%
正直	11.8%	5.9%	5.3%	4.2%	4.1%	4.3%	4.8%	6.1%
善良	13.2%	17.6%	12.8%	13.1%	8.7%	11.9%	14.3%	12.1%
孝敬	4.4%	11.8%	7.4%	10.0%	7.7%	9.3%	9.5%	9.1%
敬业	1.5%		2.1%	1.3%	4.1%	2.0%	1.4%	
$\chi^2=106.793$　sig = 0.255								

如表所示，不同群体对于“当今中国社会最重要和最需要的德性（第四位）”的选择没有显著差异。

全国

	官员	企业家	企业员工	农民	科教医群体	弱势群体	做小生意者	演艺界
爱（仁爱、博爱、友爱）	7.8%	2.9%	4.6%	4.4%	6.2%	4.9%	4.8%	
义（道义、义务）	3.6%	2.9%	4.3%	3.4%	5.4%	4.2%	5.2%	8.9%
宽容	2.4%	14.7%	6.5%	7.5%	6.7%	9.3%	7.6%	4.4%
责任	19.9%	8.8%	12.9%	14.1%	19.6%	14.7%	15.1%	22.2%
公正	12.7%	17.6%	10.0%	11.5%	10.3%	9.8%	9.3%	15.6%
诚信	9.6%	2.9%	13.3%	11.8%	11.6%	11.7%	11.6%	4.4%
忠恕（将心比心）	3.0%	2.9%	3.2%	4.4%	2.8%	2.9%	3.5%	4.4%
理智	2.4%	2.9%	3.9%	3.6%	3.4%	4.3%	4.0%	4.4%
节制	2.4%		4.1%	4.2%	3.1%	3.4%	3.6%	2.2%
谦让	5.4%	8.8%	6.7%	4.9%	3.6%	4.9%	5.7%	4.4%
勇敢	4.2%	8.8%	2.2%	3.3%	1.6%	3.2%	2.4%	4.4%
正直	4.8%		5.1%	5.7%	7.2%	4.9%	4.9%	2.2%
善良	12.0%	5.9%	11.6%	11.2%	6.7%	11.9%	10.0%	6.7%
孝敬	6.6%	17.6%	9.0%	8.9%	7.5%	8.1%	10.5%	13.3%

续表

	官员	企业家	企业员工	农民	科教医群体	弱势群体	做小生意者	演艺界
敬业	3.0%	2.9%	2.5%	1.1%	4.1%	1.7%	1.9%	2.2%
$\chi^2=173.081$ sig = 0.000								

如表所示，不同群体对于“当今中国社会最重要和最需要的德性（第四位）”的选择有显著差异。

由上表可知，江苏与全国居民在对于“当今中国社会最重要和最需要的德性（第四位）”的选择上存在差异。其中，各个群体对于“宽容”“责任”“公正”“诚信”的重视度不同。因此，我们认为，在这一问题上，全国与江苏的居民认知存在差异。

C4e 您认为当今中国社会最重要和最需要的德性是？第五位

江苏

	官员	企业家	企业员工	农民	科教医群体	弱势群体	做小生意者	演艺界
爱（仁爱、博爱、友爱）	7.4%	5.9%	7.9%	7.5%	5.1%	8.1%	7.1%	3.0%
义（道义、义务）	2.9%	8.8%	8.1%	8.5%	4.1%	8.4%	5.4%	9.1%
宽容	4.4%	2.9%	3.6%	5.1%	5.6%	3.8%	4.8%	6.1%
责任	2.9%	2.9%	8.2%	6.7%	8.2%	8.1%	8.1%	
公正	10.3%	5.9%	11.9%	8.9%	10.2%	9.3%	9.1%	12.1%
诚信	8.8%	5.9%	9.4%	10.4%	7.1%	8.8%	7.9%	12.1%
忠恕（将心比心）	1.5%	5.9%	3.7%	4.0%	2.6%	4.5%	4.6%	3.0%
理智	2.9%	5.9%	3.1%	3.5%	4.1%	3.0%	4.8%	6.1%
节制	2.9%	5.9%	2.2%	1.3%	4.6%	2.4%	4.0%	3.0%
谦让	4.4%	2.9%	5.1%	4.9%	4.1%	4.8%	7.7%	
勇敢	4.4%	2.9%	3.5%	3.7%	1.5%	3.4%	3.8%	6.1%
正直	17.6%	11.8%	6.8%	6.3%	7.7%	5.6%	3.0%	
善良	10.3%	8.8%	12.9%	13.4%	17.9%	14.7%	13.3%	15.2%
孝敬	10.3%	8.8%	9.4%	12.1%	9.2%	11.4%	11.9%	12.1%
敬业	8.8%	14.7%	4.1%	3.9%	8.2%	3.7%	4.4%	12.1%
$\chi^2=138.870$ sig = 0.004								

如表所示，不同群体对于“当今中国社会最重要和最需要的德性（第五位）”的选择有显著差异。

全国

	官员	企业家	企业员工	农民	科教医群体	弱势群体	做小生意者	演艺界
爱（仁爱、博爱、友爱）	6.1%	5.9%	4.9%	4.0%	4.7%	5.3%	6.1%	6.7%
义（道义、义务）	7.3%	5.9%	4.6%	4.2%	3.6%	4.5%	4.6%	6.7%
宽容	1.8%	2.9%	4.7%	5.7%	4.1%	5.3%	5.3%	2.2%
责任	3.6%	5.9%	7.3%	8.7%	8.5%	7.5%	7.7%	4.4%
公正	11.5%	5.9%	9.2%	7.9%	9.6%	7.1%	8.0%	8.9%
诚信	6.7%	14.7%	9.8%	11.6%	11.7%	11.2%	11.0%	8.9%
忠恕（将心比心）	3.6%	11.8%	4.1%	4.5%	4.7%	4.8%	3.5%	11.1%
理智	5.5%	2.9%	4.7%	4.0%	4.1%	4.2%	5.3%	15.6%
节制	1.2%	2.9%	3.7%	3.1%	2.6%	3.5%	3.2%	
谦让	7.9%	2.9%	6.8%	6.3%	6.0%	6.4%	6.7%	2.2%
勇敢	3.0%	8.8%	2.9%	3.3%	3.4%	4.0%	3.1%	2.2%
正直	7.9%	14.7%	5.7%	9.8%	6.5%	7.8%	7.5%	8.9%
善良	10.9%	8.8%	11.0%	9.1%	12.4%	9.9%	9.6%	6.7%
孝敬	12.7%	2.9%	14.2%	13.7%	12.7%	13.8%	13.1%	13.3%
敬业	10.3%	2.9%	6.3%	4.2%	5.4%	4.7%	5.3%	2.2%
$\chi^2 = 147.893$　sig = 0.000								

如表所示，不同群体在对于“当今中国社会最重要和最需要的德性（第五位）”的选择上有显著差异。

由上表可知，江苏与全国居民在对于“当今中国社会最重要和最需要的德性（第五位）”的选择上存在共识。其中，各个群体对于“宽容”“正直”“善良”“孝敬”的重视度不同。因此，我们认为，在这一问题上，全国与江苏的居民认知存在共识。

C5 一个制药厂做药品销售时，出资50万元请您向公众介绍自己服药后的良好效果，您过去服用这药时并没有效果，但也没有发现很大的副作用，您将如何决定

江苏

	官员	企业家	企业员工	农民	科教医群体	弱势群体	做小生意者	演艺界
接受邀请，心安理得	13.2%	8.8%	11.5%	15.3%	12.9%	10.3%	14.3%	3.0%

续表

	官员	企业家	企业员工	农民	科教医群体	弱势群体	做小生意者	演艺界
接受邀请，心里不安，但这笔巨款很有吸引力	11.8%	32.4%	15.1%	11.8%	8.2%	13.3%	16.9%	39.4%
拒绝，这是虚假广告欺骗大众	75.0%	58.8%	73.2%	72.7%	78.4%	76.1%	68.1%	57.6%
其他			0.2%	0.3%	0.5%	0.3%	0.6%	
$\chi^2=60.012$ sig = 0.000								

如表所示，不同群体对于“一个制药厂做药品销售时，出资50万元请您向公众介绍自己服药后的良好效果，您过去服用这药时并没有效果，但也没有发现很大的副作用，您将如何决定”的选择有显著差异。

全国

	官员	企业家	企业员工	农民	科教医群体	弱势群体	做小生意者	演艺界
接受邀请，心安理得	12.0%	15.2%	12.0%	10.5%	9.1%	12.0%	11.6%	9.1%
接受邀请，心里不安，但这笔巨款很有吸引力	20.4%	27.3%	21.4%	15.8%	17.6%	20.2%	23.4%	15.9%
拒绝，这是虚假广告欺骗大众	67.1%	57.6%	66.4%	73.4%	73.1%	67.2%	64.5%	75.0%
其他	0.6%		0.2%	0.2%	0.3%	0.6%	0.5%	
$\chi^2=56.962$ sig = 0.000								

如表所示，不同群体对于“一个制药厂做药品销售时，出资50万元请您向公众介绍自己服药后的良好效果，您过去服用这药时并没有效果，但也没有发现很大的副作用，您将如何决定”的选择有显著差异。

由上表可知，江苏与全国居民在对于“一个制药厂做药品销售时，出资50万请您向公众介绍自己服药后的良好效果，您过去服用这药时并没有效果，但也没有发现很大的副作用，您将如何决定”的选择上存在共识。其中，各个群体对于“拒绝，这是虚假广告欺骗大众”的认同度较高，占比均超过55%。因此，我们认为，在这一问题上，全国与江苏的居民认知存在共识。

C6 您正在申请一个重要的职位，如果具有两次以上在敬老院做义工的经历（不需要出具证据），将可能优先获得这个职位，您将如何决定

江苏

	官员	企业家	企业员工	农民	科教医群体	弱势群体	做小生意者	演艺界
如实填报，没做过义工，今后多参加这类活动	82.4%	61.8%	75.7%	78.7%	76.5%	76.8%	72.0%	72.7%
填报参加过两次义工，这机会太重要了，反正不需要出具证据	8.8%	32.4%	14.9%	14.7%	12.8%	13.4%	16.9%	24.2%
先填报，交表之后去做两次义工	8.8%	5.9%	9.3%	6.1%	10.2%	9.7%	10.7%	3.0%
其他			0.2%	0.5%	0.5%	0.2%	0.4%	
$\chi^2=33.090$　sig = 0.045								

如表所示，不同群体对于“您正在申请一个重要的职位，如果具有两次以上在敬老院做义工的经历（不需要出具证据），将可能优先获得这个职位，您将如何决定”的选择有显著差异。

全国

	官员	企业家	企业员工	农民	科教医群体	弱势群体	做小生意者	演艺界
如实填报，没做过义工，今后多参加这类活动	74.7%	66.7%	70.5%	76.4%	75.8%	73.1%	70.0%	55.6%
填报参加过两次义工，这机会太重要了，反正不需要出具证据	10.8%	15.2%	17.9%	11.6%	9.9%	16.1%	17.0%	24.4%
先填报，交表之后去做两次义工	14.5%	18.2%	11.3%	11.8%	13.5%	10.3%	12.3%	20.0%
其他			0.3%	0.2%	0.8%	0.4%	0.7%	
$\chi^2=71.914$　sig = 0.000								

如表所示，不同群体对于“您正在申请一个重要的职位，如果具有两次以上在敬老院做义工的经历（不需要出具证据），将可能优先获得这个职位，您将如何决定”的选择有显著差异。

由上表可知，江苏与全国居民在对于“您正在申请一个重要的职位，如果具有两次以上在敬老院做义工的经历（不需要出具证据），将可能优先获得这个职位，您将如何决定”的选择上存在共识。其中，各个群体对于“如实填报，没做过义工，今后多参加这类活动”的选择较高，占比均超过55%，多数达到70%及以上。因此，我们认为，在这一问题上，全国与江苏的居民认知存在共识。

C7 如果您全权代表本单位与另一单位进行项目谈判，对方要求您给予一千万元的优惠，事成之后将您正在寻找工作的女儿安排到这一单位并且获得较好职位，您将如何决定

江苏

	官员	企业家	企业员工	农民	科教医群体	弱势群体	做小生意者	演艺界
拒绝，不能以公谋私	82.4%	73.5%	80.3%	75.3%	80.4%	74.8%	73.3%	81.8%
接受，女儿前途重要，并且我有权决定	17.6%	26.5%	19.2%	24.6%	17.0%	24.4%	26.1%	18.2%
其他			0.5%	0.1%	2.6%	0.8%	0.6%	
χ^2 = 38.061　sig = 0.001								

如表所示，不同群体对于“如果您全权代表本单位与另一单位进行项目谈判，对方要求您给予一千万元的优惠，事成之后将您正在寻找工作的女儿安排到这一单位并且获得较好职位，您将如何决定”的选择有显著差异。

全国

	官员	企业家	企业员工	农民	科教医群体	弱势群体	做小生意者	演艺界
拒绝，不能以公谋私	75.2%	75.0%	77.8%	81.9%	80.5%	75.7%	73.9%	80.0%
接受，女儿前途重要，并且我有权决定	22.4%	25.0%	21.4%	17.5%	17.1%	23.1%	25.2%	15.6%
其他	2.4%		0.9%	0.6%	2.3%	1.2%	1.0%	4.4%
χ^2 = 61.460　sig = 0.000								

如表所示，不同群体对于“如果您全权代表本单位与另一单位进行项目谈判，对方要求您给予一千万元的优惠，事成之后将您正在寻找工作的女儿安排到这一单位并且获得较好职位，您将如何决定”的选择有显著差异。

由上表可知，江苏与全国居民在对于“如果您全权代表本单位与另一单位进行项目谈判，对方要求您给予一千万元的优惠，事成之后将您正在寻找工作的女儿安排到这一单位并且获得较好职位，您将如何决定”的选择上存在共识。其中，各个群体对于“拒绝，不能以公谋私”的选择较高，占比均超过70%。因此，我们认为，在这一问题上，全国与江苏的居民认知存在共识。

C8 现在社会上有些人不守道德反而占了便宜，您会不会仿效？

江苏

	官员	企业家	企业员工	农民	科教医群体	弱势群体	做小生意者	演艺界
从来不这么做	61.8%	52.9%	54.9%	52.5%	60.0%	52.6%	52.1%	59.4%
通常不这么做，关键时刻会这么做	14.7%	29.4%	26.0%	26.2%	23.1%	27.9%	30.2%	21.9%
经常这么做			0.7%	1.0%	1.0%	0.9%	1.2%	3.1%
相信善有善报，恶有恶报，终将会善恶报应	23.5%	14.7%	18.3%	20.3%	15.4%	18.4%	16.5%	15.6%
其他		2.9%	0.1%		0.5%	0.2%		
$\chi^2=44.684$　sig = 0.000								

如表所示，不同群体对于“现在社会上有些人不守道德反而占了便宜，您会不会仿效”这一事件的选择有显著差异。

全国

	官员	企业家	企业员工	农民	科教医群体	弱势群体	做小生意者	演艺界
从来不这么做	62.2%	32.4%	51.3%	51.2%	55.6%	51.3%	52.2%	48.9%
通常不这么做，关键时刻会这么做	21.3%	44.1%	26.8%	22.6%	21.4%	25.1%	27.1%	26.7%
经常这么做	0.6%	2.9%	1.0%	0.8%	0.5%	1.1%	1.1%	2.2%
相信善有善报，恶有恶报，终将会善恶报应	15.9%	20.6%	20.6%	25.3%	22.2%	22.2%	19.2%	22.2%
其他			0.3%		0.3%	0.3%	0.3%	
$\chi^2=55.348$　sig = 0.000								

如表所示，不同群体对于“现在社会上有些人不守道德反而占了便宜，您会不会仿效”这一事件的选择有显著差异。

由上表可知，江苏与全国居民对于“现在社会上有些人不守道德反而占了便宜，您会不会仿效”这一事件的选择上存在差异。其中，多数群体对于“从来不这么做”的选择较高，但是在全国“企业家”只有32.4%选择了“从来不这么做”；其次为“通常不这么做，关键时刻会这么做”。因此，我们认为，在这一问题上，全国与江苏的居民认知存在差异。

C9a 下列说法您是否认同：目前大多数人将职业当作谋生的手段，缺乏责任感和奉献精神

江苏

	官员	企业家	企业员工	农民	科教医群体	弱势群体	做小生意者	演艺界
完全不同意		2.9%	3.3%	3.8%	4.6%	3.4%	3.3%	
不太同意	37.3%	41.2%	31.2%	29.1%	29.1%	30.6%	28.6%	27.3%
比较同意	52.2%	44.1%	52.7%	57.8%	55.1%	55.6%	55.4%	48.5%
完全同意	10.4%	11.8%	12.8%	9.3%	11.2%	10.4%	12.7%	24.2%
$\chi^2=23.742$ sig = 0.306								

如表所示，不同群体对于“目前大多数人将职业当作谋生的手段，缺乏责任感和奉献精神”这一说法的认同度没有显著差异。

全国

	官员	企业家	企业员工	农民	科教医群体	弱势群体	做小生意者	演艺界
完全不同意	8.7%	12.1%	5.5%	4.1%	5.6%	5.3%	4.5%	4.8%
不太同意	31.1%	24.2%	27.0%	27.4%	27.1%	28.4%	30.3%	21.4%
比较同意	50.9%	54.5%	53.9%	59.8%	50.9%	55.3%	52.1%	57.1%
完全同意	9.3%	9.1%	13.7%	8.7%	16.4%	11.0%	13.1%	16.7%
$\chi^2=64.642$ sig = 0.000								

如表所示，不同群体对于“目前大多数人将职业当作谋生的手段，缺乏责任感和奉献精神”这一说法的认同度有显著差异。

由上表可知，江苏与全国居民在对于“目前大多数人将职业当作谋生的手段，缺乏责任感和奉献精神”这一说法的认同度上存在差异。其中，各个群体在“比较同意”的认同度较高，占比均超过40%；但是，江苏企业家表示“不太同意”的占比明显高于全国企业家的占比；全国的科教医群体对于该问题的认同度“完全同意”的占比明显高于江苏的占比。因此，我们认为，在这一问题上，全国与江苏的居民认知存在差异。

C9b 下列说法您是否认同：企业老板剥削员工，利益关系不公正

江苏

	官员	企业家	企业员工	农民	科教医群体	弱势群体	做小生意者	演艺界
完全不同意	1.5%	2.9%	5.2%	4.9%	7.8%	5.5%	5.0%	

续表

	官员	企业家	企业员工	农民	科教医群体	弱势群体	做小生意者	演艺界
不太同意	50.7%	38.2%	34.0%	33.9%	32.6%	31.0%	32.0%	36.4%
比较同意	38.8%	41.2%	50.8%	52.8%	48.7%	52.1%	53.6%	42.4%
完全同意	9.0%	17.6%	10.1%	8.4%	10.9%	11.4%	9.4%	21.2%
$\chi^2=30.906$　sig = 0.075								

如表所示，不同群体对于“企业老板剥削员工，利益关系不公正”这一说法的认同度没有显著差异。

全国

	官员	企业家	企业员工	农民	科教医群体	弱势群体	做小生意者	演艺界
完全不同意	8.3%	15.2%	6.4%	6.0%	7.3%	5.9%	6.4%	7.9%
不太同意	48.7%	36.4%	34.1%	33.8%	34.1%	34.3%	34.6%	26.3%
比较同意	36.5%	36.4%	49.4%	53.1%	47.6%	49.5%	50.5%	57.9%
完全同意	6.4%	12.1%	10.1%	7.2%	11.1%	10.3%	8.6%	7.9%
$\chi^2=46.702$　sig = 0.000								

如表所示，不同群体对于“企业老板剥削员工，利益关系不公正”这一说法的认同度有显著差异。

由上表可知，江苏与全国居民在对于“企业老板剥削员工，利益关系不公正”这一说法的认同度上存在差异。其中，全国各个群体表示“完全不同意”的占比均高于江苏各个群体对于该问题看法的占比。因此，我们认为，在这一问题上，全国与江苏的居民认知存在差异。

C9c 下列说法您是否认同：老板和员工、上级和下级相互勾结，共同对社会不负责任

江苏

	官员	企业家	企业员工	农民	科教医群体	弱势群体	做小生意者	演艺界
完全不同意	10.8%	15.2%	8.2%	6.0%	8.4%	5.8%	5.5%	6.1%
不太同意	50.8%	36.4%	41.9%	42.4%	47.4%	40.2%	38.3%	45.5%
比较同意	35.4%	39.4%	40.7%	42.8%	31.6%	44.3%	44.9%	30.3%
完全同意	3.1%	9.1%	9.2%	8.8%	12.6%	9.7%	11.3%	18.2%
$\chi^2=37.246$　sig = 0.000								

如表所示，不同群体对于“老板和员工、上级和下级相互勾结共同对社会不负责任”这一说法的认同度有显著差异。

全国

	官员	企业家	企业员工	农民	科教医群体	弱势群体	做小生意者	演艺界
完全不同意	10.3%	24.2%	9.4%	10.6%	11.9%	9.4%	9.1%	2.9%
不太同意	52.6%	27.3%	44.3%	41.8%	47.2%	43.8%	43.8%	45.7%
比较同意	34.0%	33.3%	36.6%	41.2%	33.1%	38.6%	38.6%	40.0%
完全同意	3.2%	15.2%	9.8%	6.5%	7.8%	8.2%	8.4%	11.4%
$\chi^2=49.907$ sig = 0.000								

如表所示，不同群体对于“老板和员工、上级和下级相互勾结，共同对社会不负责任”这一说法的认同度有显著差异。

由上表可知，江苏与全国居民在对于“老板和员工、上级和下级相互勾结，共同对社会不负责任”这一说法的认同度上基本一致。其中，各个群体都趋向于“不太同意”和“比较同意”。因此，我们认为，在这一问题上，全国与江苏的居民认知存在共识。

C9d 下列说法您是否认同：是否离婚主要考虑自己的感受和利益

江苏

	官员	企业家	企业员工	农民	科教医群体	弱势群体	做小生意者	演艺界
完全不同意	26.9%	26.5%	28.5%	23.3%	21.2%	23.0%	22.9%	28.1%
不太同意	46.3%	47.1%	50.5%	56.7%	50.3%	50.3%	59.1%	46.9%
比较同意	22.4%	20.6%	17.3%	18.6%	22.3%	24.1%	15.3%	15.6%
完全同意	4.5%	5.9%	3.7%	1.4%	6.2%	2.7%	2.7%	9.4%
$\chi^2=65.999$ sig = 0.000								

如表所示，不同群体对于“是否离婚主要考虑自己的感受和利益”这一说法的认同度有显著差异。

全国

	官员	企业家	企业员工	农民	科教医群体	弱势群体	做小生意者	演艺界
完全不同意	27.5%	21.2%	19.0%	20.8%	27.9%	21.4%	20.6%	23.1%
不太同意	46.3%	33.3%	44.5%	47.5%	38.1%	43.4%	45.2%	30.8%

续表

	官员	企业家	企业员工	农民	科教医群体	弱势群体	做小生意者	演艺界
比较同意	21.3%	39.4%	28.0%	26.4%	25.5%	28.5%	26.9%	38.5%
完全同意	5.0%	6.1%	8.5%	5.4%	8.6%	6.7%	7.3%	7.7%
$\chi^2=51.813$　sig = 0.000								

如表所示，不同群体对于“是否离婚主要考虑自己的感受和利益”这一说法的认同度有显著差异。

由上表可知，江苏与全国居民在对于“是否离婚主要考虑自己的感受和利益”这一说法的认同度上存在差异。其中，各个群体表示“完全不同意”的占比，全国与江苏均在20%左右；选择“不太同意”的群体中，江苏的占比明显高于全国诸群体的占比。因此，我们认为，在这一问题上，全国与江苏的居民认知存在差异。

C9e 下列说法您是否同意：是否离婚应该从家庭整体（包括子女）考虑

江苏

	官员	企业家	企业员工	农民	科教医群体	弱势群体	做小生意者	演艺界	合计
完全不同意	1.5%		1.1%	0.9%	1.0%	1.1%	0.8%		1.0%
不太同意	10.3%	8.8%	5.8%	5.6%	4.1%	6.2%	5.1%	6.3%	5.8%
比较同意	57.4%	55.9%	54.9%	61.1%	64.1%	56.1%	54.0%	53.1%	56.8%
完全同意	30.9%	35.3%	38.2%	32.4%	30.8%	36.6%	40.1%	40.6%	36.4%
$\chi^2=20.919$　sig = 0.464									

如表所示，不同群体对于“是否离婚应该从家庭整体（包括子女）考虑”这一说法的认同度无显著差异。总体来看大家都认同这一说法，对这一观点表示“比较同意”的占比均超过50%，并且表示“完全同意”的占比均超过30%。

全国

	官员	企业家	企业员工	农民	科教医群体	弱势群体	做小生意者	演艺界	合计
完全不同意	2.5%		1.8%	1.2%	4.3%	2.1%	1.8%		1.8%
不太同意	11.9%	9.4%	14.0%	14.4%	8.9%	12.1%	11.2%	7.9%	12.8%
比较同意	52.5%	62.5%	49.9%	57.3%	51.9%	54.8%	55.2%	60.5%	54.4%
完全同意	33.1%	28.1%	34.2%	27.1%	34.9%	31.1%	31.9%	31.6%	30.9%
$\chi^2=65.293$　sig = 0.000									

如表所示，不同群体对于“是否离婚应该从家庭整体（包括子女）考虑”这一说法的认同度存在显著差异。

由上表可知，江苏与全国居民对于“是否离婚应该从家庭整体（包括子女）考虑”这一说法的认同度存在显著差异。江苏居民对此问题的认同感都较高，除官员外，选择“不太同意”的占比均低于10%；而就全国来看，企业员工、农民和弱势群体对此观点表示“不太同意”的占比均超过12%；而企业家、科教医群体和演艺界选择“不太同意”的占比均不超过10%。因此，我们认为，在这一问题上，全国与江苏的居民认知存在差异。

C9f 下列说法您是否认同：婚姻是社会的事，应当兼顾社会评价和社会后果

江苏

	官员	企业家	企业员工	农民	科教医群体	弱势群体	做小生意者	演艺界
完全不同意	7.5%	6.1%	5.4%	2.9%	10.3%	5.3%	4.5%	3.1%
不太同意	34.3%	15.2%	22.2%	18.8%	19.6%	20.9%	23.9%	21.9%
比较同意	38.8%	39.4%	50.2%	57.2%	46.4%	55.8%	49.8%	43.8%
完全同意	19.4%	39.4%	22.2%	21.1%	23.7%	18.1%	21.8%	31.3%
$\chi^2=57.189$ sig = 0.000								

如表所示，不同群体对于“婚姻是社会的事，应当兼顾社会评价和社会后果”这一说法的认同度有显著差异。

全国

	官员	企业家	企业员工	农民	科教医群体	弱势群体	做小生意者	演艺界
完全不同意	2.5%		1.8%	1.2%	4.3%	2.1%	1.8%	
不太同意	11.9%	9.4%	14.0%	14.4%	8.9%	12.1%	11.2%	7.9%
比较同意	52.5%	62.5%	49.9%	57.3%	51.9%	54.8%	55.2%	60.5%
完全同意	33.1%	28.1%	34.2%	27.1%	34.9%	31.1%	31.9%	31.6%
$\chi^2=72.362$ sig = 0.000								

如表所示，不同群体对于“婚姻是社会的事，应当兼顾社会评价和社会后果”这一说法的认同度有显著差异。

由上表可知，江苏与全国居民对于“婚姻是社会的事，应当兼顾社会评价和

社会后果”这一说法的认同度有差异。各个群体都趋向于“比较同意”，且占比均超过35%，全国占比明显高于江苏的占比。因此，我们认为，在这一问题上，全国与江苏的居民认知存在差异。

C9g 下列说法您是否认同：婚姻应当是自由的，如果有更满意或更合适的人就与现在的配偶离婚

江苏

	官员	企业家	企业员工	农民	科教医群体	弱势群体	做小生意者	演艺界
完全不同意	55.2%	41.2%	48.9%	45.7%	45.3%	43.0%	45.3%	45.5%
不太同意	34.3%	35.3%	42.5%	46.9%	45.8%	47.3%	48.6%	45.5%
比较同意	9.0%	23.5%	6.9%	6.4%	7.3%	8.5%	5.1%	9.1%
完全同意	1.5%		1.6%	1.0%	1.6%	1.2%	1.0%	
$\chi^2=36.743$　sig = 0.000								

如表所示，不同群体对于“婚姻应当是自由的，如果有更满意或更合适的人就与现在的配偶离婚”这一说法的认同度有显著差异。

全国

	官员	企业家	企业员工	农民	科教医群体	弱势群体	做小生意者	演艺界
完全不同意	7.6%	12.5%	5.8%	3.1%	10.1%	6.0%	6.6%	13.2%
不太同意	27.2%	28.1%	24.6%	27.4%	29.4%	27.2%	29.1%	31.6%
比较同意	50.0%	40.6%	54.1%	54.2%	42.0%	51.9%	49.9%	42.1%
完全同意	15.2%	18.8%	15.5%	15.3%	18.5%	14.9%	14.3%	13.2%
$\chi^2=61.453$　sig = 0.000								

如表所示，不同群体对于“婚姻应当是自由的，如果有更满意或更合适的人就与现在的配偶离婚”这一说法的认同度有显著差异。

由上表可知，江苏与全国居民在对于“婚姻应当是自由的，如果有更满意或更合适的人就与现在的配偶离婚”这一说法的认同度上存在差异。其中，各个群体都趋向于“比较同意”，且占比均超过35%，全国占比明显高于江苏的占比。因此，我们认为，在这一问题上，全国与江苏的居民认知存在共识。

C9h 下列说法您是否认同：婚姻意味着责任，要考虑给对方造成什么后果，不能轻率地选择离婚

江苏

	官员	企业家	企业员工	农民	科教医群体	弱势群体	做小生意者	演艺界
完全不同意		2.9%	1.2%	0.8%	2.1%	1.2%	0.6%	6.1%
不太同意	7.4%	8.8%	2.6%	2.3%	3.6%	4.2%	2.6%	3.0%
比较同意	42.6%	38.2%	46.9%	52.4%	48.2%	52.9%	47.7%	51.5%
完全同意	50.0%	50.0%	49.3%	44.6%	46.2%	41.7%	49.1%	39.4%
$\chi^2=46.989$ sig = 0.000								

如表所示，不同群体在“婚姻意味着责任，要考虑给对方造成什么后果，不能轻率地选择离婚”这一说法的认同度存在显著差异。

全国

	官员	企业家	企业员工	农民	科教医群体	弱势群体	做小生意者	演艺界
完全不同意		3.0%	1.1%	1.0%	3.0%	1.9%	1.4%	2.3%
不太同意	11.6%	9.1%	11.3%	11.4%	7.5%	10.3%	8.0%	9.1%
比较同意	51.8%	45.5%	53.6%	53.9%	47.6%	52.6%	55.1%	52.3%
完全同意	36.6%	42.4%	34.0%	33.7%	41.9%	35.3%	35.5%	36.4%
$\chi^2=41.118$ sig = 0.005								

如表所示，不同群体在“婚姻意味着责任，要考虑给对方造成什么后果，不能轻率地选择离婚”这一说法的认同度上存在显著差异。

由上表可知，江苏与全国居民对于“婚姻意味着责任，要考虑给对方造成什么后果，不能轻率地选择离婚”这一说法的认同度上有差异。其中，各个群体对这一说法大都表示“比较同意”，全国占比明显高于江苏的占比，而且官员、企业家、企业员工和做小生意者的选择有明显不同。因此，我们认为，在这一问题上，全国与江苏的居民认知存在差异。

C9i 下列说法您是否认同：遇到困难的时候，兄弟姊妹通常都会给予力所能及的帮助

江苏

	官员	企业家	企业员工	农民	科教医群体	弱势群体	做小生意者	演艺界
完全不同意			0.5%	0.9%	2.6%	0.4%	0.6%	
不太同意	7.5%	2.9%	4.4%	4.3%	3.1%	4.9%	6.3%	3.0%

续表

	官员	企业家	企业员工	农民	科教医群体	弱势群体	做小生意者	演艺界
比较同意	58.2%	50.0%	50.2%	56.7%	49.2%	56.5%	51.4%	54.5%
完全同意	34.3%	47.1%	44.9%	38.1%	45.1%	38.2%	41.7%	42.4%
$\chi^2=39.488$　sig = 0.000								

如表所示，不同群体对于“遇到困难的时候，兄弟姊妹通常都会给予力所能及的帮助”这一说法的认同度有显著差异。

全国

	官员	企业家	企业员工	农民	科教医群体	弱势群体	做小生意者	演艺界
完全不同意		3.0%	1.1%	1.0%	3.0%	1.9%	1.4%	2.3%
不太同意	11.6%	9.1%	11.3%	11.4%	7.5%	10.3%	8.0%	9.1%
比较同意	51.8%	45.5%	53.6%	53.9%	47.6%	52.6%	55.1%	52.3%
完全同意	36.6%	42.4%	34.0%	33.7%	41.9%	35.3%	35.5%	36.4%
$\chi^2=46.473$　sig = 0.001								

如表所示，不同群体对于“遇到困难的时候，兄弟姊妹通常都会给予力所能及的帮助”这一说法的认同度有显著差异。

由上表可知，江苏与全国居民在对于“遇到困难的时候，兄弟姊妹通常都会给予力所能及的帮助”这一说法的认同度上基本一致。其中，各个群体都趋向于“比较同意”，且占比均在50%左右，其次为“完全同意”，且占比均超过30%。因此，我们认为，在这一问题上，全国与江苏的居民认知存在共识。

C9j 下列说法您是否认同：无论父母对自己如何，都应当尽赡养义务

江苏

	官员	企业家	企业员工	农民	科教医群体	弱势群体	做小生意者	演艺界
完全不同意		2.9%	0.5%	0.8%	2.1%	0.7%	0.2%	
不太同意	4.5%	2.9%	4.1%	1.9%	5.6%	3.2%	3.6%	15.2%
比较同意	46.3%	38.2%	38.5%	41.5%	35.9%	46.1%	39.7%	33.3%
完全同意	49.3%	55.9%	56.9%	55.8%	56.4%	50.0%	56.5%	51.5%
$\chi^2=55.371$　sig = 0.000								

如表所示，不同群体对于“无论父母对自己如何，都应当尽赡养义务”这一说法的认同度有显著差异。

全国

	官员	企业家	企业员工	农民	科教医群体	弱势群体	做小生意者	演艺界
完全不同意	3.1%		1.3%	0.9%	1.6%	1.3%	1.3%	
不太同意	5.5%	6.1%	8.3%	6.4%	7.4%	6.3%	6.1%	10.9%
比较同意	42.3%	33.3%	36.8%	41.3%	30.3%	35.2%	37.9%	37.0%
完全同意	49.1%	60.6%	53.7%	51.4%	60.8%	57.2%	54.7%	52.2%
$\chi^2=75.214$ sig = 0.000								

如表所示，不同群体对于“无论父母对自己如何，都应当尽赡养义务”这一说法的认同度有显著差异。

由上表可知，江苏与全国居民在对于“无论父母对自己如何，都应当尽赡养义务”这一说法的认同度上基本一致。其中，各个诸群体都趋向于“完全同意”，其次为“比较同意”。因此，我们认为，在这一问题上，全国与江苏的居民认知存在共识。

C9k 下列说法您是否认同：为了家庭利益可以一定程度上牺牲国家利益

江苏

	官员	企业家	企业员工	农民	科教医群体	弱势群体	做小生意者	演艺界
完全不同意	20.9%	31.3%	18.3%	15.6%	28.2%	16.2%	14.4%	15.6%
不太同意	49.3%	28.1%	49.8%	51.8%	52.1%	50.0%	54.2%	34.4%
比较同意	22.4%	31.3%	25.7%	26.9%	16.0%	27.1%	25.0%	28.1%
完全同意	7.5%	9.4%	6.2%	5.6%	3.7%	6.7%	6.5%	21.9%
$\chi^2=53.727$ sig = 0.000								

如表所示，不同群体对于“为了家庭利益可以一定程度上牺牲国家利益”这一说法的认同度有显著差异。

全国

	官员	企业家	企业员工	农民	科教医群体	弱势群体	做小生意者	演艺界
完全不同意	26.9%	18.8%	18.8%	18.9%	23.9%	20.6%	16.9%	20.9%
不太同意	43.6%	56.3%	50.2%	53.7%	51.0%	50.9%	51.3%	51.2%
比较同意	21.8%	21.9%	24.1%	22.8%	20.8%	23.1%	26.1%	20.9%
完全同意	7.7%	3.1%	7.0%	4.6%	4.3%	5.4%	5.8%	7.0%
$\chi^2=35.626$ sig = 0.000								

如表所示，不同群体对于“为了家庭利益可以一定程度上牺牲国家利益”这一说法的认同度有显著差异。

由上表可知，江苏与全国居民在对于“为了家庭利益可以一定程度上牺牲国家利益”这一说法的认同度上有差异。比之全国，江苏的企业家更倾向于选择“完全不同意”和“比较同意”。因此，我们认为，在这一问题上，全国与江苏的居民认知存在共识。

C91 下列说法您是否认同：为了国家利益可以一定程度上牺牲家庭利益

江苏

	官员	企业家	企业员工	农民	科教医群体	弱势群体	做小生意者	演艺界
完全不同意	7.7%	9.4%	5.0%	4.6%	7.5%	5.4%	5.4%	
不太同意	32.3%	28.1%	25.3%	23.8%	18.2%	26.7%	25.6%	39.4%
比较同意	43.1%	43.8%	51.9%	51.1%	50.3%	51.8%	45.5%	42.4%
完全同意	16.9%	18.8%	17.8%	20.5%	24.1%	16.1%	23.5%	18.2%
$\chi^2=35.507$　sig = 0.000								

如表所示，不同群体对于“为了国家利益可以一定程度上牺牲家庭利益”这一说法的认同度有显著差异。

全国

	官员	企业家	企业员工	农民	科教医群体	弱势群体	做小生意者	演艺界
完全不同意	8.4%	9.4%	10.5%	10.7%	9.0%	9.4%	9.2%	19.0%
不太同意	26.5%	21.9%	29.4%	31.4%	25.4%	29.2%	32.8%	28.6%
比较同意	43.9%	43.8%	45.7%	44.9%	42.5%	43.4%	41.4%	45.2%
完全同意	21.3%	25.0%	14.5%	13.0%	23.1%	18.1%	16.6%	7.1%
$\chi^2=57.429$　sig = 0.000								

如表所示，不同群体对于“为了国家利益可以一定程度上牺牲家庭利益”这一说法的认同度有显著差异。

由上表可知，江苏与全国居民在对于“为了国家利益可以一定程度上牺牲家庭利益”这一说法的认同度上基本一致。其中，各个群体都趋向于“比较同意”，其次为“不太同意”。因此，我们认为，在这一问题上，全国与江苏的居民认知存在共识。

C10 假设您的上司或老板是外国人，他侮辱了中国，但抗争会产生不利于自己的后果，您会选择？

江苏

	官员	企业家	企业员工	农民	科教医群体	弱势群体	做小生意者	演艺界
当面抗议	79.4%	64.7%	66.8%	68.0%	70.4%	65.1%	64.2%	39.4%
保持沉默	13.2%	29.4%	20.6%	15.7%	16.8%	18.4%	19.1%	27.3%
暗地里报复	2.9%	5.9%	2.3%	1.7%	2.6%	2.7%	3.2%	9.1%
以屈求伸，背后骂几句就行了	4.4%		8.0%	8.0%	7.7%	10.0%	10.3%	18.2%
无所谓			2.3%	6.6%	2.6%	3.8%	3.2%	6.1%
$\chi^2=72.228$ sig = 0.000								

如表所示，不同群体对于“假设您的上司或老板是外国人，他侮辱了中国，但抗争会产生不利于自己的后果，您会选择”的选择有显著差异。

全国

	官员	企业家	企业员工	农民	科教医群体	弱势群体	做小生意者	演艺界
当面抗议	71.5%	58.8%	63.0%	65.8%	71.0%	59.8%	59.4%	67.4%
保持沉默	20.6%	32.4%	21.3%	17.7%	15.3%	21.0%	20.4%	17.4%
暗地里报复	1.8%	2.9%	2.4%	1.4%	1.8%	2.6%	3.8%	
以屈求伸，背后骂几句就行了	4.8%	5.9%	9.3%	8.3%	10.4%	10.4%	10.3%	10.9%
无所谓	1.2%		3.9%	6.8%	1.6%	6.1%	6.0%	4.3%
$\chi^2=101.689$ sig = 0.000								

如表所示，不同群体对于“假设您的上司或老板是外国人，他侮辱了中国。但抗争会产生不利于自己的后果，您会选择”的选择有显著差异。

由上表可知，江苏与全国居民在对于“假设您的上司或老板是外国人，他侮辱了中国，但抗争会产生不利于自己的后果，您会选择”的选择上基本一致。其中，各个诸群体都趋向于“当面抗议”，且占比大部分超过60%，其次为“保持沉默”，且占比大部分在20%左右。因此，我们认为，在这一问题上，全国与江苏的居民认知存在共识。

C11 如果条件允许的话，您希望您的孩子生活在国内，还是到国外定居？

江苏

	官员	企业家	企业员工	农民	科教医群体	弱势群体	做小生意者	演艺界
还是在国内生活好	72.1%	61.8%	58.3%	62.3%	57.7%	56.8%	59.4%	39.4%
到国外定居	5.9%	17.6%	11.0%	4.8%	10.7%	9.6%	11.0%	30.3%
走一步看一步	11.8%	14.7%	12.7%	8.5%	15.8%	11.4%	9.4%	12.1%
没考虑过	10.3%	5.9%	18.1%	24.4%	15.8%	22.2%	20.1%	18.2%
$\chi^2=82.112$　sig = 0.000								

如表所示，不同群体对于“如果条件允许的话，您希望您的孩子生活在国内，还是到国外定居？”的选择有显著差异。

全国

	官员	企业家	企业员工	农民	科教医群体	弱势群体	做小生意者	演艺界
还是在国内生活好	55.1%	47.1%	47.2%	50.5%	49.7%	44.7%	46.7%	28.9%
到国外定居	11.4%	11.8%	14.9%	8.5%	17.5%	12.9%	13.0%	15.6%
走一步看一步	15.6%	35.3%	16.0%	10.7%	16.5%	14.5%	15.5%	17.8%
没考虑过	18.0%	5.9%	21.9%	30.3%	16.2%	27.8%	24.9%	37.8%
$\chi^2=159.980$　sig = 0.000								

如表所示，不同群体对于“如果条件允许的话，您希望您的孩子生活在国内，还是到国外定居？”的选择有显著差异。

由上表可知，江苏与全国居民在对于“如果条件允许的话，您希望您的孩子生活在国内，还是到国外定居？”的选择上基本一致。其中，各个群体都趋向于“还是在国内生活好”，其次为“没考虑过”。因此，我们认为，在这一问题上，全国与江苏的居民认知存在共识。

C12a 您常常体验到自己身上有一种“伦理感”的存在吗？比如经常与别人将心比心

江苏

	官员	企业家	企业员工	农民	科教医群体	弱势群体	做小生意者	演艺界
没有，只感受到自己实实在在的生活	13.2%	17.6%	20.8%	20.2%	17.3%	19.7%	21.4%	18.2%

续表

	官员	企业家	企业员工	农民	科教医群体	弱势群体	做小生意者	演艺界
偶尔有，但主要是因为那种情况下我的利益与它高度一致	19.1%	26.5%	32.1%	28.9%	28.6%	31.6%	32.5%	36.4%
偶尔有，是在受某种作品或生活情境的影响之后	30.9%	20.6%	20.3%	19.5%	27.6%	20.7%	22.8%	30.3%
时常有，它是一种内在的信念	36.8%	35.3%	26.8%	31.4%	26.5%	28.0%	23.4%	15.2%
$\chi^2=32.120$ sig = 0.000								

如表所示，不同群体对于“您常常体验到自己身上有一种‘伦理感’的存在吗？比如经常与别人将心比心”这一说法的认同度有显著差异。

全国

	官员	企业家	企业员工	农民	科教医群体	弱势群体	做小生意者	演艺界
没有，只感受到自己实实在在的生活	14.4%	26.5%	19.8%	26.8%	18.0%	24.9%	23.9%	28.9%
偶尔有，但主要是因为那种情况下我的利益与它高度一致	32.9%	29.4%	36.0%	33.6%	31.3%	33.5%	37.1%	26.7%
偶尔有，是在受某种作品或生活情境的影响之后	18.6%	29.4%	24.2%	19.5%	27.2%	21.2%	21.1%	20.0%
时常有，它是一种内在的信念	34.1%	14.7%	19.9%	20.1%	23.5%	20.4%	17.9%	24.4%
$\chi^2=81.201$ sig = 0.000								

如表所示，不同群体对于“您常常体验到自己身上有一种‘伦理感’的存在吗？比如经常与别人将心比心”这一说法的认同度有显著差异。

由上表可知，江苏与全国居民在对于“您常常体验到自己身上有一种‘伦理感’的存在吗？比如经常与别人将心比心”这一说法的认同度上基本一致。其中，官员在“时常有，它是一种内在的信念”中占比最高。企业员工、弱势群体、做小生意者、演艺界选择“偶尔有，但主要是因为那种情况下我的利益与它高度一致”的占比较高。因此，我们认为，在这一问题上，全国与江苏的居民认知存在共识。

C12b 您常常体验到自己身上有一种“伦理感”的存在吗？比如把家庭当作归宿，为家人和爱人无条件奉献

江苏

	官员	企业家	企业员工	农民	科教医群体	弱势群体	做小生意者	演艺界
没有，只感受到自己实实在在的生活	11.8%	14.7%	18.1%	19.4%	12.8%	15.9%	20.0%	21.2%
偶尔有，但主要是因为那种情况下我的利益与它高度一致	13.2%	17.6%	17.6%	14.9%	16.8%	16.5%	17.1%	18.2%
偶尔有，是在受某种作品或生活情境的影响之后	13.2%	17.6%	15.3%	13.5%	15.8%	18.8%	15.1%	15.2%
时常有，它是一种内在的信念	61.8%	50.0%	49.0%	52.1%	54.6%	48.8%	47.8%	45.5%
$\chi^2=28.392$　sig = 0.000								

如表所示，不同群体对于“您常常体验到自己身上有一种‘伦理感’的存在吗？比如把家庭当作归宿，为家人和爱人无条件奉献”这一说法的认同度有显著差异。

全国

	官员	企业家	企业员工	农民	科教医群体	弱势群体	做小生意者	演艺界
没有，只感受到自己实实在在的生活	13.2%	17.6%	16.7%	22.1%	9.9%	19.3%	19.1%	24.4%
偶尔有，但主要是因为那种情况下我的利益与它高度一致	19.2%	20.6%	24.7%	22.3%	23.2%	22.5%	22.4%	17.8%
偶尔有，是在受某种作品或生活情境的影响之后	25.1%	41.2%	24.3%	18.4%	22.4%	21.7%	23.6%	22.2%
时常有，它是一种内在的信念	42.5%	20.6%	34.2%	37.2%	44.5%	36.5%	35.0%	35.6%
$\chi^2=83.671$　sig = 0.000								

如表所示，不同群体对于“您常常体验到自己身上有一种‘伦理感’的存在吗？比如把家庭当作归宿，为家人和爱人无条件奉献”这一说法的认同度有显著差异。

由上表可知，江苏与全国居民在对于“您常常体验到自己身上有一种‘伦理感’的存在吗？比如把家庭当作归宿，为家人和爱人无条件奉献”这一说法的认同度上有差异。其中，官员在“时常有，它是一种内在的信念”中占比最高，但江苏选择该项的明显高于全国。全国和江苏的企业家、做小生意者、弱势群体在

选择上也有显著差异。因此，我们认为，在这一问题上，全国与江苏的居民认知存在共识。

C12c 您常常体验到自己身上有一种“伦理感”的存在吗？如把单位当作归宿，把自己的命运与所在单位的命运紧紧联系在一起

江苏

	官员	企业家	企业员工	农民	科教医群体	弱势群体	做小生意者	演艺界
没有，只感受到自己实实在在的生活	8.8%	23.5%	21.0%	23.1%	15.3%	22.9%	18.6%	18.2%
偶尔有，但主要是因为那种情况下我的利益与它高度一致	20.6%	26.5%	32.4%	32.4%	35.2%	31.2%	36.6%	30.3%
偶尔有，是在受某种作品或生活情境的影响之后	38.2%	17.6%	27.8%	27.6%	24.0%	28.6%	26.5%	39.4%
时常有，它是一种内在的信念	32.4%	32.4%	18.8%	16.9%	25.5%	17.3%	18.4%	12.1%

$\chi^2 = 46.196$　sig = 0.000

如表所示，不同群体对于“您常常体验到自己身上有一种‘伦理感’的存在吗？如把单位当作归宿，把自己的命运与所在单位的命运紧紧联系在一起”这一说法的认同度有显著差异。

全国

	官员	企业家	企业员工	农民	科教医群体	弱势群体	做小生意者	演艺界
没有，只感受到自己实实在在的生活	13.8%	20.6%	19.2%	32.6%	15.2%	28.5%	24.9%	31.1%
偶尔有，但主要是因为那种情况下我的利益与它高度一致	29.3%	32.4%	37.1%	30.6%	29.1%	34.1%	39.7%	28.9%
偶尔有，是在受某种作品或生活情境的影响之后	30.5%	35.3%	30.8%	24.2%	34.8%	26.3%	26.0%	24.4%
时常有，它是一种内在的信念	26.3%	11.8%	12.9%	12.6%	20.9%	11.1%	9.4%	15.6%

$\chi^2 = 217.918$　sig = 0.000

如表所示，不同群体对于“您常常体验到自己身上有一种‘伦理感’的存在吗？如把单位当作归宿，把自己的命运与所在单位的命运紧紧联系在一起”这一说法的认同度有显著差异。

由上表可知，江苏与全国居民在对于“您常常体验到自己身上有一种‘伦理

感’的存在吗？如把单位当作归宿，把自己的命运与所在单位的命运紧紧联系在一起”这一说法的认同度上有差异。官员在“偶尔有，是在受某种作品或生活情境的影响之后”中占比最高，但全国和江苏的企业家、科教医群体、演艺界在选择上差异明显。因此，我们认为，在这一问题上，全国与江苏的居民认知存在差异。

C12d 您常常体验到自己身上有一种“伦理感”的存在吗？比如经常把自己的命运与所在社区和城市紧紧联系在一起

江苏

	官员	企业家	企业员工	农民	科教医群体	弱势群体	做小生意者	演艺界
没有，只感受到自己实实在在的生活	10.3%	14.7%	22.4%	25.2%	19.4%	23.1%	18.8%	21.2%
偶尔有，但主要是因为那种情况下我的利益与它高度一致	14.7%	32.4%	28.1%	27.9%	32.7%	27.4%	31.9%	39.4%
偶尔有，是在受某种作品或生活情境的影响之后	33.8%	17.6%	28.8%	26.8%	28.1%	29.5%	28.9%	33.3%
时常有，它是一种内在的信念	41.2%	35.3%	20.7%	20.1%	19.9%	19.9%	20.4%	6.1%
$\chi^2=47.464$　sig = 0.000								

如表所示，不同群体对于“您常常体验到自己身上有一种‘伦理感’的存在吗？比如经常把自己的命运与所在社区和城市紧紧联系在一起”这一看法的认同度有显著差异。

全国

	官员	企业家	企业员工	农民	科教医群体	弱势群体	做小生意者	演艺界
没有，只感受到自己实实在在的生活	22.2%	29.4%	27.1%	35.1%	19.4%	33.9%	32.8%	33.3%
偶尔有，但主要是因为那种情况下我的利益与它高度一致	23.4%	14.7%	29.5%	27.8%	32.7%	28.0%	34.2%	15.6%
偶尔有，是在受某种作品或生活情境的影响之后	28.7%	44.1%	28.4%	21.2%	30.4%	24.5%	21.9%	33.3%
时常有，它是一种内在的信念	25.7%	11.8%	14.9%	15.9%	17.5%	13.7%	11.2%	17.8%
$\chi^2=136.646$　sig = 0.000								

如表所示，不同群体对于“您常常体验到自己身上有一种‘伦理感’的存在吗？比如经常把自己的命运与所在社区和城市紧紧联系在一起”这一看法的认同度有显著差异。

由上表可知，江苏与全国居民在对于“您常常体验到自己身上有一种‘伦理感’的存在吗？比如经常把自己的命运与所在社区和城市紧紧联系在一起”这一看法的认同度上存在差异。其中，官员在“偶尔有，是在受某种作品或生活情境的影响之后”中占比最高，全国和江苏的企业家和演艺界的选择差异明显。因此，我们认为，在这一问题上，全国与江苏的居民认知存在差异。

C13 您常常体验到自己身上有一种“道德感”的存在和满足吗？

江苏

	官员	企业家	企业员工	农民	科教医群体	弱势群体	做小生意者	演艺界
没有，只是凭自己的感觉和利益办事	7.4%	2.9%	14.6%	16.0%	14.3%	12.1%	16.5%	15.2%
在有监督的环境中或有别人在场时有，其他环境中没有	13.2%	17.6%	13.6%	12.3%	12.2%	12.8%	15.7%	21.2%
经常有，问心无愧、不做亏心事最重要	61.8%	67.6%	51.0%	49.2%	54.1%	52.0%	47.9%	45.5%
没有特别的感觉，但从来不做不道德的事	17.6%	11.8%	20.8%	22.5%	18.9%	22.9%	19.9%	18.2%
其他			0.1%		0.5%	0.1%		
$\chi^2=35.216$　sig = 0.000								

如表所示，不同群体对于“您常常体验到自己身上有一种‘道德感’的存在和满足”的认知有显著差异。

全国

	官员	企业家	企业员工	农民	科教医群体	弱势群体	做小生意者	演艺界
没有，只是凭自己的感觉和利益办事	22.9%	20.6%	32.8%	26.0%	18.7%	25.3%	28.5%	23.9%
在有监督的环境中或有别人在场时有，其他环境中没有	9.6%	11.8%	15.9%	11.5%	14.8%	14.1%	16.0%	17.4%
经常有，问心无愧、不做亏心事最重要	43.4%	41.2%	27.5%	37.8%	46.0%	33.4%	28.8%	39.1%
没有特别的感觉，但从来不做不道德的事	23.5%	23.5%	23.5%	24.5%	20.3%	26.6%	26.7%	19.6%
其他	0.6%	2.9%	0.3%	0.2%	0.3%	0.5%		
$\chi^2=149.520$　sig = 0.000								

如表所示，不同群体对于“您常常体验到自己身上有一种‘道德感’的存在和满足”的认知有显著差异。

由上表可知，江苏与全国居民在对于“您常常体验到自己身上有一种‘道德感’的存在和满足”的认知上存在差异。其中，各个群体在“经常有，问心无愧、不做亏心事最重要”占比均高于其他情况，但江苏明显高于全国；且全国诸群体选择“没有”的比例远高于江苏。因此，我们认为，在这一问题上，全国与江苏的居民认知存在共识。

C14 您认为国家对于个人存在的意义是

江苏

	官员	企业家	企业员工	农民	科教医群体	弱势群体	做小生意者	演艺界
国家离我们很遥远，个人最重要	8.8%	11.8%	18.5%	23.3%	14.3%	20.9%	26.4%	27.3%
国家最重要，是我们的安身之地，国家富强个人才能过得好	91.2%	88.2%	81.4%	76.6%	84.2%	78.8%	73.4%	69.7%
其他			0.1%	0.1%	1.5%	0.3%	0.2%	3.0%
$\chi^2=53.233$　sig = 0.000								

如表所示，不同群体对于“国家对于个人存在的意义”的认知有显著差异。

全国

	官员	企业家	企业员工	农民	科教医群体	弱势群体	做小生意者	演艺界
国家离我们很遥远，个人最重要	16.8%	17.6%	26.4%	22.5%	15.1%	24.6%	27.0%	17.4%
国家最重要，是我们的安身之地，国家富强个人才能过得好	83.2%	82.4%	73.4%	77.4%	84.3%	75.1%	72.3%	82.6%
其他			0.2%	0.1%	0.5%	0.3%	0.7%	
$\chi^2=48.945$　sig = 0.000								

如表所示，不同群体对于“国家对于个人存在的意义”的认知有显著差异。

由上表可知，江苏与全国居民对于“国家对于个人存在的意义”的认知基本一致。其中，各个群体在“国家最重要，是我们的安身之地，国家富强个人才能过得好”占比均高于其他情况，且占比大部分达到70%以上。因此，我们认为，在这一问题上，全国与江苏的居民认知存在共识。

C15 您认为对社会生活而言，个体德性和社会公正哪个更重要？

江苏

	官员	企业家	企业员工	农民	科教医群体	弱势群体	做小生意者	演艺界
个体德性最重要	5.9%	17.6%	14.0%	18.5%	15.3%	12.4%	18.3%	21.2%
社会公正最重要	25.0%	17.6%	32.0%	37.3%	27.0%	30.4%	34.7%	15.2%
二者应当统一，但二者矛盾时应先追求个体德性	32.4%	41.2%	23.7%	22.9%	24.5%	30.3%	23.5%	45.5%
二者应当统一，但二者矛盾时应先追求社会公正	36.8%	23.5%	30.3%	21.3%	33.2%	26.9%	23.5%	18.2%
$\chi^2=88.355$ sig = 0.000								

如表所示，不同群体对于“对社会生活而言，个体德性和社会公正哪个更重要？”上有显著差异。

全国

	官员	企业家	企业员工	农民	科教医群体	弱势群体	做小生意者	演艺界
个体德性最重要	14.4%	5.9%	15.2%	20.6%	15.1%	17.8%	18.6%	13.6%
社会公正最重要	22.8%	29.4%	30.0%	35.1%	23.4%	30.4%	28.8%	38.6%
二者应当统一，但二者矛盾时应先追求个体德性	32.9%	35.3%	28.9%	24.8%	28.8%	29.1%	30.5%	22.7%
二者应当统一，但二者矛盾时应先追求社会公正	29.9%	29.4%	25.8%	19.5%	32.7%	22.7%	22.2%	25.0%
$\chi^2=106.096$ sig = 0.000								

如表所示，不同群体对于“对社会生活而言，个体德性和社会公正哪个更重要？”上有显著差异。

由上表可知，江苏与全国居民对于“对社会生活而言，个体德性和社会公正哪个更重要？”这一问题的选择上基本一致。其中，诸群体在这一问题的选择上，认为“社会公正最重要”的占比普遍高于认为“个体德性最重要”的占比。因此，我们认为，在这一问题上，全国与江苏的居民认知存在共识。

C16 在公共生活中，个人之所以要遵守道德，是因为

江苏

	官员	企业家	企业员工	农民	科教医群体	弱势群体	做小生意者	演艺界
遵守道德有利于自身利益的实现	19.1%	11.8%	19.7%	24.1%	19.9%	18.9%	24.5%	27.3%
个人是社会的一分子，应当遵守道德	48.5%	38.2%	39.3%	37.8%	41.8%	39.7%	36.8%	42.4%
遵守道德，社会才能有序和美好	30.9%	47.1%	36.4%	32.7%	35.7%	36.8%	34.0%	30.3%
不遵守道德会被别人议论或谴责	1.5%	2.9%	4.5%	5.4%	1.5%	4.5%	4.4%	
其他			0.1%		1.0%	0.1%	0.2%	
$\chi^2=42.223$ sig = 0.000								

如表所示，不同群体对于“在公共生活中，个人之所以要遵守道德的原因”的认知有显著差异。

全国

	官员	企业家	企业员工	农民	科教医群体	弱势群体	做小生意者	演艺界
遵守道德有利于自身利益的实现	18.7%	23.5%	24.3%	21.9%	18.8%	23.6%	21.2%	20.5%
个人是社会的一分子，应当遵守道德	39.8%	41.2%	43.0%	39.7%	42.2%	40.1%	45.4%	50.0%
遵守道德，社会才能有序和美好	38.6%	20.6%	28.1%	25.5%	33.9%	26.8%	26.2%	27.3%
不遵守道德会被别人议论或谴责	2.4%	14.7%	4.7%	12.7%	4.7%	9.2%	7.0%	
其他	0.6%			0.2%	0.5%	0.3%	0.2%	2.3%
$\chi^2=155.432$ sig = 0.000								

如表所示，不同群体对于“在公共生活中，个人之所以要遵守道德的原因”的认知有显著差异。

由上表可知，江苏与全国居民对于“在公共生活中，个人之所以要遵守道德的原因”的认知基本一致。其中，各个群体在“个人是社会的一分子，应当遵守道德”占比均高于其他情况；其次为“遵守道德，社会才能有序和美好”。因此，我们认为，在这一问题上，全国与江苏的居民认知存在共识。

C17 关于职业劳动的说法，您最认同的是？

江苏

	官员	企业家	企业员工	农民	科教医群体	弱势群体	做小生意者	演艺界
职业劳动是个人和家庭谋生的手段	35.3%	29.4%	48.0%	61.1%	44.8%	56.4%	60.4%	39.4%
职业劳动是为社会创造财富	29.4%	32.4%	28.0%	23.4%	25.3%	22.4%	22.5%	18.2%
职业劳动是个人兴趣和价值实现的方式	33.8%	38.2%	23.9%	15.3%	29.4%	20.9%	16.7%	42.4%
其他	1.5%		0.1%	0.3%	0.5%	0.3%	0.4%	
$\chi^2=97.780$ sig = 0.000								

如表所示，不同群体对于“在‘职业劳动是个人和家庭谋生的手段’‘职业劳动是为社会创造财富’‘职业劳动是个人兴趣和价值实现的方式’‘其他’等说法中，您最认同”的选择有显著差异。

全国

	官员	企业家	企业员工	农民	科教医群体	弱势群体	做小生意者	演艺界
职业劳动是个人和家庭谋生的手段	36.1%	41.2%	54.7%	60.0%	41.6%	54.7%	54.3%	31.8%
职业劳动是为社会创造财富	30.1%	26.5%	24.6%	25.9%	24.9%	24.3%	26.2%	38.6%
职业劳动是个人兴趣和价值实现的方式	33.1%	32.4%	20.4%	13.9%	33.0%	20.7%	18.8%	29.5%
其他	0.6%		0.3%	0.2%	0.5%	0.2%	0.8%	
$\chi^2=155.659$ sig = 0.000								

如表所示，不同群体对于“在‘职业劳动是个人和家庭谋生的手段’‘职业劳动是为社会创造财富’‘职业劳动是个人兴趣和价值实现的方式’‘其他’等说法中，您最认同”的选择有显著差异。

由上表可知，江苏与全国居民对于“在‘职业劳动是个人和家庭谋生的手段’‘职业劳动是为社会创造财富’‘职业劳动是个人兴趣和价值实现的方式’‘其他’等说法中，您最认同”的选择基本一致。其中，各个群体在“职业劳动是个人和家庭谋生的手段”占比均高于其他情况。因此，我们认为，在这一问题上，全国与江苏的居民认知存在共识。

C18a 忧郁、自杀原因是：欲望过多过大，不能知足常乐

江苏

	官员	企业家	企业员工	农民	科教医群体	弱势群体	做小生意者	演艺界
未选中	63.2%	67.6%	67.5%	70.7%	58.0%	71.3%	70.7%	48.5%
选中	36.8%	32.4%	32.5%	29.3%	42.0%	28.7%	29.3%	51.5%
$\chi^2=24.907$　sig = 0.001								

如表所示，不同群体对于“忧郁、自杀的原因是：欲望过多过大，不能知足常乐”这一说法的认同有显著差异。

全国

	官员	企业家	企业员工	农民	科教医群体	弱势群体	做小生意者	演艺界
未选中	60.8%	67.6%	63.5%	66.9%	62.7%	67.5%	65.5%	58.1%
选中	39.2%	32.4%	36.5%	33.1%	37.3%	32.5%	34.5%	41.9%
$\chi^2=13.506$　sig = 0.061								

如表所示，不同群体对于“忧郁、自杀的原因是欲望过多过大，不能知足常乐”这一说法的认同没有显著差异。

由上表可知，江苏与全国居民对于“忧郁、自杀的原因是欲望过多过大，不能知足常乐”这一说法的认同存在差异。其中，各个群体不认同这种看法的大多数占比超过60%。但是，在企业员工、农民、弱势群体、做小生意者对于该原因的认同度上，江苏要高于全国。因此，我们认为，在这一问题上，全国与江苏的居民认知存在差异。

C18b 忧郁、自杀原因是：对自己和未来没有把握

江苏

	官员	企业家	企业员工	农民	科教医群体	弱势群体	做小生意者	演艺界
未选中	77.9%	73.5%	68.1%	71.5%	63.7%	73.5%	70.5%	63.6%
选中	22.1%	26.5%	31.9%	28.5%	36.3%	26.5%	29.5%	36.4%
$\chi^2=17.139$　sig = 0.017								

如表所示，不同群体对于“忧郁、自杀的原因是：对自己和未来没有把握”这一说法的认同有显著差异。

全国

	官员	企业家	企业员工	农民	科教医群体	弱势群体	做小生意者	演艺界
未选中	62.0%	67.6%	70.6%	69.6%	71.7%	71.3%	69.7%	62.8%
选中	38.0%	32.4%	29.4%	30.4%	28.3%	28.7%	30.3%	37.2%
$\chi^2=8.996$　sig = 0.253								

如表所示，不同群体对于“忧郁、自杀的原因是：对自己和未来没有把握”这一说法的认同没有显著差异。

由上表可知，江苏与全国居民对于“忧郁、自杀的原因是：对自己和未来没有把握”这一说法的认同存在差异。其中，各个群体不认同这种看法的占比均超过60%。但是，在官员、企业家、农民、弱势群体、做小生意者、演艺界对于该原因的认同度上，全国与江苏有差异。因此，我们认为，在这一问题上，全国与江苏的居民认知存在差异。

C18c 忧郁、自杀原因是竞争激烈，工作压力过大，身心疲惫

江苏

	官员	企业家	企业员工	农民	科教医群体	弱势群体	做小生意者	演艺界
未选中	48.5%	55.9%	48.9%	53.2%	42.0%	49.3%	48.0%	66.7%
选中	51.5%	44.1%	51.1%	46.8%	58.0%	50.7%	52.0%	33.3%
$\chi^2=13.759$　sig = 0.056								

如表所示，不同群体对于“忧郁、自杀的原因是竞争激烈，工作压力过大，身心疲惫”这一说法的认同没有显著差异。

全国

	官员	企业家	企业员工	农民	科教医群体	弱势群体	做小生意者	演艺界
未选中	59.6%	50.0%	53.7%	59.6%	46.3%	56.0%	52.4%	53.5%
选中	40.4%	50.0%	46.3%	40.4%	53.7%	44.0%	47.6%	46.5%
$\chi^2=36.213$　sig = 0.000								

如表所示，不同群体对于“忧郁、自杀的原因是竞争激烈，工作压力过大，身心疲惫”这一说法的认同有显著差异。

由上表可知，江苏与全国居民对于“忧郁、自杀的原因是竞争激烈，工作压力过大，身心疲惫”这一说法的认同存在差异。在官员、企业员工、农民、科教

医群体、弱势群体、做小生意者对于该原因的认同度上，江苏明显高于全国。因此，我们认为，在这一问题上，全国与江苏的居民认知存在差异。

C18d 忧郁、自杀原因是：人与人之间缺乏信任感，人际关系紧张

江苏

	官员	企业家	企业员工	农民	科教医群体	弱势群体	做小生意者	演艺界
未选中	60.3%	67.6%	59.6%	61.2%	66.3%	64.2%	62.4%	54.5%
选中	39.7%	32.4%	40.4%	38.8%	33.7%	35.8%	37.6%	45.5%
$\chi^2=9.180$ sig = 0.240								

如表所示，不同群体对于“忧郁、自杀的原因是：人与人之间缺乏信任感，人际关系紧张”这一说法的认同没有显著差异。

全国

	官员	企业家	企业员工	农民	科教医群体	弱势群体	做小生意者	演艺界
未选中	66.9%	67.6%	63.7%	68.8%	60.1%	67.1%	65.3%	65.1%
选中	33.1%	32.4%	36.3%	31.2%	39.9%	32.9%	34.7%	34.9%
$\chi^2=19.413$ sig = 0.007								

如表所示，不同群体对于“忧郁、自杀的原因是：人与人之间缺乏信任感，人际关系紧张”这一说法的认同有显著差异。

由上表可知，江苏与全国居民对于“忧郁、自杀的原因是：人与人之间缺乏信任感，人际关系紧张”这一说法的认同存在差异。其中，各个群体不认同这种看法的占比均超过50%。但是，在官员、企业员工、农民、演艺界对于该原因的认同度上，江苏明显高于全国。因此，我们认为，在这一问题上，全国与江苏的居民认知存在差异。

C18e 忧郁、自杀原因是：有烦恼很难找到人倾诉和排解

江苏

	官员	企业家	企业员工	农民	科教医群体	弱势群体	做小生意者	演艺界
未选中	80.9%	61.8%	76.9%	77.9%	71.0%	75.0%	73.1%	66.7%
选中	19.1%	38.2%	23.1%	22.1%	29.0%	25.0%	26.9%	33.3%
$\chi^2=13.549$ sig = 0.060								

如表所示，不同群体对于“忧郁、自杀的原因是：有烦恼很难找到人倾诉和排解”这一说法的认同没有显著差异。

全国

	官员	企业家	企业员工	农民	科教医群体	弱势群体	做小生意者	演艺界
未选中	74.1%	64.7%	69.3%	74.0%	68.5%	71.2%	73.7%	79.1%
选中	25.9%	35.3%	30.7%	26.0%	31.5%	28.8%	26.3%	20.9%
$\chi^2=17.526$　sig = 0.014								

如表所示，不同群体对于“忧郁、自杀的原因是：有烦恼很难找到人倾诉和排解”这一说法的认同有显著差异。

由上表可知，江苏与全国居民对于“忧郁、自杀的原因是：有烦恼很难找到人倾诉和排解”这一说法的认同存在差异。其中，各个群体不认同这种看法的占比均超过60%。但是，在官员、企业员工、农民、科教医群体、弱势群体对于该原因的认同度上，江苏明显低于全国。因此，我们认为，在这一问题上，全国与江苏的居民认知存在差异。

C18f 忧郁、自杀原因是：个人的文化底蕴和文化积累不够，缺乏自我理解和自我调节能力

江苏

	官员	企业家	企业员工	农民	科教医群体	弱势群体	做小生意者	演艺界
未选中	64.7%	79.4%	75.3%	75.3%	72.0%	77.2%	78.9%	66.7%
选中	35.3%	20.6%	24.7%	24.7%	28.0%	22.8%	21.1%	33.3%
$\chi^2=12.262$　sig = 0.000								

如表所示，不同群体对于“忧郁、自杀的原因是：个人的文化底蕴和文化积累不够，缺乏自我理解和自我调节能力”这一说法的认同有显著差异。

全国

	官员	企业家	企业员工	农民	科教医群体	弱势群体	做小生意者	演艺界
未选中	69.9%	55.9%	74.1%	75.3%	71.4%	75.6%	79.4%	81.4%
选中	30.1%	44.1%	25.9%	24.7%	28.6%	24.4%	20.6%	18.6%
$\chi^2=23.862$　sig = 0.001								

如表所示，不同群体对于“忧郁、自杀的原因是：个人的文化底蕴和文化积累不够，缺乏自我理解和自我调节能力”这一说法的认同有显著差异。

由上表可知，江苏与全国居民对于“忧郁、自杀的原因是：个人的文化底蕴和文化积累不够，缺乏自我理解和自我调节能力”这一说法的认同存在差异。其中，各个群体不认同这种看法的占比均超过60%，但企业家认同该说法的比例，全国明显高于江苏。因此，我们认为，在这一问题上，全国与江苏的居民认知存在差异。

C18g 忧郁、自杀原因是：现代人缺乏安顿自己、化解内心矛盾的能力

江苏

	官员	企业家	企业员工	农民	科教医群体	弱势群体	做小生意者	演艺界
未选中	73.5%	61.8%	71.7%	77.2%	73.6%	74.3%	76.5%	78.8%
选中	26.5%	38.2%	28.3%	22.8%	26.4%	25.7%	23.5%	21.2%
$\chi^2=12.672$ sig = 0.000								

如表所示，不同群体对于“忧郁、自杀的原因是：现代人缺乏安顿自己、化解内心矛盾的能力”这一说法的认同有显著差异。

全国

	官员	企业家	企业员工	农民	科教医群体	弱势群体	做小生意者	演艺界
未选中	74.1%	64.7%	74.1%	75.3%	73.5%	77.9%	75.7%	81.4%
选中	25.9%	35.3%	25.9%	24.7%	26.5%	22.1%	24.3%	18.6%
$\chi^2=13.580$ sig = 0.059								

如表所示，不同群体对于“忧郁、自杀的原因是：现代人缺乏安顿自己、化解内心矛盾的能力”这一说法的认同没有显著差异。

由上表可知，江苏与全国居民对于“忧郁、自杀的原因是：现代人缺乏自我理解和自我调节能力”这一说法的认同存在共识。其中，各个群体不认同这种看法的占比大多超过70%。因此，我们认为，在这一问题上，全国与江苏的居民认知存在共识。

C18h 忧郁、自杀原因是：缺乏道德公正，没有道德的人总是占便宜

江苏

	官员	企业家	企业员工	农民	科教医群体	弱势群体	做小生意者	演艺界
未选中	89.7%	79.4%	74.9%	74.0%	78.2%	78.8%	75.5%	69.7%
选中	10.3%	20.6%	25.1%	26.0%	21.8%	21.2%	24.5%	30.3%
$\chi^2=16.810$ sig = 0.000								

如表所示，不同群体对于“忧郁、自杀的原因是：缺乏道德公正，没有道德的人总是占便宜”这一说法的认同有显著差异。

全国

	官员	企业家	企业员工	农民	科教医群体	弱势群体	做小生意者	演艺界
未选中	81.9%	82.4%	83.8%	88.1%	86.2%	86.4%	85.6%	86.0%
选中	18.1%	17.6%	16.2%	11.9%	13.8%	13.6%	14.4%	14.0%
$\chi^2=18.112$ sig = 0.011								

如表所示，不同群体对于“忧郁、自杀的原因是：缺乏道德公正，没有道德的人总是占便宜”这一说法的认同有显著差异。

由上表可知，江苏与全国居民对于“忧郁、自杀的原因是：缺乏道德公正，没有道德的人总是占便宜”这一说法的认同有差异。其中，各个群体不认同这种看法的占比大部分超过70%，但全国不认同该看法的占比全部高于80%，在江苏只有官员如此。因此，我们认为，在这一问题上，全国与江苏的居民认知存在差异。

C18i 忧郁、自杀原因是：缺乏理想和信念支持，精神没有寄托和归宿

江苏

	官员	企业家	企业员工	农民	科教医群体	弱势群体	做小生意者	演艺界
未选中	75.0%	61.8%	74.9%	80.2%	73.1%	77.8%	82.1%	75.8%
选中	25.0%	38.2%	25.1%	19.8%	26.9%	22.2%	17.9%	24.2%
$\chi^2=21.583$ sig = 0.000								

如表所示，不同群体对于“忧郁、自杀的原因是：缺乏理想和信念支持，精神没有寄托和归宿”这一说法的认同有显著差异。

全国

	官员	企业家	企业员工	农民	科教医群体	弱势群体	做小生意者	演艺界
未选中	71.7%	73.5%	81.9%	84.3%	74.6%	81.3%	81.1%	76.7%
选中	28.3%	26.5%	18.1%	15.7%	25.4%	18.7%	18.9%	23.3%
$\chi^2=36.821$　sig = 0.000								

如表所示，不同群体对于“忧郁、自杀的原因是：缺乏理想和信念支持，精神没有寄托和归宿”这一说法的认同有显著差异。

由上表可知，江苏与全国居民对于“忧郁、自杀的原因是：缺乏理想和信念支持，精神没有寄托和归宿”这一说法的认同基本一致。其中，各个群体不认同这种看法的大多超过70%。因此，我们认为，在这一问题上，全国与江苏的居民认知存在共识。

C18j 忧郁、自杀原因是：生活压力大

江苏

	官员	企业家	企业员工	农民	科教医群体	弱势群体	做小生意者	演艺界
未选中	47.1%	50.0%	43.2%	46.8%	46.6%	43.3%	42.8%	33.3%
选中	52.9%	50.0%	56.8%	53.2%	53.4%	56.7%	57.2%	66.7%
$\chi^2=6.182$　sig = 0.519								

如表所示，不同群体对于“忧郁、自杀的原因是：生活压力大”上没有显著差异。

全国

	官员	企业家	企业员工	农民	科教医群体	弱势群体	做小生意者	演艺界
未选中	63.3%	50.0%	64.2%	58.9%	57.1%	60.2%	62.1%	58.1%
选中	36.7%	50.0%	35.8%	41.1%	42.9%	39.8%	37.9%	41.9%
$\chi^2=17.627$　sig = 0.014								

如表所示，不同群体对于“忧郁、自杀的原因是：生活压力大”上有显著差异。

由上表可知，江苏与全国居民对于“忧郁、自杀的原因是：生活压力大”这一说法的认同上，存在差异。其中，全国居民普遍趋向于不认同，且占比在50%以上；而江苏居民则趋向于认同，占比在50%以上。因此，我们认为，在这一问题上，全国与江苏的居民认知存在差异。

C18k 忧郁、自杀原因是：生活孤独无聊

江苏

	官员	企业家	企业员工	农民	科教医群体	弱势群体	做小生意者	演艺界
未选中	92.6%	82.4%	90.9%	91.9%	85.0%	88.6%	92.6%	93.9%
选中	7.4%	17.6%	9.1%	8.1%	15.0%	11.4%	7.4%	6.1%
χ^2 = 19.961 sig = 0.000								

如表所示，不同群体对于“忧郁、自杀的原因是：生活孤独无聊”这一说法的认同有显著差异。

全国

	官员	企业家	企业员工	农民	科教医群体	弱势群体	做小生意者	演艺界
未选中	91.6%	91.2%	93.0%	91.1%	88.9%	90.9%	91.2%	97.7%
选中	8.4%	8.8%	7.0%	8.9%	11.1%	9.1%	8.8%	2.3%
χ^2 = 12.014 sig = 0.100								

如表所示，不同群体对于“忧郁、自杀的原因是：生活孤独无聊”这一说法的认同没有显著差异。

由上表可知，江苏与全国居民对于“忧郁、自杀的原因是：生活孤独无聊”这一说法的认同存在差异。其中，各个群体不认同这种看法的占比均在90%左右；但是，企业家在这一问题的看法上，全国与江苏差异较大，差异约9%。因此，我们认为，在这一问题上，全国与江苏的居民认知存在差异。

C19a 如果您与家庭成员之间发生重大利益冲突，您会

江苏

	官员	企业家	企业员工	农民	科教医群体	弱势群体	做小生意者	演艺界
诉诸法律，打官司		3.1%	0.8%	0.6%	1.6%	1.3%	0.6%	
直接找对方沟通但得理让人，适可而止	70.6%	37.5%	51.0%	49.6%	52.3%	58.6%	51.1%	39.4%
通过第三方（如社会机构，朋友等）从中调解，尽量不伤和气	8.8%	3.1%	8.5%	12.7%	11.9%	9.9%	9.3%	12.1%
能忍则忍	20.6%	56.3%	39.7%	37.1%	34.2%	30.2%	39.0%	48.5%
χ^2 = 65.196 sig = 0.000								

如表所示，不同群体对于“如果您与家庭成员之间发生重大利益冲突，您的做法”的选择有显著差异。

全国

	官员	企业家	企业员工	农民	科教医群体	弱势群体	做小生意者	演艺界
诉诸法律，打官司	1.9%	3.1%	1.1%	0.8%	0.8%	1.4%	1.5%	
直接找对方沟通但得理让人，适可而止	62.7%	56.3%	51.8%	48.1%	54.7%	52.4%	54.5%	47.6%
通过第三方（如社会机构，朋友等）从中调解，尽量不伤和气	14.3%	12.5%	14.5%	13.5%	15.5%	13.9%	13.0%	7.1%
能忍则忍	21.1%	28.1%	32.6%	37.6%	29.0%	32.3%	31.0%	45.2%
$\chi^2=50.646$　sig = 0.000								

如表所示，不同群体对于“如果您与家庭成员之间发生重大利益冲突，您的做法”的选择有显著差异。

由上表可知，江苏与全国居民对于“如果您与家庭成员之间发生重大利益冲突，您的做法”的选择基本一致。其中，各个群体都倾向于选择“直接找对方沟通但得理让人，适可而止”，且占比大部分超过40%。因此，我们认为，在这一问题上，全国与江苏的居民认知存在共识。

C19b 如果您与朋友之间发生重大利益冲突，您会

江苏

	官员	企业家	企业员工	农民	科教医群体	弱势群体	做小生意者	演艺界
诉诸法律，打官司	2.9%	2.9%	2.9%	1.6%	1.5%	2.3%	2.0%	
直接找对方沟通但得理让人，适可而止	64.7%	41.2%	51.0%	49.2%	54.4%	59.1%	52.7%	39.4%
通过第三方（如社会机构，朋友等）从中调解，尽量不伤和气	22.1%	26.5%	22.5%	24.0%	21.5%	20.4%	21.6%	24.2%
能忍则忍	10.3%	29.4%	23.6%	25.3%	22.6%	18.2%	23.6%	36.4%
$\chi^2=48.176$　sig = 0.000								

如表所示，不同群体对于“如果您与朋友之间发生重大利益冲突，您的做法”的选择有显著差异。

全国

	官员	企业家	企业员工	农民	科教医群体	弱势群体	做小生意者	演艺界
诉诸法律，打官司	3.6%		1.8%	2.0%	1.1%	1.8%	2.0%	4.9%
直接找对方沟通但得理让人，适可而止	53.3%	51.5%	46.5%	46.0%	50.5%	49.6%	53.1%	48.8%
通过第三方（如社会机构，朋友等）从中调解，尽量不伤和气	32.7%	33.3%	30.2%	29.8%	34.3%	28.1%	25.5%	26.8%
能忍则忍	10.3%	15.2%	21.5%	22.2%	14.1%	20.5%	19.4%	19.5%
$\chi^2=50.597$　sig = 0.000								

如表所示，不同群体对于“如果您与朋友之间发生重大利益冲突，您的做法”的选择有显著差异。

由上表可知，江苏与全国居民对于“如果您与朋友之间发生重大利益冲突，您的做法”的选择基本一致。其中，各个群体都倾向于选择“直接找对方沟通但得理让人，适可而止”，且大部分占比超过40%。因此，我们认为，在这一问题上，全国与江苏的居民认知存在共识。

C19c 如果您与同事之间发生重大利益冲突，您会

江苏

	官员	企业家	企业员工	农民	科教医群体	弱势群体	做小生意者	演艺界
诉诸法律，打官司	2.9%	5.9%	4.6%	3.0%	2.1%	4.7%	3.8%	
直接找对方沟通但得理让人，适可而止	63.2%	41.2%	52.5%	50.1%	50.3%	58.3%	49.1%	46.9%
通过第三方（如社会机构，朋友等）从中调解，尽量不伤和气	25.0%	23.5%	29.1%	33.0%	30.8%	26.7%	31.4%	37.5%
能忍则忍	8.8%	29.4%	13.7%	13.9%	16.9%	10.3%	15.7%	15.6%
$\chi^2=50.094$　sig = 0.000								

如表所示，不同群体对于“如果您与同事之间发生重大利益冲突，您的做法”的选择有显著差异。

全国

	官员	企业家	企业员工	农民	科教医群体	弱势群体	做小生意者	演艺界
诉诸法律，打官司	6.7%		3.1%	3.8%	3.5%	3.5%	2.6%	5.0%
直接找对方沟通，但得理让人，适可而止	51.5%	51.6%	44.8%	39.3%	46.0%	44.0%	45.7%	42.5%
通过第三方（如社会机构，朋友等）从中调解，尽量不伤和气	33.1%	35.5%	37.6%	42.9%	38.2%	38.8%	39.1%	40.0%
能忍则忍	8.6%	12.9%	14.5%	14.0%	12.3%	13.8%	12.5%	12.5%
$\chi^2=37.674$　sig = 0.014								

如表所示，不同群体对于“如果您与同事之间发生重大利益冲突，您的做法”的选择有显著差异。

由上表可知，江苏与全国居民对于“如果您与同事之间发生重大利益冲突，您的做法”的选择基本一致。其中，各个群体都倾向于选择“直接找对方沟通，但得理让人，适可而止”，且占比超过40%。因此，我们认为，在这一问题上，全国与江苏的居民认知存在共识。

C19d 如果您与商业伙伴之间发生重大利益冲突，您会

江苏

	官员	企业家	企业员工	农民	科教医群体	弱势群体	做小生意者	演艺界
诉诸法律，打官司	35.1%	23.5%	44.8%	39.6%	42.9%	39.2%	36.8%	21.9%
直接找对方沟通但得理让人，适可而止	40.4%	41.2%	22.9%	25.3%	25.4%	30.6%	24.9%	37.5%
通过第三方（如社会机构，朋友等）从中调解，尽量不伤和气	22.8%	23.5%	26.8%	29.6%	24.9%	26.0%	31.8%	31.3%
能忍则忍	1.8%	11.8%	5.4%	5.6%	6.8%	4.3%	6.5%	9.4%
$\chi^2=50.622$　sig = 0.000								

如表所示，不同群体对于“如果您与商业伙伴之间发生重大利益冲突，您的做法”的选择有显著差异。

全国

	官员	企业家	企业员工	农民	科教医群体	弱势群体	做小生意者	演艺界
诉诸法律，打官司	43.5%	34.4%	32.1%	26.8%	41.9%	32.5%	27.7%	40.6%
直接找对方沟通但得理让人，适可而止	23.9%	21.9%	27.6%	28.3%	22.6%	27.3%	27.8%	21.9%
通过第三方（如社会机构，朋友等）从中调解，尽量不伤和气	26.8%	34.4%	28.8%	35.9%	30.0%	29.8%	33.9%	25.0%
能忍则忍	5.8%	9.4%	11.5%	9.0%	5.5%	10.4%	10.7%	12.5%
$\chi^2=72.332$ sig = 0.000								

如表所示，不同群体对于“如果您与商业伙伴之间发生重大利益冲突，您的做法”的选择有显著差异。

由上表可知，江苏与全国居民对于“如果您与商业伙伴之间发生重大利益冲突，您的做法”的选择基本一致。其中，各个群体都倾向于选择“直接找对方沟通但得理让人，适可而止”。因此，我们认为，在这一问题上，全国与江苏的居民认知存在共识。

C20 您认为在自己的成长中得到道德训练的最重要场所或机构是？

江苏

	官员	企业家	企业员工	农民	科教医群体	弱势群体	做小生意者	演艺界
家庭	19.1%	32.4%	30.0%	36.1%	30.1%	38.7%	33.0%	27.3%
学校	20.6%	23.5%	25.8%	19.6%	31.6%	24.6%	18.3%	21.2%
社会（如工作单位、社区等）	36.8%	32.4%	34.0%	30.3%	25.5%	27.5%	36.0%	39.4%
国家或政府	14.7%	5.9%	5.4%	11.3%	5.6%	5.0%	7.4%	9.1%
媒体			2.2%	1.0%	2.0%	1.3%	2.6%	3.0%
其他	8.8%	5.9%	2.6%	1.6%	5.1%	2.9%	2.6%	
$\chi^2=130.645$ sig = 0.000								

如表所示，不同群体对于“认为在自己的成长中得到道德训练的最重要场所或机构”的选择有显著差异。

全国

	官员	企业家	企业员工	农民	科教医群体	弱势群体	做小生意者	演艺界
家庭	29.9%	20.6%	30.6%	37.0%	28.1%	35.0%	31.5%	32.6%
学校	21.6%	35.3%	25.4%	25.1%	34.5%	27.3%	23.5%	34.8%
社会（如工作单位、社区等）	32.9%	32.4%	36.3%	32.2%	27.8%	31.7%	37.8%	26.1%
国家或政府	10.8%	2.9%	3.8%	2.9%	2.9%	2.8%	3.2%	2.2%
媒体	0.6%	5.9%	1.2%	1.0%	1.8%	0.9%	1.5%	
其他	4.2%	2.9%	2.7%	1.8%	4.9%	2.2%	2.5%	4.3%
$\chi^2=124.610$　sig = 0.000								

如表所示，不同群体对于“认为在自己的成长中得到道德训练的最重要场所或机构”的选择有显著差异。

由上表可知，江苏与全国居民对于“认为在自己的成长中得到道德训练的最重要场所或机构”的选择基本一致。其中，各个群体都倾向于选择“社会”和“家庭”，且占比在30%左右。因此，我们认为，在这一问题上，全国与江苏的居民认知存在共识。

C21 您的思想行为受什么人影响最大？

江苏

	官员	企业家	企业员工	农民	科教医群体	弱势群体	做小生意者	演艺界
政府官员	16.7%	9.6%	9.6%	13.6%	6.8%	9.6%	10.8%	2.4%
企业家	5.6%	12.0%	8.7%	8.8%	5.5%	7.4%	12.8%	7.3%
演艺明星	1.9%	3.6%	4.0%	2.7%	3.4%	2.6%	2.8%	4.9%
教师	14.2%	16.9%	19.4%	17.0%	21.7%	20.2%	17.6%	20.7%
知识精英	10.5%	8.4%	7.0%	6.1%	8.0%	6.0%	7.3%	12.2%
公众人物	12.3%	9.6%	12.1%	11.2%	10.5%	9.9%	12.0%	9.8%
农民	0.6%		1.9%	6.2%	1.7%	3.0%	2.7%	4.9%
工人			1.1%	1.5%	0.8%	1.7%	1.3%	
先哲先贤	7.4%	7.2%	6.5%	4.4%	9.9%	5.6%	5.2%	9.8%
父母	29.0%	31.3%	27.4%	27.3%	29.5%	32.6%	25.7%	26.8%
网络大V	1.9%	1.2%	1.9%	0.8%	1.9%	1.2%	1.5%	1.2%
宗教人士			0.4%	0.4%	0.2%	0.3%	0.2%	

如表所示，不同群体对于“认为在自己的思想行为受谁影响最大”的选择存

在差异。

全国

	官员	企业家	企业员工	农民	科教医群体	弱势群体	做小生意者	演艺界
政府官员	11.1%	5.6%	10.8%	9.0%	7.1%	8.8%	10.4%	5.1%
企业家	8.7%	12.5%	9.6%	6.2%	6.1%	6.9%	8.8%	3.0%
演艺明星	1.6%	1.4%	2.0%	0.8%	1.6%	2.0%	2.0%	3.0%
教师	16.9%	19.4%	18.3%	23.0%	23.2%	21.3%	18.1%	23.2%
知识精英	6.3%	9.7%	7.6%	3.4%	5.8%	5.6%	5.1%	10.1%
公众人物	8.5%	6.9%	8.0%	5.4%	7.5%	6.6%	6.9%	7.1%
农民	1.6%	2.8%	3.0%	7.7%	1.7%	4.3%	4.7%	2.0%
工人			1.3%	1.1%	0.6%	1.4%	1.3%	2.0%
先哲先贤	10.8%	9.7%	8.3%	5.3%	12.3%	6.9%	6.3%	13.1%
父母	33.3%	25.0%	28.5%	37.0%	32.1%	33.8%	33.5%	30.3%
网络大V	0.8%	4.2%	1.6%	0.8%	1.4%	1.5%	2.6%	
宗教人士	0.5%	2.8%	0.9%	0.3%	0.6%	0.8%	0.4%	1.0%

如表所示，不同群体对于“认为在自己的思想行为受谁影响最大”的选择存在差异。

由上表可知，江苏与全国居民对于“认为在自己的思想行为受谁影响最大”的选择基本一致。其中，各个群体都倾向于选择“父母”和“教师”。因此，我们认为，在这一问题上，全国与江苏的居民认知存在共识。

C22 影响您道德判断和道德选择的最主要的因素是？

江苏

	官员	企业家	企业员工	农民	科教医群体	弱势群体	做小生意者	演艺界
自己的良心	36.2%	36.9%	37.9%	39.0%	39.6%	41.6%	37.4%	35.5%
大多数人持有的观点	15.0%	20.0%	20.2%	22.4%	18.6%	20.7%	23.5%	19.4%
公众人士和权威人物的观点	5.5%	3.1%	4.6%	3.4%	4.2%	3.4%	3.3%	6.5%
国外媒体的观点	1.6%	3.1%	2.5%	3.3%	2.2%	2.1%	4.3%	4.8%
自己的利益	6.3%	6.2%	8.2%	8.6%	5.3%	7.6%	7.7%	6.5%
他人的评价	2.4%		3.2%	4.4%	1.7%	3.5%	4.3%	6.5%
社会后果	13.4%	16.9%	9.4%	4.9%	9.1%	7.1%	6.3%	8.1%

续表

	官员	企业家	企业员工	农民	科教医群体	弱势群体	做小生意者	演艺界
大多数人认可的道德规范	14.2%	12.3%	9.9%	9.9%	12.5%	10.1%	8.4%	8.1%
先贤教导	4.7%	1.5%	3.2%	2.0%	6.6%	2.7%	2.6%	4.8%
“朋友圈”的观点	0.8%		1.0%	1.9%	0.3%	1.1%	2.3%	

如表所示，不同群体对于“认为影响您道德判断和道德选择的最主要的因素”的选择存在差异。

全国

	官员	企业家	企业员工	农民	科教医群体	弱势群体	做小生意者	演艺界
自己的良心	38.3%	39.6%	35.9%	41.1%	38.3%	40.0%	36.5%	41.0%
大多数人持有的观点	18.7%	17.0%	22.8%	21.5%	17.0%	19.7%	22.3%	19.2%
公众人士和权威人物的观点	6.0%	5.7%	5.7%	3.7%	3.1%	4.7%	4.0%	5.1%
国外媒体的观点	2.0%	1.9%	2.8%	1.7%	1.6%	2.4%	2.8%	
自己的利益	5.0%	7.5%	9.8%	8.0%	6.0%	8.3%	9.6%	7.7%
他人的评价	4.0%	5.7%	3.6%	4.3%	3.1%	4.4%	5.0%	3.8%
社会后果	12.7%	9.4%	7.9%	8.7%	12.2%	8.6%	8.8%	7.7%
大多数人认可的道德规范	8.7%	9.4%	8.4%	8.9%	11.9%	8.4%	7.8%	10.3%
先贤教导	4.0%	3.8%	2.6%	1.9%	6.8%	2.9%	2.2%	3.8%
“朋友圈”的观点	0.7%		0.4%	0.2%		0.5%	1.0%	1.3%

如表所示，不同群体对于“认为影响您道德判断和道德选择的最主要的因素”的选择存在差异。

由上表可知，江苏与全国居民对于“认为影响您道德判断和道德选择的最主要的因素”的选择基本一致。其中，各个群体都倾向于选择“自己的良心”，且占比均在40%左右。因此，我们认为，在这一问题上，全国与江苏的居民认知存在共识。

C23 现在经常有一些网民在网络上曝光别人的隐私，您怎么看待这种行为？

江苏

	官员	企业家	企业员工	农民	科教医群体	弱势群体	做小生意者	演艺界
这是违法行为，应该制止	49.3%	44.1%	48.9%	38.1%	42.9%	42.3%	40.4%	43.8%

续表

	官员	企业家	企业员工	农民	科教医群体	弱势群体	做小生意者	演艺界
这是不道德行为，应该进行谴责	34.3%	32.4%	39.7%	51.5%	36.5%	45.3%	47.1%	46.9%
这是社会监督的重要途径，不必完全禁止，但需要规范和引导	16.4%	20.6%	10.4%	7.6%	20.1%	10.7%	10.9%	9.4%
这是网民的自由，别人不应该干涉		2.9%	1.0%	2.8%	0.5%	1.7%	1.6%	
$\chi^2=76.838$ sig = 0.000								

如表所示，不同群体对于“一些网民在网络上曝光别人的隐私”这一行为的看法有显著差异。

全国

	官员	企业家	企业员工	农民	科教医群体	弱势群体	做小生意者	演艺界
这是违法行为，应该制止	43.6%	41.2%	38.8%	34.2%	39.8%	36.7%	33.7%	43.5%
这是不道德行为，应该进行谴责	38.7%	29.4%	41.2%	49.4%	36.6%	43.6%	45.1%	34.8%
这是社会监督的重要途径，不必完全禁止，但需要规范和引导	17.8%	23.5%	18.2%	14.2%	23.1%	17.4%	18.3%	21.7%
这是网民的自由，别人不应该干涉		5.9%	1.8%	2.2%	0.5%	2.3%	3.0%	
$\chi^2=75.547$ sig = 0.000								

如表所示，不同群体对于“一些网民在网络上曝光别人的隐私”这一行为的看法有显著差异。

由上表可知，江苏与全国居民对于“一些网民在网络上曝光别人的隐私”这一行为的看法基本一致。其中，各个群体都倾向于选择“这是违法行为，应该制止”。因此，我们认为，在这一问题上，全国与江苏的居民认知存在共识。

C24a 您最近两年是否参加过以下活动：志愿者活动

江苏

	官员	企业家	企业员工	农民	科教医群体	弱势群体	做小生意者	演艺界
是	52.9%	32.4%	22.0%	6.7%	34.2%	18.1%	11.1%	27.3%

续表

	官员	企业家	企业员工	农民	科教医群体	弱势群体	做小生意者	演艺界
否	47.1%	67.6%	78.0%	93.3%	65.8%	81.9%	88.9%	72.7%
$\chi^2=224.833$　sig = 0.000								

如表所示，不同群体对于“最近两年是否参加过志愿者活动”的选择有显著差异。

全国

	官员	企业家	企业员工	农民	科教医群体	弱势群体	做小生意者	演艺界
是	40.1%	32.4%	22.4%	4.4%	37.5%	17.6%	11.9%	28.3%
否	59.9%	67.6%	77.6%	95.6%	62.5%	82.4%	88.1%	71.7%
$\chi^2=546.323$　sig = 0.000								

如表所示，不同群体对于“最近两年是否参加过志愿者活动”的选择有显著差异。

由上表可知，江苏与全国居民对于“最近两年是否参加过志愿者活动”的选择基本一致。无论江苏还是全国，各个群体都表示没有参加过的远高于参加过的。因此，我们认为，在这一问题上，全国与江苏的居民认知存在共识。

C24b 您参加的频率：志愿者活动

江苏

	官员	企业家	企业员工	农民	科教医群体	弱势群体	做小生意者	演艺界
从来没有	47.1%	67.6%	78.0%	93.3%	65.8%	81.9%	88.9%	72.7%
参加过一两次	22.1%	8.8%	10.0%	2.9%	15.8%	9.9%	6.3%	9.1%
参加过一两次	19.1%	11.8%	8.7%	2.8%	14.3%	6.3%	4.2%	12.1%
经常参加	11.8%	11.8%	3.2%	1.0%	4.1%	1.9%	0.6%	6.1%
$\chi^2=224.833$　sig = 0.000								

如表所示，不同群体在“志愿者活动”的参与频率上有显著差异。

全国

	官员	企业家	企业员工	农民	科教医群体	弱势群体	做小生意者	演艺界
从来没有	59.9%	67.6%	77.6%	95.6%	62.5%	82.4%	88.1%	71.7%

续表

	官员	企业家	企业员工	农民	科教医群体	弱势群体	做小生意者	演艺界
参加过一两次	20.4%	17.6%	10.7%	2.0%	19.0%	9.0%	6.6%	13.0%
参加过一两次	16.8%	11.8%	9.2%	2.0%	14.8%	6.1%	4.5%	10.9%
经常参加	3.0%	2.9%	2.5%	0.4%	3.6%	2.5%	0.7%	4.3%
$\chi^2 = 562.114$　sig = 0.000								

如表所示，不同群体在“志愿者活动”的参与频率上有显著差异。

由上表可知，江苏与全国居民在“志愿者活动”的参与频率上基本一致。其中，各个群体都表示从来没有参加过，该项占比最高。因此，我们认为，在这一问题上，全国与江苏的居民认知存在共识。

C24c 您最近两年是否参加过以下活动：无偿献血

江苏

	官员	企业家	企业员工	农民	科教医群体	弱势群体	做小生意者	演艺界
是	42.6%	17.6%	16.0%	3.3%	31.6%	10.0%	7.7%	18.2%
否	57.4%	82.4%	84.0%	96.7%	68.4%	90.0%	92.3%	81.8%
$\chi^2 = 226.704$　sig = 0.000								

如表所示，不同群体对于“最近两年是否参加过无偿献血”的选择有显著差异。

全国

	官员	企业家	企业员工	农民	科教医群体	弱势群体	做小生意者	演艺界
是	27.5%	35.3%	21.2%	5.5%	31.2%	13.3%	14.1%	26.1%
否	72.5%	64.7%	78.8%	94.5%	68.8%	86.7%	85.9%	73.9%
$\chi^2 = 363.783$　sig = 0.000								

如表所示，不同群体对于“最近两年是否参加过无偿献血”的选择有显著差异。

由上表可知，江苏与全国居民对于“最近两年是否参加过无偿献血”的选择基本一致。其中，各个群体都表示从来没有参加过，占比远高于选择“是”的。因此，我们认为，在这一问题上，全国与江苏的居民认知存在共识。

C24d 您参加的频率：无偿献血

江苏

	官员	企业家	企业员工	农民	科教医群体	弱势群体	做小生意者	演艺界
从来没有	57.4%	82.4%	84.0%	96.7%	68.4%	90.0%	92.3%	81.8%
参加过一两次	17.6%	5.9%	7.9%	1.9%	14.8%	4.9%	3.6%	6.1%
参加过一两次	17.6%	8.8%	6.8%	1.0%	13.8%	4.4%	3.4%	12.1%
经常参加	7.4%	2.9%	1.2%	0.4%	3.1%	0.6%	0.6%	
χ^2 = 243.356　sig = 0.000								

如表所示，不同群体对于“无偿献血”的参与频率有显著差异。

全国

	官员	企业家	企业员工	农民	科教医群体	弱势群体	做小生意者	演艺界
从来没有	72.5%	64.7%	78.8%	94.5%	68.8%	86.7%	85.9%	73.9%
参加过一两次	17.4%	20.6%	11.2%	2.8%	17.7%	7.2%	7.5%	17.4%
参加过一两次	9.0%	8.8%	8.9%	2.3%	11.7%	5.3%	5.5%	6.5%
经常参加	1.2%	5.9%	1.1%	0.4%	1.8%	0.8%	1.1%	2.2%
χ^2 = 379.815　sig = 0.000								

如表所示，不同群体对于“无偿献血”的参与频率有显著差异。

由上表可知，江苏与全国居民对于“无偿献血”的参与频率基本一致。其中，各个群体都表示从来没有参加过，且占比大部分在60%以上。因此，我们认为，在这一问题上，全国与江苏的居民认知存在共识。

C24e 您最近两年是否参加过以下活动：捐款、捐物

江苏

	官员	企业家	企业员工	农民	科教医群体	弱势群体	做小生意者	演艺界
是	82.4%	58.8%	46.4%	26.0%	68.4%	43.8%	40.3%	45.5%
否	17.6%	41.2%	53.6%	74.0%	31.6%	56.2%	59.7%	54.5%
χ^2 = 198.917　sig = 0.000								

如表所示，不同群体对于“近两年是否参加过捐款、捐物的活动”的选择有显著差异。

全国

	官员	企业家	企业员工	农民	科教医群体	弱势群体	做小生意者	演艺界
是	59.3%	61.8%	41.2%	22.4%	66.5%	36.0%	33.4%	47.8%
否	40.7%	38.2%	58.8%	77.6%	33.5%	64.0%	66.6%	52.2%
$\chi^2=429.243$ sig = 0.000								

如表所示，不同群体对于“近两年是否参加过捐款、捐物的活动”的选择有显著差异。

由上表可知，江苏与全国居民对于“居民近两年参加捐款、捐物的活动”的选择基本一致。其中，官员、企业家、科教医群体参与度较高，其余群体参与度较低。因此，我们认为，在这一问题上，全国与江苏的居民认知存在共识。

C24f 您参加的频率：捐款、捐物

江苏

	官员	企业家	企业员工	农民	科教医群体	弱势群体	做小生意者	演艺界	合计
从来没有	17.6%	41.2%	53.6%	74.0%	31.6%	56.2%	59.7%	54.5%	57.2%
参加过一两次	19.1%	35.3%	21.0%	11.8%	26.5%	20.6%	19.0%	18.2%	19.3%
偶尔参加一次	33.8%	5.9%	18.1%	8.8%	24.5%	16.8%	13.9%	21.2%	16.0%
经常参加	29.4%	17.6%	7.3%	5.4%	17.3%	6.4%	7.5%	6.1%	7.5%
$\chi^2=257.646$ sig = 0.000									

如表所示，不同群体在参加捐款、捐物这一做法上的参与频率存在显著差异。

全国

	官员	企业家	企业员工	农民	科教医群体	弱势群体	做小生意者	演艺界	合计
从来没有	40.7%	38.2%	58.8%	77.6%	33.5%	64.0%	66.6%	52.2%	65.2%
参加过一两次	23.4%	29.4%	17.3%	9.4%	24.4%	15.3%	13.8%	23.9%	14.5%
偶尔参加一次	26.9%	20.6%	18.0%	10.7%	26.0%	16.1%	15.1%	15.2%	15.5%
经常参加	9.0%	11.8%	5.8%	2.3%	16.1%	4.6%	4.5%	8.7%	4.8%
$\chi^2=482.857$ sig = 0.000									

如表所示，不同群体在参加捐款、捐物这一做法上的参与频率存在显著差异。

由上表可知，江苏与全国居民参加捐款、捐物的频率基本一致，但各群体之间存在显著差异。总体来看，农民从来没有参加捐款、捐物的占比最高，均高于70%；官员偶尔参加一两次和经常参加捐款、捐物活动的占比最高，其次是科教医群体。因此，我们认为，在这一问题上，虽然各群体之间存在显著差异，但是江苏和全国居民的参与频率基本一致。

C25 目前中国社会的两性关系日益开放，它对社会风尚的影响是

江苏

	官员	企业家	企业员工	农民	科教医群体	弱势群体	做小生意者	演艺界
是社会进步的表现	5.9%	8.8%	11.0%	10.7%	10.7%	10.5%	14.7%	12.1%
两性关系混乱必然导致道德沦丧、污染社会风气	66.2%	73.5%	61.6%	64.4%	56.6%	59.9%	55.8%	60.6%
两性关系混乱必然导致道德沦丧、污染社会风气	27.9%	14.7%	27.1%	24.9%	32.1%	29.5%	29.2%	24.2%
其他		2.9%	0.3%		0.5%	0.1%	0.2%	3.0%
$\chi^2=51.606$　sig = 0.000								

如表所示，不同群体对于“两性关系的日益开放对社会风尚有何影响”的看法有显著差异。

全国

	官员	企业家	企业员工	农民	科教医群体	弱势群体	做小生意者	演艺界
是社会进步的表现	16.5%	29.4%	16.4%	12.3%	12.0%	14.3%	13.2%	4.3%
两性关系混乱必然导致道德沦丧、污染社会风气	54.3%	50.0%	45.5%	56.4%	53.9%	50.4%	47.2%	52.2%
两性关系混乱必然导致道德沦丧、污染社会风气	29.3%	20.6%	37.9%	31.0%	33.8%	34.9%	39.4%	39.1%
其他			0.2%	0.3%	0.3%	0.5%	0.3%	4.3%
$\chi^2=100.656$　sig = 0.000								

如表所示，不同群体对于“两性关系的日益开放对社会风尚有何影响”的看法有显著差异。

由上表可知，江苏与全国居民对于“两性关系的日益开放对社会风尚有何影响”的看法基本一致。其中，各个群体都倾向于选择“两性关系混乱必然导致道

德沦丧、污染社会风气”，且占比大部分超过50%。因此，我们认为，在这一问题上，全国与江苏的居民认知存在共识。

C26 您对一些重要事情所持的观点和看法与其他人一致的时候有多少？

江苏

	官员	企业家	企业员工	农民	科教医群体	弱势群体	做小生意者	演艺界
非常少	1.5%	3.0%	2.2%	2.7%	2.7%	1.6%	2.6%	3.1%
比较少	7.6%	21.2%	9.4%	11.0%	10.3%	10.0%	11.7%	18.8%
一般	39.4%	27.3%	47.8%	50.7%	40.0%	49.2%	53.2%	46.9%
比较多	43.9%	45.5%	36.0%	30.3%	38.4%	35.7%	28.6%	31.3%
非常多	7.6%	3.0%	4.6%	5.3%	8.6%	3.5%	3.9%	
$\chi^2=50.684$ sig = 0.000								

如表所示，不同群体对于“一些重要事情所持的观点和看法与其他人一致的时候有多少？”这一问题的自我评价有显著差异。

全国

	官员	企业家	企业员工	农民	科教医群体	弱势群体	做小生意者	演艺界
非常少	4.3%	5.9%	5.0%	5.5%	3.8%	4.9%	5.5%	2.3%
比较少	9.9%	17.6%	12.4%	15.3%	9.9%	13.8%	13.9%	9.1%
一般	38.9%	26.5%	42.8%	40.9%	37.1%	44.8%	40.7%	56.8%
比较多	37.7%	32.4%	35.2%	32.9%	39.6%	31.6%	34.4%	29.5%
非常多	9.3%	17.6%	4.6%	5.4%	9.6%	5.0%	5.4%	2.3%
$\chi^2=67.680$ sig = 0.000								

如表所示，不同群体对于“一些重要事情所持的观点和看法与其他人一致的时候有多少？”这一问题的自我评价有显著差异。

由上表可知，江苏与全国居民对于“一些重要事情所持的观点和看法与其他人一致的时候有多少？”这一问题的自我评价基本一致。其中，除企业家外各个群体都倾向于选择“一般”，且占比在40%左右。因此，我们认为，在这一问题上，全国与江苏的居民认知存在共识。

C27 您对待目前社会上一部分人的奢侈消费行为的态度是?

江苏

	官员	企业家	企业员工	农民	科教医群体	弱势群体	做小生意者	演艺界
钞票是他们自己的，他们愿意怎么花就怎么花	19.1%	23.5%	30.5%	32.6%	27.6%	31.2%	35.9%	27.3%
他们应该遵守勤俭的传统美德，适度消费	66.2%	58.8%	55.1%	58.4%	61.2%	55.6%	52.4%	51.5%
过度消费行为只要对别人无害，就不应干涉	13.2%	17.6%	14.3%	9.0%	10.2%	13.0%	11.6%	21.2%
其他	1.5%		0.2%		1.0%	0.1%		
$\chi^2=47.335$　sig = 0.000								

如表所示，不同群体对于“社会上一部分人的奢侈消费行为”的态度有显著差异。

全国

	官员	企业家	企业员工	农民	科教医群体	弱势群体	做小生意者	演艺界
钞票是他们自己的，他们愿意怎么花就怎么花	30.5%	32.4%	43.9%	37.8%	28.9%	40.6%	45.1%	37.0%
他们应该遵守勤俭的传统美德，适度消费	58.1%	44.1%	39.8%	47.8%	53.9%	43.2%	37.1%	39.1%
过度消费行为只要对别人无害，就不应干涉	11.4%	23.5%	16.0%	14.3%	16.4%	16.3%	17.5%	23.9%
其他			0.2%	0.1%	0.8%		0.3%	
$\chi^2=105.804$　sig = 0.000								

如表所示，不同群体对于“社会上一部分人的奢侈消费行为”的态度有显著差异。

由上表可知，江苏与全国居民对于“社会上一部分人的奢侈消费行为”的态度有差异。其中，各个群体都倾向于选择“他们应该遵守勤俭的传统美德，适度消费”，但江苏选择该项的占比明显高于全国。因此，我们认为，在这一问题上，全国与江苏的居民认知存在差异。

C28 孝敬、礼让、仁爱、节俭等优良传统，您认为现在还需要这些吗?

江苏

	官员	企业家	企业员工	农民	科教医群体	弱势群体	做小生意者	演艺界
这些好传统什么时候都不能丢	80.9%	82.4%	83.2%	84.0%	88.8%	85.5%	80.5%	72.7%
可有可无	5.9%	2.9%	5.8%	7.7%	3.1%	5.4%	8.6%	12.1%
已经过时，没必要讲这些	2.9%	2.9%	3.2%	2.3%	3.6%	1.8%	3.6%	3.0%
有些要，有些不要	10.3%	11.8%	7.8%	6.0%	4.6%	7.3%	7.2%	12.1%
$\chi^2=32.660$ sig = 0.000								

如表所示，不同群体在“孝敬、礼让、仁爱、节俭等优良传统的需求度”的选择上有显著差异。

全国

	官员	企业家	企业员工	农民	科教医群体	弱势群体	做小生意者	演艺界
这些好传统什么时候都不能丢	85.0%	73.5%	77.0%	79.4%	82.5%	76.8%	76.9%	76.1%
可有可无	8.4%	5.9%	8.7%	8.8%	8.8%	9.4%	9.2%	10.9%
已经过时，没必要讲这些	3.6%	11.8%	6.4%	4.8%	2.6%	5.6%	6.2%	2.2%
有些要，有些不要	3.0%	8.8%	7.9%	7.1%	6.2%	8.2%	7.7%	10.9%
$\chi^2=30.774$ sig = 0.000								

如表所示，不同群体在“孝敬、礼让、仁爱、节俭等优良传统的需求度”的选择上有显著差异。

由上表可知，江苏与全国居民在“孝敬、礼让、仁爱、节俭等优良传统的需求度”的选择上基本一致。其中，各个群体都倾向于选择“这些好传统什么时候都不能丢”，且占比在80%左右。因此，我们认为，在这一问题上，全国与江苏的居民认知存在共识。

C29 民族英雄和新时期的先进人物的精神还值得在全社会大力倡导吗?

江苏

	官员	企业家	企业员工	农民	科教医群体	弱势群体	做小生意者	演艺界
我很佩服他们，现在社会就缺这种精神，要加大宣传	80.9%	82.4%	70.6%	71.1%	80.6%	70.1%	70.7%	72.7%

续表

	官员	企业家	企业员工	农民	科教医群体	弱势群体	做小生意者	演艺界
以前知道一些，现在不太关注了	16.2%	14.7%	21.6%	23.0%	9.7%	21.4%	24.1%	21.2%
时过境迁，这些典型的影响力越来越小了，没太多人关心了	2.9%	2.9%	6.3%	2.9%	9.7%	6.5%	3.6%	6.1%
不知道，也不关心			1.5%	2.9%		2.0%	1.6%	
$\chi^2=57.775$　sig = 0.000								

如表所示，不同群体对于“民族英雄和新时期的先进人物的精神还值得在全社会大力倡导吗”的认知有显著差异。

全国

	官员	企业家	企业员工	农民	科教医群体	弱势群体	做小生意者	演艺界
我很佩服他们，现在社会就缺这种精神，要加大宣传	72.5%	67.6%	58.8%	60.0%	76.9%	57.8%	56.3%	62.2%
以前知道一些，现在不太关注了	20.4%	14.7%	28.2%	22.6%	16.1%	25.6%	29.0%	26.7%
时过境迁，这些典型的影响力越来越小了，没太多人关心了	6.6%	17.6%	10.5%	12.5%	6.5%	12.4%	10.4%	11.1%
不知道，也不关心	0.6%		2.5%	4.9%	0.5%	4.2%	4.3%	
$\chi^2=119.925$　sig = 0.000								

如表所示，不同群体对于“民族英雄和新时期的先进人物的精神还值得在全社会大力倡导吗”的认知有显著差异。

由上表可知，江苏与全国居民对于“民族英雄和新时期的先进人物的精神还值得在全社会大力倡导吗”的认知基本一致。其中，各个群体都倾向于选择“我很佩服他们，现在社会就缺这种精神，要加大宣传”。因此，我们认为，在这一问题上，全国与江苏的居民认知存在共识。

C30 当在公交车上遇到小偷正在偷乘客钱包时，您会选择以下哪种做法？

江苏

	官员	企业家	企业员工	农民	科教医群体	弱势群体	做小生意者	演艺界
马上冲上去制止	36.8%	47.1%	25.5%	18.3%	22.4%	20.6%	22.7%	18.8%

续表

	官员	企业家	企业员工	农民	科教医群体	弱势群体	做小生意者	演艺界
出于害怕，装作什么都没有看到	4.4%	2.9%	4.8%	8.9%	4.6%	7.1%	5.8%	6.3%
不敢直接与小偷对抗，但以适当方式悄悄提醒当事人或报警	54.4%	50.0%	64.9%	64.7%	69.4%	66.2%	64.4%	68.8%
只要偷的不是我，不用多管闲事，免得惹麻烦	2.9%		4.0%	7.5%	3.1%	5.5%	6.2%	6.3%
其他	1.5%		0.8%	0.6%	0.5%	0.6%	0.8%	
$\chi^2=67.106$ sig = 0.000								

如表所示，不同群体对于“当在公交车上遇到小偷正在偷乘客钱包时，居民有何种做法”的选择有显著差异。

全国

	官员	企业家	企业员工	农民	科教医群体	弱势群体	做小生意者	演艺界
马上冲上去制止	30.1%	47.1%	23.3%	15.8%	19.7%	18.6%	21.4%	15.2%
出于害怕，装作什么都没有看到	9.0%	8.8%	12.8%	10.8%	8.5%	13.8%	11.9%	8.7%
不敢直接与小偷对抗，但以适当方式悄悄提醒当事人或报警	56.6%	41.2%	57.9%	64.4%	66.8%	59.6%	59.0%	71.7%
只要偷的不是我，不用多管闲事，免得惹麻烦	3.6%	2.9%	5.3%	8.4%	3.9%	7.3%	6.7%	4.3%
其他	0.6%		0.8%	0.6%	1.0%	0.7%	0.9%	
$\chi^2=114.890$ sig = 0.000								

如表所示，不同群体对于“当在公交车上遇到小偷正在偷乘客钱包时，居民有何种做法”的选择有显著差异。

由上表可知，江苏与全国居民对于“当在公交车上遇到小偷正在偷乘客钱包时，居民有何种做法”的选择基本一致。其中，各个群体都倾向于选择“不敢直接与小偷对抗，但以适当方式悄悄提醒当事人或报警”，且占比在55%左右。因此，我们认为，在这一问题上，全国与江苏的居民认知存在共识。

C31 小王知道做某件事是道德的但没去行动，哪种因素是影响他采取行动的最大障碍？

江苏

	官员	企业家	企业员工	农民	科教医群体	弱势群体	做小生意者	演艺界
采取行动会损害自己利益	23.5%	14.7%	19.3%	18.5%	22.1%	18.3%	20.0%	30.3%
采取行动也难以取得预期效果	17.6%	20.6%	16.5%	17.1%	14.9%	14.6%	19.8%	12.1%
大家都不做，我何必管闲事	13.2%	14.7%	17.4%	18.5%	15.9%	17.8%	16.6%	24.2%
自身能力有限，心有余而力不足	38.2%	38.2%	34.8%	32.6%	38.5%	37.1%	30.5%	21.2%
即使我不做，相信还会有别人去做	4.4%	2.9%	8.1%	9.0%	7.7%	8.6%	9.3%	12.1%
明白就行，让别人去做吧	2.9%	8.8%	2.9%	4.3%	1.0%	3.1%	3.4%	
其他			1.0%	0.1%		0.4%	0.4%	
$\chi^2=49.223$　sig = 0.206								

如表所示，不同群体对于“小王知道做某件事是道德的但没去行动，阻碍他采取行动的因素”的选择没有显著差异。

全国

	官员	企业家	企业员工	农民	科教医群体	弱势群体	做小生意者	演艺界
采取行动会损害自己利益	19.5%	15.2%	15.6%	16.0%	19.8%	16.5%	15.2%	15.2%
采取行动也难以取得预期效果	32.3%	36.4%	27.1%	21.6%	22.1%	23.1%	26.9%	21.7%
大家都不做，我何必管闲事	11.0%	12.1%	18.1%	16.9%	14.1%	17.9%	16.8%	10.9%
自身能力有限，心有余而力不足	25.0%	15.2%	28.7%	31.1%	32.6%	30.4%	28.8%	41.3%
即使我不做，相信还会有别人去做	7.3%	15.2%	6.8%	9.4%	8.6%	6.8%	7.6%	8.7%
明白就行，让别人去做吧	4.3%	3.0%	3.1%	4.3%	2.3%	4.7%	4.4%	2.2%
其他	0.6%	3.0%	0.6%	0.7%	0.5%	0.6%	0.3%	
$\chi^2=81.665$　sig = 0.000								

如表所示，不同群体对于“小王知道做某件事是道德的但没去行动，阻碍他采取行动的因素”的选择有显著差异。

由上表可知，江苏与全国居民对于“小王知道做某件事是道德的但没去行动，阻碍他采取行动的因素”的选择存在差异。其中，全国官员在“采取行动也难以取得预期效果”的占比明显高于江苏；演艺界在“自身能力有限，心有余而力不足”上，全国明显高于江苏。因此，我们认为，在这一问题上，全国与江苏的居民认知存在差异。

C32 当与他人发生分歧时，能否体谅宽容他人？

江苏

	官员	企业家	企业员工	农民	科教医群体	弱势群体	做小生意者	演艺界
不宽容，必须弄清是非曲直	13.2%	12.1%	7.9%	6.0%	8.7%	6.4%	8.0%	24.2%
偶尔	29.4%	30.3%	25.5%	28.4%	27.2%	24.9%	31.3%	24.2%
有时	30.9%	27.3%	45.3%	43.9%	35.4%	44.7%	43.0%	30.3%
经常	26.5%	30.3%	21.3%	21.8%	28.7%	24.0%	17.7%	21.2%
$\chi^2=52.758$　sig = 0.000								

如表所示，不同群体对于“当与他人发生分歧时，能否体谅宽容他人?”的选择有显著差异。

全国

	官员	企业家	企业员工	农民	科教医群体	弱势群体	做小生意者	演艺界
不宽容，必须弄清是非曲直	12.2%	14.7%	10.1%	10.4%	10.4%	10.7%	10.6%	6.5%
偶尔	29.3%	29.4%	35.5%	33.3%	28.2%	33.4%	38.9%	34.8%
有时	37.2%	29.4%	41.5%	38.6%	38.4%	39.3%	37.6%	43.5%
经常	21.3%	26.5%	12.9%	17.7%	23.0%	16.5%	12.9%	15.2%
$\chi^2=59.375$　sig = 0.000								

如表所示，不同群体对于“当与他人发生分歧时，能否体谅宽容他人?”的选择有显著差异。

由上表可知，江苏与全国居民对于“当与他人发生分歧时，能否体谅宽容他人?”的选择有差异。其中，各个群体都倾向于选择“偶尔”和“有时”，但在江苏，选择“经常”的明显多于全国。因此，我们认为，在这一问题上，全国与江苏的居民认知存在差异。

C33 您认为解决当前我国的公民道德和社会风尚问题，最关键的途径是

江苏

	官员	企业家	企业员工	农民	科教医群体	弱势群体	做小生意者	演艺界
加强法制	28.7%	25.0%	24.9%	23.0%	24.3%	25.8%	22.4%	16.7%
弘扬优秀传统道德	23.0%	25.0%	27.4%	29.7%	28.0%	26.6%	28.5%	33.3%
建设伦理道德的核心价值	18.0%	15.0%	10.8%	6.8%	11.0%	8.1%	8.6%	20.0%
惩治官员腐败	5.7%	3.3%	11.5%	14.8%	11.3%	12.6%	16.7%	10.0%
解决分配不公问题	7.4%	11.7%	7.9%	7.3%	6.8%	6.1%	8.1%	10.0%
提高个人道德素质	17.2%	20.0%	17.5%	18.3%	18.6%	20.7%	15.7%	10.0%

如表所示，不同群体对于“认为解决当前我国的公民道德和社会风尚问题，最关键的途径”的选择存在差异。

全国

	官员	企业家	企业员工	农民	科教医群体	弱势群体	做小生意者	演艺界
加强法制	26.7%	14.3%	21.5%	19.7%	21.7%	20.1%	18.9%	12.8%
弘扬优秀传统道德	30.5%	42.9%	30.1%	29.6%	27.9%	29.9%	29.3%	29.5%
建设伦理道德的核心价值	12.3%	7.1%	12.1%	8.4%	13.0%	10.6%	9.9%	10.3%
惩治官员腐败	6.7%	8.9%	11.6%	17.6%	7.8%	13.8%	12.5%	14.1%
解决分配不公问题	6.7%	10.7%	6.9%	8.2%	7.5%	7.4%	9.4%	6.4%
提高个人道德素质	17.2%	16.1%	17.6%	16.4%	22.1%	18.3%	20.0%	26.9%

如表所示，不同群体对于“认为解决当前我国的公民道德和社会风尚问题，最关键的途径”的选择存在差异。

由上表可知，江苏与全国居民对于“认为解决当前我国的公民道德和社会风尚问题，最关键的途径”的选择基本一致。其中，各个群体都倾向于选择“加强法制”和“弘扬优良传统道德”。因此，我们认为，在这一问题上，全国与江苏的居民认知存在共识。

C34 您知道社会主义核心价值观吗？请您把它们选出来。

江苏

	官员	企业家	企业员工	农民	科教医群体	弱势群体	做小生意者	演艺界
文明	22.9%	20.5%	21.5%	20.9%	22.4%	21.0%	20.8%	19.7%

续表

	官员	企业家	企业员工	农民	科教医群体	弱势群体	做小生意者	演艺界
诚信	23.7%	22.7%	23.2%	22.8%	23.2%	22.9%	22.9%	18.9%
勇敢	4.5%	6.8%	8.5%	11.2%	5.7%	8.6%	8.8%	9.8%
爱国	19.2%	19.7%	20.7%	19.9%	22.8%	20.4%	20.0%	18.2%
创新	6.8%	6.1%	7.2%	8.1%	5.8%	8.0%	8.3%	6.8%
友善	18.8%	18.2%	14.1%	11.5%	16.3%	13.7%	13.1%	19.7%
勤劳	4.1%	6.1%	4.9%	5.5%	3.6%	5.4%	6.0%	6.8%

如表所示，不同群体对于“社会主义核心价值观”的认知有显著差异。

全国

	官员	企业家	企业员工	农民	科教医群体	弱势群体	做小生意者	演艺界
文明	20.8%	21.3%	19.7%	18.8%	20.3%	19.5%	19.2%	20.4%
诚信	22.9%	25.2%	22.3%	22.0%	23.0%	22.0%	22.6%	22.2%
勇敢	6.6%	8.7%	9.0%	10.5%	6.4%	9.1%	9.0%	9.6%
爱国	21.1%	18.9%	20.9%	19.0%	20.8%	20.4%	20.4%	19.2%
创新	7.7%	5.5%	9.1%	8.0%	9.0%	8.7%	9.1%	7.2%
友善	16.4%	14.2%	14.0%	13.4%	15.1%	13.8%	13.0%	16.2%
勤劳	4.4%	6.3%	5.1%	8.2%	5.4%	6.4%	6.6%	5.4%

如表所示，不同群体对于“社会主义核心价值观”的认知有显著差异。

由上表可知，江苏与全国居民对于“社会主义核心价值观”的认知基本一致。其中，各个群体都倾向于选择“文明”“诚信”“爱国”和“友善”。因此，我们认为，在这一问题上，全国与江苏的居民认知存在共识。

C35 您认为社会主义核心价值观与您的工作、生活有关系吗？

江苏

	官员	企业家	企业员工	农民	科教医群体	弱势群体	做小生意者	演艺界
对改变社会风气有好处，每个人都应该这样做人做事	91.0%	91.2%	87.0%	85.0%	91.7%	83.9%	84.9%	83.9%
与个人工作、生活没关系	9.0%	8.8%	13.0%	15.0%	8.3%	16.1%	15.1%	16.1%
$\chi^2=13.148$ sig = 0.069								

如表所示，不同群体对于“社会主义核心价值观与您的工作、生活有无关系”

的看法没有显著差异。

全国

	官员	企业家	企业员工	农民	科教医群体	弱势群体	做小生意者	演艺界
对改变社会风气有好处，每个人都应该这样做人做事	90.3%	87.5%	86.7%	85.1%	87.1%	83.2%	84.0%	87.8%
与个人工作、生活没关系	9.7%	12.5%	13.3%	14.9%	12.9%	16.8%	16.0%	12.2%
$\chi^2=14.930$　sig = 0.000								

如表所示，不同群体对于“社会主义核心价值观与您的工作、生活有无关系”的看法有显著差异。

由上表可知，江苏与全国居民对于“社会主义核心价值观与您的工作、生活有无关系”的看法基本一致。其中，各个群体都倾向于选择“对改变社会风气有好处，每个人都应该这样做人做事”，且占比在80%以上。因此，我们认为，在这一问题上，全国与江苏的居民认知存在共识。

C36 在全社会特别是青少年中开展革命传统教育，您认为有没有这个必要？

江苏

	官员	企业家	企业员工	农民	科教医群体	弱势群体	做小生意者	演艺界
很有必要，什么时候都不能忘本	92.6%	88.2%	88.9%	91.3%	93.9%	91.1%	88.6%	81.8%
可有可无	4.4%	11.8%	6.1%	5.9%	3.1%	5.8%	6.2%	12.1%
没有必要，已经过时了	2.9%		4.9%	2.8%	3.1%	3.1%	5.2%	6.1%
$\chi^2=21.646$　sig = 0.086								

如表所示，不同群体对于“在全社会特别是青少年中开展革命传统教育的必要性”的认知没有显著差异。

全国

	官员	企业家	企业员工	农民	科教医群体	弱势群体	做小生意者	演艺界
很有必要，什么时候都不能忘本	88.6%	82.4%	84.8%	84.6%	87.8%	82.3%	82.0%	80.4%
可有可无	7.2%	11.8%	8.6%	8.3%	8.0%	11.2%	12.2%	10.9%

续表

	官员	企业家	企业员工	农民	科教医群体	弱势群体	做小生意者	演艺界
没有必要，已经过时了	4.2%	5.9%	6.7%	7.2%	4.1%	6.5%	5.8%	8.7%
$\chi^2=33.928$ sig = 0.000								

如表所示，不同群体对于“在全社会特别是青少年中开展革命传统教育的必要性”的认知有显著差异。

由上表可知，江苏与全国居民对于“在全社会特别是青少年中开展革命传统教育的必要性”的认知存在差异。其中，各个群体都倾向于选择“很有必要，什么时候都不能忘本”，且占比在80%以上。但是，官员、做小生意者、弱势群体对于选择“可有可无”这个选项的占比，全国高于江苏。因此，我们认为，在这一问题上，全国与江苏的居民认知存在差异。

C37 当您途经一场所，正遇到升国旗仪式，看到国旗在国歌声中升起的时候，您会怎么做?

江苏

	官员	企业家	企业员工	农民	科教医群体	弱势群体	做小生意者	演艺界
原地站立，面向国旗行注目礼	51.5%	29.4%	26.3%	17.0%	45.9%	24.0%	20.5%	15.2%
停下来看一看	45.6%	70.6%	65.1%	66.6%	48.0%	64.7%	67.8%	66.7%
只当没看见，该干吗干吗	2.9%		8.6%	16.5%	6.1%	11.3%	11.7%	18.2%
$\chi^2=137.252$ sig = 0.000								

如表所示，不同群体对于“当您途经一场所，正遇到升国旗仪式，看到国旗在国歌声中升起的时候，您会怎么做?”的选择有显著差异。

全国

	官员	企业家	企业员工	农民	科教医群体	弱势群体	做小生意者	演艺界
原地站立，面向国旗行注目礼	51.5%	38.2%	32.7%	30.1%	58.1%	34.5%	26.5%	34.8%
停下来看一看	43.1%	55.9%	53.8%	59.3%	38.2%	52.9%	59.0%	56.5%
只当没看见，该干吗干吗	5.4%	5.9%	13.5%	10.6%	3.6%	12.6%	14.5%	8.7%
$\chi^2=195.409$ sig = 0.000								

如表所示，不同群体对于“当您途经一场所，正遇到升国旗仪式，看到国旗

在国歌声中升起的时候，您会怎么做?”的选择有显著差异。

由上表可知，江苏与全国居民对于“当您途经一场所，正遇到升国旗仪式，看到国旗在国歌声中升起的时候，您会怎么做?”的选择基本一致。其中，多数群体都倾向于选择“停下来看一看”，且占比在60%左右。因此，我们认为，在这一问题上，全国与江苏的居民认知存在共识。

C38 今年您参加过纪念中国共产党成立96周年等主题教育活动吗?

江苏

	官员	企业家	企业员工	农民	科教医群体	弱势群体	做小生意者	演艺界
参加过，很受教育	50.0%	17.6%	9.6%	3.4%	28.2%	7.3%	4.4%	21.2%
听说过，但是没有参加过	30.9%	73.5%	66.8%	59.0%	53.8%	65.3%	66.3%	42.4%
这种活动基本都是形式大于内容	13.2%	5.9%	11.0%	9.6%	11.3%	9.7%	10.4%	12.1%
不关心这些	5.9%	2.9%	12.7%	28.0%	6.7%	17.7%	18.9%	24.2%
$\chi^2=383.762$　sig = 0.000								

如表所示，不同群体对于“今年是否参加过纪念中国共产党成立96周年等主题教育活动”的选择有显著差异。

全国

	官员	企业家	企业员工	农民	科教医群体	弱势群体	做小生意者	演艺界
参加过，很受教育	48.2%	20.6%	18.3%	8.6%	36.7%	14.0%	10.8%	26.1%
听说过，但是没有参加过	38.0%	58.8%	55.8%	62.2%	46.5%	56.7%	56.7%	56.5%
这种活动基本都是形式大于内容	6.0%	11.8%	11.8%	7.7%	12.1%	9.0%	10.8%	4.3%
不关心这些	7.8%	8.8%	14.1%	21.5%	4.7%	20.4%	21.7%	13.0%
$\chi^2=500.443$　sig = 0.000								

如表所示，不同群体对于“今年是否参加过纪念中国共产党成立96周年等主题教育活动”的选择有显著差异。

由上表可知，江苏与全国居民对于“今年是否参加过纪念中国共产党成立96周年等主题教育活动”的选择基本一致。其中，各个群体都倾向于选择“参加过”和“听说过”，且占比和在60%以上。因此，我们认为，在这一问题上，全国与江苏的居民认知存在共识。

D1 您认为现代家庭关系中最令人担心的问题是

江苏

	官员	企业家	企业员工	农民	科教医群体	弱势群体	做小生意者	演艺界
只有一个孩子，对家庭的未来没把握	14.2%	13.6%	13.6%	13.3%	16.5%	13.4%	13.4%	12.5%
独生子女难以承担养老责任，老无所养	20.0%	20.3%	19.2%	20.4%	18.8%	17.8%	17.6%	6.3%
年轻人不愿结婚，或不愿生孩子，家族传承危机	5.0%	8.5%	9.7%	9.3%	7.1%	8.3%	8.3%	17.2%
婚姻不稳定，年轻人缺乏守护婚姻的意识和能力	10.8%	18.6%	13.7%	13.1%	13.6%	14.3%	15.5%	21.9%
子女尤其是独生子女缺乏责任感，孝道意识薄弱	9.2%	3.4%	10.8%	8.0%	9.9%	8.8%	9.7%	10.9%
代沟严重，父母与子女之间难以沟通	10.8%	6.8%	11.5%	13.3%	11.1%	13.1%	13.9%	12.5%
婆媳关系紧张	0.8%		2.4%	5.9%	2.8%	3.4%	2.9%	6.3%
父母不民主，不能容忍差异	4.2%	5.1%	3.7%	4.1%	3.1%	4.3%	4.0%	
“啃老”现象严重	11.7%	13.6%	5.4%	5.8%	7.4%	6.9%	5.7%	7.8%
父母只培养孩子的知识和技能，忽视良好品德的养成	10.0%	10.2%	7.4%	5.1%	7.7%	7.0%	7.0%	1.6%
两性关系过度开放	3.3%		2.5%	1.6%	2.0%	2.6%	2.0%	3.1%

如表所示，不同群体对于“现代家庭关系中最令人担心的问题”的选择存在差异。

全国

	官员	企业家	企业员工	农民	科教医群体	弱势群体	做小生意者	演艺界
只有一个孩子，对家庭的未来没把握	13.8%	15.8%	13.7%	10.6%	13.2%	12.0%	13.1%	11.4%
独生子女难以承担养老责任，老无所养	11.7%	26.3%	15.2%	17.0%	16.1%	15.3%	16.9%	17.7%
年轻人不愿结婚，或不愿生孩子，家族传承危机	7.9%	12.3%	7.4%	9.7%	8.5%	8.7%	8.1%	12.7%
婚姻不稳定，年轻人缺乏守护婚姻的意识和能力	14.1%	7.0%	13.7%	14.0%	14.1%	13.6%	12.5%	8.9%

续表

	官员	企业家	企业员工	农民	科教医群体	弱势群体	做小生意者	演艺界
子女尤其是独生子女缺乏责任感，孝道意识薄弱	10.7%	12.3%	9.7%	11.4%	10.5%	9.9%	9.8%	7.6%
代沟严重，父母与子女之间难以沟通	14.8%	10.5%	16.2%	15.8%	13.0%	15.7%	15.4%	15.2%
婆媳关系紧张	1.7%		4.8%	6.1%	3.4%	5.6%	6.2%	2.5%
父母不民主，不能容忍差异	5.9%	1.8%	6.3%	5.4%	4.7%	6.2%	5.4%	6.3%
“啃老”现象严重	6.9%	1.8%	3.8%	2.6%	5.4%	4.1%	3.3%	3.8%
父母只培养孩子的知识和技能，忽视良好品德的养成	10.0%	12.3%	7.7%	6.2%	10.1%	7.0%	7.4%	12.7%
两性关系过度开放	2.4%		1.6%	1.3%	0.9%	1.9%	1.8%	1.3%

如表所示，不同群体对于“现代家庭关系中最令人担心的问题”的选择存在差异。

由上表可知，江苏与全国居民在对于“现代家庭关系中最令人担心的问题”的选择存在共识。企业家、农民、做小生意者中，大都持“独生子女难以承担养老责任，老无所养”的态度，且占比最大。因此，我们认为，在这一问题上，全国与江苏的居民认知存在共识。

D2 您对家庭的感觉是

江苏

	官员	企业家	企业员工	农民	科教医群体	弱势群体	做小生意者	演艺界
温馨幸福	30.9%	23.5%	19.4%	17.2%	27.6%	18.7%	18.1%	24.2%
比较幸福	60.3%	70.6%	73.8%	71.2%	65.3%	69.2%	73.7%	72.7%
不太幸福	1.5%	5.9%	1.6%	4.7%	2.6%	3.5%	1.8%	
一般，没感觉	5.9%		5.1%	6.3%	3.6%	8.3%	6.0%	3.0%
很不幸福，希望逃离	1.5%		0.2%	0.3%	1.0%	0.2%	0.2%	
其他			0.1%	0.3%		0.1%	0.2%	
$\chi^2=71.374$　sig = 0.000								

如表所示，不同群体对于“您对家庭的感觉”的选择上存在显著差异。

全国

	官员	企业家	企业员工	农民	科教医群体	弱势群体	做小生意者	演艺界
温馨幸福	30.1%	23.5%	20.2%	14.9%	32.8%	22.0%	18.5%	21.7%
比较幸福	62.6%	67.6%	71.3%	71.1%	59.8%	64.8%	71.5%	63.0%
不太幸福	3.7%	5.9%	3.3%	5.1%	3.4%	5.8%	4.3%	8.7%
一般，没感觉	3.1%		4.4%	8.3%	2.9%	6.8%	5.0%	6.5%
很不幸福，希望逃离			0.5%	0.2%	1.1%	0.5%	0.5%	
其他	0.6%	2.9%	0.4%	0.2%		0.2%	0.2%	
$\chi^2=174.444$ sig = 0.000								

如表所示，不同群体对于“您对家庭的感觉”的选择上存在显著差异。

由上表可知，江苏与全国居民对于“您对家庭的感觉”的选择上，存在共识。不同群体都趋向于选择“比较幸福”和“温馨幸福”，其中，全国和江苏居民在选择“比较幸福”的占比都较高，多数在60%以上。因此，我们认为，在这一问题上，全国与江苏的居民认知存在共识。

D3a 您对以下现象的态度是：不婚

江苏

	官员	企业家	企业员工	农民	科教医群体	弱势群体	做小生意者	演艺界
完全赞同			0.7%	0.3%	1.0%	0.8%	1.2%	
比较赞同	1.5%	5.9%	3.0%	2.3%	3.6%	3.1%	3.0%	9.1%
中立	59.7%	44.1%	48.1%	23.7%	50.0%	43.8%	42.5%	57.6%
比较反对	26.9%	35.3%	33.2%	50.4%	30.4%	36.0%	33.3%	15.2%
强烈反对	11.9%	14.7%	15.0%	23.3%	14.9%	16.4%	20.0%	18.2%
$\chi^2=177.421$ sig = 0.000								

如表所示，不同群体对于“不婚现象”的态度有显著差异。

全国

	官员	企业家	企业员工	农民	科教医群体	弱势群体	做小生意者	演艺界
完全赞同	1.2%		1.0%	0.3%	1.6%	1.1%	0.9%	4.9%
比较赞同	5.5%	8.8%	7.6%	4.2%	7.1%	7.4%	6.2%	4.9%
中立	50.9%	38.2%	45.7%	28.2%	51.2%	40.8%	42.1%	53.7%

续表

	官员	企业家	企业员工	农民	科教医群体	弱势群体	做小生意者	演艺界
比较反对	32.5%	29.4%	30.4%	40.2%	24.4%	32.6%	32.3%	24.4%
强烈反对	9.8%	23.5%	15.3%	27.1%	15.7%	18.2%	18.5%	12.2%
$\chi^2=315.259$　sig = 0.000								

如表所示，不同群体对于“不婚现象”的态度有显著差异。

由上表可知，江苏与全国居民在对于“不婚”现象的态度存在共识。官员、企业家、企业员工、科教医群体、弱势群体、做小生意者、演艺界中，大都持“中立”态度，且占比最大。农民对于该问题的看法持“比较反对”态度居多，全国与江苏都达到40%以上。因此，我们认为，在这一问题上，全国与江苏的居民认知存在共识。

D3b 您对以下现象的态度是：试婚

江苏

	官员	企业家	企业员工	农民	科教医群体	弱势群体	做小生意者	演艺界
完全赞同			0.6%	0.5%		0.4%	0.2%	
比较赞同	3.0%	9.1%	4.0%	2.2%	9.2%	4.3%	4.9%	3.0%
中立	55.2%	45.5%	43.5%	22.6%	39.5%	38.4%	37.8%	48.5%
比较反对	29.9%	21.2%	35.8%	50.3%	32.8%	40.0%	40.4%	18.2%
强烈反对	11.9%	24.2%	16.0%	24.3%	18.5%	17.0%	16.7%	30.3%
$\chi^2=155.115$　sig = 0.000								

如表所示，不同群体对于“试婚现象”的态度有显著差异。

全国

	官员	企业家	企业员工	农民	科教医群体	弱势群体	做小生意者	演艺界
完全赞同	0.6%	3.2%	1.1%	0.1%	1.3%	0.5%	1.0%	2.4%
比较赞同	7.9%	22.6%	10.5%	5.1%	8.7%	9.6%	10.3%	11.9%
中立	46.7%	35.5%	42.4%	28.1%	44.1%	39.1%	41.2%	45.2%
比较反对	29.1%	19.4%	29.8%	38.8%	26.2%	31.1%	29.2%	28.6%
强烈反对	15.8%	19.4%	16.3%	27.9%	19.7%	19.7%	18.3%	11.9%
$\chi^2=287.333$　sig = 0.000								

如表所示，不同群体对于“试婚现象”的态度有显著差异。

由上表可知，江苏与全国居民在对于“试婚”现象的态度存在共识。官员、企业家、企业员工、科教医群体、演艺界中，大都持中立态度。农民、弱势群体、做小生意者对该问题的看法持比较反对态度居多。因此，我们认为，在这一问题上，全国与江苏的居民认知存在共识。

D3c 您对以下现象的态度是：同居

江苏

	官员	企业家	企业员工	农民	科教医群体	弱势群体	做小生意者	演艺界
完全赞同		3.1%	1.2%	0.3%	1.0%	0.5%	1.4%	
比较赞同	7.4%	6.3%	6.1%	2.8%	7.7%	5.7%	4.7%	9.1%
中立	58.8%	46.9%	52.6%	33.9%	47.7%	49.9%	44.3%	39.4%
比较反对	26.5%	31.3%	26.8%	46.7%	27.7%	32.7%	33.5%	36.4%
强烈反对	7.4%	12.5%	13.4%	16.4%	15.9%	11.3%	16.1%	15.2%
χ^2 = 146.729 sig = 0.000								

如表所示，不同群体对于“同居现象”的态度有显著差异。

全国

	官员	企业家	企业员工	农民	科教医群体	弱势群体	做小生意者	演艺界
完全赞同			1.1%	0.1%	1.3%	1.2%	1.2%	
比较赞同	10.4%	27.3%	12.4%	5.1%	9.7%	9.9%	9.7%	4.8%
中立	47.6%	39.4%	44.2%	31.8%	51.2%	44.5%	49.0%	59.5%
比较反对	31.1%	21.2%	26.5%	36.7%	23.4%	26.9%	23.9%	21.4%
强烈反对	11.0%	12.1%	15.8%	26.2%	14.4%	17.6%	16.3%	14.3%
χ^2 = 354.598 sig = 0.000								

如表所示，不同群体对于“同居现象”的态度有显著差异。

由上表可知，江苏与全国居民在对于“同居”现象的态度存在共识。官员、企业家、企业员工、科教医群体、弱势群体、做小生意者、演艺界中，大都持中立态度，且占比最大。农民对该问题的看法持比较反对意见占比最大。因此，我们认为，在这一问题上，全国与江苏的居民认知存在共识。

D3d 您对以下现象的态度是：同性恋

江苏

	官员	企业家	企业员工	农民	科教医群体	弱势群体	做小生意者	演艺界
完全赞同			0.5%	0.1%	0.5%	0.8%	0.6%	3.0%
比较赞同	1.5%		1.0%	0.5%	3.6%	1.3%	0.8%	
中立	36.8%	12.1%	22.6%	8.4%	24.6%	21.0%	14.1%	39.4%
比较反对	25.0%	48.5%	39.2%	41.9%	32.3%	37.0%	38.6%	24.2%
强烈反对	36.8%	39.4%	36.7%	49.1%	39.0%	39.9%	45.9%	33.3%
$\chi^2=143.658$　sig = 0.000								

如表所示，不同群体对于“同性恋现象”的态度有显著差异。

全国

	官员	企业家	企业员工	农民	科教医群体	弱势群体	做小生意者	演艺界
完全赞同			0.3%		1.9%	0.7%	0.5%	
比较赞同	2.5%		2.1%	1.0%	2.1%	1.6%	1.9%	4.7%
中立	22.9%	23.5%	20.0%	9.1%	31.3%	19.2%	16.0%	30.2%
比较反对	33.1%	35.3%	32.7%	38.0%	27.9%	30.9%	33.0%	32.6%
强烈反对	41.4%	41.2%	44.9%	51.9%	36.9%	47.6%	48.6%	32.6%
$\chi^2=247.879$　sig = 0.000								

如表所示，不同群体对于“同性恋现象”的态度有显著差异。

由上表可知，江苏与全国居民在对于“同性恋现象”的态度上存在共识。各个群体都倾向于选择“比较反对”和“强烈反对”。因此，我们认为，在这一问题上，全国与江苏的居民认知存在共识。

D3e 您对以下现象的态度是：婚外恋

江苏

	官员	企业家	企业员工	农民	科教医群体	弱势群体	做小生意者	演艺界
完全赞同			0.2%			0.1%	0.2%	
比较赞同			0.9%	0.5%	1.5%	0.4%		3.0%
中立	8.8%	3.0%	7.8%	3.1%	11.3%	8.0%	6.0%	12.1%

续表

	官员	企业家	企业员工	农民	科教医群体	弱势群体	做小生意者	演艺界
比较反对	45.6%	36.4%	38.2%	36.8%	31.8%	35.5%	38.9%	42.4%
强烈反对	45.6%	60.6%	53.0%	59.6%	55.4%	56.1%	54.8%	42.4%
χ^2 = 56.025　sig = 0.000								

如表所示，不同群体对于“婚外恋现象”的态度有显著差异。

全国

	官员	企业家	企业员工	农民	科教医群体	弱势群体	做小生意者	演艺界
完全赞同			0.3%			0.2%	0.4%	
比较赞同	0.6%		1.1%	0.6%	0.8%	0.5%	0.7%	2.2%
中立	10.5%	24.2%	10.3%	6.5%	13.5%	10.1%	10.6%	15.6%
比较反对	29.0%	30.3%	29.8%	31.2%	25.3%	29.6%	29.3%	26.7%
强烈反对	59.9%	45.5%	58.4%	61.6%	60.4%	59.6%	59.0%	55.6%
c2 = 64.069　sig = 0.000								

如表所示，不同群体对于“婚外恋现象”的态度有显著差异。

由上表可知，江苏与全国居民在对于“婚外恋”现象的态度存在共识。各个群体都倾向于选择“比较反对”和“强烈反对”。因此，我们认为，在这一问题上，全国与江苏的居民认知存在共识。

D3f 您对以下现象的态度是：丁克家庭

江苏

	官员	企业家	企业员工	农民	科教医群体	弱势群体	做小生意者	演艺界
完全赞同			0.5%	0.1%	0.5%	0.7%	0.8%	
比较赞同	3.0%		1.5%	0.8%	2.6%	1.7%	1.5%	3.0%
中立	53.7%	40.6%	37.8%	13.4%	45.8%	35.4%	29.3%	48.5%
比较反对	26.9%	21.9%	33.6%	46.0%	25.3%	37.3%	32.6%	9.1%
强烈反对	16.4%	37.5%	26.7%	39.7%	25.8%	24.8%	35.8%	39.4%
χ^2 = 226.498　sig = 0.000								

如表所示，不同群体对于“丁克家庭”的态度有显著差异。

全国

	官员	企业家	企业员工	农民	科教医群体	弱势群体	做小生意者	演艺界
完全赞同	0.6%		0.6%		0.8%	0.6%	0.4%	2.3%
比较赞同	1.9%		2.0%	1.1%	2.2%	2.3%	1.3%	4.7%
中立	42.7%	42.9%	30.5%	14.8%	45.7%	30.2%	28.1%	37.2%
比较反对	31.8%	25.0%	31.0%	36.6%	24.4%	28.7%	31.1%	23.3%
强烈反对	22.9%	32.1%	35.8%	47.5%	26.9%	38.2%	39.2%	32.6%
$\chi^2=319.416$　sig = 0.000								

如表所示，不同群体对于“丁克家庭”的态度有显著差异。

由上表可知，江苏与全国居民在对于“丁克家庭”的态度存在共识。各个群体都倾向于选择“中立”和“比较反对”。因此，我们认为，在这一问题上，全国与江苏的居民认知存在共识。

D3g 您对以下现象的态度是：代孕

江苏

	官员	企业家	企业员工	农民	科教医群体	弱势群体	做小生意者	演艺界
完全赞同			0.2%	0.1%		0.1%	0.4%	
比较赞同	1.5%		1.8%	0.7%	2.7%	1.2%	1.0%	
中立	36.8%	25.8%	31.1%	14.6%	33.5%	28.6%	24.7%	41.9%
比较反对	32.4%	25.8%	35.2%	48.2%	29.2%	37.5%	38.5%	35.5%
强烈反对	29.4%	48.4%	31.7%	36.4%	34.6%	32.6%	35.4%	22.6%
$\chi^2=108.633$　sig = 0.000								

如表所示，不同群体对于“代孕现象”的态度有显著差异。

全国

	官员	企业家	企业员工	农民	科教医群体	弱势群体	做小生意者	演艺界
完全赞同			0.6%			0.3%	0.2%	
比较赞同	1.9%	3.3%	1.9%	1.1%	1.9%	1.3%	1.1%	4.8%
中立	25.9%	20.0%	22.4%	12.1%	31.3%	21.3%	21.5%	31.0%
比较反对	34.8%	33.3%	32.0%	36.6%	26.2%	31.0%	30.0%	26.2%
强烈反对	37.3%	43.3%	43.1%	50.1%	40.6%	46.1%	47.1%	38.1%
$\chi^2=159.243$　sig = 0.000								

如表所示，不同群体在“代孕现象”的态度有显著差异。

由上表可知，江苏与全国居民在“代孕现象”的态度上存在共识。各个群体都倾向于选择“比较反对”和“强烈反对”。因此，我们认为，在这一问题上，全国与江苏的居民认知存在共识。

D4 您如何看待为了应对拆迁、征地、买房等而出现的“假离婚”现象？

江苏

	官员	企业家	企业员工	农民	科教医群体	弱势群体	做小生意者	演艺界
完全赞同	1.5%	2.9%	0.6%	0.8%	2.1%	1.2%	1.6%	3.1%
比较赞同	8.8%	23.5%	10.0%	6.8%	8.4%	9.4%	10.9%	18.8%
不太赞同	39.7%	29.4%	46.8%	39.8%	50.3%	46.8%	48.9%	46.9%
坚决反对	50.0%	44.1%	42.6%	52.6%	39.3%	42.7%	38.6%	31.3%
$\chi^2=56.988$ sig = 0.000								

如表所示，不同群体对于“如何看待为了应对拆迁、征地、买房等而出现的‘假离婚’现象”的看法有显著差异。

全国

	官员	企业家	企业员工	农民	科教医群体	弱势群体	做小生意者	演艺界
完全赞同	3.8%		3.0%	1.7%	3.6%	1.4%	2.7%	2.5%
比较赞同	18.4%	26.5%	18.2%	10.6%	14.5%	15.0%	16.2%	20.0%
不太赞同	24.7%	38.2%	35.6%	41.5%	40.2%	39.7%	35.2%	50.0%
坚决反对	53.2%	35.3%	43.2%	46.2%	41.8%	43.8%	45.9%	27.5%
$\chi^2=100.020$ sig = 0.000								

如表所示，不同群体对于“如何看待为了应对拆迁、征地、买房等而出现的‘假离婚’现象”的看法有显著差异。

由上表可知，江苏与全国居民在对于“如何看待为了应对拆迁、征地、买房等而出现的‘假离婚’现象”的态度存在共识。各个群体都倾向于选择“不太赞同”和“坚决反对”。因此，我们认为，在这一问题上，全国与江苏的居民认知存在共识。

D5 如果夫妻中需要一方为对方或家庭做出牺牲，您的态度是

江苏

	官员	企业家	企业员工	农民	科教医群体	弱势群体	做小生意者	演艺界
非常不愿意	4.5%	8.8%	1.3%	1.7%	3.2%	2.0%	1.2%	
不太愿意	22.4%	17.6%	16.2%	9.9%	18.9%	15.7%	14.9%	18.2%
比较愿意	58.2%	50.0%	58.4%	58.5%	56.3%	56.4%	58.8%	63.6%
愿意，时常这么做	14.9%	23.5%	24.1%	29.9%	21.6%	26.0%	25.1%	18.2%
$\chi^2=50.265$　sig = 0.000								

如表所示，不同群体对于“如果夫妻中需要一方为对方或家庭做出牺牲，您的态度”的选择有显著差异。

全国

	官员	企业家	企业员工	农民	科教医群体	弱势群体	做小生意者	演艺界
非常不愿意	2.5%	6.1%	3.8%	1.9%	3.6%	3.5%	2.4%	5.3%
不太愿意	17.3%	24.2%	23.3%	18.4%	20.8%	21.1%	18.3%	21.1%
比较愿意	59.9%	51.5%	53.9%	51.3%	53.4%	52.3%	54.2%	57.9%
愿意，时常这么做	20.4%	18.2%	19.0%	28.5%	22.2%	23.1%	25.0%	15.8%
$\chi^2=79.557$　sig = 0.000								

如表所示，不同群体对于“如果夫妻中需要一方为对方或家庭做出牺牲，您的态度”的选择有显著差异。

由上表可知，江苏与全国居民在对于“如果夫妻中需要一方为对方或家庭做出牺牲，您的态度”的选择，存在共识。各个群体都倾向于选择“比较愿意”，且占比都达到50%及以上。因此，我们认为，在这一问题上，全国与江苏的居民认知存在共识。

D6 在恋爱或婚姻中，您有为对方而改变自己的意识吗？

江苏

	官员	企业家	企业员工	农民	科教医群体	弱势群体	做小生意者	演艺界
有，经常这样做	52.2%	41.2%	45.8%	46.4%	40.3%	44.2%	44.8%	27.3%
有，但做起来有些困难	29.9%	29.4%	35.8%	30.7%	41.3%	32.3%	38.1%	57.6%
没想过这个问题	11.9%	20.6%	14.2%	19.5%	14.3%	19.5%	13.1%	12.1%

续表

	官员	企业家	企业员工	农民	科教医群体	弱势群体	做小生意者	演艺界
无须改变，只有找到愿为我改变的人才是真爱	4.5%	8.8%	4.1%	2.9%	3.6%	3.1%	3.4%	3.0%
其他	1.5%		0.2%	0.5%	0.5%	0.9%	0.6%	
$\chi^2=56.151$ sig = 0.000								

如表所示，不同群体对于“在恋爱或婚姻中，是否有为对方而改变自己的意识”的看法有显著差异。

全国

	官员	企业家	企业员工	农民	科教医群体	弱势群体	做小生意者	演艺界
有，经常这样做	35.5%	30.3%	31.2%	37.3%	39.4%	31.3%	35.0%	27.9%
有，但做起来有些困难	39.8%	36.4%	40.2%	32.2%	36.6%	37.1%	38.6%	44.2%
没想过这个问题	19.3%	18.2%	23.0%	25.5%	18.8%	25.1%	21.8%	18.6%
无须改变，只有找到愿为我改变的人才是真爱	5.4%	15.2%	5.5%	4.8%	5.0%	5.9%	4.4%	9.3%
其他			0.1%	0.1%	0.3%	0.6%	0.1%	
$\chi^2=89.142$ sig = 0.000								

如表所示，不同群体对于“在恋爱或婚姻中，是否有为对方而改变自己的意识”的看法有显著差异。

由上表可知，江苏与全国居民在对于“在恋爱或婚姻中，是否有为对方而改变自己的意识”的看法存在共识。各个群体都倾向于选择“有，经常这样做”“有，但做起来有些困难”，且占比在40%左右。因此，我们认为，在这一问题上，全国与江苏的居民认知存在共识。

D7 在恋爱或婚姻中，你与对方相处的原则是

江苏

	官员	企业家	企业员工	农民	科教医群体	弱势群体	做小生意者	演艺界
我首先对他/她好，然后希望他/她对我好	75.0%	76.5%	72.1%	64.4%	71.6%	67.3%	69.4%	66.7%
他/她对我好，我才对他/她好	5.9%	2.9%	15.6%	20.6%	12.4%	17.9%	18.1%	18.2%

续表

	官员	企业家	企业员工	农民	科教医群体	弱势群体	做小生意者	演艺界
他/她对我好就行了	5.9%	8.8%	7.0%	6.9%	9.3%	6.5%	7.8%	9.1%
总是我对他/她好，他/她对我不那么好	4.4%	5.9%	2.0%	1.9%	1.0%	2.4%	1.2%	3.0%
他/她对我不好，我没必要对他/她好	2.9%		1.2%	0.9%	1.5%	1.4%	0.8%	
其他	5.9%	5.9%	2.2%	5.3%	4.1%	4.5%	2.6%	3.0%
$\chi^2=59.106$ sig = 0.000								

如表所示，不同群体对于“在恋爱或婚姻中，你与对方相处原则”的选择有显著差异。

全国

	官员	企业家	企业员工	农民	科教医群体	弱势群体	做小生意者	演艺界
我首先对他/她好，然后希望他/她对我好	62.7%	62.5%	59.6%	59.7%	67.4%	54.8%	58.0%	65.2%
他/她对我好，我才对他/她好	18.1%	12.5%	21.2%	18.6%	13.5%	20.8%	20.1%	21.7%
他/她对我好就行了	15.7%	18.8%	13.6%	15.6%	13.0%	16.2%	15.6%	8.7%
总是我对他/她好，他/她对我不那么好	2.4%	6.3%	2.3%	3.2%	1.8%	3.1%	3.2%	
他/她对我不好，我没必要对他/她好	0.6%		1.4%	1.2%	1.6%	2.1%	1.8%	2.2%
其他	0.6%		1.9%	1.7%	2.8%	3.0%	1.3%	2.2%
$\chi^2=70.337$ sig = 0.000								

如表所示，不同群体对于“在恋爱或婚姻中，你与对方相处原则”的选择有显著差异。

由上表可知，江苏与全国居民在对于“恋爱或婚姻中，你与对方相处原则”的选择，存在差异。各个群体都倾向于选择“我首先对他/她好，然后希望他/她对我好”，且占比在50%以上，但全国选择该项的倾向明显比江苏低得多。因此，我们认为，在这一问题上，全国与江苏的居民认知存在差异。

D8 你认为生育孩子是否是一种人生义务？

江苏

	官员	企业家	企业员工	农民	科教医群体	弱势群体	做小生意者	演艺界
是，如果大家都不生育，人种会灭绝	22.1%	26.5%	30.3%	27.4%	28.6%	25.6%	24.4%	21.2%
是，不生孩子家族延传会中断	22.1%	41.2%	36.9%	48.0%	27.0%	42.3%	45.2%	42.4%
不是，但没有孩子将老无所养也过于孤独	33.8%	20.6%	23.9%	18.6%	31.1%	22.9%	24.2%	18.2%
不是，自己觉得快乐就行，有孩子负担过重	22.1%	11.8%	8.1%	5.7%	9.2%	8.2%	5.6%	18.2%
其他			0.9%	0.3%	4.1%	1.0%	0.6%	
$\chi^2=117.428$ sig = 0.000								

如表所示，不同群体对于“认为生育孩子是否是一种人生义务”的看法有显著差异。

全国

	官员	企业家	企业员工	农民	科教医群体	弱势群体	做小生意者	演艺界
是，如果大家都不生育，人种会灭绝	21.7%	29.0%	24.0%	29.6%	25.6%	22.8%	21.9%	21.7%
是，不生孩子家族延传会中断	30.1%	22.6%	36.3%	47.5%	28.8%	39.3%	39.3%	26.1%
不是，但没有孩子将老无所养也过于孤独	35.5%	35.5%	32.8%	20.4%	30.8%	28.8%	32.8%	39.1%
不是，自己觉得快乐就行，有孩子负担过重	9.6%	12.9%	5.8%	2.2%	12.4%	8.0%	5.6%	13.0%
其他	3.0%		1.1%	0.4%	2.3%	1.2%	0.5%	
$\chi^2=321.282$ sig = 0.000								

如表所示，不同群体对于“认为生育孩子是否是一种人生义务”的看法有显著差异。

由上表可知，江苏与全国居民在对于“认为生育孩子是否是一种人生义务”的看法，存在共识。除官员外，江苏和全国的大部分群体都倾向选择“是，不生孩子家族延传会中断”。因此，我们认为，在这一问题上，全国与江苏的居民认知存在共识。

D9 当孩子面临重大问题（婚姻、升学、就业等）时，您的态度是

江苏

	官员	企业家	企业员工	农民	科教医群体	弱势群体	做小生意者	演艺界
全部包办，替他们做决定或搞定	5.9%	2.9%	3.5%	2.7%	4.1%	4.4%	4.6%	3.0%
积极建议，努力说服他们采纳	27.9%	41.2%	27.1%	25.1%	27.0%	25..5%	29.7%	24.2%
只提建议，让他们自己选择	42.6%	35.3%	41.7%	48.7%	45.9%	42.9%	47.6%	42.4%
不表态，免得子女将来埋怨	2.9%		5.0%	14.7%	2.0%	6.0%	4.0%	6.1%
经常提出建议，但大多不起作用	2.9%	2.9%	2.3%	3.8%	0.5%	3.4%	2.0%	3.0%
没孩子/孩子太小	17.6%	14.7%	20.3%	4.4%	19.9%	17.5%	12.0%	21.2%
其他		2.9%	0.1%	0.5%	0.5%	0.3%		

$\chi^2=234.195$　sig = 0.000

如表所示，不同群体对于“当孩子面临重大问题（婚姻、升学、就业等）时，您的态度”的看法有显著差异。

全国

	官员	企业家	企业员工	农民	科教医群体	弱势群体	做小生意者	演艺界
全部包办，替他们做决定或搞定	7.2%	2.9%	4.7%	6.4%	4.1%	6.2%	5.5%	2.2%
积极建议，努力说服他们采纳	21.6%	50.0%	25.5%	26.6%	18.7%	21.8%	26.4%	23.9%
只提建议，让他们自己选择	44.9%	32.4%	38.8%	45.2%	45.3%	36.7%	37.7%	34.8%
不表态，免得子女将来埋怨	4.2%		4.5%	10.2%	3.1%	7.5%	6.4%	6.5%
经常提出建议，但大多不起作用	3.0%		2.7%	6.1%	2.1%	3.9%	4.8%	2.2%
没孩子/孩子太小	19.2%	14.7%	23.3%	5.2%	25.9%	23.4%	19.0%	30.4%
其他			0.4%	0.4%	0.8%	0.4%	0.2%	

$\chi^2=495.229$　sig = 0.000

如表所示，不同群体对于“当孩子面临重大问题（婚姻、升学、就业等）时，您的态度”的看法有显著差异。

由上表可知，江苏与全国居民在对于“当孩子面临重大问题（婚姻、升学、就业等）时，您的态度”的看法，存在共识。各个群体在江苏和全国层面上的选择并无不同。因此，我们认为，在这一问题上，全国与江苏的居民认知存在共识。

D10 您对子女所提出的有关人生发展方面的建议，是否经常被采纳？

江苏

	官员	企业家	企业员工	农民	科教医群体	弱势群体	做小生意者	演艺界
经常被采纳	20.8%	14.8%	14.2%	12.7%	24.8%	12.9%	20.8%	25.0%
较多被采纳	71.7%	66.7%	67.0%	52.4%	64.1%	64.7%	63.5%	70.8%
基本不采纳	7.5%	18.5%	18.4%	32.8%	10.3%	21.5%	15.0%	4.2%
从不被采纳并遭到嘲讽			0.4%	2.1%	0.7%	0.9%	0.7%	
$\chi^2=132.080$ sig = 0.000								

如表所示，不同群体对于“您对子女所提出的有关人生发展方面的建议，是否经常被采纳”的自我评价有显著差异。

全国

	官员	企业家	企业员工	农民	科教医群体	弱势群体	做小生意者	演艺界
经常被采纳	17.9%	18.5%	19.8%	21.1%	26.2%	17.9%	18.8%	13.0%
较多被采纳	69.1%	74.1%	61.9%	59.8%	64.6%	62.1%	62.8%	69.6%
基本不采纳	11.4%	7.4%	16.1%	17.9%	7.6%	18.0%	16.6%	17.4%
从不被采纳并遭到嘲讽	1.6%		2.2%	1.3%	1.7%	2.0%	1.8%	
$\chi^2=39.293$ sig = 0.009								

如表所示，不同群体对于“您对子女所提出的有关人生发展方面的建议，是否经常被采纳”的自我评价有显著差异。

由上表可知，江苏与全国居民对于“您对子女所提出的有关人生发展方面的建议，是否经常被采纳”的自我评价，存在共识。各个群体都倾向于选择“较多被采纳”，且占比在60%左右。因此，我们认为，在这一问题上，全国与江苏的居民认知存在共识。

D11 您认为现在孩子价值观的形成受何种因素影响最大？

江苏

	官员	企业家	企业员工	农民	科教医群体	弱势群体	做小生意者	演艺界
父母	37.9%	42.9%	31.5%	31.2%	35.6%	35.9%	33.8%	33.3%
老师	29.8%	27.0%	28.7%	28.5%	28.2%	28.4%	27.2%	26.7%

续表

	官员	企业家	企业员工	农民	科教医群体	弱势群体	做小生意者	演艺界
同伴	12.9%	11.1%	13.7%	18.0%	12.1%	14.5%	15.3%	15.0%
网络，朋友圈	11.3%	11.1%	12.6%	9.8%	13.5%	11.9%	11.7%	16.7%
明星	1.6%		2.3%	1.0%	1.4%	1.3%	1.4%	1.7%
道德模范	4.0%	3.2%	6.9%	6.4%	5.7%	4.9%	5.6%	1.7%
伟大人物	2.4%	4.8%	4.4%	5.1%	3.4%	3.2%	5.0%	5.0%

如表所示，不同群体对于“认为现在孩子价值观的形成受何种因素影响最大”的看法存在差异。

全国

	官员	企业家	企业员工	农民	科教医群体	弱势群体	做小生意者	演艺界
父母	36.9%	35.0%	32.9%	33.4%	35.5%	34.8%	33.9%	36.0%
老师	28.6%	30.0%	33.3%	37.5%	33.8%	34.0%	32.7%	18.7%
同伴	14.3%	8.3%	16.3%	16.2%	11.7%	15.1%	15.4%	18.7%
网络，朋友圈	12.2%	16.7%	10.4%	9.4%	12.8%	10.4%	12.1%	21.3%
明星	0.7%	1.7%	1.4%	0.4%	1.7%	1.1%	1.1%	1.3%
道德模范	4.9%	3.3%	3.9%	2.1%	3.7%	3.2%	3.3%	2.7%
伟大人物	2.4%	5.0%	1.9%	1.1%	0.8%	1.4%	1.5%	1.3%

如表所示，不同群体对于“认为现在孩子价值观的形成受何种因素影响最大”的看法存在差异。

由上表可知，江苏与全国居民在对于“认为现在孩子价值观的形成受何种因素影响最大”的看法，存在共识。各个群体都倾向于选择“父母”，其次为“老师”。因此，我们认为，在这一问题上，全国与江苏的居民认知存在共识。

D12 您认为老人是否有义务帮子女带孩子？

江苏

	官员	企业家	企业员工	农民	科教医群体	弱势群体	做小生意者	演艺界
有，天经地义的	16.2%	17.6%	14.2%	31.1%	16.8%	21.9%	18.5%	12.1%
没有，老人帮助带孙辈，子女应感恩	30.9%	55.9%	46.7%	35.7%	45.9%	41.9%	45.3%	54.5%

续表

	官员	企业家	企业员工	农民	科教医群体	弱势群体	做小生意者	演艺界
没有义务，不过带孙辈也是天伦之乐，应该帮助带	48.5%	20.6%	36.2%	30.8%	35.2%	32.5%	34.4%	30.3%
没想过	4.4%	5.9%	3.0%	2.4%	2.0%	3.7%	1.8%	3.0%
$\chi^2=113.115$　sig = 0.000								

如表所示，不同群体对于“认为老人是否有义务帮子女带孩子”的认知有显著差异。

全国

	官员	企业家	企业员工	农民	科教医群体	弱势群体	做小生意者	演艺界
有，天经地义的	14.4%	20.6%	13.6%	31.2%	14.0%	20.6%	17.1%	15.2%
没有，老人帮助带孙辈，子女应感恩	47.3%	44.1%	43.3%	36.0%	49.7%	42.3%	41.2%	45.7%
没有义务，不过带孙辈也是天伦之乐，应该帮助带	34.1%	32.4%	38.3%	29.5%	32.6%	31.8%	38.1%	28.3%
没想过	4.2%	2.9%	4.8%	3.4%	3.6%	5.3%	3.6%	10.9%
$\chi^2=264.908$　sig = 0.000								

如表所示，不同群体对于“认为老人是否有义务帮子女带孩子”的认知有显著差异。

由上表可知，江苏与全国居民在对于认为老人是否有义务帮子女带孩子，存在共识。大多数群体都倾向于选择“没有，老人帮助带孙辈，子女应感恩”，且占比在40%左右；其次为“没有义务，不过带孙辈也是天伦之乐，应该帮助带”，占比在20%以上。因此，我们认为，在这一问题上，全国与江苏的居民认知存在共识。

D13 您认为最理想的养老方式是哪种？

江苏

	官员	企业家	企业员工	农民	科教医群体	弱势群体	做小生意者	演艺界
敬老院、护理院等专业养老机构	16.2%	20.6%	16.1%	10.5%	16.3%	15.1%	15.1%	18.2%
与子女同住	42.6%	32.4%	51.4%	68.5%	40.3%	52.2%	51.5%	39.4%

续表

	官员	企业家	企业员工	农民	科教医群体	弱势群体	做小生意者	演艺界
自己单住，生活难以自理时找护工	11.8%	23.5%	13.1%	13.8%	18.4%	14.8%	17.7%	9.1%
与兄弟姐妹抱团养老	2.9%	8.8%	6.5%	2.4%	6.1%	5.8%	4.4%	9.1%
与志趣相投的人一起养老	25.0%	14.7%	12.2%	4.2%	17.3%	10.7%	10.7%	24.2%
其他	1.5%		0.7%	0.6%	1.5%	1.2%	0.6%	
$\chi^2=157.455$　sig = 0.000								

如表所示，不同群体对于“最理想的养老方式”的选择有显著差异。

全国

	官员	企业家	企业员工	农民	科教医群体	弱势群体	做小生意者	演艺界
敬老院、护理院等专业养老机构	21.0%	19.4%	17.2%	9.1%	21.5%	13.1%	13.5%	18.2%
与子女同住	32.9%	41.9%	48.9%	64.4%	36.0%	50.8%	51.7%	43.2%
自己单住，生活难以自理时找护工	15.0%	12.9%	14.4%	12.4%	15.0%	15.1%	15.9%	15.9%
与兄弟姐妹抱团养老	4.8%	3.2%	5.0%	5.7%	3.6%	5.6%	5.2%	2.3%
与志趣相投的人一起养老	25.1%	22.6%	13.5%	7.4%	22.0%	14.0%	12.4%	20.5%
其他	1.2%		1.0%	1.1%	1.8%	1.5%	1.3%	
$\chi^2=315.976$　sig = 0.000								

如表所示，不同群体对于“最理想的养老方式”的选择有显著差异。

由上表可知，江苏与全国居民在对于“最理想的养老方式”的选择，存在共识。各个群体都倾向于选择“与子女同住”，且占比在40%左右；其次为“与志趣相投的人一起养老”，占比在20%左右。因此，我们认为，在这一问题上，全国与江苏的居民认知存在共识。

D14 当父母一方长期生活不能自理时，主要承担照顾工作的人应该是

江苏

	官员	企业家	企业员工	农民	科教医群体	弱势群体	做小生意者	演艺界
子女照顾	47.1%	44.1%	56.4%	64.6%	49.5%	54.3%	59.0%	40.6%

续表

	官员	企业家	企业员工	农民	科教医群体	弱势群体	做小生意者	演艺界
父母中还有能力的另一方（老伴）	30.9%	35.3%	26.6%	25.2%	26.0%	31.5%	27.0%	25.0%
雇保姆，老伴协助	13.2%	11.8%	4.5%	2.4%	5.1%	4.3%	5.6%	3.1%
雇保姆，子女协助	2.9%	2.9%	6.9%	2.4%	9.2%	5.2%	3.4%	25.0%
送护理机构，家人经常探望	5.9%	5.9%	5.6%	5.2%	9.2%	4.4%	4.8%	6.3%
其他				0.3%	1.0%	0.3%	0.2%	
$\chi^2=122.505$　sig = 0.000								

如表所示，不同群体对于“当父母一方长期生活不能自理时，主要承担照顾工作的人”的选择有显著差异。

全国

	官员	企业家	企业员工	农民	科教医群体	弱势群体	做小生意者	演艺界
子女照顾	33.7%	45.5%	42.7%	49.8%	41.8%	48.6%	48.6%	41.3%
父母中还有能力的另一方（老伴）	38.6%	27.3%	35.0%	38.8%	31.4%	33.0%	34.6%	19.6%
雇保姆，老伴协助	11.4%	6.1%	7.1%	4.5%	9.1%	6.1%	5.1%	6.5%
雇保姆，子女协助	13.9%	12.1%	10.1%	4.6%	11.2%	8.5%	8.2%	21.7%
送护理机构，家人经常探望	2.4%	9.1%	4.5%	1.7%	5.2%	3.1%	3.1%	10.9%
其他			0.6%	0.6%	1.3%	0.8%	0.5%	
$\chi^2=191.188$　sig = 0.000								

如表所示，不同群体对于“当父母一方长期生活不能自理时，主要承担照顾工作的人”的选择有显著差异。

由上表可知，江苏与全国居民在对于“当父母一方长期生活不能自理时，主要承担照顾工作的人”的选择，存在差异。各个群体都倾向于选择“子女照顾”和“父母中还有能力的另一方（老伴）”，但江苏选择“子女照顾”的倾向高于全国，且全国选择“雇保姆，子女协助”的明显多过江苏。因此，我们认为，在这一问题上，全国与江苏的居民认知存在共识。

D15 在过去的十天里，您为父母做过以下哪些事情

江苏

	官员	企业家	企业员工	农民	科教医群体	弱势群体	做小生意者	演艺界
看望	13.9%	15.0%	9.8%	9.1%	14.8%	10.0%	11.9%	16.2%
打电话	17.6%	22.5%	17.0%	10.0%	17.9%	16.1%	17.5%	18.9%
买东西	15.8%	13.8%	14.3%	11.4%	14.4%	13.8%	14.2%	13.5%
陪看病	1.8%	1.3%	1.9%	1.7%	2.3%	2.0%	1.8%	4.1%
生活照料	13.9%	11.3%	14.1%	12.7%	11.7%	11.5%	13.6%	5.4%
做家务	10.3%	8.8%	15.6%	13.5%	13.4%	16.1%	13.6%	14.9%
谈心聊天	17.0%	15.0%	14.9%	9.1%	13.6%	14.2%	13.9%	10.8%
给钱	3.0%	6.3%	3.0%	2.9%	4.3%	2.4%	3.1%	5.4%
外出游玩	0.6%	1.3%	0.8%	0.3%	1.4%	0.7%	0.5%	
无	0.6%	3.8%	2.3%	4.9%	0.8%	3.4%	3.0%	4.1%
父母已去世	5.5%	1.3%	6.3%	24.4%	5.3%	9.8%	6.7%	6.8%

如表所示，不同群体对于“在过去的十天里，您为父母做过的事情”的选择存在差异。

全国

	官员	企业家	企业员工	农民	科教医群体	弱势群体	做小生意者	演艺界
看望	12.4%	18.6%	10.9%	11.8%	11.4%	10.1%	10.4%	8.8%
打电话	19.6%	21.4%	20.8%	13.1%	21.9%	19.1%	20.8%	18.7%
买东西	15.2%	11.4%	13.6%	9.8%	14.6%	12.5%	13.1%	16.5%
陪看病	2.5%		2.3%	2.2%	1.8%	2.4%	2.2%	1.1%
生活照料	11.3%	7.1%	12.0%	13.1%	10.3%	10.7%	12.3%	9.9%
做家务	11.3%	12.9%	12.7%	12.3%	11.1%	15.0%	12.1%	14.3%
谈心聊天	13.8%	8.6%	12.0%	8.3%	13.1%	12.1%	11.7%	15.4%
给钱	3.3%	5.7%	5.5%	4.5%	5.1%	4.1%	5.7%	4.4%
外出游玩	1.7%	7.1%	1.5%	0.5%	2.7%	1.3%	1.2%	3.3%
无	1.9%	4.3%	3.5%	6.0%	2.3%	4.3%	5.4%	1.1%
父母已去世	6.9%	2.9%	5.2%	18.4%	5.8%	8.4%	5.2%	6.6%

如表所示，不同群体对于“在过去的十天里，您为父母做过的事情”的选择存在差异。

由上表可知，江苏与全国居民在“过去的十天里，您为父母做过的事情”的

选择，存在共识。各个群体都倾向于选择“打电话”，其次为“做家务”和“买东西”。全国与江苏在陪父母“外出游玩”这一选项的占比普遍较低。因此，我们认为，在这一问题上，全国与江苏的居民认知存在共识。

D16 您是否觉得孤独？

江苏

	官员	企业家	企业员工	农民	科教医群体	弱势群体	做小生意者	演艺界
经常	4.4%	5.9%	1.9%	3.5%	2.6%	4.9%	2.6%	3.0%
有时	17.6%	11.8%	19.6%	19.6%	25.5%	25.0%	17.7%	36.4%
不太觉得	36.8%	17.6%	34.8%	32.7%	29.1%	32.1%	37.0%	15.2%
不觉得	41.2%	64.7%	43.7%	44.2%	42.9%	38.0%	42.7%	45.5%
$\chi^2=65.189$ sig = 0.000								

如表所示，不同群体对于“是否觉得孤单”的自我评价有显著差异。

全国

	官员	企业家	企业员工	农民	科教医群体	弱势群体	做小生意者	演艺界
经常	7.2%	5.9%	5.6%	4.3%	4.7%	5.0%	5.3%	13.0%
有时	21.6%	26.5%	23.5%	24.0%	25.5%	25.0%	21.6%	28.3%
不太觉得	35.3%	20.6%	34.8%	32.7%	33.2%	33.4%	33.8%	23.9%
不觉得	35.9%	47.1%	36.1%	39.0%	36.6%	36.7%	39.3%	34.8%
$\chi^2=25.645$ sig = 0.22								

如表所示，不同群体对于“是否觉得孤单”的自我评价没有显著差异。

由上表可知，江苏与全国居民在“是否觉得孤单”的自我评价上，存在差异。其中，认为“不觉得”孤单里，全国企业家的占比要明显低于江苏的占比，在“经常”觉得孤单里，全国占比略高于江苏的占比。因此，我们认为，在这一问题上，全国与江苏的居民认知存在差异。

D17 现在开展的弘扬好家风好家训活动，您认为有意义吗？

江苏

	官员	企业家	企业员工	农民	科教医群体	弱势群体	做小生意者	演艺界
很有意义	86.6%	81.8%	82.0%	81.5%	88.1%	86.3%	80.8%	70.0%
可有可无	10.4%	9.1%	10.2%	11.4%	5.7%	8.8%	10.6%	23.3%

续表

	官员	企业家	企业员工	农民	科教医群体	弱势群体	做小生意者	演艺界
没有必要	3.0%	9.1%	7.8%	7.1%	6.2%	4.9%	8.6%	6.7%
$\chi^2=29.925$　sig = 0.000								

如表所示，不同群体对于“现在开展的弘扬好家风好家训活动是否有意义”的评价有显著差异。

全国

	官员	企业家	企业员工	农民	科教医群体	弱势群体	做小生意者	演艺界
很有意义	76.8%	70.6%	70.9%	70.4%	77.8%	71.1%	69.8%	73.9%
可有可无	13.4%	17.6%	17.5%	15.8%	12.2%	17.2%	18.1%	19.6%
没有必要	9.8%	11.8%	11.6%	13.7%	10.0%	11.7%	12.1%	6.5%
$\chi^2=21.467$　sig = 0.09								

如表所示，不同群体对于“现在开展的弘扬好家风好家训活动是否有意义”的评价没有显著差异。

由上表可知，江苏与全国居民在对“现在开展的弘扬好家风好家训活动是否有意义”的评价上存在差异。其中，官员、企业家、企业员工、科教医群体、农民、弱势群体在认为“很有意义”中，全国的占比明显低于江苏。因此，我们认为，在这一问题上，全国与江苏的居民认知存在差异。

D18 您所在的地方发生过虐待儿童的事件吗？

江苏

	官员	企业家	企业员工	农民	科教医群体	弱势群体	做小生意者	演艺界
经常会发生			1.0%	0.9%	0.5%	1.0%	0.6%	6.1%
偶尔发生	10.3%	8.8%	6.7%	3.8%	13.3%	8.5%	6.8%	18.2%
没听说过	89.7%	91.2%	92.3%	95.3%	86.2%	90.6%	92.6%	75.8%
$\chi^2=47.468$　sig = 0.000								

如表所示，不同群体对于“所在的地方是否发生过虐待儿童的事件”的选择有显著差异。

全国

	官员	企业家	企业员工	农民	科教医群体	弱势群体	做小生意者	演艺界
经常会发生	9.6%	6.3%	5.4%	3.2%	4.7%	3.5%	4.8%	
偶尔发生	19.2%	34.4%	18.8%	12.5%	18.4%	18.1%	18.6%	17.4%
没听说过	71.3%	59.4%	75.9%	84.3%	76.9%	78.3%	76.6%	82.6%
$\chi^2=87.437$ sig = 0.000								

如表所示，不同群体对于“所在的地方是否发生过虐待儿童的事件”的选择有显著差异。

由上表可知，江苏与全国居民在对“所在的地方是否发生过虐待儿童的事件”的选择上，存在差异。各个群体都倾向于选择“没听说过”，但江苏选择“没听说过”的比全国多，全国选择“偶尔发生”的明显多于江苏，其次为“经常会发生”。因此，我们认为，在这一问题上，全国与江苏的居民认知存在差异。

D19 在大街或社区里，看到行走或生活困难的老人，您经常的反应是？

江苏

	官员	企业家	企业员工	农民	科教医群体	弱势群体	做小生意者	演艺界
想到自己的（祖）父母或自己的未来，情不自禁地想帮助他	52.9%	44.1%	45.8%	33.7%	48.5%	41.0%	39.2%	36.4%
出于义务责任感，想帮助他	27.9%	23.5%	26.7%	27.8%	28.1%	29.7%	25.5%	36.4%
有同情感，但没有想帮助的冲动	13.2%	32.4%	23.8%	34.1%	23.0%	25.2%	32.1%	21.2%
没有感觉，习以为常	4.4%		3.4%	4.4%	0.5%	3.9%	3.0%	6.1%
其他	1.5%		0.4%			0.1%	0.2%	
$\chi^2=79.440$ sig = 0.000								

如表所示，不同群体对于“在大街或社区里，看到行走或生活困难的老人，您经常的反应”的选择有显著差异。

全国

	官员	企业家	企业员工	农民	科教医群体	弱势群体	做小生意者	演艺界
想到自己的（祖）父母或自己的未来，情不自禁地想帮助他	50.0%	41.2%	43.2%	43.0%	46.1%	43.0%	45.3%	47.8%
出于义务责任感，想帮助他	30.1%	32.4%	27.9%	26.5%	27.7%	25.4%	23.7%	34.8%

续表

	官员	企业家	企业员工	农民	科教医群体	弱势群体	做小生意者	演艺界
有同情感，但没有想帮助的冲动	16.3%	23.5%	25.5%	24.0%	24.4%	26.6%	26.8%	15.2%
没有感觉，习以为常	3.6%	2.9%	3.4%	6.3%	1.8%	4.6%	4.3%	2.2%
其他			0.1%	0.2%		0.4%		
$\chi^2=64.657$　sig = 0.000								

如表所示，不同群体对于“在大街或社区里，看到行走或生活困难的老人，您经常的反应”的选择有显著差异。

由上表可知，江苏与全国居民对于“在大街或社区里，看到行走或生活困难的老人，您经常的反应”的选择，存在共识。各个群体都倾向于选择“想到自己的（祖）父母或自己的未来，情不自禁地想帮助他”。因此，我们认为，在这一问题上，全国与江苏的居民认知存在共识。

D20 如果您的父母或兄妹偷了别人的东西，警察正在查找，您的行为反应可能是？

江苏

	官员	企业家	企业员工	农民	科教医群体	弱势群体	做小生意者	演艺界
批评他，但不会告发	10.3%	14.7%	18.8%	17.3%	23.7%	19.7%	22.5%	18.8%
批评他，陪他送回原处或去承认错误	66.2%	67.6%	64.2%	59.7%	60.8%	62.4%	61.0%	65.6%
默认，因为他得到的东西正是家庭所急需的	7.4%	5.9%	4.1%	5.7%	3.1%	4.0%	5.8%	3.1%
告发，因为出于正义感	8.8%	5.9%	9.2%	10.4%	8.2%	6.9%	5.6%	9.4%
告发，因为可能会连累自己	1.5%	5.9%	0.8%	1.9%	0.5%	1.5%	2.0%	
不管不问，由他自己决定	5.9%		2.3%	4.7%	3.6%	5.2%	3.0%	3.1%
其他			0.5%	0.3%		0.3%		
$\chi^2=69.410$　sig = 0.005								

如表所示，不同群体对于“如果您的父母或兄妹偷了别人的东西，警察正在查找，您会采取何种行为反应”的选择有显著差异。

全国

	官员	企业家	企业员工	农民	科教医群体	弱势群体	做小生意者	演艺界
批评他，但不会告发	18.1%	26.5%	26.3%	27.7%	19.8%	25.5%	29.2%	37.0%
批评他，陪他送回原处或去承认错误	63.9%	64.7%	54.3%	53.4%	66.3%	53.6%	50.2%	43.5%
默认，因为他得到的东西正是家庭所急需的	6.6%		8.2%	5.5%	3.1%	6.0%	7.8%	6.5%
告发，因为出于正义感	7.8%		5.1%	5.2%	4.7%	5.1%	4.0%	10.9%
告发，因为可能会连累自己	0.6%	5.9%	2.2%	1.8%	0.3%	2.3%	1.9%	2.2%
不管不问，由他自己决定	3.0%	2.9%	3.8%	6.0%	5.5%	7.0%	6.6%	
其他			0.2%	0.4%	0.3%	0.4%	0.4%	
$\chi^2 = 113.640$ sig = 0.000								

如表所示，不同群体对于“如果您的父母或兄妹偷了别人的东西，警察正在查找，您会采取何种行为反应”的选择有显著差异。

由上表可知，江苏与全国居民对于“如果您的父母或兄妹偷了别人的东西，警察正在查找，您会采取何种行为反应”的选择存在共识。各个群体都倾向于选择“批评他，陪他送回原处或去承认错误”，且占比在50%左右。因此，我们认为，在这一问题上，全国与江苏的居民认知存在共识。

D21 当独生子女单独组成家庭后，父母和子女哪一种居住方式更好？

江苏

	官员	企业家	企业员工	农民	科教医群体	弱势群体	做小生意者	演艺界
单独居住	35.3%	32.4%	30.7%	23.9%	30.3%	33.8%	28.1%	27.3%
和父母同住	23.5%	23.5%	28.6%	40.5%	20.5%	26.2%	32.1%	24.2%
和父母及祖辈共同居住	8.8%	8.8%	5.1%	7.6%	4.1%	7.1%	7.7%	24.2%
和父母靠近居住	32.4%	35.3%	35.3%	27.2%	44.6%	32.3%	31.3%	24.2%
其他			0.3%	0.8%	0.5%	0.6%	0.8%	
$\chi^2 = 111.041$ sig = 0.000								

如表所示，不同群体对于“当独生子女单独组成家庭后，父母和子女之间居住方式”的选择有显著差异。

全国

	官员	企业家	企业员工	农民	科教医群体	弱势群体	做小生意者	演艺界
单独居住	31.9%	36.4%	27.4%	29.5%	34.5%	29.6%	29.1%	17.4%
和父母同住	22.3%	18.2%	29.6%	39.1%	21.6%	31.9%	33.0%	30.4%
和父母及祖辈共同居住	5.4%	6.1%	10.2%	8.1%	7.3%	9.3%	7.7%	4.3%
和父母靠近居住	39.8%	39.4%	32.6%	22.5%	35.8%	28.2%	29.5%	47.8%
其他	0.6%		0.1%	0.8%	0.8%	0.9%	0.7%	
$\chi^2 = 155.588$ sig = 0.000								

如表所示，不同群体对于“当独生子女单独组成家庭后，父母和子女之间居住方式”的选择有显著差异。

由上表可知，江苏与全国居民对于“当独生子女单独组成家庭后，父母和子女之间居住方式”的选择，存在共识。各个群体都倾向于选择“和父母靠近居住”或“单独居住”。因此，我们认为，在这一问题上，全国与江苏的居民认知存在共识。

D22 您是否认为把老人送到养老院是不孝行为？

江苏

	官员	企业家	企业员工	农民	科教医群体	弱势群体	做小生意者	演艺界
是	9.0%	11.8%	11.7%	25.0%	12.8%	16.2%	18.5%	9.1%
相对而言，部分是	40.3%	52.9%	47.0%	39.9%	51.3%	45.0%	46.6%	60.6%
不是	50.7%	35.3%	41.1%	34.9%	35.4%	38.3%	34.9%	30.3%
其他			0.2%	0.3%	0.5%	0.4%		
$\chi^2 = 83.247$ sig = 0.000								

如表所示，不同群体对于“把老人送到养老院是否是不孝行为”的认知有显著差异。

全国

	官员	企业家	企业员工	农民	科教医群体	弱势群体	做小生意者	演艺界
是	12.0%	21.2%	15.4%	24.4%	11.1%	18.8%	17.7%	8.7%
相对而言，部分是	52.1%	39.4%	54.8%	48.7%	54.3%	51.4%	53.1%	50.0%
不是	35.3%	39.4%	29.6%	26.4%	34.1%	29.5%	28.9%	41.3%

续表

	官员	企业家	企业员工	农民	科教医群体	弱势群体	做小生意者	演艺界
其他	0.6%		0.2%	0.4%	0.5%	0.3%	0.2%	
$\chi^2=100.507$ sig = 0.000								

如表所示，不同群体对于“把老人送到养老院是否是不孝行为”的认知有显著差异。

由上表可知，江苏与全国居民在“把老人送到养老院是否是不孝行为”的认知，存在共识。各个群体都倾向于选择“相对而言，部分是”，且占比在50%左右。因此，我们认为，在这一问题上，全国与江苏的居民认知存在共识。

E1 您认为企业最重要的社会责任是什么？

江苏

	官员	企业家	企业员工	农民	科教医群体	弱势群体	做小生意者	演艺界
为企业和企业股东自身赚钱	13.2%	8.8%	13.9%	22.9%	17.2%	21.5%	20.5%	21.2%
通过依法纳税为国家积累财富	25.0%	17.6%	23.5%	19.9%	16.1%	20.4%	18.4%	36.4%
通过诚信经营提供质量可靠的产品，满足社会大众生活需求	61.8%	64.7%	57.8%	49.7%	63.5%	51.0%	57.0%	39.4%
为员工谋福利		8.8%	4.6%	7.6%	3.1%	7.0%	3.9%	3.0%
其他			0.2%			0.1%	0.2%	
$\chi^2=82.054$ sig = 0.000								

如表所示，不同群体对于“您认为企业最重要的社会责任是什么”的选择有显著差异。

全国

	官员	企业家	企业员工	农民	科教医群体	弱势群体	做小生意者	演艺界
为企业和企业股东自身赚钱	14.9%	18.2%	14.9%	15.7%	10.9%	13.2%	13.5%	11.1%
通过依法纳税为国家积累财富	24.2%	21.2%	22.9%	22.2%	22.4%	23.2%	20.0%	20.0%
通过诚信经营提供质量可靠的产品，满足社会大众生活需求	57.1%	51.5%	56.7%	52.9%	63.5%	57.1%	61.2%	53.3%
为员工谋福利	3.1%	9.1%	5.2%	9.1%	2.7%	6.2%	5.2%	13.3%

续表

	官员	企业家	企业员工	农民	科教医群体	弱势群体	做小生意者	演艺界
其他	0.6%		0.3%	0.1%	0.5%	0.4%	0.1%	2.2%
$\chi^2 = 82.712$　sig = 0.000								

如表所示，不同群体对于“您认为企业最重要的社会责任是什么”的选择有显著差异。

由上表可知，江苏与全国居民在过去一年中，在对企业的社会责任认知上差异不大，存在共识。基本所有群体的认同度都集中在“通过诚信经营提供质量可靠的产品，满足社会大众生活需求”，而“为员工谋福利”占比都很少。因此，我们认为，在这一问题上，全国与江苏的居民认知存在共识。

E2a 下列关于企业的说法，您的同意程度是：只要能为员工谋福利就是一个好单位

江苏

	官员	企业家	企业员工	农民	科教医群体	弱势群体	做小生意者	演艺界
完全同意	11.8%	11.8%	9.0%	6.5%	7.2%	7.0%	8.3%	12.1%
比较同意	38.2%	41.2%	44.2%	55.5%	47.7%	49.5%	48.7%	39.4%
不太同意	44.1%	35.3%	34.4%	32.6%	36.4%	35.9%	34.5%	30.3%
完全不同意	5.9%	11.8%	12.4%	5.4%	8.7%	7.7%	8.5%	18.2%
$\chi^2 = 61.881$　sig = 0.000								

如表所示，不同群体对于“只要能为员工谋福利，就是一个好单位”的认知有显著差异。

全国

	官员	企业家	企业员工	农民	科教医群体	弱势群体	做小生意者	演艺界
完全同意	5.0%	8.8%	10.7%	11.6%	6.1%	9.0%	10.5%	9.3%
比较同意	32.9%	50.0%	39.4%	48.0%	34.9%	40.5%	44.5%	48.8%
不太同意	50.9%	38.2%	42.7%	36.5%	51.2%	43.5%	40.2%	34.9%
完全不同意	11.2%	2.9%	7.2%	3.9%	7.7%	7.0%	4.8%	7.0%
$\chi^2 = 58.326$　sig = 0.000								

如表所示，不同群体对于“只要能为员工谋福利，就是一个好单位”的认知

有显著差异。

由上表可知，江苏与全国居民在过去一年中，对于好单位的定义差异不大，存在共识。其中，基本所有群体都集中在“比较同意”和“不太同意”，选择这两项的比例集中在30%到50%之间。因此，我们认为，在这一问题上，全国与江苏的居民认知存在共识。

E2b 下列关于企业的说法，您的同意程度是：经济效益好坏是衡量企业成败的唯一标准

江苏

	官员	企业家	企业员工	农民	科教医群体	弱势群体	做小生意者	演艺界
完全同意	4.4%	5.9%	4.0%	3.7%	6.6%	3.4%	4.1%	
比较同意	29.4%	23.5%	27.7%	35.5%	29.1%	32.1%	30.5%	31.3%
不太同意	54.4%	58.8%	54.8%	52.4%	53.6%	53.5%	54.5%	62.5%
完全不同意	11.8%	11.8%	13.5%	8.4%	10.7%	11.1%	11.0%	6.3%
$\chi^2=30.494$ sig = 0.000								

如表所示，不同群体对于“经济效益好坏是衡量企业成败的唯一标准”的评价有显著差异。

全国

	官员	企业家	企业员工	农民	科教医群体	弱势群体	做小生意者	演艺界
完全同意	4.5%	3.1%	6.9%	6.3%	3.7%	5.4%	6.7%	4.5%
比较同意	36.9%	40.6%	38.1%	43.8%	34.5%	41.1%	43.5%	47.7%
不太同意	48.4%	46.9%	48.0%	45.7%	53.3%	46.9%	44.4%	43.2%
完全不同意	10.2%	9.4%	7.1%	4.2%	8.5%	6.7%	5.4%	4.5%
$\chi^2=115.838$ sig = 0.000								

如表所示，不同群体对于“经济效益好坏是衡量企业成败的唯一标准”的评价有显著差异。

由上表可知，江苏与全国居民在过去一年中，在经济效益是企业成败的唯一衡量标准上存在差异。其中，江苏诸群体绝大部分都“不太同意”，选择这一项的比例在50%到60%之间；全国诸群体基本都选择“比较同意”和“不太同意”两项，占比集中在35%到50%之间。因此我们认为，在这一问题上，全国与江苏的

居民认知存在差异。

E2c 下列关于企业的说法，您的同意程度是：企业做慈善都是做做样子，其实还是为自己做广告

江苏

	官员	企业家	企业员工	农民	科教医群体	弱势群体	做小生意者	演艺界
完全同意	1.5%		4.2%	3.9%	4.2%	4.3%	3.8%	3.1%
比较同意	19.4%	30.3%	37.7%	36.9%	32.3%	43.0%	39.0%	28.1%
不太同意	68.7%	48.5%	48.2%	48.1%	51.6%	44.1%	45.3%	46.9%
完全不同意	10.4%	21.2%	9.8%	11.1%	12.0%	8.6%	11.9%	21.9%
$\chi^2=45.285$　sig = 0.000								

如表所示，不同群体对于“企业做慈善都是做做样子，其实还是为自己做广告”这一说法的评价有显著差异。

全国

	官员	企业家	企业员工	农民	科教医群体	弱势群体	做小生意者	演艺界
完全同意	5.0%	3.0%	5.9%	6.1%	3.2%	5.8%	7.2%	4.5%
比较同意	19.9%	21.2%	30.3%	35.8%	21.2%	29.2%	28.6%	43.2%
不太同意	54.0%	57.6%	51.0%	48.9%	59.8%	51.7%	53.3%	45.5%
完全不同意	21.1%	18.2%	12.8%	9.2%	15.9%	13.3%	10.9%	6.8%
$\chi^2=55.509$　sig = 0.000								

如表所示，不同群体对于“企业做慈善都是做做样子，其实还是为自己做广告”这一说法的评价有显著差异。

由上表可知，江苏与全国居民在过去一年中，对企业做慈善这一行为的看法差异不大，存在共识。其中，选择“不太同意”的占比较高，都在50%左右。因此，我们认为，在这一问题上，全国与江苏的居民认知存在共识。

E2d 下列关于企业的说法，您的同意程度是：企业和员工之间只是合同关系，效益好就好好干，效益不好就跳槽

江苏

	官员	企业家	企业员工	农民	科教医群体	弱势群体	做小生意者	演艺界
完全同意	4.4%		3.0%	2.8%	1.5%	3.4%	2.2%	3.1%

续表

	官员	企业家	企业员工	农民	科教医群体	弱势群体	做小生意者	演艺界
比较同意	17.6%	23.5%	26.8%	35.9%	20.9%	30.3%	23.2%	25.0%
不太同意	58.8%	55.9%	50.2%	45.6%	59.7%	52.0%	54.8%	50.0%
完全不同意	19.1%	20.6%	20.1%	15.7%	17.9%	14.4%	19.8%	21.9%
$\chi^2=59.595$ sig = 0.000								

如表所示，不同群体对于“企业和员工之间只是合同关系，效益好就好好干，效益不好就跳槽”的认同度有显著差异。

全国

	官员	企业家	企业员工	农民	科教医群体	弱势群体	做小生意者	演艺界
完全同意	3.7%		5.1%	3.6%	2.6%	5.1%	4.3%	4.7%
比较同意	18.0%	24.2%	24.4%	25.8%	15.5%	22.7%	25.8%	20.9%
不太同意	49.1%	57.6%	52.7%	59.3%	57.5%	54.9%	55.3%	58.1%
完全不同意	29.2%	18.2%	17.8%	11.2%	24.4%	17.3%	14.5%	16.3%
$\chi^2=98.346$ sig = 0.000								

如表所示，不同群体对于“企业和员工之间只是合同关系，效益好就好好干，效益不好就跳槽”的认同度有显著差异。

由上表可知，江苏与全国居民在过去一年中，对企业和员工之间关系的看法差异不大，存在共识。其中，江苏和全国绝大部分居民都选择“不太同意”，集中在50%到60%之间。因此，我们认为，在这一问题上，全国与江苏的居民认知存在共识。

E2e 下列关于企业的说法，您的同意程度是：企业不需要对员工讲什么伦理关怀，员工表现好就发奖金，不好就辞退

江苏

	官员	企业家	企业员工	农民	科教医群体	弱势群体	做小生意者	演艺界
完全同意	1.5%		1.8%	1.5%	2.1%	2.8%	3.2%	
比较同意	13.2%	26.5%	16.9%	21.1%	16.5%	20.5%	14.6%	18.2%
不太同意	58.8%	64.7%	54.4%	58.4%	51.0%	57.5%	58.3%	63.6%
完全不同意	26.5%	8.8%	26.9%	19.0%	30.4%	19.2%	23.9%	18.2%
$\chi^2=58.385$ sig = 0.000								

如表所示，不同群体对于“企业不需要对员工讲什么伦理关怀，员工表现好就发奖金，不好就辞退”这一说法的认同度有显著差异。

全国

	官员	企业家	企业员工	农民	科教医群体	弱势群体	做小生意者	演艺界
完全同意	26.3%	18.8%	22.2%	20.5%	25.1%	21.3%	23.1%	14.0%
比较同意	44.4%	43.8%	49.2%	53.3%	48.3%	50.9%	50.5%	51.2%
不太同意	25.6%	31.3%	23.6%	22.6%	21.6%	23.6%	23.5%	32.6%
完全不同意	3.8%	6.3%	5.0%	3.6%	5.0%	4.3%	2.9%	2.3%
$\chi^2=115.653$　sig = 0.000								

如表所示，不同群体对于“企业不需要对员工讲什么伦理关怀，员工表现好就发奖金，不好就辞退”这一说法的认同度有显著差异。

由上表可知，江苏与全国居民在过去一年中，在企业对员工伦理关怀的看法上差异不大，存在差异。其中，江苏诸群体选择“不太同意”较多，占比集中在50%到65%之间；全国诸群体选择“比较同意”较多，占比集中在40%到50%之间。因此，我们认为，在这一问题上，全国与江苏的居民认知存在差异。

E2f 下列关于企业的说法，您的同意程度是：企业为了履行社会责任，应当放弃一些自身利益

江苏

	官员	企业家	企业员工	农民	科教医群体	弱势群体	做小生意者	演艺界
完全同意	17.6%	26.5%	25.1%	20.6%	19.6%	21.6%	22.3%	40.6%
比较同意	57.4%	47.1%	54.4%	57.5%	52.1%	57.7%	51.7%	43.8%
不太同意	22.1%	14.7%	16.4%	17.4%	24.7%	16.8%	20.0%	9.4%
完全不同意	2.9%	11.8%	4.2%	4.4%	3.6%	3.8%	5.9%	6.3%
$\chi^2=36.804$　sig = 0.018								

如表所示，不同群体对于“企业为了履行社会责任，应当放弃一些自身利益”这一说法的认同度有显著差异。

全国

	官员	企业家	企业员工	农民	科教医群体	弱势群体	做小生意者	演艺界
完全同意	36.5%	27.3%	24.6%	24.0%	30.9%	25.8%	27.0%	18.2%

续表

	官员	企业家	企业员工	农民	科教医群体	弱势群体	做小生意者	演艺界
比较同意	44.0%	42.4%	52.4%	56.8%	47.1%	52.7%	52.3%	63.6%
不太同意	19.5%	27.3%	19.2%	16.6%	15.7%	18.1%	18.5%	18.2%
完全不同意		3.0%	3.8%	2.6%	6.4%	3.4%	2.2%	
$\chi^2=27.562$ sig = 0.000								

如表所示，不同群体对于“企业为了履行社会责任，应当放弃一些自身利益”这一说法的认同度有显著差异。

由上表可知，江苏与全国居民在过去一年中，对“企业履行社会责任是否应当放弃一些自身利益”的看法差异不大，存在共识。其中，江苏和全国绝大部分群体都选择“比较同意”，集中在40%到60%之间。因此我们认为，在这一问题上，全国与江苏的居民认知存在共识。

E2g 下列关于企业的说法，您的同意程度是：讲信用、遵循道德规范的企业能够获得更好的利益

江苏

	官员	企业家	企业员工	农民	科教医群体	弱势群体	做小生意者	演艺界
完全同意	33.8%	23.5%	28.6%	24.9%	31.1%	26.9%	25.8%	30.0%
比较同意	52.3%	58.8%	55.4%	60.5%	52.0%	58.6%	56.2%	36.7%
不太同意	12.3%	8.8%	12.7%	11.3%	12.8%	11.7%	13.0%	26.7%
完全不同意	1.5%	8.8%	3.3%	3.3%	4.1%	2.8%	5.1%	6.7%
$\chi^2=28.376$ sig = 0.130								

如表所示，不同群体对于“讲信用、遵循道德规范的企业能够获得更好的利益”这一说法的认同度没有显著差异。

全国

	官员	企业家	企业员工	农民	科教医群体	弱势群体	做小生意者	演艺界
完全同意	36.5%	27.3%	24.6%	24.0%	30.9%	25.8%	27.0%	18.2%
比较同意	44.0%	42.4%	52.4%	56.8%	47.1%	52.7%	52.3%	63.6%
不太同意	19.5%	27.3%	19.2%	16.6%	15.7%	18.1%	18.5%	18.2%
完全不同意		3.0%	3.8%	2.6%	6.4%	3.4%	2.2%	
$\chi^2=61.323$ sig = 0.000								

如表所示，不同群体对于“讲信用、遵循道德规范的企业能够获得更好的利益”这一说法的认同度存在显著差异。

由上表可知，江苏与全国居民在过去一年中，在讲信用、遵循道德规范对企业利益的作用上的看法存在共识。大部分人都选择了“比较同意”和“完全同意”。因此，我们认为，在这一问题上，全国与江苏的居民认知存在共识。

E2h 下列关于企业的说法，您的同意程度是：企业只是一台赚钱的机器，能赚钱就行，无所谓社会责任，声誉也不重要

江苏

	官员	企业家	企业员工	农民	科教医群体	弱势群体	做小生意者	演艺界
完全同意	2.9%	2.9%	0.8%	0.9%	1.0%	1.1%	2.4%	
比较同意	11.8%	8.8%	10.5%	12.8%	7.2%	10.2%	10.0%	21.9%
不太同意	51.5%	50.0%	62.6%	66.5%	57.4%	66.3%	66.4%	40.6%
完全不同意	33.8%	38.2%	26.1%	19.8%	34.4%	22.4%	21.2%	37.5%
$\chi^2=58.848$　sig = 0.000								

如表所示，不同群体对于“企业只是一台赚钱的机器，能赚钱就行，无所谓社会责任，声誉也不重要”这一说法的认同度有显著差异。

全国

	官员	企业家	企业员工	农民	科教医群体	弱势群体	做小生意者	演艺界
完全同意	5.0%		2.4%	2.0%	2.7%	2.9%	2.5%	2.2%
比较同意	15.6%	27.3%	18.6%	17.0%	12.1%	15.9%	15.9%	20.0%
不太同意	37.5%	42.4%	48.9%	60.9%	46.2%	54.4%	54.8%	48.9%
完全不同意	41.9%	30.3%	30.1%	20.1%	39.0%	26.8%	26.8%	28.9%
$\chi^2=139.712$　sig = 0.000								

如表所示，不同群体对于“企业只是一台赚钱的机器，能赚钱就行，无所谓社会责任，声誉也不重要”这一说法的认同度有显著差异。

由上表可知，江苏与全国居民在过去一年中，对企业是否只需要赚钱而不顾其他的看法差异不大，存在共识。其中，江苏和全国绝大部分居民都选择“不太同意”，集中在40%到60%之间。因此我们认为，在这一问题上，全国与江苏的居民认知存在共识。

E2i 下列关于企业的说法，您的同意程度是：同样的产品，国企生产的比私企的更有保障

江苏

	官员	企业家	企业员工	农民	科教医群体	弱势群体	做小生意者	演艺界
完全同意	13.6%		6.2%	7.9%	11.0%	6.2%	5.5%	12.5%
比较同意	22.7%	30.3%	38.6%	38.2%	39.3%	43.5%	38.9%	28.1%
不太同意	56.1%	45.5%	46.2%	41.7%	38.2%	42.2%	43.1%	56.3%
完全不同意	7.6%	24.2%	9.1%	12.1%	11.5%	8.1%	12.5%	3.1%
$\chi^2=59.143$ sig = 0.000								

如表所示，不同群体对于“同样的产品，国企生产的比私企的更有保障”这一说法的认同度有显著差异。

全国

	官员	企业家	企业员工	农民	科教医群体	弱势群体	做小生意者	演艺界
完全同意	11.0%	6.5%	7.0%	7.6%	8.2%	8.3%	7.7%	4.0%
比较同意	37.0%	38.7%	37.7%	49.4%	42.4%	42.3%	41.0%	38.1%
不太同意	37.0%	38.7%	44.6%	35.1%	42.1%	40.5%	42.1%	47.6%
完全不同意	14.9%	16.1%	10.7%	8.0%	7.3%	8.9%	9.1%	9.5%
$\chi^2=76.368$ sig = 0.000								

如表所示，不同群体对于“同样的产品，国企生产的比私企的更有保障”这一说法的认同度有显著差异。

由上表可知，江苏与全国居民在过去一年中，对国企的产品是否比私企更好的看法差异不大，存在共识。江苏和全国绝大部分居民都选择“不太同意”，集中在35%到45%之间。因此我们认为，在这一问题上，全国与江苏的居民认知存在共识。

E3 下面哪种说法更符合或接近您的个人想法

江苏

	官员	企业家	企业员工	农民	科教医群体	弱势群体	做小生意者	演艺界
个人和工作单位之间是聘用或雇佣关系，通过工资和付出劳动满足彼此需求	36.8%	20.6%	39.8%	46.0%	35.9%	47.5%	39.2%	42.4%

续表

	官员	企业家	企业员工	农民	科教医群体	弱势群体	做小生意者	演艺界
不只是利益关系，应当还有很多情感的联系，应当共命运	33.8%	55.9%	39.7%	34.7%	36.9%	35.7%	41.2%	42.4%
个人是单位的一分子，单位如同个人的另一个家	27.9%	23.5%	20.5%	19.3%	27.2%	16.6%	19.5%	15.2%
其他	1.5%					0.2%	0.2%	
$\chi^2=60.499$　sig = 0.000								

如表所示，不同群体对于“符合或接近您的个人想法的说法”的选择有显著差异。

全国

	官员	企业家	企业员工	农民	科教医群体	弱势群体	做小生意者	演艺界
个人和工作单位之间是聘用或雇佣关系，通过工资和付出劳动满足彼此需求	34.1%	44.1%	45.5%	50.0%	33.2%	46.9%	48.9%	47.7%
不只是利益关系，应当还有很多情感的联系，应当共命运	35.4%	35.3%	38.8%	33.3%	40.3%	34.8%	34.3%	34.1%
个人是单位的一分子，单位如同个人的另一个家	30.5%	20.6%	15.6%	16.3%	26.0%	18.0%	16.7%	18.2%
其他			0.1%	0.4%	0.5%	0.3%	0.2%	
$\chi^2=84.572$　sig = 0.000								

如表所示，不同群体对于“符合或接近您的个人想法的说法”的选择有显著差异。

由上表可知，江苏与全国居民在过去一年中，对个人与单位关系的看法差异不大，存在共识。江苏与全国居民对三种想法的选择差别不大。其中，企业员工、农民、科教医群体、弱势群体、演艺界选择“个人和工作单位之间是聘用或雇佣关系，通过工资和付出劳动满足彼此需求”的比较多。其次是选择各群体“不只是利益关系，应当还有很多情感的联系，应当共命运”。因此，我们认为，在这一问题上，全国与江苏的居民认知存在共识。

E4a 您对自己所在企业履行下列责任的满意情况如何：劳动安全保障

江苏

	官员	企业家	企业员工	农民	科教医群体	弱势群体	做小生意者	演艺界
非常不满意	4.4%	5.9%	2.6%	3.7%	2.6%	3.4%	1.8%	3.1%
不太满意	13.2%	17.6%	23.7%	26.9%	19.3%	27.6%	28.9%	25.0%
比较满意	72.1%	64.7%	66.9%	62.4%	65.6%	63.7%	62.3%	68.8%
非常满意	10.3%	11.8%	6.8%	7.0%	12.5%	5.3%	7.0%	3.1%
$\chi^2=38.695$　sig = 0.011								

如表所示，不同群体对于“您对自己所在企业履行劳动安全保障责任的满意情况如何?”的评价有显著差异。

全国

	官员	企业家	企业员工	农民	科教医群体	弱势群体	做小生意者	演艺界
非常不满意	2.6%		2.0%	2.7%	4.4%	4.5%	3.3%	5.4%
不太满意	14.5%	17.6%	18.0%	20.4%	13.5%	25.4%	24.7%	18.9%
比较满意	65.8%	73.5%	72.9%	72.5%	69.9%	64.4%	65.7%	70.3%
非常满意	17.1%	8.8%	7.0%	4.4%	10.2%	5.7%	6.2%	5.4%
$\chi^2=123.222$　sig = 0.000								

如表所示，不同群体对于“您对自己所在企业履行劳动安全保障责任的满意情况如何?”的评价有显著差异。

由上表可知，江苏与全国居民在过去一年中，对企业在劳动安全保障方面的责任履行满意度的差异不大，存在共识。其中，江苏和全国绝大部分居民都选择“比较满意”。因此，我们认为，在这一问题上，全国与江苏的居民认知存在共识。

E4b 您对自己所在企业履行下列责任的满意情况如何：员工薪酬合理

江苏

	官员	企业家	企业员工	农民	科教医群体	弱势群体	做小生意者	演艺界
非常不满意	4.5%	8.8%	3.5%	5.0%	3.6%	4.1%	3.8%	
不太满意	14.9%	11.8%	32.4%	31.7%	20.7%	36.0%	31.8%	27.3%
比较满意	74.6%	61.8%	56.1%	57.4%	65.3%	55.4%	58.6%	63.6%

续表

	官员	企业家	企业员工	农民	科教医群体	弱势群体	做小生意者	演艺界
非常满意	6.0%	17.6%	8.1%	5.9%	10.4%	4.5%	5.8%	9.1%
$\chi^2=61.773$　sig = 0.000								

如表所示，不同群体对于“您对自己所在企业履行员工薪酬合理责任的满意情况如何?”的评价有显著差异。

全国

	官员	企业家	企业员工	农民	科教医群体	弱势群体	做小生意者	演艺界
非常不满意	2.0%		2.2%	1.5%	3.3%	3.6%	2.2%	2.7%
不太满意	18.5%	20.6%	23.7%	26.4%	19.7%	27.5%	24.1%	18.9%
比较满意	66.2%	70.6%	62.9%	65.8%	65.9%	59.4%	66.5%	73.0%
非常满意	13.2%	8.8%	11.2%	6.3%	11.1%	9.5%	7.2%	5.4%
$\chi^2=70.403$　sig = 0.000								

如表所示，不同群体“您对自己所在企业履行员工薪酬合理责任的满意情况如何?”的评价有显著差异。

由上表可知，江苏与全国居民在过去一年中，对企业在员工薪酬合理方面责任履行的满意度差异不大，存在共识。其中，江苏和全国绝大部分居民都选择“比较满意”。因此，我们认为，在这一问题上，全国与江苏的居民认知存在共识。

E4c 您对自己所在企业履行下列责任的满意情况如何：关心员工生活

江苏

	官员	企业家	企业员工	农民	科教医群体	弱势群体	做小生意者	演艺界
非常不满意	3.0%	5.9%	3.7%	4.5%	3.6%	3.8%	2.7%	3.0%
不太满意	23.9%	17.6%	30.3%	29.7%	22.9%	33.4%	30.8%	12.1%
比较满意	62.7%	55.9%	58.6%	57.4%	59.4%	55.2%	55.7%	57.6%
非常满意	10.4%	20.6%	7.5%	8.4%	14.1%	7.6%	10.7%	27.3%
$\chi^2=49.605$　sig = 0.000								

如表所示，不同群体对于“您对自己所在企业履行关心员工生活责任的满意情况如何?”的评价有显著差异。

全国

	官员	企业家	企业员工	农民	科教医群体	弱势群体	做小生意者	演艺界
非常不满意	2.7%		1.5%	2.7%	3.4%	4.2%	2.7%	
不太满意	18.2%	8.8%	22.8%	24.1%	20.4%	29.8%	24.6%	36.1%
比较满意	62.2%	82.4%	63.5%	67.1%	63.1%	56.0%	62.7%	52.8%
非常满意	16.9%	8.8%	12.2%	6.1%	13.1%	10.0%	10.0%	11.1%
$\chi^2=120.197$ sig = 0.000								

如表所示，不同群体对于“您对自己所在企业履行关心员工生活责任的满意情况如何?”的评价有显著差异。

由上表可知，江苏与全国居民在过去一年中，对企业在关心员工生活方面责任履行的满意度差异不大，存在共识。其中，江苏和全国绝大部分居民都选择“比较满意”，集中在60%左右。因此，我们认为，在这一问题上，全国与江苏的居民认知存在共识。

E4d 您对自己所在企业履行下列责任的满意情况如何：诚实守法经营

江苏

	官员	企业家	企业员工	农民	科教医群体	弱势群体	做小生意者	演艺界
非常不满意		6.3%	2.3%	1.3%	3.2%	1.8%	0.9%	6.3%
不太满意	19.1%	6.3%	15.8%	16.4%	17.5%	18.8%	16.0%	15.6%
比较满意	67.6%	62.5%	73.0%	71.5%	67.2%	71.7%	71.9%	65.6%
非常满意	13.2%	25.0%	8.9%	10.8%	12.2%	7.7%	11.2%	12.5%
$\chi^2=40.119$ sig = 0.000								

如表所示，不同群体对于“您对自己所在企业履行诚实守法经营责任的满意情况如何?”的评价有显著差异。

全国

	官员	企业家	企业员工	农民	科教医群体	弱势群体	做小生意者	演艺界
非常不满意	2.0%		1.5%	1.3%	1.7%	1.9%	2.4%	7.7%
不太满意	14.5%	20.6%	13.8%	15.7%	14.3%	17.6%	15.7%	10.3%
比较满意	69.1%	64.7%	73.5%	76.9%	73.0%	71.7%	70.8%	71.8%
非常满意	14.5%	14.7%	11.3%	6.1%	11.0%	8.9%	11.1%	10.3%
$\chi^2=63.776$ sig = 0.000								

如表所示，不同群体对于“您对自己所在企业履行诚实守法经营责任的满意情况如何?”的评价有显著差异。

由上表可知，江苏与全国居民在过去一年中，对企业在诚实守法经营方面责任履行的满意度差异不大，存在共识。其中，江苏和全国绝大部分居民都选择“比较满意”，集中在70%左右。因此，我们认为，在这一问题上，全国与江苏的居民认知存在共识。

E4e 您对自己所在企业履行下列责任的满意情况如何：产品质量可靠

江苏

	官员	企业家	企业员工	农民	科教医群体	弱势群体	做小生意者	演艺界
非常不满意		5.9%	1.9%	0.6%	1.6%	2.1%	2.0%	6.3%
不太满意	11.9%	8.8%	16.6%	17.0%	13.8%	16.8%	16.0%	21.9%
比较满意	70.1%	64.7%	70.9%	71.9%	71.4%	73.1%	73.3%	56.3%
非常满意	17.9%	20.6%	10.5%	10.4%	13.2%	8.0%	8.7%	15.6%
$\chi^2=36.375$　sig = 0.02								

如表所示，不同群体对于“您对自己所在企业履行产品质量可靠责任的满意情况如何?”的评价有显著差异。

全国

	官员	企业家	企业员工	农民	科教医群体	弱势群体	做小生意者	演艺界
非常不满意	2.0%		1.1%	1.2%	1.7%	1.1%	1.2%	7.7%
不太满意	7.3%	14.7%	12.1%	16.5%	13.5%	13.9%	14.0%	15.4%
比较满意	72.7%	73.5%	72.2%	74.8%	73.6%	72.8%	72.9%	53.8%
非常满意	18.0%	11.8%	14.6%	7.5%	11.2%	12.2%	11.9%	23.1%
$\chi^2=81.048$　sig = 0.000								

如表所示，不同群体对于“您对自己所在企业履行产品质量可靠责任的满意情况如何?”的评价有显著差异。

由上表可知，江苏与全国居民在过去一年中，对企业在产品质量可靠方面责任履行的满意度差异不大，存在共识。其中，江苏和全国绝大部分居民都选择“比较满意”，占比大多超过70%。但是演艺界的都占比较低，在55%左右。因此，我们认为，在这一问题上，全国与江苏的居民认知存在共识。

E4f 您对自己所在企业履行下列责任的满意情况如何：环境保护措施

江苏

	官员	企业家	企业员工	农民	科教医群体	弱势群体	做小生意者	演艺界
非常不满意	1.5%	2.9%	2.5%	1.5%	3.4%	3.9%	3.2%	6.5%
不太满意	24.2%	5.9%	26.8%	26.0%	23.3%	27.1%	29.0%	25.8%
比较满意	59.1%	64.7%	60.9%	62.1%	56.8%	59.7%	56.9%	54.8%
非常满意	15.2%	26.5%	9.7%	10.4%	16.5%	9.3%	10.9%	12.9%
$\chi^2=37.651$　sig = 0.014								

如表所示，不同群体对于“您对自己所在企业履行环境保护措施责任的满意情况如何?”的评价有显著差异。

全国

	官员	企业家	企业员工	农民	科教医群体	弱势群体	做小生意者	演艺界
非常不满意	4.0%		2.9%	4.4%	4.7%	4.3%	3.8%	2.6%
不太满意	17.4%	14.7%	20.2%	24.3%	22.6%	25.5%	28.6%	36.8%
比较满意	59.1%	70.6%	62.3%	63.3%	57.8%	57.4%	57.4%	44.7%
非常满意	19.5%	14.7%	14.6%	8.0%	15.0%	12.7%	10.3%	15.8%
$\chi^2=84.927$　sig = 0.000								

如表所示，不同群体对于“您对自己所在企业履行环境保护措施责任的满意情况如何?”的评价有显著差异。

由上表可知，江苏与全国居民在过去一年中，对企业在环境保护措施方面责任履行的满意度差异不大，存在共识。其中，江苏和全国绝大部分居民都选择“比较满意”，集中在60%左右。因此，我们认为，在这一问题上，全国与江苏的居民认知存在共识。

E4g 您对自己所在企业履行下列责任的满意情况如何：慈善公益事业

江苏

	官员	企业家	企业员工	农民	科教医群体	弱势群体	做小生意者	演艺界
非常不满意	1.6%	3.2%	3.4%	3.4%	1.8%	4.0%	3.1%	13.8%
不太满意	19.0%	3.2%	25.8%	27.8%	20.6%	24.8%	24.3%	24.1%
比较满意	58.7%	77.4%	61.1%	55.7%	62.4%	62.1%	59.2%	34.5%

续表

	官员	企业家	企业员工	农民	科教医群体	弱势群体	做小生意者	演艺界
非常满意	20.6%	16.1%	9.7%	13.1%	15.3%	9.1%	13.4%	27.6%
$\chi^2=54.117$　sig = 0.000								

如表所示，不同群体对于“自己所在企业履行慈善公益事业责任的满意情况如何?”的评价有显著差异。

全国

	官员	企业家	企业员工	农民	科教医群体	弱势群体	做小生意者	演艺界
非常不满意	1.4%	3.3%	2.6%	3.5%	3.6%	4.0%	3.6%	7.9%
不太满意	18.9%	13.3%	21.3%	24.6%	21.8%	24.7%	27.1%	26.3%
比较满意	67.8%	73.3%	63.6%	64.5%	62.0%	59.0%	58.7%	52.6%
非常满意	11.9%	10.0%	12.6%	7.4%	12.7%	12.2%	10.5%	13.2%
$\chi^2=47.649$　sig = 0.000								

如表所示，不同群体对于“自己所在企业履行慈善公益事业责任的满意情况如何?”的评价有显著差异。

由上表可知，江苏与全国居民在对“自己所在企业履行慈善公益事业责任的满意情况如何?”的评价上存在共识。其中，江苏和全国绝大部分居民都选择“比较满意”。“非常不满意”占比均较少。因此，我们认为，在这一问题上，全国与江苏的居民认知存在共识。

E5 您对本地的或自己熟悉的企业家的道德状况怎么评价?

江苏

	官员	企业家	企业员工	农民	科教医群体	弱势群体	做小生意者	演艺界
总体还不错	68.3%	64.7%	56.2%	54.1%	61.8%	50.5%	54.3%	54.8%
普遍比较差	7.9%	14.7%	16.2%	15.6%	9.8%	16.0%	17.4%	22.6%
和普通群众没有太大差别	23.8%	20.6%	27.6%	30.3%	28.3%	33.5%	28.3%	22.6%
$\chi^2=27.289$　sig = 0.018								

如表所示，不同群体对于“本地的或自己熟悉的企业家的道德状况”的评价有显著差异。

全国

	官员	企业家	企业员工	农民	科教医群体	弱势群体	做小生意者	演艺界
总体还不错	57.2%	68.8%	43.7%	40.6%	57.6%	42.5%	42.8%	43.6%
普遍比较差	18.6%	15.6%	18.5%	19.6%	17.5%	21.0%	20.4%	17.9%
和普通群众没有太大差别	24.1%	15.6%	37.8%	39.8%	24.9%	36.5%	36.7%	38.5%
$\chi^2=60.018$ sig = 0.000								

如表所示，不同群体对于“本地的或自己熟悉的企业家的道德状况”的评价有显著差异。

由上表可知，江苏与全国居民在“本地的或自己熟悉的企业家的道德状况”的评价上存在共识。其中，江苏和全国绝大部分居民都选择“总体还不错”，其次为“和普通群众没有太大差别”。因此，我们认为，在这一问题上，全国与江苏的居民认知存在共识。

E6a 对公务员道德状况的满意度

江苏

	官员	企业家	企业员工	农民	科教医群体	弱势群体	做小生意者	演艺界
非常满意	13.6%	3.0%	4.4%	2.8%	3.2%	3.5%	3.2%	6.9%
比较满意	63.6%	54.5%	60.0%	65.1%	65.4%	61.4%	59.6%	62.1%
不太满意	19.7%	39.4%	31.6%	28.1%	26.5%	29.0%	33.3%	27.6%
非常不满意	3.0%	3.0%	4.0%	3.9%	4.9%	6.2%	3.9%	3.4%
$\chi^2=42.007$ sig = 0.004								

如表所示，不同群体对于“公务员道德状况的满意度”的回答有显著差异。

全国

	官员	企业家	企业员工	农民	科教医群体	弱势群体	做小生意者	演艺界
非常满意	11.3%	3.1%	5.3%	2.6%	5.5%	5.1%	4.6%	5.0%
比较满意	72.3%	59.4%	67.9%	66.8%	66.3%	65.8%	67.3%	67.5%
不太满意	13.2%	31.3%	24.3%	27.8%	24.9%	26.2%	24.2%	22.5%
非常不满意	3.1%	6.3%	2.6%	2.8%	3.3%	2.9%	3.9%	5.0%
$\chi^2=60.987$ sig = 0.000								

如表所示，不同群体对于“公务员道德状况的满意度”的回答有显著差异。

由上表可知，江苏与全国居民在“公务员道德状况的满意度”的回答上存在共识。其中，江苏和全国绝大部分居民都选择“比较满意”。其次为“不太满意”。因此，我们认为，在这一问题上，全国与江苏的居民认知存在共识。

E6b 对医生道德状况的满意度

江苏

	官员	企业家	企业员工	农民	科教医群体	弱势群体	做小生意者	演艺界
非常满意	6.1%	3.0%	4.0%	3.3%	4.1%	3.2%	1.2%	
比较满意	53.0%	51.5%	58.7%	67.1%	67.0%	64.9%	61.0%	46.7%
不太满意	33.3%	36.4%	32.0%	26.2%	25.3%	27.7%	33.9%	46.7%
非常不满意	7.6%	9.1%	5.2%	3.4%	3.6%	4.1%	3.9%	6.7%
$\chi^2=44.728$　sig = 0.002								

如表所示，不同群体对于“医生道德状况的满意度”的回答有显著差异。

全国

	官员	企业家	企业员工	农民	科教医群体	弱势群体	做小生意者	演艺界
非常满意	13.0%		9.3%	3.9%	8.0%	6.5%	5.1%	2.4%
比较满意	65.2%	66.7%	62.4%	63.5%	64.4%	62.9%	61.9%	68.3%
不太满意	17.4%	26.7%	24.7%	28.3%	22.7%	27.6%	29.3%	24.4%
非常不满意	4.3%	6.7%	3.5%	4.3%	4.8%	2.9%	3.7%	4.9%
$\chi^2=89.289$　sig = 0.000								

如表所示，不同群体对于“医生道德状况的满意度”的回答有显著差异。

由上表可知，江苏与全国居民在“医生道德状况的满意度”的回答上存在共识。其中，江苏和全国绝大部分居民都选择“比较满意”，其次为“不太满意”。因此，我们认为，在这一问题上，全国与江苏的居民认知存在共识。

E6c 对教师道德状况的满意度

江苏

	官员	企业家	企业员工	农民	科教医群体	弱势群体	做小生意者	演艺界
非常满意	9.0%	8.8%	5.5%	4.1%	9.5%	5.7%	3.1%	

续表

	官员	企业家	企业员工	农民	科教医群体	弱势群体	做小生意者	演艺界
比较满意	61.2%	52.9%	65.3%	69.7%	65.6%	68.6%	63.7%	61.3%
不太满意	25.4%	32.4%	24.5%	22.7%	21.2%	21.6%	27.2%	29.0%
非常不满意	4.5%	5.9%	4.7%	3.6%	3.7%	4.2%	6.0%	9.7%
$\chi^2=36.354$　sig = 0.02								

如表所示，不同群体对于“教师道德状况的满意度”的回答有显著差异。

全国

	官员	企业家	企业员工	农民	科教医群体	弱势群体	做小生意者	演艺界
非常满意	15.5%	9.4%	11.6%	6.7%	13.1%	10.3%	9.4%	8.9%
比较满意	63.4%	56.3%	63.2%	68.0%	61.8%	65.8%	65.5%	66.7%
不太满意	17.4%	28.1%	21.1%	21.7%	20.3%	20.6%	21.2%	20.0%
非常不满意	3.7%	6.3%	4.1%	3.5%	4.8%	3.3%	3.9%	4.4%
$\chi^2=50.073$　sig = 0.000								

如表所示，不同群体对于“教师道德状况的满意度”的回答有显著差异。

由上表可知，江苏与全国居民在“教师道德状况的满意度”的认知上存在共识。其中，江苏和全国绝大部分居民都选择“比较满意”，其次为“不太满意”。因此，我们认为，在这一问题上，全国与江苏的居民认知存在共识。

E6d 对个体工商户道德状况的满意度

江苏

	官员	企业家	企业员工	农民	科教医群体	弱势群体	做小生意者	演艺界
非常满意	3.1%	5.9%	3.3%	2.7%	3.1%	2.4%	3.3%	3.1%
比较满意	60.0%	50.0%	56.2%	62.5%	59.8%	59.2%	59.5%	40.6%
不太满意	35.4%	35.3%	32.9%	28.7%	29.9%	31.3%	27.2%	31.3%
非常不满意	1.5%	8.8%	7.7%	6.1%	7.2%	7.1%	10.0%	25.0%
$\chi^2=37.227$　sig = 0.016								

如表所示，不同群体对于“个体工商户道德状况的满意度”的回答有显著差异。

全国

	官员	企业家	企业员工	农民	科教医群体	弱势群体	做小生意者	演艺界
非常满意	6.4%	9.4%	6.2%	4.0%	3.2%	5.1%	4.3%	6.5%
比较满意	62.4%	50.0%	61.2%	63.8%	62.2%	60.1%	65.8%	63.0%
不太满意	27.4%	31.3%	27.7%	29.7%	28.1%	30.4%	25.9%	28.3%
非常不满意	3.8%	9.4%	4.9%	2.4%	6.5%	4.3%	3.9%	2.2%
$\chi^2=54.643$　sig = 0.000								

如表所示，不同群体对于“个体工商户道德状况的满意度”的回答有显著差异。

由上表可知，江苏与全国居民在“个体工商户道德状况的满意度”的回答上存在共识。其中，江苏和全国绝大部分居民都选择“比较满意”，其次为“不太满意”。因此，我们认为，在这一问题上，全国与江苏的居民认知存在共识。

E7a 您通常怎么称呼周围那些经营企业或做生意发了财的人：企业家

江苏

	官员	企业家	企业员工	农民	科教医群体	弱势群体	做小生意者	演艺界
未选中	75.0%	64.7%	79.9%	78.7%	75.5%	84.9%	77.5%	78.8%
选中	25.0%	35.3%	20.1%	21.3%	24.5%	15.1%	22.5%	21.2%
$\chi^2=32.450$　sig = 0.000								

如表所示，不同群体对于“用‘企业家’称呼周围那些经营企业或做生意发了财的人”这一说法的认同有显著差异。

全国

	官员	企业家	企业员工	农民	科教医群体	弱势群体	做小生意者	演艺界
未选中	79.6%	79.4%	88.1%	94.0%	85.3%	89.8%	91.8%	87.0%
选中	20.4%	20.6%	11.9%	6.0%	14.7%	10.2%	8.2%	13.0%
$\chi^2=89.561$　sig = 0.000								

如表所示，不同群体对于“用‘企业家’称呼周围那些经营企业或做生意发了财的人”这一说法的认同有显著差异。

由上表可知，江苏与全国居民在“用‘企业家’称呼周围那些经营企业或做生意发了财的人”这一说法的认同上存在差异。“选中”的占比，江苏略高于全国。因此，我们认为，在这一问题上，全国与江苏的居民认知存在共识。

E7b 您通常怎么称呼周围那些经营企业或做生意发了财的人：老板

江苏

	官员	企业家	企业员工	农民	科教医群体	弱势群体	做小生意者	演艺界
未选中	10.3%	11.8%	6.4%	2.3%	10.2%	6.8%	4.0%	9.1%
选中	89.7%	88.2%	93.6%	97.7%	89.8%	93.2%	96.0%	90.9%
χ^2 = 36.585 sig = 0.000								

如表所示，不同群体对于“用‘老板’称呼周围那些经营企业或做生意发了财的人”这一说法的认同有显著差异。

全国

	官员	企业家	企业员工	农民	科教医群体	弱势群体	做小生意者	演艺界
未选中	27.5%	29.4%	16.3%	15.9%	22.0%	19.8%	18.3%	28.3%
选中	72.5%	70.6%	83.7%	84.1%	78.0%	80.2%	81.7%	71.7%
χ^2 = 37.282 sig = 0.000								

如表所示，不同群体对于“用‘老板’称呼周围那些经营企业或做生意发了财的人”这一说法的认同有显著差异。

由上表可知，江苏与全国居民在“用‘老板’称呼周围那些经营企业或做生意发了财的人”这一说法的认同上存在差异。其中，各个群体称呼那些经营企业或生意发了财的人为老板的占比中，江苏明显高于全国。因此，我们认为，在这一问题上，全国与江苏的居民认知存在差异。

E7c 您通常怎么称呼周围那些经营企业或做生意发了财的人：商人

江苏

	官员	企业家	企业员工	农民	科教医群体	弱势群体	做小生意者	演艺界
未选中	72.1%	76.5%	68.9%	66.7%	73.0%	74.8%	65.9%	60.6%
选中	27.9%	23.5%	31.1%	33.3%	27.0%	25.2%	34.1%	39.4%
χ^2 = 27.463 sig = 0.000								

如表所示，不同群体对于“用‘商人’称呼周围那些经营企业或做生意发了财的人”这一说法的认同有显著差异。

全国

	官员	企业家	企业员工	农民	科教医群体	弱势群体	做小生意者	演艺界
未选中	77.2%	67.6%	76.7%	81.3%	77.0%	80.6%	81.5%	80.4%
选中	22.8%	32.4%	23.3%	18.7%	23.0%	19.4%	18.5%	19.6%
$\chi^2=22.955$　sig = 0.000								

如表所示，不同群体对于“用‘商人’称呼周围那些经营企业或做生意发了财的人”这一说法的认同有显著差异。

由上表可知，江苏与全国居民在“用‘商人’称呼周围那些经营企业或做生意发了财的人”这一说法的认同上存在差异。其中，“选中”的占比，江苏明显高于全国。因此，我们认为，在这一问题上，全国与江苏的居民认知存在差异。

E7d 您通常怎么称呼周围那些经营企业或做生意发了财的人：生意人

江苏

	官员	企业家	企业员工	农民	科教医群体	弱势群体	做小生意者	演艺界
未选中	67.6%	64.7%	57.2%	53.4%	65.8%	67.2%	53.6%	51.5%
选中	32.4%	35.3%	42.8%	46.6%	34.2%	32.8%	46.4%	48.5%
$\chi^2=63.257$　sig = 0.000								

如表所示，不同群体对于“用‘生意人’称呼周围那些经营企业或做生意发了财的人”这一说法的认同有显著差异。

全国

	官员	企业家	企业员工	农民	科教医群体	弱势群体	做小生意者	演艺界
未选中	76.6%	79.4%	75.7%	80.3%	75.7%	76.0%	73.4%	78.3%
选中	23.4%	20.6%	24.3%	19.7%	24.3%	24.0%	26.6%	21.7%
$\chi^2=26.633$　sig = 0.000								

如表所示，不同群体对于“用‘生意人’称呼周围那些经营企业或做生意发了财的人”这一说法的认同有显著差异。

由上表可知，江苏与全国居民在“用‘生意人’称呼周围那些经营企业或做生意发了财的人”这一说法的认同上存在差异。“选中”的占比，江苏明显高于全国。因此，我们认为，在这一问题上，全国与江苏的居民认知存在差异。

E7e 您通常怎么称呼周围那些经营企业或做生意发了财的人：土豪

江苏

	官员	企业家	企业员工	农民	科教医群体	弱势群体	做小生意者	演艺界
未选中	89.7%	91.2%	88.2%	93.0%	85.7%	90.4%	92.2%	78.8%
选中	10.3%	8.8%	11.8%	7.0%	14.3%	9.6%	7.8%	21.2%
$\chi^2=24.585$ sig = 0.001								

如表所示，不同群体对于“用‘土豪’称呼周围那些经营企业或做生意发了财的人”这一说法的认同有显著差异。

全国

	官员	企业家	企业员工	农民	科教医群体	弱势群体	做小生意者	演艺界
未选中	92.2%	91.2%	92.0%	95.6%	88.6%	92.1%	94.7%	93.5%
选中	7.8%	8.8%	8.0%	4.4%	11.4%	7.9%	5.3%	6.5%
$\chi^2=48.512$ sig = 0.000								

如表所示，不同群体对于“用‘土豪’称呼周围那些经营企业或做生意发了财的人”这一说法的认同有显著差异。

由上表可知，江苏与全国居民在“用‘土豪’称呼周围那些经营企业或做生意发了财的人”这一说法的认同上存在共识。

E7f 您通常怎么称呼周围那些经营企业或做生意发了财的人：暴发户

江苏

	官员	企业家	企业员工	农民	科教医群体	弱势群体	做小生意者	演艺界
未选中	89.7%	100.0%	88.5%	91.4%	86.7%	91.5%	90.8%	72.7%
选中	10.3%		11.5%	8.6%	13.3%	8.5%	9.2%	27.3%
$\chi^2=26.501$ sig = 0.000								

如表所示，不同群体对于“用‘暴发户’称呼周围那些经营企业或做生意发了财的人”这一说法的认同有显著差异。

全国

	官员	企业家	企业员工	农民	科教医群体	弱势群体	做小生意者	演艺界
未选中	92.8%	94.1%	93.0%	94.6%	92.2%	93.7%	94.7%	91.3%

续表

	官员	企业家	企业员工	农民	科教医群体	弱势群体	做小生意者	演艺界
选中	7.2%	5.9%	7.0%	5.4%	7.8%	6.3%	5.3%	8.7%
$\chi^2=8.437$　sig = 0.296								

如表所示，不同群体对于“用‘暴发户’称呼周围那些经营企业或做生意发了财的人”这一说法的认同没有显著差异。

由上表可知，江苏与全国居民在“用‘暴发户’称呼周围那些经营企业或做生意发了财的人”这一说法的认同上存在共识。

E8 如果您有一个不错的家庭企业，但儿子或女儿缺乏经营能力或经营兴趣，难以交班，您可能选择

江苏

	官员	企业家	企业员工	农民	科教医群体	弱势群体	做小生意者	演艺界
培养儿媳或女婿，交给她/他经营	26.5%	41.2%	40.1%	47.0%	40.5%	45.9%	44.1%	27.3%
交给儿媳和女婿有风险，离婚了怎么办，还是自己撑到有第三代接管	13.2%	2.9%	11.5%	16.4%	5.6%	10.0%	16.3%	15.2%
找一个懂经营的职业经理人，我们家庭成员做董事长	50.0%	50.0%	42.2%	25.2%	44.1%	34.6%	32.8%	48.5%
做一天是一天，最后将钞票留给子孙，但外人不可靠，不能交给外人	8.8%	5.9%	5.8%	11.3%	7.2%	9.0%	6.6%	9.1%
其他	1.5%		0.5%	0.1%	2.6%	0.4%	0.2%	
$\chi^2=143.411$　sig = 0.000								

如表所示，不同群体对于“如果您有一个不错的家庭企业，但儿子或女儿缺乏经营能力或经营兴趣，难以交班，您可能选择”的做法有显著差异。

全国

	官员	企业家	企业员工	农民	科教医群体	弱势群体	做小生意者	演艺界
培养儿媳或女婿，交给她/他经营	28.8%	36.4%	31.7%	35.8%	30.5%	30.9%	31.5%	28.9%

续表

	官员	企业家	企业员工	农民	科教医群体	弱势群体	做小生意者	演艺界
交给儿媳和女婿有风险，离婚了怎么办，还是自己撑到有第三代接管	20.2%	12.1%	19.6%	16.5%	13.8%	17.2%	19.9%	15.6%
找一个懂经营的职业经理人，我们家庭成员做董事长	43.6%	42.4%	38.4%	27.6%	44.4%	35.7%	33.9%	53.3%
做一天是一天，最后将钞票留给子孙，但外人不可靠，不能交给外人	4.9%	6.1%	9.2%	18.1%	8.9%	13.8%	12.7%	2.2%
其他	2.5%	3.0%	1.1%	1.9%	2.3%	2.4%	1.9%	
$\chi^2=181.257$ sig = 0.00								

如表所示，不同群体对于“如果您有一个不错的家庭企业，但儿子或女儿缺乏经营能力或经营兴趣，难以交班，您可能选择”的做法有显著差异。

由上表可知，江苏与全国居民在“如果您有一个不错的家庭企业，但儿子或女儿缺乏经营能力或经营兴趣，难以交班，您可能选择”的做法上存在共识。其中，各个群体都倾向于选择“找一个懂经营的职业经理人，我们家庭成员做董事长”，选择“培训儿媳或女婿……”的也很多。因此，我们认为，在这一问题上，全国与江苏的居民认知存在共识。

E9 在市场上购买食品、衣物、家用电器等商品时，您觉得有安全感吗？

江苏

	官员	企业家	企业员工	农民	科教医群体	弱势群体	做小生意者	演艺界
有安全感，相信产品质量	33.8%	29.4%	25.6%	24.2%	35.2%	27.6%	25.5%	30.3%
没安全感，不相信它们的标签，常担心质量问题影响自己的健康	11.8%	35.3%	20.7%	20.4%	15.8%	16.2%	22.5%	27.3%
没安全感，担心在价格上被欺骗，要货比三家	19.1%	5.9%	16.5%	19.5%	15.3%	16.1%	20.1%	18.2%
一般还可以，相信大商店的产品，不相信小商店和地摊货	35.3%	29.4%	37.1%	35.9%	33.7%	39.8%	31.9%	24.2%
其他						0.3%		
$\chi^2=57.408$ sig = 0.000								

如表所示，不同群体对于“在市场上购买食品、衣物、家用电器等商品时，您对安全感”的评价有显著差异。

全国

	官员	企业家	企业员工	农民	科教医群体	弱势群体	做小生意者	演艺界
有安全感，相信产品质量	34.1%	29.4%	25.8%	24.6%	28.7%	23.2%	24.5%	32.6%
没安全感，不相信它们的标签，常担心质量问题影响自己的健康	19.2%	14.7%	25.0%	21.8%	20.7%	22.5%	22.8%	30.4%
没安全感，担心在价格上被欺骗，要货比三家	13.2%	26.5%	19.1%	24.5%	18.1%	20.8%	22.2%	15.2%
一般还可以，相信大商店的产品，不相信小商店和地摊货	33.5%	29.4%	29.9%	28.8%	32.6%	33.1%	30.3%	21.7%
其他			0.2%	0.2%		0.4%	0.2%	
$\chi^2=59.615$　sig = 0.000								

如表所示，不同群体对于“在市场上购买食品、衣物、家用电器等商品时，您对安全感”的评价有显著差异。

由上表可知，江苏与全国居民在对“在市场上购买食品、衣物、家用电器等商品时，您对安全感”的评价上存在共识。其中，各个群体都倾向于选择“一般还可以，相信大商店的产品，不相信小商店和地摊货”和“有安全感，相信产品质量”。因此，我们认为，在这一问题上，全国与江苏的居民认知存在共识。

E10 您怎么看待电视、报纸和其他主流媒体上的广告？

江苏

	官员	企业家	企业员工	农民	科教医群体	弱势群体	做小生意者	演艺界
相信，因为是明星们推荐	10.4%	11.8%	7.9%	9.3%	10.7%	7.4%	10.1%	9.1%
将信将疑，眼见为真	56.7%	41.2%	50.3%	48.7%	58.2%	53.7%	52.5%	54.5%
不相信，是企业和那些明星联合起来忽悠大众	16.4%	29.4%	28.2%	33.7%	16.8%	29.0%	28.0%	24.2%
讨厌，既欺骗大众，又占用公共媒体资源	16.4%	14.7%	13.4%	8.1%	13.3%	9.8%	9.5%	9.1%
其他		2.9%	0.2%	0.3%	1.0%	0.2%		3.0%
$\chi^2=78.106$　sig = 0.000								

如表所示，不同群体对于“居民怎么看待电视、报纸和其他主流媒体上的广告”的看法有显著差异。

全国

	官员	企业家	企业员工	农民	科教医群体	弱势群体	做小生意者	演艺界
相信，因为是明星们推荐	14.5%	14.7%	16.4%	14.7%	11.4%	15.8%	13.1%	
将信将疑，眼见为真	52.4%	55.9%	46.0%	45.4%	56.0%	47.7%	47.1%	50.0%
不相信，是企业和那些明星联合起来忽悠大众	22.9%	20.6%	26.3%	29.2%	22.3%	25.6%	27.2%	41.3%
讨厌，既欺骗大众，又占用公共媒体资源	10.2%	8.8%	10.7%	9.8%	9.8%	10.1%	12.4%	8.7%
其他			0.7%	0.9%	0.5%	0.8%	0.2%	
$\chi^2=55.527$ sig = 0.000								

如表所示，不同群体对于“居民怎么看待电视、报纸和其他主流媒体上的广告”的看法有显著差异。

由上表可知，江苏与全国居民在“居民怎么看待电视、报纸和其他主流媒体上的广告”的认知上存在共识。其中，各个群体都倾向于选择“将信将疑，眼见为真”，占比在50%左右。因此，我们认为，在这一问题上，全国与江苏的居民认知存在共识。

E11 您怎么看待现在一些企业做公益和慈善？

江苏

	官员	企业家	企业员工	农民	科教医群体	弱势群体	做小生意者	演艺界
是做善事，把赚的公众的钱还给社会	25.0%	38.2%	22.5%	24.5%	28.0%	20.0%	21.9%	31.3%
是在做秀，为自己立牌坊	13.2%	8.8%	16.7%	17.9%	9.8%	17.3%	19.4%	15.6%
是做广告，把弱势群体当作宣传自己的工具	16.2%	17.6%	28.3%	24.7%	25.4%	24.0%	24.1%	34.4%
做总比不做好，随他去吧	45.6%	32.4%	32.0%	32.7%	36.8%	38.4%	34.6%	18.8%
其他		2.9%	0.5%	0.1%		0.3%		
$\chi^2=60.210$ sig = 0.000								

如表所示，不同群体对于“您怎么看待现在一些企业做公益和慈善”的看法有显著差异。

全国

	官员	企业家	企业员工	农民	科教医群体	弱势群体	做小生意者	演艺界
是做善事，把赚的公众的钱还给社会	38.2%	39.4%	28.3%	25.3%	29.2%	27.2%	21.3%	26.1%
是在做秀，为自己立牌坊	13.9%	18.2%	20.2%	15.8%	13.3%	18.1%	18.9%	19.6%
是做广告，把弱势群体当作宣传自己的工具	17.6%	21.2%	25.2%	23.5%	23.5%	23.1%	26.7%	37.0%
做总比不做好，随他去吧	29.1%	21.2%	25.8%	35.1%	33.2%	30.7%	32.5%	17.4%
其他	1.2%		0.5%	0.3%	0.8%	0.8%	0.6%	
$\chi^2=97.098$ sig = 0.000								

如表所示，不同群体对于“您怎么看待现在一些企业做公益和慈善”的看法有显著差异。

由上表可知，江苏与全国居民在“居民怎么看待现在一些企业做公益和慈善”的认知上存在共识。其中，各个群体都倾向于选择“是做善事，把赚的公众的钱还给社会”和“做总比不做好，随他去吧”。因此，我们认为，在这一问题上，全国与江苏的居民认知存在共识。

E12 一些政府机关、企事业单位和大中小学，利用权力为本单位的职工子女在入学、招工中提供特殊政策，您认为这种行为道德吗？

江苏

	官员	企业家	企业员工	农民	科教医群体	弱势群体	做小生意者	演艺界
为本单位人员谋福利，符合道德	10.3%	23.5%	12.2%	12.8%	13.8%	11.4%	18.7%	18.2%
以权谋私，不道德	45.6%	32.4%	45.2%	48.8%	39.8%	47.4%	42.8%	39.4%
是对社会公众的不公平，严重不道德	25.0%	32.4%	30.2%	22.2%	29.1%	27.4%	23.5%	33.3%
符合本单位员工利益，但严重侵蚀社会道德符合本单位员工利益，但严重侵蚀社会道德	7.4%	11.8%	6.6%	6.2%	15.3%	7.7%	7.2%	6.1%
无所谓道德不道德	11.8%		5.7%	10.0%	2.0%	6.1%	7.8%	3.0%
$\chi^2=90.525$ sig = 0.000								

如表所示，不同群体对于“一些政府机关、企事业单位和大中小学，利用权力为本单位的职工子女在入学、招工中提供特殊政策，您认为这种行为道德吗？”

的看法有显著差异。

全国

	官员	企业家	企业员工	农民	科教医群体	弱势群体	做小生意者	演艺界
为本单位人员谋福利，符合道德	17.4%	23.5%	19.4%	13.9%	20.8%	16.5%	15.7%	13.3%
以权谋私，不道德	29.9%	29.4%	30.5%	38.8%	27.3%	36.0%	37.9%	33.3%
是对社会公众的不公平，严重不道德	31.1%	23.5%	32.9%	32.1%	28.6%	29.5%	28.9%	31.1%
符合本单位员工利益，但严重侵蚀社会道德符合本单位员工利益，但严重侵蚀社会道德	13.2%	17.6%	12.0%	7.9%	18.8%	10.9%	10.9%	15.6%
无所谓道德不道德	8.4%	5.9%	5.2%	7.3%	4.4%	7.1%	6.6%	6.7%
$\chi^2=122.426$ sig = 0.000								

如表所示，不同群体对于“一些政府机关、企事业单位和大中小学，利用权力为本单位的职工子女在入学、招工中提供特殊政策，您认为这种行为道德吗?”的看法有显著差异。

由上表可知，江苏与全国居民在“一些政府机关、企事业单位和大中小学，利用权力为本单位的职工子女在入学、招工中提供特殊政策，您认为这种行为道德吗?”的认知上存在差异。其中，各个群体都倾向于选择“是对社会公众的不公平，严重不道德”和“以权谋私，不道德”，但后者江苏占比明显高于全国。因此，我们认为，在这一问题上，全国与江苏的居民认知存在差异。

E13 单位有一项举措可以提高集体福利，并使您个人得到利益，但会造成环境污染，您会举报吗?

江苏

	官员	企业家	企业员工	农民	科教医群体	弱势群体	做小生意者	演艺界
会	69.1%	79.4%	77.3%	76.2%	70.4%	76.7%	73.0%	63.6%
不会	30.9%	20.6%	22.7%	23.8%	29.6%	23.3%	27.0%	36.4%
$\chi^2=12.045$ sig = 0.099								

如表所示，不同群体对于“单位有一项举措可以提高集体福利，并使您个人得到利益，但会造成环境污染，您是否会举报”的选择没有显著差异。

全国

	官员	企业家	企业员工	农民	科教医群体	弱势群体	做小生意者	演艺界
会	75.4%	73.5%	64.2%	66.0%	67.5%	64.5%	65.2%	73.3%
不会	24.6%	26.5%	35.8%	34.0%	32.5%	35.5%	34.8%	26.7%
$\chi^2=12.919$　sig = 0.074								

如表所示，不同群体对于“单位有一项举措可以提高集体福利，并使您个人得到利益，但会造成环境污染，您是否会举报”的选择没有显著差异。

由上表可知，江苏与全国居民在“单位有一项举措可以提高集体福利，并使您个人得到利益，但会造成环境污染，您是否会举报”的选择上存在共识。其中，各个群体都表示会举报这种行为，且全国占比略高于江苏。因此，我们认为，在这一问题上，全国与江苏的居民认知存在共识。

E14 您认为您与所工作的单位同事之间是何种关系？

江苏

	官员	企业家	企业员工	农民	科教医群体	弱势群体	做小生意者	演艺界
平等合作关系	80.9%	82.4%	78.2%	72.1%	73.0%	71.4%	68.8%	63.6%
利益竞争关系	14.7%	11.8%	15.3%	11.0%	19.4%	15.0%	22.3%	24.2%
彼此没有关系	2.9%		6.1%	12.1%	7.1%	8.7%	5.1%	12.1%
其他	1.5%	5.9%	0.4%	4.8%	0.5%	4.8%	3.8%	
$\chi^2=129.407$　sig = 0.000								

如表所示，不同群体对于“您与所在单位同事之间的关系”的选择有显著差异。

全国

	官员	企业家	企业员工	农民	科教医群体	弱势群体	做小生意者	演艺界
平等合作关系	65.9%	64.7%	57.2%	59.3%	71.9%	57.6%	51.9%	60.9%
利益竞争关系	25.7%	26.5%	30.0%	18.0%	20.0%	26.0%	33.7%	30.4%
彼此没有关系	7.2%	8.8%	12.3%	18.2%	7.5%	13.5%	12.7%	8.7%
其他	1.2%		0.5%	4.5%	0.5%	2.9%	1.7%	
$\chi^2=256.837$　sig = 0.000								

如表所示，不同群体对于“您与所在单位同事之间的关系”的选择有显著差异。

由上表可知，江苏与全国居民在“您与所在单位同事之间的关系”的选择上存在差异。其中，各个群体都倾向于选择“平等合作关系”，江苏占比明显高于全国。因此，我们认为，在这一问题上，全国与江苏的居民认知存在差异。

E15 为了单位组织的利益，你的单位是否会默认员工做违背道德的事情？

江苏

	官员	企业家	企业员工	农民	科教医群体	弱势群体	做小生意者	演艺界
常常	3.3%	6.1%	3.5%	2.6%	1.8%	2.6%	2.9%	10.0%
较多	4.9%	12.1%	7.5%	7.9%	10.7%	7.9%	7.0%	23.3%
一般	8.2%	9.1%	23.2%	28.5%	19.0%	25.9%	34.2%	26.7%
较少	24.6%	24.2%	23.7%	19.2%	31.5%	27.0%	25.6%	23.3%
从来没有	59.0%	48.5%	42.0%	41.7%	36.9%	36.6%	30.3%	16.7%
$\chi^2=85.315$ sig = 0.000								

如表所示，不同群体对于“为了单位组织的利益，你的单位是否会默认员工做违背道德的事情？”的选择有显著差异。

全国

	官员	企业家	企业员工	农民	科教医群体	弱势群体	做小生意者	演艺界
常常	8.3%	12.1%	5.7%	5.1%	4.3%	5.4%	5.6%	8.1%
较多	12.4%	15.2%	16.2%	12.7%	10.1%	16.0%	15.6%	16.2%
一般	16.6%	30.3%	25.6%	20.6%	18.6%	27.8%	26.4%	21.6%
较少	26.2%	24.2%	26.2%	28.6%	30.4%	25.4%	23.6%	40.5%
从来没有	36.6%	18.2%	26.3%	33.0%	36.5%	25.4%	28.9%	13.5%
$\chi^2=101.652$ sig = 0.000								

如表所示，不同群体对于“为了单位组织的利益，你的单位是否会默认员工做违背道德的事情？”的选择有显著差异。

由上表可知，江苏与全国居民在“为了单位组织的利益，你的单位是否会默认员工做违背道德的事情？”的选择上存在共识。其中，各个群体都倾向于选择“较少”和“从来没有”，占比之和大多在50%以上，且江苏占比略高于全国。因此，我们认为，在这一问题上，全国与江苏的居民认知存在共识。

E16a 您所工作的单位是否存在如下现象：给领导干部送礼讨好

江苏

	官员	企业家	企业员工	农民	科教医群体	弱势群体	做小生意者	演艺界
未选中	73.5%	55.9%	63.2%	60.5%	60.3%	61.0%	57.4%	63.6%
选中	26.5%	44.1%	36.8%	39.5%	39.7%	39.0%	42.6%	36.4%
χ^2 = 10.118　sig = 0.182								

如表所示，不同群体对于“所工作的单位是否存在给领导干部送礼讨好”这一现象的选择没有显著差异。

全国

	官员	企业家	企业员工	农民	科教医群体	弱势群体	做小生意者	演艺界
未选中	75.0%	50.0%	69.6%	66.1%	75.2%	70.2%	70.7%	70.5%
选中	25.0%	50.0%	30.4%	33.9%	24.8%	29.8%	29.3%	29.5%
χ^2 = 27.806　sig = 0.000								

如表所示，不同群体对于“所工作的单位是否存在给领导干部送礼讨好”这一现象的选择有显著差异。

由上表可知，江苏与全国居民在“所工作的单位是否存在给领导干部送礼讨好”这一现象的选择上存在差异。其中，各个群体都表示这种现象在单位很少见，但科教医群体、弱势群体、做小生意者和演艺界中，江苏占比明显高于全国。因此，我们认为，在这一问题上，全国与江苏的居民认知存在差异。

E16b 您所工作的单位是否存在如下现象：背后互相告恶状

江苏

	官员	企业家	企业员工	农民	科教医群体	弱势群体	做小生意者	演艺界
未选中	86.8%	70.6%	72.5%	72.3%	74.7%	75.5%	66.9%	63.6%
选中	13.2%	29.4%	27.5%	27.7%	25.3%	24.5%	33.1%	36.4%
χ^2 = 22.486　sig = 0.002								

如表所示，不同群体对于“所工作的单位是否存在背后互相告恶状”这一现象的选择有显著差异。

全国

	官员	企业家	企业员工	农民	科教医群体	弱势群体	做小生意者	演艺界
未选中	83.5%	82.4%	71.8%	81.6%	79.9%	78.0%	75.4%	75.0%
选中	16.5%	17.6%	28.2%	18.4%	20.1%	22.0%	24.6%	25.0%
$\chi^2=64.560$ sig = 0.000								

如表所示，不同群体对于“所工作的单位是否存在背后互相告恶状”这一现象的选择有显著差异。

由上表可知，江苏与全国居民在“所工作的单位是否存在背后相互告恶状”这一现象的选择上存在共识。其中，各个群体都表示这种现象在单位很少见，出现占比均不高。因此，我们认为，在这一问题上，全国与江苏的居民认知存在共识。

E16c 您所工作的单位是否存在如下现象：拉帮结派

江苏

	官员	企业家	企业员工	农民	科教医群体	弱势群体	做小生意者	演艺界
未选中	83.8%	82.4%	79.0%	81.5%	75.8%	80.9%	76.7%	66.7%
选中	16.2%	17.6%	21.0%	18.5%	24.2%	19.1%	23.3%	33.3%
$\chi^2=12.102$ sig = 0.097								

如表所示，不同群体对于“所工作的单位是否存在拉帮结派”这一现象的选择没有显著差异。

全国

	官员	企业家	企业员工	农民	科教医群体	弱势群体	做小生意者	演艺界
未选中	79.3%	73.5%	79.8%	80.8%	81.7%	82.4%	84.9%	72.7%
选中	20.7%	26.5%	20.2%	19.2%	18.3%	17.6%	15.1%	27.3%
$\chi^2=17.927$ sig = 0.012								

如表所示，不同群体对于“所工作的单位是否存在拉帮结派”这一现象的选择有显著差异。

由上表可知，江苏与全国居民在“所工作的单位是否存在拉帮结派”这一现象的选择上存在差异。其中，各个群体都表示这种现象在单位很少见。企业家中，全国占比明显高于江苏。因此，我们认为，在这一问题上，全国与江苏的居民认知存在差异。

E16d 您所工作的单位是否存在如下现象：为谋私利找关系走后门

江苏

	官员	企业家	企业员工	农民	科教医群体	弱势群体	做小生意者	演艺界
未选中	76.5%	73.5%	59.9%	59.1%	59.8%	60.2%	54.3%	57.6%
选中	23.5%	26.5%	40.1%	40.9%	40.2%	39.8%	45.7%	42.4%
$\chi^2=16.771$　sig = 0.019								

如表所示，不同群体对于“所工作的单位是否存在为谋私利找关系走后门”这一现象的选择有显著差异。

全国

	官员	企业家	企业员工	农民	科教医群体	弱势群体	做小生意者	演艺界
未选中	84.1%	64.7%	72.7%	72.1%	73.9%	72.0%	70.9%	70.5%
选中	15.9%	35.3%	27.3%	27.9%	26.1%	28.0%	29.1%	29.5%
$\chi^2=14.377$　sig = 0.045								

如表所示，不同群体对于“所工作的单位是否存在为谋私利找关系走后门”这一现象的选择有显著差异。

由上表可知，江苏与全国居民在“所工作的单位是否存在谋私利找关系走后门”这一现象的选择上存在差异。其中，各个群体都表示这种现象在单位很少见，但江苏选中的几乎都超过40%，明显高于全国。因此，我们认为，在这一问题上，全国与江苏的居民认知存在差异。

E16e 您所工作的单位是否存在如下现象：奖惩制度不公平

江苏

	官员	企业家	企业员工	农民	科教医群体	弱势群体	做小生意者	演艺界
未选中	83.8%	82.4%	80.5%	82.8%	76.8%	80.8%	82.1%	69.7%
选中	16.2%	17.6%	19.5%	17.2%	23.2%	19.2%	17.9%	30.3%
$\chi^2=7.699$　sig = 0.360								

如表所示，不同群体对于“所工作的单位是否存在奖惩制度不公平”这一现象的选择没有显著差异。

全国

	官员	企业家	企业员工	农民	科教医群体	弱势群体	做小生意者	演艺界
未选中	82.3%	82.4%	80.4%	80.2%	80.4%	81.6%	83.8%	79.5%
选中	17.7%	17.6%	19.6%	19.8%	19.6%	18.4%	16.3%	20.5%
$\chi^2=7.444$ sig = 0.384								

如表所示，不同群体对于“所工作的单位是否存在奖惩制度不公平”这一现象的选择没有显著差异。

由上表可知，江苏与全国居民在“所工作的单位是否存在奖惩制度不公平”这一现象的选择上存在共识。其中，各个群体都表示这种现象在单位很少见，大多占比不足20%。因此，我们认为，在这一问题上，全国与江苏的居民认知存在共识。

E16f 您所工作的单位是否存在如下现象：领导干部滥用职权

江苏

	官员	企业家	企业员工	农民	科教医群体	弱势群体	做小生意者	演艺界
未选中	94.1%	70.6%	77.6%	71.5%	75.3%	71.2%	70.4%	81.8%
选中	5.9%	29.4%	22.4%	28.5%	24.7%	28.8%	29.6%	18.2%
$\chi^2=35.078$ sig = 0.000								

如表所示，不同群体对于“您所工作的单位是否存在领导干部滥用职权”这一现象的选择有显著差异。

全国

	官员	企业家	企业员工	农民	科教医群体	弱势群体	做小生意者	演艺界
未选中	86.0%	73.5%	83.4%	73.6%	82.5%	80.6%	80.1%	70.5%
选中	14.0%	26.5%	16.6%	26.4%	17.5%	19.4%	19.9%	29.5%
$\chi^2=77.260$ sig = 0.000								

如表所示，不同群体对于“您所工作的单位是否存在领导干部滥用职权”这一现象的选择有显著差异。

由上表可知，江苏与全国居民在“您所工作的单位是否存在领导干部滥用职权”这一现象的选择上存在共识。其中，各个群体都表示这种现象在单位很少见，选中占比不足30%。因此，我们认为，在这一问题上，全国与江苏的居民认知存在共识。

E16g 您所工作的单位是否存在如下现象：都不存在

江苏

	官员	企业家	企业员工	农民	科教医群体	弱势群体	做小生意者	演艺界
未选中	42.6%	67.6%	65.8%	60.3%	69.6%	63.0%	67.7%	72.7%
选中	57.4%	32.4%	34.2%	39.7%	30.4%	37.0%	32.3%	27.3%
$\chi^2 = 27.278$　sig = 0.000								

如表所示，不同群体对于“您所工作的单位各种不良现象都不存在”的选择有显著差异。

全国

	官员	企业家	企业员工	农民	科教医群体	弱势群体	做小生意者	演艺界
未选中	57.3%	76.5%	71.8%	62.9%	59.3%	66.6%	67.4%	65.9%
选中	42.7%	23.5%	28.2%	37.1%	40.7%	33.4%	32.6%	34.1%
$\chi^2 = 52.842$　sig = 0.000								

如表所示，不同群体对于“您所工作的单位各种不良现象都不存在”的选择有显著差异。

由上表可知，江苏与全国居民在“您所工作的单位各种不良现象都不存在”的选择上存在共识。其中，各个群体都表示不良现象都不存在的情况少见。因此，我们认为，在这一问题上，全国与江苏的居民认知存在共识。

E17a 下列关于企业履行社会责任的说法，您的同意程度：只有国企才应该履行社会责任

江苏

	官员	企业家	企业员工	农民	科教医群体	弱势群体	做小生意者	演艺界
完全同意	4.4%	5.9%	2.0%	2.1%	1.0%	2.5%	2.9%	
比较同意	8.8%	11.8%	12.8%	18.3%	10.8%	16.9%	14.5%	15.6%
不太同意	64.7%	52.9%	59.9%	63.6%	60.3%	61.2%	63.5%	65.6%
完全不同意	22.1%	29.4%	25.3%	16.1%	27.8%	19.3%	19.1%	18.8%
$\chi^2 = 53.289$　sig = 0.000								

如表所示，不同群体对于“只有国企才应该履行社会责任”的同意程度有显著差异。

全国

	官员	企业家	企业员工	农民	科教医群体	弱势群体	做小生意者	演艺界
完全同意	3.1%	6.1%	3.4%	3.3%	2.7%	3.3%	2.8%	4.5%
比较同意	24.8%	15.2%	28.9%	30.6%	24.1%	29.8%	36.6%	20.5%
不太同意	50.3%	57.6%	51.7%	55.4%	50.7%	51.4%	47.7%	54.5%
完全不同意	21.7%	21.2%	15.9%	10.6%	22.5%	15.5%	12.9%	20.5%
$\chi^2=87.699$ sig = 0.000								

如表所示，不同群体对于“只有国企才应该履行社会责任”的同意程度有显著差异。

由上表可知，江苏与全国居民在“只有国企才应该履行社会责任”的同意程度上存在差异。其中，各个群体倾向于选择“不太同意”，而且江苏占比明显高于全国。因此，我们认为，在这一问题上，全国与江苏的居民认知存在差异。

E17b 下列关于企业履行社会责任的说法，您的同意程度：只有大企业才应该履行社会责任

江苏

	官员	企业家	企业员工	农民	科教医群体	弱势群体	做小生意者	演艺界
完全同意	1.5%	5.9%	1.6%	2.3%	0.5%	2.7%	2.4%	
比较同意	7.4%	8.8%	14.0%	17.5%	10.8%	15.0%	14.2%	21.2%
不太同意	73.5%	52.9%	57.0%	62.4%	57.9%	62.9%	63.2%	57.6%
完全不同意	17.6%	32.4%	27.4%	17.8%	30.8%	19.5%	20.1%	21.2%
$\chi^2=63.469$ sig = 0.000								

如表所示，不同群体对于“只有大企业才应该履行社会责任”的同意程度有显著差异。

全国

	官员	企业家	企业员工	农民	科教医群体	弱势群体	做小生意者	演艺界
完全同意	1.3%		3.1%	3.4%	1.3%	3.0%	4.4%	2.3%
比较同意	21.9%	27.3%	27.3%	32.4%	21.0%	27.2%	31.4%	22.7%
不太同意	51.9%	48.5%	49.3%	51.8%	52.2%	50.5%	48.8%	56.8%
完全不同意	25.0%	24.2%	20.2%	12.5%	25.5%	19.3%	15.5%	18.2%
$\chi^2=104.563$ sig = 0.000								

如表所示，不同群体对于“只有大企业才应该履行社会责任”的同意程度有显著差异。

由上表可知，江苏与全国居民在“只有大企业才应该履行社会责任”的同意程度上存在差异。其中，各个群体倾向于选择“不太同意”，但江苏明显高于全国。因此，我们认为，在这一问题上，全国与江苏的居民认知存在差异。

E17c 下列关于企业履行社会责任的说法，您的同意程度：只有盈利多的企业才需要履行社会责任

江苏

	官员	企业家	企业员工	农民	科教医群体	弱势群体	做小生意者	演艺界
完全同意	1.5%	3.0%	2.3%	2.7%	1.0%	2.2%	2.6%	
比较同意	11.9%	15.2%	12.7%	20.5%	12.4%	15.9%	15.8%	6.1%
不太同意	68.7%	51.5%	54.7%	58.9%	54.1%	60.2%	57.6%	75.8%
完全不同意	17.9%	30.3%	30.3%	17.9%	32.5%	21.7%	23.9%	18.2%
$\chi^2=75.355$　sig = 0.000								

如表所示，不同群体对于“只有盈利多的企业才应该履行社会责任”的同意程度有显著差异。

全国

	官员	企业家	企业员工	农民	科教医群体	弱势群体	做小生意者	演艺界
完全同意	1.9%	3.0%	3.8%	4.5%	2.7%	3.7%	5.5%	2.3%
比较同意	18.8%	24.2%	24.1%	33.2%	19.1%	26.2%	30.0%	20.9%
不太同意	55.6%	54.5%	53.6%	51.7%	50.4%	52.3%	49.2%	53.5%
完全不同意	23.8%	18.2%	18.4%	10.7%	27.8%	17.8%	15.2%	23.3%
$\chi^2=148.369$　sig = 0.000								

如表所示，不同群体对于“只有盈利多的企业才应该履行社会责任”的同意程度有显著差异。

由上表可知，江苏与全国居民在“只有盈利多的企业才应该履行社会责任”的同意程度上存在共识。其中，各个群体倾向于选择“不太同意”。因此，我们认为，在这一问题上，全国与江苏的居民认知存在共识。

E17d 下列关于企业履行社会责任的说法，您的同意程度：污染类企业要履行更多的社会责任

江苏

	官员	企业家	企业员工	农民	科教医群体	弱势群体	做小生意者	演艺界
完全同意	27.9%	29.4%	28.0%	20.9%	28.7%	25.5%	26.7%	27.3%
比较同意	44.1%	38.2%	43.2%	50.7%	44.6%	47.6%	43.7%	30.3%
不太同意	17.6%	11.8%	19.8%	21.9%	17.9%	20.2%	20.0%	27.3%
完全不同意	10.3%	20.6%	9.1%	6.5%	8.7%	6.7%	9.5%	15.2%
$\chi^2=40.932$ sig = 0.006								

如表所示，不同群体对于“污染类的企业应该履行更多社会责任”的同意程度有显著差异。

全国

	官员	企业家	企业员工	农民	科教医群体	弱势群体	做小生意者	演艺界
完全同意	26.4%	21.9%	25.1%	24.5%	28.3%	27.7%	29.7%	31.8%
比较同意	39.0%	46.9%	37.9%	46.6%	38.4%	40.3%	41.0%	31.8%
不太同意	27.0%	18.8%	27.8%	20.0%	22.7%	23.5%	22.1%	29.5%
完全不同意	7.5%	12.5%	9.2%	8.9%	10.7%	8.6%	7.2%	6.8%
$\chi^2=65.719$ sig = 0.000								

如表所示，不同群体对于“污染类的企业应该履行更多社会责任”的同意程度有显著差异。

由上表可知，江苏与全国居民在“污染类的企业应该履行更多社会责任”的同意程度上存在共识。其中，各个群体倾向于选择“比较同意”，占比均在40%左右。因此，我们认为，在这一问题上，全国与江苏的居民认知存在共识。

E17e 下列关于企业履行社会责任的说法，您的同意程度是？小企业只要管好自己就行了，不要履行社会责任

江苏

	官员	企业家	企业员工	农民	科教医群体	弱势群体	做小生意者	演艺界
完全同意	1.5%		0.9%	1.2%	2.1%	1.4%	2.0%	
比较同意	7.5%	14.7%	10.2%	10.1%	6.2%	11.7%	10.8%	12.1%

续表

	官员	企业家	企业员工	农民	科教医群体	弱势群体	做小生意者	演艺界
不太同意	71.6%	58.8%	58.2%	64.0%	54.4%	61.8%	58.6%	57.6%
完全不同意	19.4%	26.5%	30.8%	24.6%	37.3%	25.1%	28.6%	30.3%
$\chi^2=37.191$　sig = 0.016								

如表所示，不同群体对于“小企业只要管好自己就行了，不要履行社会责任”的同意程度有显著差异。

全国

	官员	企业家	企业员工	农民	科教医群体	弱势群体	做小生意者	演艺界
完全同意	0.6%		2.7%	2.9%	2.1%	2.5%	3.3%	4.5%
比较同意	13.8%	18.2%	16.5%	24.1%	14.2%	18.5%	19.0%	18.2%
不太同意	59.7%	54.5%	56.9%	53.1%	54.4%	55.8%	57.9%	54.5%
完全不同意	25.8%	27.3%	23.8%	20.0%	29.2%	23.2%	19.8%	22.7%
$\chi^2=69.907$　sig = 0.000								

如表所示，不同群体对于“小企业只要管好自己就行了，不要履行社会责任”的同意程度有显著差异。

由上表可知，江苏与全国居民在“小企业只要管好自己就行了，不要履行社会责任”的同意程度上存在共识。其中，各个群体倾向于选择“不太同意”，占比均超过50%。因此，我们认为，在这一问题上，全国与江苏的居民认知存在共识。

E18a 您觉得下列哪类单位最讲道德

江苏

	官员	企业家	企业员工	农民	科教医群体	弱势群体	做小生意者	演艺界
国有（控股）企业	15.5%	22.6%	22.9%	24.1%	18.3%	22.4%	18.2%	17.9%
民营企业	5.2%	6.5%	2.2%	3.4%	1.1%	1.3%	2.5%	7.1%
私营企业	1.7%	6.5%	1.7%	2.2%		2.3%	2.1%	3.6%
外资企业	6.9%	9.7%	11.5%	7.9%	8.6%	7.4%	10.9%	14.3%
学校	25.9%	41.9%	34.6%	33.6%	46.3%	43.2%	40.0%	28.6%
医院	3.4%		3.4%	2.5%	8.0%	2.9%	1.4%	

续表

	官员	企业家	企业员工	农民	科教医群体	弱势群体	做小生意者	演艺界
政府机关	36.2%	9.7%	20.7%	24.3%	16.6%	18.2%	22.2%	17.9%
民间组织	5.2%	3.2%	3.0%	2.0%	1.1%	2.4%	2.8%	10.7%
$\chi^2=119.794$ sig = 0.000								

如表所示，不同群体对于“最讲道德的单位”的选择有显著差异。

全国

	官员	企业家	企业员工	农民	科教医群体	弱势群体	做小生意者	演艺界
国有（控股）企业	12.5%	10.7%	19.0%	21.0%	19.0%	17.3%	15.8%	14.7%
民营企业	5.1%	3.6%	4.9%	4.6%	2.6%	4.9%	6.0%	2.9%
私营企业	2.9%	7.1%	3.1%	1.9%	1.3%	2.7%	2.7%	
外资企业	6.6%	14.3%	9.3%	3.7%	4.5%	6.6%	6.5%	8.8%
学校	29.4%	46.4%	38.7%	46.2%	50.0%	43.8%	45.9%	64.7%
医院	5.1%		4.7%	4.4%	6.5%	5.4%	4.8%	
政府机关	33.8%	14.3%	15.6%	12.6%	11.0%	14.5%	14.5%	8.8%
民间组织	4.4%	3.6%	4.8%	5.6%	5.2%	4.7%	4.0%	
$\chi^2=149.548$ sig = 0.000								

如表所示，不同群体对于“最讲道德的单位”的选择有显著差异。

由上表可知，江苏与全国居民在“最讲道德的单位”的选择上存在共识。其中，各个群体倾向于选择“学校”，其次为“国有企业”，“医院”和“民间组织”的占比较少。因此，我们认为，在这一问题上，全国与江苏的居民认知存在共识。

E18b 您觉得下列哪类单位道德水平最差

江苏

	官员	企业家	企业员工	农民	科教医群体	弱势群体	做小生意者	演艺界
国有（控股）企业	2.1%		4.1%	3.1%	2.7%	3.0%	3.8%	
民营企业	14.6%	12.5%	12.8%	13.8%	12.1%	14.2%	9.7%	16.7%
私营企业	35.4%	33.3%	33.4%	37.9%	45.0%	38.2%	38.2%	26.7%

续表

	官员	企业家	企业员工	农民	科教医群体	弱势群体	做小生意者	演艺界
外资企业	4.2%	8.3%	3.9%	2.6%	2.0%	3.0%	3.3%	3.3%
学校	6.3%		2.5%	2.8%	1.3%	2.7%	3.6%	6.7%
医院	20.8%	25.0%	25.2%	19.3%	14.1%	19.2%	24.4%	33.3%
政府机关	4.2%	8.3%	7.1%	10.3%	10.1%	10.1%	7.4%	6.7%
民间组织	12.5%	12.5%	11.0%	10.3%	12.8%	9.6%	9.5%	6.7%
$\chi^2=58.152$　sig = 0.174								

如表所示，不同群体对于“道德水平最差的单位”的选择没有显著差异。

全国

	官员	企业家	企业员工	农民	科教医群体	弱势群体	做小生意者	演艺界
国有（控股）企业	5.6%	4.2%	7.6%	3.7%	4.2%	5.8%	5.4%	3.6%
民营企业	21.3%	4.2%	12.5%	10.2%	13.6%	11.6%	10.9%	14.3%
私营企业	34.3%	25.0%	34.8%	28.4%	36.4%	28.5%	24.3%	53.6%
外资企业	5.6%	4.2%	4.1%	3.1%	4.5%	3.9%	4.1%	
学校	2.8%		3.1%	3.5%	2.3%	3.1%	5.0%	
医院	9.3%	25.0%	15.1%	22.2%	13.3%	18.2%	19.6%	3.6%
政府机关	9.3%	29.2%	12.0%	16.6%	11.4%	15.7%	19.0%	14.3%
民间组织	12.0%	8.3%	10.8%	12.3%	14.4%	13.2%	11.8%	10.7%
$\chi^2=139.498$　sig = 0.000								

如表所示，不同群体对于“道德水平最差的单位”的选择有显著差异。

由上表可知，江苏与全国居民在“道德水平最差的单位”的选择上存在差异。其中，各个群体倾向于选择“私营企业”，其次为“医院”。因此，我们认为，在这一问题上，全国与江苏的居民认知存在差异。

E19a 以下关于学校的说法，您的同意程度是？学校越来越以营利为目的

江苏

	官员	企业家	企业员工	农民	科教医群体	弱势群体	做小生意者	演艺界
完全同意	9.0%	11.8%	15.9%	8.0%	9.8%	10.1%	13.0%	12.1%

续表

	官员	企业家	企业员工	农民	科教医群体	弱势群体	做小生意者	演艺界
比较同意	43.3%	41.2%	44.5%	49.3%	34.7%	47.1%	42.5%	63.6%
不太同意	41.8%	38.2%	32.0%	36.5%	39.4%	36.1%	39.0%	18.2%
完全不同意	6.0%	8.8%	7.6%	6.2%	16.1%	6.8%	5.6%	6.1%
$\chi^2=79.722$ sig = 0.000								

如表所示，不同群体对于“学校越来越以营利为目的”的看法有显著差异。

全国

	官员	企业家	企业员工	农民	科教医群体	弱势群体	做小生意者	演艺界
完全同意	7.1%	6.1%	7.1%	6.1%	9.2%	7.3%	9.0%	4.4%
比较同意	39.6%	36.4%	44.0%	39.9%	30.2%	44.2%	46.0%	44.4%
不太同意	39.6%	54.5%	40.4%	46.0%	41.6%	38.9%	37.0%	35.6%
完全不同意	13.6%	3.0%	8.5%	8.0%	19.0%	9.6%	7.9%	15.6%
$\chi^2=107.543$ sig = 0.000								

如表所示，不同群体对于“学校越来越以营利为目的”的看法有显著差异。

由上表可知，江苏与全国居民在“学校越来越以营利为目的”的认知上存在共识。其中，各个群体倾向于选择“不太同意”和“比较同意”。因此，我们认为，在这一问题上，全国与江苏的居民认知存在共识。

E19b 以下关于学校的说法，您的同意程度是？学校主要传授知识和技能，培养道德不重要

江苏

	官员	企业家	企业员工	农民	科教医群体	弱势群体	做小生意者	演艺界
完全同意	2.9%		0.9%	0.8%	1.0%	1.1%	0.6%	3.0%
比较同意	2.9%	2.9%	6.7%	8.6%	7.2%	9.1%	8.9%	21.2%
不太同意	58.8%	44.1%	51.2%	62.9%	44.1%	56.4%	58.4%	45.5%
完全不同意	35.3%	52.9%	41.2%	27.7%	47.7%	33.5%	32.0%	30.3%
$\chi^2=80.238$ sig = 0.000								

如表所示，不同群体对于“学校主要传授知识和技能，培养道德不重要”的看法有显著差异。

全国

	官员	企业家	企业员工	农民	科教医群体	弱势群体	做小生意者	演艺界
完全同意	0.6%		0.9%	1.1%	2.1%	1.6%	0.8%	2.2%
比较同意	17.2%	15.2%	13.8%	13.4%	8.5%	11.4%	12.9%	15.6%
不太同意	46.0%	57.6%	55.8%	65.5%	47.9%	57.8%	58.9%	51.1%
完全不同意	36.2%	27.3%	29.5%	19.9%	41.5%	29.2%	27.4%	31.1%
$\chi^2=144.574$　sig = 0.000								

如表所示，不同群体对于“学校主要传授知识和技能，培养道德不重要”的看法有显著差异。

由上表可知，江苏与全国居民在“学校主要传授知识和技能，培养道德不重要”的认知上存在共识。其中，各个群体倾向于选择“不太同意”；其次为“完全不同意”，且江苏占比略高于全国。因此，我们认为，在这一问题上，全国与江苏的居民认知存在共识。

E19c 以下关于学校的说法，您的同意程度是？学校升学率高比素质教育更重要

江苏

	官员	企业家	企业员工	农民	科教医群体	弱势群体	做小生意者	演艺界
完全同意	1.5%	2.9%	2.1%	0.5%	3.6%	1.7%	1.4%	3.0%
比较同意	13.2%		8.8%	10.4%	8.2%	9.1%	10.5%	15.2%
不太同意	55.9%	58.8%	50.1%	58.0%	47.4%	55.7%	53.3%	42.4%
完全不同意	29.4%	38.2%	39.0%	31.1%	40.7%	33.4%	34.7%	39.4%
$\chi^2=42.396$　sig = 0.000								

如表所示，不同群体对于“学校升学率高比素质教育更重要”的看法有显著差异。

全国

	官员	企业家	企业员工	农民	科教医群体	弱势群体	做小生意者	演艺界
完全同意	2.5%	3.1%	2.3%	1.5%	2.9%	2.4%	2.8%	4.3%
比较同意	11.3%	9.4%	10.7%	15.9%	11.2%	12.2%	12.3%	17.4%
不太同意	53.8%	68.8%	57.4%	62.9%	48.1%	57.1%	57.0%	56.5%

续表

	官员	企业家	企业员工	农民	科教医群体	弱势群体	做小生意者	演艺界
完全不同意	32.5%	18.8%	29.7%	19.7%	37.8%	28.4%	27.9%	21.7%
$\chi^2=124.661$　sig = 0.000								

如表所示，不同群体对于“学校升学率高比素质教育更重要”的看法有显著差异。

由上表可知，江苏与全国居民在“学校升学率高比素质教育更重要”的认知上存在共识。其中，各个群体倾向于选择“不太同意”，其次为“完全不同意”，且江苏占比略高于全国。因此，我们认为，在这一问题上，全国与江苏的居民认知存在共识。

E19d 以下关于学校的说法，您的同意程度是？青少年儿童行为不端，主要是学校没教好

江苏

	官员	企业家	企业员工	农民	科教医群体	弱势群体	做小生意者	演艺界
完全同意	1.5%	2.9%	1.4%	1.0%	1.0%	1.1%	1.6%	3.1%
比较同意	7.5%	14.7%	9.5%	9.9%	9.2%	10.2%	10.4%	25.0%
不太同意	59.7%	41.2%	58.9%	62.1%	52.0%	57.3%	56.1%	43.8%
完全不同意	31.3%	41.2%	30.2%	27.0%	37.8%	31.5%	31.9%	28.1%
$\chi^2=27.801$　sig = 0.146								

如表所示，不同群体对于“青少年儿童行为不端的原因主要是学校没教好”的认知没有显著差异。

全国

	官员	企业家	企业员工	农民	科教医群体	弱势群体	做小生意者	演艺界
完全同意	1.2%	3.0%	1.4%	2.2%	2.4%	1.3%	1.8%	
比较同意	14.8%	18.2%	12.3%	17.4%	9.7%	14.3%	12.2%	30.4%
不太同意	55.6%	57.6%	59.8%	59.8%	57.8%	58.1%	60.6%	43.5%
完全不同意	28.4%	21.2%	26.4%	20.6%	30.1%	26.2%	25.5%	26.1%
$\chi^2=75.269$　sig = 0.000								

如表所示，不同群体对于“青少年儿童行为不端的原因主要是学校没教好”的看法有显著差异。

由上表可知，江苏与全国居民在“青少年儿童行为不端的原因主要是学校没教好”的认知上存在差异。其中，各个群体倾向于选择“不太同意”，其次为“完全不同意”，且江苏占比略高于全国。因此，我们认为，在这一问题上，全国与江苏的居民认知存在差异。

E19e 以下关于学校的说法，您的同意程度是？要想孩子培养的好，就要多给老师送礼

江苏

	官员	企业家	企业员工	农民	科教医群体	弱势群体	做小生意者	演艺界
完全同意	1.5%	5.9%	1.2%	1.4%	1.5%	1.1%	1.8%	6.1%
比较同意	6.1%	2.9%	6.0%	5.2%	6.7%	5.1%	5.5%	15.2%
不太同意	45.5%	29.4%	42.5%	49.7%	37.6%	46.6%	41.8%	24.2%
完全不同意	47.0%	61.8%	50.3%	43.7%	54.1%	47.2%	50.9%	54.5%
$\chi^2=43.157$ sig = 0.003								

如表所示，不同群体对于“要想孩子培养的好，就要多给老师送礼”的看法有显著差异。

全国

	官员	企业家	企业员工	农民	科教医群体	弱势群体	做小生意者	演艺界
完全同意	1.9%	3.1%	1.3%	1.7%	2.4%	2.3%	2.7%	6.7%
比较同意	8.1%	9.4%	13.1%	13.5%	7.8%	11.7%	12.5%	22.2%
不太同意	45.3%	53.1%	43.7%	53.3%	41.2%	45.5%	47.8%	26.7%
完全不同意	44.7%	34.4%	41.8%	31.4%	48.5%	40.4%	37.0%	44.4%
$\chi^2=110.352$ sig = 0.000								

如表所示，不同群体对于“要想孩子培养的好，就要多给老师送礼”的看法有显著差异。

由上表可知，江苏与全国居民在“要想孩子培养的好，就要多给老师送礼”的认知上存在差异。其中，各个群体倾向于选择“不太同意”，占比在50%左右，其次为“完全不同意”，且江苏占比明显高于全国。因此，我们认为，在这一问题上，全国与江苏的居民认知存在差异。

E20 您所在单位当员工或村民受到不应该的对待时，员工或村民有没有申诉的地方或渠道

江苏

	官员	企业家	企业员工	农民	科教医群体	弱势群体	做小生意者	演艺界
有	82.7%	88.2%	78.4%	74.2%	83.1%	76.4%	71.2%	92.3%
没有	17.3%	11.8%	21.6%	25.8%	16.9%	23.6%	28.8%	7.7%
χ^2 = 10.285 sig = 0.173								

如表所示，不同群体对于“您所在单位当员工或村民受到不应该的对待时，员工或村民有没有申诉的地方或渠道”的选择没有显著差异。

全国

	官员	企业家	企业员工	农民	科教医群体	弱势群体	做小生意者	演艺界
有	77.9%	72.0%	70.3%	63.6%	74.1%	67.3%	64.5%	64.3%
没有	22.1%	28.0%	29.7%	36.4%	25.9%	32.7%	35.5%	35.7%
χ^2 = 26.888 sig = 0.000								

如表所示，不同群体对于“您所在单位当员工或村民受到不应该的对待时，员工或村民有没有申诉的地方或渠道”的选择有显著差异。

由上表可知，江苏与全国居民在“您所在单位当员工或村民受到不应该的对待时，员工或村民有没有申诉的地方或渠道”的选择上存在差异。其中，各个群体都表示“有”申诉地方或渠道，但是，江苏的占比明显高于全国，尤其是对于企业家来说，江苏占比 88.2%，全国占比 72%。因此，我们认为，在这一问题上，全国与江苏的居民认知存在差异。

E21 您所在的单位当员工或村民受到不应该的对待时，有没有人进行过申诉？

江苏

	官员	企业家	企业员工	农民	科教医群体	弱势群体	做小生意者	演艺界
全部会申诉	2.0%	8.3%	1.8%	2.4%	3.3%	3.1%	0.6%	16.7%
大部分会申诉	32.7%	41.7%	23.6%	16.1%	30.8%	19.6%	14.0%	25.0%
小部分会申诉	40.8%	41.7%	53.3%	58.6%	51.7%	57.1%	64.6%	50.0%
无人申诉	24.5%	8.3%	21.4%	22.9%	14.2%	20.1%	20.7%	8.3%
χ^2 = 47.747 sig = 0.001								

如表所示，不同群体对于“您所在的单位当员工或村民受到不应该的对待时，

有没有人进行过申诉?”的回答存在显著差异。

全国

	官员	企业家	企业员工	农民	科教医群体	弱势群体	做小生意者	演艺界
全部会申诉	9.2%	13.6%	5.0%	2.7%	4.0%	4.4%	3.3%	10.0%
大部分会申诉	25.0%	22.7%	21.1%	19.9%	20.7%	19.4%	18.4%	30.0%
小部分会申诉	48.3%	45.5%	54.1%	53.8%	55.4%	58.0%	57.4%	46.7%
无人申诉	17.5%	18.2%	19.8%	23.6%	19.9%	18.2%	20.8%	13.3%
$\chi^2=46.916$　sig = 0.001								

如表所示，不同群体对于“您所在的单位当员工或村民受到不应该的对待时，有没有人进行过申诉?”的回答存在显著差异。

由上表可知，江苏与全国居民在对“您所在的单位当员工或村民受到不应该的对待时，有没有人进行过申诉?”的回答上存在共识。“小部分会申诉”占比最高，“全部会申诉”占比最低。因此，我们认为，在这一问题上，全国与江苏的居民认知存在共识。

E22 您所在的单位在多大程度上认真对待员工或村民的申诉?

江苏

	官员	企业家	企业员工	农民	科教医群体	弱势群体	做小生意者	演艺界
完全不认真			4.6%	10.4%	0.9%	7.7%	4.6%	10.0%
不太认真	15.0%	14.3%	15.1%	23.5%	20.4%	21.5%	24.1%	20.0%
一般	15.0%	21.4%	39.0%	38.8%	38.9%	37.2%	40.8%	40.0%
比较认真	50.0%	57.1%	35.0%	24.3%	32.4%	29.5%	26.4%	30.0%
非常认真	20.0%	7.1%	6.3%	3.0%	7.4%	4.0%	4.0%	
$\chi^2=80.464$　sig = 0.000								

如表所示，不同群体对于“您所在的单位在多大程度上认真对待员工或村民的申诉”的回答有显著差异。

全国

	官员	企业家	企业员工	农民	科教医群体	弱势群体	做小生意者	演艺界
完全不认真	9.9%	13.0%	6.7%	15.4%	6.4%	9.3%	9.9%	4.2%
不太认真	11.7%	30.4%	17.1%	24.4%	17.4%	23.4%	22.6%	20.8%

续表

	官员	企业家	企业员工	农民	科教医群体	弱势群体	做小生意者	演艺界
一般	19.8%	26.1%	32.6%	33.7%	38.3%	35.0%	36.5%	33.3%
比较认真	47.7%	21.7%	38.7%	22.8%	31.9%	27.8%	29.0%	33.3%
非常认真	10.8%	8.7%	4.8%	3.7%	6.0%	4.5%	2.0%	8.3%
$\chi^2=161.654$ sig = 0.000								

如表所示，不同群体对于“您所在的单位在多大程度上认真对待员工或村民的申诉”的回答有显著差异。

由上表可知，江苏与全国居民在“您所在的单位在多大程度上认真对待员工或村民的申诉”的回答上都存在显著差异。江苏的只有企业家认为所在单位对待员工或村民的申诉“比较认真”的占比较高，达到了57.1%，但是全国的企业家中，选择“不太认真”的比例最高，为30.4%，选择“比较认真”的企业家占比仅为21.7%。此外，江苏的企业员工认为态度“一般”的占比最高，全国的企业员工选择“比较认真”的占比最高。总结来说，全国和江苏大部分群体的认知基本一致，但企业家和企业员工的认知差异较大，所以我们认为，江苏与全国居民在这个问题的认知上存在差异。

E23 您所在单位是否有道德方面的教育或活动?

江苏

	官员	企业家	企业员工	农民	科教医群体	弱势群体	做小生意者	演艺界
有	42.4%	6.1%	12.9%	5.2%	22.1%	10.2%	7.5%	12.1%
没有	19.7%	33.3%	31.3%	38.5%	28.4%	38.7%	38.9%	24.2%
不知道	37.9%	60.6%	55.8%	56.3%	49.5%	51.1%	53.5%	63.6%
$\chi^2=148.326$ sig = 0.000								

如表所示，不同群体对于“您所在单位是否有道德方面的教育或活动”的回答有显著差异。

全国

	官员	企业家	企业员工	农民	科教医群体	弱势群体	做小生意者	演艺界
有	19.2%	3.2%	4.9%	2.2%	13.6%	3.8%	1.9%	4.5%
没有	28.2%	58.1%	36.7%	49.9%	37.8%	38.8%	42.9%	45.5%
不知道	52.6%	38.7%	58.5%	48.0%	48.6%	57.4%	55.2%	50.0%
$\chi^2=303.048$ sig = 0.000								

如表所示，不同群体对于“您所在单位是否有道德方面的教育或活动”的回答有显著差异。

由上表可知，江苏与全国居民在“您所在单位是否有道德方面的教育或活动”的回答上存在共识。其中，大多数群体倾向于选择“不知道”，选择“有”的除江苏的官员外都不多。因此，我们认为，在这一问题上，全国与江苏的居民认知存在共识。

E24a 对当地企业道德状况的满意度是

江苏

	官员	企业家	企业员工	农民	科教医群体	弱势群体	做小生意者	演艺界
非常不满意		9.4%	2.1%	2.1%	3.5%	2.8%	1.7%	10.3%
不太满意	19.7%	12.5%	24.2%	24.0%	28.7%	27.2%	28.3%	37.9%
比较满意	77.0%	75.0%	71.2%	71.2%	63.7%	68.3%	66.3%	51.7%
非常满意	3.3%	3.1%	2.6%	2.7%	4.1%	1.7%	3.7%	
$\chi^2=40.864$　sig = 0.006								

如表所示，不同群体对于“对当地企业道德状况的满意度”的选择有显著差异。

全国

	官员	企业家	企业员工	农民	科教医群体	弱势群体	做小生意者	演艺界
非常不满意	2.0%		1.8%	1.6%	3.0%	2.6%	2.8%	2.6%
不太满意	17.9%	12.1%	19.2%	22.3%	24.7%	24.1%	22.7%	28.9%
比较满意	75.5%	84.8%	77.1%	74.0%	68.1%	70.9%	72.8%	57.9%
非常满意	4.6%	3.0%	1.9%	2.2%	4.2%	2.4%	1.7%	10.5%
$\chi^2=55.256$　sig = 0.000								

如表所示，不同群体对于“对当地企业道德状况的满意度”的选择有显著差异。

由上表可知，江苏与全国居民在“对当地企业道德状况的满意度”的选择上存在共识。其中，各个群体倾向于选择“比较满意”，其次是“不太满意”。因此，我们认为，在这一问题上，全国与江苏的居民认知存在共识。

E24b 对当地医院道德状况的满意度是

江苏

	官员	企业家	企业员工	农民	科教医群体	弱势群体	做小生意者	演艺界
非常不满意	3.1%	6.1%	5.0%	3.7%	3.7%	4.3%	4.3%	3.3%
不太满意	26.6%	27.3%	28.4%	26.3%	21.6%	29.1%	32.4%	40.0%
比较满意	67.2%	60.6%	62.9%	64.5%	70.0%	63.5%	58.6%	53.3%
非常满意	3.1%	6.1%	3.8%	5.5%	4.7%	3.1%	4.7%	3.3%
$\chi^2=23.503$ sig = 0.318								

如表所示，不同群体对于“对当地医院道德状况的满意度”的选择没有显著差异。

全国

	官员	企业家	企业员工	农民	科教医群体	弱势群体	做小生意者	演艺界
非常不满意	3.2%	3.2%	2.9%	4.5%	3.3%	2.6%	3.7%	
不太满意	17.1%	22.6%	22.4%	27.8%	23.3%	26.3%	25.9%	17.9%
比较满意	71.5%	67.7%	67.2%	63.3%	67.5%	65.4%	65.8%	76.9%
非常满意	8.2%	6.5%	7.5%	4.4%	6.0%	5.7%	4.5%	5.1%
$\chi^2=59.595$ sig = 0.000								

如表所示，不同群体对于“对当地医院道德状况的满意度”的选择有显著差异。

由上表可知，江苏与全国居民在“对当地医院道德状况的满意度”的选择上存在差异。其中，各个群体倾向于选择“比较满意”。官员、企业家、企业员工、做小生意者、演艺界中，全国的满意度明显高于江苏。因此，我们认为，在这一问题上，全国与江苏的居民认知存在差异。

E24c 对当地政府道德状况的满意度是

江苏

	官员	企业家	企业员工	农民	科教医群体	弱势群体	做小生意者	演艺界
非常不满意		2.9%	3.0%	4.3%	3.8%	5.2%	4.0%	6.9%
不太满意	7.8%	20.6%	25.5%	25.6%	23.2%	25.8%	27.9%	24.1%
比较满意	84.4%	61.8%	65.0%	64.6%	65.4%	64.4%	61.9%	55.2%
非常满意	7.8%	14.7%	6.5%	5.5%	7.6%	4.6%	6.1%	13.8%
$\chi^2=39.708$ sig = 0.008								

如表所示，不同群体对于“当地政府道德状况的满意度”的选择有显著差异。

全国

	官员	企业家	企业员工	农民	科教医群体	弱势群体	做小生意者	演艺界
非常不满意	2.6%	6.3%	3.2%	3.6%	2.5%	3.8%	4.7%	2.6%
不太满意	12.8%	31.3%	21.7%	26.6%	21.1%	25.6%	23.6%	20.5%
比较满意	66.0%	53.1%	65.4%	65.1%	64.5%	63.5%	67.0%	64.1%
非常满意	18.6%	9.4%	9.7%	4.7%	11.9%	7.0%	4.8%	12.8%
$\chi^2=112.866$　sig = 0.000								

如表所示，不同群体对于“当地政府道德状况的满意度”的选择有显著差异。

由上表可知，江苏与全国居民在“当地政府道德状况的满意度”的选择上存在共识。其中，各个群体倾向于选择“比较满意”，占比绝大部分在60%以上。因此，我们认为，在这一问题上，全国与江苏的居民认知存在共识。

E24d 对当地学校的道德状况的满意度是

江苏

	官员	企业家	企业员工	农民	科教医群体	弱势群体	做小生意者	演艺界
非常不满意	1.6%	3.1%	3.0%	2.8%	2.7%	2.5%	3.1%	
不太满意	9.8%	15.6%	19.7%	18.4%	14.0%	19.6%	20.7%	36.7%
比较满意	78.7%	68.8%	68.3%	71.3%	67.2%	71.2%	64.5%	56.7%
非常满意	9.8%	12.5%	9.0%	7.4%	16.1%	6.7%	11.8%	6.7%
$\chi^2=43.466$　sig = 0.003								

如表所示，不同群体对于“当地学校道德状况的满意度”的选择有显著差异。

全国

	官员	企业家	企业员工	农民	科教医群体	弱势群体	做小生意者	演艺界
非常不满意	0.6%		1.7%	1.2%	1.4%	1.5%	1.9%	
不太满意	10.4%	12.5%	13.4%	18.8%	13.3%	16.2%	17.3%	20.9%
比较满意	66.9%	75.0%	72.6%	71.7%	68.8%	71.6%	70.5%	67.4%
非常满意	22.1%	12.5%	12.3%	8.3%	16.6%	10.7%	10.3%	11.6%
$\chi^2=74.724$　sig = 0.000								

如表所示，不同群体对于“当地学校道德状况的满意度”的选择有显著差异。

由上表可知，江苏与全国居民在“当地学校道德状况的满意度”的选择上存在共识。其中，各个群体倾向于选择“比较满意”，占比绝大部分在 60% 以上。因此，我们认为，在这一问题上，全国与江苏的居民认知存在共识。

E24e 对当地的 NGO 组织（如红十字会等）的满意度是

江苏

	官员	企业家	企业员工	农民	科教医群体	弱势群体	做小生意者	演艺界
非常不满意		3. 2%	1. 8%	2. 2%	3. 4%	2. 0%	2. 6%	3. 7%
不太满意	8. 5%	12. 9%	21. 0%	14. 4%	15. 2%	18. 9%	16. 3%	25. 9%
比较满意	85. 1%	64. 5%	67. 8%	72. 4%	70. 3%	68. 6%	69. 0%	55. 6%
非常满意	6. 4%	19. 4%	9. 3%	11. 1%	11. 0%	10. 4%	12. 1%	14. 8%
$\chi^2=25.101$ sig = 0. 243								

如表所示，不同群体对于“当地 NGO 组织（如红十字会等）道德状况的满意度”的选择没有显著差异。

全国

	官员	企业家	企业员工	农民	科教医群体	弱势群体	做小生意者	演艺界
非常不满意	0. 9%	5. 0%	2. 7%	1. 5%	1. 7%	2. 4%	3. 0%	
不太满意	15. 8%	5. 0%	15. 3%	17. 6%	17. 4%	17. 8%	17. 5%	25. 8%
比较满意	70. 2%	65. 0%	66. 7%	71. 1%	67. 8%	66. 6%	69. 3%	67. 7%
非常满意	13. 2%	25. 0%	15. 2%	9. 8%	13. 2%	13. 2%	10. 2%	6. 5%
$\chi^2=35.185$ sig = 0. 027								

如表所示，不同群体对于“当地 NGO 组织（如红十字会等）道德状况的满意度”的选择有显著差异。

由上表可知，江苏与全国居民在“当地 NGO 组织（如红十字会等）道德状况的满意度”的选择上存在差异。其中，各个群体倾向于选择“比较满意”，占比绝大部分在 60% 以上。但是，官员在江苏与全国“比较满意”占比分别为 85. 1% 和 70. 2% ，差异明显。因此，我们认为，在这一问题上，全国与江苏的居民认知存在差异。

F1a 您认为以下行为是否关乎道德：随地吐痰

江苏

	官员	企业家	企业员工	农民	科教医群体	弱势群体	做小生意者	演艺界
有关	97.0%	100.0%	94.1%	88.3%	98.0%	95.4%	93.6%	84.8%
无关	3.0%		5.9%	11.7%	2.0%	4.6%	6.4%	15.2%
$\chi^2=58.955$　sig = 0.000								

如表所示，不同群体对于“随地吐痰是否关乎道德”的认知存在显著差异。

全国

	官员	企业家	企业员工	农民	科教医群体	弱势群体	做小生意者	演艺界
有关	93.4%	100.0%	94.8%	85.7%	93.8%	92.2%	93.5%	93.5%
无关	6.6%		5.2%	14.3%	6.2%	7.8%	6.5%	6.5%
$\chi^2=140.238$　sig = 0.000								

如表所示，不同群体对于“随地吐痰是否关乎道德”的认知存在显著差异。

由上表可知，全国和江苏的居民在对于“随地吐痰是否关乎道德”的看法上都存在差异，且诸群体中除了江苏的科教医群体占比98.0%，全国为93.8%，相差4.2%，以及演艺界中，江苏为84.8%，全国为93.5%，相差8.7%以外，其他各群体基本相似，不存在较大的差异。因此，我们认为，在对于该问题的看法上，江苏和全国不存在较大差异，存在基本共识。

F1b 您认为以下行为是否关乎道德？插队

江苏

	官员	企业家	企业员工	农民	科教医群体	弱势群体	做小生意者	演艺界
有关	95.6%	97.1%	94.2%	90.6%	99.0%	95.5%	93.4%	87.9%
无关	4.4%	2.9%	5.8%	9.4%	1.0%	4.5%	6.6%	12.1%
$\chi^2=34.758$　sig = 0.000								

如表所示，不同群体对于“插队是否关乎道德”的认知存在显著差异。

全国

	官员	企业家	企业员工	农民	科教医群体	弱势群体	做小生意者	演艺界
有关	93.4%	100.0%	93.7%	85.7%	94.5%	92.3%	93.6%	93.5%

续表

	官员	企业家	企业员工	农民	科教医群体	弱势群体	做小生意者	演艺界
无关	6.6%		6.3%	14.3%	5.5%	7.7%	6.4%	6.5%
$\chi^2=126.159$ sig = 0.000								

如表所示，不同群体对于“插队是否关乎道德”的认知存在显著差异。

由上表可知，全国和江苏的居民在对于“插队是否关乎道德”的看法上都存在差异，且诸群体中除了农民群体，江苏占比90.6%，全国为85.7%，相差4.9%，以及演艺界，江苏占比87.9%，全国为93.5%，相差5.6%以外，其他各群体基本相似，不存在较大的差异，因此，我们认为，在对于该问题的看法上，江苏和全国不存在较大差异，存在基本共识。

F1c 您认为以下行为是否关乎道德？公交或地铁上大声打电话

江苏

	官员	企业家	企业员工	农民	科教医群体	弱势群体	做小生意者	演艺界
有关	97.0%	94.1%	90.8%	86.8%	96.9%	93.0%	87.9%	81.8%
无关	3.0%	5.9%	9.2%	13.2%	3.1%	7.0%	12.1%	18.2%
$\chi^2=44.211$ sig = 0.000								

如表所示，不同群体对于“公交或地铁上大声打电话是否关乎道德”的认知存在显著差异。

全国

	官员	企业家	企业员工	农民	科教医群体	弱势群体	做小生意者	演艺界
有关	91.0%	94.1%	90.5%	80.8%	90.9%	89..3%	88.6%	87.0%
无关	9.0%	5.9%	9.5%	19.2%	9.1%	10.7%	11.4%	13.0%
$\chi^2=127.884$ sig = 0.000								

如表所示，不同群体对于“公交或地铁上大声打电话是否关乎道德”的认知存在显著差异。

由上表可知，全国和江苏的居民在对于“公交或地铁上大声打电话是否关乎道德”的看法上都存在差异，且诸群体中官员江苏占比97.0%，全国为91.0%，相差6%；农民江苏为86.8%，全国为80.8%，相差6%；江苏科教医群体为

96.9%，全国为90.9%，相差6%；以及演艺界，江苏为81.8%，全国为87.0%，相差5.2%。其他各群体基本相似，不存在较大的差异，因此，我们认为，在对于该问题的看法上，江苏和全国存在基本共识。

F1d 您认为以下行为是否关乎道德？餐馆里说话声音很大

江苏

	官员	企业家	企业员工	农民	科教医群体	弱势群体	做小生意者	演艺界
有关	91.2%	94.1%	89.9%	85.9%	96.4%	91.9%	88.5%	87.9%
无关	8.8%	5.9%	10.1%	14.1%	3.6%	8.1%	11.5%	12.1%
$\chi^2=31.418$　sig = 0.000								

如表所示，不同群体对于“餐馆里说话声音很大是否关乎道德”的认知存在显著差异。

全国

	官员	企业家	企业员工	农民	科教医群体	弱势群体	做小生意者	演艺界
有关	87.3%	94.1%	90.0%	79.1%	91.9%	87.4%	87.7%	87.0%
无关	12.7%	5.9%	10.0%	20.9%	8.1%	12.6%	12.3%	13.0%
$\chi^2=139.289$　sig = 0.000								

如表所示，不同群体对于“餐馆里说话声音很大是否关乎道德”的认知存在显著差异。

由上表可知，全国和江苏的居民在对于“餐馆里说话声音很大是否关乎道德”的看法上都存在差异，且诸群体中官员江苏占比91.2%，全国为87.3%，相差3.9%；农民江苏为85.9%，全国为79.1%，相差6.8%，其他各群体基本相似，不存在较大的差异，因此，我们认为，在对于该问题的看法上，江苏和全国不存在较大差异，存在基本共识。

F1e 您本人是否做出过这些行为？随地吐痰

江苏

	官员	企业家	企业员工	农民	科教医群体	弱势群体	做小生意者	演艺界
经常做	1.5%		2.1%	4.7%	3.1%	3.7%	3.4%	
偶尔做	29.9%	41.2%	33.6%	37.6%	24.7%	30.9%	37.7%	37.5%

续表

	官员	企业家	企业员工	农民	科教医群体	弱势群体	做小生意者	演艺界
从来不做	68.7%	58.8%	64.2%	57.7%	72.2%	65.4%	58.9%	62.5%
$\chi^2=37.867$ sig = 0.000								

如表所示，不同群体在“随地吐痰”的频率上存在显著差异。

全国

	官员	企业家	企业员工	农民	科教医群体	弱势群体	做小生意者	演艺界
经常做	1.2%	8.8%	1.7%	3.5%	0.8%	3.3%	3.0%	2.2%
偶尔做	29.3%	26.5%	37.3%	39.0%	23.7%	36.4%	42.7%	34.8%
从来不做	69.5%	64.7%	61.1%	57.5%	75.5%	60.3%	54.4%	63.0%
$\chi^2=84.796$ sig = 0.000								

如表所示，不同群体在“随地吐痰”的频率上存在显著差异。

由上表可知，全国和江苏的居民在“随地吐痰”的频率上都存在差异，企业家中在“偶尔做”上，江苏为41.2%，全国为26.5%，相差14.7%，其他群体基本相似。因此，我们认为，全国和江苏的诸群体存在差异。

F1f 您本人是否做出过这些行为？公交或地铁上大声打电话

江苏

	官员	企业家	企业员工	农民	科教医群体	弱势群体	做小生意者	演艺界
经常做	1.5%		1.1%	1.3%	3.1%	0.6%	1.6%	
偶尔做	16.2%	21.2%	19.9%	18.2%	14.4%	18.8%	21.1%	36.4%
从来不做	82.4%	78.8%	79.0%	80.5%	82.5%	80.6%	77.2%	63.6%
$\chi^2=23.410$ sig = 0.054								

如表所示，不同群体在“公交或地铁上大声打电话”的频率上不存在显著差异。

全国

	官员	企业家	企业员工	农民	科教医群体	弱势群体	做小生意者	演艺界
经常做	1.2%	9.1%	2.0%	3.2%	0.8%	3.1%	3.1%	2.2%
偶尔做	27.6%	24.2%	28.3%	25.5%	21.3%	27.8%	34.3%	28.9%

续表

	官员	企业家	企业员工	农民	科教医群体	弱势群体	做小生意者	演艺界
从来不做	71.2%	66.7%	69.7%	71.3%	77.9%	69.0%	62.6%	68.9%
$\chi^2=56.388$　sig = 0.000								

如表所示，不同群体在“公交或地铁上大声打电话”的频率上存在显著差异。

由上表可知，全国和江苏的居民在“公交或地铁上大声打电话”的频率上存在差异，官员中在“偶尔做”这个选项上，江苏占比16.2%，全国为27.6%，相差11.4%，企业员工和农民、科教医群体以及做小生意者等在该项上也存在大于5%的差异。其他群体基本相似。因此，我们认为，全国和江苏存在差异。

F1g 您本人是否做出过这些行为？餐馆里说话声音很大

江苏

	官员	企业家	企业员工	农民	科教医群体	弱势群体	做小生意者	演艺界
经常做			1.1%	2.3%	2.6%	0.8%	1.6%	
偶尔做	22.7%	27.3%	18.6%	19.3%	22.2%	19.2%	22.2%	36.4%
从来不做	77.3%	72.7%	80.3%	78.4%	75.3%	80.0%	76.2%	63.6%
$\chi^2=25.390$　sig = 0.031								

如表所示，不同群体在“餐馆里说话声音很大”这一做法的频率上存在显著差异。

全国

	官员	企业家	企业员工	农民	科教医群体	弱势群体	做小生意者	演艺界
经常做	1.2%	6.1%	1.3%	3.5%	0.5%	3.5%	3.7%	2.2%
偶尔做	25.9%	24.2%	27.0%	23.6%	22.3%	25.4%	32.9%	22.2%
从来不做	72.8%	69.7%	71.7%	72.9%	77.2%	71.1%	63.4%	75.6%
$\chi^2=72.618$　sig = 0.000								

如表所示，不同群体在“餐馆里说话声音很大”这一做法的频率上存在显著差异。

由上表可知，全国和江苏的居民在“餐馆里说话声音很大”这一做法的频率上都存在差异，企业员工和弱势群体存在5%以上的行为差异；做小生意者和演艺界在该项上存在大于10%的差异；其他群体基本相似。因此，我们认为，全国和江苏存在差异。

F1h 您本人是否做出过这些行为：在公共场所的椅子或沙发上躺着睡觉

江苏

	官员	企业家	企业员工	农民	科教医群体	弱势群体	做小生意者	演艺界
经常做	2.9%	5.9%	1.2%	0.5%	2.1%	0.8%	0.6%	3.0%
偶尔做	5.9%	14.7%	8.1%	6.4%	8.8%	8.8%	10.8%	9.1%
从来不做	91.2%	79.4%	90.7%	93.1%	89.2%	90.3%	88.6%	87.9%
$\chi^2=28.698$ sig = 0.011								

如表所示，不同群体在“在公共场所的椅子或沙发上躺着睡觉”这一做法的频率上存在显著差异。

全国

	官员	企业家	企业员工	农民	科教医群体	弱势群体	做小生意者	演艺界
经常做	1.8%	11.8%	1.9%	2.6%	1.9%	3.2%	2.8%	2.2%
偶尔做	9.8%	14.7%	12.5%	12.7%	10.1%	13.8%	16.2%	17.4%
从来不做	88.4%	73.5%	85.6%	84.7%	88.0%	83.0%	81.0%	80.4%
$\chi^2=45.356$ sig = 0.000								

如表所示，不同群体在“在公共场所的椅子或沙发上躺着睡觉”这一做法的频率上存在显著差异。

由上表可知，全国和江苏的居民在“在公共场所的椅子或沙发上躺着睡觉”这一做法的频率上都存在共识，全国选择“偶尔做”的更多，其他群体基本相似。因此，我们认为，全国和江苏存在共识。

F2 入夜后，很多中老年朋友在广场上伴着录音机的音乐跳舞，产生噪音。有人向政府或物管投诉，要求阻止。对这件事您怎么看？

江苏

	官员	企业家	企业员工	农民	科教医群体	弱势群体	做小生意者	演艺界
在广场上跳舞是居民的自由，不应干预	4.4%	8.8%	7.3%	7.5%	8.2%	8.1%	9.5%	15.2%

续表

	官员	企业家	企业员工	农民	科教医群体	弱势群体	做小生意者	演艺界
跳舞如果破坏了别人的清静，就应该停止	23.5%	26.5%	20.4%	21.1%	23.5%	18.1%	24.1%	24.2%
中老年人没地方活动，即便跳舞构成干扰，也应尽量容忍和理解	16.2%	17.6%	25.1%	21.1%	18.9%	17.8%	22.1%	27.3%
请跳舞者降低音量，大家相互妥协	55.9%	41.2%	46.8%	49.7%	49.0%	55.6%	43.7%	33.3%
其他（请说明）		5.9%	0.4%	0.5%	0.5%	0.3%	0.6%	
$\chi^2=75.607$　sig = 0.000								

如表所示，不同群体对于“入夜后，很多中老年朋友在广场上伴着录音机的音乐跳舞，产生噪音。有人向政府或物管投诉，要求阻止”这一事件的看法存在显著差异。

全国

	官员	企业家	企业员工	农民	科教医群体	弱势群体	做小生意者	演艺界
在广场上跳舞是居民的自由，不应干预	18.7%	18.2%	18.6%	29.7%	11.7%	20.5%	22.8%	13.0%
跳舞如果破坏了别人的清静，就应该停止	22.9%	24.2%	26.5%	18.3%	25.5%	22.2%	23.2%	23.9%
中老年人没地方活动，即便跳舞构成干扰，也应尽量容忍和理解	16.9%	21.2%	21.6%	20.3%	19.5%	22.1%	23.3%	19.6%
请跳舞者降低音量，大家相互妥协	41.6%	33.3%	32.7%	29.3%	42.6%	33.5%	30.3%	43.5%
其他（请说明）		3.0%	0.6%	2.4%	0.8%	1.7%	0.4%	
$\chi^2=201.602$　sig = 0.000								

如表所示，不同群体对于“入夜后，很多中老年朋友在广场上伴着录音机的音乐跳舞，产生噪音。有人向政府或物管投诉，要求阻止”这一事件的看法存在显著差异。

由上表可知，全国和江苏的居民在“入夜后，很多中老年朋友在广场上伴着录音机的音乐跳舞，产生噪音。有人向政府或物管投诉，要求阻止”这一事件的看法上都存在差异，江苏各群体对于这一事件的看法偏向于反对的态度，且差异较大，因此，我们认为，在该问题上，全国和江苏存在差异。

F3a 社会上经常发生一些因个人认为自身受到不公正待遇而导致的社会泄愤事件，比如厦门公交爆炸案、徐州幼儿园爆炸案。对下列说法，您的同意程度如何：这是暴徒行为，无论何种情况下，都不应该采取暴力手段

江苏

	官员	企业家	企业员工	农民	科教医群体	弱势群体	做小生意者	演艺界
完全同意	44.8%	41.2%	37.6%	32.6%	47.7%	36.8%	42.3%	30.3%
比较同意	44.8%	47.1%	48.2%	59.4%	42.1%	54.8%	49.5%	63.6%
不太同意	7.5%	8.8%	6.6%	6.0%	5.6%	5.0%	5.4%	6.1%
完全不同意	3.0%	2.9%	7.7%	2.1%	4.6%	3.4%	2.8%	
$\chi^2=87.557$ sig = 0.000								

如表所示，不同群体对于“这是暴徒行为，无论何种情况下，都不应该采取暴力手段”这一说法的同意程度存在显著差异。

全国

	官员	企业家	企业员工	农民	科教医群体	弱势群体	做小生意者	演艺界
完全同意	48.5%	45.5%	42.5%	35.0%	51.2%	41.3%	39.9%	48.9%
比较同意	44.2%	42.4%	49.2%	54.7%	40.0%	49.6%	51.3%	40.0%
不太同意	5.5%	12.1%	7.0%	9.0%	7.5%	7.1%	7.6%	8.9%
完全不同意	1.8%		1.3%	1.3%	1.3%	1.9%	1.2%	2.2%
$\chi^2=67.298$ sig = 0.000								

如表所示，不同群体对于“这是暴徒行为，无论何种情况下，都不应该采取暴力手段”这一说法的同意程度存在显著差异。

由上表可知，全国和江苏的居民对于“这是暴徒行为，无论何种情况下，都不应该采取暴力手段”这一说法的同意程度都存在共识，除演艺界在该问题的看法上江苏的完全同意为30.3%，全国为48.9%，相差18.6%，差异较大以外，其他诸群体不存在较大差异。因此，我们认为，从总体来看，全国和江苏存在共识。

F3b 社会上经常发生一些因个人认为自身受到不公正待遇而导致的社会泄愤事件，比如厦门公交爆炸案、徐州幼儿园爆炸案。对下列说法，您的同意程度如何？其他社会成员在需要的时候没有及时给予帮助，因此我们每个人都有责任

江苏

	官员	企业家	企业员工	农民	科教医群体	弱势群体	做小生意者	演艺界
完全同意	17.6%	11.8%	15.7%	14.8%	24.6%	15.0%	20.9%	21.2%
比较同意	48.5%	67.6%	56.5%	54.0%	55.9%	59.8%	54.9%	60.6%
不太同意	30.9%	14.7%	24.2%	26.8%	15.9%	22.5%	20.5%	15.2%
完全不同意	2.9%	5.9%	3.5%	4.4%	3.6%	2.7%	3.6%	3.0%
χ^2 = 43.991　sig = 0.002								

如表所示，不同群体对于“其他社会成员在需要的时候没有及时给予帮助，因此我们每个人都有责任”这一说法的同意程度存在显著差异。

全国

	官员	企业家	企业员工	农民	科教医群体	弱势群体	做小生意者	演艺界
完全同意	22.6%	28.1%	14.5%	13.7%	19.2%	16.6%	15.1%	13.3%
比较同意	54.3%	37.5%	45.5%	52.8%	49.3%	49.1%	48.3%	35.6%
不太同意	20.1%	34.4%	33.3%	28.3%	27.7%	29.5%	30.5%	46.7%
完全不同意	3.0%		6.7%	5.2%	3.7%	4.9%	6.1%	4.4%
χ^2 = 66.376　sig = 0.000								

如表所示，不同群体对于“其他社会成员在需要的时候没有及时给予帮助，因此我们每个人都有责任”这一说法的同意程度存在显著差异。

由上表可知，全国和江苏的居民在“其他社会成员在需要的时候没有及时给与帮助，因此我们每个人都有责任”这一说法的同意程度上都存在共识，其中，官员、企业家、科教医群体和演艺界存在5%以上的差异，差异较大，其他群体不存在较大差异。因此，我们认为，在该问题的看法上，从总体来看，全国和江苏存在共识。

F3c 社会上经常发生一些因个人认为自身受到不公正待遇而导致的社会泄愤事件，比如厦门公交爆炸案、徐州幼儿园爆炸案。对下列说法，您的同意程度如何？他们的遭遇值得同情，但应该去报复那些给予他们不公待遇的人，而不是伤及

无辜

江苏

	官员	企业家	企业员工	农民	科教医群体	弱势群体	做小生意者	演艺界
完全同意	4.4%	5.9%	8.4%	7.9%	14.3%	11.3%	11.5%	12.1%
比较同意	20.6%	38.2%	32.0%	32.6%	28.6%	35.6%	33.9%	39.4%
不太同意	52.9%	26.5%	41.3%	45.3%	39.8%	38.6%	39.6%	18.2%
完全不同意	22.1%	29.4%	18.3%	14.3%	17.3%	14.5%	14.9%	30.3%
$\chi^2=56.836$ sig = 0.000								

如表所示，不同群体对于“他们的遭遇值得同情，但应该去报复那些给予他们不公待遇的人，而不是伤及无辜”这一说法的同意程度存在显著差异。

全国

	官员	企业家	企业员工	农民	科教医群体	弱势群体	做小生意者	演艺界
完全同意	13.9%	9.1%	11.1%	12.8%	15.5%	11.5%	10.1%	15.6%
比较同意	30.9%	39.4%	32.7%	36.5%	25.9%	34.5%	32.5%	28.9%
不太同意	31.5%	33.3%	36.1%	34.8%	40.1%	35.3%	39.7%	33.3%
完全不同意	23.6%	18.2%	20.1%	15.9%	18.4%	18.8%	17.7%	22.2%
$\chi^2=46.874$ sig = 0.000								

如表所示，不同群体对于“他们的遭遇值得同情，但应该去报复那些给予他们不公待遇的人，而不是伤及无辜”这一说法的同意程度存在显著差异。

由上表可知，全国和江苏的诸群体在“他们的遭遇值得同情，但应该去报复那些给予他们不公待遇的人，而不是伤及无辜”这一说法的同意程度上都存在共识，其中，官员、企业家、企业员工、农民和演艺界存在5%以上的差异，差异较大，其他诸群体不存在较大差异。因此，我们认为，在该问题的看法上，从总体来看，全国和江苏存在共识。

F3d 社会上经常发生一些因个人认为自身受到不公正待遇而导致的社会泄愤事件，比如厦门公交爆炸案、徐州幼儿园爆炸案。对下列说法，您的同意程度如何？受到不公平待遇，应该充分相信政府，积极寻求相关部门的帮助

江苏

	官员	企业家	企业员工	农民	科教医群体	弱势群体	做小生意者	演艺界
完全同意	38.8%	38.2%	26.6%	21.5%	29.2%	23.7%	22.2%	18.8%

续表

	官员	企业家	企业员工	农民	科教医群体	弱势群体	做小生意者	演艺界
比较同意	47.8%	58.8%	61.6%	67.1%	59.0%	64.7%	63.4%	68.8%
不太同意	13.4%	2.9%	10.8%	10.1%	7.7%	9.6%	11.9%	12.5%
完全不同意			1.0%	1.3%	4.1%	2.0%	2.4%	
$\chi^2=44.809$　sig = 0.002								

如表所示，不同群体对于“受到不公平待遇，应该充分相信政府，积极寻求相关部门的帮助”这一说法的同意程度存在显著差异。

全国

	官员	企业家	企业员工	农民	科教医群体	弱势群体	做小生意者	演艺界
完全同意	37.2%	27.3%	22.9%	26.9%	27.9%	25.0%	23.0%	24.4%
比较同意	44.5%	60.6%	54.8%	56.8%	53.1%	55.1%	55.0%	60.0%
不太同意	15.2%	12.1%	18.2%	13.4%	14.1%	16.1%	18.1%	8.9%
完全不同意	3.0%		4.2%	2.9%	4.9%	3.8%	3.9%	6.7%
$\chi^2=74.349$　sig = 0.000								

如表所示，不同群体对于“受到不公平待遇，应该充分相信政府，积极寻求相关部门的帮助”这一说法的同意程度存在显著差异。

由上表可知，全国和江苏的居民在“受到不公平待遇，应该充分相信政府，积极寻求相关部门的帮助”这一说法的同意程度上都存在共识，其中，除了农民和演艺界存在5%以上的差异，差异较大，其他群体不存在较大差异。因此，我们认为，在该问题的看法上，从总体来看，全国和江苏存在共识。

F4 总的来说，您认为当今的社会公不公平？

江苏

	官员	企业家	企业员工	农民	科教医群体	弱势群体	做小生意者	演艺界
完全不公平	3.0%	5.9%	4.7%	3.3%	2.1%	6.3%	5.7%	3.1%
比较不公平	23.9%	23.5%	28.6%	28.8%	25.6%	31.0%	31.8%	31.3%
说不上公平但也不能说不公平	37.3%	38.2%	37.9%	36.1%	37.4%	35.0%	34.8%	34.4%
比较公平	35.8%	20.6%	27.0%	31.2%	34.4%	26.6%	26.7%	31.3%
非常公平		11.8%	1.7%	0.7%	0.5%	1.0%	1.0%	
$\chi^2=70.177$　sig = 0.000								

如表所示，不同群体对于“社会公不公平”的评价存在显著差异。

全国

	官员	企业家	企业员工	农民	科教医群体	弱势群体	做小生意者	演艺界
完全不公平	6.0%	5.9%	5.1%	6.1%	6.3%	6.4%	5.4%	9.1%
比较不公平	18.1%	38.2%	27.9%	32.1%	25.9%	28.5%	30.2%	20.5%
说不上公平但也不能说不公平	34.9%	29.4%	41.0%	36.4%	30.2%	38.1%	40.3%	43.2%
比较公平	35.5%	26.5%	23.9%	23.3%	36.0%	24.9%	22.4%	27.3%
非常公平	5.4%		2.1%	2.1%	1.6%	2.1%	1.7%	
$\chi^2=80.271$ sig = 0.000								

如表所示，不同群体对于“社会公不公平”的评价存在显著差异。

由上表可知，全国和江苏的诸群体在对于“社会公不公平”的评价上都存在差异，其中，企业家、科教医群体、做小生意者和演艺界差异较大，均存在5%以上的差异。除此之外，其他群体不存在较大差异。因此，我们认为，在该问题的看法上，从总体来看，全国和江苏存在共识。

F5 和前几年相比，您认为目前我国社会的分配不公、存在两极分化现象？

江苏

	官员	企业家	企业员工	农民	科教医群体	弱势群体	做小生意者	演艺界
有较大改善	41.8%	27.3%	31.4%	29.9%	39.8%	29.6%	28.8%	28.1%
没什么变化	35.8%	27.3%	46.2%	45.1%	35.6%	42.5%	46.0%	50.0%
更加恶化	22.4%	45.5%	22.3%	25.0%	24.6%	27.9%	25.3%	21.9%
$\chi^2=32.059$ sig = 0.004								

如表所示，不同群体对于“和前几年相比，您认为目前我国社会的分配不公、存在两极分化现象”的评价存在显著差异。

全国

	官员	企业家	企业员工	农民	科教医群体	弱势群体	做小生意者	演艺界
有较大改善	50.0%	45.2%	32.9%	32.0%	44.9%	33.8%	30.0%	31.7%
没什么变化	37.0%	32.3%	53.7%	57.1%	38.0%	51.3%	55.7%	53.7%

续表

	官员	企业家	企业员工	农民	科教医群体	弱势群体	做小生意者	演艺界
更加恶化	13.0%	22.6%	13.4%	10.9%	17.1%	14.9%	14.3%	14.6%
$\chi^2=86.907$　sig = 0.000								

如表所示，不同群体对于“和前几年相比，您认为目前我国社会的分配不公、存在两极分化现象”的评价存在显著差异。

由上表可知，全国和江苏的诸群体在对于“和前几年相比，您认为目前我国社会的分配不公、存在两极分化现象”的评价上都存在显著差异。其中，官员、企业家、科教医群体差异较大，均存在5%以上的差异，其中企业家群体中相差超过10%。因此，我们认为，在该问题的看法上，从总体来看，全国和江苏存在差异。

F6 您认为目前我国社会成员之间的收入差距

江苏

	官员	企业家	企业员工	农民	科教医群体	弱势群体	做小生意者	演艺界
合理，可以接受	22.7%	15.2%	13.5%	14.3%	19.7%	11.3%	15.4%	9.1%
不合理，但可以接受	68.2%	57.6%	56.9%	53.9%	60.1%	55.6%	55.1%	66.7%
不合理，不能接受	9.1%	27.3%	29.7%	31.8%	20.2%	33.0%	29.4%	24.2%
$\chi^2=41.038$　sig = 0.000								

如表所示，不同群体对于“目前我国社会成员之间的收入差距”的认知存在显著差异。

全国

	官员	企业家	企业员工	农民	科教医群体	弱势群体	做小生意者	演艺界
合理，可以接受	34.2%	27.3%	18.4%	15.9%	19.2%	16.7%	16.7%	12.2%
不合理，但可以接受	54.2%	60.6%	60.3%	61.0%	61.0%	59.0%	62.8%	63.4%
不合理，不能接受	11.6%	12.1%	21.3%	23.1%	19.8%	24.3%	20.5%	24.4%
$\chi^2=52.973$　sig = 0.000								

如表所示，不同群体对于“目前我国社会成员之间的收入差距”的认知存在显著差异。

由上表可知，全国和江苏的居民在对于“目前我国社会成员之间的收入差距”的看法上都存在显著差异。其中，除演艺界不存在较大差异以外，其他诸群体均存在5%以上的差异。因此，在该问题的看法上，从总体来看，全国和江苏存在差异。

F7a 请问您是否同意当前的社会是人人为自己

江苏

	官员	企业家	企业员工	农民	科教医群体	弱势群体	做小生意者	演艺界
完全同意	4.4%	23.5%	14.2%	13.1%	12.4%	16.2%	18.1%	12.5%
比较同意	54.4%	52.9%	58.6%	57.9%	49.5%	59.8%	56.7%	56.3%
不太同意	38.2%	17.6%	24.7%	26.7%	34.5%	22.1%	23.2%	25.0%
完全不同意	2.9%	5.9%	2.5%	2.3%	3.6%	1.8%	2.0%	6.3%
$\chi^2=44.832$ sig = 0.002								

如表所示，不同群体对于“当前的社会是人人为自己”的认同程度存在显著差异。

全国

	官员	企业家	企业员工	农民	科教医群体	弱势群体	做小生意者	演艺界
完全同意	8.4%	15.2%	10.2%	11.4%	7.1%	11.4%	13.9%	15.6%
比较同意	45.8%	51.5%	60.5%	56.6%	53.7%	58.3%	60.5%	40.0%
不太同意	42.2%	33.3%	27.8%	30.8%	36.8%	28.5%	24.1%	42.2%
完全不同意	3.6%		1.5%	1.2%	2.4%	1.8%	1.5%	2.2%
$\chi^2=71.847$ sig = 0.000								

如表所示，不同群体对于“当前的社会是人人为自己”的认同程度存在显著差异。

由上表可知，全国和江苏的居民在对于“当前的社会是人人为自己”的认同程度上都存在共识。其中，大部分群体倾向于选择“比较同意”，占比均在40%以上。因此，在这个问题的看法上，全国和江苏存在共识。

F7b 请问您是否同意现在社会的大多数人是见利忘义的

江苏

	官员	企业家	企业员工	农民	科教医群体	弱势群体	做小生意者	演艺界
完全同意	2.9%	14.7%	9.9%	10.2%	11.3%	12.3%	14.7%	6.3%

续表

	官员	企业家	企业员工	农民	科教医群体	弱势群体	做小生意者	演艺界
比较同意	35.3%	38.2%	47.2%	46.5%	33.8%	51.8%	46.5%	37.5%
不太同意	54.4%	41.2%	39.2%	39.7%	51.3%	32.8%	34.8%	53.1%
完全不同意	7.4%	5.9%	3.7%	3.6%	3.6%	3.1%	4.0%	3.1%
$\chi^2=63.979$ sig = 0.000								

如表所示，不同群体对于“现在社会的大多数人是见利忘义的”的同意程度存在显著差异。

全国

	官员	企业家	企业员工	农民	科教医群体	弱势群体	做小生意者	演艺界
完全同意	5.5%	12.1%	7.8%	8.2%	5.5%	7.8%	7.3%	8.9%
比较同意	40.6%	57.6%	48.5%	51.3%	42.2%	50.2%	56.3%	44.4%
不太同意	48.5%	30.3%	38.9%	37.9%	48.0%	37.8%	33.6%	44.4%
完全不同意	5.5%		4.8%	2.6%	4.2%	4.1%	2.8%	2.2%
$\chi^2=64.022$ sig = 0.000								

如表所示，不同群体对于“现在社会的大多数人是见利忘义的”的同意程度存在显著差异。

由上表可知，全国和江苏的居民在对于“现在社会的大多数人是见利忘义的”的同意程度上都存在共识。其中，全国和江苏的官员、科教医群体都倾向于选择“不太同意”，占比明显高于选择“比较同意”的占比；其余群体则比较倾向于选择“比较同意”，且占比明显高于选择“不太同意”的占比。因此，在该问题的看法上，从总体来看，全国和江苏存在共识。

F7c 请问您是否同意现在社会是一个物欲横流的社会

江苏

	官员	企业家	企业员工	农民	科教医群体	弱势群体	做小生意者	演艺界
完全同意	7.4%	23.5%	16.5%	11.9%	13.4%	13.3%	16.3%	12.5%
比较同意	41.2%	35.3%	44.9%	48.3%	46.4%	53.8%	48.6%	46.9%
不太同意	47.1%	29.4%	34.0%	35.2%	36.6%	30.2%	32.7%	28.1%
完全不同意	4.4%	11.8%	4.6%	4.5%	3.6%	2.7%	2.4%	12.5%
$\chi^2=59.909$ sig = 0.000								

如表所示，不同群体对于“现在社会是一个物欲横流的社会”的同意程度存在显著差异。

全国

	官员	企业家	企业员工	农民	科教医群体	弱势群体	做小生意者	演艺界
完全同意	5.5%	15.6%	8.5%	6.6%	5.8%	7.7%	8.4%	6.8%
比较同意	37.2%	53.1%	43.7%	47.8%	49.5%	47.5%	53.1%	59.1%
不太同意	48.2%	28.1%	40.4%	41.0%	40.2%	39.2%	35.3%	27.3%
完全不同意	9.1%	3.1%	7.4%	4.7%	4.5%	5.6%	3.2%	6.8%
$\chi^2=69.788$　sig = 0.000								

如表所示，不同群体对于“现在社会是一个物欲横流的社会”的同意程度存在显著差异。

由上表可知，全国和江苏的居民在对于“现在社会是一个物欲横流的社会”的同意程度上都存在共识。全国与江苏的大部分群体倾向于选择“比较同意”，且占比较高，在37%以上。其次为“不太同意”。因此，在该问题的看法上，全国与江苏存在共识。

F7d　请问您是否同意当前大多数人都是以集体利益为重

江苏

	官员	企业家	企业员工	农民	科教医群体	弱势群体	做小生意者	演艺界	合计
完全同意	6.0%	2.9%	5.6%	4.5%	5.7%	5.0%	6.7%	3.1%	5.3%
比较同意	41.8%	52.9%	37.1%	40.1%	32.1%	35.3%	34.7%	37.5%	36.7%
不太同意	49.3%	35.3%	51.8%	49.9%	58.0%	54.2%	52.9%	59.4%	52.6%
完全不同意	3.0%	8.8%	5.5%	5.6%	4.1%	5.5%	5.7%		5.4%
$\chi^2=21.088$　sig = 0.454									

如表所示，不同群体对“当前大多数人都是以集体利益为重”这一问题的认同度不存在显著差异。

全国

	官员	企业家	企业员工	农民	科教医群体	弱势群体	做小生意者	演艺界	合计
完全同意	6.1%	6.1%	7.4%	5.6%	5.1%	5.5%	4.6%	2.4%	5.8%
比较同意	39.4%	45.5%	36.0%	39.5%	40.1%	35.4%	37.5%	51.2%	37.3%

续表

	官员	企业家	企业员工	农民	科教医群体	弱势群体	做小生意者	演艺界	合计
不太同意	49.7%	39.4%	50.6%	50.7%	50.0%	52.9%	53.0%	34.1%	51.5%
完全不同意	4.8%	9.1%	6.0%	4.2%	4.8%	6.2%	4.9%	12.2%	5.4%
$\chi^2=43.602$ sig = 0.003									

如表所示，不同群体对“当前大多数人都是以集体利益为重”这一问题的认同度存在显著差异。

由上表可知，江苏和全国居民对“当前大多数人都是以集体利益为重”这一问题的认知存在差异。总体来说，江苏居民和全国居民在各选项上的占比基本一致。但全国调查和江苏调查中企业家、科教医群体与演艺界在“比较同意”“不太同意”上的占比均大于7%，两个调查中演艺界在“不太同意”这一选项上的比例差异高达25%，因此，我们认为，在这一问题上，江苏和全国各群体的认知存在差异。

F7e 请问您是否同意当前大多数人都是家庭利益至上

江苏

	官员	企业家	企业员工	农民	科教医群体	弱势群体	做小生意者	演艺界
完全同意	10.3%	14.7%	18.3%	15.7%	12.5%	18.0%	17.9%	9.4%
比较同意	73.5%	58.8%	61.9%	63.6%	67.2%	63.5%	59.5%	75.0%
不太同意	14.7%	20.6%	17.2%	18.5%	19.3%	16.6%	19.8%	12.5%
完全不同意	1.5%	5.9%	2.6%	2.2%	1.0%	1.9%	2.8%	3.1%
$\chi^2=21.742$ sig = 0.415								

如表所示，不同群体对于“当前大多数人都是家庭利益至上”的同意程度不存在显著差异。

全国

	官员	企业家	企业员工	农民	科教医群体	弱势群体	做小生意者	演艺界
完全同意	17.0%	15.2%	19.5%	16.0%	11.7%	17.3%	18.9%	13.6%
比较同意	44.2%	60.6%	49.7%	61.0%	53.6%	55.8%	52.4%	54.5%
不太同意	34.5%	18.2%	26.5%	20.7%	30.1%	23.9%	25.5%	29.5%
完全不同意	4.2%	6.1%	4.4%	2.3%	4.5%	3.1%	3.2%	2.3%
$\chi^2=92.626$ sig = 0.000								

如表所示，不同群体对于“当前大多数人都是家庭利益至上”的同意程度存

在显著差异。

由上表可知，全国和江苏的居民在对于“当前大多数人都是家庭利益至上”的同意程度上分别为存在显著差异和不存在显著差异。其中，官员、企业员工、科教医群体、演艺界在“比较同意”的选择上，占比存在较大差异，且差异在10%左右。因此，在该问题的看法上，全国和江苏存在差异。

F7f 请问您是否同意当前的社会是个金钱至上的社会

江苏

	官员	企业家	企业员工	农民	科教医群体	弱势群体	做小生意者	演艺界
完全同意	8.8%	24.2%	21.2%	17.4%	12.9%	21.4%	19.8%	12.5%
比较同意	45.6%	48.5%	49.0%	53.3%	49.5%	53.3%	49.2%	46.9%
不太同意	42.6%	18.2%	26.7%	26.6%	33.5%	23.0%	27.1%	34.4%
完全不同意	2.9%	9.1%	3.1%	2.7%	4.1%	2.3%	3.8%	6.3%
$\chi^2=48.062$ sig=0.001								

如表所示，不同群体对于“当前的社会是个金钱至上的社会”的认同程度存在显著差异。

全国

	官员	企业家	企业员工	农民	科教医群体	弱势群体	做小生意者	演艺界
完全同意	11.7%	18.2%	15.1%	12.7%	9.9%	14.6%	17.4%	9.1%
比较同意	33.1%	54.5%	47.1%	54.9%	41.8%	49.2%	49.1%	52.3%
不太同意	45.4%	21.2%	32.6%	29.4%	41.6%	31.2%	29.7%	29.5%
完全不同意	9.8%	6.1%	5.2%	3.0%	6.7%	5.0%	3.7%	9.1%
$\chi^2=108.665$ sig=0.000								

如表所示，不同群体对于“当前的社会是个金钱至上的社会”的认同程度存在显著差异。

由上表可知，全国和江苏的居民在对于“当前的社会是个金钱至上的社会”的认同程度上都存在差异。其中，除了企业员工和农民不存在5%以上的差异外，其他群体均存在5%以上的差异。总体来看，江苏在该问题的认同上比全国要更加倾向同意该观点。因此，我们认为，在该问题的看法上，从总体来看，全国和江苏存在差异。

F7g 请问您是否同意现在社会守道德的人大都吃亏，不守道德的人讨便宜

江苏

	官员	企业家	企业员工	农民	科教医群体	弱势群体	做小生意者	演艺界
完全同意	1.5%	6.1%	9.1%	8.0%	5.7%	10.5%	8.8%	3.1%
比较同意	32.4%	39.4%	41.9%	50.5%	40.1%	42.1%	43.6%	31.3%
不太同意	61.8%	45.5%	43.5%	37.3%	46.4%	43.0%	42.4%	56.3%
完全不同意	4.4%	9.1%	5.6%	4.2%	7.8%	4.4%	5.3%	9.4%
$\chi^2=47.953$　sig = 0.001								

如表所示，不同群体对于“现在社会守道德的人大都吃亏，不守道德的人讨便宜”的认同程度存在显著差异。

全国

	官员	企业家	企业员工	农民	科教医群体	弱势群体	做小生意者	演艺界
完全同意	8.0%	12.1%	9.5%	8.0%	6.7%	8.2%	8.1%	
比较同意	32.1%	51.5%	39.8%	45.4%	39.0%	41.7%	42.6%	41.9%
不太同意	50.6%	21.2%	44.3%	42.8%	46.3%	44.5%	45.0%	48.8%
完全不同意	9.3%	15.2%	6.4%	3.8%	8.0%	5.6%	4.3%	9.3%
$\chi^2=62.692$　sig = 0.000								

如表所示，不同群体对于“现在社会守道德的人大都吃亏，不守道德的人讨便宜”的认同程度存在显著差异。

由上表可知，全国和江苏的诸群体在对于“现在社会守道德的人大都吃亏，不守道德的人讨便宜”的认同程度上都存在差异。其中，除了企业员工和科教医群体、弱势群体、做小生意的群体不存在5%以上的差异外，其他群体均存在5%以上的差异。总体来看，全国在该问题的认同上比江苏要更加倾向同意该观点。因此，我们认为，在该问题的看法上，从总体来看，全国和江苏存在差异。

F7h 请问您是否同意现在社会中好人有好报，恶人终归会受到惩罚

江苏

	官员	企业家	企业员工	农民	科教医群体	弱势群体	做小生意者	演艺界
完全同意	6.0%	2.9%	5.6%	4.5%	5.7%	5.0%	6.7%	3.1%
比较同意	41.8%	52.9%	37.1%	40.1%	32.1%	35.3%	34.7%	37.5%

续表

	官员	企业家	企业员工	农民	科教医群体	弱势群体	做小生意者	演艺界
不太同意	49.3%	35.3%	51.8%	49.9%	58.0%	54.2%	52.9%	59.4%
完全不同意	3.0%	8.8%	5.5%	5.6%	4.1%	5.5%	5.7%	
$\chi^2=39.011$　sig = 0.010								

如表所示，不同群体对于“现在社会中好人有好报，恶人终归会受到惩罚”的认同程度存在显著差异。

全国

	官员	企业家	企业员工	农民	科教医群体	弱势群体	做小生意者	演艺界
完全同意	20.1%	18.2%	15.3%	15.2%	18.0%	14.7%	15.2%	2.3%
比较同意	44.5%	42.4%	48.4%	56.6%	46.9%	48.5%	49.1%	61.4%
不太同意	31.7%	36.4%	31.6%	25.5%	30.8%	33.2%	32.3%	31.8%
完全不同意	3.7%	3.0%	4.7%	2.7%	4.4%	3.5%	3.5%	4.5%
$\chi^2=74.332$　sig = 0.000								

如表所示，不同群体对于“现在社会中好人有好报，恶人终归会受到惩罚”的认同程度存在显著差异。

由上表可知，全国和江苏的居民在对于“现在社会中好人有好报，恶人终归会受到惩罚”的认同程度上都存在显著差异。各群体均存在5%以上的差异。总体来看，全国在该问题的认同上比江苏要更加倾向同意该观点，且这样的倾向很明确。因此，我们认为，在该问题的看法上，从总体来看，全国和江苏存在差异。

F7i 请问您是否同意人们的生活水平越高，就越幸福

江苏

	官员	企业家	企业员工	农民	科教医群体	弱势群体	做小生意者	演艺界
完全同意	16.4%	20.6%	18.4%	18.1%	14.7%	16.5%	19.7%	9.4%
比较同意	65.7%	50.0%	49.5%	59.4%	56.0%	55.6%	53.3%	53.1%
不太同意	16.4%	29.4%	27.7%	19.9%	25.1%	24.4%	24.1%	31.3%
完全不同意	1.5%		4.3%	2.7%	4.2%	3.5%	2.8%	6.3%
$\chi^2=45.517$　sig = 0.001								

如表所示，不同群体对于“人们的生活水平越高，就越幸福”的认同程度存在显著差异。

全国

	官员	企业家	企业员工	农民	科教医群体	弱势群体	做小生意者	演艺界
完全同意	12.3%	27.3%	19.3%	16.6%	14.9%	17.1%	19.5%	11.1%
比较同意	40.5%	30.3%	41.7%	47.2%	41.9%	45.1%	43.9%	51.1%
不太同意	39.3%	39.4%	33.8%	33.4%	39.2%	33.8%	32.8%	28.9%
完全不同意	8.0%	3.0%	5.2%	2.7%	4.1%	4.1%	3.8%	8.9%
$\chi^2=54.673$　sig = 0.000								

如表所示，不同群体对于“人们的生活水平越高，就越幸福”的认同程度存在显著差异。

由上表可知，全国和江苏的居民在对于“人们的生活水平越高，就越幸福”的认同程度上都存在差异。除演艺界以外，各群体均存在5%以上的差异。总体来看，江苏在该问题上比全国要更加倾向同意该观点，且这样的倾向很明确。因此，我们认为，在该问题的看法上，从总体来看，全国和江苏存在差异。

F7j 请问您是否同意我们的社会中道德能够很好地约束人们的行为

江苏

	官员	企业家	企业员工	农民	科教医群体	弱势群体	做小生意者	演艺界
完全同意	19.1%	29.4%	17.5%	21.1%	14.9%	19.4%	18.6%	12.5%
比较同意	50.0%	44.1%	50.5%	55.3%	45.1%	50.5%	50.3%	62.5%
不太同意	27.9%	14.7%	29.3%	21.3%	36.4%	27.4%	28.7%	21.9%
完全不同意	2.9%	11.8%	2.7%	2.3%	3.6%	2.8%	2.4%	3.1%
$\chi^2=36.613$　sig = 0.019								

如表所示，不同群体在“我们的社会中道德能够很好地约束人们的行为”的同意程度上存在显著差异。

全国

	官员	企业家	企业员工	农民	科教医群体	弱势群体	做小生意者	演艺界
完全同意	9.8%	20.0%	6.0%	6.4%	6.1%	6.8%	6.7%	4.4%
比较同意	52.8%	53.3%	48.6%	50.8%	47.7%	47.4%	46.9%	57.8%
不太同意	34.4%	26.7%	40.3%	38.5%	40.0%	40.5%	41.2%	33.3%
完全不同意	3.1%		5.0%	4.2%	6.1%	5.3%	5.2%	4.4%
$\chi^2=29.341$　sig = 0.106								

如表所示，不同群体在“我们的社会中道德能够很好地约束人们的行为”的同意程度上不存在显著差异。

由上表可知，全国和江苏的居民在对于“我们的社会中道德能够很好地约束人们的行为”的同意程度上分别为不存在显著差异和存在显著差异。总体来看，江苏在该问题的认同上比全国要更加倾向同意该观点，且这样的倾向很明确。因此，我们认为，在该问题的看法上，从总体来看，全国和江苏存在差异。

F7k 请问您是否同意现有的规范和习俗能够很好地调节人与人的关系

江苏

	官员	企业家	企业员工	农民	科教医群体	弱势群体	做小生意者	演艺界
完全同意	10.3%	20.6%	10.8%	11.5%	8.3%	11.9%	10.1%	9.7%
比较同意	63.2%	38.2%	55.1%	58.6%	57.5%	50.5%	52.5%	38.7%
不太同意	23.5%	38.2%	31.8%	27.0%	32.1%	34.3%	34.5%	41.9%
完全不同意	2.9%	2.9%	2.3%	2.9%	2.1%	3.3%	2.8%	9.7%
$\chi^2=22.916$ sig = 0.348								

如表所示，不同群体在“现有的规范和习俗能够很好地调节人与人的关系”的认同程度上不存在显著差异。

全国

	官员	企业家	企业员工	农民	科教医群体	弱势群体	做小生意者	演艺界
完全同意	6.9%	19.4%	6.6%	5.6%	5.7%	6.4%	6.2%	6.7%
比较同意	50.6%	54.8%	47.9%	54.6%	53.4%	49.5%	51.6%	57.8%
不太同意	36.9%	25.8%	39.3%	35.8%	34.2%	38.5%	37.5%	33.3%
完全不同意	5.6%		6.2%	4.0%	6.7%	5.6%	4.7%	2.2%
$\chi^2=43.044$ sig = 0.000								

如表所示，不同群体在“现有的规范和习俗能够很好地调节人与人的关系”的认同程度上存在显著差异。

由上表可知，全国和江苏的居民在对于“现有的规范和习俗能够很好地调节人与人的关系”的认同程度上分别为存在显著差异和不存在显著差异。且除科教医群体和做小生意者外，各群体均存在5%以上的差异。总体来看，除企业家群体和演艺界外，江苏在该问题的认同上比全国要更加倾向同意该观点。因此，我们认为，在该问题的看法上，从总体来看，全国和江苏存在差异。

F71 请问您是否同意现在社会大多数人都有荣辱感

江苏

	官员	企业家	企业员工	农民	科教医群体	弱势群体	做小生意者	演艺界
完全同意	5.9%	11.8%	9.3%	10.1%	9.4%	8.8%	7.3%	6.3%
比较同意	55.9%	50.0%	55.6%	58.1%	57.3%	55.5%	53.4%	59.4%
不太同意	36.8%	26.5%	32.4%	28.3%	29.2%	32.2%	35.2%	28.1%
完全不同意	1.5%	11.8%	2.8%	3.6%	4.2%	3.4%	4.1%	6.3%
$\chi^2=38.200$　sig = 0.012								

如表所示，不同群体在“现在社会大多数人都有荣辱感”的认同程度上存在显著差异。

全国

	官员	企业家	企业员工	农民	科教医群体	弱势群体	做小生意者	演艺界
完全同意	8.8%	21.9%	7.1%	8.8%	8.7%	8.4%	6.6%	4.5%
比较同意	54.1%	53.1%	50.7%	59.8%	54.1%	51.8%	54.3%	63.6%
不太同意	31.4%	21.9%	36.8%	28.5%	31.3%	33.7%	33.2%	29.5%
完全不同意	5.7%	3.1%	5.4%	3.0%	6.0%	6.0%	5.9%	2.3%
$\chi^2=86.248$　sig = 0.000								

如表所示，不同群体在“现在社会大多数人都有荣辱感”的认同程度上存在显著差异。

由上表可知，全国和江苏的居民在对于“现在社会大多数人都有荣辱感”的认同程度上都存在共识。且除企业家外，各群体均不存在5%以上的差异。因此，我们认为，在是否同意现在社会大多数人都有荣辱感的看法上，从总体来看，全国和江苏存在共识。

F8 您听说过或参加过道德讲堂吗

江苏

	官员	企业家	企业员工	农民	科教医群体	弱势群体	做小生意者	演艺界
参加过	38.2%	17.6%	9.0%	1.8%	21.4%	6.4%	4.0%	15.2%

续表

	官员	企业家	企业员工	农民	科教医群体	弱势群体	做小生意者	演艺界
听说过，但没参加过	42.6%	58.8%	52.2%	32.4%	44.9%	41.2%	44.0%	54.5%
没听说过	19.1%	23.5%	38.9%	65.9%	33.7%	52.4%	52.0%	30.3%
$\chi^2=350.981$ sig = 0.000								

如表所示，不同群体对于“道德讲堂”的参与度存在显著差异。

全国

	官员	企业家	企业员工	农民	科教医群体	弱势群体	做小生意者	演艺界
参加过	45.5%	20.6%	12.2%	3.1%	25.9%	10.5%	5.6%	32.6%
听说过，但没参加过	33.5%	32.4%	39.2%	31.6%	46.1%	33.6%	34.1%	28.3%
没听说过	21.0%	47.1%	48.6%	65.3%	28.0%	55.9%	60.2%	39.1%
$\chi^2=684.349$ sig = 0.000								

如表所示，不同群体对于“道德讲堂”的参与度存在显著差异。

由上表可知，除科教医群体外，所有群体均存在显著差异。因此，我们认为，在对于“道德讲堂”的参与度上，从总体来看，全国和江苏存在差异。

F9 您对您生活的地方（您所在的社区）社会公德状况满意吗？

江苏

	官员	企业家	企业员工	农民	科教医群体	弱势群体	做小生意者	演艺界
非常满意	13.4%	5.9%	8.4%	5.9%	7.1%	5.7%	5.3%	3.1%
比较满意	68.7%	82.4%	73.8%	75.9%	70.4%	74.4%	73.6%	65.6%
不太满意	16.4%	11.8%	16.1%	17.5%	20.9%	18.0%	19.4%	28.1%
非常不满意	1.5%		1.7%	0.7%	1.5%	1.8%	1.7%	3.1%
$\chi^2=28.270$ sig = 0.133								

如表所示，不同群体对于“您对您生活的地方（您所在的社区）社会公德状况”的满意程度不存在显著差异。

全国

	官员	企业家	企业员工	农民	科教医群体	弱势群体	做小生意者	演艺界
非常满意	12.5%	11.8%	6.2%	3.7%	5.2%	4.5%	4.9%	6.8%

续表

	官员	企业家	企业员工	农民	科教医群体	弱势群体	做小生意者	演艺界
比较满意	68.1%	58.8%	65.1%	63.0%	62.9%	62.6%	62.4%	52.3%
不太满意	16.3%	26.5%	24.6%	28.2%	26.2%	28.5%	28.1%	34.1%
非常不满意	3.1%	2.9%	4.0%	5.1%	5.7%	4.3%	4.5%	6.8%
$\chi^2=58.454$　sig = 0.000								

如表所示，不同群体对于“您对您生活的地方（您所在的社区）社会公德状况”的满意程度存在显著差异。

由上表可知，全国和江苏的居民在对于“您对您生活的地方（您所在的社区）社会公德状况”的满意程度上都存在显著差异。且企业家、企业员工、农民、弱势群体、做小生意者、演艺界，各群体存在10%左右的差异。因此，我们认为，在社区社会公德状况满意度上，从总体来看，全国和江苏存在差异。

F10a 当前社会坑蒙拐骗现象的严重程度如何

江苏

	官员	企业家	企业员工	农民	科教医群体	弱势群体	做小生意者	演艺界
非常不严重	3.0%	2.9%	6.1%	8.0%	7.2%	6.3%	8.3%	12.5%
比较不严重	41.8%	32.4%	40.0%	42.5%	45.9%	38.6%	43.3%	37.5%
比较严重	49.3%	52.9%	41.6%	38.5%	35.6%	41.0%	34.1%	28.1%
非常严重	6.0%	11.8%	12.3%	11.0%	11.3%	14.0%	14.3%	21.9%
$\chi^2=34.274$　sig = 0.034								

如表所示，不同群体对于“当前社会坑蒙拐骗现象的严重程度如何”的评价存在显著差异。

全国

	官员	企业家	企业员工	农民	科教医群体	弱势群体	做小生意者	演艺界
非常不严重	14.4%	9.1%	10.3%	6.0%	10.7%	7.2%	7.5%	10.9%
比较不严重	49.4%	27.3%	45.1%	42.1%	43.2%	44.7%	45.9%	30.4%
比较严重	31.9%	48.5%	37.9%	43.9%	38.4%	40.1%	37.8%	50.0%
非常严重	4.4%	15.2%	6.7%	8.0%	7.7%	8.0%	8.9%	8.7%
$\chi^2=73.412$　sig = 0.000								

如表所示，不同群体对于“当前社会坑蒙拐骗现象的严重程度如何”的评价存在显著差异。

由上表可知，全国和江苏的居民在对于“当前社会坑蒙拐骗现象的严重程度如何”的评价上都存在差异。除科教医群体和做小生意的群体外，各群体均存在5%以上的差异，全国的看法要好于江苏。因此，我们认为，在对于该问题的看法上，从总体来看，全国和江苏存在差异。

F10b 当前社会人际关系冷漠，见危不救的严重程度如何

江苏

	官员	企业家	企业员工	农民	科教医群体	弱势群体	做小生意者	演艺界
非常不严重	6.0%	5.9%	4.6%	6.4%	4.6%	3.7%	5.2%	
比较不严重	37.3%	35.3%	41.9%	51.4%	40.8%	42.8%	42.1%	45.5%
比较严重	52.2%	52.9%	43.3%	36.8%	45.4%	44.1%	42.5%	42.4%
非常严重	4.5%	5.9%	10.1%	5.4%	9.2%	9.3%	10.1%	12.1%
$\chi^2=49.620$ sig = 0.000								

如表所示，不同群体对于“当前社会人际关系冷漠，见危不救的严重程度如何”的评价存在显著差异。

全国

	官员	企业家	企业员工	农民	科教医群体	弱势群体	做小生意者	演艺界
非常不严重	14.8%	9.1%	12.1%	7.7%	11.9%	8.7%	7.8%	15.2%
比较不严重	50.6%	33.3%	45.4%	43.9%	39.8%	44.2%	44.0%	30.4%
比较严重	29.6%	45.5%	38.0%	42.9%	42.4%	41.1%	41.8%	50.0%
非常严重	4.9%	12.1%	4.6%	5.5%	5.8%	6.0%	6.3%	4.3%
$\chi^2=60.960$ sig = 0.000								

如表所示，不同群体对于“当前社会人际关系冷漠，见危不救的严重程度如何”的评价存在显著差异。

由上表可知，全国和江苏的居民在对于该问题的看法上都存在共识。且除做小生意的群体外，各群体均存在5%以内的差异。因此，我们认为，在对于该问题的看法上，从总体来看，全国和江苏存在共识。

F10c 当前社会诚信缺乏，不讲信用的严重程度如何

江苏

	官员	企业家	企业员工	农民	科教医群体	弱势群体	做小生意者	演艺界
非常不严重	3.0%		5.3%	5.7%	3.6%	3.9%	6.1%	
比较不严重	40.9%	32.4%	40.3%	47.1%	46.4%	41.5%	41.6%	42.4%
比较严重	50.0%	52.9%	43.5%	39.4%	40.3%	45.0%	41.2%	36.4%
非常严重	6.1%	14.7%	10.9%	7.8%	9.7%	9.6%	11.1%	21.2%
$\chi^2 = 35.978$　sig = 0.022								

如表所示，不同群体对于“当前社会诚信缺乏，不讲信用的严重程度如何”的评价存在显著差异。

全国

	官员	企业家	企业员工	农民	科教医群体	弱势群体	做小生意者	演艺界
非常不严重	13.1%	6.1%	11.5%	7.5%	9.8%	9.3%	8.5%	11.4%
比较不严重	43.8%	33.3%	44.6%	43.7%	40.7%	41.1%	38.9%	36.4%
比较严重	35.0%	45.5%	36.9%	43.0%	40.5%	42.5%	45.5%	43.2%
非常严重	8.1%	15.2%	7.1%	5.8%	9.0%	7.0%	7.1%	9.1%
$\chi^2 = 56.234$　sig = 0.000								

如表所示，不同群体对于“当前社会诚信缺乏，不讲信用的严重程度如何”的评价存在显著差异。

由上表可知，全国和江苏的居民在对于“当前社会诚信缺乏，不讲信用的严重程度如何”的评价上都存在共识。且除农民和做小生意的群体外，各群体均存在5%以内的差异。因此，我们认为，在对于该问题的看法上，从总体来看，全国和江苏存在共识。

F10d 当前社会人与人之间缺乏信任，社会安全度低的严重程度如何

江苏

	官员	企业家	企业员工	农民	科教医群体	弱势群体	做小生意者	演艺界
非常不严重	6.0%	5.9%	5.1%	4.7%	6.2%	3.6%	4.9%	3.0%
比较不严重	38.8%	26.5%	32.4%	39.0%	42.8%	32.7%	36.6%	36.4%
比较严重	49.3%	50.0%	47.5%	45.3%	42.3%	50.9%	47.0%	45.5%

续表

	官员	企业家	企业员工	农民	科教医群体	弱势群体	做小生意者	演艺界
非常严重	6.0%	17.6%	15.1%	11.0%	8.8%	12.8%	11.6%	15.2%
$\chi^2=37.139$ sig=0.016								

如表所示，不同群体对于“当前社会人与人之间缺乏信任，社会安全度低的严重程度如何”的评价存在显著差异。

全国

	官员	企业家	企业员工	农民	科教医群体	弱势群体	做小生意者	演艺界
非常不严重	11.7%	3.0%	11.0%	7.1%	10.7%	7.9%	6.8%	9.1%
比较不严重	44.4%	24.2%	38.9%	40.4%	39.2%	37.0%	36.0%	34.1%
比较严重	35.2%	57.6%	41.3%	45.6%	41.9%	45.6%	47.0%	43.2%
非常严重	8.6%	15.2%	8.7%	6.9%	8.3%	9.6%	10.3%	13.6%
$\chi^2=66.387$ sig=0.000								

如表所示，不同群体对于“当前社会人与人之间缺乏信任，社会安全度低的严重程度如何”的评价存在显著差异。

由上表可知，除农民、科教医群体和做小生意者的群体外，各群体均存在5%以上的差异。而且总体来看，全国的看法要好于江苏。因此，我们认为，在对于该问题的看法上，从总体来看，全国和江苏存在差异。

F10e 当前社会缺乏公德，如公共场所大声喧哗、随地吐痰等的严重程度如何

江苏

	官员	企业家	企业员工	农民	科教医群体	弱势群体	做小生意者	演艺界
非常不严重	4.5%	2.9%	6.1%	4.7%	6.2%	3.6%	6.1%	3.0%
比较不严重	49.3%	58.8%	52.3%	57.1%	46.6%	49.8%	51.7%	24.2%
比较严重	41.8%	32.4%	33.3%	31.0%	38.9%	39.4%	34.5%	51.5%
非常严重	4.5%	5.9%	8.3%	7.2%	8.3%	7.3%	7.7%	21.2%
$\chi^2=49.076$ sig=0.000								

如表所示，不同群体对于“当前社会缺乏公德，如公共场所大声喧哗、随地吐痰等的严重程度如何”的评价存在显著差异。

全国

	官员	企业家	企业员工	农民	科教医群体	弱势群体	做小生意者	演艺界
非常不严重	14.4%	6.1%	12.5%	9.1%	11.9%	10.0%	8.6%	8.7%
比较不严重	41.3%	18.2%	44.7%	46.3%	40.5%	44.0%	41.7%	32.6%
比较严重	38.1%	57.6%	34.1%	36.0%	37.0%	37.3%	39.5%	47.8%
非常严重	6.3%	18.2%	8.6%	8.6%	10.6%	8.7%	10.2%	10.9%
$\chi^2=51.247$　sig = 0.000								

如表所示，不同群体对于“当前社会缺乏公德，如公共场所大声喧哗、随地吐痰等的严重程度如何”的评价存在显著差异。

由上表可知，全国和江苏的居民在对于“当前社会缺乏公德，如公共场所大声喧哗、随地吐痰等的严重程度如何”的评价上都存在差异。江苏各群体比之全国更倾向于选择“比较不严重”。而且总体来看，江苏的看法要好于全国。因此，我们认为，在对于该问题的看法上，从总体来看，全国和江苏存在差异。

F10f 当前社会自私自利，损人利己的严重程度如何

江苏

	官员	企业家	企业员工	农民	科教医群体	弱势群体	做小生意者	演艺界
非常不严重	7.5%	5.9%	6.5%	4.8%	6.8%	4.5%	5.5%	6.1%
比较不严重	44.8%	38.2%	43.2%	50.7%	47.6%	43.5%	47.3%	33.3%
比较严重	41.8%	44.1%	42.4%	38.1%	39.3%	43.4%	37.2%	48.5%
非常严重	6.0%	11.8%	7.9%	6.4%	6.3%	8.6%	10.1%	12.1%
$\chi^2=30.736$　sig = 0.078								

如表所示，不同群体对于“当前社会自私自利，损人利己的严重程度如何”的评价不存在显著差异。

全国

	官员	企业家	企业员工	农民	科教医群体	弱势群体	做小生意者	演艺界
非常不严重	13.7%	9.1%	12.6%	8.3%	11.5%	9.6%	8.4%	11.1%
比较不严重	50.3%	27.3%	41.5%	41.5%	43.2%	41.0%	39.0%	35.6%
比较严重	31.7%	42.4%	39.9%	44.6%	36.0%	42.4%	46.0%	48.9%
非常严重	4.3%	21.2%	6.0%	5.6%	9.3%	7.0%	6.6%	4.4%
$\chi^2=70.910$　sig = 0.000								

如表所示，不同群体对于“当前社会自私自利，损人利己的严重程度如何”的评价存在显著差异。

由上表可知，全国和江苏的诸群体在对于“当前社会自私自利，损人利己的严重程度如何”的评价上分别为存在显著差异和不存在显著差异。各群体均存在5%以上的差异。而且总体来看，全国的看法要好于江苏。因此，我们认为，在对于该问题的看法上，从总体来看，全国和江苏存在差异。

F10g 当前社会缺乏公正心和正义感的严重程度如何

江苏

	官员	企业家	企业员工	农民	科教医群体	弱势群体	做小生意者	演艺界
非常不严重	7.6%	2.9%	5.3%	5.1%	5.6%	4.8%	5.7%	6.1%
比较不严重	40.9%	32.4%	43.1%	49.5%	42.9%	42.0%	43.0%	36.4%
比较严重	40.9%	47.1%	40.7%	37.4%	41.3%	43.3%	40.8%	39.4%
非常严重	10.6%	17.6%	10.8%	8.1%	10.2%	9.9%	10.5%	18.2%
$\chi^2=23.101$ sig = 0.339								

如表所示，不同群体对于“当前社会缺乏公正心和正义感的严重程度如何”的评价不存在显著差异。

全国

	官员	企业家	企业员工	农民	科教医群体	弱势群体	做小生意者	演艺界
非常不严重	16.5%	3.0%	11.8%	8.3%	11.1%	10.0%	8.5%	9.3%
比较不严重	47.5%	36.4%	45.7%	43.7%	40.7%	41.7%	41.9%	34.9%
比较严重	29.7%	45.5%	36.4%	43.6%	41.5%	40.8%	43.1%	51.2%
非常严重	6.3%	15.2%	6.0%	4.4%	6.6%	7.5%	6.5%	4.7%
$\chi^2=74.352$ sig = 0.000								

如表所示，不同群体对于“当前社会缺乏公正心和正义感的严重程度如何”的评价存在显著差异。

由上表可知，全国和江苏的居民在对于“当前社会缺乏公正心和正义感的严重程度如何”的评价上分别为存在显著差异和不存在显著差异。除了企业家和做小生意者群体，其余各群体均存在5%以上的差异。而且总体来看，全国的看法要好于江苏。因此，我们认为，在对于该问题的看法上，从总体来看，全国和江苏存在差异。

F10h 当前社会私欲膨胀，物欲横流的严重程度如何

江苏

	官员	企业家	企业员工	农民	科教医群体	弱势群体	做小生意者	演艺界
非常不严重	7.6%	2.9%	4.6%	3.5%	4.1%	3.7%	5.8%	6.1%
比较不严重	37.9%	32.4%	37.0%	46.9%	42.1%	37.0%	36.8%	30.3%
比较严重	40.9%	52.9%	42.7%	39.9%	42.1%	47.5%	44.2%	60.6%
非常严重	13.6%	11.8%	15.7%	9.8%	11.8%	11.8%	13.2%	3.0%
$\chi^2=51.644$　sig = 0.000								

如表所示，不同群体对于“当前社会私欲膨胀，物欲横流的严重程度如何”的评价存在显著差异。

全国

	官员	企业家	企业员工	农民	科教医群体	弱势群体	做小生意者	演艺界
非常不严重	17.2%	3.1%	12.0%	8.2%	11.5%	8.7%	8.5%	11.4%
比较不严重	41.4%	28.1%	43.4%	43.6%	40.0%	42.6%	43.9%	29.5%
比较严重	35.0%	50.0%	37.5%	42.6%	40.5%	40.5%	40.6%	54.5%
非常严重	6.4%	18.8%	7.1%	5.5%	8.0%	8.1%	7.1%	4.5%
$\chi^2=63.078$　sig = 0.000								

如表所示，不同群体对于“当前社会私欲膨胀，物欲横流的严重程度如何”的评价存在显著差异。

由上表可知，全国和江苏的居民在对于“当前社会私欲膨胀，物欲横流的严重程度如何”的评价上都存在共识。但全国认为该问题不严重的比例高于江苏。因此，我们认为，在对于该问题的看法上，全国和江苏存在共识。

F10i 当前社会缺乏羞耻感的严重程度如何

江苏

	官员	企业家	企业员工	农民	科教医群体	弱势群体	做小生意者	演艺界
非常不严重	10.4%	2.9%	7.1%	4.2%	6.2%	4.7%	6.1%	9.1%
比较不严重	50.7%	50.0%	48.5%	59.7%	48.5%	48.0%	47.3%	33.3%

续表

	官员	企业家	企业员工	农民	科教医群体	弱势群体	做小生意者	演艺界
比较严重	35.8%	47.1%	35.9%	30.6%	36.6%	39.6%	35.2%	33.3%
非常严重	3.0%		8.5%	5.5%	8.8%	7.7%	11.4%	24.2%
$\chi^2=74.934$ sig = 0.000								

如表所示，不同群体对于“当前社会缺乏羞耻感的严重程度如何”的评价存在显著差异。

全国

	官员	企业家	企业员工	农民	科教医群体	弱势群体	做小生意者	演艺界
非常不严重	16.3%	15.6%	13.9%	10.5%	12.5%	10.3%	9.4%	11.6%
比较不严重	51.9%	37.5%	48.9%	50.8%	44.2%	50.3%	46.5%	32.6%
比较严重	26.9%	31.3%	30.7%	34.0%	33.6%	32.8%	37.0%	51.2%
非常严重	5.0%	15.6%	6.4%	4.6%	9.8%	6.6%	7.1%	4.7%
$\chi^2=68.185$ sig = 0.000								

如表所示，不同群体对于“当前社会缺乏羞耻感的严重程度如何”的评价存在显著差异。

由上表可知，全国和江苏的居民在对于“当前社会缺乏羞耻感的严重程度如何”的评价上都存在显著差异。各群体认为该问题严重的比例在全国与江苏都较接近。因此，我们认为，在对于该问题的看法上，从总体来看，全国和江苏存在一定共识。

F10j 当前社会干部贪污受贿，以权谋利的严重程度如何

江苏

	官员	企业家	企业员工	农民	科教医群体	弱势群体	做小生意者	演艺界
非常不严重	7.5%	2.9%	3.3%	1.9%	2.1%	1.9%	3.8%	3.1%
比较不严重	49.3%	32.4%	30.9%	34.3%	42.3%	32.2%	30.7%	34.4%
比较严重	32.8%	44.1%	49.4%	46.8%	37.0%	46.0%	43.4%	43.8%
非常严重	10.4%	20.6%	16.3%	17.0%	18.5%	19.9%	22.1%	18.8%
$\chi^2=49.278$ sig = 0.000								

如表所示，不同群体对于“当前社会干部贪污受贿，以权谋利的严重程度如何”的评价存在显著差异。

全国

	官员	企业家	企业员工	农民	科教医群体	弱势群体	做小生意者	演艺界
非常不严重	13.5%	3.2%	10.7%	5.9%	9.5%	7.3%	6.7%	9.8%
比较不严重	46.8%	38.7%	37.9%	34.1%	37.1%	36.4%	38.8%	26.8%
比较严重	31.4%	35.5%	36.5%	42.0%	39.1%	37.0%	34.6%	41.5%
非常严重	8.3%	22.6%	14.9%	18.1%	14.4%	19.3%	20.0%	22.0%
$\chi^2=90.332$ sig = 0.000								

如表所示，不同群体对于“当前社会干部贪污受贿，以权谋利的严重程度如何”的评价存在显著差异。

由上表可知，全国和江苏的居民在对于“当前社会干部贪污受贿，以权谋利的严重程度如何”的评价上都存在共识。除了农民群体，其余群体的评价都是全国的看法好于江苏。因此，我们认为，在对于该问题的看法上，全国和江苏存在差异。

F10k 当前社会生活奢侈，铺张浪费的严重程度如何

江苏

	官员	企业家	企业员工	农民	科教医群体	弱势群体	做小生意者	演艺界
非常不严重	10.6%	3.0%	4.5%	2.7%	5.7%	3.2%	3.7%	3.1%
比较不严重	45.5%	33.3%	43.4%	42.6%	45.6%	39.5%	40.2%	40.6%
比较严重	30.3%	48.5%	39.4%	41.6%	35.8%	41.9%	40.2%	40.6%
非常严重	13.6%	15.2%	12.6%	13.2%	13.0%	15.4%	15.8%	15.6%
$\chi^2=30.125$ sig = 0.090								

如表所示，不同群体对于“当前社会生活奢侈，铺张浪费的严重程度如何”的评价不存在显著差异。

全国

	官员	企业家	企业员工	农民	科教医群体	弱势群体	做小生意者	演艺界
非常不严重	16.4%	9.7%	9.7%	5.6%	8.3%	7.0%	6.0%	14.3%
比较不严重	40.3%	32.3%	40.6%	37.6%	40.8%	38.2%	36.9%	16.7%
比较严重	34.6%	38.7%	36.2%	42.2%	37.7%	40.1%	41.4%	45.2%
非常严重	8.8%	19.4%	13.5%	14.6%	13.2%	14.7%	15.8%	23.8%
$\chi^2=75.493$ sig = 0.000								

如表所示，不同群体对于“当前社会生活奢侈，铺张浪费的严重程度如何”的评价存在显著差异。

由上表可知，全国和江苏的诸群体在对于“当前社会生活奢侈，铺张浪费的严重程度如何”的评价上分别为存在显著差异和不存在显著差异。除了全国的演艺界认为该问题更严重，比例明显高于江苏，其余群体的看法在全国与江苏之间差异不大。因此，我们认为，在对于该问题的看法上，全国和江苏差异不大。

F101 当前社会干部不作为，扯皮推诿的严重程度如何

江苏

	官员	企业家	企业员工	农民	科教医群体	弱势群体	做小生意者	演艺界
非常不严重	12.1%	5.9%	3.7%	1.6%	5.3%	2.7%	1.7%	6.3%
比较不严重	42.4%	32.4%	28.7%	31.0%	36.2%	30.9%	30.6%	21.9%
比较严重	36.4%	47.1%	46.7%	50.2%	38.3%	47.1%	43.1%	43.8%
非常严重	9.1%	14.7%	20.9%	17.1%	20.2%	19.3%	24.6%	28.1%
$\chi^2=62.491$ sig = 0.000								

如表所示，不同群体对于“当前社会干部不作为，扯皮推诿的严重程度如何”的评价存在显著差异。

全国

	官员	企业家	企业员工	农民	科教医群体	弱势群体	做小生意者	演艺界
非常不严重	12.3%	3.4%	8.6%	5.6%	10.1%	6.6%	5.6%	4.9%
比较不严重	47.1%	31.0%	38.7%	34.6%	37.8%	34.6%	33.2%	31.7%
比较严重	32.3%	34.5%	35.9%	42.7%	34.9%	38.4%	40.3%	41.5%
非常严重	8.4%	31.0%	16.7%	17.2%	17.3%	20.4%	20.9%	22.0%
$\chi^2=80.165$ sig = 0.000								

如表所示，不同群体对于“当前社会干部不作为，扯皮推诿的严重程度如何”的评价存在显著差异。

由上表可知，全国和江苏的居民在对于“当前社会干部不作为，扯皮推诿的严重程度如何”的评价上都存在共识。除企业家外，其余群体的看法都是全国略

好于江苏。因此，我们认为，在对于该问题的看法上，全国和江苏存在差异。

F11a 您怎么看待做生意发了财的人：他们自己有本事，应该发财

江苏

	官员	企业家	企业员工	农民	科教医群体	弱势群体	做小生意者	演艺界
未选中	30.9%	23.5%	22.5%	20.2%	26.0%	24.2%	24.4%	21.2%
选中	69.1%	76.5%	77.5%	79.8%	74.0%	75.8%	75.6%	78.8%
$\chi^2=8.739$ sig = 0.272								

如表所示，不同群体对于“您怎么看待做生意发了财的人：他们自己有本事，应该发财”的看法不存在显著差异。

全国

	官员	企业家	企业员工	农民	科教医群体	弱势群体	做小生意者	演艺界
未选中	46.4%	33.3%	41.9%	40.7%	39.2%	44.1%	43.3%	35.6%
选中	53.6%	66.7%	58.1%	59.3%	60.8%	55.9%	56.7%	64.4%
$\chi^2=11.233$ sig = 0.129								

如表所示，不同群体对于“您怎么看待做生意发了财的人：他们自己有本事，应该发财”的看法不存在显著差异。

由上表可知，全国和江苏的居民在对于“您怎么看待做生意发了财的人：他们自己有本事，应该发财”的看法上都不存在显著差异。但总体来看，全国的看法中，未选中该项的要远高于江苏。因此，我们认为，在对于该问题的看法上，全国和江苏群体间差异都不大，但江苏各群体更认同题干的看法。

F11b 您怎么看待做生意发了财的人：尊重他们，他们为社会做了贡献

江苏

	官员	企业家	企业员工	农民	科教医群体	弱势群体	做小生意者	演艺界
未选中	41.2%	35.3%	42.8%	49.6%	40.8%	53.4%	41.7%	33.3%
选中	58.8%	64.7%	57.2%	50.4%	59.2%	46.6%	58.3%	66.7%
$\chi^2=48.310$ sig = 0.000								

如表所示，不同群体对于“您怎么看待做生意发了财的人：尊重他们，他们为社会做了贡献”的看法存在显著差异。

全国

	官员	企业家	企业员工	农民	科教医群体	弱势群体	做小生意者	演艺界
未选中	39.8%	51.5%	48.2%	58.9%	42.6%	58.1%	57.7%	60.0%
选中	60.2%	48.5%	51.8%	41.1%	57.4%	41.9%	42.3%	40.0%
$\chi^2=101.680$　sig = 0.000								

如表所示，不同群体对于“您怎么看待做生意发了财的人：尊重他们，他们为社会做了贡献”的看法存在显著差异。

由上表可知，全国和江苏的居民在对于“您怎么看待做生意发了财的人：尊重他们，他们为社会做了贡献”的看法上都存在共识。除官员和科教医群体不存在较大差异外，其他群体同意该看法的比例都是江苏高于全国。因此，我们认为，在对于该问题的看法上，全国和江苏存在差异。

F11c 您怎么看待做生意发了财的人？没什么了不起，他们常用不正当手段发财

江苏

	官员	企业家	企业员工	农民	科教医群体	弱势群体	做小生意者	演艺界
未选中	95.6%	94.1%	94.1%	94.0%	92.9%	94.6%	91.9%	93.9%
选中	4.4%	5.9%	5.9%	6.0%	7.1%	5.4%	8.1%	6.1%
$\chi^2=5.398$　sig = 0.612								

如表所示，不同群体对于“您怎么看待做生意发了财的人：没什么了不起，他们常用不正当手段发财”的看法不存在显著差异。

全国

	官员	企业家	企业员工	农民	科教医群体	弱势群体	做小生意者	演艺界
未选中	91.0%	87.9%	85.6%	87.3%	92.5%	87.5%	87.4%	97.8%
选中	9.0%	12.1%	14.4%	12.7%	7.5%	12.5%	12.6%	2.2%
$\chi^2=20.481$　sig = 0.005								

如表所示，不同群体对于“您怎么看待做生意发了财的人：没什么了不起，他们常用不正当手段发财”的看法存在显著差异。

由上表可知，全国和江苏的居民在对于“您怎么看待做生意发了财的人：没

什么了不起，他们常用不正当手段发财”的看法上分别为存在显著差异和不存在显著差异。除演艺界群体外，全国各群体中同意该选项的比例皆高于江苏各群体。因此，我们认为，在对于该问题的看法上，全国和江苏存在差异。

F11d 您怎么看待做生意发了财的人？是土豪，没文化，没教养

江苏

	官员	企业家	企业员工	农民	科教医群体	弱势群体	做小生意者	演艺界
未选中	91.2%	94.1%	94.1%	91.5%	95.4%	91.9%	92.1%	87.9%
选中	8.8%	5.9%	5.9%	8.5%	4.6%	8.1%	7.9%	12.1%
$\chi^2=10.211$　sig = 0.177								

如表所示，不同群体对于“您怎么看待做生意发了财的人：是土豪，没文化，没教养”的看法不存在显著差异。

全国

	官员	企业家	企业员工	农民	科教医群体	弱势群体	做小生意者	演艺界
未选中	92.8%	97.0%	91.2%	92.5%	93.2%	92.5%	92.6%	93.3%
选中	7.2%	3.0%	8.8%	7.5%	6.8%	7.5%	7.4%	6.7%
$\chi^2=5.096$　sig = 0.648								

如表所示，不同群体对于“您怎么看待做生意发了财的人：是土豪，没文化，没教养”的看法不存在显著差异。

由上表可知，全国和江苏的居民在对于“您怎么看待做生意发了财的人：是土豪，没文化，没教养”的看法上都不存在显著差异。除演艺界的看法上存在5%以上的差异以外，其他各群体基本不存在较大差异。因此，我们认为，在对于该问题的看法上，全国和江苏存在共识。

F11e 您怎么看待做生意发了财的人？是他们运气好

江苏

	官员	企业家	企业员工	农民	科教医群体	弱势群体	做小生意者	演艺界
未选中	89.7%	85.3%	80.8%	77.7%	83.2%	83.7%	79.8%	87.9%
选中	10.3%	14.7%	19.2%	22.3%	16.8%	16.3%	20.2%	12.1%
$\chi^2=18.330$　sig = 0.011								

如表所示，不同群体对于“您怎么看待做生意发了财的人：是他们运气好”

的看法存在显著差异。

全国

	官员	企业家	企业员工	农民	科教医群体	弱势群体	做小生意者	演艺界
未选中	85.5%	90.9%	84.4%	79.3%	89.1%	83.2%	83.0%	91.1%
选中	14.5%	9.1%	15.6%	20.7%	10.9%	16.8%	17.0%	8.9%
χ^2 = 38.769　sig = 0.000								

如表所示，不同群体对于“您怎么看待做生意发了财的人：是他们运气好”的看法存在显著差异。

由上表可知，全国和江苏的居民在对于“您怎么看待做生意发了财的人：是他们运气好”的看法上都存在显著差异。除企业家和科教医群体的看法上存在5%以上的差异外，其他各群体基本不存在较大差异。因此，我们认为，在对于该问题的看法上，全国和江苏存在共识。

F11f 您怎么看待做生意发了财的人：有钱没钱，这都是命

江苏

	官员	企业家	企业员工	农民	科教医群体	弱势群体	做小生意者	演艺界
未选中	92.6%	97.1%	83.9%	79.9%	89.3%	82.4%	82.5%	90.9%
选中	7.4%	2.9%	16.1%	20.1%	10.7%	17.6%	17.5%	9.1%
χ^2 = 22.550　sig = 0.002								

如表所示，不同群体对于“您怎么看待做生意发了财的人：有钱没钱，这都是命”的看法存在显著差异。

全国

	官员	企业家	企业员工	农民	科教医群体	弱势群体	做小生意者	演艺界
未选中	94.0%	87.9%	87.9%	80.8%	92.5%	81.2%	83.6%	88.9%
选中	6.0%	12.1%	12.1%	19.2%	7.5%	18.8%	16.4%	11.1%
χ^2 = 85.854　sig = 0.000								

如表所示，不同群体对于“您怎么看待做生意发了财的人：有钱没钱，这都是命”的看法存在显著差异。

由上表可知，全国和江苏的居民在对于“您怎么看待做生意发了财的人：有

钱没钱，这都是命”的看法上都存在显著差异。除企业家的看法上存在5%以上的差异以外，其他各群体基本不存在较大差异。因此，我们认为，在对于该问题的看法上，全国和江苏存在共识。

F11g 您怎么看待做生意发了财的人：天道不公，希望他们明天就破产

江苏

	官员	企业家	企业员工	农民	科教医群体	弱势群体	做小生意者	演艺界
未选中	98.5%	100.0%	99.2%	99.2%	99.5%	98.7%	98.8%	100.0%
选中	1.5%		0.8%	0.8%	0.5%	1.3%	1.2%	
$\chi^2=3.587$　sig = 0.826								

如表所示，不同群体对于“您怎么看待做生意发了财的人：天道不公，希望他们明天就破产”的看法不存在显著差异。

全国

	官员	企业家	企业员工	农民	科教医群体	弱势群体	做小生意者	演艺界
未选中	99.4%	100.0%	98.8%	99.3%	99.0%	98.7%	99.2%	100.0%
选中	0.6%		1.2%	0.7%	1.0%	1.3%	0.8%	
$\chi^2=5.331$　sig = 0.620								

如表所示，不同群体对于“您怎么看待做生意发了财的人：天道不公，希望他们明天就破产”的看法不存在显著差异。

由上表可知，全国和江苏的居民在对于“您怎么看待做生意发了财的人：天道不公，希望他们明天就破产”的看法上都不存在显著差异。各群体基本不存在较大差异。因此，我们认为，在对于该问题的看法上，全国和江苏存在共识。

F12a 企业损害社会利益，如污染环境、以虚假广告误导公众等严重程度如何

江苏

	官员	企业家	企业员工	农民	科教医群体	弱势群体	做小生意者	演艺界
非常不严重	1.5%	6.1%	2.4%	2.6%	2.7%	2.5%	2.7%	9.4%
比较不严重	47.8%	27.3%	36.9%	42.6%	40.4%	36.2%	37.6%	31.3%
比较严重	43.3%	54.5%	41.9%	42.2%	43.1%	47.0%	43.9%	46.9%
非常严重	7.5%	12.1%	18.8%	12.6%	13.8%	14.3%	15.8%	12.5%
$\chi^2=39.886$　sig = 0.008								

如表所示，不同群体对于“企业损害社会利益，如污染环境、以虚假广告误导公众等严重程度如何”的评价存在显著差异。

全国

	官员	企业家	企业员工	农民	科教医群体	弱势群体	做小生意者	演艺界
非常不严重	5.1%	3.3%	5.9%	2.7%	6.3%	4.9%	5.3%	7.0%
比较不严重	41.8%	36.7%	43.5%	35.2%	37.0%	38.9%	36.3%	25.6%
比较严重	48.1%	56.7%	44.0%	51.1%	45.8%	46.8%	48.1%	44.2%
非常严重	5.1%	3.3%	6.6%	11.0%	11.0%	9.3%	10.2%	23.3%
$\chi^2=90.181$　sig = 0.000								

如表所示，不同群体对于“企业损害社会利益，如污染环境、以虚假广告误导公众等严重程度如何”的评价存在显著差异。

由上表可知，全国和江苏的居民在对于“企业损害社会利益，如污染环境、以虚假广告误导公众等严重程度如何”的评价上都存在共识。除官员、科教医群体和做小生意者外，其余群体在全国与江苏间差异较大。因此，我们认为，在对于该问题的看法上，全国和江苏存在差异。

F12b 娱乐界以丑闻、绯闻炒作，污染社会风气严重程度如何

江苏

	官员	企业家	企业员工	农民	科教医群体	弱势群体	做小生意者	演艺界
非常不严重	1.5%	6.1%	1.4%	1.3%	1.6%	1.5%	1.3%	3.0%
比较不严重	27.3%	21.2%	21.8%	25.8%	20.5%	22.3%	19.3%	30.3%
比较严重	54.5%	57.6%	55.3%	56.3%	60.0%	59.1%	60.0%	48.5%
非常严重	16.7%	15.2%	21.4%	16.7%	17.9%	17.2%	19.5%	18.2%
$\chi^2=24.016$　sig = 0.292								

如表所示，不同群体对于该问题的认知上不存在显著差异。

全国

	官员	企业家	企业员工	农民	科教医群体	弱势群体	做小生意者	演艺界
非常不严重	6.5%	6.5%	8.3%	3.7%	5.6%	5.8%	5.2%	2.3%
比较不严重	28.4%	22.6%	26.7%	29.8%	27.3%	26.7%	28.3%	18.6%
比较严重	49.7%	38.7%	51.7%	54.0%	46.8%	54.7%	53.6%	48.8%

续表

	官员	企业家	企业员工	农民	科教医群体	弱势群体	做小生意者	演艺界
非常严重	15.5%	32.3%	13.3%	12.4%	20.3%	12.8%	13.0%	30.2%
$\chi^2=77.637$　sig = 0.000								

如表所示，不同群体对于“娱乐界以丑闻、绯闻炒作，污染社会风气严重程度如何”的评价存在显著差异。

由上表可知，全国和江苏的诸群体在对于“娱乐界以丑闻、绯闻炒作，污染社会风气严重程度如何”的评价上分别为存在显著差异和不存在显著差异。两个调查中的各群体选择不同选项的比例存在较大差异，最高达到13%，因此，我们认为，在对于该问题的看法上，全国和江苏存在差异。

F12c 媒体缺乏社会责任，炒作新闻严重程度如何

江苏

	官员	企业家	企业员工	农民	科教医群体	弱势群体	做小生意者	演艺界
非常不严重	3.0%	2.9%	1.6%	1.6%	3.1%	1.5%	1.1%	3.0%
比较不严重	27.3%	17.6%	21.8%	30.7%	25.5%	23.4%	22.1%	15.2%
比较严重	59.1%	61.8%	49.9%	46.2%	54.2%	55.1%	52.6%	63.6%
非常严重	10.6%	17.6%	26.7%	21.6%	17.2%	20.0%	24.1%	18.2%
$\chi^2=52.724$　sig = 0.000								

如表所示，不同群体对于“媒体缺乏社会责任，炒作新闻严重程度如何”的评价存在显著差异。

全国

	官员	企业家	企业员工	农民	科教医群体	弱势群体	做小生意者	演艺界
非常不严重	5.1%	12.5%	9.2%	4.2%	5.5%	6.9%	6.7%	4.7%
比较不严重	35.3%	31.3%	31.9%	31.8%	31.4%	30.5%	27.9%	27.9%
比较严重	48.7%	37.5%	45.8%	52.7%	44.4%	51.4%	53.1%	41.9%
非常严重	10.9%	18.8%	13.0%	11.3%	18.7%	11.1%	12.3%	25.6%
$\chi^2=80.295$　sig = 0.000								

如表所示，不同群体对于“媒体缺乏社会责任，炒作新闻严重程度如何”的评价存在显著差异。

由上表可知，全国和江苏的居民在对于“媒体缺乏社会责任，炒作新闻严重

程度如何”的评价上都存在共识。总体来看，全国的看法要好于江苏。因此，我们认为，在对于该问题的看法上，全国和江苏存在差异。

F12d 社会财富分配不公，贫富悬殊过大严重程度如何

江苏

	官员	企业家	企业员工	农民	科教医群体	弱势群体	做小生意者	演艺界
非常不严重	3.0%	2.9%	1.2%	0.7%	0.5%	1.2%	1.6%	6.1%
比较不严重	25.4%	8.8%	19.1%	18.6%	26.9%	18.6%	18.4%	12.1%
比较严重	50.7%	52.9%	44.3%	45.6%	45.6%	48.8%	43.9%	57.6%
非常严重	20.9%	35.3%	35.4%	35.1%	26.9%	31.4%	36.1%	24.2%
$\chi^2=39.912$ sig = 0.008								

如表所示，不同群体对于“社会财富分配不公，贫富悬殊过大严重程度如何”的评价存在显著差异。

全国

	官员	企业家	企业员工	农民	科教医群体	弱势群体	做小生意者	演艺界
非常不严重	5.0%	9.4%	9.0%	4.0%	4.2%	6.0%	5.7%	4.5%
比较不严重	34.6%	28.1%	27.7%	26.5%	31.5%	25.6%	24.0%	22.7%
比较严重	49.7%	46.9%	45.6%	49.2%	46.3%	49.1%	51.2%	50.0%
非常严重	10.7%	15.6%	17.7%	20.4%	18.0%	19.3%	19.2%	22.7%
$\chi^2=71.367$ sig = 0.000								

如表所示，不同群体对于“社会财富分配不公，贫富悬殊过大严重程度如何”的评价存在显著差异。

由上表可知，全国和江苏的居民在对于“社会财富分配不公，贫富悬殊过大严重程度如何”的评价上都存在共识。总体来看，全国的看法要好于江苏。因此，我们认为，在对于该问题的看法上，全国和江苏存在差异。

F12e 医生不守职业道德严重程度如何

江苏

	官员	企业家	企业员工	农民	科教医群体	弱势群体	做小生意者	演艺界
非常不严重	7.4%	3.0%	7.2%	9.8%	11.9%	6.8%	8.3%	3.0%
比较不严重	57.4%	42.4%	48.3%	51.9%	53.9%	52.9%	50.6%	60.6%

续表

	官员	企业家	企业员工	农民	科教医群体	弱势群体	做小生意者	演艺界
比较严重	26.5%	45.5%	33.8%	30.9%	25.9%	30.8%	30.5%	30.3%
非常严重	8.8%	9.1%	10.7%	7.3%	8.3%	9.5%	10.6%	6.1%
$\chi^2=32.016$　sig = 0.058								

如表所示，不同群体对于“医生不守职业道德严重程度如何”的评价不存在显著差异。

全国

	官员	企业家	企业员工	农民	科教医群体	弱势群体	做小生意者	演艺界
非常不严重	17.9%	9.4%	16.6%	10.3%	21.9%	13.7%	14.3%	12.5%
比较不严重	55.6%	56.3%	52.0%	50.1%	45.5%	53.4%	50.7%	50.0%
比较严重	22.2%	28.1%	26.2%	34.0%	27.3%	28.4%	30.2%	35.0%
非常严重	4.3%	6.3%	5.3%	5.5%	5.3%	4.5%	4.8%	2.5%
$\chi^2=87.793$　sig = 0.000								

如表所示，不同群体对于“医生不守职业道德严重程度如何”的评价存在显著差异。

由上表可知，全国和江苏的居民在对于“医生不守职业道德严重程度如何”的评价上分别存在显著差异和不显著差异。除农民、科教医群体和演艺界以外，全国的看法要好于江苏。因此，我们认为，在对于该问题的看法上，全国和江苏存在差异。

F12f 公众人物用知名度攫取财富严重程度如何

江苏

	官员	企业家	企业员工	农民	科教医群体	弱势群体	做小生意者	演艺界
非常不严重	4.8%	6.1%	3.4%	2.3%	2.7%	2.6%	3.1%	9.4%
比较不严重	42.9%	27.3%	34.0%	41.7%	36.3%	33.0%	30.1%	28.1%
比较严重	41.3%	39.4%	39.7%	39.2%	41.8%	48.0%	43.2%	43.8%
非常严重	11.1%	27.3%	22.9%	16.8%	19.2%	16.4%	23.6%	18.8%
$\chi^2=59.091$　sig = 0.000								

如表所示，不同群体对于“公众人物用知名度攫取财富严重程度如何”的评价存在显著差异。

全国

	官员	企业家	企业员工	农民	科教医群体	弱势群体	做小生意者	演艺界
非常不严重	8.8%	7.4%	12.6%	5.5%	7.9%	8.5%	8.4%	7.5%
比较不严重	35.8%	25.9%	35.4%	37.3%	35.4%	34.9%	29.4%	25.0%
比较严重	44.6%	40.7%	41.0%	45.2%	43.3%	44.8%	51.2%	47.5%
非常严重	10.8%	25.9%	11.0%	12.0%	13.5%	11.8%	11.0%	20.0%
$\chi^2=82.870$ sig = 0.000								

如表所示，不同群体对于“公众人物用知名度攫取财富严重程度如何”的评价存在显著差异。

由上表可知，全国和江苏的居民在对于“公众人物用知名度攫取财富严重程度如何”的评价上都存在共识。除企业家和演艺界群体以外，各群体都存在较大差异。总体来看，全国看法略好于江苏。因此，我们认为，在对于该问题的看法上，全国和江苏存在差异。

F12g 两性关系过度开放导致婚姻不稳定严重程度如何

江苏

	官员	企业家	企业员工	农民	科教医群体	弱势群体	做小生意者	演艺界
非常不严重	1.5%	3.0%	3.2%	2.4%	2.2%	2.0%	2.3%	
比较不严重	49.2%	36.4%	39.9%	43.0%	34.9%	37.7%	35.5%	34.4%
比较严重	35.4%	42.4%	41.4%	42.3%	48.9%	45.7%	42.7%	37.5%
非常严重	13.8%	18.2%	15.6%	12.3%	14.0%	14.6%	19.5%	28.1%
$\chi^2=32.693$ sig = 0.050								

如表所示，不同群体对于“两性关系过度开放导致婚姻不稳定严重程度如何”的评价存在显著差异。

全国

	官员	企业家	企业员工	农民	科教医群体	弱势群体	做小生意者	演艺界
非常不严重	7.7%	9.7%	11.2%	6.9%	8.4%	8.2%	8.0%	12.8%
比较不严重	40.6%	32.3%	46.4%	42.7%	42.7%	42.9%	44.7%	28.2%
比较严重	41.3%	41.9%	33.4%	39.4%	36.8%	37.4%	38.2%	43.6%
非常严重	10.3%	16.1%	9.0%	11.0%	12.1%	11.6%	9.1%	15.4%
$\chi^2=50.788$ sig = 0.000								

如表所示，不同群体对于“两性关系过度开放导致婚姻不稳定严重程度如何”的评价存在显著差异。

由上表可知，全国和江苏的居民在对于“两性关系过度开放导致婚姻不稳定严重程度如何”的评价上都存在显著差异。除农民和官员群体以外，总体来看，全国的看法好于江苏。因此，我们认为，在对于该问题的看法上，全国和江苏存在差异。

F12h 年轻人缺乏责任感，不孝敬父母严重程度如何

江苏

	官员	企业家	企业员工	农民	科教医群体	弱势群体	做小生意者	演艺界
非常不严重	5.9%	6.1%	6.8%	4.7%	5.7%	5.2%	8.5%	6.3%
比较不严重	54.4%	42.4%	51.6%	58.1%	52.3%	50.7%	51.3%	50.0%
比较严重	33.8%	36.4%	30.8%	29.1%	31.1%	34.7%	28.0%	40.6%
非常严重	5.9%	15.2%	10.9%	8.2%	10.9%	9.3%	12.2%	3.1%
$\chi^2=36.146$　sig = 0.021								

如表所示，不同群体对于“年轻人缺乏责任感，不孝敬父母严重程度如何”的评价存在显著差异。

全国

	官员	企业家	企业员工	农民	科教医群体	弱势群体	做小生意者	演艺界
非常不严重	12.5%	9.1%	13.9%	12.3%	12.7%	13.2%	13.7%	11.4%
比较不严重	51.3%	57.6%	53.2%	56.4%	53.7%	51.6%	52.4%	43.2%
比较严重	30.6%	24.2%	27.9%	27.4%	26.3%	28.4%	28.8%	38.6%
非常严重	5.6%	9.1%	5.0%	3.9%	7.3%	6.8%	5.1%	6.8%
$\chi^2=35.412$　sig = 0.025								

如表所示，不同群体对于“年轻人缺乏责任感，不孝敬父母严重程度如何”的评价存在显著差异。

由上表可知，全国和江苏的居民在对于“年轻人缺乏责任感，不孝敬父母严重程度如何”的评价上都存在共识。总体来看，全国的看法要好于江苏。因此，我们认为，在对于该问题的看法上，全国和江苏存在差异。

F13 您是否知道您生活的社区（村）有社区公约、村规民约？

江苏

	官员	企业家	企业员工	农民	科教医群体	弱势群体	做小生意者	演艺界
知道有	67.6%	70.6%	55.0%	49.2%	59.3%	44.3%	49.4%	51.5%
知道没有	5.9%	2.9%	8.5%	8.1%	8.8%	8.8%	12.1%	9.1%
不知道有没有	26.5%	26.5%	36.5%	42.7%	32.0%	46.9%	38.5%	39.4%
$\chi^2=63.602$ sig = 0.000								

如表所示，不同群体对于“您是否知道您生活的社区（村）有社区公约、村规民约”的回答存在显著差异。

全国

	官员	企业家	企业员工	农民	科教医群体	弱势群体	做小生意者	演艺界
知道有	53.4%	61.8%	40.8%	34.5%	45.6%	33.5%	37.2%	41.3%
知道没有	16.0%	8.8%	16.0%	19.4%	13.3%	15.5%	15.9%	10.9%
不知道有没有	30.7%	29.4%	43.2%	46.0%	41.1%	51.0%	46.9%	47.8%
$\chi^2=92.764$ sig = 0.000								

如表所示，不同群体对于“您是否知道您生活的社区（村）有社区公约、村规民约”的回答存在显著差异。

由上表可知，江苏的居民知道有社区公约、村规民约的比例明显高于全国。因此，我们认为，在对于该问题的看法上，全国和江苏存在差异。

F14a 您周围的人在日常生活中遵守（步行、骑车不闯红灯）的情况如何

江苏

	官员	企业家	企业员工	农民	科教医群体	弱势群体	做小生意者	演艺界
不遵守	8.8%	5.9%	7.8%	8.0%	4.1%	7.6%	9.0%	6.1%
基本遵守	60.3%	76.5%	67.0%	72.0%	70.4%	65.7%	68.9%	78.8%
自觉遵守	30.9%	17.6%	25.2%	20.0%	25.5%	26.7%	22.1%	15.2%
$\chi^2=23.943$ sig = 0.047								

如表所示，不同群体对于“您周围的人在日常生活中遵守（步行、骑车不闯红灯）的情况如何”的回答存在显著差异。

全国

	官员	企业家	企业员工	农民	科教医群体	弱势群体	做小生意者	演艺界
不遵守	4.8%	8.8%	6.0%	6.5%	5.9%	8.9%	10.3%	6.5%
基本遵守	56.0%	47.1%	70.3%	68.4%	63.6%	65.0%	71.8%	71.7%
自觉遵守	39.2%	44.1%	23.6%	25.1%	30.5%	26.1%	17.9%	21.7%
$\chi^2=91.305$　sig = 0.000								

如表所示，不同群体对于“您周围的人在日常生活中遵守（步行、骑车不闯红灯）的情况如何”的回答存在显著差异。

由上表可知，全国和江苏的居民在对于“您周围的人在日常生活中遵守（步行、骑车不闯红灯）的情况如何”的回答上都存在共识。基本遵守居多，但官员、企业家群体自觉遵守的比例是全国明显高于江苏。因此，我们认为，在对于该问题的看法上，全国和江苏存在差异。

F14b 您周围的人在日常生活中遵守（乘车、购物自觉排队）的情况如何

江苏

	官员	企业家	企业员工	农民	科教医群体	弱势群体	做小生意者	演艺界
不遵守	2.9%	2.9%	2.9%	4.1%	5.6%	3.9%	4.6%	3.0%
基本遵守	64.7%	70.6%	70.0%	77.1%	69.4%	69.3%	75.9%	69.7%
自觉遵守	32.4%	26.5%	27.1%	18.9%	25.0%	26.8%	19.5%	27.3%
$\chi^2=36.391$　sig = 0.001								

如表所示，不同群体对于“您周围的人在日常生活中遵守（乘车、购物自觉排队）的情况如何”的评价存在显著差异。

全国

	官员	企业家	企业员工	农民	科教医群体	弱势群体	做小生意者	演艺界
不遵守	2.4%	5.9%	3.7%	4.9%	3.6%	5.5%	6.4%	2.2%
基本遵守	59.4%	44.1%	70.3%	69.3%	61.8%	66.4%	74.3%	73.9%
自觉遵守	38.2%	50.0%	26.0%	25.8%	34.6%	28.0%	19.4%	23.9%
$\chi^2=80.497$　sig = 0.000								

如表所示，不同群体对于“您周围的人在日常生活中遵守（乘车、购物自觉排队）的情况如何”的评价存在显著差异。

由上表可知，全国和江苏的居民在对于"您周围的人在日常生活中遵守（乘车、购物自觉排队）的情况如何"的评价上都存在共识，基本遵守居多，但全国的相比江苏更倾向于自觉遵守。因此，我们认为，在对于该问题的看法上，全国和江苏存在差异。

F14c 您周围的人在日常生活中遵守（文明游览）的情况如何

江苏

	官员	企业家	企业员工	农民	科教医群体	弱势群体	做小生意者	演艺界
不遵守	5.9%		3.6%	4.3%	2.6%	3.3%	5.0%	6.1%
基本遵守	69.1%	73.5%	72.1%	78.8%	75.5%	73.1%	77.3%	75.8%
自觉遵守	25.0%	26.5%	24.3%	16.9%	21.9%	23.6%	17.7%	18.2%
$\chi^2=30.162$ sig = 0.007								

如表所示，不同群体对于"您周围的人在日常生活中遵守（文明游览）的情况如何"的回答存在显著差异。

全国

	官员	企业家	企业员工	农民	科教医群体	弱势群体	做小生意者	演艺界
不遵守	5.5%	5.9%	6.2%	5.4%	4.9%	7.6%	7.2%	13.0%
基本遵守	56.4%	44.1%	68.3%	67.6%	62.3%	65.6%	72.8%	63.0%
自觉遵守	38.2%	50.0%	25.5%	27.0%	32.8%	26.8%	20.0%	23.9%
$\chi^2=69.064$ sig = 0.000								

如表所示，不同群体对于"您周围的人在日常生活中遵守（文明游览）的情况如何"的回答存在显著差异。

由上表可知，全国和江苏的居民在对于"您周围的人在日常生活中遵守（文明游览）的情况如何"的回答上都存在共识。遵守的居多，但全国的相比江苏更倾向于自觉遵守。因此，我们认为，在对于该问题的看法上，全国和江苏存在差异。

F14d 您周围的人在日常生活中遵守（社区公约、村规民约）的情况如何

江苏

	官员	企业家	企业员工	农民	科教医群体	弱势群体	做小生意者	演艺界
不遵守	8.8%		3.4%	3.8%	1.5%	3.3%	4.2%	3.0%

续表

	官员	企业家	企业员工	农民	科教医群体	弱势群体	做小生意者	演艺界
基本遵守	64.7%	72.7%	73.9%	80.6%	74.9%	74.1%	80.4%	81.8%
自觉遵守	26.5%	27.3%	22.7%	15.6%	23.6%	22.6%	15.3%	15.2%
$\chi^2=41.350$　sig = 0.000								

如表所示，不同群体对于“您周围的人在日常生活中遵守（社区公约、村规民约）的情况如何”的回答存在显著差异。

全国

	官员	企业家	企业员工	农民	科教医群体	弱势群体	做小生意者	演艺界
不遵守	4.4%	5.9%	4.7%	4.4%	4.8%	6.5%	7.3%	6.8%
基本遵守	58.1%	41.2%	70.7%	67.7%	61.0%	66.1%	72.9%	70.5%
自觉遵守	37.5%	52.9%	24.6%	27.9%	34.1%	27.4%	19.9%	22.7%
$\chi^2=78.749$　sig = 0.000								

如表所示，不同群体对于“您周围的人在日常生活中遵守（社区公约、村规民约）的情况如何”的回答存在显著差异。

由上表可知，全国和江苏的居民在对于“您周围的人在日常生活中遵守（社区公约、村规民约）的情况如何”的回答上都存在共识。遵守的居多，全国的相比江苏更倾向于自觉遵守。因此，我们认为，在对于该问题的看法上，全国和江苏存在差异。

F15a 您对下列关于网络的说法是否赞同：网络是个虚拟空间，不受现实生活中的道德规范约束

江苏

	官员	企业家	企业员工	农民	科教医群体	弱势群体	做小生意者	演艺界
非常不赞同	36.8%	35.3%	38.6%	26.3%	37.8%	35.3%	29.8%	45.5%
不太赞同	55.9%	41.2%	47.2%	57.0%	45.4%	50.8%	54.0%	48.5%
比较赞同	5.9%	17.6%	11.1%	14.6%	14.3%	11.6%	12.2%	3.0%
非常赞同	1.5%	5.9%	3.1%	2.1%	2.6%	2.3%	4.1%	3.0%
$\chi^2=56.815$　sig = 0.000								

如表所示，不同群体在“网络是个虚拟空间，不受现实生活中的道德规范约束”这一说法的赞同程度上存在显著差异。

全国

	官员	企业家	企业员工	农民	科教医群体	弱势群体	做小生意者	演艺界
非常不赞同	38.3%	33.3%	30.4%	24.5%	37.8%	29.1%	27.4%	32.6%
不太赞同	44.4%	42.4%	48.5%	53.1%	40.9%	47.4%	50.4%	52.2%
比较赞同	14.8%	24.2%	16.8%	18.5%	17.1%	18.2%	17.8%	10.9%
非常赞同	2.5%		4.3%	3.9%	4.1%	5.3%	4.4%	4.3%
$\chi^2=60.679$ sig = 0.000								

如表所示，不同群体在“网络是个虚拟空间，不受现实生活中的道德规范约束”这一说法的赞同程度上存在显著差异。

由上表可知，全国和江苏的居民在对于“网络是个虚拟空间，不受现实生活中的道德规范约束”这一说法的赞同程度上都存在共识。总体来看，江苏比全国更加倾向于不太赞同。因此，我们认为，在对于该问题的看法上，全国和江苏存在差异。

F15b 您对下列关于网络的说法是否赞同：人肉搜索侵犯个人隐私，应该杜绝

江苏

	官员	企业家	企业员工	农民	科教医群体	弱势群体	做小生意者	演艺界
非常不赞同		5.9%	2.9%	3.7%	3.1%	3.7%	2.9%	3.0%
不太赞同	17.6%	5.9%	10.3%	9.4%	13.8%	9.7%	14.9%	12.1%
比较赞同	50.0%	73.5%	58.0%	68.9%	57.9%	64.6%	58.1%	63.6%
非常赞同	32.4%	14.7%	28.8%	18.0%	25.1%	22.0%	24.1%	21.2%
$\chi^2=65.813$ sig = 0.000								

如表所示，不同群体在“人肉搜索侵犯个人隐私，应该杜绝”这一说法的赞同程度上存在显著差异。

全国

	官员	企业家	企业员工	农民	科教医群体	弱势群体	做小生意者	演艺界
非常不赞同	3.7%	2.9%	3.9%	4.1%	3.7%	3.5%	3.0%	
不太赞同	20.9%	23.5%	22.3%	26.2%	23.8%	23.4%	20.7%	21.7%
比较赞同	47.9%	55.9%	50.9%	53.2%	52.0%	50.6%	55.0%	54.3%
非常赞同	27.6%	17.6%	22.9%	16.5%	20.6%	22.6%	21.4%	23.9%
$\chi^2=51.664$ sig = 0.000								

如表所示，不同群体在“人肉搜索侵犯个人隐私，应该杜绝”这一说法的赞同程度上存在显著差异。

由上表可知，全国和江苏的居民在对于“人肉搜索侵犯个人隐私，应该杜绝”这一说法的赞同程度上都存在共识，赞同居多。总体来看，江苏比全国更加倾向于赞同。因此，我们认为，在对于该问题的看法上，全国和江苏存在差异。

F15c 您对下列关于网络的说法是否赞同：明知网络谣言仍转发的，应该受到惩罚

江苏

	官员	企业家	企业员工	农民	科教医群体	弱势群体	做小生意者	演艺界
非常不赞同	2.9%		2.3%	2.1%	2.6%	2.4%	2.0%	
不太赞同	5.9%	20.6%	6.8%	7.7%	8.7%	8.3%	7.7%	9.1%
比较赞同	55.9%	50.0%	56.8%	69.0%	54.6%	61.9%	61.6%	54.5%
非常赞同	35.3%	29.4%	34.1%	21.2%	34.2%	27.5%	28.7%	36.4%
$\chi^2=58.567$　sig = 0.000								

如表所示，不同群体在“明知网络谣言仍转发的，应该受到惩罚”这一说法的赞同程度上存在显著差异。

全国

	官员	企业家	企业员工	农民	科教医群体	弱势群体	做小生意者	演艺界
非常不赞同	4.9%	2.9%	4.6%	4.3%	3.4%	4.0%	3.3%	2.2%
不太赞同	17.2%	20.6%	16.8%	18.6%	14.3%	18.0%	14.7%	13.0%
比较赞同	41.7%	41.2%	45.8%	54.9%	51.3%	48.4%	51.6%	52.2%
非常赞同	36.2%	35.3%	32.8%	22.1%	31.0%	29.6%	30.3%	32.6%
$\chi^2=85.036$　sig = 0.000								

如表所示，不同群体在“明知网络谣言仍转发的，应该受到惩罚”这一说法的赞同程度上存在显著差异。

由上表可知，全国和江苏的居民在对于“明知网络谣言仍转发的，应该受到惩罚”这一说法的赞同程度上都存在共识，赞同居多。总体来看，江苏比全国更加倾向于赞同。因此，我们认为，在对于该问题的看法上，全国和江苏存在差异。

F16 被陌生人不小心踩到并发出哎哟一声后，您认为对方会做何种反应？

江苏

	官员	企业家	企业员工	农民	科教医群体	弱势群体	做小生意者	演艺界
用言语或手势表达歉意	86.6%	90.3%	85.0%	82.3%	89.5%	83.4%	78.7%	80.6%
不会有任何表示	9.0%	6.5%	10.5%	13.4%	7.9%	12.8%	15.7%	9.7%
反而说你大惊小怪	4.5%	3.2%	4.5%	4.3%	2.6%	3.8%	5.6%	9.7%
$\chi^2=22.661$ sig=0.000								

如表所示，不同群体对于“被陌生人不小心踩到并发出哎哟一声后，您认为对方会做何种反应”的选择存在显著差异。

全国

	官员	企业家	企业员工	农民	科教医群体	弱势群体	做小生意者	演艺界
用言语或手势表达歉意	83.1%	75.8%	73.8%	76.2%	81.6%	75.8%	76.2%	81.0%
不会有任何表示	14.4%	15.2%	19.9%	18.9%	13.5%	18.9%	17.9%	16.7%
反而说你大惊小怪	2.5%	9.1%	6.3%	4.9%	4.9%	5.3%	5.9%	2.4%
$\chi^2=21.151$ sig=0.098								

如表所示，不同群体对于“被陌生人不小心踩到并发出哎哟一声后，您认为对方会做何种反应”的选择不存在显著差异。

由上表可知，全国和江苏的居民在对于“被陌生人不小心踩到并发出哎哟一声后，您认为对方会做何种反应”的选择上分别为不存在显著差异和存在显著差异。共识是都选择第一项的比例很高。总体来看，江苏比全国更加倾向于用言语或手势表达歉意。因此，我们认为，在对于该问题的看法上，全国和江苏存在差异。

F17 您觉得您周围大多数人工作生活的精神状态怎么样

江苏

	官员	企业家	企业员工	农民	科教医群体	弱势群体	做小生意者	演艺界
精神饱满、积极向上	44.1%	67.6%	47.9%	53.0%	48.5%	43.1%	46.0%	45.5%
安于现状、按部就班	54.4%	29.4%	50.5%	45.1%	50.0%	54.8%	51.8%	45.5%
精神萎靡、无所事事	1.5%	2.9%	1.6%	1.9%	1.5%	2.2%	2.2%	9.1%
$\chi^2=37.960$ sig=0.001								

如表所示，不同群体对于“您觉得您周围大多数人工作生活的精神状态怎么样”的评价存在显著差异。

全国

	官员	企业家	企业员工	农民	科教医群体	弱势群体	做小生意者	演艺界
精神饱满、积极向上	58.5%	58.8%	45.6%	39.1%	53.0%	39.8%	42.6%	39.1%
安于现状、按部就班	37.8%	38.2%	52.0%	57.6%	44.1%	55.9%	53.1%	58.7%
精神萎靡、无所事事	3.7%	2.9%	2.4%	3.3%	2.9%	4.3%	4.4%	2.2%
$\chi^2=77.755$ sig = 0.000								

如表所示，不同群体对于“您觉得您周围大多数人工作生活的精神状态怎么样”的评价存在显著差异。

由上表可知，全国和江苏的居民在对于“您觉得您周围大多数人工作生活的精神状态怎么样”的评价上都存在共识。企业家更精神饱满、积极向上，但官员、农民、科教医群体在全国与江苏之间存在较大差异。因此，我们认为，在对于该问题的看法上，全国和江苏存在差异。

F18a 这些现象在您身边常见吗？占卜算命

江苏

	官员	企业家	企业员工	农民	科教医群体	弱势群体	做小生意者	演艺界
经常见到	7.4%	11.8%	7.7%	9.6%	11.2%	8.9%	11.0%	12.1%
偶尔见到	52.9%	61.8%	46.8%	49.1%	51.5%	53.1%	50.4%	51.5%
没见到	39.7%	26.5%	45.5%	41.3%	37.2%	38.0%	38.6%	36.4%
$\chi^2=26.464$ sig = 0.023								

如表所示，不同群体对于“占卜算命在您身边常见吗”的选择存在显著差异。

全国

	官员	企业家	企业员工	农民	科教医群体	弱势群体	做小生意者	演艺界
经常见到	12.0%	23.5%	10.4%	9.3%	9.0%	13.0%	15.7%	4.3%
偶尔见到	53.9%	50.0%	47.8%	46.7%	56.6%	50.0%	51.9%	45.7%
没见到	34.1%	26.5%	41.7%	44.0%	34.4%	37.0%	32.4%	50.0%
$\chi^2=54.544$ sig = 0.000								

如表所示，不同群体对于“占卜算命在您身边常见吗”的选择存在显著差异。

由上表可知，全国和江苏的居民在对于“占卜算命在您身边常见吗”的选择上都存在共识。偶尔见到居多，经常见到比例较低。因此，我们认为，在对于该问题的看法上，从总体来看，全国和江苏存在共识。

F18b 这些现象在您身边常见吗？操办喜事比富斗阔

江苏

	官员	企业家	企业员工	农民	科教医群体	弱势群体	做小生意者	演艺界
经常见到	7.4%	20.6%	11.8%	12.9%	19.4%	14.7%	13.7%	12.1%
偶尔见到	42.6%	52.9%	41.6%	40.5%	49.5%	43.3%	41.2%	63.6%
没见到	50.0%	26.5%	46.6%	46.6%	31.1%	42.0%	45.1%	24.2%
$\chi^2=38.838$ sig = 0.000								

如表所示，不同群体对于“操办喜事比富斗阔在您身边常见吗”的选择存在显著差异。

全国

	官员	企业家	企业员工	农民	科教医群体	弱势群体	做小生意者	演艺界
经常见到	9.6%	26.5%	10.2%	9.1%	10.9%	10.5%	11.3%	6.5%
偶尔见到	46.7%	38.2%	40.8%	45.7%	44.2%	41.9%	48.0%	39.1%
没见到	43.7%	35.3%	49.0%	45.2%	45.0%	47.7%	40.6%	54.3%
$\chi^2=41.077$ sig = 0.000								

如表所示，不同群体对于“操办喜事比富斗阔在您身边常见吗”的选择存在显著差异。

由上表可知，全国和江苏的居民在对于“操办喜事比富斗阔在您身边常见吗”的选择上都存在共识。偶尔见到、没见到居多，其中企业家经常见到比例较高。因此，我们认为，在对于该问题的看法上，全国和江苏存在基本共识。

F18c 这些现象在您身边常见吗？在父母生前不尽孝却对父母的丧事大操大办

江苏

	官员	企业家	企业员工	农民	科教医群体	弱势群体	做小生意者	演艺界
经常见到	4.4%	17.6%	8.2%	7.3%	16.3%	9.8%	11.5%	12.1%

续表

	官员	企业家	企业员工	农民	科教医群体	弱势群体	做小生意者	演艺界
偶尔见到	38.2%	32.4%	40.8%	44.3%	39.3%	42.0%	40.8%	51.5%
没见到	57.4%	50.0%	51.0%	48.4%	44.4%	48.2%	47.7%	36.4%
$\chi^2=30.754$　sig = 0.006								

如表所示，不同群体对于“在父母生前不尽孝却对父母的丧事大操大办在您身边常见吗”的选择存在显著差异。

全国

	官员	企业家	企业员工	农民	科教医群体	弱势群体	做小生意者	演艺界
经常见到	11.4%	17.6%	8.6%	7.3%	8.8%	9.1%	8.4%	8.7%
偶尔见到	40.1%	29.4%	38.0%	44.1%	40.6%	38.4%	43.4%	34.8%
没见到	48.5%	52.9%	53.4%	48.6%	50.6%	52.5%	48.2%	56.5%
$\chi^2=35.126$　sig = 0.000								

如表所示，不同群体对于“在父母生前不尽孝却对父母的丧事大操大办在您身边常见吗”的选择存在显著差异。

由上表可知，全国和江苏的居民在对于“在父母生前不尽孝却对父母的丧事大操大办在您身边常见吗”的选择上都存在共识，没见到居多。因此，我们认为，在对于该问题的看法上，全国和江苏存在共识。

F18d 这些现象在您身边常见吗？赌博或变相赌博

江苏

	官员	企业家	企业员工	农民	科教医群体	弱势群体	做小生意者	演艺界
经常见到	7.4%	26.5%	13.5%	14.9%	15.3%	16.5%	19.1%	12.1%
偶尔见到	48.5%	58.8%	49.9%	43.4%	51.0%	50.6%	40.6%	51.5%
没见到	44.1%	14.7%	36.6%	41.7%	33.7%	32.9%	40.2%	36.4%
$\chi^2=46.568$　sig = 0.002								

如表所示，不同群体对于“赌博或变相赌博在您身边常见吗”的选择存在显著差异。

全国

	官员	企业家	企业员工	农民	科教医群体	弱势群体	做小生意者	演艺界
经常见到	13.8%	29.4%	11.7%	11.5%	11.1%	11.9%	18.9%	19.6%
偶尔见到	43.1%	50.0%	43.6%	41.3%	43.3%	45.4%	44.0%	23.9%
没见到	43.1%	20.6%	44.6%	47.2%	45.6%	42.7%	37.1%	56.5%
$\chi^2=82.126$ sig = 0.000								

如表所示，不同群体对于“赌博或变相赌博在您身边常见吗”的选择存在显著差异。

由上表可知，全国和江苏的诸群体在对于“赌博或变相赌博在您身边常见吗”的选择上都存在共识。偶尔见到、没见到居多，相比之下，江苏选择没见到的比例略低于全国。因此，我们认为，在对于该问题的看法上，全国和江苏存在差异。

F18e 这些现象在您身边常见吗？封建迷信活动

江苏

	官员	企业家	企业员工	农民	科教医群体	弱势群体	做小生意者	演艺界
经常见到	10.4%	11.8%	5.2%	6.4%	9.7%	5.5%	6.2%	9.1%
偶尔见到	26.9%	52.9%	29.4%	33.6%	32.3%	35.3%	31.4%	36.4%
没见到	62.7%	35.3%	65.4%	59.9%	57.9%	59.1%	62.4%	54.5%
$\chi^2=33.660$ sig = 0.002								

如表所示，不同群体对于“封建迷信活动在您身边常见吗”的选择存在显著差异。

全国

	官员	企业家	企业员工	农民	科教医群体	弱势群体	做小生意者	演艺界
经常见到	7.8%	8.8%	6.0%	4.2%	4.4%	5.1%	4.8%	15.2%
偶尔见到	24.6%	44.1%	24.4%	27.4%	30.6%	30.0%	29.8%	21.7%
没见到	67.7%	47.1%	69.6%	68.4%	65.0%	64.9%	65.4%	63.0%
$\chi^2=46.284$ sig = 0.000								

如表所示，不同群体对于“封建迷信活动在您身边常见吗”的选择存在显著差异。

由上表可知，全国和江苏的居民在对于“封建迷信活动在您身边常见吗”的选择上都存在共识。没见到居多。但江苏各群体选择没见到的比例略低于全国。因此，我们认为，在对于该问题的看法上，全国和江苏存在差异。

F18f 这些现象在您身边常见吗？非法宗教活动

江苏

	官员	企业家	企业员工	农民	科教医群体	弱势群体	做小生意者	演艺界
经常见到	1.5%	2.9%	1.1%	1.1%	3.6%	1.2%	2.0%	3.0%
偶尔见到	16.2%	32.4%	11.2%	7.4%	15.3%	12.2%	10.9%	21.2%
没见到	82.4%	64.7%	87.7%	91.5%	81.1%	86.6%	87.1%	75.8%
$\chi^2=48.693$　sig = 0.000								

如表所示，不同群体对于“非法宗教活动在您身边常见吗”的选择存在显著差异。

全国

	官员	企业家	企业员工	农民	科教医群体	弱势群体	做小生意者	演艺界
经常见到	3.6%	8.8%	2.2%	1.5%	2.3%	2.1%	2.3%	6.5%
偶尔见到	16.8%	20.6%	13.3%	16.0%	12.9%	13.5%	13.5%	19.6%
没见到	79.6%	70.6%	84.4%	82.5%	84.8%	84.4%	84.2%	73.9%
$\chi^2=31.680$　sig = 0.004								

如表所示，不同群体对于“非法宗教活动在您身边常见吗”的选择存在显著差异。

由上表可知，全国和江苏的居民在对于“非法宗教活动在您身边常见吗”的选择上都存在显著差异。从总体情况上来看，全国和江苏的差异在“经常见到”“偶尔见到”和“没见到”的认知上都广泛存在，但差异不明显。因此，我们认为，在对于该问题的看法上，全国和江苏存在共识。

F19 您认为目前我国社会中道德和幸福的现实关系是什么

江苏

	官员	企业家	企业员工	农民	科教医群体	弱势群体	做小生意者	演艺界
总体上道德和幸福能够一致，能惩恶扬善	85.1%	66.7%	75.0%	71.3%	75.9%	72.8%	65.1%	51.6%

续表

	官员	企业家	企业员工	农民	科教医群体	弱势群体	做小生意者	演艺界
有道德讲伦理的人大都吃亏，不守道德的人更能讨便宜	14.9%	33.3%	20.3%	21.9%	18.8%	21.4%	28.5%	41.9%
道德与幸福没有关系，能挣钱有发展无论怎样行动都行			4.7%	6.8%	5.2%	5.8%	6.3%	6.5%
$\chi^2=39.592$ sig = 0.000								

如表所示，不同群体对于“您认为目前我国社会中道德和幸福的现实关系是什么”的认知有显著差异。

全国

	官员	企业家	企业员工	农民	科教医群体	弱势群体	做小生意者	演艺界
总体上道德和幸福能够一致，能惩恶扬善	75.2%	74.2%	67.7%	68.5%	70.9%	66.7%	68.0%	61.5%
有道德讲伦理的人大都吃亏，不守道德的人更能讨便宜	19.7%	19.4%	25.4%	22.3%	22.6%	25.0%	22.3%	25.6%
道德与幸福没有关系，能挣钱有发展无论怎样行动都行	5.1%	6.5%	6.9%	9.2%	6.5%	8.3%	9.8%	12.8%
$\chi^2=22.084$ sig = 0.077								

如表所示，不同群体对于“您认为目前我国社会中道德和幸福的现实关系是什么”的认知没有显著差异。

由上表可知，江苏与全国居民在对于“您认为目前我国社会中道德和幸福的现实关系是什么”的认知上，存在差异。基本所有群体的认同度都集中在“总体上道德和幸福能够一致，能惩恶扬善”，但是江苏在该部分的占比明显高于全国，官员和弱势群体中，江苏占比明显高于全国，差异在10%左右。因此，我们认为，在这一问题上，全国与江苏的居民认知存在差异。

F20a 您在所在单位，有没有一种亲切和踏实的感觉

江苏

	官员	企业家	企业员工	农民	科教医群体	弱势群体	做小生意者	演艺界
有	48.5%	47.1%	32.9%	25.3%	40.8%	26.0%	31.9%	27.3%

续表

	官员	企业家	企业员工	农民	科教医群体	弱势群体	做小生意者	演艺界
还可以	48.5%	50.0%	61.1%	59.7%	54.1%	62.6%	58.0%	57.6%
没有	2.9%	2.9%	5.9%	15.0%	5.1%	11.4%	10.1%	15.2%
$\chi^2=97.168$　sig = 0.000								

如表所示，不同群体对于“所在单位，有没有一种亲切和踏实的感觉”的评价有显著差异。

全国

	官员	企业家	企业员工	农民	科教医群体	弱势群体	做小生意者	演艺界
有	35.5%	38.7%	21.4%	15.0%	31.7%	19.3%	18.9%	15.2%
还可以	62.0%	54.8%	73.7%	64.0%	65.5%	67.7%	70.9%	73.9%
没有	2.4%	6.5%	4.9%	21.0%	2.9%	13.0%	10.2%	10.9%
$\chi^2=369.420$　sig = 0.000								

如表所示，不同群体对于“所在单位，有没有一种亲切和踏实的感觉”的评价有显著差异。

由上表可知，江苏与全国居民在“所在单位，有没有一种亲切和踏实的感觉”的评价上，存在共识。所有群体都集中在“还可以”的选项上，但江苏各群体选择“有”的比例均高于全国。因此，我们认为，在这一问题上，全国与江苏的居民认知存在差异。

F20b 您在所在社区/村，有没有一种亲切和踏实的感觉？

江苏

	官员	企业家	企业员工	农民	科教医群体	弱势群体	做小生意者	演艺界
有	38.2%	32.4%	32.7%	31.8%	33.2%	28.0%	30.9%	30.3%
还可以	57.4%	61.8%	60.8%	63.7%	59.7%	65.0%	63.5%	60.6%
没有	4.4%	5.9%	6.5%	4.6%	7.1%	7.0%	5.6%	9.1%
$\chi^2=16.055$　sig = 0.000								

如表所示，不同群体对于“所在社区/村，有没有一种亲切和踏实的感觉”的评价有显著差异。

全国

	官员	企业家	企业员工	农民	科教医群体	弱势群体	做小生意者	演艺界
有	35.5%	36.4%	25.6%	25.9%	29.4%	25.4%	22.3%	23.9%
还可以	60.2%	57.6%	68.9%	70.1%	64.9%	66.8%	71.8%	65.2%
没有	4.2%	6.1%	5.6%	4.0%	5.7%	7.8%	5.9%	10.9%
$\chi^2=56.172$　sig = 0.000								

如表所示，不同群体对于“所在社区/村，有没有一种亲切和踏实的感觉”的评价有显著差异。

由上表可知，江苏与全国居民在“所在社区/村，有没有一种亲切和踏实的感觉”的评价上，存在共识。基本所有群体都集中在“还可以”。因此，我们认为，在这一问题上，全国与江苏的居民认知存在共识。

F20c 您在所在城市，有没有一种亲切和踏实的感觉

江苏

	官员	企业家	企业员工	农民	科教医群体	弱势群体	做小生意者	演艺界
有	36.8%	29.4%	30.9%	28.3%	32.7%	26.4%	31.4%	24.2%
还可以	60.3%	61.8%	63.5%	62.4%	61.7%	64.1%	63.4%	72.7%
没有	2.9%	8.8%	5.5%	9.4%	5.6%	9.5%	5.2%	3.0%
$\chi^2=34.619$　sig = 0.002								

如表所示，不同群体对于“所在城市，有没有一种亲切和踏实的感觉”的评价有显著差异。

全国

	官员	企业家	企业员工	农民	科教医群体	弱势群体	做小生意者	演艺界
有	40.1%	33.3%	29.6%	22.7%	30.2%	26.4%	24.2%	15.2%
还可以	54.5%	60.6%	63.2%	67.2%	64.3%	64.3%	65.8%	76.1%
没有	5.4%	6.1%	7.2%	10.1%	5.5%	9.3%	9.9%	8.7%
$\chi^2=64.649$　sig = 0.000								

如表所示，不同群体对于“所在城市，有没有一种亲切和踏实的感觉”的评价有显著差异。

由上表可知，江苏与全国居民在“所在城市，有没有一种亲切和踏实的感觉”的评价上，存在共识。基本所有群体都集中在“还可以”。因此，我们认为，在这一问题上，全国与江苏的居民认知存在共识。

F21 您认为您目前的状况是

江苏

	官员	企业家	企业员工	农民	科教医群体	弱势群体	做小生意者	演艺界
生活富裕，但不感到幸福和快乐		8.8%	2.1%	1.8%	2.1%	2.2%	2.4%	3.0%
生活富裕，幸福也快乐	16.2%	23.5%	10.1%	10.4%	14.4%	8.0%	9.8%	21.2%
生活小康，幸福且快乐	63.2%	47.1%	56.6%	52.5%	62.6%	58.3%	61.2%	51.5%
生活小康，但不感到幸福和快乐	4.4%	14.7%	5.8%	5.7%	10.8%	6.5%	7.6%	15.2%
生活清贫，幸福且快乐	13.2%	5.9%	22.3%	25.4%	8.2%	20.6%	16.3%	6.1%
生活贫困，既不幸福也不快乐	2.9%		3.1%	4.2%	2.1%	4.4%	2.6%	3.0%
$\chi^2=101.552$　sig = 0.000								

如表所示，不同群体对于“目前状况”的自我评价有显著差异。

全国

	官员	企业家	企业员工	农民	科教医群体	弱势群体	做小生意者	演艺界
生活富裕，但不感到幸福和快乐	9.6%	8.8%	10.0%	5.9%	7.6%	6.1%	6.8%	13.0%
生活富裕，幸福也快乐	15.6%	32.4%	12.4%	8.6%	13.8%	10.8%	11.8%	8.7%
生活小康，幸福且快乐	53.9%	50.0%	51.5%	42.1%	55.5%	45.9%	49.3%	58.7%
生活小康，但不感到幸福和快乐	4.8%	8.8%	5.7%	5.3%	5.7%	5.8%	6.9%	8.7%
生活清贫，幸福且快乐	15.6%		17.4%	30.4%	15.9%	25.8%	21.1%	6.5%
生活贫困，既不幸福也不快乐	0.6%		2.9%	7.7%	1.6%	5.6%	4.0%	4.3%
$\chi^2=290.414$　sig = 0.000								

如表所示，不同群体对于“目前状况”的自我评价有显著差异。

由上表可知，江苏与全国居民在“目前状况”的自我评价上，存在共识。基本所有群体都集中在“生活小康，幸福且快乐”。因此，我们认为，在这一问题上，全国与江苏的居民认知存在共识。

F22 最近这些年，您的生活水平对幸福感的影响是怎样的

江苏

	官员	企业家	企业员工	农民	科教医群体	弱势群体	做小生意者	演艺界
生活水平提高了，但幸福感和快乐感降低了	5.9%	11.8%	7.4%	5.4%	15.4%	8.7%	8.0%	15.2%
生活水平提高了，幸福感和快乐感提高了	64.7%	67.6%	60.8%	61.9%	66.7%	61.9%	64.2%	60.6%
生活水平没变，幸福感和快乐感提高了	20.6%	17.6%	24.7%	26.2%	11.8%	20.3%	22.3%	18.2%
生活水平没变，幸福感和快乐感降低了	5.9%	2.9%	5.4%	3.0%	5.1%	6.0%	3.8%	6.1%
生活水平下降，但幸福感和快乐感提高了	1.5%		0.6%	0.9%	1.0%	0.9%	0.4%	
生活水平下降，幸福感和快乐感也降低了	1.5%		1.1%	2.5%		2.2%	1.2%	
$\chi^2 = 74.802$ sig = 0.000								

如表所示，不同群体对于“生活水平对幸福感的影响”的认知有显著差异。

全国

	官员	企业家	企业员工	农民	科教医群体	弱势群体	做小生意者	演艺界
生活水平提高了，但幸福感和快乐感降低了	13.2%	20.6%	13.0%	10.4%	12.2%	11.7%	10.2%	28.3%
生活水平提高了，幸福感和快乐感提高了	62.3%	67.6%	51.2%	50.4%	61.9%	48.3%	50.9%	43.5%
生活水平没变，幸福感和快乐感提高了	18.0%	5.9%	29.0%	26.2%	19.4%	29.6%	29.9%	19.6%
生活水平没变，幸福感和快乐感降低了	4.2%	5.9%	4.1%	7.0%	3.6%	6.3%	5.5%	6.5%
生活水平下降，但幸福感和快乐感提高了	0.6%		1.3%	2.9%	1.0%	1.9%	1.5%	
生活水平下降，幸福感和快乐感也降低了	1.8%		1.2%	3.1%	1.8%	2.2%	2.0%	2.2%
$\chi^2 = 132.023$ sig = 0.000								

如表所示，不同群体对于“生活水平对幸福感的影响”的认知有显著差异。

由上表可知，江苏与全国居民在“生活水平对幸福感的影响”的认知上，存

在共识。基本所有群体都集中在“生活水平提高了，幸福感和快乐感提高了”，但是江苏在该部分的占比明显高于全国，尤其是在弱势群体、做小生意者和演艺界中差异明显，超过10%。因此，我们认为，在这一问题上，全国与江苏的居民认知存在差异。

F23a 近十年以来，您认为下列哪一类人获得的利益最多

江苏

	官员	企业家	企业员工	农民	科教医群体	弱势群体	做小生意者	演艺界
工人			0.3%	0.8%		0.7%	0.4%	
农民	2.9%		1.7%	1.4%	2.2%	1.6%	1.9%	3.2%
公务员	4.4%	3.1%	11.8%	11.0%	14.6%	11.7%	14.6%	19.4%
国有企业的经营管理者	19.1%	9.4%	10.9%	11.3%	9.7%	9.5%	8.6%	3.2%
集体企业的经营管理者	5.9%	6.3%	1.9%	1.6%	5.4%	1.6%	2.7%	
私营企业家	19.1%	18.8%	20.5%	22.7%	21.6%	23.1%	21.3%	9.7%
外商、境外来大陆的投资者	14.7%	21.9%	13.3%	7.4%	9.7%	9.1%	6.3%	12.9%
个体户	5.9%		5.3%	6.6%	3.2%	4.9%	5.0%	
私营、外资企业中的管理人员	11.8%	15.6%	6.5%	8.1%	7.6%	5.9%	7.3%	9.7%
专家学者、专业技术人员	8.8%	6.3%	6.1%	5.8%	3.8%	5.8%	6.9%	6.5%
政府官员	5.9%	18.8%	21.2%	23.4%	22.2%	25.7%	25.1%	35.5%
其他	1.5%		0.6%			0.4%		

$\chi^2 = 136.163$　sig = 0.000

如表所示，不同群体对于“近十年以来，获得利益最多的人”的选择有显著差异。

全国

	官员	企业家	企业员工	农民	科教医群体	弱势群体	做小生意者	演艺界
工人	31.6%	20.6%	32.2%	10.9%	24.4%	21.9%	20.1%	27.5%
农民	49.7%	73.5%	57.2%	84.3%	57.2%	68.6%	65.5%	62.5%
公务员	5.2%		1.6%	1.1%	2.3%	1.2%	0.6%	5.0%
国有企业的经营管理者	1.9%		0.9%	0.3%	0.8%	0.8%	0.3%	
集体企业的经营管理者	0.6%		0.7%	0.5%	0.3%	0.9%	0.7%	
私营企业家	0.6%	2.9%	1.3%	0.4%	1.4%	0.6%	1.3%	2.5%

续表

	官员	企业家	企业员工	农民	科教医群体	弱势群体	做小生意者	演艺界
外商、境外来大陆的投资者			0.4%	0.3%	0.3%	0.4%	0.8%	
个体户	2.6%	2.9%	3.3%	0.7%	3.1%	2.7%	8.4%	
私营、外资企业中的管理人员	1.3%		0.9%	0.5%	2.3%	0.7%	0.9%	
专家学者、专业技术人员	1.9%		0.7%	0.3%	5.9%	1.0%	0.3%	
政府官员	3.9%		0.5%	0.4%	0.8%	0.5%	0.6%	2.5%
其他	0.6%		0.5%	0.3%	1.1%	0.7%	0.4%	

$\chi^2 = 199.737$　sig = 0.000

如表所示，不同群体对于“近十年以来，获得利益最多的人”的选择有显著差异。

由上表可知，江苏与全国居民在“近十年以来，获得利益最多的人”的选择上，存在共识。基本所有群体都集中在“私营企业家”。因此，我们认为，在这一问题上，全国与江苏的居民认知存在共识。

F23b 近十年以来，您认为下列哪一类人获得的利益最少

江苏

	官员	企业家	企业员工	农民	科教医群体	弱势群体	做小生意者	演艺界
工人	22.4%	32.4%	32.4%	13.0%	25.7%	23.6%	23.7%	13.3%
农民	70.1%	58.8%	62.2%	83.6%	68.6%	71.3%	70.4%	73.3%
公务员	1.5%	2.9%	0.7%		1.0%	0.9%	1.0%	
国有企业的经营管理者			0.3%	0.3%		0.6%		3.3%
集体企业的经营管理者		2.9%	0.3%	0.4%		0.2%	0.2%	
私营企业家	1.5%		0.6%	0.4%		0.4%	0.6%	6.7%
外商、境外来大陆的投资者			0.1%	0.4%		0.4%	0.4%	
个体户	3.0%		1.4%	0.7%	1.0%	1.1%	2.0%	
私营、外资企业中的管理人员		2.9%	0.6%	0.7%		0.1%		
专家学者、专业技术人员			0.9%		3.1%	0.6%	0.4%	
政府官员	1.5%		0.3%	0.7%	0.5%	0.7%	0.8%	3.3%
其他			0.2%			0.1%	0.4%	

$\chi^2 = 230.292$　sig = 0.000

如表所示，不同群体对于“近十年以来，获得的利益最少的人”的选择有显著差异。

全国

	官员	企业家	企业员工	农民	科教医群体	弱势群体	做小生意者	演艺界
工人	31.6%	20.6%	32.2%	10.9%	24.4%	21.9%	20.1%	27.5%
农民	49.7%	73.5%	57.2%	84.3%	57.2%	68.6%	65.5%	62.5%
公务员	5.2%		1.6%	1.1%	2.3%	1.2%	0.6%	5.0%
国有企业的经营管理者	1.9%		0.9%	0.3%	0.8%	0.8%	0.3%	
集体企业的经营管理者	0.6%		0.7%	0.5%	0.3%	0.9%	0.7%	
私营企业家	0.6%	2.9%	1.3%	0.4%	1.4%	0.6%	1.3%	2.5%
外商、境外来大陆的投资者			0.4%	0.3%	0.3%	0.4%	0.8%	
个体户	2.6%	2.9%	3.3%	0.7%	3.1%	2.7%	8.4%	
私营、外资企业中的管理人员	1.3%		0.9%	0.5%	2.3%	0.7%	0.9%	
专家学者、专业技术人员	1.9%		0.7%	0.3%	5.9%	1.0%	0.3%	
政府官员	3.9%		0.5%	0.4%	0.8%	0.5%	0.6%	2.5%
其他	0.6%		0.5%	0.3%	1.1%	0.7%	0.4%	
$\chi^2=728.329$　sig = 0.000								

如表所示，不同群体对于“近十年以来，获得的利益最少的人”的选择有显著差异。

由上表可知，江苏与全国居民在“近十年以来，获得的利益最少的人”的选择上，存在共识。基本所有群体都集中在“农民和工人”，这两部分占比之和达到80%左右。因此，我们认为，在这一问题上，全国与江苏的居民认知存在共识。

F24 您认为弱势群体产生的最主要原因是

江苏

	官员	企业家	企业员工	农民	科教医群体	弱势群体	做小生意者	演艺界
制度不合理，社会关怀不够	26.5%	31.6%	21.4%	20.0%	28.9%	24.3%	20.8%	29.8%
收入分配不公	17.1%	21.1%	26.7%	27.6%	25.1%	27.2%	29.2%	22.8%
机会不平等	18.8%	14.0%	18.6%	19.8%	14.7%	19.5%	20.0%	15.8%
弱势群体自己不努力	16.2%	8.8%	12.1%	11.5%	11.8%	10.1%	13.2%	15.8%

续表

	官员	企业家	企业员工	农民	科教医群体	弱势群体	做小生意者	演艺界
缺乏生存技能	21.4%	24.6%	21.2%	21.0%	19.5%	18.8%	16.8%	15.8%

如表所示，不同群体对于“弱势群体产生最主要的原因”的选择存在差异。

全国

	官员	企业家	企业员工	农民	科教医群体	弱势群体	做小生意者	演艺界
制度不合理，社会关怀不够	24.1%	26.9%	25.1%	25.7%	26.1%	26.1%	23.7%	32.0%
收入分配不公	23.3%	21.2%	27.3%	24.3%	23.6%	24.5%	25.0%	22.7%
机会不平等	15.9%	32.7%	19.2%	22.4%	19.5%	21.7%	21.2%	22.7%
弱势群体自己不努力	10.4%	11.5%	12.1%	12.4%	11.1%	11.4%	11.7%	9.3%
缺乏生存技能	26.3%	7.7%	16.2%	15.2%	19.7%	16.3%	18.5%	13.3%

如表所示，不同群体对于“弱势群体产生最主要的原因”的选择存在差异。

由上表可知，江苏与全国居民在“弱势群体产生最主要的原因”的选择上，存在共识。基本所有群体都集中在“制度不合理，社会关怀不够”和“收入分配不公”。因此，我们认为，在这一问题上，全国与江苏的居民认知存在共识。

F25 您认为我们是否应该改造城市的垃圾筒，以为一些老人或流浪者在垃圾筒中找东西时提供方便

江苏

	官员	企业家	企业员工	农民	科教医群体	弱势群体	做小生意者	演艺界
应该，社会有义务为他们提供一种有尊严的生活	86.8%	79.4%	84.9%	80.5%	85.7%	86.3%	86.7%	63.6%
不应该，这些人本来就与城市不和谐	11.8%	17.6%	9.8%	13.4%	7.7%	8.6%	7.0%	33.3%
做这样的事不值得，应该将钱花到更重要的地方	1.5%	2.9%	4.9%	6.0%	4.6%	4.8%	6.0%	3.0%
其他			0.4%		2.0%	0.3%	0.2%	
$\chi^2=68.323$ sig = 0.000								

如表所示，不同群体对于“我们是否应该改造城市的垃圾筒，以为一些老人或流浪者在垃圾筒中找东西时提供方便”的认知有显著差异。

全国

	官员	企业家	企业员工	农民	科教医群体	弱势群体	做小生意者	演艺界
应该，社会有义务为他们提供一种有尊严的生活	79.4%	87.5%	71.4%	82.2%	83.4%	77.1%	76.1%	71.7%
不应该，这些人本来就与城市不和谐	15.2%	9.4%	22.3%	13.2%	12.2%	17.5%	16.4%	19.6%
做这样的事不值得，应该将钱花到更重要的地方	5.5%	3.1%	5.9%	4.6%	3.1%	5.1%	7.1%	6.5%
其他			0.4%	0.1%	1.3%	0.3%	0.4%	2.2%
$\chi^2=113.943$　sig = 0.000								

如表所示，不同群体对于“我们是否应该改造城市的垃圾筒，以为一些老人或流浪者在垃圾筒中找东西时提供方便”的认知有显著差异。

由上表可知，江苏与全国居民在“我们是否应该改造城市的垃圾筒，以为一些老人或流浪者在垃圾筒中找东西时提供方便”的认知上，存在共识。基本所有群体都集中在“应该，社会有义务为他们提供一种有尊严的生活”。因此，我们认为，在这一问题上，全国与江苏的居民认知存在共识。

F26 对当今中国社会，您更担忧哪种问题

江苏

	官员	企业家	企业员工	农民	科教医群体	弱势群体	做小生意者	演艺界
坑蒙拐骗，不守信用	32.4%	32.4%	32.8%	31.8%	27.0%	31.6%	29.4%	30.3%
人与人之间互不信任，相互提防，没有安全感	57.4%	55.9%	45.9%	45.8%	48.0%	46.7%	44.2%	36.4%
可信任的人很少，遇到问题难以找到人倾诉和帮助	7.4%	11.8%	19.1%	16.6%	21.9%	16.5%	23.8%	33.3%
其他	2.9%		2.2%	5.8%	3.1%	5.2%	2.6%	
$\chi^2=58.634$　sig = 0.000								

如表所示，不同群体对于“当今中国社会，居民最担忧的问题”的看法有显著差异。

全国

	官员	企业家	企业员工	农民	科教医群体	弱势群体	做小生意者	演艺界
坑蒙拐骗，不守信用	19.9%	29.4%	21.7%	33.3%	25.1%	25.7%	27.1%	26.1%
人与人之间互不信任，相互提防，没有安全感	60.8%	50.0%	51.5%	41.7%	50.8%	49.2%	46.3%	47.8%
可信任的人很少，遇到问题难以找到人倾诉和帮助	18.7%	17.6%	25.9%	23.4%	22.5%	24.0%	25.9%	26.1%
其他	0.6%	2.9%	0.8%	1.5%	1.6%	1.1%	0.7%	
$\chi^2 = 109.065$　sig = 0.000								

如表所示，不同群体对于“当今中国社会，居民最担忧的问题”的看法有显著差异。

由上表可知，江苏与全国居民在“当今中国社会，居民最担忧的问题”的看法上存在共识。基本所有群体都集中在“人与人之间互不信任，相互提防，没有安全感”，占比在50%左右。因此，我们认为，在这一问题上，全国与江苏的居民认知存在共识。

F27 您觉得大多数人都是可以相信的吗？如果 1 分代表“大多数人都可以相信”，5 分代表“对其他人都应该小心防备”，您会选几分

江苏

	官员	企业家	企业员工	农民	科教医群体	弱势群体	做小生意者	演艺界
大多数人都可以相信	11.8%	8.8%	9.5%	10.1%	14.4%	8.4%	8.6%	18.2%
2	38.2%	32.4%	34.1%	39.0%	35.9%	32.5%	31.3%	18.2%
3	39.7%	32.4%	42.7%	36.6%	39.5%	43.7%	44.4%	42.4%
4	7.4%	23.5%	12.2%	12.0%	9.7%	13.2%	14.3%	21.2%
对其他人都应小心防备	2.9%	2.9%	1.6%	2.3%	0.5%	2.2%	1.4%	
$\chi^2 = 45.391$　sig = 0.020								

如表所示，不同群体对于“您觉得大多数人都是可以相信的吗?”的看法有显著差异。

全国

	官员	企业家	企业员工	农民	科教医群体	弱势群体	做小生意者	演艺界
大多数人都可以相信	6.6%	11.8%	6.1%	11.7%	10.4%	8.8%	5.9%	2.2%
2	45.2%	29.4%	39.4%	36.7%	40.2%	35.1%	38.7%	42.2%
3	33.1%	47.1%	44.3%	43.1%	38.3%	44.7%	42.8%	40.0%
4	12.7%	8.8%	8.7%	6.9%	8.3%	9.0%	9.8%	11.1%
对其他人都应小心防备	2.4%	2.9%	1.5%	1.5%	2.8%	2.4%	2.8%	4.4%
$\chi^2=99.169$　sig = 0.000								

如表所示，不同群体对于“您觉得大多数人都是可以相信的吗?”的看法有显著差异。

由上表可知，江苏与全国居民在“您觉得大多数人都是可以相信的吗?”的看法上存在共识。基本所有群体都集中在选项 2 和 3。因此，我们认为，在这一问题上，全国与江苏的居民认知存在共识。

F28a 您对下面这些人的信任程度如何？您的家人

江苏

	官员	企业家	企业员工	农民	科教医群体	弱势群体	做小生意者	演艺界
完全信任	83.8%	91.2%	77.2%	82.5%	84.2%	80.6%	87.6%	87.9%
比较信任	11.8%	8.8%	22.4%	17.5%	15.8%	19.2%	11.8%	9.1%
不太信任	2.9%		0.2%			0.2%	0.6%	3.0%
根本不信任	1.5%		0.2%			0.1%		
$\chi^2=82.912$　sig = 0.000								

如表所示，不同群体在对“家人的信任度”上有显著差异。

全国

	官员	企业家	企业员工	农民	科教医群体	弱势群体	做小生意者	演艺界
完全信任	84.3%	88.2%	82.1%	86.0%	83.6%	81.3%	82.5%	78.3%
比较信任	13.3%	11.8%	16.5%	12.6%	14.3%	16.9%	16.4%	19.6%
不太信任	1.2%		1.2%	1.2%	2.1%	1.6%	1.0%	2.2%

续表

	官员	企业家	企业员工	农民	科教医群体	弱势群体	做小生意者	演艺界
根本不信任	1.2%		0.1%	0.2%		0.2%	0.1%	
$\chi^2=41.678$ sig = 0.005								

如表所示，不同群体在对“家人的信任度”上有显著差异。

由上表可知，江苏与全国居民在对家人的信任度上，存在共识。基本所有群体都集中在“完全信任”，占比在80%左右。因此，我们认为，在这一问题上，全国与江苏的居民认知存在共识。

F28b 您对下面这些人的信任程度如何？您的邻居

江苏

	官员	企业家	企业员工	农民	科教医群体	弱势群体	做小生意者	演艺界
完全信任	6.0%	20.6%	10.2%	16.3%	14.4%	11.2%	12.1%	15.6%
比较信任	88.1%	76.5%	81.0%	79.7%	75.3%	77.8%	79.1%	65.6%
不太信任	4.5%	2.9%	8.1%	3.7%	10.3%	10.3%	8.5%	18.8%
根本不信任	1.5%		0.7%	0.3%		0.7%	0.4%	
$\chi^2=64.849$ sig = 0.000								

如表所示，不同群体在对“邻居的信任度”上有显著差异。

全国

	官员	企业家	企业员工	农民	科教医群体	弱势群体	做小生意者	演艺界
完全信任	17.1%	26.5%	23.3%	29.7%	21.0%	22.4%	21.4%	13.0%
比较信任	72.6%	61.8%	65.4%	64.7%	68.8%	65.6%	68.1%	73.9%
不太信任	9.1%	8.8%	10.5%	5.3%	9.2%	11.1%	9.6%	13.0%
根本不信任	1.2%	2.9%	0.7%	0.3%	1.0%	0.9%	0.9%	
$\chi^2=115.802$ sig = 0.000								

如表所示，不同群体在对“邻居的信任度”上有显著差异。

由上表可知，江苏与全国居民在对邻居的信任度上，存在共识。基本所有群体都集中在“比较信任”，占比在60%，其次为“完全信任”。因此，我们认为，在这一问题上，全国与江苏的居民认知存在共识。

F28c 您对下面这些人的信任程度如何？外地人

江苏

	官员	企业家	企业员工	农民	科教医群体	弱势群体	做小生意者	演艺界
完全信任		2.9%	1.0%	0.9%	1.6%	0.6%	1.7%	6.5%
比较信任	16.7%	29.4%	22.7%	17.4%	19.1%	17.6%	19.4%	9.7%
不太信任	71.2%	55.9%	56.4%	56.8%	61.7%	61.3%	55.4%	67.7%
根本不信任	12.1%	11.8%	19.9%	24.9%	17.6%	20.5%	23.6%	16.1%
$\chi^2=50.240$　sig = 0.000								

如表所示，不同群体在对“外地人的信任度”上有显著差异。

全国

	官员	企业家	企业员工	农民	科教医群体	弱势群体	做小生意者	演艺界
完全信任	5.2%	6.3%	2.4%	3.8%	3.0%	2.4%	2.8%	2.3%
比较信任	34.2%	43.8%	32.2%	26.7%	28.4%	27.4%	30.2%	25.0%
不太信任	49.7%	37.5%	52.4%	56.4%	55.9%	54.5%	51.2%	54.5%
根本不信任	11.0%	12.5%	13.0%	13.1%	12.7%	15.6%	15.8%	18.2%
$\chi^2=49.724$　sig = 0.000								

如表所示，不同群体在对“外地人的信任度”上有显著差异。

由上表可知，江苏与全国居民在对外地人的信任度上，基本所有群体都集中在“不太信任”，占比在50%或以上，其次为“比较信任”。但江苏对外地人的信任度明显低于全国。因此，我们认为，在这一问题上，全国与江苏的居民认知存在差异。

F28d 您对下面这些人的信任程度如何？陌生人

江苏

	官员	企业家	企业员工	农民	科教医群体	弱势群体	做小生意者	演艺界
完全信任		2.9%	0.4%	1.2%	2.1%	0.5%	0.4%	3.1%
比较信任	7.6%	8.8%	8.4%	6.9%	9.6%	7.5%	8.3%	9.4%
不太信任	65.2%	67.6%	56.5%	52.1%	58.8%	58.4%	55.2%	50.0%
根本不信任	27.3%	20.6%	34.6%	39.8%	29.4%	33.6%	36.0%	37.5%
$\chi^2=36.212$　sig = 0.021								

如表所示，不同群体在对“陌生人的信任度”上有显著差异。

全国

	官员	企业家	企业员工	农民	科教医群体	弱势群体	做小生意者	演艺界
完全信任	2.6%	3.0%	1.4%	0.9%	1.9%	1.2%	1.5%	
比较信任	22.1%	36.4%	20.6%	20.1%	17.3%	17.2%	18.3%	22.7%
不太信任	54.5%	42.4%	53.6%	55.5%	58.5%	53.2%	51.7%	50.0%
根本不信任	20.8%	18.2%	24.4%	23.5%	22.4%	28.5%	28.6%	27.3%
$\chi^2=48.475$ sig = 0.001								

如表所示，不同群体在对“陌生人的信任度”上有显著差异。

由上表可知，江苏与全国居民在对陌生人的信任度上，基本所有群体的都集中在“不太信任”，占比在50%左右，其次为“比较信任”和“根本不信任”。但江苏的信任度明显低于全国。因此，我们认为，在这一问题上，全国与江苏的居民认知存在差异。

F28e 您对下面这些人的信任程度如何？外国人

江苏

	官员	企业家	企业员工	农民	科教医群体	弱势群体	做小生意者	演艺界
完全信任			0.6%	1.0%	1.7%	0.7%	0.7%	3.1%
比较信任	16.4%	21.9%	11.8%	8.9%	15.6%	9.7%	12.5%	12.5%
不太信任	60.7%	59.4%	55.7%	52.3%	54.4%	59.9%	55.1%	50.0%
根本不信任	23.0%	18.8%	31.9%	37.7%	28.3%	29.6%	31.7%	34.4%
$\chi^2=39.685$ sig = 0.008								

如表所示，不同群体在对“外国人的信任度”上有显著差异。

全国

	官员	企业家	企业员工	农民	科教医群体	弱势群体	做小生意者	演艺界
完全信任	2.7%	3.2%	2.0%	0.7%	0.9%	1.5%	1.7%	
比较信任	26.0%	19.4%	19.1%	12.4%	18.6%	16.6%	13.9%	17.1%
不太信任	53.4%	45.2%	53.9%	57.1%	57.6%	52.7%	55.7%	56.1%
根本不信任	17.8%	32.3%	25.0%	29.8%	23.0%	29.2%	28.7%	26.8%
$\chi^2=79.814$ sig = 0.000								

如表所示，不同群体在对“外国人的信任度”上有显著差异。

由上表可知，江苏与全国居民在对外国人的信任度上，基本所有群体都集中在“不太信任”，占比在50%左右。但江苏的信任度明显低于全国。因此，我们认为，在这一问题上，全国与江苏的居民认知存在差异。

F28f 您对下面这些人的信任程度如何？同事或同学

江苏

	官员	企业家	企业员工	农民	科教医群体	弱势群体	做小生意者	演艺界
完全信任	10.3%	11.8%	6.2%	7.5%	10.8%	5.9%	7.9%	15.6%
比较信任	82.4%	85.3%	80.2%	79.2%	79.4%	81.5%	75.6%	59.4%
不太信任	7.4%	2.9%	11.9%	12.5%	8.8%	11.7%	15.7%	21.9%
根本不信任			1.6%	0.8%	1.0%	1.0%	0.8%	3.1%
$\chi^2=38.132$　sig = 0.012								

如表所示，不同群体在对“同事或同学的信任度”的选择上有显著差异。

全国

	官员	企业家	企业员工	农民	科教医群体	弱势群体	做小生意者	演艺界
完全信任	11.0%	11.8%	8.9%	5.6%	8.6%	8.4%	5.7%	4.3%
比较信任	72.4%	76.5%	75.6%	75.7%	78.9%	73.3%	72.0%	71.7%
不太信任	16.0%	8.8%	13.8%	16.8%	11.2%	15.8%	19.6%	21.7%
根本不信任	0.6%	2.9%	1.7%	1.9%	1.3%	2.5%	2.7%	2.2%
$\chi^2=60.079$　sig = 0.000								

如表所示，不同群体在对“同事或同学的信任度”的选择上有显著差异。

由上表可知，江苏与全国居民在对同事或同学的信任度上，存在共识。基本所有群体都集中在“比较信任”，占比在70%左右，其次为“比较信任”和“根本不信任”。因此，我们认为，在这一问题上，全国与江苏的居民认知存在共识。

F28g 您对下面这些人的信任程度如何？您的上司或领导

江苏

	官员	企业家	企业员工	农民	科教医群体	弱势群体	做小生意者	演艺界
完全信任	10.4%	9.1%	6.4%	8.0%	12.0%	5.3%	9.2%	15.6%

续表

	官员	企业家	企业员工	农民	科教医群体	弱势群体	做小生意者	演艺界
比较信任	79.1%	84.8%	76.6%	75.9%	70.8%	75.9%	71.4%	56.3%
不太信任	7.5%	6.1%	16.0%	15.3%	16.1%	17.4%	17.6%	15.6%
根本不信任	3.0%		1.1%	0.8%	1.0%	1.3%	1.7%	12.5%
$\chi^2=68.368$ sig = 0.000								

如表所示，不同群体在对“上司或领导的信任度”上有显著差异。

全国

	官员	企业家	企业员工	农民	科教医群体	弱势群体	做小生意者	演艺界
完全信任	9.3%	12.1%	6.8%	5.2%	7.5%	6.1%	4.9%	2.3%
比较信任	70.4%	66.7%	67.5%	63.8%	72.1%	64.1%	62.5%	65.9%
不太信任	17.3%	15.2%	22.8%	27.5%	18.8%	25.7%	29.2%	27.3%
根本不信任	3.1%	6.1%	2.9%	3.5%	1.6%	4.1%	3.4%	4.5%
$\chi^2=54.079$ sig = 0.000								

如表所示，不同群体在对“上司或领导的信任度”上有显著差异。

由上表可知，江苏与全国居民在对上司或领导的信任度上，基本所有群体都集中在“比较信任”，占比在70%左右，且江苏对上司或领导的信任度明显低于全国。因此，我们认为，在这一问题上，全国与江苏的居民认知存在差异。

F28h 您对下面这些人的信任程度如何？您的朋友

江苏

	官员	企业家	企业员工	农民	科教医群体	弱势群体	做小生意者	演艺界
完全信任	16.2%	11.8%	14.6%	15.1%	21.4%	13.9%	16.7%	18.2%
比较信任	79.4%	85.3%	81.5%	82.5%	76.5%	81.1%	78.5%	75.8%
不太信任	4.4%	2.9%	3.0%	1.8%	1.0%	4.6%	4.2%	6.1%
根本不信任			0.9%	0.6%	1.0%	0.5%	0.6%	
$\chi^2=29.953$ sig = 0.093								

如表所示，不同群体在对“对朋友的信任度”上没有显著差异。

全国

	官员	企业家	企业员工	农民	科教医群体	弱势群体	做小生意者	演艺界
完全信任	22.9%	23.5%	18.6%	13.0%	21.5%	17.6%	13.7%	13.3%
比较信任	69.3%	73.5%	73.6%	79.8%	72.9%	74.2%	77.6%	77.8%
不太信任	6.6%		7.0%	6.1%	4.2%	6.9%	7.1%	8.9%
根本不信任	1.2%	2.9%	0.8%	1.1%	1.3%	1.3%	1.6%	
$\chi^2=63.425$　sig = 0.000								

如表所示，不同群体在对“对朋友的信任度”上有显著差异。

由上表可知，江苏与全国居民在对朋友的信任度上，基本所有群体都集中在“比较信任”，占比大多在70%以上，且江苏对朋友的信任度略高于全国。其中，官员对朋友的信任度，江苏与全国的差异近10%。因此，我们认为，在这一问题上，全国与江苏的居民认知存在差异。

F29 您是否同意“在这个社会上，您一不小心别人就会想办法占您的便宜”

江苏

	官员	企业家	企业员工	农民	科教医群体	弱势群体	做小生意者	演艺界
非常不同意	5.9%	8.8%	3.9%	5.0%	7.3%	4.0%	3.3%	6.1%
比较不同意	33.8%	20.6%	28.2%	26.8%	32.8%	25.8%	31.2%	24.2%
说不上同意不同意	33.8%	23.5%	31.1%	31.6%	31.8%	30.1%	28.7%	57.6%
比较同意	23.5%	44.1%	32.8%	34.1%	28.1%	36.8%	34.2%	9.1%
非常同意	2.9%	2.9%	4.0%	2.5%		3.3%	2.6%	3.0%
$\chi^2=51.862$　sig = 0.004								

如表所示，不同群体对于“是否同意‘在这个社会上，您一不小心别人就会想办法占您的便宜’”的看法有显著差异。

全国

	官员	企业家	企业员工	农民	科教医群体	弱势群体	做小生意者	演艺界
非常不同意	12.1%	8.8%	6.4%	4.3%	8.1%	6.7%	6.4%	
比较不同意	40.6%	55.9%	32.3%	33.3%	43.8%	35.0%	32.8%	37.0%
说不上同意不同意	29.1%	20.6%	31.3%	33.7%	27.7%	32.0%	32.6%	34.8%
比较同意	15.2%	11.8%	25.5%	24.8%	17.2%	23.0%	25.6%	26.1%
非常同意	3.0%	2.9%	4.5%	3.8%	3.2%	3.3%	2.5%	2.2%
$\chi^2=84.827$　sig = 0.000								

如表所示，不同群体对于“是否同意‘在这个社会上，您一不小心别人就会想办法占您的便宜’”的看法有显著差异。

由上表可知，江苏与全国居民在对是否同意“在这个社会上，您一不小心别人就会想办法占您的便宜”的看法上，存在明显差异，江苏各群体选择同意的比例高于全国。

F30 您对所生活的地方道德建设满意吗？

江苏

	官员	企业家	企业员工	农民	科教医群体	弱势群体	做小生意者	演艺界
满意	14.9%	15.2%	10.7%	12.6%	13.6%	11.0%	10.7%	9.4%
基本满意	79.1%	84.8%	81.0%	79.9%	76.4%	77.9%	77.4%	75.0%
不满意	6.0%		8.3%	7.5%	9.9%	11.1%	11.9%	15.6%
$\chi^2=22.653$　sig = 0.066								

如表所示，不同群体对于“对所生活的地方道德建设满意度”的看法没有显著差异。

全国

	官员	企业家	企业员工	农民	科教医群体	弱势群体	做小生意者	演艺界
满意	15.2%	27.3%	12.2%	12.4%	14.9%	11.4%	8.8%	10.9%
基本满意	81.1%	54.5%	77.2%	73.4%	73.9%	74.7%	75.9%	76.1%
不满意	3.7%	18.2%	10.6%	14.1%	11.1%	13.9%	15.3%	13.0%
$\chi^2=52.583$　sig = 0.000								

如表所示，不同群体对于“对所生活的地方道德建设满意度”的看法有显著差异。

由上表可知，江苏与全国居民在对所生活的地方道德建设满意度的看法上，基本所有群体的都集中在“基本满意”，占比在70%左右，但江苏企业家明显高于全国，差异近30%。因此，我们认为，在这一问题上，全国与江苏的居民认知存在一定差异。

F31a 您对下面群体的信任程度如何？商人

江苏

	官员	企业家	企业员工	农民	科教医群体	弱势群体	做小生意者	演艺界
完全信任	1.5%	8.8%	1.6%	1.2%	1.1%	1.2%	1.0%	
比较信任	46.2%	67.6%	39.8%	48.6%	45.8%	44.7%	48.8%	48.5%
不太信任	49.2%	23.5%	53.5%	44.7%	50.5%	48.3%	45.5%	48.5%
根本不信任	3.1%		5.1%	5.6%	2.6%	5.8%	4.7%	3.0%
$\chi^2=52.700$　sig = 0.000								

如表所示，不同群体对于“商人的信任度”的看法有显著差异。

全国

	官员	企业家	企业员工	农民	科教医群体	弱势群体	做小生意者	演艺界
完全信任	3.1%	9.4%	4.3%	2.1%	4.1%	3.7%	5.6%	
比较信任	57.7%	53.1%	52.9%	54.5%	48.9%	51.2%	58.6%	56.5%
不太信任	33.7%	34.4%	39.6%	39.9%	43.4%	40.9%	33.5%	39.1%
根本不信任	5.5%	3.1%	3.2%	3.4%	3.6%	4.2%	2.4%	4.3%
$\chi^2=65.696$　sig = 0.000								

如表所示，不同群体对于“商人的信任度”的看法有显著差异。

由上表可知，江苏与全国居民在对商人的信任度的看法上，基本所有群体都集中在“比较信任”，占比在50%左右，但江苏明显低于全国。因此，我们认为，在这一问题上，全国与江苏的居民认知存在一定差异。

F31b 您对下面群体的信任程度如何？单位领导/社区（村）干部

江苏

	官员	企业家	企业员工	农民	科教医群体	弱势群体	做小生意者	演艺界
完全信任	11.8%	2.9%	4.8%	5.2%	5.8%	4.1%	4.3%	
比较信任	72.1%	73.5%	65.1%	62.5%	68.1%	64.7%	59.8%	56.3%
不太信任	14.7%	23.5%	27.5%	29.4%	20.9%	27.8%	31.4%	34.4%
根本不信任	1.5%		2.7%	3.0%	5.2%	3.4%	4.5%	9.4%
$\chi^2=37.679$　sig = 0.014								

如表所示，不同群体对于“单位领导/社区干部的信任度”的看法有显著差异。

全国

	官员	企业家	企业员工	农民	科教医群体	弱势群体	做小生意者	演艺界
完全信任	8.5%	6.1%	5.3%	4.0%	10.0%	5.3%	4.9%	
比较信任	72.6%	57.6%	64.0%	54.1%	62.5%	54.6%	56.4%	54.5%
不太信任	12.8%	30.3%	26.5%	34.8%	25.3%	33.8%	32.1%	38.6%
根本不信任	6.1%	6.1%	4.2%	7.2%	2.2%	6.3%	6.6%	6.8%
$\chi^2=132.845$ sig = 0.000								

如表所示，不同群体对于“单位领导/社区干部的信任度”的看法有显著差异。

由上表可知，江苏与全国居民在对单位领导/社区干部的信任度的信任度的看法上，存在共识。基本所有群体都集中在“比较信任”，占比在60%左右。

F31c 您对下面群体的信任程度如何？公务员

江苏

	官员	企业家	企业员工	农民	科教医群体	弱势群体	做小生意者	演艺界
完全信任	13.4%	5.9%	6.7%	8.4%	8.5%	5.8%	7.4%	6.3%
比较信任	74.6%	67.6%	58.0%	63.4%	63.0%	63.6%	59.9%	53.1%
不太信任	9.0%	26.5%	30.7%	26.4%	25.4%	26.9%	28.9%	28.1%
根本不信任	3.0%		4.6%	1.8%	3.2%	3.6%	3.7%	12.5%
$\chi^2=48.688$ sig = 0.001								

如表所示，不同群体对于“公务员的信任度”的看法有显著差异。

全国

	官员	企业家	企业员工	农民	科教医群体	弱势群体	做小生意者	演艺界
完全信任	11.6%	9.1%	8.6%	4.5%	11.2%	7.2%	6.2%	2.3%
比较信任	73.8%	69.7%	63.4%	64.5%	64.3%	61.7%	64.7%	58.1%
不太信任	10.4%	18.2%	25.9%	28.0%	22.6%	27.7%	26.7%	32.6%
根本不信任	4.3%	3.0%	2.1%	3.0%	1.9%	3.4%	2.4%	7.0%
$\chi^2=81.508$ sig = 0.000								

如表所示，不同群体对于“公务员的信任度”的看法有显著差异。

由上表可知，江苏与全国居民在对公务员的信任度的看法上，存在共识。基本所有群体都集中在“比较信任”，占比在60%左右。

F31d 您对下面群体的信任程度如何？教师

江苏

	官员	企业家	企业员工	农民	科教医群体	弱势群体	做小生意者	演艺界
完全信任	10.3%	8.8%	10.3%	13.1%	19.1%	11.7%	11.0%	6.1%
比较信任	77.9%	70.6%	69.6%	71.9%	69.1%	71.9%	68.3%	60.6%
不太信任	10.3%	17.6%	16.7%	13.1%	10.3%	14.8%	18.3%	27.3%
根本不信任	1.5%	2.9%	3.3%	1.9%	1.5%	1.6%	2.4%	6.1%
$\chi^2=42.377$　sig = 0.004								

如表所示，不同群体对于“教师的信任度”的看法有显著差异。

全国

	官员	企业家	企业员工	农民	科教医群体	弱势群体	做小生意者	演艺界
完全信任	18.3%	12.1%	16.3%	12.0%	23.2%	15.4%	12.6%	4.4%
比较信任	72.0%	78.8%	69.0%	70.7%	61.7%	69.8%	70.2%	80.0%
不太信任	8.5%	9.1%	12.4%	15.9%	13.5%	13.2%	15.3%	13.3%
根本不信任	1.2%		2.2%	1.4%	1.6%	1.6%	2.0%	2.2%
$\chi^2=69.403$　sig = 0.000								

如表所示，不同群体对于“教师的信任度”的看法有显著差异。

由上表可知，江苏与全国居民在对教师的信任度的看法上，存在共识。基本所有群体都集中在“比较信任”，占比在70%左右。

F31e 您对下面群体的信任程度如何？警察

江苏

	官员	企业家	企业员工	农民	科教医群体	弱势群体	做小生意者	演艺界
完全信任	19.4%	14.7%	20.7%	22.4%	20.6%	19.5%	17.8%	25.0%
比较信任	71.6%	61.8%	64.9%	66.7%	63.9%	67.0%	66.5%	50.0%
不太信任	9.0%	17.6%	11.6%	9.1%	12.4%	11.8%	13.1%	18.8%
根本不信任		5.9%	2.8%	1.8%	3.1%	1.7%	2.6%	6.3%
$\chi^2=26.658$　sig = 0.182								

如表所示，不同群体对于“警察的信任度”的看法没有显著差异。

全国

	官员	企业家	企业员工	农民	科教医群体	弱势群体	做小生意者	演艺界
完全信任	22.8%	18.2%	18.9%	14.6%	19.4%	18.8%	14.5%	14.6%
比较信任	68.5%	66.7%	65.1%	67.0%	66.0%	65.6%	69.0%	68.3%
不太信任	8.0%	15.2%	14.5%	15.9%	13.5%	13.7%	15.0%	14.6%
根本不信任	0.6%		1.5%	2.5%	1.1%	1.9%	1.5%	2.4%
$\chi^2=46.711$ sig = 0.001								

如表所示，不同群体对于“警察的信任度”的看法有显著差异。

由上表可知，江苏与全国居民在对警察的信任度的看法上，基本所有群体都集中在“比较信任”，占比在70%左右。但农民对警察完全信任中，全国与江苏差异较大，在8%左右；演艺界在完全信任中，全国与江苏差异较大，约11%。因此，我们认为，在这一问题上，全国与江苏的居民认知存在差异。

F31f 您对下面群体的信任程度如何？医生

江苏

	官员	企业家	企业员工	农民	科教医群体	弱势群体	做小生意者	演艺界
完全信任	14.7%	8.8%	10.1%	9.8%	13.4%	11.0%	8.9%	9.1%
比较信任	70.6%	61.8%	64.8%	69.6%	67.0%	67.9%	64.6%	54.5%
不太信任	10.3%	23.5%	21.7%	17.3%	17.0%	18.8%	23.9%	24.2%
根本不信任	4.4%	5.9%	3.4%	3.3%	2.6%	2.3%	2.6%	12.1%
$\chi^2=36.624$ sig = 0.019								

如表所示，不同群体对于“医生的信任度”的看法有显著差异。

全国

	官员	企业家	企业员工	农民	科教医群体	弱势群体	做小生意者	演艺界
完全信任	12.1%	18.8%	14.4%	10.6%	15.6%	14.6%	14.2%	7.1%
比较信任	69.7%	65.6%	65.1%	62.7%	65.6%	63.0%	62.1%	78.6%
不太信任	13.9%	15.6%	18.6%	23.3%	18.0%	19.9%	21.0%	11.9%
根本不信任	4.2%		1.9%	3.4%	0.8%	2.5%	2.7%	2.4%
$\chi^2=62.871$ sig = 0.000								

如表所示，不同群体对于“医生的信任度”的看法有显著差异。

由上表可知，江苏与全国居民在对医生的信任度的看法上，存在共识。基本所有群体都集中在“比较信任”，占比在60%左右。

F31g 您对下面群体的信任程度如何？法官

江苏

	官员	企业家	企业员工	农民	科教医群体	弱势群体	做小生意者	演艺界
完全信任	22.4%	11.8%	18.2%	16.9%	18.8%	15.8%	15.5%	15.2%
比较信任	67.2%	76.5%	70.5%	72.1%	68.6%	70.9%	72.4%	69.7%
不太信任	9.0%	11.8%	10.0%	9.7%	10.5%	12.0%	9.6%	9.1%
根本不信任	1.5%		1.3%	1.3%	2.1%	1.3%	2.5%	6.1%
$\chi^2=19.107$　sig = 0.578								

如表所示，不同群体对于“法官的信任度”的看法没有显著差异。

全国

	官员	企业家	企业员工	农民	科教医群体	弱势群体	做小生意者	演艺界
完全信任	17.4%	12.9%	16.6%	12.7%	18.4%	18.4%	15.4%	12.8%
比较信任	70.2%	74.2%	65.3%	66.4%	63.2%	64.4%	64.9%	74.4%
不太信任	11.2%	12.9%	16.4%	18.1%	16.4%	14.8%	16.8%	7.7%
根本不信任	1.2%		1.7%	2.8%	2.0%	2.4%	3.0%	5.1%
$\chi^2=47.440$　sig = 0.001								

如表所示，不同群体对于“法官的信任度”的看法有显著差异。

由上表可知，江苏与全国居民在对法官的信任度的看法上，存在共识。基本所有群体都集中在“比较信任”，占比在70%左右。

F31h 您对下面群体的信任程度如何？农民

江苏

	官员	企业家	企业员工	农民	科教医群体	弱势群体	做小生意者	演艺界
完全信任	9.0%	8.8%	11.8%	13.7%	12.0%	9.9%	10.3%	15.6%
比较信任	79.1%	76.5%	76.8%	76.4%	78.5%	76.6%	77.4%	62.5%
不太信任	11.9%	14.7%	10.2%	8.4%	7.9%	12.3%	10.9%	18.8%
根本不信任			1.2%	1.5%	1.6%	1.3%	1.4%	3.1%
$\chi^2=23.758$　sig = 0.305								

如表所示，不同群体对于“农民的信任度”的看法没有显著差异。

全国

	官员	企业家	企业员工	农民	科教医群体	弱势群体	做小生意者	演艺界
完全信任	8.6%	21.2%	12.3%	12.8%	12.4%	12.6%	11.5%	9.3%
比较信任	71.6%	69.7%	74.8%	77.1%	72.8%	73.8%	75.8%	67.4%
不太信任	17.3%	9.1%	11.6%	9.1%	14.3%	12.4%	10.9%	20.9%
根本不信任	2.5%		1.3%	1.1%	0.5%	1.3%	1.8%	2.3%
$\chi^2=41.025$ sig = 0.006								

如表所示，不同群体对于“农民的信任度”的看法有显著差异。

由上表可知，江苏与全国居民在对农民的信任度的看法上，存在共识。基本所有群体都集中在“比较信任”，占比在70%左右。

F31i 您对下面群体的信任程度如何？工人

江苏

	官员	企业家	企业员工	农民	科教医群体	弱势群体	做小生意者	演艺界
完全信任	6.1%	8.8%	11.5%	11.1%	13.1%	8.8%	9.9%	16.1%
比较信任	80.3%	76.5%	76.6%	78.9%	73.8%	75.6%	75.7%	64.5%
不太信任	9.1%	14.7%	10.7%	9.5%	12.0%	14.3%	13.1%	19.4%
根本不信任	4.5%		1.2%	0.5%	1.0%	1.3%	1.4%	
$\chi^2=36.521$ sig = 0.0190								

如表所示，不同群体对于“工人的信任度”的看法有显著差异。

全国

	官员	企业家	企业员工	农民	科教医群体	弱势群体	做小生意者	演艺界
完全信任	8.1%	24.2%	11.3%	9.5%	11.4%	9.0%	10.5%	7.0%
比较信任	75.0%	57.6%	73.1%	77.4%	74.0%	76.2%	75.3%	62.8%
不太信任	13.8%	18.2%	14.1%	12.0%	13.0%	13.2%	11.7%	27.9%
根本不信任	3.1%		1.6%	1.2%	1.6%	1.6%	2.4%	2.3%
$\chi^2=42.581$ sig = 0.004								

如表所示，不同群体对于“工人的信任度”的看法有显著差异。

由上表可知，江苏与全国居民在对工人的信任度的看法上，存在共识。基本所有群体都集中在“比较信任”，占比基本在60%以上。

F31j 您对下面群体的信任程度如何？专家学者

江苏

	官员	企业家	企业员工	农民	科教医群体	弱势群体	做小生意者	演艺界
完全信任	7.5%	11.8%	11.3%	11.1%	9.6%	8.8%	11.3%	18.8%
比较信任	74.6%	73.5%	59.7%	70.1%	64.4%	64.1%	61.7%	50.0%
不太信任	14.9%	14.7%	25.4%	16.5%	23.9%	24.1%	24.5%	18.8%
根本不信任	3.0%		3.5%	2.4%	2.1%	3.1%	2.6%	12.5%
$\chi^2=52.917$　sig = 0.000								

如表所示，不同群体对于“专家学者的信任度”的看法有显著差异。

全国

	官员	企业家	企业员工	农民	科教医群体	弱势群体	做小生意者	演艺界
完全信任	12.6%	10.0%	12.2%	8.9%	15.3%	12.8%	11.0%	
比较信任	63.6%	60.0%	58.8%	61.2%	59.5%	59.3%	57.0%	62.8%
不太信任	18.5%	16.7%	23.3%	24.3%	20.4%	22.3%	25.5%	30.2%
根本不信任	5.3%	13.3%	5.7%	5.6%	4.8%	5.6%	6.4%	7.0%
$\chi^2=40.290$　sig = 0.007								

如表所示，不同群体对于“专家学者的信任度”的看法有显著差异。

由上表可知，江苏与全国居民在对专家学者的信任度的看法上，存在共识。基本所有群体都集中在“比较信任”，占比在60%左右。

F31k 您对下面群体的信任程度如何？演艺娱乐圈

江苏

	官员	企业家	企业员工	农民	科教医群体	弱势群体	做小生意者	演艺界
完全信任		8.8%	1.7%	2.0%	2.2%	1.6%	0.2%	3.1%
比较信任	38.3%	41.2%	28.7%	40.2%	30.9%	37.6%	30.5%	28.1%
不太信任	45.0%	35.3%	51.3%	44.4%	47.2%	45.0%	52.4%	40.6%
根本不信任	16.7%	14.7%	18.3%	13.4%	19.7%	15.8%	16.9%	28.1%
$\chi^2=63.088$　sig = 0.000								

如表所示，不同群体对于“演艺娱乐圈的信任度”的看法有显著差异。

全国

	官员	企业家	企业员工	农民	科教医群体	弱势群体	做小生意者	演艺界
完全信任	6.4%	6.9%	5.0%	2.3%	4.6%	3.3%	3.4%	2.6%
比较信任	23.6%	13.8%	31.0%	36.0%	27.7%	32.2%	28.0%	17.9%
不太信任	52.1%	44.8%	45.2%	45.1%	47.9%	45.9%	48.1%	48.7%
根本不信任	17.9%	34.5%	18.8%	16.5%	19.8%	18.6%	20.5%	30.8%
$\chi^2=59.719$ sig = 0.000								

如表所示，不同群体对于“演艺娱乐圈的信任度”的看法有显著差异。

由上表可知，江苏与全国居民在对演艺娱乐圈的信任度的看法上，存在共识。基本所有群体都集中在“不太信任”，占比在50%左右。

F311 您对下面群体的信任程度如何？公众人物

江苏

	官员	企业家	企业员工	农民	科教医群体	弱势群体	做小生意者	演艺界
完全信任	3.2%	2.9%	2.8%	3.0%	7.9%	2.3%	4.7%	6.1%
比较信任	53.2%	61.8%	43.2%	54.0%	45.8%	49.9%	44.4%	42.4%
不太信任	33.9%	29.4%	43.7%	35.8%	36.2%	39.5%	42.6%	39.4%
根本不信任	9.7%	5.9%	10.3%	7.2%	10.2%	8.2%	8.3%	12.1%
$\chi^2=51.206$ sig = 0.000								

如表所示，不同群体对于“公众人物的信任度”的看法有显著差异。

全国

	官员	企业家	企业员工	农民	科教医群体	弱势群体	做小生意者	演艺界
完全信任	6.3%	7.1%	5.2%	3.0%	7.7%	4.9%	5.1%	
比较信任	42.0%	46.4%	44.5%	45.5%	40.1%	45.1%	36.1%	31.7%
不太信任	38.5%	32.1%	36.9%	37.2%	38.6%	37.3%	43.5%	46.3%
根本不信任	13.3%	14.3%	13.5%	14.3%	13.6%	12.7%	15.2%	22.0%
$\chi^2=49.478$ sig = 0.000								

如表所示，不同群体对于“公众人物的信任度”的看法有显著差异。

由上表可知，江苏与全国居民在对公众人物的信任度上，基本所有群体的都集中在“比较信任”，其次为“不太信任”，但江苏各群体不信任的比例低于全国。因此，我们认为，在这一问题上，全国与江苏的居民认知存在差异。

F32 您在生活中经常买到假冒伪劣商品吗

江苏

	官员	企业家	企业员工	农民	科教医群体	弱势群体	做小生意者	演艺界
经常	4.8%	15.2%	4.4%	5.4%	7.7%	4.2%	7.5%	10.0%
偶尔	62.9%	66.7%	71.9%	63.0%	72.1%	69.9%	67.2%	60.0%
没有	32.3%	18.2%	23.7%	31.6%	20.2%	25.9%	25.4%	30.0%
$\chi^2=40.582$　sig = 0.000								

如表所示，不同群体对于“在生活中买到假冒伪劣商品的频率”的回答有显著差异。

全国

	官员	企业家	企业员工	农民	科教医群体	弱势群体	做小生意者	演艺界
经常	10.1%	12.1%	7.8%	6.1%	8.1%	7.4%	7.9%	5.1%
偶尔	57.7%	63.6%	65.7%	66.2%	63.4%	63.6%	65.9%	64.1%
没有	32.2%	24.2%	26.5%	27.7%	28.5%	29.1%	26.2%	30.8%
$\chi^2=15.457$　sig = 0.348								

如表所示，不同群体对于“在生活中买到假冒伪劣商品的频率”的回答没有显著差异。

由上表可知，江苏与全国居民在“在生活中买到假冒伪劣商品的频率”的回答上，存在共识。基本所有群体都集中在“偶尔”，占比在60%左右，其次是没有。

F33 您在购物、就医、理财等方面经常遇到虚假广告吗？

江苏

	官员	企业家	企业员工	农民	科教医群体	弱势群体	做小生意者	演艺界
经常	20.3%	18.2%	14.2%	12.6%	19.1%	14.9%	16.4%	25.0%
偶尔	56.3%	72.7%	59.0%	56.6%	56.8%	57.8%	57.3%	50.0%

续表

	官员	企业家	企业员工	农民	科教医群体	弱势群体	做小生意者	演艺界
没有	23.4%	9.1%	26.8%	30.9%	24.0%	27.3%	26.3%	25.0%
$\chi^2=19.975$ sig = 0.131								

如表所示，不同群体对于“在购物、就医、理财等方面经常遇到虚假广告的频率”的回答没有显著差异。

全国

	官员	企业家	企业员工	农民	科教医群体	弱势群体	做小生意者	演艺界
经常	12.0%	12.1%	11.2%	9.1%	14.1%	10.6%	13.8%	7.3%
偶尔	50.7%	57.6%	57.0%	53.4%	54.4%	56.8%	54.9%	68.3%
没有	37.3%	30.3%	31.8%	37.4%	31.5%	32.6%	31.3%	24.4%
$\chi^2=35.589$ sig = 0.001								

如表所示，不同群体对于“在购物、就医、理财等方面经常遇到虚假广告的频率”的回答有显著差异。

由上表可知，江苏与全国居民在“购物、就医、理财等方面经常遇到虚假广告的频率”的回答上，基本所有群体都集中在“偶尔”，占比在50%左右，但是在企业家和演艺界中存在较大差异，接近20%。因此，我们认为，在这一问题上，全国与江苏的居民认知存在差异。

F34 如果在路边看到一个老人摔倒，您的反应是？

江苏

	官员	企业家	企业员工	农民	科教医群体	弱势群体	做小生意者	演艺界
立即扶起	45.6%	26.5%	39.2%	38.0%	41.3%	36.4%	35.9%	31.3%
等有证人时再扶	20.6%	29.4%	25.6%	28.1%	21.9%	27.6%	31.5%	31.3%
先拍照，再扶起	16.2%	14.7%	12.1%	8.1%	20.4%	13.0%	9.5%	15.6%
不扶，避免惹是生非	4.4%	5.9%	7.6%	10.1%	5.1%	10.8%	9.5%	12.5%
报警	11.8%	20.6%	14.8%	14.9%	9.7%	11.6%	13.3%	9.4%
其他	1.5%	2.9%	0.7%	0.8%	1.5%	0.6%	0.4%	
$\chi^2=71.464$ sig = 0.000								

如表所示，不同群体对于“如果在路边看到一个老人摔倒，您的反应是？”的

选择有显著差异。

全国

	官员	企业家	企业员工	农民	科教医群体	弱势群体	做小生意者	演艺界
立即扶起	49.7%	45.5%	38.9%	50.2%	47.5%	42.3%	40.9%	45.7%
等有证人时再扶	26.3%	21.2%	31.5%	23.8%	22.7%	26.7%	27.3%	32.6%
先拍照，再扶起	7.8%	9.1%	7.8%	3.8%	12.1%	8.8%	8.1%	4.3%
不扶，避免惹是生非	3.0%	3.0%	9.2%	10.8%	4.9%	10.6%	10.2%	13.0%
报警	10.8%	18.2%	12.0%	10.3%	11.4%	10.6%	13.0%	4.3%
其他	2.4%	3.0%	0.6%	1.2%	1.3%	1.0%	0.5%	
$\chi^2=174.982$　sig = 0.000								

如表所示，不同群体对于“如果在路边看到一个老人摔倒，您的反应是?”的选择有显著差异。

由上表可知，江苏与全国居民在“如果在路边看到一个老人摔倒，您的反应是?”的选择上，基本所有群体的都集中在“立即扶起”，占比在40%左右，其次为“等有证人时再扶”，占比在20%以上。因此，我们认为，在这一问题上，全国与江苏的居民认知存在共识。

F35 我们都听说过或见证过好心人救助老人却反被诬陷的事情。假如您是这位好心人，您会?

江苏

	官员	企业家	企业员工	农民	科教医群体	弱势群体	做小生意者	演艺界
我是多管闲事，下次再也不会帮助别人了	10.3%	17.6%	19.8%	26.4%	14.3%	26.5%	23.2%	18.8%
我正直善良真心待人，对得起良知和良心	41.2%	50.0%	45.6%	47.5%	42.3%	38.3%	43.2%	40.6%
下次还是会伸出援手，但是会提高警惕，注意保护自己	47.1%	32.4%	34.4%	26.0%	43.4%	34.9%	33.3%	40.6%
其他	1.5%		0.2%	0.1%		0.2%	0.2%	
$\chi^2=73.636$　sig = 0.000								

如表所示，不同群体对于“我们都听说过或见证过好心人救助老人却反被诬陷的事情。假如您是这位好心人，您会怎么做?”的看法有显著差异。

全国

	官员	企业家	企业员工	农民	科教医群体	弱势群体	做小生意者	演艺界
我是多管闲事，下次再也不会帮助别人了	18.2%	17.6%	24.2%	26.0%	15.8%	22.7%	23.4%	21.7%
我正直善良真心待人，对得起良知和良心	45.5%	38.2%	39.6%	39.0%	37.6%	40.3%	34.2%	39.1%
下次还是会伸出援手，但是会提高警惕，注意保护自己	35.8%	44.1%	36.0%	34.7%	46.4%	36.3%	41.2%	39.1%
其他	0.6%		0.2%	0.3%	0.3%	0.7%	1.1%	
$\chi^2=64.367$ sig = 0.000								

如表所示，不同群体对于“我们都听说过或见证过好心人救助老人却反被诬陷的事情。假如您是这位好心人，您会怎么做?”的看法有显著差异。

由上表可知，江苏与全国居民对于“我们都听说过或见证过好心人救助老人却反被诬陷的事情。假如您是这位好心人，您会怎么做?”的认知上存在共识。基本所有群体的都集中在“我正直善良真心待人，对得起良知和良心”，占比都在40%左右，其次为“我是多管闲事，下次再也不会帮助别人了”，占比在20%左右。因此，我们认为，在这一问题上，全国与江苏的居民认知存在共识。

F36a 您对下列群体的伦理道德整体状况的满意度？政府官员

江苏

	官员	企业家	企业员工	农民	科教医群体	弱势群体	做小生意者	演艺界
非常不满意	1.5%	6.1%	4.8%	4.5%	8.0%	6.2%	5.0%	9.4%
比较不满意	16.4%	30.3%	37.1%	36.2%	35.3%	34.7%	39.5%	46.9%
比较满意	76.1%	63.6%	54.6%	57.5%	52.9%	56.2%	52.4%	43.8%
非常满意	6.0%		3.6%	1.8%	3.7%	2.9%	3.1%	
$\chi^2=37.420$ sig = 0.015								

如表所示，不同群体对于“对政府官员的伦理道德状况的满意度”的选择有显著差异。

全国

	官员	企业家	企业员工	农民	科教医群体	弱势群体	做小生意者	演艺界
非常不满意	3.1%	6.1%	5.1%	6.6%	6.7%	6.6%	6.9%	7.7%

续表

	官员	企业家	企业员工	农民	科教医群体	弱势群体	做小生意者	演艺界
比较不满意	21.4%	36.4%	27.5%	32.4%	25.3%	33.1%	32.6%	38.5%
比较满意	67.3%	57.6%	66.0%	59.4%	64.6%	58.0%	59.4%	48.7%
非常满意	8.2%		1.5%	1.6%	3.3%	2.3%	1.0%	5.1%
$\chi^2=89.735$ sig = 0.000								

如表所示，不同群体对于“对政府官员的伦理道德状况的满意度”的选择有显著差异。

由上表可知，江苏与全国居民在“对政府官员的伦理道德状况的满意度”的选择上，基本所有群体的都集中在“比较满意”，其次为“比较不满意”占比在30%左右。因此，我们认为，在这一问题上，全国与江苏的居民认知存在共识。

F36b 您对下列群体的伦理道德整体状况的满意度？一般公务员

江苏

	官员	企业家	企业员工	农民	科教医群体	弱势群体	做小生意者	演艺界
非常不满意	1.5%		3.2%	3.7%	7.0%	4.8%	4.4%	6.5%
比较不满意	13.2%	24.2%	33.4%	29.3%	25.8%	30.6%	37.1%	35.5%
比较满意	77.9%	69.7%	59.3%	63.0%	63.4%	61.5%	54.9%	54.8%
非常满意	7.4%	6.1%	4.0%	4.0%	3.8%	3.1%	3.6%	3.2%
$\chi^2=41.401$ sig = 0.005								

如表所示，不同群体对于“对一般公务员的伦理道德整体状况的满意度”的选择有显著差异。

全国

	官员	企业家	企业员工	农民	科教医群体	弱势群体	做小生意者	演艺界
非常不满意	0.6%		1.9%	2.0%	1.9%	3.0%	2.6%	
比较不满意	14.9%	27.3%	23.0%	28.2%	21.4%	26.9%	29.7%	30.8%
比较满意	71.4%	69.7%	69.5%	66.5%	71.5%	65.5%	65.0%	66.7%
非常满意	13.0%	3.0%	5.6%	3.3%	5.2%	4.7%	2.7%	2.6%
$\chi^2=86.560$ sig = 0.000								

如表所示，不同群体对于“对一般公务员的伦理道德整体状况的满意度”的选择有显著差异。

由上表可知，江苏与全国居民在对一般公务员的伦理道德整体状况的满意度上，基本所有群体的都集中在“比较满意”，其次为“比较不满意”。因此，我们认为，在这一问题上，全国与江苏的居民认知存在共识。

F36c 您对下列群体的伦理道德整体状况的满意度？企业家

江苏

	官员	企业家	企业员工	农民	科教医群体	弱势群体	做小生意者	演艺界
非常不满意	1.5%		2.9%	2.2%	1.6%	2.8%	2.6%	6.7%
比较不满意	21.2%	17.6%	29.2%	27.1%	30.8%	29.2%	29.6%	26.7%
比较满意	75.8%	73.5%	62.8%	63.1%	61.6%	63.5%	63.7%	56.7%
非常满意	1.5%	8.8%	5.2%	7.6%	5.9%	4.5%	4.1%	10.0%
$\chi^2=25.373$ sig $=0.231$								

如表所示，不同群体对于“对企业家的伦理道德整体状况的满意度”的选择没有显著差异。

全国

	官员	企业家	企业员工	农民	科教医群体	弱势群体	做小生意者	演艺界
非常不满意			1.4%	1.2%	2.0%	2.0%	1.7%	2.7%
比较不满意	20.0%	15.6%	21.0%	24.5%	22.4%	25.0%	25.2%	29.7%
比较满意	74.7%	84.4%	69.7%	69.7%	69.3%	66.2%	68.8%	67.6%
非常满意	5.3%		7.9%	4.6%	6.3%	6.9%	4.3%	
$\chi^2=49.741$ sig $=0.000$								

如表所示，不同群体对于“对企业家的伦理道德整体状况的满意度”的选择有显著差异。

由上表可知，江苏与全国居民在“对企业家的伦理道德整体状况的满意度”上，基本所有群体的都集中在“比较满意”，其次为“比较不满意”。因此，我们认为，在这一问题上，全国与江苏的居民认知存在共识。

F36d 您对下列群体的伦理道德整体状况的满意度？演艺娱乐界

江苏

	官员	企业家	企业员工	农民	科教医群体	弱势群体	做小生意者	演艺界
非常不满意	7.7%	9.7%	14.1%	7.1%	10.0%	9.3%	11.7%	13.3%

续表

	官员	企业家	企业员工	农民	科教医群体	弱势群体	做小生意者	演艺界
比较不满意	50.8%	38.7%	43.7%	42.1%	42.8%	41.5%	46.2%	50.0%
比较满意	36.9%	41.9%	38.3%	46.6%	40.6%	45.9%	39.3%	33.3%
非常满意	4.6%	9.7%	3.9%	4.2%	6.7%	3.2%	2.9%	3.3%
$\chi^2=47.600$ sig = 0.001								

如表所示，不同群体对于“对演艺娱乐界的伦理道德整体状况的满意度”的选择有显著差异。

全国

	官员	企业家	企业员工	农民	科教医群体	弱势群体	做小生意者	演艺界
非常不满意	7.2%	13.8%	8.1%	6.0%	12.3%	7.6%	7.5%	13.9%
比较不满意	47.5%	31.0%	43.5%	42.0%	42.0%	43.7%	49.0%	41.7%
比较满意	39.6%	44.8%	40.2%	47.1%	39.9%	43.0%	37.7%	41.7%
非常满意	5.8%	10.3%	8.2%	4.9%	5.7%	5.6%	5.8%	2.8%
$\chi^2=58.462$ sig = 0.000								

如表所示，不同群体对于“对演艺娱乐界的伦理道德整体状况的满意度”的选择有显著差异。

由上表可知，江苏与全国居民在对演艺娱乐界的伦理道德整体状况的满意度上，存在共识。基本所有群体的都集中在“比较满意”和“比较不满意”这两项。因此，我们认为，在这一问题上，全国与江苏的居民认知存在共识。

F36e 您对下列群体的伦理道德整体状况的满意度？教师

江苏

	官员	企业家	企业员工	农民	科教医群体	弱势群体	做小生意者	演艺界
非常不满意	4.4%	2.9%	2.7%	1.4%	2.6%	1.9%	2.8%	9.4%
比较不满意	11.8%	17.6%	21.3%	14.9%	16.1%	18.9%	19.7%	18.8%
比较满意	75.0%	67.6%	66.2%	73.8%	64.6%	70.6%	69.2%	65.6%
非常满意	8.8%	11.8%	9.8%	9.9%	16.7%	8.6%	8.3%	6.3%
$\chi^2=45.112$ sig = 0.002								

如表所示，不同群体对于“对教师的伦理道德整体状况的满意度”的选择有显著差异。

全国

	官员	企业家	企业员工	农民	科教医群体	弱势群体	做小生意者	演艺界
非常不满意	0.6%	3.1%	1.8%	1.4%	1.3%	2.3%	0.9%	2.3%
比较不满意	15.0%	12.5%	14.0%	16.3%	13.4%	13.5%	16.8%	13.6%
比较满意	68.8%	75.0%	68.8%	70.2%	66.2%	70.4%	68.2%	77.3%
非常满意	15.6%	9.4%	15.4%	12.1%	19.0%	13.8%	14.1%	6.8%
$\chi^2=42.422$ sig = 0.004								

如表所示，不同群体对于对“教师的伦理道德整体状况的满意度”的选择有显著差异。

由上表可知，江苏与全国居民在“对教师的伦理道德整体状况的满意度”上，存在共识。基本所有群体的都集中在“比较满意”，占比在70%左右，其次为“比较不满意”和“非常满意”。因此，我们认为，在这一问题上，全国与江苏的居民认知存在共识。

F36f 您对下列群体的伦理道德整体状况的满意度？青少年

江苏

	官员	企业家	企业员工	农民	科教医群体	弱势群体	做小生意者	演艺界
非常不满意	1.5%	5.9%	2.3%	1.2%	2.1%	1.8%	2.5%	3.0%
比较不满意	10.4%	11.8%	18.8%	11.0%	21.8%	17.1%	15.3%	24.2%
比较满意	82.1%	73.5%	68.6%	77.0%	60.6%	71.4%	67.2%	57.6%
非常满意	6.0%	8.8%	10.3%	10.9%	15.4%	9.6%	15.1%	15.2%
$\chi^2=58.943$ sig = 0.000								

如表所示，不同群体对于“对青少年的伦理道德整体状况的满意度”的选择有显著差异。

全国

	官员	企业家	企业员工	农民	科教医群体	弱势群体	做小生意者	演艺界
非常不满意	1.3%		1.2%	0.7%	1.4%	1.2%	1.3%	
比较不满意	22.0%	21.9%	16.7%	14.7%	17.9%	17.0%	19.0%	20.5%
比较满意	62.3%	62.5%	67.5%	75.3%	68.6%	69.7%	66.9%	72.7%
非常满意	14.5%	15.6%	14.7%	9.3%	12.2%	12.1%	12.8%	6.8%
$\chi^2=58.178$ sig = 0.000								

如表所示，不同群体对于“对青少年的伦理道德整体状况满意度”的选择有显著差异。

由上表可知，江苏与全国居民在“对青少年的伦理道德整体状况的满意度”上，存在共识。基本所有群体的都集中在“比较满意”，其次为“比较不满意”。因此，我们认为，在这一问题上，全国与江苏的居民认知存在共识。

F36g 您对下列群体的伦理道德整体状况的满意度？弱势群体

江苏

	官员	企业家	企业员工	农民	科教医群体	弱势群体	做小生意者	演艺界
非常不满意	3.0%	3.1%	2.3%	1.8%	1.1%	2.6%	2.8%	3.7%
比较不满意	22.7%	25.0%	24.1%	20.5%	26.4%	18.1%	23.1%	29.6%
比较满意	72.7%	71.9%	71.7%	76.0%	68.7%	77.5%	73.1%	59.3%
非常满意	1.5%		1.9%	1.7%	3.8%	1.8%	0.9%	7.4%
$\chi^2=34.650$　sig = 0.031								

如表所示，不同群体对于“对弱势群体的伦理道德整体状况的满意度”的选择有显著差异。

全国

	官员	企业家	企业员工	农民	科教医群体	弱势群体	做小生意者	演艺界
非常不满意	2.6%		2.7%	0.6%	2.0%	2.5%	3.2%	2.7%
比较不满意	25.2%	26.7%	28.6%	21.7%	26.1%	26.7%	27.0%	27.0%
比较满意	66.9%	70.0%	66.1%	75.5%	69.3%	68.3%	67.9%	67.6%
非常满意	5.3%	3.3%	2.6%	2.1%	2.6%	2.6%	1.9%	2.7%
$\chi^2=74.975$　sig = 0.000								

如表所示，不同群体对于“对弱势群体的伦理道德整体状况的满意度”的选择有显著差异。

由上表可知，江苏与全国居民在“对弱势群体的伦理道德整体状况的满意度”上，存在共识。基本所有群体的都集中在“比较满意”，占比在70%左右，其次为“比较不满意”占比约20%左右。因此，我们认为，在这一问题上，全国与江苏的居民认知存在共识。

F36h 您对下列群体的伦理道德整体状况的满意度？自由职业者

江苏

	官员	企业家	企业员工	农民	科教医群体	弱势群体	做小生意者	演艺界
非常不满意	1.6%		1.2%	1.6%	1.1%	2.0%	2.0%	
比较不满意	17.2%	24.2%	18.4%	17.8%	21.3%	17.6%	20.0%	21.4%
比较满意	79.7%	72.7%	76.5%	75.5%	70.8%	78.0%	75.8%	75.0%
非常满意	1.6%	3.0%	3.9%	5.1%	6.7%	2.5%	2.2%	3.6%
$\chi^2=25.815$ sig $=0.214$								

如表所示，不同群体对于“对自由职业者的伦理道德整体状况的满意度”的选择没有显著差异。

全国

	官员	企业家	企业员工	农民	科教医群体	弱势群体	做小生意者	演艺界
非常不满意	2.7%		1.3%	0.8%	0.6%	1.6%	1.9%	
比较不满意	21.2%	25.0%	20.9%	18.7%	17.5%	21.5%	23.6%	23.7%
比较满意	68.5%	68.8%	70.5%	76.3%	76.9%	71.3%	70.4%	68.4%
非常满意	7.5%	6.3%	7.3%	4.3%	5.0%	5.6%	4.1%	7.9%
$\chi^2=52.432$ sig $=0.000$								

如表所示，不同群体对于“对自由职业者的伦理道德整体状况的满意度”的选择有显著差异。

由上表可知，江苏与全国居民在“对自由职业者的伦理道德整体状况的满意度”上，基本所有群体的都集中在“比较满意”，占比在60%以上，其次为“比较不满意”。因此，我们认为，在这一问题上，全国与江苏的居民认知存在共识。

F36i 您对下列群体的伦理道德整体状况的满意度？农民

江苏

	官员	企业家	企业员工	农民	科教医群体	弱势群体	做小生意者	演艺界
非常不满意	1.5%		2.1%	1.8%	1.1%	1.3%	1.6%	
比较不满意	9.1%	5.9%	11.4%	7.5%	12.8%	11.4%	12.6%	6.3%
比较满意	80.3%	85.3%	76.4%	77.8%	76.1%	78.5%	76.4%	68.8%
非常满意	9.1%	8.8%	10.1%	12.9%	10.1%	8.8%	9.3%	25.0%
$\chi^2=33.846$ sig $=0.038$								

如表所示，不同群体对于“对农民的伦理道德整体状况的满意度”的选择有显著差异。

全国

	官员	企业家	企业员工	农民	科教医群体	弱势群体	做小生意者	演艺界
非常不满意			0.5%	0.8%	1.1%	1.1%	1.1%	
比较不满意	14.2%	32.4%	15.9%	10.5%	16.7%	14.4%	16.8%	20.9%
比较满意	75.5%	61.8%	71.6%	77.7%	75.6%	74.7%	74.5%	72.1%
非常满意	10.3%	5.9%	12.0%	11.0%	6.7%	9.8%	7.6%	7.0%
$\chi^2=75.441$　sig = 0.003								

如表所示，不同群体对于“对农民的伦理道德整体状况的满意度”的选择有显著差异。

由上表可知，江苏与全国居民在对农民的伦理道德整体状况的满意度上，存在共识。基本所有群体的都集中在“比较满意”，占比在70%左右，其次为“比较不满意”。因此，我们认为，在这一问题上，全国与江苏的居民认知存在共识。

F36j 您对下列群体的伦理道德整体状况的满意度？商人

江苏

	官员	企业家	企业员工	农民	科教医群体	弱势群体	做小生意者	演艺界
非常不满意	1.5%		2.9%	1.6%	0.5%	2.8%	3.5%	
比较不满意	19.1%	23.5%	35.3%	28.1%	34.9%	30.1%	28.3%	25.0%
比较满意	79.4%	67.6%	58.0%	65.7%	60.8%	63.6%	64.2%	68.8%
非常满意		8.8%	3.8%	4.7%	3.8%	3.4%	4.1%	6.3%
$\chi^2=43.440$　sig = 0.000								

如表所示，不同群体对于“对商人的伦理道德整体状况的满意度”的选择有显著差异。

全国

	官员	企业家	企业员工	农民	科教医群体	弱势群体	做小生意者	演艺界
非常不满意	2.5%	3.0%	2.9%	2.0%	1.4%	2.4%	2.2%	2.3%
比较不满意	25.3%	27.3%	30.1%	27.0%	29.8%	29.7%	26.6%	32.6%
比较满意	65.2%	60.6%	58.4%	65.5%	61.6%	60.3%	65.4%	55.8%

续表

	官员	企业家	企业员工	农民	科教医群体	弱势群体	做小生意者	演艺界
非常满意	7.0%	9.1%	8.6%	5.5%	7.2%	7.6%	5.8%	9.3%
$\chi^2=40.458$ sig $=0.007$								

如表所示，不同群体对于“对商人的伦理道德整体状况的满意度”的选择有显著差异。

由上表可知，江苏与全国居民在“对商人的伦理道德整体状况的满意度”上，存在共识。基本所有群体的都集中在“比较满意”，其次为“比较不满意”。因此，我们认为，在这一问题上，全国与江苏的居民认知存在共识。

F36k 您对下列群体的伦理道德整体状况的满意度？工人

江苏

	官员	企业家	企业员工	农民	科教医群体	弱势群体	做小生意者	演艺界
非常不满意	2.9%		1.5%	1.1%	0.5%	0.7%	0.4%	
比较不满意	10.3%	20.6%	11.1%	9.7%	12.9%	12.4%	12.6%	25.0%
比较满意	85.3%	70.6%	81.0%	81.9%	80.1%	81.5%	81.1%	68.8%
非常满意	1.5%	8.8%	6.4%	7.3%	6.5%	5.4%	5.9%	6.3%
$\chi^2=28.471$ sig $=0.127$								

如表所示，不同群体对于“对工人的伦理道德整体状况的满意度”的选择没有显著差异。

全国

	官员	企业家	企业员工	农民	科教医群体	弱势群体	做小生意者	演艺界
非常不满意	0.6%		0.6%	0.5%	0.3%	0.6%	0.8%	
比较不满意	13.9%	23.5%	16.7%	12.5%	12.7%	15.2%	17.0%	11.6%
比较满意	75.9%	67.6%	72.8%	78.8%	80.4%	75.3%	74.6%	86.0%
非常满意	9.5%	8.8%	9.8%	8.2%	6.6%	8.9%	7.6%	2.3%
$\chi^2=36.574$ sig $=0.019$								

如表所示，不同群体对于“对工人的伦理道德整体状况的满意度”的选择有显著差异。

由上表可知，江苏与全国居民在“对工人的伦理道德整体状况的满意度”上，存在差异。基本所有群体的都集中在“比较满意”，其次为“比较不满意”。因此，我们认为，在这一问题上，全国与江苏的居民认知存在共识。

F36l 您对下列群体的伦理道德整体状况的满意度？专家学者

江苏

	官员	企业家	企业员工	农民	科教医群体	弱势群体	做小生意者	演艺界
非常不满意	1.5%		2.2%	0.5%	1.6%	1.6%	1.1%	3.4%
比较不满意	16.4%	20.6%	20.3%	11.7%	18.5%	15.8%	19.7%	24.1%
比较满意	68.7%	70.6%	68.9%	79.6%	71.7%	75.2%	72.0%	65.5%
非常满意	13.4%	8.8%	8.5%	8.2%	8.2%	7.4%	7.2%	6.9%
$\chi^2=47.360$　sig = 0.001								

如表所示，不同群体对于“对专家学者的伦理道德整体状况的满意度”的选择有显著差异。

全国

	官员	企业家	企业员工	农民	科教医群体	弱势群体	做小生意者	演艺界
非常不满意	2.0%	3.3%	1.7%	1.3%	1.4%	1.9%	1.0%	2.4%
比较不满意	18.1%	36.7%	17.4%	19.3%	18.4%	17.6%	20.6%	22.0%
比较满意	63.1%	56.7%	68.4%	71.0%	69.1%	68.4%	67.7%	73.2%
非常满意	16.8%	3.3%	12.5%	8.4%	11.1%	12.0%	10.7%	2.4%
$\chi^2=45.788$　sig = 0.001								

如表所示，不同群体对于“对专家学者的伦理道德整体状况的满意度”的选择有显著差异。

由上表可知，江苏与全国居民在“对专家学者的伦理道德整体状况的满意度”上，存在共识。基本所有群体的都集中在“比较满意”，其次为“比较不满意”。因此，我们认为，在这一问题上，全国与江苏的居民认知存在共识。

F36m 您对下列群体的伦理道德整体状况的满意度？医生

江苏

	官员	企业家	企业员工	农民	科教医群体	弱势群体	做小生意者	演艺界
非常不满意	1.5%	5.9%	3.8%	2.8%	4.7%	3.5%	3.0%	3.1%
比较不满意	16.2%	32.4%	25.5%	19.6%	18.2%	19.6%	27.1%	25.0%

续表

	官员	企业家	企业员工	农民	科教医群体	弱势群体	做小生意者	演艺界
比较满意	79.4%	58.8%	64.1%	71.5%	67.2%	70.9%	64.6%	65.6%
非常满意	2.9%	2.9%	6.6%	6.1%	9.9%	6.0%	5.3%	6.3%
$\chi^2=41.888$ sig $=0.004$								

如表所示，不同群体对于“对医生的伦理道德整体状况的满意度”的选择有显著差异。

全国

	官员	企业家	企业员工	农民	科教医群体	弱势群体	做小生意者	演艺界
非常不满意	1.9%	3.1%	2.5%	4.3%	1.9%	2.2%	2.7%	
比较不满意	15.6%	34.4%	16.8%	25.7%	17.8%	21.1%	23.6%	25.0%
比较满意	70.6%	56.3%	69.6%	62.7%	70.0%	66.2%	65.2%	70.0%
非常满意	11.9%	6.3%	11.1%	7.4%	10.3%	10.5%	8.5%	5.0%
$\chi^2=99.218$ sig $=0.000$								

如表所示，不同群体对于“对医生的伦理道德整体状况的满意度”的选择有显著差异。

由上表可知，江苏与全国居民在“对医生的伦理道德整体状况的满意度”上，存在共识。基本所有群体的都集中在“比较满意”，其次为“比较不满意”。因此，我们认为，在这一问题上，全国与江苏的居民认知存在共识。

F37 下列哪些因素可能影响人际关系紧张？

江苏

	官员	企业家	企业员工	农民	科教医群体	弱势群体	做小生意者	演艺界
社会资源缺乏，引发恶性竞争	9.4%	4.4%	9.3%	7.7%	11.1%	8.4%	9.1%	12.5%
过度宣扬竞争意识	6.5%	12.2%	9.0%	7.9%	9.4%	7.4%	10.3%	9.4%
社会财富分配不公，贫富差距过大	11.2%	12.2%	12.1%	12.4%	15.8%	13.2%	11.9%	13.5%
个人主义盛行	10.0%	6.7%	8.1%	8.7%	7.5%	7.7%	9.7%	8.3%
缺乏爱心	8.8%	14.4%	9.5%	9.6%	6.6%	9.0%	9.0%	12.5%
缺乏相互理解与沟通的意识和能力	4.7%	2.2%	6.7%	5.5%	7.9%	6.4%	7.0%	9.4%

续表

	官员	企业家	企业员工	农民	科教医群体	弱势群体	做小生意者	演艺界
制度安排不公正，机会不平等	10.6%	5.6%	9.3%	8.4%	9.2%	9.2%	9.0%	6.3%
以权谋私，官员腐败	8.8%	8.9%	8.7%	10.7%	8.8%	8.8%	9.1%	7.3%
缺乏道德信用	6.5%	11.1%	9.4%	11.5%	6.8%	10.0%	9.1%	7.3%
人与人、人与社会之间缺乏信任	15.9%	15.6%	12.9%	13.3%	12.4%	14.9%	12.1%	5.2%
传统伦理瓦解，社会缺乏统一的价值观	6.5%	5.6%	3.4%	2.9%	2.4%	2.9%	2.2%	5.2%
一切诉诸利益或法律，人际关系缺乏伦理调节的机制和能力	1.2%	1.1%	1.7%	1.5%	2.1%	2.1%	1.5%	3.1%

如表所示，不同群体对于“影响人际关系紧张的因素”的看法存在差异。

全国

	官员	企业家	企业员工	农民	科教医群体	弱势群体	做小生意者	演艺界
社会资源缺乏，引发恶性竞争	11.0%	9.9%	12.2%	11.3%	11.3%	11.6%	12.5%	12.8%
过度宣扬竞争意识	11.3%	8.6%	11.5%	8.5%	10.1%	10.1%	10.3%	7.7%
社会财富分配不公，贫富差距过大	14.1%	19.8%	13.2%	13.6%	13.5%	12.6%	12.7%	16.2%
个人主义盛行	7.7%	7.4%	7.9%	6.3%	8.5%	7.6%	8.0%	3.4%
缺乏爱心	8.0%	7.4%	8.6%	9.2%	7.6%	9.2%	8.1%	10.3%
缺乏相互理解与沟通的意识和能力	8.9%	7.4%	8.1%	6.8%	7.8%	7.0%	7.6%	9.4%
制度安排不公正，机会不平等	9.2%	7.4%	8.8%	9.9%	9.3%	9.2%	8.2%	11.1%
以权谋私，官员腐败	4.9%	6.2%	7.1%	10.5%	6.7%	8.3%	8.0%	4.3%
缺乏道德信用	8.7%	6.2%	6.6%	7.9%	8.5%	7.7%	6.5%	5.1%
人与人、人与社会之间缺乏信任	9.9%	16.0%	9.8%	10.9%	11.0%	12.0%	12.8%	11.1%
传统伦理瓦解，社会缺乏统一的价值观	3.3%	3.7%	4.0%	3.6%	3.6%	3.3%	3.7%	6.0%
一切诉诸利益或法律，人际关系缺乏伦理调节的机制和能力	3.1%		2.3%	1.4%	2.1%	1.4%	1.7%	2.6%

如表所示，不同群体对于“影响人际关系紧张的因素”的看法存在差异。

由上表可知，江苏与全国居民在对“影响人际关系紧张的因素”的看法上，存在共识。

F38 您认为在现代中国社会实际奉行的道德价值是？

江苏

	官员	企业家	企业员工	农民	科教医群体	弱势群体	做小生意者	演艺界
义利合一，用符合道德的方式谋利	74.6%	55.9%	59.7%	54.9%	65.1%	61.0%	54.5%	59.4%
见利忘义，唯利是图	11.9%	32.4%	31.1%	33.3%	27.6%	29.3%	36.2%	34.4%
不计较利害得失，道德至上	13.4%	11.8%	9.0%	11.5%	7.3%	9.3%	9.3%	6.3%
其他			0.2%	0.3%		0.4%		
$\chi^2=33.536$　sig = 0.041								

如表所示，不同群体对于“现代中国社会实际奉行的道德价值”的选择有显著差异。

全国

	官员	企业家	企业员工	农民	科教医群体	弱势群体	做小生意者	演艺界
义利合一，用符合道德的方式谋利	58.5%	50.0%	50.1%	54.2%	58.2%	50.1%	48.1%	48.9%
见利忘义，唯利是图	30.8%	37.5%	37.1%	35.7%	32.0%	38.0%	41.5%	40.0%
不计较利害得失，道德至上	10.1%	12.5%	12.5%	9.9%	9.7%	11.5%	10.1%	11.1%
其他	0.6%		0.2%	0.1%		0.3%	0.3%	
$\chi^2=33.420$　sig = 0.042								

如表所示，不同群体对于“现代中国社会实际奉行的道德价值”的选择有显著差异。

由上表可知，江苏与全国居民在对“现代中国社会实际奉行的道德价值”的选择上，存在共识。基本所有群体的都集中在“义利合一，用符合道德的方式谋利”，其次为“见利忘义，唯利是图”。因此，我们认为，在这一问题上，全国与江苏的居民认知存在共识。

F39 对形成我国当前各种新型伦理关系和道德观念，哪些因素影响最大？

江苏

	官员	企业家	企业员工	农民	科教医群体	弱势群体	做小生意者	演艺界
网络和媒体	29.2%	30.6%	24.1%	16.5%	28.7%	24.2%	22.4%	26.1%
政府	25.6%	23.5%	22.1%	27.2%	24.9%	25.4%	24.8%	26.1%
大学及其文化	11.3%	5.9%	8.9%	7.8%	12.8%	9.2%	6.0%	9.8%
市场	11.3%	16.5%	15.1%	18.1%	11.8%	14.4%	17.9%	13.0%
企业	4.8%	2.4%	9.0%	12.2%	4.9%	8.8%	12.0%	8.7%
社会团体	6.0%	7.1%	7.9%	9.7%	6.8%	9.1%	8.4%	6.5%
知识精英	5.4%	2.4%	4.0%	4.4%	2.7%	3.4%	3.7%	4.3%
国外的思潮与生活方式	6.5%	11.8%	8.9%	4.3%	7.4%	5.6%	4.9%	5.4%

如表所示，不同群体对于“形成我国当前各种新型伦理关系和道德观念，哪些因素影响最大”的看法存在差异。

全国

	官员	企业家	企业员工	农民	科教医群体	弱势群体	做小生意者	演艺界
网络和媒体	25.8%	27.9%	21.3%	18.1%	23.7%	21.5%	22.2%	27.3%
政府	23.5%	19.1%	23.7%	30.4%	22.1%	26.4%	26.9%	20.2%
大学及其文化	11.1%	4.4%	10.4%	9.5%	12.9%	10.0%	9.7%	11.1%
市场	12.6%	10.3%	15.8%	14.7%	15.0%	14.1%	13.4%	13.1%
企业	8.0%	11.8%	9.4%	11.1%	6.5%	8.7%	9.1%	6.1%
社会团体	8.2%	16.2%	7.2%	7.6%	8.3%	8.7%	7.6%	10.1%
知识精英	4.4%	4.4%	5.9%	4.3%	4.7%	5.3%	4.7%	3.0%
国外的思潮与生活方式	6.4%	5.9%	6.4%	4.3%	6.8%	5.4%	6.4%	9.1%

如表所示，不同群体对于“形成我国当前各种新型伦理关系和道德观念，哪些因素影响最大”的看法存在差异。

由上表可知，江苏与全国居民在对“形成我国当前各种新型伦理关系和道德观念，哪些因素影响最大”的看法上存在共识。基本所有群体的都集中在“网络和媒体”和“政府”的选项上。因此，我们认为，在这一问题上，全国与江苏的居民认知存在共识。

F40 对当前我国伦理关系和道德风尚造成最大负面影响的因素是

江苏

	官员	企业家	企业员工	农民	科教医群体	弱势群体	做小生意者	演艺界
传统文化的崩坏	23.8%	22.4%	20.0%	19.9%	19.6%	20.8%	19.8%	16.7%
外来文化的冲击	11.5%	16.4%	20.6%	17.4%	17.6%	18.7%	20.6%	24.2%
市场经济导致的个人主义	17.2%	16.4%	14.7%	12.9%	17.4%	14.4%	13.5%	19.7%
网络技术的发展	13.9%	7.5%	13.7%	9.3%	14.3%	10.6%	13.1%	15.2%
分配不公，两极分化	21.3%	23.9%	18.6%	22.7%	17.4%	20.5%	19.5%	13.6%
以权谋私，官员腐败	12.3%	13.4%	12.4%	17.8%	13.7%	15.0%	13.4%	10.6%

如表所示，不同群体对于“对当前我国伦理关系和道德风尚造成最大负面影响的因素”的看法有显著差异。

全国

	官员	企业家	企业员工	农民	科教医群体	弱势群体	做小生意者	演艺界
传统文化的崩坏	21.3%	27.3%	24.4%	23.4%	20.6%	23.4%	22.7%	23.7%
外来文化的冲击	26.6%	20.0%	23.4%	19.6%	20.5%	21.2%	21.5%	21.1%
市场经济导致的个人主义	18.9%	14.5%	15.6%	12.6%	16.9%	15.3%	15.6%	17.1%
网络技术的发展	11.5%	10.9%	12.0%	12.1%	12.6%	12.2%	12.9%	14.5%
分配不公，两极分化	14.3%	14.5%	13.6%	15.9%	18.1%	14.2%	13.9%	13.2%
以权谋私，官员腐败	7.3%	12.7%	11.0%	16.3%	11.3%	13.6%	13.4%	10.5%

如表所示，不同群体对于“对当前我国伦理关系和道德风尚造成最大负面影响的因素”的看法有显著差异。

由上表可知，江苏与全国居民在对“对当前我国伦理关系和道德风尚造成最大负面影响的因素”的看法上，存在差异。江苏居民的选择集中在“传统文化的崩坏”“外来文化的冲击”以及“分配不公，两极分化”之上，全国居民则集中于“传统文化的崩坏”和“外来文化的冲击”的选项上。并且，全国居民在“分配不公，两极分化”的占比上远低于江苏。因此，我们认为，在这一问题上，全国与江苏的居民认知存在差异。

F41 造成当今不良道德风尚的最主要原因是?

江苏

	官员	企业家	企业员工	农民	科教医群体	弱势群体	做小生意者	演艺界
以权谋私，官员腐败	18.7%	24.2%	22.6%	21.8%	24.0%	23.2%	23.9%	22.7%
企业不讲诚信和损害社会利益	13.3%	12.1%	15.1%	15.2%	14.4%	12.6%	16.7%	18.2%
学校道德教育功能弱化	8.4%	13.2%	11.2%	8.0%	10.8%	8.3%	10.0%	8.0%
家庭伦理功能弱化	6.6%	7.7%	6.2%	6.8%	8.4%	6.2%	7.2%	10.2%
个人缺乏道德自觉	22.3%	12.1%	16.6%	18.8%	15.8%	19.3%	17.3%	21.6%
分配不公，两极分化	12.0%	15.4%	12.7%	14.0%	11.2%	14.1%	11.4%	9.1%
社会的不良影响	18.7%	15.4%	15.6%	15.3%	15.4%	16.4%	13.5%	10.2%

如表所示，不同群体对于“造成当今不良道德风尚的最主要原因”的看法有显著差异。

全国

	官员	企业家	企业员工	农民	科教医群体	弱势群体	做小生意者	演艺界
以权谋私，官员腐败	18.0%	23.7%	22.2%	24.8%	21.0%	23.1%	23.5%	17.1%
企业不讲诚信和损害社会利益	18.8%	18.4%	18.3%	16.5%	14.9%	17.6%	17.0%	12.4%
学校道德教育功能弱化	13.1%	10.5%	10.5%	10.1%	10.5%	10.0%	10.1%	9.5%
家庭伦理功能弱化	5.7%	9.2%	6.8%	7.4%	8.1%	6.6%	6.3%	6.7%
个人缺乏道德自觉	18.3%	13.2%	17.0%	16.5%	18.4%	17.1%	15.5%	20.0%
分配不公，两极分化	10.3%	13.2%	10.4%	10.6%	10.7%	10.3%	11.3%	12.4%
社会的不良影响	15.9%	11.8%	14.7%	14.0%	16.3%	15.2%	16.4%	21.9%

如表所示，不同群体对于“造成当今不良道德风尚的最主要原因”的看法有显著差异。

由上表可知，江苏与全国居民在对“造成当今不良道德风尚的最主要原因”的看法上存在共识。基本所有群体的都集中在“以权谋私，官员腐败”，其次为“个人缺乏道德自觉”“企业不讲诚信和损害社会利益”以及“社会的不良影响”。因此，我们认为，在这一问题上，全国与江苏的居民认知存在共识。

F42a 导致当前医患关系紧张的主要原因是?

江苏

	官员	企业家	企业员工	农民	科教医群体	弱势群体	做小生意者	演艺界
医生缺乏职业道德，对病人不负责任	25.0%	38.2%	35.3%	42.1%	31.1%	37.2%	39.0%	46.9%
医疗制度不合理，看病难看病贵	60.9%	41.2%	49.3%	45.0%	50.8%	46.0%	45.4%	40.6%
医生腐败，不送红包不认真看病	7.8%	17.6%	11.8%	10.4%	10.4%	11.8%	12.3%	9.4%
“医闹”，病人蓄意闹事	4.7%		3.2%	2.5%	6.2%	4.9%	3.1%	3.1%
其他	1.6%	2.9%	0.4%	0.1%	1.6%	0.1%	0.2%	
$\chi^2=57.016$　sig = 0.001								

如表所示，不同群体对于“导致当前医患关系紧张的主要原因”的看法有显著差异。

全国

	官员	企业家	企业员工	农民	科教医群体	弱势群体	做小生意者	演艺界
医生缺乏职业道德，对病人不负责任	31.5%	40.7%	29.5%	37.1%	30.2%	34.1%	32.9%	44.4%
医疗制度不合理，看病难看病贵	47.0%	40.7%	49.0%	42.8%	46.6%	44.6%	46.1%	42.2%
医生腐败，不送红包不认真看病	8.1%	11.1%	12.7%	14.7%	9.9%	12.7%	12.2%	4.4%
“医闹”，病人蓄意闹事	12.8%	7.4%	8.8%	5.0%	12.7%	8.2%	8.5%	8.9%
其他	0.7%		0.1%	0.4%	0.6%	0.4%	0.3%	
$\chi^2=87.160$　sig = 0.000								

如表所示，不同群体对于“导致当前医患关系紧张的主要原因”的看法有显著差异。

由上表可知，江苏与全国居民在对“导致当前医患关系紧张的主要原因”的看法上，存在共识。基本所有群体的都集中在“医疗制度不合理，看病难看病贵”，其次为“医生缺乏职业道德，对病人不负责任”。因此，我们认为，在这一问题上，全国与江苏的居民认知存在共识。

F42b 导致当前医患关系紧张的次要原因是？

江苏

	官员	企业家	企业员工	农民	科教医群体	弱势群体	做小生意者	演艺界
医生缺乏职业道德，对病人不负责任	46.9%	35.3%	39.9%	36.3%	41.1%	38.3%	38.0%	34.4%
医疗制度不合理，看病难看病贵	18.8%	32.4%	32.5%	34.6%	26.5%	31.8%	32.2%	37.5%
医生腐败，不送红包不认真看病	25.0%	17.6%	17.4%	22.7%	20.5%	19.2%	18.2%	21.9%
“医闹”，病人蓄意闹事	7.8%	8.8%	10.1%	6.3%	11.9%	10.3%	11.4%	6.3%
其他	1.6%	5.9%	0.2%			0.4%	0.2%	
$\chi^2=77.753$　sig = 0.000								

如表所示，不同群体对于“导致当前医患关系紧张的次要原因”的看法有显著差异。

全国

	官员	企业家	企业员工	农民	科教医群体	弱势群体	做小生意者	演艺界
医生缺乏职业道德，对病人不负责任	27.9%	37.0%	38.9%	35.2%	35.0%	35.0%	37.7%	27.5%
医疗制度不合理，看病难看病贵	27.1%	25.9%	29.5%	34.0%	32.6%	30.8%	31.6%	40.0%
医生腐败，不送红包不认真看病	20.7%	25.9%	15.3%	20.6%	14.5%	18.6%	16.2%	15.0%
“医闹”，病人蓄意闹事	23.6%	11.1%	16.1%	10.0%	17.5%	15.4%	14.4%	15.0%
其他	0.7%		0.1%	0.2%	0.3%	0.2%	0.1%	2.5%
$\chi^2=94.551$　sig = 0.000								

如表所示，不同群体对于“导致当前医患关系紧张的次要原因”的看法有显著差异。

由上表可知，江苏与全国居民在对“导致当前医患关系紧张的次要原因”的看法上，存在共识。基本所有群体的选择都集中在“医疗制度不合理，看病难看病贵”，其次为“医生缺乏职业道德，对病人不负责任”。因此，我们认为，在这一问题上，全国与江苏的居民认知存在共识。

G2a 您认为干部当官的目的是：为国家与社会做贡献

江苏

	官员	企业家	企业员工	农民	科教医群体	弱势群体	做小生意者	演艺界
未选中	64.2%	55.9%	67.6%	69.9%	60.8%	68.7%	70.0%	56.3%
选中	35.8%	44.1%	32.4%	30.1%	39.2%	31.3%	30.0%	43.8%
$\chi^2=11.832$ sig = 0.106								

如表所示，不同群体对于“干部当官的目的是为国家与社会做贡献”的认知没有显著差异。

全国

	官员	企业家	企业员工	农民	科教医群体	弱势群体	做小生意者	演艺界
未选中	63.6%	64.7%	69.9%	76.7%	67.9%	73.5%	72.1%	72.1%
选中	36.4%	35.3%	30.1%	23.3%	32.1%	26.5%	27.9%	27.9%
$\chi^2=38.030$ sig = 0.000								

如表所示，不同群体对于“干部当官的目的是为国家与社会做贡献”的认知有显著差异。

由上表可知，江苏与全国居民在对“干部当官的目的是为国家与社会做贡献”的认知上，存在差异。基本上所有群体表示不赞同的居大多数，占比在70%左右。其中，企业家和演艺界中，全国与江苏的差异明显，在20%左右。因此，我们认为，在这一问题上，全国与江苏的居民认知存在差异。

G2b 您认为干部当官的目的是：为人民服务，为百姓做好事做实事

江苏

	官员	企业家	企业员工	农民	科教医群体	弱势群体	做小生意者	演艺界
未选中	31.3%	38.2%	49.8%	55.6%	51.0%	52.2%	55.4%	25.0%
选中	68.7%	61.8%	50.2%	44.4%	49.0%	47.8%	44.6%	75.0%
$\chi^2=31.777$ sig = 0.000								

如表所示，不同群体对于“干部当官的目的是为人民服务，为百姓做好事做实事”的认知有显著差异。

全国

	官员	企业家	企业员工	农民	科教医群体	弱势群体	做小生意者	演艺界
未选中	35.8%	58.8%	49.4%	62.9%	47.2%	53.3%	54.0%	46.5%
选中	64.2%	41.2%	50.6%	37.1%	52.8%	46.7%	46.0%	53.5%
$\chi^2=113.640$　sig = 0.000								

如表所示，不同群体对于“干部当官的目的是为人民服务，为百姓做好事做实事”的认知有显著差异。

由上表可知，江苏与全国居民在对“干部当官的目的是为人民服务，为百姓做好事做实事”的认知上，存在差异。江苏企业家赞同居多，全国是不赞同居多，江苏演艺界赞同的比例也明显高于全国。

G2c 您认为干部当官的目的是：为家庭增光，光宗耀祖

江苏

	官员	企业家	企业员工	农民	科教医群体	弱势群体	做小生意者	演艺界
未选中	71.6%	67.6%	66.6%	65.7%	63.9%	69.7%	67.1%	56.3%
选中	28.4%	32.4%	33.4%	34.3%	36.1%	30.3%	32.9%	43.8%
$\chi^2=8.041$　sig = 0.329								

如表所示，不同群体对于“干部当官的目的是为家庭增光，光宗耀祖”的认知没有显著差异。

全国

	官员	企业家	企业员工	农民	科教医群体	弱势群体	做小生意者	演艺界
未选中	81.5%	73.5%	76.2%	72.1%	77.6%	73.4%	76.6%	86.0%
选中	18.5%	26.5%	23.8%	27.9%	22.4%	26.6%	23.4%	14.0%
$\chi^2=21.998$　sig = 0.000								

如表所示，不同群体对于“干部当官的目的是为家庭增光，光宗耀祖”的认知有显著差异。

由上表可知，江苏与全国居民在对“干部当官的目的是为家庭增光，光宗耀祖”的认知上，存在差异。基本上所有群体表示不赞同的居大多数，但全国不赞同的比例明显大于江苏。因此，我们认为，在这一问题上，全国与江苏的居民认

知存在差异。

G2d 您认为干部当官的目的是：为自己升官发财

江苏

	官员	企业家	企业员工	农民	科教医群体	弱势群体	做小生意者	演艺界
未选中	79.1%	55.9%	52.1%	44.6%	58.8%	47.8%	48.6%	65.6%
选中	20.9%	44.1%	47.9%	55.4%	41.2%	52.2%	51.4%	34.4%
$\chi^2=45.872$ sig = 0.000								

如表所示，不同群体对于“干部当官的目的是为自己升官发财”的认知有显著差异。

全国

	官员	企业家	企业员工	农民	科教医群体	弱势群体	做小生意者	演艺界
未选中	82.7%	61.8%	71.6%	58.2%	73.3%	66.6%	64.5%	72.1%
选中	17.3%	38.2%	28.4%	41.8%	26.7%	33.4%	35.5%	27.9%
$\chi^2=114.817$ sig = 0.000								

如表所示，不同群体对于“干部当官的目的是为自己升官发财”的认知有显著差异。

由上表可知，江苏与全国居民在对“干部当官的目的是为自己升官发财”的认知上，基本上所有群体表示不赞同的居大多数。但全国选择不赞同的比例明显高于江苏。因此，我们认为，在这一问题上，全国与江苏的居民认知存在差异。

G2e 您认为干部当官的目的是：没特殊目的，一个稳定而待遇高的职业而已

江苏

	官员	企业家	企业员工	农民	科教医群体	弱势群体	做小生意者	演艺界
未选中	70.1%	79.4%	80.3%	78.7%	77.8%	80.6%	76.9%	81.3%
选中	29.9%	20.6%	19.7%	21.3%	22.2%	19.4%	23.1%	18.8%
$\chi^2=7.844$ sig = 0.347								

如表所示，不同群体对于“干部当官的目的是没特殊目的，一个稳定而待遇高的职业而已”的认知没有显著差异。

全国

	官员	企业家	企业员工	农民	科教医群体	弱势群体	做小生意者	演艺界
未选中	82.1%	73.5%	80.4%	76.3%	80.3%	79.3%	80.4%	76.7%
选中	17.9%	26.5%	19.6%	23.7%	19.7%	20.7%	19.6%	23.3%
χ^2 = 15.021　sig = 0.036								

如表所示，不同群体对于“干部当官的目的是没特殊目的，一个稳定而待遇高的职业而已”的认知有显著差异。

由上表可知，江苏与全国居民在对“干部当官的目的是没特殊目的，一个稳定而待遇高的职业而已”的看法上，基本上所有群体表示不赞同的居大多数，占比80%左右。其中，官员、企业家中，全国与江苏的差异明显，在8%左右。因此，我们认为，在这一问题上，全国与江苏的居民认知存在差异。

G3 与前几年相比，您对政府官员的信任度有什么变化？

江苏

	官员	企业家	企业员工	农民	科教医群体	弱势群体	做小生意者	演艺界
信任度提高了	55.9%	44.1%	42.2%	38.2%	49.5%	40.9%	43.4%	42.4%
更加不信任	5.9%	5.9%	8.1%	9.1%	7.7%	8.4%	11.2%	12.1%
没什么变化	38.2%	50.0%	49.6%	52.7%	42.9%	50.3%	45.4%	45.5%
其他			0.2%			0.4%		
χ^2 = 29.648　sig = 0.099								

如表所示，不同群体对于“与几年前相比，对政府官员的信任度”的选择没有显著差异。

全国

	官员	企业家	企业员工	农民	科教医群体	弱势群体	做小生意者	演艺界
信任度提高了	64.0%	45.5%	39.7%	36.7%	53.1%	37.1%	37.0%	42.2%
更加不信任	13.4%	12.1%	12.8%	14.8%	10.9%	12.8%	14.7%	15.6%
没什么变化	22.6%	42.4%	47.3%	48.3%	36.0%	50.0%	47.8%	42.2%
其他			0.2%	0.2%		0.2%	0.5%	
χ^2 = 103.022　sig = 0.000								

如表所示，不同群体对于“与几年前相比，对政府官员的信任度”的选择有显著差异。

由上表可知，江苏与全国居民在对“与几年前相比，对政府官员的信任度”上，有50%左右的居民都表示“信任度提高了”。官员、做小生意者中，全国与江苏差异较大，8%左右。因此，我们认为，在这一问题上，全国与江苏的居民认知存在一定差异。

G4 在生活中或媒体上看到政府官员时，您首先想到的是？

江苏

	官员	企业家	企业员工	农民	科教医群体	弱势群体	做小生意者	演艺界
公仆，为老百姓谋福利	36.8%	17.6%	18.6%	17.4%	22.7%	16.3%	17.9%	21.2%
官僚，根本不了解我们的情况	13.2%	32.4%	19.9%	17.8%	21.1%	20.5%	20.3%	18.2%
有权有势的人	20.6%	11.8%	26.1%	28.0%	22.2%	28.6%	29.3%	30.3%
有本事的人	10.3%	2.9%	10.2%	9.8%	10.3%	8.6%	8.2%	12.1%
领导，决定我们命运的人	8.8%	11.8%	8.4%	10.8%	11.3%	8.8%	9.4%	
贪官	2.9%	11.8%	9.2%	7.6%	4.6%	9.0%	8.0%	15.2%
惹不起但躲得起的人		2.9%	2.1%	4.2%	2.1%	2.7%	2.0%	
遇到大事可以信任的人	2.9%	5.9%	3.4%	3.9%	2.6%	3.4%	3.2%	3.0%
其他	4.4%	2.9%	2.0%	0.5%	3.1%	2.0%	1.6%	
$\chi^2=83.510$ sig $=0.010$								

如表所示，不同群体对于“在生活中或媒体上看到政府官员时，您首先想到的是”这一问题的选择有显著差异。

全国

	官员	企业家	企业员工	农民	科教医群体	弱势群体	做小生意者	演艺界
公仆，为老百姓谋福利	37.1%	24.2%	23.4%	16.1%	22.2%	18.6%	17.6%	24.4%
官僚，根本不了解我们的情况	16.2%	36.4%	22.7%	22.0%	19.6%	21.4%	25.5%	24.4%
有权有势的人	9.6%	12.1%	18.7%	20.9%	18.8%	21.3%	19.7%	22.2%
有本事的人	11.4%	6.1%	14.0%	14.4%	14.9%	14.8%	14.1%	4.4%
领导，决定我们命运的人	8.4%	6.1%	9.1%	10.2%	10.2%	9.1%	9.5%	11.1%
贪官	5.4%	9.1%	3.7%	7.4%	2.6%	6.2%	4.8%	2.2%
惹不起但躲得起的人	0.6%	3.0%	3.1%	3.6%	3.7%	2.7%	3.1%	
遇到大事可以信任的人	6.0%		2.5%	2.5%	4.2%	2.9%	3.2%	4.4%
其他	5.4%	3.0%	2.8%	2.9%	3.9%	3.0%	2.6%	6.7%
$\chi^2=162.663$ sig $=0.000$								

如表所示，不同群体对于“在生活中或媒体上看到政府官员时，您首先想到的是”这一问题的选择有显著差异。

由上表可知，江苏与全国居民在对于“在生活中或媒体上看到政府官员时，您首先想到的是”这一问题的选择上存在共识。其中，大多数群体表示“公仆，为老百姓谋福利”，全国略高于江苏。因此，我们认为，在这一问题上，全国与江苏的居民认知存在共识。

G5 您觉得当前我国政府官员道德问题最严重的是？

江苏

	官员	企业家	企业员工	农民	科教医群体	弱势群体	做小生意者	演艺界
贪污受贿	17.2%	22.5%	19.2%	21.1%	19.7%	24.1%	21.3%	17.8%
以权谋私	24.2%	29.2%	24.3%	26.8%	23.7%	25.3%	24.7%	20.0%
生活作风腐败	12.7%	18.0%	13.3%	13.1%	11.4%	12.2%	15.2%	20.0%
官僚主义	9.6%	6.7%	7.7%	8.0%	9.2%	6.5%	6.8%	5.6%
平庸，不作为，只保护自己不解决实际问题	15.3%	9.0%	14.1%	12.5%	14.5%	14.0%	14.1%	16.7%
乱作为，搞政绩工程折腾百姓	11.5%	7.9%	10.8%	8.1%	12.0%	7.9%	7.7%	8.9%
铺张浪费	3.2%	1.1%	4.4%	4.6%	5.2%	4.7%	4.3%	4.4%
拉帮结派	4.5%	2.2%	3.6%	3.6%	2.4%	3.3%	3.7%	4.4%
骄横跋扈，欺压百姓	1.9%	3.4%	2.5%	2.0%	2.0%	2.0%	2.3%	2.2%

如表所示，不同群体对于“当前我国政府官员道德问题最严重的是”的认知有显著差异。

全国

	官员	企业家	企业员工	农民	科教医群体	弱势群体	做小生意者	演艺界
贪污受贿	14.9%	24.4%	17.8%	23.3%	16.9%	20.7%	18.9%	26.8%
以权谋私	20.5%	25.6%	22.6%	23.2%	22.7%	23.8%	22.2%	20.6%
生活作风腐败	14.9%	12.8%	14.1%	11.3%	11.6%	13.5%	13.7%	7.2%
官僚主义	7.6%	6.4%	7.6%	4.5%	7.2%	5.9%	7.4%	9.3%
平庸，不作为，只保护自己不解决实际问题	16.0%	15.4%	13.8%	16.0%	17.2%	13.9%	14.6%	7.2%
乱作为，搞政绩工程折腾百姓	12.1%	11.5%	8.7%	9.0%	10.9%	8.9%	9.2%	11.3%

续表

	官员	企业家	企业员工	农民	科教医群体	弱势群体	做小生意者	演艺界
铺张浪费	5.9%	1.3%	6.0%	5.1%	6.3%	5.0%	4.5%	9.3%
拉帮结派	6.2%	1.3%	6.9%	4.8%	4.3%	5.3%	5.6%	5.2%
骄横跋扈，欺压百姓	2.0%	1.3%	2.6%	2.9%	2.9%	3.0%	3.9%	3.1%

如表所示，不同群体对于“当前我国政府官员道德问题中最严重的问题”的认知有显著差异。

由上表可知，江苏与全国居民在对“当前我国政府官员道德问题中最严重的问题”的认知上，存在共识。其中，大多数群体认为“以权谋私”和“贪污受贿”问题严重。

G6 政府在制定政策和决策时充分考虑到伦理道德方面的要求了吗？

江苏

	官员	企业家	企业员工	农民	科教医群体	弱势群体	做小生意者	演艺界
有考虑，能够从日常生活中感受到	38.2%	41.2%	33.3%	31.6%	41.3%	31.3%	33.3%	27.3%
有考虑，能够从政策文件中体会到	36.8%	35.3%	30.8%	30.3%	27.0%	29.5%	28.1%	39.4%
只是口头上说说，没有实质性行动	17.6%	23.5%	26.5%	28.4%	21.4%	31.4%	29.3%	30.3%
没有考虑，政策制度都是从自己的政绩和富人的利益着想	4.4%		9.1%	9.5%	10.2%	7.7%	8.7%	3.0%
其他	2.9%		0.3%	0.1%		0.2%	0.6%	
$\chi^2=51.635$ sig = 0.004								

如表所示，不同群体对于“政府在制定政策和决策时是否充分考虑到伦理道德方面的要求”的认知有显著差异。

全国

	官员	企业家	企业员工	农民	科教医群体	弱势群体	做小生意者	演艺界
有考虑，能够从日常生活中感受到	43.6%	59.4%	38.4%	38.2%	40.3%	35.0%	34.1%	45.7%

续表

	官员	企业家	企业员工	农民	科教医群体	弱势群体	做小生意者	演艺界
有考虑，能够从政策文件中体会到	34.5%	18.8%	25.4%	20.2%	29.5%	24.8%	22.0%	21.7%
只是口头上说说，没有实质性行动	17.6%	15.6%	26.1%	29.7%	21.8%	28.7%	31.4%	23.9%
没有考虑，政策制度都是从自己的政绩和富人的利益着想	4.2%	6.3%	9.6%	11.6%	7.6%	10.3%	12.0%	6.5%
其他			0.6%	0.3%	0.8%	1.1%	0.5%	2.2%
χ^2 = 100.920　sig = 0.000								

如表所示，不同群体对于“政府在制定政策和决策时是否充分考虑到伦理道德方面的要求”的认知有显著差异。

由上表可知，江苏与全国居民在“政府在制定政策和决策时是否充分考虑到伦理道德方面的要求”的认知上，其中，大多数群体表示“有考虑，能够从日常生活中感受到”，其次为“有考虑，能够从政策文件中体会到”，但全国诸群体选择第一项的比例明显高于江苏。因此，我们认为，在这一问题上，全国与江苏的居民认知存在一定差异。

G7a 残疾人、留守儿童、孤寡老人等弱势群体需要来自全社会的关爱与帮助，您认为本地区做得怎么样？社区提供的服务

江苏

	官员	企业家	企业员工	农民	科教医群体	弱势群体	做小生意者	演艺界
很好	11.1%	16.7%	8.9%	4.2%	9.0%	7.9%	5.9%	17.2%
比较好	79.4%	63.3%	72.8%	74.0%	73.4%	70.7%	69.2%	55.2%
不太好	7.9%	20.0%	17.1%	20.8%	16.5%	20.2%	24.1%	24.1%
很差	1.6%		1.1%	1.0%	1.1%	1.3%	0.8%	3.4%
χ^2 = 46.270　sig = 0.001								

如表所示，不同群体对于“本地区社区提供的服务”的评价有显著差异。

全国

	官员	企业家	企业员工	农民	科教医群体	弱势群体	做小生意者	演艺界
很好	15.5%	17.2%	9.4%	4.6%	12.5%	9.1%	7.4%	4.7%
比较好	68.9%	51.7%	74.0%	63.2%	65.4%	66.9%	66.6%	67.4%

续表

	官员	企业家	企业员工	农民	科教医群体	弱势群体	做小生意者	演艺界
不太好	13.7%	31.0%	15.7%	29.7%	21.2%	21.9%	23.5%	23.3%
很差	1.9%		0.9%	2.5%	0.9%	2.1%	2.5%	4.7%
$\chi^2=174.793$ sig = 0.000								

如表所示，不同群体对于“本地区社区提供的服务”的评价有显著差异。

由上表可知，江苏与全国居民在对“本地区社区提供的服务”的评价上，大多数群体表示“比较好”，但江苏高于全国。因此，我们认为，在这一问题上，全国与江苏的居民认知存在一定差异。

G7b 残疾人、留守儿童、孤寡老人等弱势群体需要来自全社会的关爱与帮助，您认为本地区做得怎么样？周围人的尊重和关爱

江苏

	官员	企业家	企业员工	农民	科教医群体	弱势群体	做小生意者	演艺界
很好	16.7%	12.5%	11.0%	10.2%	9.8%	10.5%	7.8%	3.3%
比较好	68.2%	68.8%	74.3%	74.5%	75.1%	71.6%	75.9%	73.3%
不太好	13.6%	18.8%	14.3%	13.8%	14.0%	16.8%	14.3%	16.7%
很差	1.5%		0.5%	1.5%	1.0%	1.1%	2.0%	6.7%
$\chi^2=32.550$ sig = 0.051								

如表所示，不同群体对于“本地区周围人的尊重与关爱”的评价没有显著差异。

全国

	官员	企业家	企业员工	农民	科教医群体	弱势群体	做小生意者	演艺界
很好	18.3%	16.1%	12.2%	6.4%	11.0%	10.4%	8.2%	7.0%
比较好	70.7%	64.5%	71.7%	69.6%	67.5%	68.3%	69.3%	72.1%
不太好	9.8%	19.4%	15.5%	22.8%	19.8%	19.4%	21.1%	18.6%
很差	1.2%		0.6%	1.3%	1.7%	1.8%	1.4%	2.3%
$\chi^2=101.353$ sig = 0.000								

如表所示，不同群体对于“本地区周围人的尊重与关爱”的评价有显著差异。

由上表可知，江苏与全国居民在对“周围人的尊重与关爱”的评价上，大多数群体表示“比较好”。因此，我们认为，在这一问题上，全国与江苏的居民认知

存在共识。

G7c 残疾人、留守儿童、孤寡老人等弱势群体需要来自全社会的关爱与帮助，您认为本地区做得怎么样？社会服务机构提供专业化服务

江苏

	官员	企业家	企业员工	农民	科教医群体	弱势群体	做小生意者	演艺界
很好	10.0%	3.6%	10.1%	8.8%	12.0%	9.3%	9.2%	6.7%
比较好	65.0%	64.3%	58.0%	55.8%	53.0%	54.8%	53.1%	36.7%
不太好	23.3%	32.1%	27.9%	29.7%	30.1%	30.0%	31.9%	40.0%
很差	1.7%		4.0%	5.7%	4.9%	5.9%	5.9%	16.7%
$\chi^2 = 28.373$　sig = 0.130								

如表所示，不同群体对于“本地区社会服务机构提供专业化服务”的评价没有显著差异。

全国

	官员	企业家	企业员工	农民	科教医群体	弱势群体	做小生意者	演艺界
很好	15.3%	3.7%	14.7%	5.9%	11.6%	10.9%	6.6%	12.2%
比较好	63.1%	63.0%	57.2%	53.5%	55.5%	52.9%	55.0%	53.7%
不太好	19.1%	29.6%	26.2%	37.9%	30.4%	32.1%	34.9%	29.3%
很差	2.5%	3.7%	1.8%	2.7%	2.4%	4.1%	3.6%	4.9%
$\chi^2 = 149.369$　sig = 0.000								

如表所示，不同群体对于“本地区社会服务机构提供专业化服务”的评价有显著差异。

由上表可知，江苏与全国居民在对“本地区社会服务机构提供专业化服务”的评价上，大多数群体表示“比较好”，其次是“不太好”。因此，我们认为，在这一问题上，全国与江苏的居民认知存在共识。

G7d 残疾人、留守儿童、孤寡老人等弱势群体需要来自全社会的关爱与帮助，您认为本地区做得怎么样？政府实施的社会援助

江苏

	官员	企业家	企业员工	农民	科教医群体	弱势群体	做小生意者	演艺界
很好	15.9%	19.4%	11.9%	8.3%	14.5%	9.0%	7.5%	10.0%

续表

	官员	企业家	企业员工	农民	科教医群体	弱势群体	做小生意者	演艺界
比较好	66.7%	64.5%	62.6%	63.2%	55.9%	59.8%	59.0%	43.3%
不太好	14.3%	12.9%	22.9%	24.3%	26.8%	27.8%	28.9%	40.0%
很差	3.2%	3.2%	2.5%	4.1%	2.8%	3.4%	4.6%	6.7%
$\chi^2=45.796$ sig = 0.001								

如表所示，不同群体对于“本地区政府实施的社会援助”的评价有显著差异。

全国

	官员	企业家	企业员工	农民	科教医群体	弱势群体	做小生意者	演艺界
很好	19.0%	7.4%	14.2%	6.1%	13.0%	11.6%	9.5%	8.1%
比较好	58.9%	44.4%	56.4%	50.8%	59.8%	51.9%	50.1%	54.1%
不太好	19.6%	40.7%	26.7%	38.4%	23.1%	31.0%	34.5%	32.4%
很差	2.5%	7.4%	2.8%	4.6%	4.1%	5.5%	6.0%	5.4%
$\chi^2=152.747$ sig = 0.000								

如表所示，不同群体对于“本地区政府实施的社会援助”的评价有显著差异。

由上表可知，江苏与全国居民在对“本地区政府实施的社会援助”的评价上，大多数群体表示“比较好”，占比在50%左右，除演艺界外，江苏选择“很好”与“比较好”的比例都高于全国。因此，我们认为，在这一问题上，全国与江苏的居民认知存在一定差异。

G7e 残疾人、留守儿童、孤寡老人等弱势群体需要来自全社会的关爱与帮助，您认为本地区做得怎么样？公益与慈善事业

江苏

	官员	企业家	企业员工	农民	科教医群体	弱势群体	做小生意者	演艺界
很好	13.1%	12.9%	9.5%	7.7%	11.4%	8.9%	8.6%	3.6%
比较好	60.7%	64.5%	62.5%	64.1%	55.4%	60.0%	59.0%	60.7%
不太好	18.0%	22.6%	24.5%	23.5%	27.4%	27.1%	29.6%	32.1%
很差	8.2%		3.6%	4.6%	5.7%	4.0%	2.8%	3.6%
$\chi^2=23.356$ sig = 0.325								

如表所示，不同群体对于“本地区公益与慈善事业”的评价没有显著差异。

全国

	官员	企业家	企业员工	农民	科教医群体	弱势群体	做小生意者	演艺界
很好	16.3%	8.3%	11.4%	4.8%	12.6%	10.2%	7.6%	7.9%
比较好	62.4%	58.3%	58.2%	47.7%	53.1%	51.6%	49.3%	50.0%
不太好	17.7%	33.3%	25.2%	41.8%	29.8%	31.5%	34.7%	34.2%
很差	3.5%		5.2%	5.8%	4.5%	6.7%	8.4%	7.9%
$\chi^2=161.502$　sig = 0.000								

如表所示，不同群体对于“本地区公益与慈善事业”的评价有显著差异。

由上表可知，江苏与全国居民在对“本地区公益与慈善事业”的评价上，大多数群体表示“比较好”，其次是“不太好”。因此，我们认为，在这一问题上，全国与江苏的居民认知存在共识。

G7f 残疾人、留守儿童、孤寡老人等弱势群体需要来自全社会的关爱与帮助，您认为本地区做得怎么样？志愿者帮助

江苏

	官员	企业家	企业员工	农民	科教医群体	弱势群体	做小生意者	演艺界
很好	11.7%	12.5%	11.2%	6.8%	11.0%	10.7%	10.9%	14.3%
比较好	66.7%	68.8%	63.1%	63.2%	56.6%	60.4%	60.2%	39.3%
不太好	15.0%	18.8%	22.5%	25.5%	28.3%	25.8%	26.3%	39.3%
很差	6.7%		3.3%	4.5%	4.0%	3.1%	2.6%	7.1%
$\chi^2=30.836$　sig = 0.076								

如表所示，不同群体对于“本地区志愿者帮助”的评价没有显著差异。

全国

	官员	企业家	企业员工	农民	科教医群体	弱势群体	做小生意者	演艺界
很好	18.1%	16.0%	11.9%	5.6%	12.1%	10.8%	8.0%	10.3%
比较好	62.3%	56.0%	60.4%	49.8%	58.4%	55.3%	54.7%	56.4%
不太好	17.4%	28.0%	23.0%	38.8%	27.0%	27.4%	30.6%	28.2%
很差	2.2%		4.6%	5.8%	2.5%	6.5%	6.6%	5.1%
$\chi^2=154.131$　sig = 0.000								

如表所示，不同群体对于“本地区志愿者帮助”的评价有显著差异。

由上表可知，江苏与全国居民在对“本地区志愿者帮助”的评价上，存在差异。其中，大多数群体表示“比较好”，其次是“不太好”。因此，我们认为，在这一问题上，全国与江苏的居民认知存在共识。

G8 您认为有必要为好人树碑立传吗？

江苏

	官员	企业家	企业员工	农民	科教医群体	弱势群体	做小生意者	演艺界
很有必要，可以让更多的人知道他们、学习他们	78.5%	73.5%	80.4%	84.1%	77.7%	82.5%	83.5%	68.8%
可有可无	9.2%	8.8%	11.1%	9.3%	9.8%	10.5%	10.1%	12.5%
没有必要	12.3%	17.6%	8.5%	6.6%	12.4%	6.9%	6.4%	18.8%
$\chi^2=25.049$ sig = 0.034								

如表所示，不同群体对于“是否有必要为好人树碑立传”的认知有显著差异。

全国

	官员	企业家	企业员工	农民	科教医群体	弱势群体	做小生意者	演艺界
很有必要，可以让更多的人知道他们、学习他们	83.6%	65.6%	69.1%	65.7%	71.3%	68.3%	65.8%	75.6%
可有可无	9.4%	21.9%	14.9%	16.1%	13.5%	16.0%	19.2%	11.1%
没有必要	6.9%	12.5%	16.0%	18.2%	15.2%	15.7%	15.0%	13.3%
$\chi^2=39.458$ sig = 0.000								

如表所示，不同群体对于“是否有必要为好人树碑立传”的认知有显著差异。

由上表可知，江苏与全国居民在对“是否有必要为好人树碑立传”的认知上，存在共识。其中，大多数群体表示“很有必要，可以让更多的人知道他们、学习他们”，占比在70%左右，除官员外江苏各群体选择第一项的比例高于全国。因此，我们认为，在这一问题上，全国与江苏的居民认知存在差异。

G9 党的十八大以来，党中央出台了一系列治国理政的新举措，给社会生活带来了什么变化？

江苏

	官员	企业家	企业员工	农民	科教医群体	弱势群体	做小生意者	演艺界
社会在向好的方面发展，对未来生活更有信心	75.0%	67.6%	61.9%	57.8%	65.3%	54.4%	58.2%	54.5%
目前没看出有什么影响	14.7%	5.9%	18.1%	19.0%	14.3%	21.9%	22.3%	24.2%
虽然出台了一些政策，但感觉解决不了什么问题	8.8%	23.5%	16.4%	13.9%	17.3%	14.9%	13.1%	21.2%
不关心这些、说不清楚	1.5%	2.9%	3.4%	9.1%	2.6%	8.9%	6.2%	
其他			0.1%	0.1%	0.5%		0.2%	
$\chi^2=90.867$　sig = 0.000								

如表所示，不同群体对于“党中央出台了一系列治国理政的新举措，给社会生活带来了什么变化”的认知有显著差异。

全国

	官员	企业家	企业员工	农民	科教医群体	弱势群体	做小生意者	演艺界
社会在向好的方面发展，对未来生活更有信心	70.1%	50.0%	54.0%	48.4%	69.2%	49.1%	45.1%	61.4%
目前没看出有什么影响	17.4%	26.5%	21.6%	19.3%	13.2%	23.1%	25.1%	20.5%
虽然出台了一些政策，但感觉解决不了什么问题	12.0%	17.6%	18.5%	21.5%	13.0%	17.6%	21.7%	15.9%
不关心这些、说不清楚	0.6%	2.9%	5.7%	10.7%	4.4%	10.1%	8.0%	2.3%
其他		2.9%	0.1%	0.1%	0.3%	0.1%	0.2%	
$\chi^2=196.255$　sig = 0.000								

如表所示，不同群体对于“党中央出台了一系列治国理政的新举措，给社会生活带来了什么变化”的认知有显著差异。

由上表可知，江苏与全国居民在对“党中央出台了一系列治国理政的新举措，给社会生活带来了什么变化”的认知上，存在共识。其中，大多数群体表示“社会在向好的方面发展，对未来生活更有信心”。因此，我们认为，在这一问题上，全国与江苏的居民认知存在共识。

G10a 您认为本地政府以下政策措施对促进社会公平有效果吗？就业政策

江苏

	官员	企业家	企业员工	农民	科教医群体	弱势群体	做小生意者	演艺界
较大效果	18.5%	24.2%	8.1%	6.2%	11.2%	7.2%	8.7%	12.9%
有点效果	60.0%	54.5%	68.3%	68.8%	70.6%	64.8%	64.6%	51.6%
没有效果	18.5%	21.2%	21.8%	23.5%	17.6%	26.0%	24.3%	19.4%
更不公平	3.1%		1.5%	1.3%	0.5%	1.5%	2.2%	16.1%
大大加剧了不公平			0.2%	0.1%		0.5%	0.2%	
$\chi^2=89.023$ sig = 0.000								

如表所示，不同群体对于“就业政策在促进社会公平的效果”的评价有显著差异。

全国

	官员	企业家	企业员工	农民	科教医群体	弱势群体	做小生意者	演艺界
较大效果	17.4%	12.9%	7.3%	2.9%	13.0%	6.6%	6.2%	12.8%
有点效果	63.2%	54.8%	62.6%	52.4%	59.3%	57.0%	55.9%	59.0%
没有效果	15.5%	29.0%	25.8%	39.5%	21.5%	31.1%	32.2%	20.5%
更不公平	3.2%	3.2%	3.7%	4.6%	5.6%	4.3%	4.6%	7.7%
大大加剧了不公平	0.6%		0.5%	0.7%	0.6%	1.0%	1.1%	
$\chi^2=201.843$ sig = 0.000								

如表所示，不同群体对于“就业政策在促进社会公平的效果”的评价有显著差异。

由上表可知，江苏与全国居民在对“就业政策在促进社会公平的效果”的评价上，大多数群体表示“有点效果”。因此，我们认为，在这一问题上，全国与江苏的居民认知存在共识。

G10b 您认为本地政府以下政策措施对促进社会公平有效果吗？教育政策

江苏

	官员	企业家	企业员工	农民	科教医群体	弱势群体	做小生意者	演艺界
较大效果	18.5%	18.2%	9.9%	8.6%	18.5%	12.1%	10.3%	9.7%

续表

	官员	企业家	企业员工	农民	科教医群体	弱势群体	做小生意者	演艺界
有点效果	66.2%	69.7%	69.1%	73.8%	60.8%	66.1%	67.4%	64.5%
没有效果	10.8%	6.1%	16.1%	14.5%	14.8%	15.2%	16.2%	16.1%
更不公平	3.1%	3.0%	3.0%	1.8%	5.3%	3.9%	4.4%	9.7%
大大加剧了不公平	1.5%	3.0%	2.0%	1.4%	0.5%	2.7%	1.7%	
$\chi^2=53.195$　sig = 0.000								

如表所示，不同群体对于“教育政策在促进社会公平的效果”的评价有显著差异。

全国

	官员	企业家	企业员工	农民	科教医群体	弱势群体	做小生意者	演艺界
较大效果	20.6%	15.6%	9.5%	4.6%	18.8%	9.9%	8.0%	19.0%
有点效果	57.4%	71.9%	63.1%	61.6%	54.8%	61.0%	60.9%	59.5%
没有效果	17.4%	12.5%	23.0%	29.3%	19.7%	24.1%	25.7%	14.3%
更不公平	3.2%		3.9%	3.9%	6.4%	4.6%	4.9%	7.1%
大大加剧了不公平	1.3%		0.5%	0.5%	0.3%	0.4%	0.5%	
$\chi^2=161.311$　sig = 0.000								

如表所示，不同群体对于“教育政策在促进社会公平的效果”的评价有显著差异。

由上表可知，江苏与全国居民在对“教育政策在促进社会公平的效果”的评价上，大多数群体表示“有点效果”，占比在60%左右，其次为“没有效果”。因此，我们认为，在这一问题上，全国与江苏的居民认知存在共识。

G10c 您认为本地政府以下政策措施对促进社会公平有效果吗？医疗卫生政策

江苏

	官员	企业家	企业员工	农民	科教医群体	弱势群体	做小生意者	演艺界
较大效果	21.2%	12.5%	12.6%	10.1%	16.7%	11.5%	15.6%	10.0%
有点效果	53.0%	59.4%	60.3%	66.9%	57.3%	60.4%	56.9%	43.3%

续表

	官员	企业家	企业员工	农民	科教医群体	弱势群体	做小生意者	演艺界
没有效果	18.2%	15.6%	21.5%	18.6%	18.8%	20.0%	20.7%	30.0%
更不公平	6.1%	9.4%	3.1%	2.8%	4.2%	4.5%	4.9%	13.3%
大大加剧了不公平	1.5%	3.1%	2.5%	1.6%	3.1%	3.6%	1.8%	3.3%
$\chi^2=55.111$ sig = 0.000								

如表所示，不同群体对于“医疗卫生政策在促进社会公平的效果”的评价有显著差异。

全国

	官员	企业家	企业员工	农民	科教医群体	弱势群体	做小生意者	演艺界
较大效果	23.8%	15.6%	11.5%	5.8%	15.8%	11.0%	9.2%	12.5%
有点效果	53.1%	62.5%	57.9%	58.6%	55.0%	56.2%	58.3%	65.0%
没有效果	18.1%	15.6%	24.7%	26.5%	20.4%	25.4%	26.2%	20.0%
更不公平	3.8%	3.1%	5.3%	8.2%	8.2%	6.6%	5.6%	2.5%
大大加剧了不公平	1.3%	3.1%	0.7%	0.9%	0.5%	0.8%	0.7%	
$\chi^2=124.605$ sig = 0.000								

如表所示，不同群体对于“医疗卫生政策在促进社会公平的效果”的评价有显著差异。

由上表可知，江苏与全国居民在对“医疗卫生政策在促进社会公平的效果”的评价上，大多数群体表示“有点效果”，占比在60%左右，其次为“没有效果”。因此，我们认为，在这一问题上，全国与江苏的居民认知存在共识。

G10d 您认为本地政府以下政策措施对促进社会公平有效果吗？低保政策

江苏

	官员	企业家	企业员工	农民	科教医群体	弱势群体	做小生意者	演艺界
较大效果	21.3%	20.0%	14.4%	12.0%	25.3%	11.7%	14.8%	16.7%
有点效果	59.0%	60.0%	62.0%	61.6%	56.2%	60.7%	58.9%	50.0%
没有效果	14.8%	13.3%	18.3%	20.3%	13.5%	20.0%	19.3%	23.3%

续表

	官员	企业家	企业员工	农民	科教医群体	弱势群体	做小生意者	演艺界
更不公平	4.9%	3.3%	3.5%	4.4%	4.5%	4.9%	5.2%	
大大加剧了不公平		3.3%	1.9%	1.7%	0.6%	2.7%	1.8%	10.0%
χ^2 = 55.883　sig = 0.000								

如表所示，不同群体对于“低保政策在促进社会公平的效果”的评价有显著差异。

全国

	官员	企业家	企业员工	农民	科教医群体	弱势群体	做小生意者	演艺界
较大效果	26.0%	9.7%	11.2%	5.7%	18.6%	11.1%	9.4%	13.5%
有点效果	49.4%	58.1%	49.9%	49.9%	52.6%	48.9%	54.2%	64.9%
没有效果	17.5%	29.0%	29.5%	27.2%	18.3%	27.3%	25.8%	16.2%
更不公平	6.5%	3.2%	8.0%	15.1%	7.8%	11.3%	9.2%	5.4%
大大加剧了不公平	0.6%		1.3%	2.1%	2.6%	1.3%	1.5%	
χ^2 = 202.211　sig = 0.000								

如表所示，不同群体对于“低保政策在促进社会公平的效果”的评价有显著差异。

由上表可知，江苏与全国居民在对“低保政策在促进社会公平的效果”的评价上，大多数群体表示“有点效果”，占比在60%左右，其次为“没有效果”。因此，我们认为，在这一问题上，全国与江苏的居民认知存在共识。

G10e 您认为本地政府以下政策措施对促进社会公平有效果吗？房地产政策

江苏

	官员	企业家	企业员工	农民	科教医群体	弱势群体	做小生意者	演艺界
较大效果	14.3%	6.7%	4.5%	3.8%	9.3%	5.6%	3.9%	17.9%
有点效果	41.3%	50.0%	40.5%	52.0%	40.4%	43.0%	43.1%	39.3%
没有效果	25.4%	10.0%	31.9%	30.6%	31.7%	31.6%	32.4%	21.4%
更不公平	4.8%	23.3%	15.6%	9.5%	10.9%	11.4%	11.8%	14.3%

续表

	官员	企业家	企业员工	农民	科教医群体	弱势群体	做小生意者	演艺界
大大加剧了不公平	14.3%	10.0%	7.5%	4.1%	7.7%	8.4%	8.8%	7.1%
$\chi^2 = 83.283$　sig = 0.000								

如表所示，不同群体对于“房地产政策在促进社会公平的效果”的评价有显著差异。

全国

	官员	企业家	企业员工	农民	科教医群体	弱势群体	做小生意者	演艺界
较大效果	16.0%		7.6%	3.1%	9.0%	6.5%	3.6%	10.8%
有点效果	40.0%	44.8%	35.3%	31.6%	44.1%	33.7%	38.1%	32.4%
没有效果	25.3%	34.5%	38.7%	41.5%	28.4%	39.8%	39.0%	40.5%
更不公平	9.3%	17.2%	14.1%	18.3%	12.3%	15.1%	13.9%	16.2%
大大加剧了不公平	9.3%	3.4%	4.3%	5.5%	6.2%	4.9%	5.5%	
$\chi^2 = 133.261$　sig = 0.000								

如表所示，不同群体对于“房地产政策在促进社会公平的效果”的评价有显著差异。

由上表可知，江苏与全国居民在对“房地产政策在促进社会公平的效果”的评价上，大多数群体表示“有点效果”，其次为“没有效果”。因此，我们认为，在这一问题上，全国与江苏的居民认知存在共识。

G10f 您认为本地政府以下政策措施对促进社会公平有效果吗？拆迁安置政策

江苏

	官员	企业家	企业员工	农民	科教医群体	弱势群体	做小生意者	演艺界
较大效果	14.8%	18.5%	4.9%	5.3%	12.3%	5.9%	7.1%	10.7%
有点效果	55.7%	44.4%	43.9%	49.8%	48.0%	47.0%	45.6%	46.4%
没有效果	13.1%	18.5%	27.6%	27.6%	23.4%	26.0%	25.2%	17.9%
更不公平	4.9%	14.8%	14.3%	12.2%	9.4%	10.8%	14.7%	17.9%
大大加剧了不公平	11.5%	3.7%	9.4%	5.1%	7.0%	10.3%	7.4%	7.1%
$\chi^2 = 67.510$　sig = 0.000								

如表所示，不同群体对于“拆迁安置政策在促进社会公平的效果”的评价有显著差异。

全国

	官员	企业家	企业员工	农民	科教医群体	弱势群体	做小生意者	演艺界
较大效果	16.3%	15.4%	6.7%	3.0%	9.5%	6.4%	3.9%	11.1%
有点效果	39.0%	34.6%	34.8%	29.2%	42.1%	33.7%	37.2%	36.1%
没有效果	28.4%	26.9%	37.5%	43.8%	30.9%	37.8%	35.5%	30.6%
更不公平	9.2%	19.2%	15.6%	17.3%	10.9%	16.1%	17.2%	19.4%
大大加剧了不公平	7.1%	3.8%	5.5%	6.8%	6.6%	5.9%	6.2%	2.8%
$\chi^2 = 121.746$ sig = 0.000								

如表所示，不同群体对于“拆迁安置政策在促进社会公平的效果”的评价有显著差异。

由上表可知，江苏与全国居民在对“拆迁安置政策在促进社会公平的效果”的评价上，大多数群体表示“有点效果”，其次为“没有效果”，但全国诸群体选择“没有效果”比例明显高于江苏。因此，我们认为，在这一问题上，全国与江苏的居民认知存在差异。

G11 如果遭遇重大公共事件，您相信政府公布的信息和采取的措施吗？

江苏

	官员	企业家	企业员工	农民	科教医群体	弱势群体	做小生意者	演艺界
相信，大都是可靠的，比网络流传的可靠	83.8%	73.5%	74.0%	72.0%	75.4%	72.3%	68.6%	57.6%
不相信，都是安抚百姓的策略措施	8.8%	17.6%	13.9%	14.7%	14.4%	13.3%	17.1%	27.3%
将信将疑，走一步看一步	7.4%	8.8%	12.0%	13.3%	9.7%	14.4%	14.3%	15.2%
其他			0.1%		0.5%			
$\chi^2 = 31.700$ sig = 0.063								

如表所示，不同群体对于“如果遭遇重大公共事件，居民对政府公布的信息和采取的措施的信任度”的选择没有显著差异。

全国

	官员	企业家	企业员工	农民	科教医群体	弱势群体	做小生意者	演艺界
相信，大都是可靠的，比网络流传的可靠	73.7%	55.9%	61.4%	67.1%	66.5%	60.8%	55.9%	56.5%
不相信，都是安抚百姓的策略措施	12.0%	14.7%	17.6%	14.1%	14.3%	17.0%	19.3%	17.4%
将信将疑，走一步看一步	14.4%	26.5%	20.9%	18.7%	19.2%	22.0%	24.8%	26.1%
其他		2.9%	0.1%			0.2%		
$\chi^2=98.928$ sig = 0.000								

如表所示，不同群体对于“如果遭遇重大公共事件，居民对政府公布的信息和采取的措施的信任度”的选择有显著差异。

由上表可知，江苏与全国居民在对“如果遭遇重大公共事件，居民对政府公布的信息和采取的措施的信任度”的选择上，大多数群体表示“相信，大都是可靠的，比网络流传的可靠”，但江苏略高于全国。因此，我们认为，在这一问题上，全国与江苏的居民认知存在差异。

G12a 政府推动或倡导的下列活动效果如何？文明城市创建

江苏

	官员	企业家	企业员工	农民	科教医群体	弱势群体	做小生意者	演艺界
完全没效果		2.9%	2.1%	1.9%	3.6%	1.6%	1.7%	
效果较差	14.9%	17.6%	11.7%	13.4%	10.9%	15.7%	12.6%	18.8%
效果较好	70.1%	55.9%	66.6%	69.2%	64.2%	66.4%	67.9%	56.3%
效果很好	14.9%	23.5%	19.6%	15.5%	21.2%	16.3%	17.8%	25.0%
$\chi^2=28.374$ sig = 0.130								

如表所示，不同群体对于“创建文明城市活动的效果”的评价没有显著差异。

全国

	官员	企业家	企业员工	农民	科教医群体	弱势群体	做小生意者	演艺界
完全没效果	1.9%		1.9%	1.2%	4.9%	2.3%	2.7%	2.4%
效果较差	18.4%	18.8%	18.4%	25.6%	22.5%	21.8%	23.7%	31.7%
效果较好	58.9%	56.3%	68.3%	64.3%	60.3%	65.2%	65.2%	53.7%

续表

	官员	企业家	企业员工	农民	科教医群体	弱势群体	做小生意者	演艺界
效果很好	20.9%	25.0%	11.3%	8.9%	12.3%	10.8%	8.4%	12.2%
$\chi^2=89.132$　sig = 0.000								

如表所示，不同群体对于“创建文明城市活动的效果”的评价有显著差异。

由上表可知，江苏与全国居民在对“创建文明城市活动的效果”的评价上，大多数群体表示“效果较好”，占比在60%左右。因此，我们认为，在这一问题上，全国与江苏的居民认知存在共识。

G12b 政府推动或倡导的下列活动效果如何？学雷锋活动

江苏

	官员	企业家	企业员工	农民	科教医群体	弱势群体	做小生意者	演艺界
完全没效果		6.1%	2.7%	2.2%	6.3%	2.2%	1.7%	3.2%
效果较差	18.2%	12.1%	19.0%	14.9%	19.0%	20.4%	19.1%	32.3%
效果较好	68.2%	63.6%	63.7%	69.0%	57.1%	64.7%	65.2%	58.1%
效果很好	13.6%	18.2%	14.6%	13.9%	17.5%	12.7%	13.9%	6.5%
$\chi^2=36.524$　sig = 0.019								

如表所示，不同群体对于“学雷锋活动的效果”的评价有显著差异。

全国

	官员	企业家	企业员工	农民	科教医群体	弱势群体	做小生意者	演艺界
完全没效果	2.0%		2.5%	1.9%	5.4%	2.8%	3.0%	7.3%
效果较差	17.0%	17.9%	20.6%	27.2%	22.9%	24.1%	26.6%	19.5%
效果较好	68.6%	64.3%	65.6%	63.7%	63.0%	62.2%	64.2%	63.4%
效果很好	12.4%	17.9%	11.2%	7.2%	8.6%	10.9%	6.2%	9.8%
$\chi^2=74.284$　sig = 0.000								

如表所示，不同群体对于“学雷锋活动的效果”的评价有显著差异。

由上表可知，江苏与全国居民在对“学雷锋活动的效果”的评价上，大多数群体表示“效果较好”，其次为“效果较差”。因此，我们认为，在这一问题上，全国与江苏的居民认知存在共识。

G12c 政府推动或倡导的下列活动效果如何？典型人物的宣传

江苏

	官员	企业家	企业员工	农民	科教医群体	弱势群体	做小生意者	演艺界
完全没效果		3.1%	1.7%	1.9%	5.3%	2.2%	1.3%	9.7%
效果较差	16.7%	18.8%	17.0%	17.3%	18.4%	20.6%	21.0%	22.6%
效果较好	68.2%	53.1%	61.6%	61.7%	58.9%	60.3%	60.2%	58.1%
效果很好	15.2%	25.0%	19.7%	19.2%	17.4%	16.8%	17.4%	9.7%
$\chi^2=34.904$ sig = 0.029								

如表所示，不同群体对于“典型人物的宣传活动的效果”的评价有显著差异。

全国

	官员	企业家	企业员工	农民	科教医群体	弱势群体	做小生意者	演艺界
完全没效果	3.3%		1.9%	2.2%	6.0%	2.8%	2.6%	7.1%
效果较差	14.4%	27.6%	19.7%	22.4%	22.1%	22.6%	26.9%	19.0%
效果较好	66.7%	58.6%	64.9%	66.7%	60.2%	62.6%	62.9%	59.5%
效果很好	15.7%	13.8%	13.5%	8.7%	11.7%	12.0%	7.6%	14.3%
$\chi^2=75.989$ sig = 0.000								

如表所示，不同群体对于“典型人物的宣传活动的效果”的评价有显著差异。

由上表可知，江苏与全国居民在对“典型人物宣传活动的效果”的评价上，大多数群体表示“效果较好”，占比在60%左右，其次为“效果较差”。因此，我们认为，在这一问题上，全国与江苏的居民认知存在共识。

G12d 政府推动或倡导的下列活动效果如何？志愿服务的倡导和推广

江苏

	官员	企业家	企业员工	农民	科教医群体	弱势群体	做小生意者	演艺界
完全没效果	3.0%		1.6%	2.7%	1.6%	2.2%	2.1%	3.3%
效果较差	17.9%	15.6%	16.5%	17.0%	17.9%	21.7%	19.6%	23.3%
效果较好	64.2%	68.8%	63.1%	61.5%	60.9%	58.2%	56.5%	60.0%
效果很好	14.9%	15.6%	18.9%	18.8%	19.6%	17.9%	21.7%	13.3%
$\chi^2=22.286$ sig = 0.383								

如表所示，不同群体对于“志愿服务的倡导和推广活动的效果”的评价没有显著差异。

全国

	官员	企业家	企业员工	农民	科教医群体	弱势群体	做小生意者	演艺界
完全没效果	4.1%		2.0%	2.1%	3.0%	2.0%	2.6%	5.3%
效果较差	24.0%	16.7%	19.2%	27.6%	21.4%	22.5%	28.5%	21.1%
效果较好	57.5%	60.0%	62.2%	59.8%	56.0%	60.2%	58.6%	63.2%
效果很好	14.4%	23.3%	16.6%	10.5%	19.6%	15.2%	10.3%	10.5%
$\chi^2=79.548$　sig = 0.000								

如表所示，不同群体对于“志愿服务的倡导和推广活动的效果”的评价有显著差异。

由上表可知，江苏与全国居民在对“志愿服务的倡导和推广活动的效果”的评价上，大多数群体表示“效果较好”，占比在60%左右。因此，我们认为，在这一问题上，全国与江苏的居民认知存在共识。

G12e 政府推动或倡导的下列活动效果如何？反腐倡廉的举措

江苏

	官员	企业家	企业员工	农民	科教医群体	弱势群体	做小生意者	演艺界
完全没效果	4.4%		3.1%	4.5%	5.4%	4.8%	4.7%	3.4%
效果较差	10.3%	17.6%	19.8%	17.3%	13.4%	19.6%	20.9%	17.2%
效果较好	64.7%	58.8%	57.6%	59.9%	61.3%	57.8%	51.9%	69.0%
效果很好	20.6%	23.5%	19.5%	18.3%	19.9%	17.8%	22.4%	10.3%
$\chi^2=26.253$　sig = 0.0197								

如表所示，不同群体对于“反腐倡廉举措的效果”的评价有显著差异。

全国

	官员	企业家	企业员工	农民	科教医群体	弱势群体	做小生意者	演艺界
完全没效果	6.0%	3.6%	3.6%	6.1%	4.1%	4.0%	5.0%	8.6%
效果较差	15.2%	21.4%	21.4%	25.0%	19.8%	21.1%	25.0%	22.9%
效果较好	52.3%	39.3%	56.1%	54.4%	57.1%	58.2%	57.6%	51.4%
效果很好	26.5%	35.7%	18.8%	14.5%	18.9%	16.7%	12.4%	17.1%
$\chi^2=65.476$　sig = 0.000								

如表所示，不同群体对于“反腐倡廉举措的效果”的评价有显著差异。

由上表可知，江苏与全国居民在对“反腐倡廉举措的效果”的评价上，大多数群体表示“效果较好”，其次为“效果很好”。因此，我们认为，在这一问题上，全国与江苏的居民认知存在共识。

G12f 政府推动或倡导的下列活动效果如何？《公民道德建设实施纲要》的推进

江苏

	官员	企业家	企业员工	农民	科教医群体	弱势群体	做小生意者	演艺界
完全没效果	1.6%	3.4%	2.3%	1.6%	5.5%	2.6%	1.1%	4.0%
效果较差	14.1%	6.9%	18.0%	18.4%	12.8%	21.7%	18.5%	20.0%
效果较好	75.0%	69.0%	63.1%	64.4%	62.2%	61.1%	62.7%	60.0%
效果很好	9.4%	20.7%	16.6%	15.6%	19.5%	14.6%	17.7%	16.0%
$\chi^2=30.885$ sig = 0.076								

如表所示，不同群体对于“《公民道德建设实施纲要》的推进的效果”的评价没有显著差异。

全国

	官员	企业家	企业员工	农民	科教医群体	弱势群体	做小生意者	演艺界
完全没效果	6.1%		3.4%	5.0%	6.3%	4.3%	3.9%	10.7%
效果较差	18.2%	20.0%	21.5%	29.2%	23.1%	23.3%	24.6%	17.9%
效果较好	53.0%	52.0%	59.2%	58.6%	57.7%	58.9%	60.2%	64.3%
效果很好	22.7%	28.0%	16.0%	7.2%	12.9%	13.5%	11.4%	7.1%
$\chi^2=88.707$ sig = 0.000								

如表所示，不同群体对于“《公民道德建设实施纲要》的推进的效果”的评价有显著差异。

由上表可知，江苏与全国居民在对“《公民道德建设实施纲要》的推进的效果”的评价上，大多数群体表示“效果较好”，但江苏略高于全国。其中，官员中，全国与江苏差异约20%。因此，我们认为，在这一问题上，全国与江苏的居民认知存在差异。

G13 您对于我们正在走的中国特色社会主义道路怎么看？

江苏

	官员	企业家	企业员工	农民	科教医群体	弱势群体	做小生意者	演艺界
充满信心，因为它可以给中国带来繁荣富强	76.5%	52.9%	55.3%	55.0%	62.2%	50.3%	49.7%	33.3%
不太了解，但相信这条路能够让老百姓都过上好日子	14.7%	38.2%	33.7%	32.1%	29.1%	35.9%	37.6%	51.5%
表示怀疑，走这条路究竟怎么样，现在还说不清楚	7.4%	5.9%	8.1%	6.7%	8.2%	8.6%	9.3%	15.2%
走什么样的路，跟我没关系	1.5%	2.9%	2.8%	5.8%	0.5%	5.0%	3.4%	
其他			0.1%	0.3%		0.1%		
$\chi^2=64.797$　sig = 0.000								

如表所示，不同群体对于“我们正在走的中国特色社会主义道路的看法”的认知有显著差异。

全国

	官员	企业家	企业员工	农民	科教医群体	弱势群体	做小生意者	演艺界
充满信心，因为它可以给中国带来繁荣富强	73.9%	55.9%	50.2%	44.0%	67.8%	44.7%	41.1%	54.3%
不太了解，但相信这条路能够让老百姓都过上好日子	17.6%	23.5%	34.5%	39.9%	22.1%	36.5%	40.8%	34.8%
表示怀疑，走这条路究竟怎么样，现在还说不清楚	6.7%	20.6%	11.9%	10.3%	7.8%	12.9%	12.4%	10.9%
走什么样的路，跟我没关系	1.8%		3.4%	5.4%	2.3%	5.7%	5.7%	
其他			0.1%	0.3%		0.2%		
$\chi^2=190.335$　sig = 0.000								

如表所示，不同群体对于“我们正在走的中国特色社会主义道路的看法”的认知有显著差异。

由上表可知，江苏与全国居民在对“我们正在走的中国特色社会主义道路的看法”的认知上，大多数群体表示“充满信心，因为它可以给中国带来繁荣富强”，占比在50%左右，其次为“不太了解，但相信这条路能够让老百姓都过上好日子”。因此，我们认为，在这一问题上，全国与江苏的居民认知存在共识。

G14 党的十八大提出，到2020年全面建成小康社会，到本世纪中叶建成社会主义现代化国家，您认为这样的目标能实现吗？

江苏

	官员	企业家	企业员工	农民	科教医群体	弱势群体	做小生意者	演艺界
相信一定能实现	58.8%	47.1%	38.1%	43.6%	49.7%	37.7%	39.2%	36.4%
有困难，但只要努力还是能实现的	35.3%	50.0%	54.0%	45.3%	44.6%	50.0%	49.7%	57.6%
不可能实现	2.9%		2.8%	2.3%	4.1%	3.8%	2.6%	3.0%
说不清楚，跟我没关系	1.5%	2.9%	5.0%	8.8%	0.5%	8.3%	8.5%	3.0%
其他	1.5%				1.0%	0.1%		
$\chi^2=94.512$　sig = 0.000								

如表所示，不同群体对于“党的十八大提出，到2020年全面建成小康社会，到本世纪中叶建成社会主义现代化国家，居民对该目标的实现信心”的看法有显著差异。

全国

	官员	企业家	企业员工	农民	科教医群体	弱势群体	做小生意者	演艺界
相信一定能实现	49.1%	38.2%	30.9%	30.8%	39.7%	30.5%	27.8%	40.0%
有困难，但只要努力还是能实现的	41.9%	61.8%	58.8%	53.7%	54.0%	56.6%	58.0%	51.1%
不可能实现	5.4%		3.7%	3.6%	2.6%	4.0%	3.8%	2.2%
说不清楚，跟我没关系	3.0%		6.5%	11.7%	3.4%	8.8%	10.2%	6.7%
其他	0.6%		0.1%	0.2%	0.3%	0.1%	0.3%	
$\chi^2=109.531$　sig = 0.000								

如表所示，不同群体对于“党的十八大提出，到2020年全面建成小康社会，到本世纪中叶建成社会主义现代化国家，居民对该目标的实现信心”的看法有显著差异。

由上表可知，江苏与全国居民在对“党的十八大提出，到2020年全面建成小康社会，到本世纪中叶建成社会主义现代化国家，居民对该目标的实现信心”的看法上，大多数群体表示“有困难，但只要努力还是能实现的”，占比在50%左右，其次为“相信一定能实现”，江苏诸群体选择“相信一定能实现”的比例高于全国。因此，我们认为，在这一问题上，全国与江苏的居民认知存在差异。

G15 您对您周围的党员干部道德状况怎么评价？

江苏

	官员	企业家	企业员工	农民	科教医群体	弱势群体	做小生意者	演艺界
总体还不错	76.1%	53.1%	53.2%	50.8%	56.5%	48.3%	51.7%	37.5%
普遍比较差	6.0%	12.5%	18.5%	18.7%	13.4%	20.4%	20.5%	43.8%
和普通群众没有太大差别	17.9%	34.4%	28.4%	30.5%	30.1%	31.3%	27.7%	18.8%
$\chi^2=42.793$　sig = 0.000								

如表所示，不同群体对于“对您周围的党员干部道德状况的评价”的选择有显著差异。

全国

	官员	企业家	企业员工	农民	科教医群体	弱势群体	做小生意者	演艺界
总体还不错	62.2%	58.1%	45.0%	39.3%	60.8%	40.3%	38.8%	43.9%
普遍比较差	17.7%	16.1%	19.5%	22.2%	15.8%	22.7%	24.5%	22.0%
和普通群众没有太大差别	20.1%	25.8%	35.5%	38.5%	23.3%	37.0%	36.7%	34.1%
$\chi^2=107.956$　sig = 0.000								

如表所示，不同群体对于“对您周围的党员干部道德状况的评价”的选择有显著差异。

由上表可知，江苏与全国居民在对“您周围的党员干部道德状况的评价”选择上，大多数群体表示“总体还不错”，其次为“和普通群众没有太大差别”。因此，我们认为，在这一问题上，全国与江苏的居民认知存在共识。

G16 您认为当前官员的勤政作为是怎样的？

江苏

	官员	企业家	企业员工	农民	科教医群体	弱势群体	做小生意者	演艺界
努力作为，成绩显著	46.2%	36.7%	26.3%	19.6%	27.3%	24.9%	23.5%	28.1%
努力作为，成绩一般	50.8%	50.0%	51.3%	57.0%	54.1%	53.1%	54.3%	46.9%
行政不作为	1.5%	13.3%	17.9%	18.7%	12.6%	17.6%	17.6%	21.9%

续表

	官员	企业家	企业员工	农民	科教医群体	弱势群体	做小生意者	演艺界
行政乱作为	1.5%		4.5%	4.7%	6.0%	4.3%	4.6%	3.1%
$\chi^2=42.617$ sig = 0.004								

如表所示，不同群体对于“当前官员的勤政作为”的评价有显著差异。

全国

	官员	企业家	企业员工	农民	科教医群体	弱势群体	做小生意者	演艺界
努力作为，成绩显著	37.3%	24.1%	24.8%	21.7%	28.4%	21.3%	20.6%	28.2%
努力作为，成绩一般	51.0%	48.3%	54.4%	44.6%	46.3%	49.3%	47.4%	43.6%
行政不作为	7.2%	20.7%	14.2%	22.0%	16.4%	20.7%	22.4%	15.4%
行政乱作为	4.6%	6.9%	6.6%	11.8%	9.0%	8.7%	9.6%	12.8%
$\chi^2=121.183$ sig = 0.000								

如表所示，不同群体对于“当前官员的勤政作为”的评价有显著差异。

由上表可知，江苏与全国居民在对“当前官员的勤政作为”的评价上，大多数群体表示“努力作为，成绩一般”，占比在50%左右，其次为“努力作为，成绩显著”。因此，我们认为，在这一问题上，全国与江苏的居民认知存在共识。

G17 您到政府部门办事，首先选择的方法是？

江苏

	官员	企业家	企业员工	农民	科教医群体	弱势群体	做小生意者	演艺界
找亲朋好友帮忙办理	9.0%	3.0%	12.6%	11.4%	10.0%	13.4%	12.8%	39.4%
找政府中的熟人办理	22.4%	30.3%	23.2%	23.3%	31.6%	23.9%	28.2%	27.3%
送红包			0.9%	0.8%	1.1%	0.8%	1.9%	3.0%
直接找相关职能部门办理	68.7%	66.7%	63.1%	64.4%	57.4%	61.7%	56.4%	30.3%
其他			0.2%	0.1%		0.1%	0.6%	
$\chi^2=55.350$ sig = 0.000								

如表所示，不同群体对于“您到政府部门办事，首先选择的方法”的选择有显著差异。

全国

	官员	企业家	企业员工	农民	科教医群体	弱势群体	做小生意者	演艺界
找亲朋好友帮忙办理	9.8%	12.5%	19.5%	18.0%	14.3%	18.8%	20.4%	17.5%
找政府中的熟人办理	22.7%	34.4%	22.2%	19.1%	19.3%	20.8%	24.0%	22.5%
送红包	1.2%		1.0%	2.1%	1.1%	1.9%	1.6%	2.5%
直接找相关职能部门办理	65.6%	53.1%	57.3%	60.1%	65.0%	57.9%	53.6%	57.5%
其他	0.6%		0.1%	0.8%	0.3%	0.6%	0.3%	
$\chi^2=56.896$　sig = 0.000								

如表所示，不同群体对于“您到政府部门办事，首先选择的方法”的选择有显著差异。

由上表可知，江苏与全国居民在对“您到政府部门办事，首先选择的方法”的选择上，大多数群体表示“直接找相关职能部门办理”，其次为“找政府中的熟人办理”。因此，我们认为，在这一问题上，全国与江苏的居民认知存在共识。

H1 您认为近五年来，您所在地区政府的环境保护工作做得怎么样？

江苏

	官员	企业家	企业员工	农民	科教医群体	弱势群体	做小生意者	演艺界
片面注重经济发展，忽视了环境保护工作	16.7%	23.5%	17.7%	14.3%	19.6%	18.6%	18.0%	28.1%
重视不够，环保投入不足	15.2%	20.6%	29.7%	24.0%	25.3%	23.0%	27.8%	43.8%
虽尽了努力，但效果不佳	13.6%	14.7%	13.7%	15.0%	13.4%	13.3%	17.4%	9.4%
尽了很大努力，有一定成效	42.4%	20.6%	32.0%	39.1%	35.1%	35.9%	28.6%	15.6%
取得了很大的成绩	12.1%	20.6%	6.8%	7.5%	6.7%	9.2%	8.3%	3.1%
$\chi^2=66.532$　sig = 0.000								

如表所示，不同群体对于“近五年来，您所在地区政府的环境保护工作的效果”的评价有显著差异。

全国

	官员	企业家	企业员工	农民	科教医群体	弱势群体	做小生意者	演艺界
片面注重经济发展，忽视了环境保护工作	23.4%	27.3%	23.0%	22.4%	21.9%	21.8%	24.6%	25.0%

续表

	官员	企业家	企业员工	农民	科教医群体	弱势群体	做小生意者	演艺界
重视不够，环保投入不足	31.2%	33.3%	29.3%	27.6%	32.1%	30.5%	30.3%	31.8%
虽尽了努力，但效果不佳	15.6%	9.1%	18.9%	18.4%	13.3%	19.9%	19.0%	11.4%
尽了很大努力，有一定成效	20.8%	27.3%	23.2%	25.3%	26.9%	23.2%	22.2%	20.5%
取得了很大的成绩	9.1%	3.0%	5.6%	6.3%	5.8%	4.6%	3.9%	11.4%
$\chi^2=42.245$ sig = 0.041								

如表所示，不同群体对于“近五年来，您所在地区政府的环境保护工作的效果”的评价有显著差异。

由上表可知，江苏与全国居民在对“近五年来，您所在地区政府的环境保护工作的效果”的评价上，大多数群体表示“尽了很大努力，有一定成效”，其次为“重视不够，环保投入不足”。因此，我们认为，在这一问题上，全国与江苏的居民认知存在差异。

H2a 在最近的一年里，您是否从事过下列活动或行为？垃圾分类投放

江苏

	官员	企业家	企业员工	农民	科教医群体	弱势群体	做小生意者	演艺界
从不	27.9%	35.3%	38.6%	60.7%	32.1%	42.3%	49.8%	60.6%
偶尔	48.5%	38.2%	43.1%	29.6%	39.8%	39.3%	36.3%	39.4%
经常	23.5%	26.5%	18.4%	9.7%	28.1%	18.3%	13.9%	
$\chi^2=154.653$ sig = 0.000								

如表所示，不同群体对于“在最近的一年里，是否从事过垃圾分类投放的事”的回答有显著差异。

全国

	官员	企业家	企业员工	农民	科教医群体	弱势群体	做小生意者	演艺界
从不	16.2%	35.3%	37.8%	49.5%	22.4%	40.4%	37.4%	13.0%
偶尔	56.3%	44.1%	45.1%	41.3%	49.0%	45.3%	48.9%	58.7%
经常	27.5%	20.6%	17.1%	9.1%	28.6%	14.4%	13.7%	28.3%
$\chi^2=276.122$ sig = 0.000								

如表所示，不同群体对于“在最近的一年里，是否从事过垃圾分类投放的事”的回答有显著差异。

由上表可知，江苏与全国居民在对“在最近的一年里，是否从事过垃圾分类投放的事”的回答上，大多数群体表示“偶尔”，其次为“从不”。因此，我们认为，在这一问题上，全国与江苏的居民认知存在共识。

H2b 在最近的一年里，您是否从事过下列活动或行为？与自己的亲戚朋友讨论环保问题

江苏

	官员	企业家	企业员工	农民	科教医群体	弱势群体	做小生意者	演艺界
从不	22.1%	35.3%	40.5%	61.6%	26.0%	44.7%	48.4%	36.4%
偶尔	58.8%	35.3%	45.5%	31.9%	56.6%	44.4%	44.2%	54.5%
经常	19.1%	29.4%	14.0%	6.5%	17.3%	10.9%	7.4%	9.1%
$\chi^2=169.960$　sig = 0.000								

如表所示，不同群体对于“在最近的一年里，是否与自己的亲戚朋友讨论环保问题”的回答有显著差异。

全国

	官员	企业家	企业员工	农民	科教医群体	弱势群体	做小生意者	演艺界
从不	21.0%	17.6%	38.1%	40.9%	24.3%	38.8%	38.8%	28.3%
偶尔	57.5%	64.7%	50.6%	49.1%	54.6%	51.1%	49.5%	54.3%
经常	21.6%	17.6%	11.3%	10.0%	21.1%	10.1%	11.7%	17.4%
$\chi^2=106.913$　sig = 0.000								

如表所示，不同群体对于“在最近的一年里，是否与自己的亲戚朋友讨论环保问题”的回答有显著差异。

由上表可知，江苏与全国居民在对“在最近的一年里，是否与自己的亲戚朋友讨论环保问题”的回答上，大多数群体表示“偶尔”，占比在50%左右，其次为“从不”。因此，我们认为，在这一问题上，全国与江苏的居民认知存在共识。

H2c 在最近的一年里，您是否从事过下列活动或行为？采购日常用品时自己带购物篮或购物袋

江苏

	官员	企业家	企业员工	农民	科教医群体	弱势群体	做小生意者	演艺界
从不	20.6%	26.5%	18.2%	30.8%	11.7%	24.4%	23.1%	24.2%
偶尔	41.2%	44.1%	48.5%	46.5%	48.0%	43.5%	44.9%	48.5%
经常	38.2%	29.4%	33.3%	22.8%	40.3%	32.1%	32.0%	27.3%
χ^2 =76.999 sig =0.000								

如表所示，不同群体对于“在最近的一年里，是否采购日常用品时自己带购物篮或购物袋”的回答有显著差异。

全国

	官员	企业家	企业员工	农民	科教医群体	弱势群体	做小生意者	演艺界
从不	13.9%	14.7%	22.4%	25.4%	13.1%	23.0%	22.8%	13.0%
偶尔	49.4%	52.9%	52.2%	52.1%	48.2%	51.7%	54.4%	50.0%
经常	36.7%	32.4%	25.5%	22.5%	38.7%	25.3%	22.8%	37.0%
χ^2 =84.099 sig =0.000								

如表所示，不同群体对于“在最近的一年里，是否采购日常用品时自己带购物篮或购物袋”的回答有显著差异。

由上表可知，江苏与全国居民在对“在最近的一年里，是否采购日常用品时自己带购物篮或购物袋”的回答上，大多数群体表示“偶尔”，占比在50%左右，其次为“经常”和“从不”。因此，我们认为，在这一问题上，全国与江苏的居民认知存在共识。

H2d 在最近的一年里，您是否从事过下列活动或行为？优先选择公交、步行等绿色出行方式

江苏

	官员	企业家	企业员工	农民	科教医群体	弱势群体	做小生意者	演艺界
从不	14.7%	14.7%	15.1%	24.7%	10.7%	20.7%	17.7%	18.2%
偶尔	41.2%	44.1%	41.8%	39.2%	38.8%	37.5%	41.2%	42.4%
经常	44.1%	41.2%	43.2%	36.1%	50.5%	41.8%	41.2%	39.4%
χ^2 =49.118 sig =0.000								

如表所示，不同群体对于“在最近的一年里，是否优先选择公交、步行等绿色出行方式”的选择有显著差异。

全国

	官员	企业家	企业员工	农民	科教医群体	弱势群体	做小生意者	演艺界
从不	5.4%	8.8%	13.3%	14.6%	7.6%	12.6%	12.4%	8.7%
偶尔	39.5%	41.2%	42.9%	42.7%	32.7%	41.1%	44.9%	37.0%
经常	55.1%	50.0%	43.8%	42.8%	59.7%	46.3%	42.7%	54.3%
$\chi^2=62.999$ sig = 0.000								

如表所示，不同群体对于“在最近的一年里，是否优先选择公交、步行等绿色出行方式”的选择有显著差异。

由上表可知，江苏与全国居民在对“在最近的一年里，是否优先选择公交、步行等绿色出行方式”的选择上，大多数群体选择“经常”与“偶尔”。因此，我们认为，在这一问题上，全国与江苏的居民认知存在共识。

H2e 在最近的一年里，您是否从事过下列活动或行为？为环境保护捐款

江苏

	官员	企业家	企业员工	农民	科教医群体	弱势群体	做小生意者	演艺界
从不	55.9%	47.1%	69.1%	87.1%	56.6%	74.7%	75.5%	72.7%
偶尔	33.8%	38.2%	26.0%	11.5%	38.3%	21.0%	21.1%	21.2%
经常	10.3%	14.7%	4.9%	1.4%	5.1%	4.3%	3.4%	6.1%
$\chi^2=151.944$ sig = 0.000								

如表所示，不同群体对于“在最近的一年里，是否有为环境保护捐款”的行为有显著差异。

全国

	官员	企业家	企业员工	农民	科教医群体	弱势群体	做小生意者	演艺界
从不	43.7%	47.1%	64.3%	70.8%	50.3%	68.3%	72.3%	54.3%
偶尔	43.7%	41.2%	28.3%	25.5%	38.0%	26.7%	24.0%	23.9%
经常	12.6%	11.8%	7.4%	3.7%	11.8%	4.9%	3.7%	21.7%
$\chi^2=188.281$ sig = 0.000								

如表所示，不同群体对于“在最近的一年里，是否有为环境保护捐款”的行为有显著差异。

由上表可知，江苏与全国居民在对“在最近的一年里，是否有为环境保护捐款”的行为上，大多数群体选择“从不”，其次是“偶尔”。因此，我们认为，在这一问题上，全国与江苏的居民认知存在共识。

H2f 在最近的一年里，您是否从事过下列活动或行为？主动关注环境方面的信息报道和宣传教育

江苏

	官员	企业家	企业员工	农民	科教医群体	弱势群体	做小生意者	演艺界
从不	42.6%	44.1%	65.5%	81.0%	52.0%	67.8%	75.1%	72.7%
偶尔	44.1%	26.5%	26.4%	15.2%	32.7%	27.2%	21.7%	21.2%
经常	13.2%	29.4%	8.1%	3.8%	15.3%	5.0%	3.2%	6.1%
$\chi^2=176.908$ sig = 0.000								

如表所示，不同群体对于“在最近的一年里，是否主动关注环境方面的信息报道和宣传教育”的行为有显著差异。

全国

	官员	企业家	企业员工	农民	科教医群体	弱势群体	做小生意者	演艺界
从不	34.7%	50.0%	59.9%	68.3%	39.4%	61.0%	65.1%	41.3%
偶尔	46.1%	41.2%	32.0%	27.9%	42.8%	32.0%	29.6%	41.3%
经常	19.2%	8.8%	8.0%	3.8%	17.8%	6.9%	5.3%	17.4%
$\chi^2=267.699$ sig = 0.000								

如表所示，不同群体对于“在最近的一年里，是否主动关注环境方面的信息报道和宣传教育”的行为有显著差异。

由上表可知，江苏与全国居民在对“在最近的一年里，是否主动关注环境方面的信息报道和宣传教育”的行为上，大多数群体表示“从不”，其次是“偶尔”。因此，我们认为，在这一问题上，全国与江苏的居民认知存在共识。

H2g 在最近的一年里，您是否从事过下列活动或行为？积极参加民间环保团体举办的环保活动

江苏

	官员	企业家	企业员工	农民	科教医群体	弱势群体	做小生意者	演艺界
从不	58.8%	52.9%	76.2%	88.0%	63.8%	76.8%	81.7%	84.8%
偶尔	25.0%	29.4%	19.8%	10.3%	26.5%	19.0%	16.5%	15.2%
经常	16.2%	17.6%	4.0%	1.8%	9.7%	4.2%	1.8%	
$\chi^2=140.973$　sig = 0.000								

如表所示，不同群体对于“在最近的一年里，积极参加民间环保团体举办的环保活动”的行为有显著差异。

全国

	官员	企业家	企业员工	农民	科教医群体	弱势群体	做小生意者	演艺界
从不	47.9%	52.9%	71.1%	77.4%	56.6%	72.8%	76.5%	56.5%
偶尔	40.1%	41.2%	24.3%	19.8%	34.2%	23.3%	21.0%	30.4%
经常	12.0%	5.9%	4.6%	2.8%	9.2%	3.9%	2.5%	13.0%
$\chi^2=180.233$　sig = 0.000								

如表所示，不同群体对于“在最近的一年里，积极参加民间环保团体举办的环保活动”的行为有显著差异。

由上表可知，江苏与全国居民在对“在最近的一年里，是否积极参加民间环保团体举办的环保活动”的行为上，存在共识。其中，大多数群体表示“从不”，占比在50%左右，其次为“偶尔”，占比50%左右。因此，我们认为，在这一问题上，全国与江苏的居民认知存在共识。

H2h 在最近的一年里，您是否从事过下列活动或行为？积极参加要求解决环境问题的投诉、上诉

江苏

	官员	企业家	企业员工	农民	科教医群体	弱势群体	做小生意者	演艺界
从不	66.2%	58.8%	80.1%	89.6%	76.0%	79.8%	86.5%	90.9%
偶尔	20.6%	29.4%	16.7%	9.1%	18.4%	16.6%	12.4%	6.1%
经常	13.2%	11.8%	3.2%	1.3%	5.6%	3.7%	1.0%	3.0%
$\chi^2=100.655$　sig = 0.000								

如表所示，不同群体对于“在最近的一年里，是否积极参加要求解决环境问题的投诉、上诉”的行为有显著差异。

全国

	官员	企业家	企业员工	农民	科教医群体	弱势群体	做小生意者	演艺界
从不	63.5%	73.5%	77.9%	81.5%	73.4%	81.1%	82.1%	67.4%
偶尔	29.3%	26.5%	18.3%	16.2%	20.3%	16.2%	15.5%	23.9%
经常	7.2%		3.8%	2.3%	6.3%	2.7%	2.4%	8.7%
$\chi^2=75.696$ sig = 0.000								

如表所示，不同群体对于“在最近的一年里，是否积极参加要求解决环境问题的投诉、上诉”的行为有显著差异。

由上表可知，江苏与全国居民在“在最近的一年里，是否积极参加要求解决环境问题的投诉、上诉”的行为上，存在共识。其中，大多数群体表示“从不”，其次为“偶尔”。因此，我们认为，在这一问题上，全国与江苏的居民认知存在共识。

H3 如果您的周围有一片森林，政府将成材的树林砍伐下来办木材厂，将极大提高您的收入，但将破坏环境，您会支持这一决定吗？

江苏

	官员	企业家	企业员工	农民	科教医群体	弱势群体	做小生意者	演艺界
支持，对大家有好处	13.2%	11.8%	7.6%	8.1%	9.2%	8.3%	12.3%	12.1%
反对，这是发子孙财，破坏生态	72.1%	76.5%	74.2%	65.6%	70.9%	69.5%	68.0%	72.7%
不支持也不反对，政府决定	14.7%	11.8%	18.1%	26.1%	19.4%	22.1%	19.7%	15.2%
其他			0.1%	0.1%	0.5%	0.1%		
$\chi^2=42.517$ sig = 0.000								

如表所示，不同群体对于“如果您的周围有一片森林，政府将成材的树林砍伐下来办木材厂，将极大提高您的收入，但将破坏环境，您会支持这一决定吗”的选择有显著差异。

全国

	官员	企业家	企业员工	农民	科教医群体	弱势群体	做小生意者	演艺界
支持，对大家有好处	13.3%	17.6%	13.6%	10.3%	10.4%	11.8%	13.4%	10.9%

续表

	官员	企业家	企业员工	农民	科教医群体	弱势群体	做小生意者	演艺界
反对，这是发子孙财，破坏生态	71.7%	61.8%	69.9%	70.5%	71.6%	70.2%	68.5%	67.4%
不支持也不反对，政府决定	15.1%	20.6%	16.4%	19.0%	17.7%	17.9%	18.2%	21.7%
其他			0.1%	0.2%	0.3%	0.1%		
$\chi^2=22.890$　sig = 0.350								

如表所示，不同群体对于“如果您的周围有一片森林，政府将成材的树林砍伐下来办木材厂，将极大提高您的收入，但将破坏环境，您会支持这一决定吗”的选择没有显著差异。

由上表可知，江苏与全国居民在对于“如果您的周围有一片森林，政府将成材的树林砍伐下来办木材厂，将极大提高您的收入，但将破坏环境，您会支持这一决定吗”的选择上，大多数群体表示“反对，这是发子孙财，破坏生态”，占比在70%左右。因此，我们认为，在这一问题上，全国与江苏的居民认知存在共识。

H4 如果要办一个化工厂，您是这个厂的持股职工，但会给下游地区造成污染，您会支持这个决定吗？

江苏

	官员	企业家	企业员工	农民	科教医群体	弱势群体	做小生意者	演艺界
支持，我们不会受到污染	8.8%	8.8%	6.2%	7.4%	6.6%	6.3%	8.0%	9.1%
反对，这是嫁祸于人	82.4%	79.4%	79.1%	70.7%	79.6%	78.0%	70.6%	78.8%
不支持也不反对，成了可分红，不成是领导的责任	8.8%	11.8%	14.7%	22.0%	13.8%	15.4%	21.3%	12.1%
其他						0.3%		
$\chi^2=47.652$　sig = 0.000								

如表所示，不同群体对于“如果要办一个化工厂，您是这个厂的持股职工，但会给下游地区造成污染，您是否会支持这个决定”的选择有显著差异。

全国

	官员	企业家	企业员工	农民	科教医群体	弱势群体	做小生意者	演艺界
支持，我们不会受到污染	11.7%	8.8%	15.1%	10.6%	11.8%	13.4%	14.5%	8.7%

续表

	官员	企业家	企业员工	农民	科教医群体	弱势群体	做小生意者	演艺界
反对，这是嫁祸于人	75.5%	61.8%	66.5%	70.3%	73.8%	68.9%	67.1%	71.7%
不支持也不反对，成了可分红，不成是领导的责任	12.9%	29.4%	18.2%	18.8%	14.1%	17.4%	18.4%	19.6%
其他			0.2%	0.3%	0.3%	0.3%		
$\chi^2=40.226$　sig = 0.000								

如表所示，不同群体对于“如果要办一个化工厂，您是这个厂的持股职工，但会给下游地区造成污染，您是否会支持这个决定”的选择有显著差异。

由上表可知，江苏与全国居民在对于“如果要办一个化工厂，您是这个厂的持股职工，但会给下游地区造成污染，您是否会支持这个决定”的选择上，大多数群体表示“反对，这是嫁祸于人”，占比在70%左右，但江苏诸群体选择“反对”的比例明显高于全国。因此，我们认为，在这一问题上，全国与江苏的居民认知存在差异。

H5 您认为造成生态环境问题的最主要原因是

江苏

	官员	企业家	企业员工	农民	科教医群体	弱势群体	做小生意者	演艺界
企业唯利是图，造成环境污染	27.9%	23.5%	32.1%	31.7%	35.2%	33.5%	31.5%	30.3%
政府缺乏生态意识，政策失当	29.4%	35.3%	33.7%	28.9%	34.2%	31.6%	32.3%	54.5%
个人缺乏环保意识	19.1%	11.8%	16.5%	19.3%	14.8%	18.1%	21.4%	9.1%
当代人自私自利，不顾未来和子孙利益	22.1%	26.5%	17.3%	19.7%	15.3%	15.8%	14.5%	6.1%
其他	1.5%	2.9%	0.4%	0.4%	0.5%	1.0%	0.4%	
$\chi^2=42.789$　sig = 0.036								

如表所示，不同群体对于“造成生态环境问题的最主要原因”的认知有显著差异。

全国

	官员	企业家	企业员工	农民	科教医群体	弱势群体	做小生意者	演艺界
企业唯利是图，造成环境污染	27.3%	20.6%	24.4%	26.4%	32.4%	27.8%	25.4%	26.7%

续表

	官员	企业家	企业员工	农民	科教医群体	弱势群体	做小生意者	演艺界
政府缺乏生态意识，政策失当	33.9%	35.3%	36.2%	35.0%	31.3%	33.8%	35.7%	35.6%
个人缺乏环保意识	19.4%	11.8%	22.0%	18.6%	19.6%	21.3%	21.8%	24.4%
当代人自私自利，不顾未来和子孙利益	18.8%	29.4%	16.4%	19.4%	15.7%	16.1%	16.3%	11.1%
其他	0.6%	2.9%	1.1%	0.6%	1.0%	1.0%	0.9%	2.2%
$\chi^2=44.707$　sig = 0.024								

如表所示，不同群体对于“造成生态环境问题的最主要原因”的认知有显著差异。

由上表可知，江苏与全国居民在对“造成生态环境问题的最主要原因”的认知上，大多数群体表示“政府缺乏生态意识，政策失当”以及“企业唯利是图，造成环境污染”。因此，我们认为，在这一问题上，全国与江苏的居民认知存在共识。

H6 如果环境保护主管部门邀请您参加座谈会或听证会，您是否会出席？

江苏

	官员	企业家	企业员工	农民	科教医群体	弱势群体	做小生意者	演艺界
会	85.9%	82.8%	70.9%	62.5%	81.7%	67.8%	60.8%	51.7%
不会	14.1%	17.2%	29.1%	37.5%	18.3%	32.2%	39.2%	48.3%
$\chi^2=55.948$　sig = 0.000								

如表所示，不同群体对于“如果环境保护主管部门邀请您参加座谈会或听证会，您是否会出席”的回答有显著差异。

全国

	官员	企业家	企业员工	农民	科教医群体	弱势群体	做小生意者	演艺界
会	83.3%	77.4%	70.5%	72.4%	80.9%	70.1%	65.4%	71.1%
不会	16.7%	22.6%	29.5%	27.6%	19.1%	29.9%	34.6%	28.9%
$\chi^2=43.592$　sig = 0.000								

如表所示，不同群体对于“如果环境保护主管部门邀请您参加座谈会或听证会，您是否会出席”的回答有显著差异。

由上表可知，江苏与全国居民在对“如果环境保护主管部门邀请您参加座谈会或听证会，您是否会出席”的回答上，大多数群体表示会出席，占比在70%左右。因此，我们认为，在这一问题上，全国与江苏的居民认知存在共识。

H7 若您所在社区参加“绿色社区”创建活动，您是否会积极参与？

江苏

	官员	企业家	企业员工	农民	科教医群体	弱势群体	做小生意者	演艺界
会	81.0%	83.3%	76.4%	66.6%	87.9%	74.1%	68.3%	64.3%
不会	19.0%	16.7%	23.6%	33.4%	12.1%	25.9%	31.7%	35.7%
χ^2 = 52.075　sig = 0.000								

如表所示，不同群体对于“若您所在社区参加‘绿色社区’创建活动，您是否会积极参与”的回答有显著差异。

全国

	官员	企业家	企业员工	农民	科教医群体	弱势群体	做小生意者	演艺界
会	86.5%	81.3%	75.2%	78.5%	83.8%	76.1%	72.1%	77.3%
不会	13.5%	18.8%	24.8%	21.5%	16.2%	23.9%	27.9%	22.7%
χ^2 = 34.259　sig = 0.000								

如表所示，不同群体对于“若您所在社区参加‘绿色社区’创建活动，您是否会积极参与”的回答有显著差异。

由上表可知，江苏与全国居民在对“若您所在社区参加‘绿色社区’创建活动，您是否会积极参与”的回答上，大多数群体表示会出席，占比在80%左右。因此，我们认为，在这一问题上，全国与江苏的居民认知存在共识。

I1 如果您周围有很多外国人，您愿意和他们建立什么样的关系？

江苏

	官员	企业家	企业员工	农民	科教医群体	弱势群体	做小生意者	演艺界
愿意做朋友	58.8%	55.9%	44.9%	29.4%	58.2%	39.4%	38.6%	51.5%
愿意做兄弟姐妹	7.4%		5.1%	3.4%	3.6%	3.4%	6.8%	18.2%
不愿意来往，得提防他们	1.5%	8.8%	2.1%	3.6%	2.0%	3.8%	2.2%	3.0%
偶尔交往，仅限于礼节性的	17.6%	17.6%	17.0%	10.4%	20.4%	14.2%	16.5%	15.2%

续表

	官员	企业家	企业员工	农民	科教医群体	弱势群体	做小生意者	演艺界
无法和他们来往，存在语言、文化、习俗等障碍	14.7%	17.6%	30.6%	53.2%	15.8%	38.6%	35.8%	12.1%
其他			0.3%			0.6%		
$\chi^2=241.918$　sig = 0.000								

如表所示，不同群体对于“如果您周围有很多外国人，您愿意和他们建立什么样的关系?”的认知有显著差异。

全国

	官员	企业家	企业员工	农民	科教医群体	弱势群体	做小生意者	演艺界
愿意做朋友	47.0%	52.9%	38.6%	31.9%	50.5%	37.3%	28.8%	54.3%
愿意做兄弟姐妹	13.9%	2.9%	14.0%	8.1%	9.8%	11.1%	10.1%	10.9%
不愿意来往，得提防他们	1.2%	2.9%	4.0%	5.1%	3.1%	4.0%	4.3%	
偶尔交往，仅限于礼节性的	21.7%	32.4%	16.5%	9.0%	17.9%	13.2%	14.8%	19.6%
无法和他们来往，存在语言、文化、习俗等障碍	16.3%	5.9%	26.7%	45.3%	18.4%	33.9%	41.4%	15.2%
其他		2.9%	0.1%	0.5%	0.3%	0.5%	0.7%	
$\chi^2=384.917$　sig = 0.000								

如表所示，不同群体对于“如果您周围有很多外国人，您愿意和他们建立什么样的关系?”的认知有显著差异。

由上表可知，江苏与全国居民在对“如果您周围有很多外国人，您愿意和他们建立什么样的关系?”认知上，大多数群体表示“愿意做朋友”，占比在50%左右。因此，我们认为，在这一问题上，全国与江苏的居民认知存在共识。

I2 您更愿意过春节还是圣诞节?

江苏

	官员	企业家	企业员工	农民	科教医群体	弱势群体	做小生意者	演艺界
圣诞节		2.9%	0.3%			0.8%	1.2%	
春节	77.9%	67.6%	79.2%	90.9%	70.9%	81.9%	85.7%	66.7%
两个都愿意过	22.1%	29.4%	19.2%	8.3%	27.6%	15.6%	11.8%	27.3%

续表

	官员	企业家	企业员工	农民	科教医群体	弱势群体	做小生意者	演艺界
两个都不想过			1.3%	0.8%	1.5%	1.7%	1.2%	6.1%
$\chi^2=109.812$　sig = 0.000								

如表所示，不同群体对于“更愿意过春节还是圣诞节”的选择有显著差异。

全国

	官员	企业家	企业员工	农民	科教医群体	弱势群体	做小生意者	演艺界
圣诞节	1.2%	2.9%	0.7%	0.6%	0.5%	1.0%	0.4%	
春节	79.4%	61.8%	72.8%	87.9%	74.5%	75.1%	81.4%	73.9%
两个都愿意过	17.6%	32.4%	24.0%	8.1%	22.9%	20.6%	14.9%	26.1%
两个都不想过	1.8%	2.9%	2.5%	3.5%	2.1%	3.2%	3.4%	
$\chi^2=262.284$　sig = 0.000								

如表所示，不同群体对于“更愿意过春节还是圣诞节”的选择有显著差异。

由上表可知，江苏与全国居民在对“更愿意过春节还是圣诞节”的选择上，大多数群体表示更愿意过“春节”，占比在70%左右。因此，我们认为，在这一问题上，全国与江苏的居民认知存在共识。

I3 您同意中国人与外国人通婚吗？

江苏

	官员	企业家	企业员工	农民	科教医群体	弱势群体	做小生意者	演艺界
非常同意	8.5%		4.1%	1.6%	6.7%	3.8%	2.2%	12.1%
比较同意	71.2%	81.3%	69.4%	65.2%	72.2%	69.6%	65.0%	66.7%
不太同意	18.6%	15.6%	23.6%	27.0%	20.6%	21.2%	25.2%	15.2%
强烈反对	1.7%	3.1%	2.9%	6.2%	0.6%	5.4%	7.6%	6.1%
$\chi^2=69.959$　sig = 0.000								

如表所示，不同群体对于“中国人与外国人通婚的赞同度”的选择有显著差异。

全国

	官员	企业家	企业员工	农民	科教医群体	弱势群体	做小生意者	演艺界
非常同意	6.8%	9.7%	7.9%	3.2%	8.5%	7.8%	4.5%	4.9%

续表

	官员	企业家	企业员工	农民	科教医群体	弱势群体	做小生意者	演艺界
比较同意	68.9%	74.2%	64.9%	47.2%	68.1%	58.2%	55.7%	65.9%
不太同意	20.9%	16.1%	23.4%	42.5%	21.2%	28.8%	33.9%	29.3%
强烈反对	3.4%		3.7%	7.1%	2.3%	5.2%	6.0%	
$\chi^2=292.906$　sig = 0.000								

如表所示，不同群体对于“中国人与外国人通婚的赞同度”的选择有显著差异。

由上表可知，江苏与全国居民在对“国人与外国人通婚的赞同度”的选择上，大多数群体表示“比较同意”，其次是“不太同意”。因此，我们认为，在这一问题上，全国与江苏的居民认知存在共识。

I4 对外来的城市农民工如建筑工人、家庭保姆等，您的态度是

江苏

	官员	企业家	企业员工	农民	科教医群体	弱势群体	做小生意者	演艺界
看不起和排斥	1.5%		0.7%	0.5%	1.0%	0.7%	0.4%	3.0%
无视和冷漠以对	4.4%	8.8%	4.6%	3.9%	4.1%	2.7%	3.6%	9.1%
尊重和体谅	82.4%	76.5%	77.5%	74.0%	79.6%	78.1%	76.5%	66.7%
同情和友爱	11.8%	14.7%	17.2%	21.5%	14.3%	18.4%	19.5%	21.2%
其他			0.1%		1.0%	0.1%		
$\chi^2=47.654$　sig = 0.012								

如表所示，不同群体对于“对外来的城市农民工如建筑工人、家庭保姆等，居民的态度”的选择有显著差异。

全国

	官员	企业家	企业员工	农民	科教医群体	弱势群体	做小生意者	演艺界
看不起和排斥	3.6%		2.7%	1.6%	1.6%	2.4%	2.3%	
无视和冷漠以对	9.0%	5.9%	9.0%	5.9%	5.2%	7.9%	10.7%	8.7%
尊重和体谅	75.3%	64.7%	75.0%	73.6%	79.9%	71.2%	70.3%	78.3%
同情和友爱	12.0%	29.4%	13.0%	18.7%	13.0%	18.2%	16.0%	10.9%
其他			0.2%	0.2%	0.3%	0.2%	0.7%	2.2%
$\chi^2=94.924$　sig = 0.000								

如表所示，不同群体对于“对外来的城市农民工如建筑工人、家庭保姆等，居民的态度”的选择有显著差异。

由上表可知，江苏与全国居民在对“对外来的城市农民工如建筑工人、家庭保姆等，居民的态度”的选择上，大多数群体表示尊重和体谅。因此，我们认为，在这一问题上，全国与江苏的居民认知存在共识。

I5 您在日常生活中与同乡人和外乡人的关系是

江苏

	官员	企业家	企业员工	农民	科教医群体	弱势群体	做小生意者	演艺界
与同乡人交往多	30.9%	35.3%	37.5%	51.1%	36.7%	44.6%	41.8%	39.4%
与外乡人交往多	10.3%	17.6%	9.6%	4.6%	11.7%	10.2%	10.4%	12.1%
一样多	35.3%	29.4%	28.2%	12.0%	31.1%	22.3%	25.9%	36.4%
偶尔与外乡人有交往，主要与同乡人交往	23.5%	17.6%	24.5%	32.2%	19.9%	22.7%	21.9%	12.1%
其他			0.2%	0.1%	0.5%	0.1%		
χ^2 = 152.727 sig = 0.000								

如表所示，不同群体对于“在日常生活中与同乡人和外乡人的关系”的选择有显著差异。

全国

	官员	企业家	企业员工	农民	科教医群体	弱势群体	做小生意者	演艺界
与同乡人交往多	26.7%	27.3%	36.6%	49.5%	30.5%	41.9%	35.3%	20.0%
与外乡人交往多	19.4%	9.1%	14.0%	7.5%	14.0%	12.2%	15.8%	20.0%
一样多	27.3%	30.3%	22.2%	12.1%	30.0%	20.3%	20.3%	33.3%
偶尔与外乡人有交往，主要与同乡人交往	26.1%	33.3%	27.1%	30.8%	25.6%	25.4%	28.5%	26.7%
其他	0.6%			0.2%		0.2%	0.1%	
χ^2 = 293.198 sig = 0.000								

如表所示，不同群体对于“在日常生活中与同乡人和外乡人的关系”的选择有显著差异。

由上表可知，江苏与全国居民在对“在日常生活中与同乡人和外乡人的关系”的选择上，大多数群体表示“同乡交往多”或“一样多”，总体同乡交往偏多。因此，我们认为，在这一问题上，全国与江苏的居民认知存在共识。

I6 您所在地区的政府对待外来人员的政策取向是

江苏

	官员	企业家	企业员工	农民	科教医群体	弱势群体	做小生意者	演艺界
不冷不热，顺其自然	44.6%	48.5%	42.5%	44.7%	47.8%	49.1%	44.1%	46.9%
提高门槛，严加限制	10.8%	9.1%	10.4%	11.4%	9.8%	9.8%	10.4%	15.6%
降低门槛，广泛吸收	40.0%	18.2%	34.2%	34.4%	31.5%	31.5%	34.4%	28.1%
对有钱人、高级专家采取特殊政策吸引，对一般人严加限制	4.6%	24.2%	12.8%	9.6%	10.9%	9.4%	10.9%	9.4%
其他			0.1%			0.1%	0.2%	
$\chi^2=32.972$ sig = 0.237								

如表所示，不同群体对于“所在地区的政府对待外来人员的政策取向”的选择没有显著差异。

全国

	官员	企业家	企业员工	农民	科教医群体	弱势群体	做小生意者	演艺界
不冷不热，顺其自然	39.1%	56.7%	42.0%	46.4%	38.2%	45.1%	43.9%	36.6%
提高门槛，严加限制	19.3%	13.3%	16.3%	13.2%	22.0%	16.9%	18.1%	14.6%
降低门槛，广泛吸收	31.1%	20.0%	27.2%	22.5%	24.2%	23.0%	22.3%	39.0%
对有钱人、高级专家采取特殊政策吸引，对一般人严加限制	9.9%	10.0%	14.0%	17.3%	13.9%	14.3%	15.4%	9.8%
其他	0.6%		0.5%	0.5%	1.7%	0.6%	0.3%	
$\chi^2=74.629$ sig = 0.000								

如表所示，不同群体对于“所在地区的政府对待外来人员的政策取向”的选择有显著差异。

由上表可知，江苏与全国居民在对“所在地区的政府对待外来人员的政策取向”的选择上，大多数群体表示“不冷不热，顺其自然”，但江苏选择“提高门槛，严加限制”的比例明显低于全国。因此，我们认为，在这一问题上，全国与江苏的居民认知存在差异。

I7 您认为在当前的中国，读书还能不能改变命运？

江苏

	官员	企业家	企业员工	农民	科教医群体	弱势群体	做小生意者	演艺界
读书只是改变命运的一个路径	36.8%	50.0%	40.2%	33.2%	45.6%	39.8%	37.2%	33.3%
读书是改变命运的主要路径	44.1%	32.4%	40.5%	39.2%	37.9%	40.8%	42.1%	33.3%
读书是改变命运的唯一路径	13.2%	8.8%	11.0%	16.5%	8.7%	11.5%	13.9%	24.2%
不再是改变命运的路径，没权势的人读了书照样穷	4.4%	8.8%	8.1%	11.0%	7.7%	7.9%	6.8%	9.1%
其他	1.5%		0.2%			0.1%		
$\chi^2=60.335$ sig = 0.000								

如表所示，不同群体对于“在当前的中国，读书还能不能改变命运？”的选择有显著差异。

全国

	官员	企业家	企业员工	农民	科教医群体	弱势群体	做小生意者	演艺界
读书只是改变命运的一个路径	39.4%	50.0%	36.5%	32.2%	45.0%	36.8%	35.4%	43.5%
读书是改变命运的主要路径	41.2%	41.2%	40.6%	44.5%	38.5%	42.8%	42.0%	45.7%
读书是改变命运的唯一路径	10.9%	2.9%	14.0%	13.1%	9.0%	11.2%	12.2%	8.7%
不再是改变命运的路径，没权势的人读了书照样穷	8.5%	5.9%	8.7%	10.1%	7.2%	8.9%	10.2%	2.2%
其他			0.2%	0.1%	0.3%	0.3%	0.2%	
$\chi^2=53.991$ sig = 0.000								

如表所示，不同群体对于“在当前的中国，读书还能不能改变命运？”的选择有显著差异。

由上表可知，江苏与全国居民在对“当前的中国，读书还能不能改变命运”的选择上，大多数群体表示读书是改变命运的主要路径或唯一路径。因此，我们认为，在这一问题上，全国与江苏的居民认知存在共识。

I8 您如何认识名牌大学里农村学生比例急剧减少的现象？

江苏

	官员	企业家	企业员工	农民	科教医群体	弱势群体	做小生意者	演艺界
是一种社会倒退	6.1%	9.1%	10.7%	7.5%	9.2%	8.7%	12.1%	27.3%
农村教育的落后	42.4%	27.3%	35.1%	40.6%	34.2%	38.6%	35.0%	24.2%
教育不公平	36.4%	36.4%	33.3%	33.7%	35.2%	32.4%	33.4%	27.3%
有钱人和有权人特权的表现	10.6%	18.2%	14.1%	14.2%	8.2%	13.9%	11.7%	12.1%
代际不公，社会不公的延续和加剧	4.5%	9.1%	6.5%	3.2%	11.2%	5.2%	6.0%	9.1%
其他			0.5%	0.8%	2.0%	1.2%	1.8%	
$\chi^2=72.776$　sig = 0.000								

如表所示，不同群体对于“如何认识名牌大学里农村学生比例急剧减少的现象”的认知有显著差异。

全国

	官员	企业家	企业员工	农民	科教医群体	弱势群体	做小生意者	演艺界
是一种社会倒退	12.9%	14.7%	15.0%	10.5%	12.7%	13.1%	10.8%	17.4%
农村教育的落后	46.0%	38.2%	38.4%	41.6%	34.5%	40.4%	37.3%	37.0%
教育不公平	27.6%	17.6%	26.6%	28.5%	33.0%	27.6%	31.6%	28.3%
有钱人和有权人特权的表现	8.0%	14.7%	11.4%	13.1%	5.7%	11.9%	12.9%	10.9%
代际不公，社会不公的延续和加剧	5.5%	14.7%	7.5%	5.4%	13.5%	5.9%	6.6%	6.5%
其他			1.0%	0.9%	0.5%	1.0%	0.8%	
$\chi^2=104.806$　sig = 0.000								

如表所示，不同群体对于“如何认识名牌大学里农村学生比例急剧减少的现象”的认知有显著差异。

由上表可知，江苏与全国居民在对“如何认识名牌大学里农村学生比例急剧减少的现象”的认知上，大多数群体表示“农村教育的落后”，其次为“教育不公平”。因此，我们认为，在这一问题上，全国与江苏的居民认知存在共识。

I9 您同学指出您们家乡的某一风俗习惯很落后保守，您会作出什么反应？

江苏

	官员	企业家	企业员工	农民	科教医群体	弱势群体	做小生意者	演艺界
坦然面对，承认这一风俗习惯确实落后	73.5%	47.1%	54.6%	50.9%	56.9%	49.9%	50.2%	43.8%
虽然认为说得对，但是感觉他或她在批评自己的家乡，因此不自在	19.1%	26.5%	30.4%	30.6%	29.7%	30.6%	31.8%	28.1%
虽然认为说得对，但是感到受到羞辱	2.9%	20.6%	8.0%	11.3%	5.6%	8.7%	9.1%	21.9%
批评家乡就是批评自己，要为家乡的风俗习惯做辩护	4.4%	5.9%	6.8%	7.0%	7.2%	10.6%	8.9%	6.3%
其他			0.1%	0.3%	0.5%	0.3%		
$\chi^2=56.973$ sig = 0.000								

如表所示，不同群体对于“同学指出您们家乡的某一风俗习惯很落后保守，您会做何反应”的选择有显著差异。

全国

	官员	企业家	企业员工	农民	科教医群体	弱势群体	做小生意者	演艺界
坦然面对，承认这一风俗习惯确实落后	53.0%	58.8%	55.5%	50.7%	62.2%	51.6%	53.2%	54.3%
虽然认为说得对，但是感觉他或她在批评自己的家乡，因此不自在	26.5%	23.5%	30.0%	29.1%	25.6%	27.7%	25.7%	23.9%
虽然认为说得对，但是感到受到羞辱	7.2%	8.8%	7.3%	9.3%	5.7%	8.5%	9.1%	13.0%
批评家乡就是批评自己，要为家乡的风俗习惯做辩护	12.0%	8.8%	6.9%	10.8%	6.5%	11.8%	11.9%	8.7%
其他	1.2%		0.3%	0.1%		0.4%	0.1%	
$\chi^2=75.782$ sig = 0.000								

如表所示，不同群体对于“同学指出您们家乡的某一风俗习惯很落后保守，您会做何反应”的选择有显著差异。

由上表可知，江苏与全国居民在对“同学指出您们家乡的某一风俗习惯很落后保守，您会做何反应”的选择上，大多数群体表示“坦然面对，承认这一风俗习惯确实落后”。因此，我们认为，在这一问题上，全国与江苏的居民认知存在共识。

I10 如果您有机会出国，初到国外时，您交朋友会有意识地交中国朋友吗？

江苏

	官员	企业家	企业员工	农民	科教医群体	弱势群体	做小生意者	演艺界
会，认为在异国他乡找自己本国人有一种归属感	60.3%	67.6%	65.2%	58.5%	71.3%	65.8%	59.2%	54.5%
不会，看缘分交朋友，不强调国籍	14.7%	23.5%	15.1%	10.1%	13.8%	11.4%	16.3%	24.2%
不会，会有意识地多交外国朋友	4.4%	2.9%	3.7%	5.1%	3.1%	3.8%	7.4%	9.1%
视情况而定	20.6%	5.9%	15.9%	26.2%	11.8%	19.0%	17.1%	12.1%
$\chi^2=85.804$　sig = 0.000								

如表所示，不同群体对于“如果您有机会出国，初到国外时，交朋友时会有意识地交中国朋友”的选择有显著差异。

全国

	官员	企业家	企业员工	农民	科教医群体	弱势群体	做小生意者	演艺界
会，认为在异国他乡找自己本国人有一种归属感	51.8%	44.1%	49.2%	54.5%	54.8%	48.6%	46.7%	34.8%
不会，看缘分交朋友，不强调国籍	24.7%	23.5%	22.9%	18.0%	22.2%	20.7%	21.8%	32.6%
不会，会有意识地多交外国朋友	5.4%	8.8%	4.6%	2.1%	4.2%	4.5%	5.0%	6.5%
视情况而定	18.1%	23.5%	23.4%	25.3%	18.8%	26.1%	26.4%	26.1%
$\chi^2=79.922$　sig = 0.000								

如表所示，不同群体对于“如果您有机会出国，初到国外时，交朋友时会有意识地交中国朋友”的选择有显著差异。

由上表可知，江苏与全国居民在对“如果您有机会出国，初到国外时，交朋友时会有意识地交中国朋友”的选择上，大多数群体表示“会，认为在异国他乡找自己本国人有一种归属感”，而且江苏的这一比例高于全国。因此，我们认为，在这一问题上，全国与江苏的居民认知存在一定差异。

I11 您是否愿意与不同民族的人交往？

江苏

	官员	企业家	企业员工	农民	科教医群体	弱势群体	做小生意者	演艺界
非常不愿意	1.5%	2.9%	1.8%	2.6%	1.6%	2.1%	3.9%	3.1%
不太愿意	10.4%	11.8%	16.1%	20.9%	10.9%	18.7%	21.1%	15.6%
比较愿意	73.1%	79.4%	76.3%	73.8%	71.4%	74.0%	69.0%	75.0%
非常愿意	14.9%	5.9%	5.8%	2.6%	16.1%	5.2%	6.0%	6.3%
$\chi^2=89.139$　sig = 0.000								

如表所示，不同群体对于“是否愿意与不同民族的人交往”的认知有显著差异。

全国

	官员	企业家	企业员工	农民	科教医群体	弱势群体	做小生意者	演艺界
非常不愿意	4.8%	3.0%	2.7%	2.7%	2.1%	3.0%	2.4%	2.3%
不太愿意	13.3%	15.2%	14.3%	17.7%	11.3%	16.9%	17.7%	11.6%
比较愿意	69.9%	72.7%	73.3%	72.8%	71.0%	69.0%	71.8%	76.7%
非常愿意	12.0%	9.1%	9.8%	6.9%	15.5%	11.2%	8.1%	9.3%
$\chi^2=66.799$　sig = 0.000								

如表所示，不同群体对于“是否愿意与不同民族的人交往”的认知有显著差异。

由上表可知，江苏与全国居民在对“是否愿意与不同民族的人交往”的认知上，大多数群体表示“比较愿意”，占比在70%左右。因此，我们认为，在这一问题上，全国与江苏的居民认知存在共识。

I12 您是否愿意与不同宗教信仰的人相处？

江苏

	官员	企业家	企业员工	农民	科教医群体	弱势群体	做小生意者	演艺界
非常不愿意	3.0%	5.9%	2.1%	3.2%	4.2%	2.3%	4.6%	6.3%
不太愿意	4.5%	14.7%	20.8%	25.1%	16.9%	25.3%	24.9%	21.9%
比较愿意	81.8%	76.5%	72.8%	69.7%	65.6%	69.4%	65.5%	62.5%
非常愿意	10.6%	2.9%	4.3%	2.0%	13.2%	2.9%	5.0%	9.4%
$\chi^2=101.645$　sig = 0.000								

如表所示，不同群体对于“是否愿意与不同宗教信仰的人交往”的认知有显著差异。

全国

	官员	企业家	企业员工	农民	科教医群体	弱势群体	做小生意者	演艺界
非常不愿意	4.3%	3.1%	4.2%	4.9%	2.7%	4.7%	5.8%	2.3%
不太愿意	19.5%	21.9%	21.2%	23.1%	18.2%	25.0%	22.2%	14.0%
比较愿意	67.1%	75.0%	66.4%	67.2%	67.4%	62.2%	66.4%	74.4%
非常愿意	9.1%		8.3%	4.8%	11.7%	8.0%	5.7%	9.3%
$\chi^2=69.148$　sig = 0.000								

如表所示，不同群体对于“是否愿意与不同宗教信仰的人交往”的认知有显著差异。

由上表可知，江苏与全国居民在对“是否愿意与不同宗教信仰的人交往”的认知上，大多数群体表示“比较愿意”，占比在70%左右。因此，我们认为，在这一问题上，全国与江苏的居民认知存在共识。

I13 您与您的邻居平时来往多吗？

江苏

	官员	企业家	企业员工	农民	科教医群体	弱势群体	做小生意者	演艺界
非常多	13.2%	17.6%	13.6%	24.9%	16.4%	15.9%	16.5%	21.2%
比较多	47.1%	47.1%	54.2%	63.9%	51.3%	54.1%	57.3%	45.5%
偶尔	33.8%	26.5%	27.4%	10.6%	28.2%	26.2%	22.5%	27.3%
几乎不来往	5.9%	8.8%	4.9%	0.6%	4.1%	3.8%	3.6%	6.1%
$\chi^2=157.103$　sig = 0.000								

如表所示，不同群体对于“与邻居平时来往频率”的回答有显著差异。

全国

	官员	企业家	企业员工	农民	科教医群体	弱势群体	做小生意者	演艺界
非常多	12.0%	18.2%	12.6%	24.2%	12.6%	16.5%	17.9%	6.5%
比较多	40.1%	33.3%	45.2%	54.8%	44.0%	46.5%	47.3%	32.6%
偶尔	41.9%	42.4%	35.4%	19.9%	36.6%	30.9%	28.4%	54.3%

续表

	官员	企业家	企业员工	农民	科教医群体	弱势群体	做小生意者	演艺界
几乎不来往	6.0%	6.1%	6.8%	1.1%	6.8%	6.1%	6.4%	6.5%
$\chi^2=362.518$ sig = 0.000								

如表所示，不同群体对于“与邻居平时来往频率”的回答有显著差异。

由上表可知，江苏与全国居民在对“与邻居平时来往频率”的回答上，大多数群体表示“比较多”和“偶尔”，占比在40%左右。因此，我们认为，在这一问题上，全国与江苏的居民认知存在共识。

I14a 您在多大程度上愿意和下列群体成为邻居：农民工，进城务工人员

江苏

	官员	企业家	企业员工	农民	科教医群体	弱势群体	做小生意者	演艺界
非常愿意	10.3%	11.8%	8.2%	18.2%	7.9%	8.9%	12.3%	9.1%
比较愿意	72.1%	76.5%	78.9%	74.5%	70.2%	81.0%	76.6%	60.6%
不太愿意	17.6%	8.8%	12.3%	7.0%	20.9%	9.5%	10.5%	27.3%
很不愿意		2.9%	0.6%	0.4%	1.0%	0.6%	0.6%	3.0%
$\chi^2=113.980$ sig = 0.000								

如表所示，不同群体对于“与农民工、进城务工人员成为邻居的意愿”的选择有显著差异。

全国

	官员	企业家	企业员工	农民	科教医群体	弱势群体	做小生意者	演艺界
非常愿意	9.8%	12.1%	10.5%	15.4%	12.6%	15.1%	12.6%	11.4%
比较愿意	73.2%	69.7%	78.3%	77.9%	70.4%	76.0%	78.5%	65.9%
不太愿意	15.9%	18.2%	10.7%	6.6%	16.4%	8.4%	8.2%	22.7%
很不愿意	1.2%		0.5%	0.1%	0.5%	0.5%	0.6%	
$\chi^2=105.979$ sig = 0.000								

如表所示，不同群体对于“与农民工、进城务工人员成为邻居的意愿”的选择有显著差异。

由上表可知，江苏与全国居民在对“与农民工、进城务工人员成为邻居的意愿”的选择上，大多数群体表示“比较愿意”，占比在70%左右。因此，我们认

为，在这一问题上，全国与江苏的居民认知存在共识。

I14b 您在多大程度上愿意和下列群体成为邻居：商人

江苏

	官员	企业家	企业员工	农民	科教医群体	弱势群体	做小生意者	演艺界
非常愿意	4.4%	8.8%	7.5%	10.9%	4.7%	5.4%	10.5%	21.2%
比较愿意	72.1%	73.5%	67.0%	67.9%	64.6%	73.5%	74.3%	48.5%
不太愿意	20.6%	17.6%	24.4%	20.4%	29.7%	20.4%	14.6%	27.3%
很不愿意	2.9%		1.0%	0.8%	1.0%	0.8%	0.6%	3.0%
$\chi^2=75.976$　sig = 0.000								

如表所示，不同群体对于“与商人成为邻居的意愿”的选择有显著差异。

全国

	官员	企业家	企业员工	农民	科教医群体	弱势群体	做小生意者	演艺界
非常愿意	9.2%	21.2%	11.1%	9.1%	11.2%	12.2%	12.4%	9.1%
比较愿意	72.4%	63.6%	69.7%	71.7%	64.0%	69.7%	75.0%	65.9%
不太愿意	16.6%	15.2%	18.4%	18.3%	21.6%	16.9%	11.7%	22.7%
很不愿意	1.8%		0.8%	0.9%	3.2%	1.3%	0.9%	2.3%
$\chi^2=70.279$　sig = 0.000								

如表所示，不同群体对于“与商人成为邻居的意愿”的选择有显著差异。

由上表可知，江苏与全国居民在对“与商人成为邻居的意愿”的选择上，大多数群体表示“比较愿意”。因此，我们认为，在这一问题上，全国与江苏的居民认知存在共识。

I14c 您在多大程度上愿意和下列群体成为邻居：企业家或高级管理人员

江苏

	官员	企业家	企业员工	农民	科教医群体	弱势群体	做小生意者	演艺界
非常愿意	16.4%	20.6%	14.3%	15.2%	14.0%	13.1%	19.9%	12.1%
比较愿意	67.2%	64.7%	71.7%	70.4%	71.5%	73.6%	67.9%	60.6%
不太愿意	14.9%	14.7%	12.8%	13.4%	13.5%	12.4%	10.0%	24.2%
很不愿意	1.5%		1.2%	1.0%	1.0%	0.9%	2.2%	3.0%
$\chi^2=29.856$　sig = 0.095								

如表所示，不同群体对于“与企业家或高级管理人员成为邻居的意愿”的选择没有显著差异。

全国

	官员	企业家	企业员工	农民	科教医群体	弱势群体	做小生意者	演艺界
非常愿意	15.9%	24.2%	17.6%	11.9%	17.5%	17.3%	15.8%	17.8%
比较愿意	73.8%	75.8%	69.9%	72.6%	69.5%	68.6%	72.8%	64.4%
不太愿意	9.1%		11.6%	14.6%	11.7%	13.1%	9.9%	15.6%
很不愿意	1.2%		0.9%	1.0%	1.3%	1.0%	1.5%	2.2%
$\chi^2=60.595$　sig = 0.000								

如表所示，不同群体对于“与企业家或高级管理人员成为邻居的意愿”的选择有显著差异。

由上表可知，江苏与全国居民在对“与企业家或高级管理人员成为邻居的意愿”的选择上，大多数群体表示“比较愿意”。因此，我们认为，在这一问题上，全国与江苏的居民认知存在差异。

I14d 您在多大程度上愿意和下列群体成为邻居：技术工人

江苏

	官员	企业家	企业员工	农民	科教医群体	弱势群体	做小生意者	演艺界
非常愿意	23.5%	17.6%	17.3%	23.0%	19.2%	16.6%	21.1%	15.2%
比较愿意	69.1%	79.4%	75.4%	70.3%	75.1%	77.3%	73.4%	60.6%
不太愿意	7.4%	2.9%	6.6%	5.8%	5.2%	5.8%	5.5%	18.2%
很不愿意			0.7%	0.9%	0.5%	0.4%		6.1%
$\chi^2=54.276$　sig = 0.000								

如表所示，不同群体对于“与技术工人成为邻居的意愿”的选择有显著差异。

全国

	官员	企业家	企业员工	农民	科教医群体	弱势群体	做小生意者	演艺界
非常愿意	16.6%	21.2%	21.1%	16.8%	22.0%	20.6%	18.6%	17.8%
比较愿意	74.8%	75.8%	71.2%	74.1%	68.8%	71.2%	74.1%	66.7%
不太愿意	8.0%	3.0%	6.7%	8.6%	8.2%	7.8%	6.3%	15.6%

续表

	官员	企业家	企业员工	农民	科教医群体	弱势群体	做小生意者	演艺界
很不愿意	0.6%		1.0%	0.5%	1.1%	0.5%	1.0%	
$\chi^2=39.873$ sig = 0.000								

如表所示，不同群体对于“与技术工人成为邻居的意愿”的选择有显著差异。

由上表可知，江苏与全国居民在对“与技术工人成为邻居的意愿”的选择上，大多数群体表示“比较愿意”。因此，我们认为，在这一问题上，全国与江苏的居民认知存在共识。

I14e 您在多大程度上愿意和下列群体成为邻居：教师

江苏

	官员	企业家	企业员工	农民	科教医群体	弱势群体	做小生意者	演艺界
非常愿意	29.9%	32.4%	22.7%	30.4%	36.3%	23.3%	28.5%	36.4%
比较愿意	67.2%	64.7%	70.2%	65.2%	61.1%	71.5%	66.9%	51.5%
不太愿意	1.5%	2.9%	6.0%	4.1%	2.6%	4.9%	4.2%	9.1%
很不愿意	1.5%		1.1%	0.4%		0.3%	0.4%	3.0%
$\chi^2=56.799$ sig = 0.000								

如表所示，不同群体对于“与教师成为邻居的意愿”的选择有显著差异。

全国

	官员	企业家	企业员工	农民	科教医群体	弱势群体	做小生意者	演艺界
非常愿意	29.9%	21.2%	29.7%	22.7%	35.7%	31.3%	29.4%	28.3%
比较愿意	64.6%	75.8%	64.4%	70.1%	59.1%	63.5%	65.2%	65.2%
不太愿意	4.3%	3.0%	5.0%	6.9%	4.5%	4.6%	4.7%	6.5%
很不愿意	1.2%		0.9%	0.3%	0.8%	0.7%	0.8%	
$\chi^2=80.578$ sig = 0.000								

如表所示，不同群体对于“与教师成为邻居的意愿”的选择有显著差异。

由上表可知，江苏与全国居民在对“与教师成为邻居的意愿”的选择上，大多数群体表示“比较愿意”。因此，我们认为，在这一问题上，全国与江苏的居民认知存在共识。

I14f 您在多大程度上愿意和下列群体成为邻居：医生

江苏

	官员	企业家	企业员工	农民	科教医群体	弱势群体	做小生意者	演艺界
非常愿意	26.9%	29.4%	20.2%	24.0%	33.7%	20.1%	24.5%	33.3%
比较愿意	67.2%	64.7%	69.7%	67.8%	63.7%	72.3%	66.6%	45.5%
不太愿意	4.5%	5.9%	8.8%	7.5%	2.6%	6.7%	7.6%	15.2%
很不愿意	1.5%		1.3%	0.8%		0.9%	1.2%	6.1%
$\chi^2=54.957$　sig = 0.000								

如表所示，不同群体对于“与医生成为邻居的意愿”的选择有显著差异。

全国

	官员	企业家	企业员工	农民	科教医群体	弱势群体	做小生意者	演艺界
非常愿意	27.4%	24.2%	28.3%	21.0%	31.8%	29.0%	26.2%	26.7%
比较愿意	63.4%	69.7%	64.7%	69.2%	61.5%	63.5%	66.4%	68.9%
不太愿意	7.9%	6.1%	6.2%	9.2%	6.1%	6.6%	6.3%	4.4%
很不愿意	1.2%		0.7%	0.6%	0.5%	0.9%	1.1%	
$\chi^2=71.240$　sig = 0.000								

如表所示，不同群体对于“与医生成为邻居的意愿”的选择有显著差异。

由上表可知，江苏与全国居民在对“与医生成为邻居的意愿”的选择上，大多数群体表示“比较愿意”。因此，我们认为，在这一问题上，全国与江苏的居民认知存在共识。

I14g 您在多大程度上愿意和下列群体成为邻居：富人

江苏

	官员	企业家	企业员工	农民	科教医群体	弱势群体	做小生意者	演艺界
非常愿意	1.5%	14.7%	7.5%	9.5%	10.1%	7.5%	8.7%	18.8%
比较愿意	58.2%	55.9%	50.0%	51.0%	53.7%	54.3%	56.7%	53.1%
不太愿意	35.8%	20.6%	34.8%	35.0%	29.8%	31.5%	28.5%	15.6%
很不愿意	4.5%	8.8%	7.6%	4.5%	6.4%	6.8%	6.1%	12.5%
$\chi^2=40.127$　sig = 0.000								

如表所示，不同群体对于“与富人成为邻居的意愿”的选择有显著差异。

全国

	官员	企业家	企业员工	农民	科教医群体	弱势群体	做小生意者	演艺界
非常愿意	13.6%	21.2%	14.2%	9.8%	12.1%	15.5%	12.5%	6.7%
比较愿意	53.1%	54.5%	56.5%	57.8%	59.1%	54.5%	59.5%	66.7%
不太愿意	31.5%	18.2%	24.2%	27.4%	25.0%	25.4%	22.5%	22.2%
很不愿意	1.9%	6.1%	5.1%	5.0%	3.8%	4.6%	5.6%	4.4%
$\chi^2=58.975$　sig = 0.000								

如表所示，不同群体对于“与富人成为邻居的意愿”的选择有显著差异。

由上表可知，江苏与全国居民在对“与富人成为邻居的意愿”的选择上，大多数群体表示“比较愿意”，其次是“不太愿意”。因此，我们认为，在这一问题上，全国与江苏的居民认知存在共识。

I14h 您在多大程度上愿意和下列群体成为邻居：土豪

江苏

	官员	企业家	企业员工	农民	科教医群体	弱势群体	做小生意者	演艺界
非常愿意	2.9%	11.8%	6.6%	6.2%	8.1%	5.2%	7.1%	6.3%
比较愿意	52.9%	41.2%	42.6%	47.8%	43.0%	48.9%	52.0%	50.0%
不太愿意	32.4%	32.4%	38.8%	38.3%	38.2%	35.4%	33.5%	28.1%
很不愿意	11.8%	14.7%	12.1%	7.6%	10.8%	10.4%	7.3%	15.6%
$\chi^2=38.014$　sig = 0.013								

如表所示，不同群体对于“与土豪成为邻居的意愿”的选择有显著差异。

全国

	官员	企业家	企业员工	农民	科教医群体	弱势群体	做小生意者	演艺界
非常愿意	10.0%	15.6%	11.0%	7.7%	9.7%	11.2%	10.6%	4.4%
比较愿意	45.0%	50.0%	50.5%	52.0%	49.9%	50.0%	52.4%	57.8%
不太愿意	35.6%	25.0%	30.4%	32.6%	33.8%	30.9%	29.3%	31.1%
很不愿意	9.4%	9.4%	8.1%	7.6%	6.7%	7.9%	7.7%	6.7%
$\chi^2=30.059$　sig = 0.091								

如表所示，不同群体对于“与土豪成为邻居的意愿”的选择没有显著差异。

由上表可知，江苏与全国居民在对“与土豪成为邻居的意愿”的选择上，大多数群体表示“比较愿意”，其次是“不太愿意”。因此，我们认为，在这一问题上，全国与江苏的居民认知存在共识。

I14i 您在多大程度上愿意和下列群体成为邻居：专家学者

江苏

	官员	企业家	企业员工	农民	科教医群体	弱势群体	做小生意者	演艺界
非常愿意	19.7%	14.7%	11.6%	14.6%	23.2%	11.5%	15.0%	9.4%
比较愿意	68.2%	70.6%	65.3%	67.9%	61.1%	68.2%	64.7%	59.4%
不太愿意	12.1%	11.8%	19.5%	15.1%	13.2%	16.3%	16.6%	18.8%
很不愿意		2.9%	3.6%	2.3%	2.6%	4.0%	3.7%	12.5%
$\chi^2=51.351$ sig = 0.000								

如表所示，不同群体对于“与专家学者成为邻居的意愿”的选择有显著差异。

全国

	官员	企业家	企业员工	农民	科教医群体	弱势群体	做小生意者	演艺界
非常愿意	26.8%	18.8%	18.5%	12.3%	28.3%	19.8%	18.7%	13.0%
比较愿意	56.1%	50.0%	59.7%	61.4%	54.5%	60.5%	60.5%	65.2%
不太愿意	14.6%	18.8%	18.0%	22.4%	12.6%	16.4%	16.6%	19.6%
很不愿意	2.5%	12.5%	3.8%	4.0%	4.5%	3.3%	4.2%	2.2%
$\chi^2=123.706$ sig = 0.000								

如表所示，不同群体对于“与专家学者成为邻居的意愿”的选择有显著差异。

由上表可知，江苏与全国居民在对“与专家学者成为邻居的意愿”的选择上，大多数群体表示“比较愿意”，我们认为，在这一问题上，全国与江苏的居民认知存在共识。

I14j 您在多大程度上愿意和下列群体成为邻居：政府官员

江苏

	官员	企业家	企业员工	农民	科教医群体	弱势群体	做小生意者	演艺界
非常愿意	13.2%	14.7%	10.3%	11.2%	13.1%	8.9%	9.8%	12.5%
比较愿意	69.1%	73.5%	53.5%	58.7%	57.1%	59.2%	58.8%	46.9%
不太愿意	14.7%	11.8%	30.8%	25.1%	22.5%	26.2%	26.8%	28.1%

续表

	官员	企业家	企业员工	农民	科教医群体	弱势群体	做小生意者	演艺界
很不愿意	2.9%		5.5%	5.0%	7.3%	5.7%	4.5%	12.5%
$\chi^2=38.824$　sig = 0.000								

如表所示，不同群体对于“与政府官员成为邻居的意愿”的选择有显著差异。

全国

	官员	企业家	企业员工	农民	科教医群体	弱势群体	做小生意者	演艺界
非常愿意	19.6%	21.9%	12.4%	8.5%	17.3%	15.0%	12.2%	4.4%
比较愿意	55.1%	56.3%	55.5%	56.2%	55.0%	52.1%	55.6%	60.0%
不太愿意	22.8%	15.6%	24.8%	27.5%	21.6%	25.0%	22.9%	31.1%
很不愿意	2.5%	6.3%	7.3%	7.8%	6.2%	7.8%	9.3%	4.4%
$\chi^2=84.197$　sig = 0.000								

如表所示，不同群体对于“与政府官员成为邻居的意愿”的选择有显著差异。

由上表可知，江苏与全国居民在对“与政府官员成为邻居的意愿”的选择上，大多数群体表示“比较愿意”。因此，我们认为，在这一问题上，全国与江苏的居民认知存在共识。

I14k 您在多大程度上愿意和下列群体成为邻居：公众人物，演艺人士

江苏

	官员	企业家	企业员工	农民	科教医群体	弱势群体	做小生意者	演艺界
非常愿意	9.0%	14.7%	5.8%	6.7%	7.4%	5.4%	5.4%	12.9%
比较愿意	44.8%	44.1%	44.9%	52.3%	44.1%	53.6%	52.1%	45.2%
不太愿意	37.3%	29.4%	36.3%	33.3%	34.6%	29.7%	32.3%	32.3%
很不愿意	9.0%	11.8%	13.1%	7.7%	13.8%	11.3%	10.2%	9.7%
$\chi^2=46.165$　sig = 0.000								

如表所示，不同群体对于“与公众人物，演艺人士成为邻居的意愿”的选择有显著差异。

全国

	官员	企业家	企业员工	农民	科教医群体	弱势群体	做小生意者	演艺界
非常愿意	10.9%	13.8%	10.0%	6.3%	8.9%	11.8%	9.5%	2.2%

续表

	官员	企业家	企业员工	农民	科教医群体	弱势群体	做小生意者	演艺界
比较愿意	44.9%	41.4%	50.4%	53.4%	45.5%	50.6%	52.7%	48.9%
不太愿意	34.0%	34.5%	27.9%	31.1%	31.8%	27.1%	27.1%	31.1%
很不愿意	10.2%	10.3%	11.7%	9.2%	13.7%	10.6%	10.7%	17.8%
$\chi^2=66.841$ sig = 0.000								

如表所示，不同群体对于“与公众人物，演艺人士成为邻居的意愿”的选择有显著差异。

由上表可知，江苏与全国居民在对“与公众人物，演艺人士成为邻居的意愿”的选择上，大多数群体表示“比较愿意”，其次是“不太愿意”。因此，我们认为，在这一问题上，全国与江苏的居民认知存在共识。

I15 您如何看待中国对其他落后国家的广泛援助计划？

江苏

	官员	企业家	企业员工	农民	科教医群体	弱势群体	做小生意者	演艺界
完全支持，认为这有助于提升国家形象和国际地位	50.0%	47.1%	37.0%	33.3%	40.3%	34.6%	33.1%	18.2%
支持，认为我们应该帮助比我们落后的国家	25.0%	35.3%	31.1%	31.8%	30.4%	33.7%	36.0%	42.4%
支持，但国家应该征求纳税人的意见	12.5%	14.7%	13.5%	8.7%	13.1%	10.3%	9.1%	24.2%
不支持，因为我们国家尚存在很多贫困人口	12.5%	2.9%	18.4%	26.2%	16.2%	21.3%	21.8%	15.2%
$\chi^2=60.065$ sig = 0.000								

如表所示，不同群体对于“如何看待中国对其他落后国家的广泛援助计划”的认知有显著差异。

全国

	官员	企业家	企业员工	农民	科教医群体	弱势群体	做小生意者	演艺界
完全支持，认为这有助于提升国家形象和国际地位	54.9%	64.5%	47.8%	46.2%	54.0%	43.2%	41.1%	41.9%

续表

	官员	企业家	企业员工	农民	科教医群体	弱势群体	做小生意者	演艺界
支持，认为我们应该帮助比我们落后的国家	24.4%	19.4%	25.5%	26.3%	26.1%	27.2%	26.6%	32.6%
支持，但国家应该征求纳税人的意见	8.5%	9.7%	10.4%	6.4%	10.8%	10.4%	14.2%	4.7%
不支持，因为我们国家尚存在很多贫困人口	12.2%	6.5%	16.4%	21.2%	9.1%	19.1%	18.0%	20.9%
$\chi^2=109.394$　sig = 0.000								

如表所示，不同群体对于“如何看待中国对其他落后国家的广泛援助计划”的认知有显著差异。

由上表可知，江苏与全国居民在对“如何看待中国对其他落后国家的广泛援助计划”的认知上，大多数群体表示“完全支持，认为这有助于提升国家形象和国际地位”，但全国各群体完全支持的比例明显高于江苏。因此，我们认为，在这一问题上，全国与江苏的居民认知存在一定差异。

I16 您听说过一些道德模范的故事吗？您愿意像他们那样做人做事吗？

江苏

	官员	企业家	企业员工	农民	科教医群体	弱势群体	做小生意者	演艺界
知道一些，他们很了不起，应努力向他们学习	72.1%	61.8%	55.8%	49.4%	64.9%	56.8%	51.6%	48.5%
知道一些，很敬佩他们，但自己学不来	16.2%	35.3%	26.5%	23.9%	28.4%	25.9%	32.7%	33.3%
知道一些，我感到他们那样做有点不值得	7.4%		7.1%	7.0%	3.1%	5.7%	5.2%	15.2%
没听说过谁是道德模范和身边好人	4.4%	2.9%	10.5%	19.7%	3.6%	11.4%	10.5%	3.0%
其他			0.1%			0.1%		
$\chi^2=105.777$　sig = 0.000								

如表所示，不同群体对于“您听说过一些道德模范的故事吗？您愿意像他们那样做人做事吗？”的认知有显著差异。

全国

	官员	企业家	企业员工	农民	科教医群体	弱势群体	做小生意者	演艺界
知道一些，他们很了不起，应努力向他们学习	64.7%	61.8%	53.4%	49.6%	63.1%	51.3%	50.1%	65.2%
知道一些，很敬佩他们，但自己学不来	23.4%	23.5%	28.9%	24.2%	26.0%	29.2%	33.1%	30.4%
知道一些，我感到他们那样做有点不值得	6.0%	2.9%	5.3%	4.3%	3.6%	4.4%	5.2%	
没听说过谁是道德模范和身边好人	6.0%	11.8%	12.4%	21.8%	7.3%	14.9%	11.4%	4.3%
其他						0.3%	0.3%	
$\chi^2=183.625$　sig = 0.000								

如表所示，不同群体对于“您听说过一些道德模范的故事吗？您愿意像他们那样做人做事吗？”的认知有显著差异。

由上表可知，江苏与全国居民在对“您听说过一些道德模范的故事吗？您愿意像他们那样做人做事吗？”的认知上，大多数群体表示“知道一些，他们很了不起，应努力向他们学习”，占比在50%左右。因此，我们认为，在这一问题上，全国与江苏的居民认知存在共识。

I17 当有陌生人走进您的单位或社区，或在车厢中与陌生人在一起时，您经常的态度是

江苏

	官员	企业家	企业员工	农民	科教医群体	弱势群体	做小生意者	演艺界
对他/她微笑	32.4%	38.2%	31.3%	24.2%	38.1%	22.6%	28.0%	30.3%
主动打招呼	13.2%	11.8%	12.4%	8.9%	6.2%	11.0%	12.0%	21.2%
没有任何反应	30.9%	29.4%	25.9%	20.9%	27.8%	31.0%	26.6%	30.3%
保持警惕，防止上当	23.5%	17.6%	30.2%	45.7%	27.3%	35.3%	33.3%	18.2%
其他		2.9%	0.2%	0.3%	0.5%	0.1%		
$\chi^2=128.302$　sig = 0.000								

如表所示，不同群体对于“当有陌生人走进您的单位或社区，或在车厢中与陌生人在一起时，您经常的态度”的选择有显著差异。

全国

	官员	企业家	企业员工	农民	科教医群体	弱势群体	做小生意者	演艺界
对他/她微笑	40.1%	42.4%	35.0%	29.8%	38.2%	31.0%	31.3%	37.0%
主动打招呼	20.4%	12.1%	16.6%	15.7%	15.4%	15.2%	13.9%	6.5%
没有任何反应	26.3%	30.3%	30.0%	27.2%	28.1%	30.3%	33.6%	26.1%
保持警惕，防止上当	12.0%	15.2%	18.3%	27.2%	18.3%	23.4%	21.1%	30.4%
其他	1.2%		0.1%	0.2%		0.2%	0.2%	
$\chi^2=102.879$　sig = 0.000								

如表所示，不同群体对于“当有陌生人走进您的单位或社区，或在车厢中与陌生人在一起时，您经常的态度”的选择有显著差异。

由上表可知，江苏与全国居民在对“当有陌生人走进您的单位或社区，或在车厢中与陌生人在一起时，您经常的态度”的选择上，大多数群体表示“对他/她微笑”，其次是“没有任何反应”或“保持警惕，防止上当”。因此，我们认为，在这一问题上，全国与江苏的居民认知存在共识。

I18 假设您双手抱着东西走进电梯，您觉得电梯里的陌生人可能会怎样？

江苏

	官员	企业家	企业员工	农民	科教医群体	弱势群体	做小生意者	演艺界
主动问您去几楼并帮您按楼层	38.5%	55.9%	33.6%	31.6%	41.1%	30.6%	31.9%	36.7%
当作没看见	6.2%	5.9%	12.6%	13.2%	14.4%	18.4%	15.2%	33.3%
会在您的请求下给予帮助	55.4%	38.2%	53.8%	55.2%	44.4%	51.0%	52.9%	30.0%
$\chi^2=48.512$　sig = 0.000								

如表所示，不同群体对于“假设您双手抱着东西走进电梯，您觉得电梯里的陌生人可能会怎样”的选择有显著差异。

全国

	官员	企业家	企业员工	农民	科教医群体	弱势群体	做小生意者	演艺界
主动问您去几楼并帮您按楼层	47.2%	41.9%	39.1%	34.7%	48.8%	36.6%	36.0%	45.2%
当作没看见	8.2%	6.5%	13.7%	14.4%	11.8%	17.2%	17.5%	4.8%

续表

	官员	企业家	企业员工	农民	科教医群体	弱势群体	做小生意者	演艺界
会在您的请求下给予帮助	44.7%	51.6%	47.2%	50.9%	39.4%	46.3%	46.5%	50.0%
$\chi^2=60.061$　sig = 0.000								

如表所示，不同群体对于“假设您双手抱着东西走进电梯，您觉得电梯里的陌生人可能会怎样”的选择有显著差异。

由上表可知，江苏与全国居民在对“您双手抱着东西走进电梯，您觉得电梯里的陌生人可能会怎样”的选择上，大多数群体表示“会在您的请求下给予帮助”或“主动问您去几楼并帮您按楼层”。因此，我们认为，在这一问题上，全国与江苏的居民认知存在共识。

第二章　江苏省伦理道德发展的共识与差异比较数据库

2007 年、2013 年、2016 年、2017 年江苏省伦理道德发展状况比较数据库

第一部分　基本信息

1. 性别

	2007 年	2013 年	2016 年	2017 年
男	59.2%	46.4%	47.5%	52.2%
女	40.8%	53.6%	52.5%	47.8%
总计	100.0%	100.0%	100.0%	100.0%

如表所示，在四年的调查中，男女性别比例存在一定的差异。在 2007 年和 2017 年，男性被访者的比例均高于女性，且在 2007 年男女比例差异达到了 18.4%；在 2013 年和 2016 年，女性被访者的比例高于男性，但差异均在 10% 以内。

2. 年龄

	2007 年	2013 年	2016 年	2017 年
18 岁以下	0.4%		0.2%	
18—25 岁	30.6%	8.4%	7.5%	12.7%
26—35 岁	24.0%	14.1%	13.2%	20.0%
36—50 岁	34.6%	31.0%	31.9%	31.5%
51 岁及以上	10.2%	46.4%	47.1%	35.7%
总计	100.0%	100.0%	100.0%	100.0%

在四年的调查中，不同年龄群体的比例存在一定的差异。在 2007 年的调查

中，18—25 岁之间的群体比例为 30.6%，而在后三年的调查中，这一群体的比例均控制在 10% 左右；此外，在 2007 年的调查中，26—35 岁之间的群体比例为 24%，与后三年调查数据相比，这一比例均处于较高水平；同时，2007 年的调查数据显示 51 岁及以上群体的比例为 10.2%，而在此后三年的调查中，这一群体的比例均高于 35% 并且这一群体比例最高。

3. 受教育程度

	2007 年	2013 年	2016 年	2017 年
初中及以下	0.6%	52.3%	58.0%	60.0%
高中	6.4%	24.7%	22.1%	24.2%
大专	18.5%	13.0%	10.1%	7.0%
本科	51.2%	8.8%	9.3%	7.6%
研究生及以上	23.4%	1.2%	0.5%	1.2%
总计	100.0%	100.0%	100.0%	100.0%

在四年的调查中，被访者的受教育程度存在一定的差异。在 2007 年的调查中，本科学历的群体比例最高，为 51.2%，而在其后三年的调查中，本科学历人群的比例均低于 10%；在 2007 年的受访者中，初中及以下群体的受访者比例最低，仅为 0.6%，而其后三年的调查中，初中及以下群体的比例均高于 50%。

4. 职业

2007 年

	有效百分比
中小学生	0.9%
农民	2.3%
进城务工人员	1.1%
新社会群体	5.3%
企业职工	9.3%
公务员	35.9%
企业家	1.5%
知识分子（含大学生和教师）	41.6%
没选	2.1%
总计	100.0%

2013 年、2016 年与 2017 年

	2013 年	2016 年	2017 年
官员	2.1%	3.2%	1.6%
企业家	1.4%	3.2%	0.8%
企业员工	32.9%	25.1%	29.5%
农民	15.6%	26.2%	18.2%
科教医群体	9.2%	3.9%	4.5%
弱势群体	30.2%	29.7%	33.2%
做小生意者	7.4%	8.3%	11.5%
演艺界	0.3%	0.4%	0.8%
自由职业者	0.9%		

总体而言，四年调查中，群体的职业差异不大。大体上以企业员工、农民、弱势群体为主。企业员工占比约为 30%，弱势群体占比约为 30%，2016 年农民的比例稍高，为 26.2%，但是在 2013 年与 2017 年，农民的比例均在 20% 以下。

5. 月均收入

2007 年

	有效百分比	累积百分比
300 元以下	25.3%	25.3%
300—500 元	4.7%	29.9%
500—1000 元	14.4%	44.4%
1000—2000 元	22.5%	66.9%
2000—4000 元	24.4%	91.3%
4000—8000 元	5.3%	96.6%
8000 元及以上	1.3%	97.9%
没选	2.1%	100.0%
总计	100.0%	

2013 年、2016 年与 2017 年

	2013 年	2016 年	2017 年
无收入	17.7%	19.6%	15.1%
1—999 元	8.3%	12.3%	9.5%

续表

	2013 年	2016 年	2017 年
1000—1999 元	21.1%	18.8%	13.4%
2000—3999 元	33.0%	31.8%	35.5%
4000—5999 元	13.5%	11.2%	18.8%
6000—8999 元	3.7%	3.8%	4.8%
9000—12999 元	1.7%	1.5%	1.9%
13000—20000 元	0.5%	0.5%	0.6%
20000 元以上	0.6%	0.5%	0.5%
总计	100.0%	100.0%	100.0%

总体来看，在 2007 年的调查中，大部分受访者的收入水平均集中在月均 500—4000 元之间，而其后三年的调查中，被访者的收入水平多集中于 1000—6000 元之间，总体上较 2007 年有所上升，但是随着生活水平和收入水平的提高，这一偏差可被视为经济水平上升的结果。因此，在收入水平上，四年的调查基本一致。

6. 宗教信仰

	2007 年	2013 年	2016 年	2017 年
不信教	86.4%	89.9%	90.8%	91.5%
信仰宗教	13.6%	10.1%	9.2%	8.5%
总计	100.0%	100.0%	100.0%	100.0%

由上表可知，大部分受访者都没有宗教信仰，信仰宗教的比例均为 10% 左右。并且四年的情况基本一致。

第二部分　调研信息

7. 在下列伦理关系中，您最重视哪些关系

2007 年

	有效百分比
父母与子女	90.9%
夫妇	79.6%
兄弟姐妹	60.4%
同事或同学	40.4%

续表

	有效百分比
上级或下级	24.0%
师生	15.3%
与自然的关系	22.1%
个人与社会	25.4%
个人与政府	5.8%
个人与工作单位	22.4%
网上关系	1.2%
朋友	36.0%
其他	1.0%

2013 年

	第一重要		第二重要		第三重要		第四重要		第五重要		总分
	频数	加权得分	频数	加权得分	频数	加权得分	频数	加权得分	频数	加权得分	
父母与子女	792	3960	336	1344	76	228	26	52	9	9	5593
夫妇	296	1480	651	2604	130	390	62	124	25	25	4623
兄弟姐妹	6	30	109	436	742	2226	118	236	62	62	2990
同事或同学	2	10	12	48	66	198	237	474	170	170	900
上级或下级	4	20	18	72	20	60	99	198	127	127	477
师生	1	5	6	24	11	33	56	112	57	57	231
与自然的关系	15	75	12	48	18	54	48	96	51	51	324
个人与社会	22	110	54	216	47	141	119	238	187	187	892
个人与国家	74	370	35	140	47	141	102	204	130	130	985
个人与工作单位	7	35	9	36	21	63	68	136	104	104	374
通过网络建立的关系		1	4			2	4	2	2	10	
朋友	8	40	10	40	56	168	236	472	190	190	910
个人与自身的关系（身心和谐）	41	205	8	32	16	48	37	74	80	80	439

（加权规则：第一重要的频数 ×5，第二重要的频数 ×4，第三重要的频数 ×3，第四重要的频数 ×2，第五重要的频数 ×1）

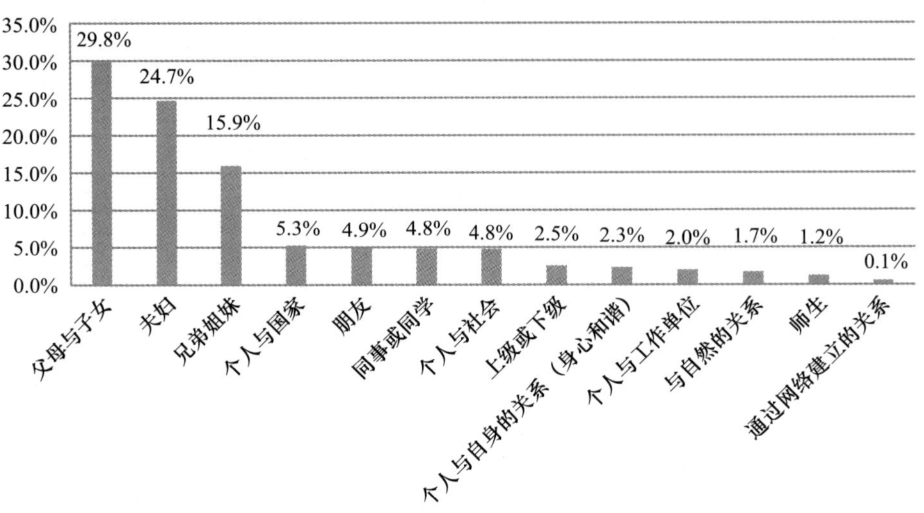

2016 年

	第一重要		第二重要		第三重要		第四重要		第五重要		总分
	频数	加权得分	频数	加权得分	频数	加权得分	频数	加权得分	频数	加权得分	
父母与子女	3955	19775	1515	6060	391	1173	226	452	83	83	27543
夫妇	1149	5745	3208	12832	714	2142	282	564	199	199	21482
兄弟姐妹	47	235	538	2152	3535	10605	600	1200	350	350	14542
同事或同学	43	215	73	292	248	744	1188	2376	788	788	4415
上级或下级	27	135	81	324	129	387	360	720	512	512	2078
师生	10	50	23	92	69	207	248	496	247	247	1092
与自然的关系	53	265	80	320	147	441	271	542	362	362	1930
个人与社会	100	500	398	1592	283	849	628	1256	959	959	5156
个人与国家	799	3995	228	912	331	993	692	1384	784	784	8068
个人与工作单位	50	250	65	260	118	354	336	672	352	352	1888
通过网络建立的关系			4	16	9	27	17	34	35	35	112
朋友	12	60	60	240	235	705	1253	2506	1129	1129	4640
个人与自身的关系（身心和谐）	87	435	46	184	90	270	161	322	438	438	1649

（加权规则：第一重要的频数 ×5，第二重要的频数 ×4，第三重要的频数 ×3，第四重要的频数 ×2，第五重要的频数 ×1）

在下列关系中，您认为哪些关系重要？根据重要性程度排序（上表的总分所占比例）

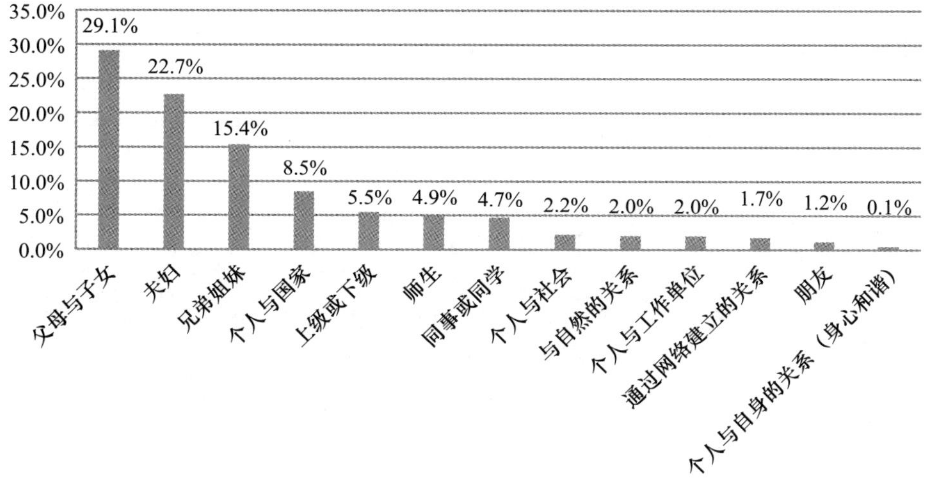

35.0%
30.0%
25.0%
20.0%
15.0%
10.0%
5.0%
0.0%

29.1% 22.7% 15.4% 8.5% 5.5% 4.9% 4.7% 2.2% 2.0% 2.0% 1.7% 1.2% 0.1%

父母与子女 夫妇 兄弟姐妹 个人与国家 上级或下级 师生 同事或同学 个人与社会 与自然的关系 个人与工作单位 通过网络建立的关系 朋友 个人与自身的关系（身心和谐）

2017 年

	第一重要		第二重要		第三重要		第四重要		第五重要		总分
	频数	加权得分	频数	加权得分	频数	加权得分	频数	加权得分	频数	加权得分	
父母与子女	2903	14515	1000	4000	185	555	94	188	37	37	19295
夫妇	858	4290	2229	8916	547	1641	158	316	85	85	15248
兄弟姐妹	20	100	519	2076	2272	6816	582	1164	216	216	10372
个人与国家	332	1660	113	452	269	807	420	840	618	618	4377
朋友	23	115	71	284	256	768	911	1822	821	821	3810
同事或同学	25	125	99	396	285	855	887	1774	609	609	3759
个人与社会	98	490	131	524	170	510	470	940	675	675	3139
个人与工作单位	26	130	50	200	94	282	249	498	308	308	1418
上级或下级	15	75	57	228	84	252	162	324	295	295	1174
与自然的关系	20	100	50	200	90	270	141	282	163	163	1015
个人与自身的关系（身心和谐）	33	165	26	104	41	123	73	146	174	174	712
师生	1	5	8	32	40	120	131	262	191	191	610
通过网络建立的各种“群”的关系	7	35	3	12	8	24	28	56	67	67	194
其他					5	15	9	18	12	12	45

（加权规则：第一重要的频数×5，第二重要的频数×4，第三重要的频数×3，第四重要的频数×2，第五重要的频数×1）

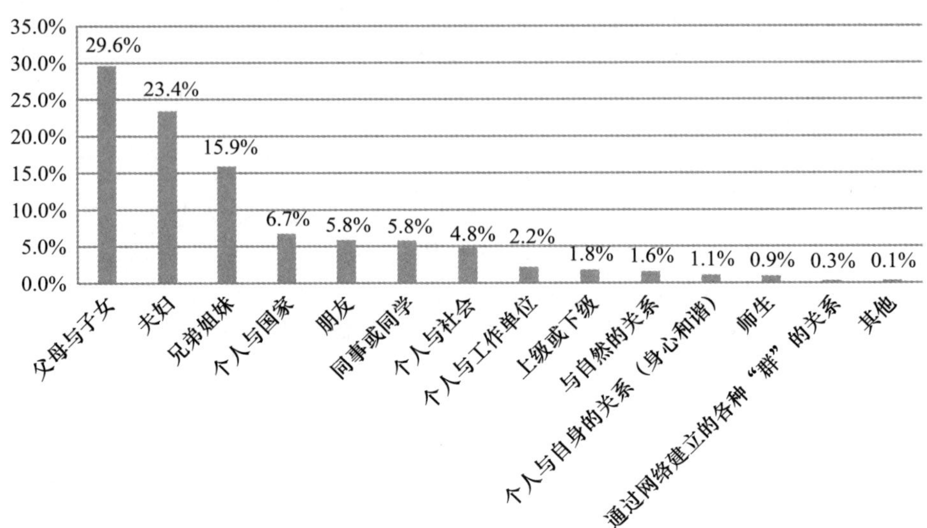

最重视的各类关系一题，2007 年为多选题，而在此后三年的调查中，分别考察了被访者对该问题的重视程度的前五位排序。对比之下，四年的结果基本没有差异，大部分人都最重视父母与子女关系，其次是夫妇关系，第三重要的是兄弟姐妹关系，其后是同事或同学关系或朋友关系。因此四年内人们最重视的各类关系排序没有差异。

8. 您认为哪一种伦理关系对社会秩序和个人生活最具根本性意义

	2007 年	2013 年 社会秩序	2013 年 个人生活	2016 年	2017 年
家庭伦理关系或血缘关系	45.4%	27.5%	67.4%	40.3%	27.6%
个人与社会的关系	27.2%	37.2%	12%	28.2%	41.8%
职业伦理关系	6.4%	2.9%	3.1%	2.7%	3.4%
个人与国家民族的关系	10.8%	24.9%	8.6%	22.3%	21.5%
人与自然的关系	5.7%	3.3%	2.1%	3.3%	1.7%
个人与他自身的关系	2.8%	4.3%	6.7%	3.1%	4.0%

由上表可知，在最具根本意义的伦理关系上，四年的结果存在差异。2007 年、2013 年与 2016 年的结果显示，家庭伦理关系或血缘关系对社会秩序和个人生活最具根本意义，在 2013 年的调查中，我们区分了对社会秩序的影响和对个人生活的影响，对社会秩序最具根本意义的是个人与社会的关系，而对个人生活最具根本意义的是家庭伦理关系或血缘关系。

9. 您认为当今中国社会最基本的伦理冲突是

2007 年

	百分比
人与人之间的冲突	64.7%
个人与社会的冲突	56.6%
个人与政府的冲突	43.4%
人自我内在的冲突	48.3%
人与自然的冲突	54.5%

2013 年

	第一位		第二位		第三位		第四位		第五位		总分
	频数	加权得分	频数	加权得分	频数	加权得分	频数	加权得分	频数	加权得分	
人与人之间的冲突	509	2545	295	1180	214	642	107	214	37	37	4618
个人与社会的冲突	146	730	364	1456	307	921	235	470	75	75	3652
个人与政府的冲突	184	920	190	760	254	762	254	508	250	250	3200
人自我内在的冲突	154	770	203	812	182	546	246	492	330	330	2950
人与自然的冲突	199	995	102	408	173	519	266	532	396	396	2850
其他	2	10	1	4	3	9	3	6	17	17	46

（加权规则：第一重要的频数 ×5，第二重要的频数 ×4，第三重要的频数 ×3，第四重要的频数 ×2，第五重要的频数 ×1）

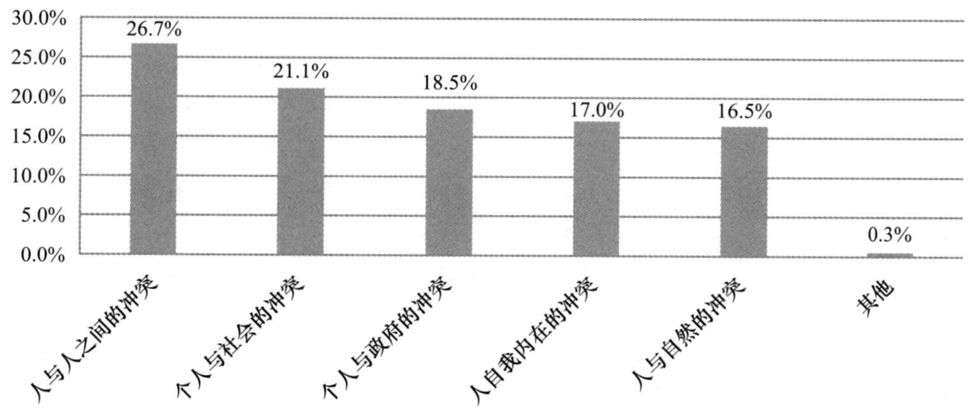

2016 年

	第一重要		第二重要		第三重要		总分
	频数	加权得分	频数	加权得分	频数	加权得分	
人与人之间的冲突	2650	7950	1495	2990	1091	1091	12031
个人与社会的冲突	946	2838	1739	3478	1509	1509	7825
人与自然的冲突	1459	4377	990	1980	1268	1268	7625
人自我内在的冲突	532	1596	1153	2306	1158	1158	5060
个人与政府的冲突	560	1680	692	1384	963	963	4027
其他	20	60	7	14	55	55	129

（加权规则：第一重要的频数 ×3，第二重要的频数 ×2，第三重要的频数 ×1）

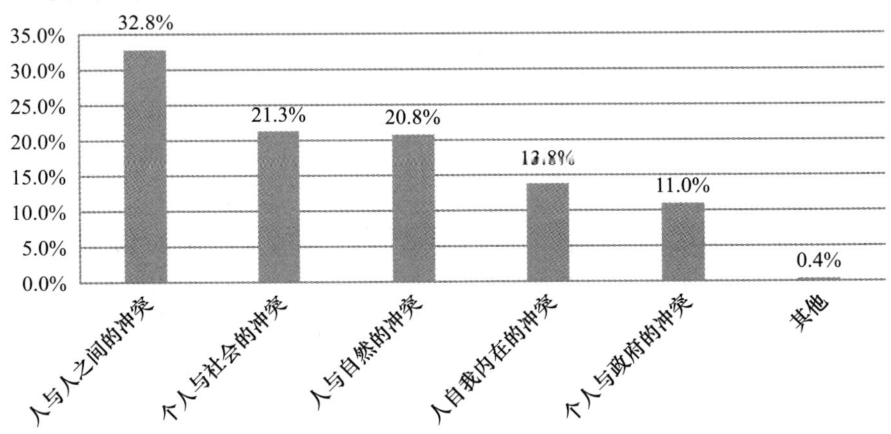

2017 年

	百分比
人与人之间的冲突	62.5%
个人与社会的冲突	45.6%
个人与政府的冲突	11.3%
人自我内在的冲突	24.1%
人与自然的冲突	17.1%

由上表可知，对于当今中国社会最基本的伦理冲突，由于 2013 年和 2016 年的数据存在加权的需要，导致数值从表面上看起来有差异，但是，从总体趋势和位次来看，四次调查的结果基本一致。调查结果显示，当今中国社会最基本的伦理冲突是人与人之间的冲突。

10. 您认为当今中国社会最重要也是最需要的德性是

2007 年

	百分比
爱	78.6%
诚信	63.8%
责任	58.3%
宽容	48.3%
正义与公正	46.4%
义	41.7%
善良	18.4%
正直	17.0%
理智	15.8%
教养	13.0%
恭敬	11.3%
谦让	7.9%
知行合一	7.2%
节制	6.5%
勇敢	5.9%
孝悌	5.9%
中庸	4.0%
忠恕	3.3%
守节	1.5%
其他	0.4%

2013 年

	第一重要		第二重要		第三重要		第四重要		第五重要		总分
	频数	加权得分	频数	加权得分	频数	加权得分	频数	加权得分	频数	加权得分	
爱（仁爱、博爱、友爱）	493	2465	106	424	62	186	46	92	59	59	3226
义（道义、义务）	40	200	218	872	61	183	41	82	28	28	1365
宽容	75	375	139	556	216	648	124	248	90	90	1917
责任	177	885	195	780	175	525	152	304	92	92	2586
正义或公正	152	760	128	512	124	372	102	204	88	88	1936
诚信	103	515	123	492	201	603	143	286	135	135	2031

续表

	第一重要		第二重要		第三重要		第四重要		第五重要		总分
	频数	加权得分	频数	加权得分	频数	加权得分	频数	加权得分	频数	加权得分	
忠恕	8	40	13	52	12	36	17	34	14	14	176
理智	8	40	26	104	40	120	46	92	65	65	421
节制	3	15	5	20	11	33	18	36	25	25	129
谦让	17	85	39	156	51	153	60	120	63	63	577
恭敬	3	15	9	36	7	21	16	32	18	18	122
勇敢	4	20	6	24	27	81	46	92	58	58	275
正直	39	195	51	204	50	150	102	204	88	88	841
善良	41	205	78	312	90	270	119	238	120	120	1145
力行或知行合一	4	20	1	4	4	12	8	16	24	24	76
教养	25	125	41	164	53	159	83	166	84	84	698
孝悌	51	255	45	180	32	96	50	100	61	61	692
气节	4	20	6	24	6	18	10	20	24	24	106
中庸	2	10	2	8	2	6	4	8	9	9	41
敬业	3	15	14	56	14	42	41	82	81	81	276

（加权规则：第一重要的频数 ×5，第二重要的频数 ×4，第三重要的频数 ×3，第四重要的频数 ×2，第五重要的频数 ×1）

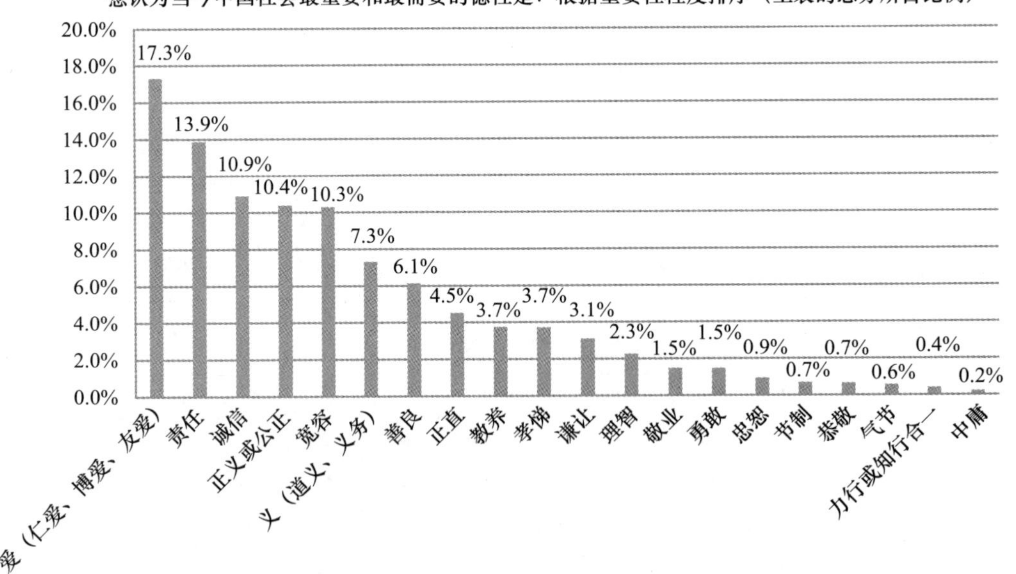

2016 年

	第一重要		第二重要		第三重要		总分
	频数	加权得分	频数	加权得分	频数	加权得分	
爱（仁爱、博爱、友爱）	2514	7542	638	1276	480	480	9298
义（道义、义务）	285	855	1096	2192	358	358	3405
宽容	251	753	417	834	960	960	2547
责任	948	2844	985	1970	684	684	5498
正义或公正	761	2283	760	1520	593	593	4396
诚信	559	1677	838	1676	1215	1215	4568
忠恕	65	195	76	152	63	63	410
理智	59	177	167	334	153	153	664
节制	12	36	23	46	55	55	137
谦让	76	228	130	260	119	119	607
恭敬	33	99	46	92	36	36	227
勇敢	27	81	50	100	123	123	304
正直	144	432	202	404	208	208	1044
善良	241	723	443	886	507	507	2116
力行或知行合一	9	27	16	32	70	70	129
教养	97	291	150	300	215	215	806
孝悌	200	600	186	372	218	218	1190
气节	9	27	11	22	39	39	88
中庸	6	18	7	14	9	9	41
敬业	41	123	89	178	216	216	517

（加权规则：第一重要的频数 ×5，第二重要的频数 ×4，第三重要的频数 ×3，第四重要的频数 ×2，第五重要的频数 ×1）

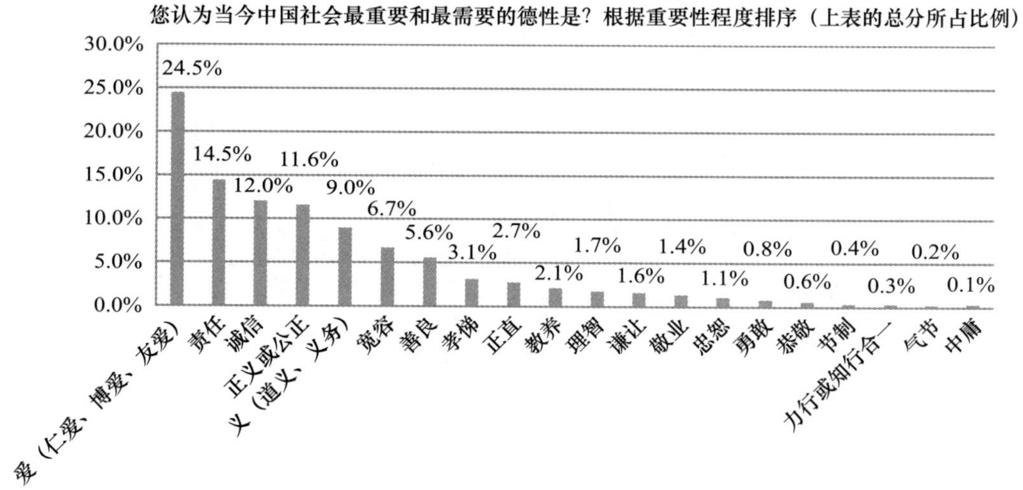

您认为当今中国社会最重要和最需要的德性是？根据重要性程度排序（上表的总分所占比例）

30.0%
25.0%
20.0%
15.0%
10.0%
5.0%
0.0%
24.5%
14.5%
12.0%
11.6%
9.0%
6.7%
5.6%
3.1%
2.7%
2.1%
1.7%
1.6%
1.4%
1.1%
0.8%
0.6%
0.4%
0.3%
0.2%
0.1%
爱（仁爱、博爱、友爱）
责任
诚信
正义或公正
义（道义、义务）
宽容
善良
孝悌
正直
教养
理智
谦让
敬业
忠恕
勇敢
恭敬
节制
力行或知行合一
气节
中庸

2017 年

	第一重要		第二重要		第三重要		第四重要		第五重要		总分
	频数	加权得分	频数	加权得分	频数	加权得分	频数	加权得分	频数	加权得分	
诚信	745	3725	725	2900	480	1440	447	894	392	392	9351
爱（仁爱、博爱、友爱）	1086	5430	477	1908	319	957	246	492	327	327	9114
公正	639	3195	563	2252	335	1005	367	734	431	431	7617
责任	239	1195	355	1420	588	1764	833	1666	331	331	6376
孝敬	542	2710	363	1452	289	867	378	756	468	468	6253
善良	288	1440	367	1468	305	915	544	1088	594	594	5505
宽容	167	835	276	1104	772	2316	359	718	182	182	5155
义（道义、义务）	159	795	555	2220	293	879	229	458	331	331	4683
正直	134	670	121	484	248	744	207	414	263	263	2575
谦让	126	630	128	512	99	297	191	382	221	221	2042
忠恕（将心比心）	77	385	106	424	141	423	102	204	174	174	1610
勇敢	64	320	89	356	131	393	86	172	150	150	1391
节制	40	200	117	468	84	252	118	236	106	106	1262
理智	20	100	55	220	163	489	133	266	150	150	1225
敬业	20	100	49	196	89	267	82	164	188	188	915
其他	3	15	1	4							19

（加权规则：第一重要的频数×5，第二重要的频数×4，第三重要的频数×3，第四重要的频数×2，第五重要的频数×1）

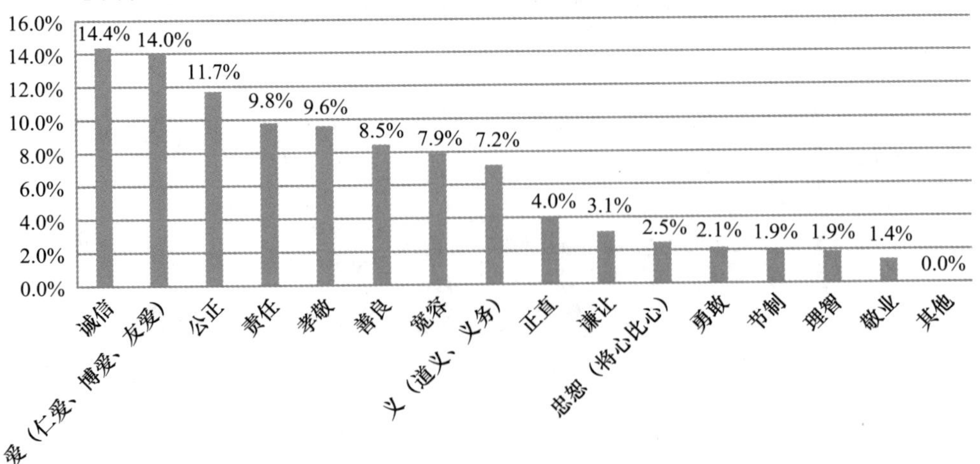

由以上图表可知，关于当今社会最重要并且最需要的德性，四年的调查结果没有差异，存在共识。2007 年排名前三的德性分别是：爱、诚信、责任；2013 年排名前三的德性分别是：爱、责任、诚信；2016 年排名前三的德性分别是：爱、责任、诚信；2017 年排名前三的德性分别是：爱、诚信、公正。无论是哪一年的调查结果，爱始终是所有人认为的最重要并且当今社会最需要的德性。

11. 当前中国社会中个体道德素质存在的主要问题是

	2007 年	2013 年	2016 年	2017 年
道德上无知	12.8%	13.4%	14.6%	9.6%
有道德知识，但不见诸行动	72.7%	73.7%	76.5%	79.7%
既无知，也不行动	13.7%	10.7%	7.1%	10.5%
其他	0.9%	2.1%	1.8%	0.3%

由上表可知，关于当前中国社会中个体道德素质存在的主要问题，四年的调查结果之间没有差异。大部分人都认为当前社会道德素质的主要问题在于：有道德知识，却不见诸行动。

12. 如果遭遇利益冲突，如名誉、利益受他人侵害，您首先的行为反应是

2007 年

	有效百分比	累积百分比
诉诸法律，打官司	20.4%	20.4%
直接找对方沟通但得理让人，适可而止	48.6%	69.0%
通过第三方从中调解，尽量不伤和气	28.0%	97.0%
没选	0.4%	97.5%
其他	2.6%	100.0%
总计	100.0%	

2013 年：当遇到人与人之间的利益冲突时，你首选的办法

	家庭成员之间	朋友之间	同事之间	商业伙伴之间
诉诸法律，打官司	0.6%	2.6%	2.2%	50.0%
直接找对方沟通但得理让人，适可而止	58.3%	49.8%	46.2%	24.6%
通过第三方从中调解，尽量不伤和气	9.6%	29.1%	27.8%	15.9%
能忍则忍	31.5%	18.5%	23.9%	9.5%
总计	100.0%	100.0%	100.0%	100.0%

2016 年：当遇到人与人之间的利益冲突时，你首选的办法

	频数	有效百分比	累积百分比
诉诸法律，打官司	557	8.8%	8.8%
主动与对方沟通，适可而止	3436	54.3%	63.1%
找第三方帮助沟通调解，尽量不伤和气	1668	26.3%	89.4%
能忍则忍	671	10.6%	100.0%
总计	6332	100.0%	

2017 年：当遇到人与人之间的利益冲突时，你首选的办法

	家庭成员	朋友	同事	商业伙伴
诉诸法律，打官司	1%	2.3%	4.1%	40.5%
直接找对方沟通但得理让人，适可而止	53.5%	53.8%	53.6%	26.7%
通过第三方（如社会机构，朋友等）从中调解，尽量不伤和气	9.9%	22%	29.3%	27.4%
能忍则忍	35.6%	22%	13.1%	5.3%
总计	100.0%	100.0%	100.0%	100.0%

由上表可知，关于遭遇利益冲突时的反应，四年的调查结果存在共识。大部分人都认为会直接找对方沟通但是得理让人，适可而止，在 2013 年和 2017 年的调查中，区分了不同群体，在对待商业伙伴时，大部分人都会选择诉诸法律，打官司，而不是沟通，这在两年的调查中结果一致。

13. 您认为对现代中国社会伦理关系和道德风尚造成最大影响的因素

2007 年和 2013 年

	2007 年	2013 年
传统文化的崩坏	17.8%	26.6%
外来文化的冲击	20.8%	13.3%
市场经济导致的个人主义	56.7%	43.7%
计算机网络技术的发展	1.9%	12.2%
其他	1.5%	4.2%
总计	100.0%	100.0%

2016年和2017年：您认为对当前我国伦理关系和道德风尚造成最大负面影响的因素是

	2016年			2017年	
	频数	有效百分比	累积百分比	频数	百分比
传统文化的崩坏	1487	23.6%	23.6%	1557	37.9%
外来文化的冲击	592	9.4%	33.0%	1472	35.8%
市场经济导致的个人主义	1452	23.0%	56.0%	1103	26.8%
网络技术的发展	418	6.6%	62.7%	914	22.2%
分配不公，两极分化	1185	18.8%	81.5%	1540	37.5%
以权谋私，官员腐败	1167	18.5%	100.0%	1105	26.9%
总计	6301	100.0%			

由上表可知，在对现代中国社会伦理关系和道德风尚造成最大影响的因素中，四年的调查结果存在差异。2007年、2013年的调查结果中，影响最大的因素都是市场经济导致的个人主义，在2016年和2017年的调查结果中，与前三年的调查结果不同，传统文化的崩坏所占的比例最高，但市场经济导致的个人主义的占比仍然较高，2017年的调查中，受访者可以选择两项，这在一定程度上影响了不同选项的占比，这一年中，传统文化的崩溃的占比最高，其次是分配不公、两极分化。

14. 您认为在自己的成长中得到最大伦理教益和道德训练的场所是

	2007年	2013年	2016年	2017年
家庭	67.1%	39.0%	42.5%	34.2%
学校	50.1%	26.4%	23.8%	23.5%
社会（包括职业生活）	40.8%	25.1%	26.0%	31.1%
国家或政府	6.4%	6.0%	5.9%	6.7%
媒体	7.7%	1.7%	1.1%	1.7%
其他	1.5%	1.9%	0.8%	2.7%

由上表可知，关于自己的成长中得到最大伦理教益和道德训练的场所，四年的调查结果之间存在共识，差异不大。大部分人都认为家庭是最主要的道德训练场所，其次是学校和社会。

15. 您认为哪种因素应当对当今不良道德风尚负主要责任

2007 年和 2013 年

	2007 年	2013 年
官员腐败	65.8%	41.9%
企业不讲诚信和损害社会利益	20.0%	6.6%
学校道德教育功能弱化	27.9%	7.9%
家庭伦理功能弱化	10.7%	6.2%
社会的不良影响	54.6%	37.4%
其他	1.5%	

2016 年和 2017 年

	2016 年			2017 年	
	频数	有效百分比	累积百分比	频数	百分比
以权谋私，官员腐败	2832	44.8%	44.8%	2502	59.0%
企业不讲诚信和损害社会利益	715	11.3%	56.1%	1584	37.9%
大学及其文化学校道德教育功能弱化	477	7.5%	63.7%	1040	24.9%
家庭伦理功能弱化	244	3.9%	67.6%	724	17.3%
个人缺乏道德自觉	1202	19%	86.6%	1975	47.3%
分配不公，两极分化	848	13.4%	100.0%	1443	34.6%
总计	6318	100.0%		1701	40.7%

由上表可知，对于哪种因素应当对当今不良道德风尚负主要责任，四年的调查结果存在共识。大部分人都认为官员腐败需要对当今不良道德风尚负主要责任。

16. 您认为我们的政府在制定政策和决策时充分考虑了伦理道德方面的要求（如保护、社会公平、利益均衡、关怀弱势群体，以及大多数人的利益和感受）吗？

2007 年和 2013 年

	2007 年	2013 年
是	57.5%	57.3%
否	35.7%	42.7%
总计	100.0%	100.0%

2016 年

	频数	有效百分比	累积百分比
有考虑	2411	38.1%	38.1%
有考虑，但不够	3535	55.8%	93.9%
比较赞同没有考虑	385	6.1%	100.0%
总计	6331	100.0%	

2017 年

	频数	百分比	有效百分比	累积百分比
有考虑，能够从日常生活中感受到	1407	32.3%	32.8%	32.8%
有考虑，能够从政策文件中体会到	1285	29.5%	30.0%	62.8%
只是口头上说说，没有实质性行动	1219	27.9%	28.4%	91.2%
没有考虑，政策制度都是从自己的政绩和富人的利益着想	364	8.35	8.5%	99.7%
其他	14	0.3%	0.3%	100.0%
总计	4289	98.3%	100.0%	

由上表可知，关于政府在制定政策和决策时是否充分考虑了伦理道德方面的要求这一问题，四年的调查结果之间没有差异。大部分人都认为有考虑，但是不够，需要进一步加强。

17. 您判断某个行为是否道德的主要依据是

2007 年

	有效百分比	累积百分比
是否符合传统	11.5%	11.5%
是否达到利益最大化	3.8%	15.3%
别人评价	3.4%	18.7%
自己的良心和信念	42.0 %	60.7%
大多数人认同的规范	38.2%	98.9%
没选	0.4%	99.4%
其他	0.6%	100.0%
总计	100.0%	

2013 年

	频数	有效百分比	累积百分比
传统	153	12.1%	12.1%
风俗习惯	76	6.0%	18.1%
大多数人认同的道德规范	416	33.0%	51.1%
当事人共同利益和意志	42	3.3%	54.4%
自己的良心	566	44.8%	99.3%
自己利益	9	0.7%	100.0%
总计	1262	100.0%	

2016 年和 2017 年

	2016 年			2017 年	
	频数	有效百分比	累积百分比	频数	百分比
传统	1083	17.1%	17.2%	2546	59.1%
风俗习惯	604	9.5%	26.6%	1452	33.7%
大多数人认同的道德规范	1536	24.2%	50.8%	2023	46.9%
大多当事人共同利益和意志	233	3.75	54.5%	805	18.7%
自己的良心	1981	31.2%	85.7%	2713	62.9%
自己的利益	42	0.7%	86.4%		
意识形态要求	150	2.4%	88.8%	528	12.2%
己立立人，立达达人；己所不欲，勿施于人	713	11.25	100.0%		
总计	6342	100.0%			

由上表可知，关于判断某个行为是否道德的主要依据，四年的调查结果之间存在共识。自己的良心和信念以及大多数人认同的道德规范是人们判断行为是否道德的主要依据。

18. 对形成我国当前各种新型伦理关系和道德观念，哪些因素起主要作用

2007 年

	有效百分比
网络和媒体	72.8%
政府	56.4%
大学及其文化	36.0%
市场	59.6%

续表

	有效百分比
企业	10.8%
宗教团体	11.8%
其他	1.0%

2013 年：对形成我国当前各种新型伦理关系和道德观念，哪些因素影响最大？

	第一重要		第二重要		第三重要		总分
	频数	加权得分	频数	加权得分	频数	加权得分	
网络和媒体	501	1503	216	432	143	143	2078
政府	393	1179	317	634	169	169	1982
大学及其文化	92	276	181	362	188	188	826
市场	105	315	208	416	251	251	982
企业	15	45	72	144	114	114	303
社会团体	92	276	165	330	250	250	856
其他	8	24	7	14	14	14	52

（加权规则：第一重要的频数 ×3，第二重要的频数 ×2，第三重要的频数 ×1）

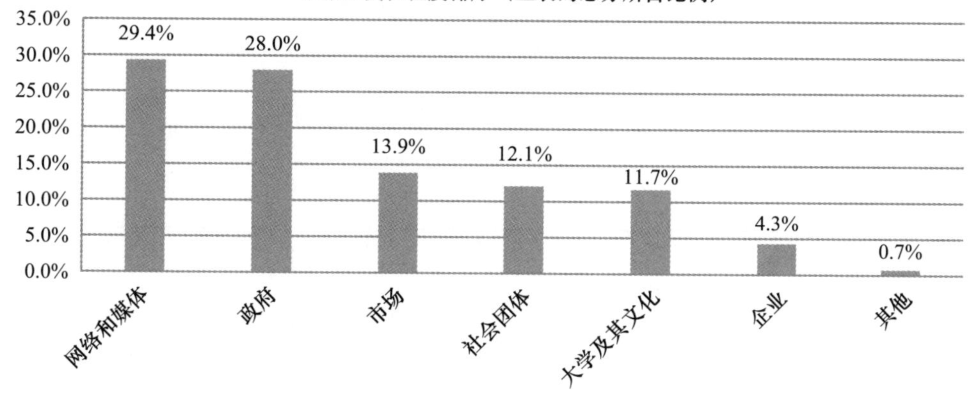

2016 年

	第一重要		第二重要		第三重要		总分
	频数	加权得分	频数	加权得分	频数	加权得分	
网络和媒体	2407	7221	1113	2226	654	654	10101
政府	2192	6576	1843	3686	755	755	11017

续表

	第一重要		第二重要		第三重要		总分
	频数	加权得分	频数	加权得分	频数	加权得分	
大学及其文化	374	1122	628	1256	1037	1037	3415
市场	493	1479	1047	2094	1184	1184	4757
企业	105	315	409	818	434	434	1567
社会团体	358	1074	633	1266	1137	1137	3477
知识精英	158	474	295	590	538	538	1602
国外价值观与生活方式	132	396	217	434	376	376	1206
其他	21	63	13	26	52	52	141

（加权规则：第一重要的频数×3，第二重要的频数×2，第三重要的频数×1）

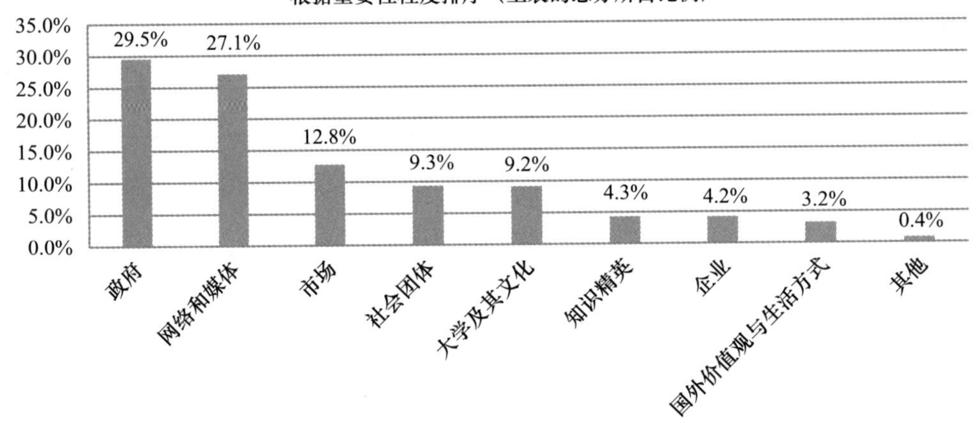

2017 年

	频数	百分比
网络和媒体	2300	57.5%
政府	2459	61.5%
大学及其文化	863	21.6%
市场	1552	38.8%
企业	950	23.8%
社会团体	851	21.3%
知识精英	379	9.5%
国外的思潮与生活方式	648	16.2%

由上表可知，在对形成我国当前各种新型伦理关系和道德观念产生影响的因

素中，由于2013年和2016年的数据存在加权的处理需要，但是从百分比和趋势上来看，四年的调查结果之间存在共识。网络和媒体以及政府是人们认为影响各种新型伦理关系和道德观念的主要因素。

19. 一些政府机关，通过各种途径让本单位的干部子女在很好的幼儿园、小学、中学读书，您认为这种行为是？

	2007年	2013年	2016年	2017年
为本单位人员谋福利，符合道德	9.7%	5.0%	6.7%	12.9%
以权谋私，不道德	33.8%	53.3%	57.3%	46.0%
是对社会公众的欺骗，严重不道德	8.2%	19.8%	20.6%	27.0%
符合本单位员工利益和内部伦理，但严重侵蚀社会道德	24.1%	14.6%	11.2%	7.4%
无所谓道德不道德	24.1%	7.3%	4.2%	6.7%
总计	99.9%	100.0%	100.0%	100.0%

由上表可知，关于政府机关通过各种途径让本单位干部子女就读的行为，四年的调查结果显示，人们的观念基本一致。大部分人都认为这是以权谋私，不道德的。

2013 年、2016 年、2017 年江苏省伦理道德发展的共识与差异

第一部分 基本信息

1. 性别

	2013 年	2016 年	2017 年
男	46.4%	47.5%	47.8%
女	53.6%	52.5%	52.2%
总计	100.0%	100.0%	100.0%

如表所示，在三年的调查中，男女性别比无较大差异，三年均呈现出受访者女性明显高于男性的特征，但总体差异不明显。

2. 年龄

	2013 年	2016 年	2017 年
18 岁以下		0.2%	
18—25 岁	8.4%	7.5%	12.7%
26—35 岁	14.1%	13.2%	20.0%
36—50 岁	31.0%	31.9%	31.5%
51 岁及以上	46.4%	47.1%	35.7%
总计	100.0%	100.0%	100.0%

在以上三年的调查数据中，不同年龄群体的比例存在一定差异。主要体现在 2017 年和其余两年之间的差异，差异集中于受访者年龄在 18—25 岁、26—35 岁和 51 岁及以上三个区间，可以看出 2017 年受访者年龄分布更加均匀，其余两年则更多集中于老年人。

3. 婚姻状况

	2013 年	2016 年	2017 年
未婚	9.7%	9.0%	11.1%
已婚	86.4%	87.7%	85.4%
离婚	1.3%	1.1%	1.0%
丧偶	2.7%	2.2%	2.4%
总计	100.0%	100.0%	100.0%

以上三年数据调查中，无明显差异，受访人员婚姻状况分布无明显较大差异，均以已婚为主。

4. 民族

	2013 年	2016 年	2017 年
汉族	99.2%	99.4%	99.2%
少数民族	0.8%	0.6%	0.8%
总计	100.0%	100.0%	100.0%

三年统计数据均以汉族受访者为主，无明显差异。

5. 是否信仰宗教

	2013 年	2016 年	2017 年
不信教	89.9%	90.8%	91.5%
信仰宗教	10.1%	9.2%	8.5%
总计	100.0%	100.0%	100.0%

三年统计受访者信仰宗教情况无明显差异，大部分为不信教受访者。

6. 受教育程度

	2013 年	2016 年	2017 年
初中及以下	52.3%	58.0%	60.0%
高中	24.7%	22.1%	24.2%
大专	13.0%	10.1%	7.0%
本科	8.8%	9.3%	7.6%
研究生及以上	1.2%	0.5%	1.2%
总计	100.0%	100.0%	100.0%

在三年的调查中，被访者的受教育程度存在一定的差异。最为明显的是 2017 年与 2013 年大专学历之间的差异，2017 年比 2013 年低 6.0%。初中及以下为主要受访群体。

7. 政治面貌

	2013 年	2016 年	2017 年
共产党员	13.4%	17.1%	8.5%

续表

	2013 年	2016 年	2017 年
民主党派	0.2%	0.1%	0.3%
共青团员	8.1%	8.8%	7.7%
群众	78.3%	73.9%	83.6%
总计	100.0%	100.0%	100.0%

在三年统计数据中，明显差异集中于2017年和其余两年共产党员和群众的占比，2017年共产党员明显少于前两年，群众多于前两年。

8. 户口

	2013 年	2016 年	2017 年
农业户口	43.0%	59.6%	59.2%
非农业户口	57.0%	40.4%	40.8%
总计	100.0%	100.0%	100.0%

三年差异集中于2013年与之后两年，2013年农业户口受访者明显少于后两年，非农业户口受访者占比更大。

9. 职业

	2013 年	2016 年	2017 年
官员	2.1%	3.2%	1.6%
企业家	1.4%	3.2%	0.8%
企业员工	32.9%	25.1%	29.5%
农民	15.6%	26.2%	18.2%
科教医群体	9.2%	3.9%	4.5%
弱势群体	30.2%	29.7%	33.2%
做小生意者	7.4%	8.3%	11.5%
演艺界	0.3%	0.4%	0.8%
自由职业者	0.9%		

总体而言，三年调查中，群体的职业差异不大。大体上以企业员工、农民、弱势群体为主。企业员工占比约为30%，弱势群体占比约为30%，2016年农民的比例稍高，为26.2%，2013年与2017年，农民的比例均在20%以下。

10. 月平均收入

	2013 年	2016 年	2017 年
无收入	17.7%	19.6%	15.1%
1—999 元	8.3%	12.3%	9.5%
1000—1999 元	21.1%	18.8%	13.4%
2000—3999 元	33%	31.8%	35.5%
4000—5999 元	13.5%	11.2%	18.8%
6000—8999 元	3.7%	3.8%	4.8%
9000—12999 元	1.7%	1.5%	1.9%
13000—20000 元	0.5%	0.5%	0.6%
20000 元以上	0.6%	0.5%	0.5%
总计	100.0%	100.0%	100.0%

三年月均收入差异不大，总体呈现收入增加的情况，受访者生活水平在不断提升，三年的数据基本一致。

第二部分　调研信息

11. 您认为当前我国社会道德生活中最重要的元素是什么

2013 年

	频数	有效百分比	累积百分比
意识形态中所提倡的社会主义道德	363	29.5%	29.5%
中国传统道德	575	46.8%	76.3%
西方文化影响而形成的道德	34	2.8%	79.1%
市场经济中形成的道德	243	19.8%	98.9%
其他	14	1.1%	100.0%
总计	1229	100.0%	

2016 年

	第一重要		第二重要		第三重要		总分
	频数	加权得分	频数	加权得分	频数	加权得分	
中国传统道德	15161	45483	7239	14478	2354	2354	62315
意识形态中所提倡的社会主义道德	6898	20694	11242	22484	5404	5404	48582
市场经济中形成的道德	2781	8343	4971	9942	12267	12267	30552

续表

	第一重要		第二重要		第三重要		总分
	频数	加权得分	频数	加权得分	频数	加权得分	
西方文化影响而形成的道德	990	2970	1940	3880	5070	5070	11920
其他	38	114	61	122	218	218	454

（加权规则：第一重要的频数 ×3，第二重要的频数 ×2，第三重要的频数 ×1）

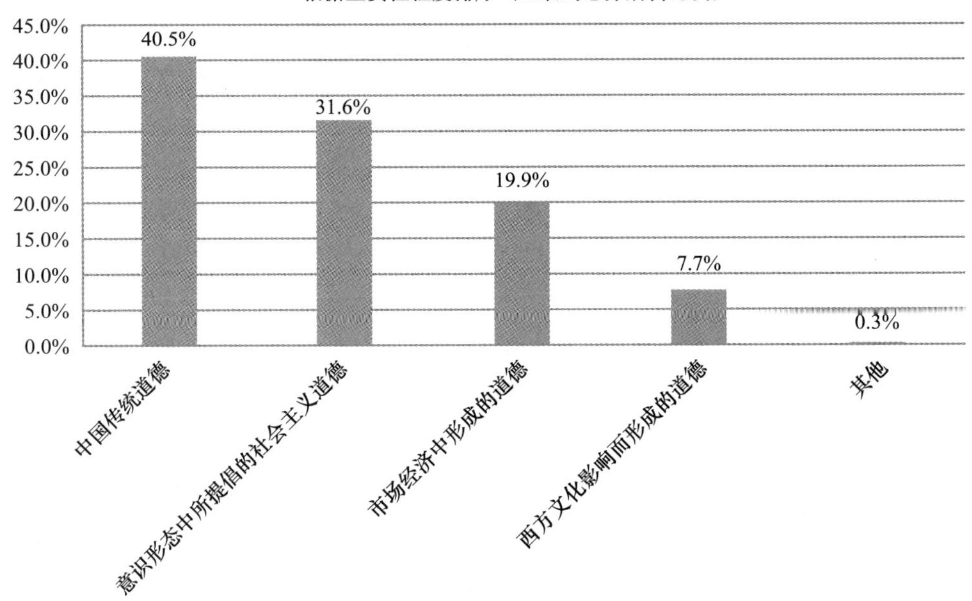

2017 年

	第一重要		第二重要		第三重要		总分
	频数	加权得分	频数	加权得分	频数	加权得分	
中国传统道德	18054	54162	9559	19118	4309	4309	77589
意识形态中所提倡的社会主义道德	11218	33654	14065	28130	7212	7212	68996
市场经济中形成的道德	3678	11034	7057	14114	16446	16446	41594
西方文化影响而形成的道德	1649	4947	3343	6686	5480	5480	17113
其他	14	42					42

（加权规则：第一重要的频数 ×3，第二重要的频数 ×2，第三重要的频数 ×1）

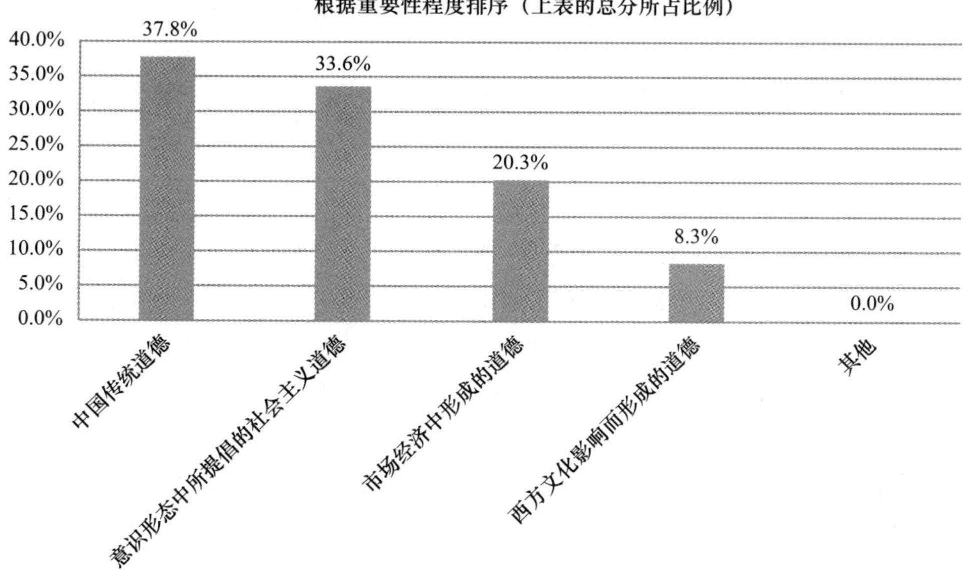

以上三年统计数据总体无明显差异，中国传统道德始终被人们认为是我国社会道德生活中最重要的内容，西方文化始终被我国民众认为是最不重要的内容。

12. 对伦理关系和道德生活，您最向往或怀念的是

	2013 年	2016 年	2017 年
传统社会的伦理和道德（如仁义礼智信）	37.8%	45.5%	57.4%
战争年代为理想而献身的革命精神	13.5%	17.9%	19.8%
新中国成立后到“文化大革命”前的大公无私的集体主义精神	19.2%	12.2%	8.8%
追求个人利益的市场经济下的道德	5.1%	5.8%	8.7%
自由、平等、博爱的西方道德	24.3%	18.6%	3.7%
总计	100.0%	100.0%	100.0%

以上三年的数据有较为明显的差异，随着时代的发展，“传统社会的伦理和道德”被民众重新提起，重要性越发重要；而“大公无私的集体主义精神”和“自由、平等、博爱的西方道德”被民众逐渐淡忘，其向往程度逐年下降。

13. 您认为目前我国社会成员之间的收入差距

	2013 年	2016 年	2017 年
合理，可以接受	9.6%	20.5%	12.9%

续表

	2013 年	2016 年	2017 年
不合理，但可以接受	37.9%	39.8%	53.4%
不合理，不能接受	39.3%	27.3%	28.8%
说不清	13.2%	12.3%	4.9%
总计	100.0%	100.0%	100.0%

针对这一问题，三年数据有明显差异，认为“合理，可以接受”的受访者在2016 年为最高值，2013 年最低，相差 10.9%；认为“不合理，但可以接受”的在2017 年达到最高值；认为“不合理，不能接受”的2013 年最高；而“说不清”的群众逐年减少，表明民众对于当前社会成员收入差距都有自己明确的看法。

14. 跟三年前相比，您觉得自己的社会经济地位

2013 年：与五年前相比生活水平的变化

	频数	百分比	累积百分比
上升很多	399	31.2%	31.2%
略有上升	637	49.9%	81.1%
没有变化	171	13.4%	94.5%
略有下降	51	4.0%	98.5%
下降很多	19	1.5%	100.0%
总计	1277	100.0%	

2016 年：跟三年前相比，您觉得自己的社会经济地位

	频数	有效百分比	累积百分比
上升了	2398	37.9%	37.9%
差不多	2847	45.0%	82.8%
下降了	633	10.0%	92.8%
不好说/说不清	453	7.2%	100.0%
总计	6331	100.0%	

2017 年：跟五年前相比，您觉得自己的社会经济地位

	频数	有效百分比	累积百分比
上升了	2369	57.7%	57.7%
差不多	1532	37.3%	95.1%

续表

	频数	有效百分比	累积百分比
下降了	203	4.9%	100.0%
总计	4104	100.0%	

三年数据表明，受访者关于这一问题无明显差异，总体都认为个人生活水平和经济地位是上升的，认为下降的始终维持在一个较低值。

15. 您认为当今中国社会最基本的伦理冲突是（请排序）

2013 年

	第一位		第二位		第三位		第四位		第五位		总分
	频数	加权得分	频数	加权得分	频数	加权得分	频数	加权得分	频数	加权得分	
人与人之间的冲突	509	2545	295	1180	214	642	107	214	37	37	4618
个人与社会的冲突	146	730	364	1456	307	921	235	470	75	75	3652
个人与政府的冲突	184	920	190	760	254	762	254	508	250	250	3200
人自我内在的冲突	154	770	203	812	182	546	246	492	330	330	2950
人与自然的冲突	199	995	102	408	173	519	266	532	396	396	2850
其他	2	10	1	4	3	9	3	6	17	17	46

（加权规则：第一重要的频数 ×5，第二重要的频数 ×4，第三重要的频数 ×3，第四重要的频数 ×2，第五重要的频数 ×1）

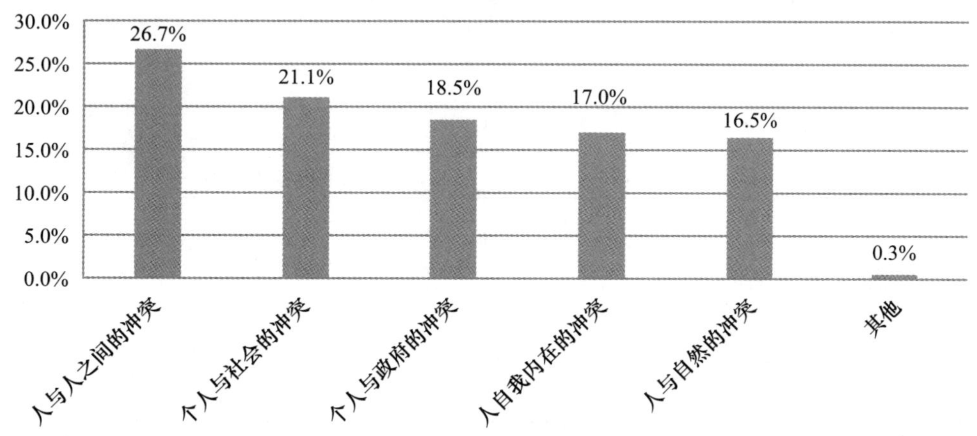

2016 年

	第一重要		第二重要		第三重要		总分
	频数	加权得分	频数	加权得分	频数	加权得分	
人与人之间的冲突	2650	7950	1495	2990	1091	1091	12031
个人与社会的冲突	946	2838	1739	3478	1509	1509	7825
人与自然的冲突	1459	4377	990	1980	1268	1268	7625
人自我内在的冲突	532	1596	1153	2306	1158	1158	5060
个人与政府的冲突	560	1680	692	1384	963	963	4027
其他	20	60	7	14	55	55	129

（加权规则：第一重要的频数 ×3，第二重要的频数 ×2，第三重要的频数 ×1）

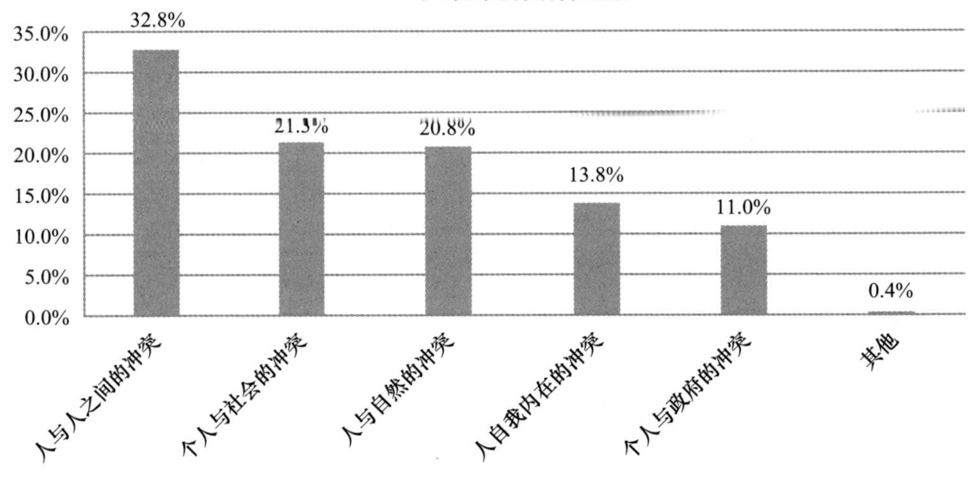

2017 年

	百分比
人与人之间的冲突	62.5%
个人与社会的冲突	45.6%
个人与政府的冲突	11.3%
人自我内在的冲突	24.1%
人与自然的冲突	17.1%
其他	62.5%

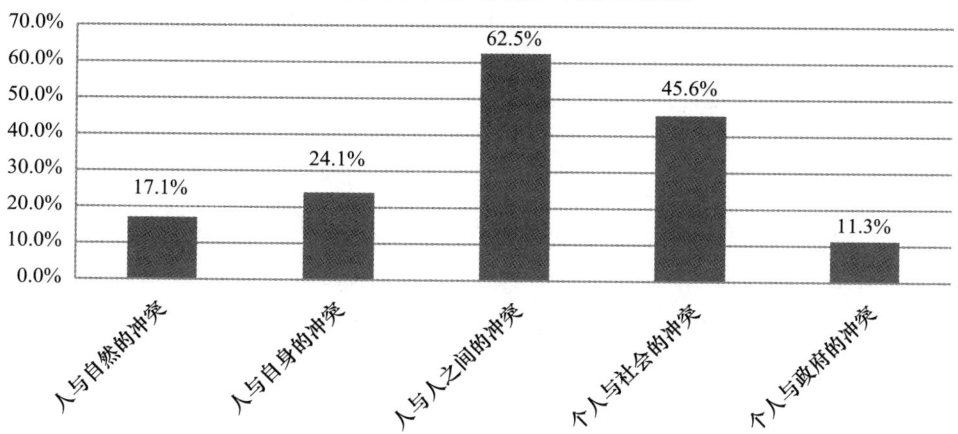

由上表可知，对于当今中国社会最基本的伦理冲突，三次调查的结果中，人们的认知存在共识，都认为最大的冲突在于“人与人之间的冲突”，而排在第二大冲突的都是“人与社会之间的冲突”。个人与政府的冲突由2013年的第三位降到后两次调查的第五位，说明个人与政府之间的关系出现明显改善。

16. 您认为造成环境污染的最主要原因是

	2013年	2016年	2017年
企业唯利是图，造成环境污染	35.0%	34.0%	32.4%
政府缺乏生态意识，政策失当	34.0%	24.9%	32.1%
个人缺乏环保意识	13.2%	17.3%	18.0%
当代人自私自利，不顾未来和子孙利益	17.9%	23.9%	17.4%
总计	100.0%	100.0%	100.0%

从三年数据来看，关于环境污染问题的回答是几乎一致的，无明显差异，企业唯利是图始终是民众认为造成环境污染的关键性原因；个人缺乏环保意识比例也逐渐增长。

17. 您认为哪一种关系对社会秩序最具有根本性意义？

	2013年	2016年	2017年
家庭伦理关系或血缘关系	27.5%	40.3%	27.6%
个人与社会的关系	37.2%	28.2%	41.8%
职业伦理关系	2.9%	2.7%	3.4%
个人与国家民族的关系	24.9%	22.3%	21.5%

续表

	2013 年	2016 年	2017 年
人与自然的关系	3.3%	3.3%	1.7%
个人与他自身的关系	4.3%	3.1%	4.0%
总计	100.0%	100.0%	100.0%

从以上数据可以看出，随着时间改变，对于社会秩序最重要的关系的认知经过了一个变化，2016 年家庭伦理关系或血缘关系成为最重要的关系，其余两年个人与社会的关系始终是最重要的关系。

18. 对于个人而言，您认为家庭、社会和国家三者的重要性程度如何？

2013 年

	第一位		第二位		第三位		总分
	频数	加权得分	频数	加权得分	频数	加权得分	
国家	652	1956	346	692	264	264	2912
家庭	580	1740	310	620	377	377	2737
社会	34	102	607	1214	621	621	1937

2016 年

	第一位		第二位		第三位		总分
	频数	加权得分	频数	加权得分	频数	加权得分	
国家	4115	12345	1333	2666	843	843	15854
家庭	2010	6030	1579	3158	2710	2710	11898
社会	209	627	3388	6776	2700	2700	10103

2017 年

	第一位		第二位		总分
	频数	加权得分	频数	加权得分	
国家	18330	36660	12242	12242	48902
家庭	15346	30692	15183	15183	45875
社会	1104	2208	7254	7254	9462

根据以上数据可以看出，国家始终是民众认为最重要的，主要差异体现在对家庭的态度上，随着时间的变化，家庭的重要性有所下降。

19. 在您的下列关系中，您认为哪些关系重要？

2013 年

	第一重要		第二重要		第三重要		第四重要		第五重要		总分
	频数	加权得分	频数	加权得分	频数	加权得分	频数	加权得分	频数	加权得分	
父母与子女	792	3960	336	1344	76	228	26	52	9	9	5593
夫妇	296	1480	651	2604	130	390	62	124	25	25	4623
兄弟姐妹	6	30	109	436	742	2226	118	236	62	62	2990
同事或同学	2	10	12	48	66	198	237	474	170	170	900
上级或下级	4	20	18	72	20	60	99	198	127	127	477
师生	1	5	6	24	11	33	56	112	57	57	231
与自然的关系	15	75	12	48	18	54	48	96	51	51	324
个人与社会	22	110	54	216	47	141	119	238	187	187	892
个人与国家	74	370	35	140	47	141	102	204	130	130	985
个人与工作单位	7	35	9	36	21	63	68	136	104	104	374
通过网络建立的关系		1	4			2	4	2	2	10	
朋友	8	40	10	40	56	168	236	472	190	190	910
个人与自身的关系（身心和谐）	41	205	8	32	16	48	37	74	80	80	439

（加权规则：第一重要的频数 ×5，第二重要的频数 ×4，第三重要的频数 ×3，第四重要的频数 ×2，第五重要的频数 ×1）

在下列关系中，您认为哪些关系重要？根据重要性程度排序（上表的总分所占比例）

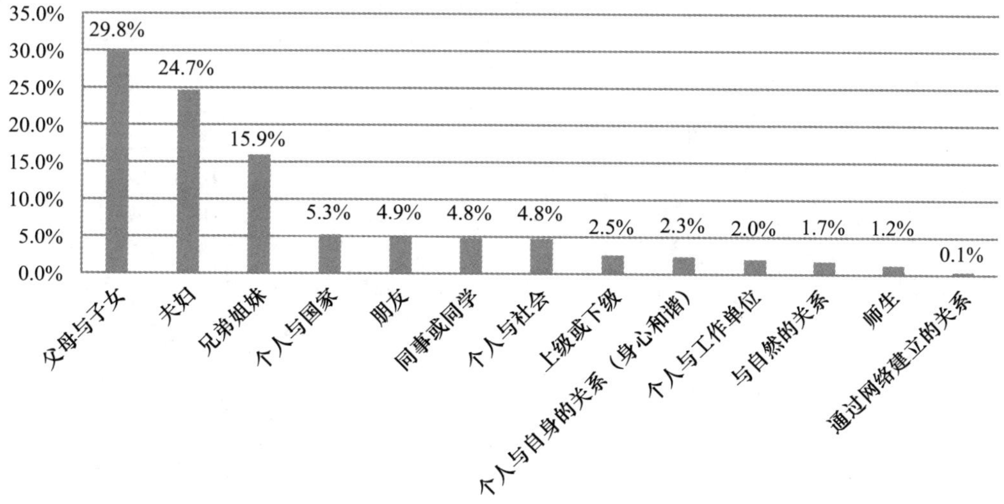

35.0%
30.0%
25.0%
20.0%
15.0%
10.0%
5.0%
0.0%

29.8%
24.7%
15.9%
5.3%
4.9%
4.8%
4.8%
2.5%
2.3%
2.0%
1.7%
1.2%
0.1%

父母与子女
夫妇
兄弟姐妹
个人与国家
朋友
同事或同学
个人与社会
上级或下级
个人与自身的关系（身心和谐）
个人与工作单位
与自然的关系
师生
通过网络建立的关系

2016 年

	第一重要		第二重要		第三重要		第四重要		第五重要		总分
	频数	加权得分	频数	加权得分	频数	加权得分	频数	加权得分	频数	加权得分	
父母与子女	3955	19775	1515	6060	391	1173	226	452	83	83	27543
夫妇	1149	5745	3208	12832	714	2142	282	564	199	199	21482
兄弟姐妹	47	235	538	2152	3535	10605	600	1200	350	350	14542
同事或同学	43	215	73	292	248	744	1188	2376	788	788	4415
上级或下级	27	135	81	324	129	387	360	720	512	512	2078
师生	10	50	23	92	69	207	248	496	247	247	1092
与自然的关系	53	265	80	320	147	441	271	542	362	362	1930
个人与社会	100	500	398	1592	283	849	628	1256	959	959	5156
个人与国家	799	3995	228	912	331	993	692	1384	784	784	8068
个人与工作单位	50	250	65	260	118	354	336	672	352	352	1888
通过网络建立的关系			4	16	9	27	17	34	35	35	112
朋友	12	60	60	240	235	705	1253	2506	1129	1129	4640
个人与自身的关系（身心和谐）	87	435	46	184	90	270	161	322	438	438	1649

（加权规则：第一重要的频数 ×5，第二重要的频数 ×4，第三重要的频数 ×3，第四重要的频数 ×2，第五重要的频数 ×1）

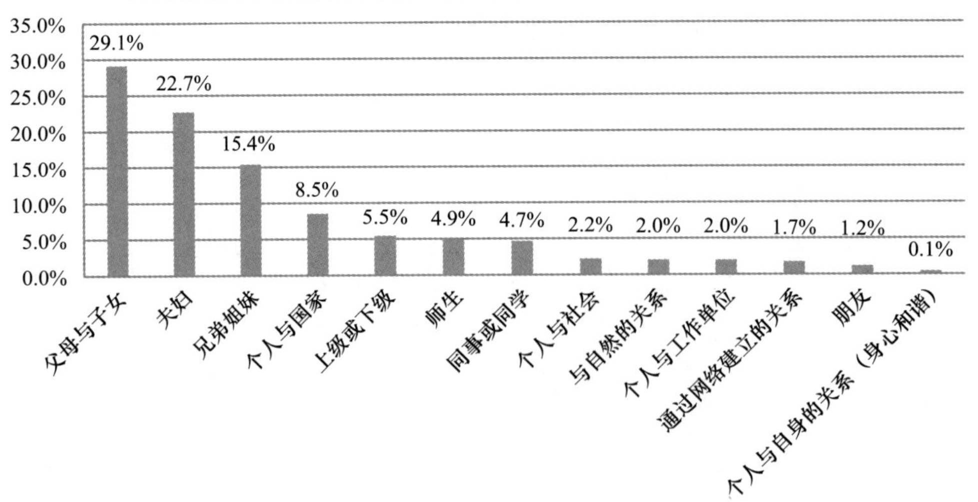

2017 年

	第一重要		第二重要		第三重要		第四重要		第五重要		总分
	频数	加权得分	频数	加权得分	频数	加权得分	频数	加权得分	频数	加权得分	
父母与子女	2903	14515	1000	4000	185	555	94	188	37	37	19295
夫妇	858	4290	2229	8916	547	1641	158	316	85	85	15248
兄弟姐妹	20	100	519	2076	2272	6816	582	1164	216	216	10372
个人与国家	332	1660	113	452	269	807	420	840	618	618	4377
朋友	23	115	71	284	256	768	911	1822	821	821	3810
同事或同学	25	125	99	396	285	855	887	1774	609	609	3759
个人与社会	98	490	131	524	170	510	470	940	675	675	3139
个人与工作单位	26	130	50	200	94	282	249	498	308	308	1418
上级或下级	15	75	57	228	84	252	162	324	295	295	1174
与自然的关系	20	100	50	200	90	270	141	282	163	163	1015
个人与自身的关系（身心和谐）	33	165	26	104	41	123	73	146	174	174	712
师生	1	5	8	32	40	120	131	262	191	191	610
通过网络建立的各种“群”的关系	7	35	3	12	8	24	28	56	67	67	194
其他					5	15	9	18	12	12	45

（加权规则：第一重要的频数 ×5，第二重要的频数 ×4，第三重要的频数 ×3，第四重要的频数 ×2，第五重要的频数 ×1）

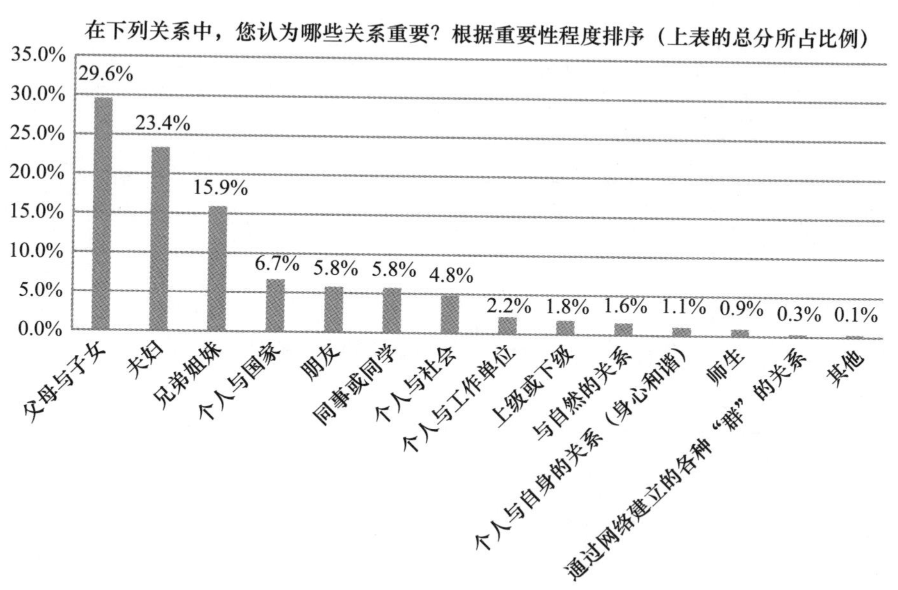

在最重视的各类关系中，三年的调查，分别考察了被访者对该问题的重视程度的前五位排序。对比之下，三年的结果基本没有差异，大部分人都最重视父母与子女关系，其次是夫妇关系，第三重要的是兄弟姐妹关系，其后是个人与国家关系。因此三年内人们最重视的各类关系排序没有差异。

20. 当前中国社会中个体道德素质存在的主要问题是

	2013 年	2016 年	2017 年
道德上无知	13.4%	14.6%	9.6%
有道德知识，但不见诸行动	73.7%	76.5%	79.7%
既无知，也不行动	10.7%	7.1%	10.5%
其他	2.1%	1.8%	0.3%
总计	100.0%	100.0%	100.0%

由上表可知，关于当前中国社会中个体道德素质存在的主要问题，三年的调查结果之间没有差异。大部分人都认为当前社会道德素质的主要问题在于：有道德知识，却不见诸行动。

21. 您认为对社会生活而言，个体德性（即个人的道德品质）和社会公正哪个更重要？

	2013 年	2016 年	2017 年
个体德性最重要	10.8%	17.4%	14.8%
社会公正最重要	35.9%	32.4%	32.2%
二者应当统一，但二者矛盾时应先追求个体德性	15.1%	18.9%	26.2%
二者应当统一，但二者矛盾时应先追求社会公正	38.2%	31.2%	26.8%
总计	100.0%	100.0%	100.0%

根据三年的数据来看，无明显差异，总体情况均为社会公正比个体德性更重要。

22. 您根据什么来判断某种行为是否符合伦理或道德

2013 年

	频数	有效百分比	累积百分比
传统	153	12.1%	12.1%
风俗习惯	76	6.0%	18.1%

续表

	频数	有效百分比	累积百分比
大多数人认同的道德规范	416	33.0%	51.1%
当事人共同利益和意志	42	3.3%	54.4%
自己的良心	566	44.8%	99.3%
自己利益	9	0.7%	100.0%
总计	1262	100.0%	

2016 年和 2017 年

	2016 年			2017 年	
	频数	有效百分比	累积百分比	频数	百分比
传统	1083	17.1%	17.1%	2546	59.1%
风俗习惯	604	9.5%	26.6%	1452	33.7%
大多数人认同的道德规范	1536	24.2%	50.8%	2023	46.9%
大多当事人共同利益和意志	233	3.7%	54.5%	805	18.7%
自己的良心	1981	31.2%	85.7%	2713	62.9%
自己的利益	42	0.7%	86.4%		
意识形态要求	150	2.4%	88.8%	528	12.2%
己立立人，立达达人；己所不欲，勿施于人	713	11.2%	100.0%		
总计	6342	100.0			

从三年的数据来看，没有明显差异，“大多数人认同的道德规范”和“自己的良心”始终是民众用以衡量行为是否合理的标准前两名，总体无较大差异。

23. 当遭遇人与人之间的利益冲突时，你首选的办法是

2013 年

	家庭成员之间	朋友之间	同事之间	商业伙伴之间
诉诸法律，打官司	0.6%	2.6%	2.2%	50.0%
直接找对方沟通但得礼让人，适可而止	58.3%	49.8%	46.2%	24.6%
通过第三方从中调解，尽量不伤和气	9.6%	29.1%	27.8%	15.9%
能忍则忍	31.5%	18.5%	23.9%	9.5%
总计	100.0%	100.0%	100.0%	100.0%

2016 年

	频数	有效百分比	累积百分比
诉讼法律，打官司	557	8.8%	8.8%
主动与对方沟通，适可而止	3436	54.3%	63.1%
找第三方帮助沟通调解，尽量不伤和气	1668	26.3%	89.4%
能忍则忍	671	10.6%	100.0%
总计	6332	100.0%	

2017 年

	家庭成员	朋友	同事	商业伙伴
诉诸法律，打官司	1.0%	2.3%	4.1%	40.5%
直接找对方沟通但得理让人，适可而止	53.5%	53.8%	53.6%	26.7%
通过第三方（如社会机构，朋友等）从中调解，尽量不伤和气	9.9%	22.0%	29.3%	27.4%
能忍则忍	35.6%	22.0%	13.1%	5.3%
总计	100.0%	100.0%	100.0%	100.0%

由上表可知，关于遭遇利益冲突时的反应，三年的调查结果存在共识。大部分人都认为会直接找对方沟通但是得理让人，适可而止，在 2013 年和 2017 年的调查中，区分了不同群体，在对待商业伙伴时，大部分人都会选择诉诸法律，打官司，而不是沟通，这在两年的调查结果中均一致。

24. 您觉得大多数人都是可以相信的吗？

	2013 年	2016 年	2017 年
大多数人都可以相信	21.6%	29.1%	9.5%
一部分人可以相信	17.0%	22.5%	34.1%
一般	27.7%	30.1%	41.8%
大多数人都不可信	18.1%	10.8%	12.7%
对其他人都应小心防备	15.7%	7.5%	1.9%
总计	100.0%	100.0%	100.0%

综合三年数据可以看出，三年中关于这一问题的产生了较大的反差，虽然选择最多的还是“一般”，但是，2017 年关于信任情况有所改变，“大多数人都可以相信”比率急剧下降，“一部分人可以信任”增加，变化明显。

25. 您认为对当前我国伦理关系和道德风尚造成最大负面影响的因素是

2013 年

	频数	有效百分比	累积百分比
传统文化的崩坏	325	26.6%	26.6%
外来文化的冲击	162	13.3%	39.9%
市场经济导致的个人主义	534	43.7%	83.6%
计算机网络技术的发展	149	12.2%	95.8%
其他	51	4.2%	100.0%
总计	1221	100.0%	

2016 年和 2017 年

	2016 年			2017 年	
	频数	有效百分比	累积百分比	频数	百分比
传统文化的崩坏	1487	23.6%	23.6%	1557	37.9%
外来文化的冲击	592	9.4%	33.0%	1472	35.8%
市场经济导致的个人主义	1452	23.0%	56.0%	1103	26.8%
网络技术的发展	418	6.6%	62.7%	914	22.2%
分配不公，两极分化	1185	18.8%	81.5%	1540	37.5%
以权谋私，官员腐败	1167	18.5%	100.0%	1105	26.9%
总计	6301	100.0%			

由上表可知，在对现代中国社会伦理关系和道德风尚造成最大影响的因素中，三年的调查结果存在差异。2013 年的调查结果中，影响最大的因素是市场经济导致的个人主义，但在 2016 年和 2017 年的调查结果中，传统文化的崩坏比例最高，但是 2017 年的调查中，受访者可以选择两项，这在一定程度上影响了不同选项的占比。

26. 您认为当今中国社会最重要和最需要的德性是

2013 年

	第一重要		第二重要		第三重要		第四重要		第五重要		总分
	频数	加权得分	频数	加权得分	频数	加权得分	频数	加权得分	频数	加权得分	
爱（仁爱、博爱、友爱）	493	2465	106	424	62	186	46	92	59	59	3226
义（道义、义务）	40	200	218	872	61	183	41	82	28	28	1365

续表

	第一重要		第二重要		第三重要		第四重要		第五重要		总分
	频数	加权得分	频数	加权得分	频数	加权得分	频数	加权得分	频数	加权得分	
宽容	75	375	139	556	216	648	124	248	90	90	1917
责任	177	885	195	780	175	525	152	304	92	92	2586
正义或公正	152	760	128	512	124	372	102	204	88	88	1936
诚信	103	515	123	492	201	603	143	286	135	135	2031
忠恕	8	40	13	52	12	36	17	34	14	14	176
理智	8	40	26	104	40	120	46	92	65	65	421
节制	3	15	5	20	11	33	18	36	25	25	129
谦让	17	85	39	156	51	153	60	120	63	63	577
恭敬	3	15	9	36	7	21	16	32	18	18	122
勇敢	4	20	6	24	27	81	46	92	58	58	275
正直	39	195	51	204	50	150	102	204	88	88	841
善良	41	205	78	312	90	270	119	238	120	120	1145
力行或知行合一	4	20	1	4	4	12	8	16	24	24	76
教养	25	125	41	164	53	159	83	166	84	84	698
孝悌	51	255	45	180	32	96	50	100	61	61	692
气节	4	20	6	24	6	18	10	20	24	24	106
中庸	2	10	2	8	2	6	4	8	9	9	41
敬业	3	15	14	56	14	42	41	82	81	81	276

（加权规则：第一重要的频数×5，第二重要的频数×4，第三重要的频数×3，第四重要的频数×2，第五重要的频数×1）

您认为当今中国社会最重要和最需要的德性是？根据重要性程度排序（上表的总分所占比例）

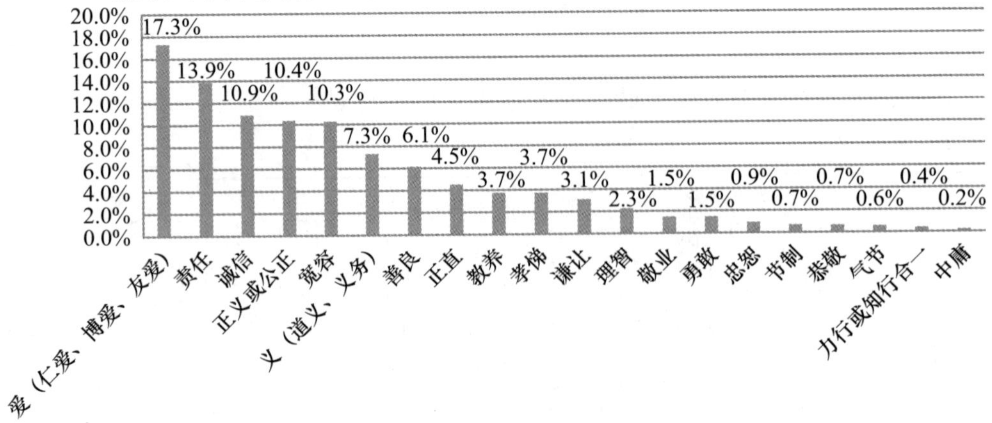

20.0%
18.0%
16.0%
14.0%
12.0%
10.0%
8.0%
6.0%
4.0%
2.0%
0.0%

爱（仁爱、博爱、友爱） 17.3%
责任 13.9%
诚信 10.9%
正义或公正 10.4%
宽容 10.3%
义（道义、义务） 7.3%
善良 6.1%
正直 4.5%
教养 3.7%
孝悌 3.7%
谦让 3.1%
理智 2.3%
敬业 1.5%
勇敢 1.5%
忠恕 0.9%
节制 0.7%
恭敬 0.7%
气节 0.6%
力行或知行合一 0.4%
中庸 0.2%

2016 年

	第一重要		第二重要		第三重要		总分
	频数	加权得分	频数	加权得分	频数	加权得分	
爱（仁爱、博爱、友爱）	2514	7542	638	1276	480	480	9298
义（道义、义务）	285	855	1096	2192	358	358	3405
宽容	251	753	417	834	960	960	2547
责任	948	2844	985	1970	684	684	5498
正义或公正	761	2283	760	1520	593	593	4396
诚信	559	1677	838	1676	1215	1215	4568
忠恕	65	195	76	152	63	63	410
理智	59	177	167	334	153	153	664
节制	12	36	23	46	55	55	137
谦让	76	228	130	260	119	119	607
恭敬	33	99	46	92	36	36	227
勇敢	27	81	50	100	123	123	304
正直	144	432	202	404	208	208	1044
善良	241	723	443	886	507	507	2116
力行或知行合一	9	27	16	32	70	70	129
教养	97	291	150	300	215	215	806
孝悌	200	600	186	372	218	218	1190
气节	9	27	11	22	39	39	88
中庸	6	18	7	14	9	9	41
敬业	41	123	89	178	216	216	517

（加权规则：第一重要的频数 ×5，第二重要的频数 ×4，第三重要的频数 ×3，第四重要的频数 ×2，第五重要的频数 ×1）

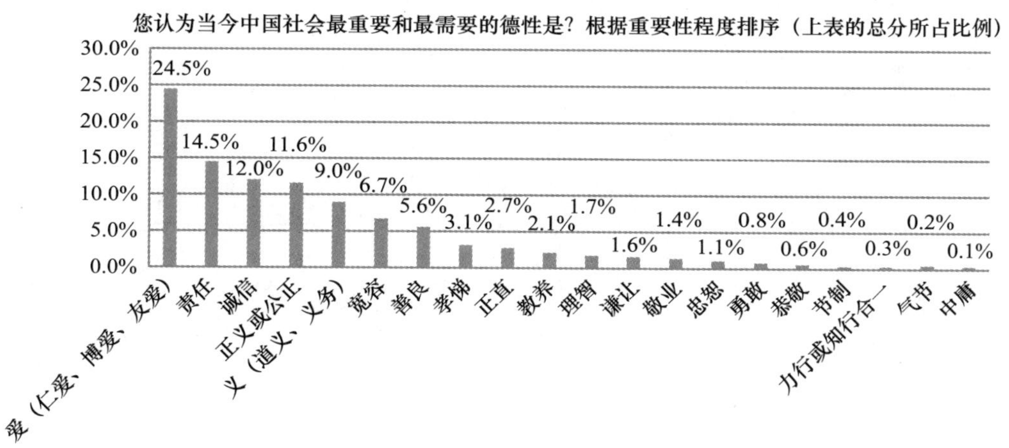

2017 年

	第一重要		第二重要		第三重要		第四重要		第五重要		总分
	频数	加权得分	频数	加权得分	频数	加权得分	频数	加权得分	频数	加权得分	
诚信	745	3725	725	2900	480	1440	447	894	392	392	9351
爱（仁爱、博爱、友爱）	1086	5430	477	1908	319	957	246	492	327	327	9114
公正	639	3195	563	2252	335	1005	367	734	431	431	7617
责任	239	1195	355	1420	588	1764	833	1666	331	331	6376
孝敬	542	2710	363	1452	289	867	378	756	468	468	6253
善良	288	1440	367	1468	305	915	544	1088	594	594	5505
宽容	167	835	276	1104	772	2316	359	718	182	182	5155
义（道义、义务）	159	795	555	2220	293	879	229	458	331	331	4683
正直	134	670	121	484	248	744	207	414	263	263	2575
谦让	126	630	128	512	99	297	191	382	221	221	2042
忠恕（将心比心）	77	385	106	424	141	423	102	204	174	174	1610
勇敢	64	320	89	356	131	393	86	172	150	150	1391
节制	40	200	117	468	84	252	118	236	106	106	1262
理智	20	100	55	220	163	489	133	266	150	150	1225
敬业	20	100	49	196	89	267	82	164	188	188	915
其他	3	15	1	4							19

（加权规则：第一重要的频数 ×5，第二重要的频数 ×4，第三重要的频数 ×3，第四重要的频数 ×2，第五重要的频数 ×1）

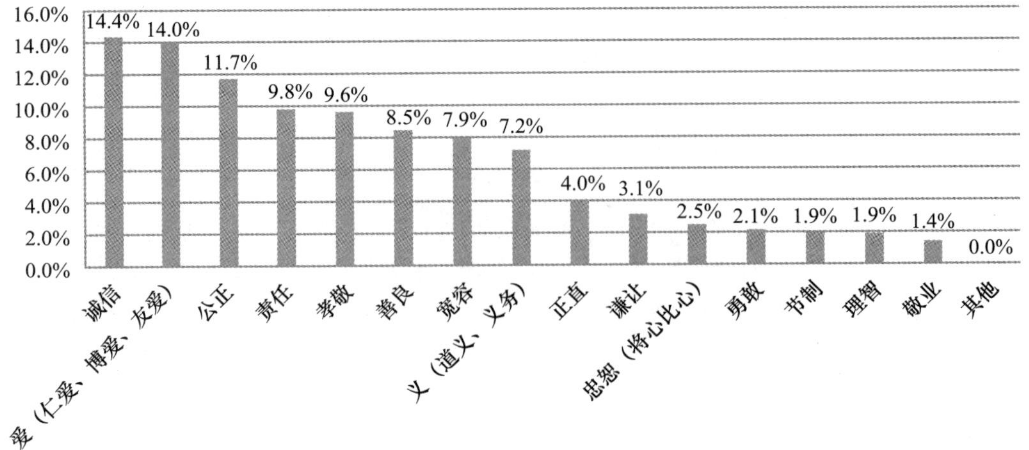

由上表可知，关于当今社会最重要并且最需要的德性，三年的调查结果没有差异，存在共识。2013 年排名前三的德性分别是：爱、责任、诚信；2016 年排名前三的德性分别是：爱、责任、诚信；2017 年排名前三的德性分别是：诚信、爱、公正。无论是哪一年的调查结果，爱和诚信始终是所有人认为的最重要并且当今社会最需要的德性的前三位。

27. 您认为在自己的成长中得到最大伦理教益和道德训练的最重要场所或机构是

	2013 年	2016 年	2017 年
家庭	39.0%	42.5%	34.2%
学校	26.4%	23.8%	23.5%
社会（包括职业生活）	25.1%	26.0%	31.1%
国家或政府	6.0%	5.9%	6.7%
媒体	1.7%	1.1%	1.7%
其他	1.9%	0.8%	2.7%
总计	100.0%	100.0%	100.0%

由上表可知，在对“自己的成长中得到最大伦理教益和道德训练的场所”的选择上，三年的调查结果之间存在共识，差异不大。大部分人都认为家庭是最主要的道德训练场所，其次是学校和社会。

28. 您的思想行为受什么人影响最大？

2013 年

	第一重要		第二重要		第三重要		总分
	频数	加权得分	频数	加权得分	频数	加权得分	
政府官员	152	456	98	196	178	178	830
企业家	24	72	56	112	45	45	229
演艺明星、体育明星	5	15	21	42	58	58	115
教师	143	429	505	1010	170	170	1609
知识精英	35	105	67	134	146	146	385
自由撰稿人	2	6	4	8	22	22	36
农民	14	42	66	132	125	125	299
工人	16	48	41	82	93	93	223
先哲先贤	81	243	92	184	155	155	582
父母	757	2271	205	410	94	94	2775

（加权规则：第一重要的频数 ×3，第二重要的频数 ×2，第三重要的频数 ×1）

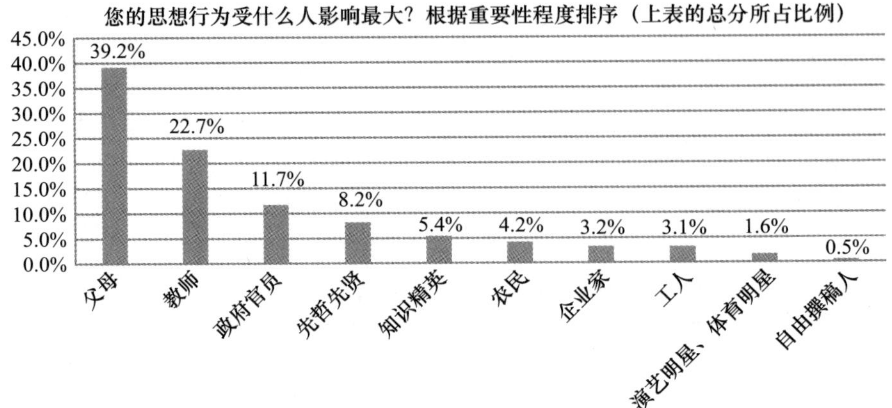

2016 年

	第一重要		第二重要		第三重要		总分
	频数	加权得分	频数	加权得分	频数	加权得分	
政府官员	909	2727	715	1430	993	993	5150
企业家	106	318	336	672	307	307	1297
演艺明星、体育明星	29	87	86	172	225	225	484
教师	772	2316	2440	4880	930	930	8126
知识精英	149	447	351	702	773	773	1922
自由撰稿人	15	45	44	88	140	140	273
农民	179	537	544	1088	735	735	2360
工人	61	183	261	522	561	561	1266
先哲先贤	235	705	504	1008	888	888	2601
父母	3860	11580	974	1948	652	652	14180

（加权规则：第一重要的频数 ×3，第二重要的频数 ×2，第三重要的频数 ×1）

您的思想行为受什么人影响最大？根据重要性程度排序（上表的总分所占比例）

40.0%
35.0%
30.0%
25.0%
20.0%
15.0%
10.0%
5.0%
0.0%
37.7%
21.6%
13.7%
6.9%
6.3%
5.1%
3.4%
3.4%
1.3%
0.7%
父母
教师
政府官员
先哲先贤
农民
知识精英
企业家
工人
演艺名星、体育明星
自由撰稿人

2017 年

	百分比
政府官员	24.6%
企业家	12.8%
演艺明星、体育明星	3.2%
教师	32.2%
知识精英	3.6%
自由撰稿人	
农民	2.3%
工人	0.3%
先哲先贤	1.4%
父母	15.5%
公众人物	2.9%
网络大 V	0.1%
宗教人士	0.1%

根据三年数据来看，由于 2013 年与 2016 年的数据需要进行加权处理，导致与 2017 年数据存在差异，而从总体趋势和所占百分比来看，不存在显著差异。

29. 对形成我国当前各种新型伦理关系和道德观念，哪些因素影响最大？

2013 年

	第一重要		第二重要		第三重要		总分
	频数	加权得分	频数	加权得分	频数	加权得分	
网络和媒体	501	1503	216	432	143	143	2078
政府	393	1179	317	634	169	169	1982
大学及其文化	92	276	181	362	188	188	826
市场	105	315	208	416	251	251	982
企业	15	45	72	144	114	114	303
社会团体	92	276	165	330	250	250	856
其他	8	24	7	14	14	14	52

（加权规则：第一重要的频数 ×3，第二重要的频数 ×2，第三重要的频数 ×1）

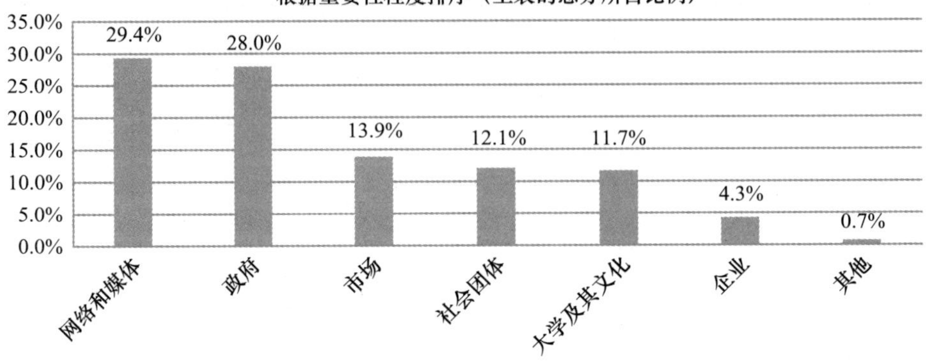

2016 年

	第一重要		第二重要		第三重要		总分
	频数	加权得分	频数	加权得分	频数	加权得分	
网络和媒体	2407	7221	1113	2226	654	654	10101
政府	2192	6576	1843	3686	755	755	11017
大学及其文化	374	1122	628	1256	1037	1037	3415
市场	493	1479	1047	2094	1184	1184	4757
企业	105	315	409	818	434	434	1567
社会团体	358	1074	633	1266	1137	1137	3477
知识精英	158	474	295	590	538	538	1602
国外价值观与生活方式	132	396	217	434	376	376	1206
其他	21	63	13	26	52	52	141

（加权规则：第一重要的频数×3，第二重要的频数×2，第三重要的频数×1）

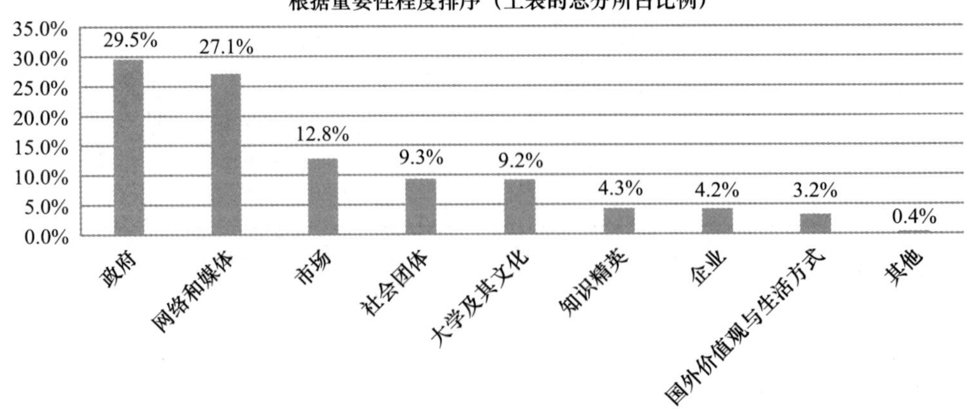

2017 年

	百分比
网络和媒体	57.5%
政府	61.5%
大学及其文化	21.6%
市场	38.8%
企业	23.8%
社会团体	21.3%
知识精英	9.5%
国外价值观与生活方式	16.2%

根据三年数据可知，由于2013年与2016年的数据需要进行加权处理，导致与2017年数据存在差异，但是从总体趋势和所占百分比来看总体无差异，“网络和媒体”和“政府”始终是民众选择的前两位的影响因素，其他因素的变化也在较小范围内，因此总体相似。

30. 您认为哪种因素应当对当今不良道德风尚负主要责任

2013 年

	频数	有效百分比	累积百分比
官员腐败	525	41.9%	41.9%
企业不讲诚信和损害社会利益	83	6.6%	48.6%
学校道德教育功能弱化	99	7.9%	56.5%
家庭伦理功能弱化	77	6.2%	62.6%
社会的不良影响	468	37.4%	100.0%
总计	1252	100.0%	

2016 年和 2017 年

	2016 年			2017 年	
	频数	有效百分比	累积百分比	频数	百分比
以权谋私，官员腐败	2832	44.8%	44.8%	2502	59.9%
企业不讲诚信和损害社会利益	715	11.3%	56.1%	1584	37.9%
大学及其文化学校道德教育功能弱化	477	7.5%	63.7%	1040	24.9%
家庭伦理功能弱化	244	3.9%	67.6%	724	17.3%
个人缺乏道德自觉	1202	19.0%	86.6%	1975	47.3%

续表

	2016年			2017年	
	频数	有效百分比	累积百分比	频数	百分比
分配不公，两极分化	848	13.4%	100.0%	1443	34.6%
总计	6318	100.0%		1701	40.7%

由上表可知，对于哪种因素应当对当今不良道德风尚负主要责任，三年的调查结果存在共识。大部分人都认为官员腐败需要对当今不良道德风尚负主要责任。

31. 您认为政府在制定政策和决策时充分考虑到伦理道德方面的要求了吗？（如社会公平、利益均衡、关怀弱势群体，以及大多数人的利益和感受）

2013年

	频数	有效百分比	累积百分比
是	712	57.3%	57.3%
否	530	42.7%	100.0%
总计	1242	100.0%	

2016年

	频数	有效百分比	累积百分比
有考虑	2411	38.1%	38.1%
有考虑，但不够	3535	55.8%	93.9%
比较赞同没有考虑	385	6.1%	100.0%
总计	6331	100.0%	

2017年

	频数	百分比	有效百分比	累积百分比
有考虑，能够从日常生活中感受到	1407	32.3%	32.8%	32.8%
有考虑，能够从政策文件中体会到	1285	29.5%	30.0%	62.8%
只是口头上说说，没有实质性行动	1219	27.9%	28.4%	91.2%
没有考虑，政策制度都是从自己的政绩和富人的利益着想	364	8.3%	8.5%	99.7%
其他	14	0.3%	0.3%	100.0%
总计	4289	98.3%	100.0%	

由上表可知，关于政府在制定政策和决策时是否充分考虑到伦理道德方面的

要求这一问题，三年的调查结果之间没有差异。大部分人都认为有考虑，但是不够，需要进一步加强。

32. 您认为解决当前我国的公民道德和社会风尚问题，最关键的是

2013 年

	频数	有效百分比	累积百分比
加强法制	457	36.7%	36.7%
弘扬已有的优秀道德传统	263	21.1%	57.9%
建设新的伦理道德的核心价值	133	10.7%	68.6%
惩治官员腐败	211	17.0%	85.5%
解决分配不公问题	145	11.7%	97.2%
其他	35	2.8%	100.0%
总计	1244	100.0%	

2016 年和 2017 年

	2016 年			2017 年	
	频数	有效百分比	累积百分比	频数	百分比
加强法制	2061	32.6%	32.6%	1960	45.1%
弘扬优秀道德传统	1405	22.2%	54.9%	2209	50.9%
建设伦理道德的核心价值	515	8.2%	63.0%	732	16.9%
惩治官员腐败	775	12.3%	75.3%	1030	23.7%
解决分配不公问题	554	8.8%	84.0%	577	13.3%
提高个人道德素质	1008	16.0%	100.0%	1479	34.1%
总计	6318	100.0%			

三年数据总体无明显变化，民众认为解决办法首选为“加强法制”，其余变化为小范围波动。

33. 一些政府机关、企事业单位和大中小学，利用权力为本单位的职工子女在入学、招工中提供特殊政策，您认为这种行为道德吗？

	2013 年	2016 年	2017 年
为本单位人员谋福利，符合道德	5.0%	6.7%	12.9%
以权谋私，不道德	53.3%	57.3%	46.0%
是对社会公众的欺骗，严重不道德	19.8%	20.6%	27.0%

续表

	2013 年	2016 年	2017 年
符合本单位员工利益和内部伦理，但严重侵蚀社会道德	14.6%	11.2%	7.4%
无所谓道德不道德	7.3%	4.2%	6.7%
总计	100.0%	100.0%	100.0%

由上表可知，关于政府机关通过各种途径让本单位干部子女就读的行为，三年的调查结果显示，人们的观念基本一致，大部分人都认为这是以权谋私，是不道德的。

34. 主流媒体的报道和朋友圈或国外媒体的消息不一致时，您会相信哪一个？

2013 年

	频数	有效百分比	累积百分比
主流媒体	693	54.8%	54.8%
国外报道	100	7.9%	62.7%
谁都不相信，自己判断	311	24.6%	87.3%
说不清	161	12.7%	100.0%
总计	1265	100.0%	

2016 年

	频数	有效百分比	累积百分比
主流媒体	3326	52.7%	52.7%
朋友圈/亲朋圈子	688	10.9%	63.7%
国外报道	93	1.5%	65.1%
都不相信	679	10.8%	75.9%
自己比较判断应该相信哪个	1476	23.4%	99.3%
其他	44	0.7%	100.0%
总计	6306	100.0%	

2017 年

	频数	有效百分比	累积百分比
主流媒体	2704	62.0%	62.3%
国外报道	472	10.8%	10.9%
谁都不相信，自己判断	1145	26.2%	26.4%

续表

	频数	有效百分比	累积百分比
说不清	21	1.0%	0.5%
总计	4342	100.0%	100.0%

三年数据无明显变化，民众还是选择会相信主流媒体，其余无大幅度变化。

35. 下列哪些因素可能导致人际关系紧张（多选）

2013 年

	频数	有效百分比
社会资源缺乏，引发恶性竞争，造成人际关系紧张	520	40.6%
相关部门过度宣扬竞争意识造成人际关系紧张	260	20.3%
社会财富分配不公，贫富差距过大，造成人际关系紧张	909	71.0%
个人主义盛行，造成人际关系紧张	486	37.9%
缺乏爱心，人际关系紧张	578	45.1%
缺乏宽容，人际关系紧张	672	52.5%
缺乏相互理解与沟通的意识和能力，人际关系紧张	684	53.4%
制度安排不公正，机会不平等，造成人际关系紧张	650	50.7%
一切诉诸利益或法律，人际关系缺乏伦理调节的机制和能力	302	23.6%

2016 年和 2017 年

	2016 年		2017 年	
	频数	有效百分比	频数	百分比
社会资源缺乏，引发恶性竞争	1797	28.3%	1003	23.5%
过度宣扬竞争意识	909	14.3%	967	22.7%
社会财富分配不公，贫富差距过大	2941	46.3%	1449	34.0%
个人主义盛行	1458	23.0%	944	22.1%
缺乏爱心	1876	29.6%	1053	24.7%
缺乏宽容	1704	26.8%		
缺乏相互理解与沟通的意识和能力	1570	24.7%	732	17.2%
制度安排不公正，机会不平等	1740	27.4%	1032	24.2%
以权谋私，官员腐败	2425	38.2%	1041	24.4%
缺乏道德信用	1736	27.5%	1118	26.2%
人与人、人与社会之间缺乏信任	2329	36.7%	1545	36.2%
传统伦理瓦解，社会缺乏统一的价值观	775	12.2%	345	8.1%

续表

	2016年		2017年	
	频数	有效百分比	频数	百分比
一切诉诸利益或法律，人际关系缺乏伦理调节的机制和能力	443	7.0%	201	4.7%

三年数据总体无明显变化，民众认为造成人际关系紧张的主要原因是“财富分配不公，贫富差距过大”，其他变化不明显，所以总体呈现相似。

36. 对您家人的信任程度

	2013年	2016年	2017年
完全信任	86.5%	88.3%	81.1%
比较信任	12.9%	11.2%	18.5%
不太信任	0.6%	0.4%	0.3%
根本不信任		0.1%	0.1%
总计	100.0%	100.0%	100.0%

三年数据无明显变化，民众在对家人很信任上存在共识。

37. 对您的邻居的信任程度

	2013年	2016年	2017年
完全信任	13.9%	31.0%	12.1%
比较信任	68.5%	61.7%	79.2%
不太信任	16.7%	6.7%	8.1%
根本不信任	0.9%	0.6%	0.6%
总计	100.0%	100.0%	100.0%

三年数据中，2016年居民对于邻居的“完全信任”程度明显高于其他两个年份，总体上，居民对邻居的态度是比较信任的。

38. 对外国人的信任程度

	2013年	2016年	2017年
完全信任	2.9%	2.1%	0.8%
比较信任	32.8%	14.1%	11.0%
不太信任	45.8%	45.5%	56.4%
根本不信任	18.5%	38.4%	31.8%
总计	100.0%	100.0%	100.0%

三年数据中，2013 年居民对外国人的信任程度表示“比较信任”的比例明显高于其他两个年份，“根本不信任”的比例明显低于其他两个年份，总体上，大部分民众不太信任外国人，其他变化不明显。

39. 您对当前我国社会的道德状况的总体评价是

	2013 年	2016 年	2017 年
非常满意	6.9%	28.0%	4.8%
比较满意	59.2%	59.2%	68.7%
比较不满意	26.5%	10.4%	24.5%
非常不满意	7.4%	2.5%	2.0%
总计	100.0%	100.0%	100.0%

2016 年居民对我国的社会道德状况总体评价“非常满意”的比例明显高于其他两个年份，同样在 2016 年，居民对我国的社会道德状况总体评价“比较不满意”的比例明显低于其他两个年份，总体上，三年数据表明，大部分居民对我国社会的道德状况是比较满意的。

40. 您对当前我国社会人与人关系的总体评价是

	2013 年	2016 年	2017 年
非常满意	6.4%	25.1%	4.9%
比较满意	63.1%	62.1%	69.3%
比较不满意	25.0%	11.2%	24.1%
非常不满意	5.5%	1.6%	1.7%
总计	100.0%	100.0%	100.0%

2016 年，居民对当前我国社会人与人关系的总体评价“非常满意”的比例明显高于其他两个年份，同样也是 2016 年，居民对当前我国社会人与人关系的总体评价“比较不满意”的比例明显低于其他两个年份，总体上，三年数据都表明，大部分居民对我国社会人与人关系的总体评价是比较满意的。

41. 您对自己道德状况的总体评价是

	2013 年	2016 年	2017 年
非常满意	32.3%	46.8%	16.2%
比较满意	66.4%	50.7%	78.0%
比较不满意	1.2%	2.1%	5.4%

续表

	2013 年	2016 年	2017 年
非常不满意	0.1%	0.4%	0.4%
总计	100.0%	100.0%	100.0%

三年数据呈现出明显的差异，2016 年，居民对自己的道德评价为“非常满意”的比例最高，达到 46.8%，2017 年，居民对自己的道德评价为“非常满意”的比例最低，只有 16.2%，两个年份相差 30.6%，但是总体上，居民对于自己的道德状况是比较满意的。

42. 您认为我国目前人与人之间的关系主要受什么影响？

2013 年

	频数	百分比	累积百分比
完全受利益影响	121	9.6%	9.6%
主要受利益影响	820	65.3%	75.0%
主要受情感影响	288	22.9%	97.9%
完全受情感影响	26	2.1%	100.0%
总计	1255	100.0%	

2016 年

	频数	百分比	累积百分比
完全受利益影响	666	10.6%	10.6%
主要受利益影响	2411	38.2%	48.8%
主要受情感影响	1422	22.6%	71.4%
完全受情感影响	201	3.2%	74.6%
受个人价值观影响	791	12.5%	87.1%
受共同价值观影响	813	12.9%	100.0%
总计	6304	100.0%	

2017 年：（限选 2 个）

	频数	百分比
利益	2761	38.5%
情感	1992	27.8%
国家倡导的主流价值观	1113	15.5%

续表

	频数	百分比
中国传统价值观		16.1%
西方价值观	149	2.1%
总计	7168	100.0%

三年数据可知，2013年，大部分居民在对“我国人与人之间的关系受利益影响的多还是情感影响的多”的选择上选择利益。2016年，将近一半人选择我国人与人之间的关系受利益影响较大。2017年，有38.5%的居民认为我国人与人之间的关系受利益影响较大。总体上，居民认为我国人与人之间的关系受利益影响较大。

43. 您对“当前大多数人奉行的是个人至上”的说法的认同程度

	2013年	2016年	2017年
完全同意	19.5%	15.9%	15.0%
比较同意	46.7%	39.2%	58.1%
不太同意	29.0%	34.0%	24.6%
完全不同意	4.9%	10.8%	2.3%
总计	100.0%	100.0%	100.0%

三年数据无明显差异，大部分人比较同意“当前大多数人奉行的是个人至上”这一说法。总体上，三年无明显变化。

44. 您对“当前大多数人都是集体利益为重”的说法的认同程度

	2013年	2016年	2017年
完全同意	12.3%	9.5%	11.3%
比较同意	38.0%	26.9%	47.5%
不太同意	43.4%	47.5%	37.6%
完全不同意	6.3%	16.2%	3.6%
总计	100.0%	100.0%	100.0%

由上表可知，对于“当前大多数人都是集体利益为重”的这一说法，2016年有63.7%的居民持“不太同意”或“完全不同意”的观点，明显高于其他两个年份。

45. 您对“当前大多数人都是集体利益为重”的说法的认同程度

	2013 年	2016 年	2017 年
完全同意	8.1%	17.0%	5.3%
比较同意	35.0%	44.7%	36.6%
不太同意	49.1%	31.9%	52.6%
完全不同意	7.7%	6.4%	5.4%
总计	100.0%	100.0%	100.0%

由上表可知，居民对于“当前大多数人都是集体利益为重”这一说法表示“完全同意”的 2016 年比例最高，2017 年最低，两个年份相差 11.7%，2016 年居民对于“当前大多数人都是集体利益为重”这一说法表示“不太同意”的比例最低，2017 年最高，相差 20.7%。总体上，一半居民同意“当前大多数人都是集体利益为重”这一说法，一半居民不同意这一说法。

46. 您对“当前大多数人都是家庭利益至上”的说法的认同程度

	2013 年	2016 年	2017 年
完全同意	28.6%	32.0%	17.2%
比较同意	58.3%	49.2%	63.0%
不太同意	11.5%	15.8%	17.5%
完全不同意	1.6%	3.1%	2.3%
总计	100.0%	100.0%	100.0%

由上表可知，2017 年，居民对于“当前大多数人都是家庭利益至上”这一说法表示“完全同意”的比例明显低于其余两个年份，但是总体上，三年数据显示，大部分居民比较同意“当前大多数人都是家庭利益至上”这一说法。

47. 您对“当前的社会是个金钱至上的社会”的说法的认同程度

	2013 年	2016 年	2017 年
完全同意	28.3%	24.5%	19.8%
比较同意	50.3%	36.5%	51.2%
不太同意	18.8%	30.7%	26.0%
完全不同意	2.5%	8.3%	2.9%
总计	100.0%	100.0%	100.0%

由上表可知，2017 年，居民对于“当前的社会是个金钱至上的社会”这一说法表示“完全同意”的比例明显低于其余两个年份，但是总体上，三年数据显示，

大部分居民比较同意“当前的社会是个金钱至上的社会”这一说法。

48. 您对“好人有好报，恶人终会受到处罚”的说法的认同程度

	2013 年	2016 年	2017 年
完全同意	29.8%	54.8%	17.6%
比较同意	41.7%	32.3%	54.3%
不太同意	24.0%	10.0%	24.5%
完全不同意	4.5%	2.9%	3.5%
总计	100.0%	100.0%	100.0%

由上表可知，2016 年居民对“好人有好报，恶人终会受到处罚”这一说法表示“完全同意”的比例明显高于其余两个年份，2017 年表示“完全同意”的比例最低。总体上，居民比较同意“好人有好报，恶人终会受到处罚”这一说法。

49. 您对“我们的社会中道德能够很好地约束人们的行为”的说法的认同程度

	2013 年	2016 年	2017 年
完全同意	14.4%	28.2%	11.2%
比较同意	52.4%	50.6%	53.9%
不太同意	29.3%	18.2%	32.1%
完全不同意	4.0%	3.0%	2.9%
总计	100.0%	100.0%	100.0%

由上表可知，2016 年居民对“我们的社会中道德能够很好地约束人们的行为”这一说法表示“完全同意”的比例明显高于其余两个年份。总体上，大部分居民比较同意“我们的社会中道德能够很好地约束人们的行为”这一说法。

50. 您对“现有的规范和习俗能够很好地调节人与人的关系”的说法的认同程度

	2013 年	2016 年	2017 年
完全同意	12.4%	25.6%	9.0%
比较同意	59.0%	54.1%	55.8%
不太同意	25.4%	17.5%	31.7%
完全不同意	3.2%	2.8%	3.4%
总计	100.0%	100.0%	100.0%

由上表可知，2016 年居民对“现有的规范和习俗能够很好地调节人与人的关系”这一说法表示“完全同意”的比例明显高于其余两个年份。总体上，大部分居民比较同意“现有的规范和习俗能够很好地调节人与人的关系”这一说法。

51. 是否会为了得到好处而仿效他人不守道德

2013 年

	频数	百分比	累积百分比
从来不这么做	975	76.1%	76.1%
通常不这么做，关键时刻会这么做	182	14.2%	90.3%
经常这么做	10	0.8%	91.1%
说不清	114	8.9%	100.0%
总计	1281	100.0%	

2016 年

	频数	百分比	累积百分比
从来不这么做	3909	61.6%	61.6%
通常不这么做，关键时刻会这么做	631	9.9%	71.5%
经常这么做	60	0.9%	72.5%
相信善有善报，恶有恶报，终将会善恶报应	1314	20.7%	93.2%
说不清	424	6.7%	99.8%
其他	10	0.2%	100.0%
总计	6348	100.0%	

2017 年

	频数	百分比	累积百分比
从来不这么做	2340	53.7%	53.7%
通常不这么做，关键时刻会这么做	1167	26.8%	80.5%
经常这么做	39	0.9%	81.4%
相信善有善报，恶有恶报，终将会善恶报应	804	18.5%	99.9%
其他	6	0.1%	100.0%
总计	4356	100.0%	

由上表可知，大部分居民都不会为了得到好处而仿效他人不守道德，但是三年来选择“从来不这样做”的居民占比明显减少。

52. 对政府官员的道德满意度

	2013 年	2016 年	2017 年
非常不满意	19.0%	7.3%	5.3%
比较不满意	35.6%	18.3%	36.0%
比较满意	39.1%	41.5%	55.6%
非常满意	6.2%	32.9%	3.0%
总计	100.0%	100.0%	100.0%

三年数据表明，2013 年居民对政府官员的道德评价表示“非常不满意”的比例最高，2017 年最低，相差 13.7%，总体上，居民对政府官员道德状况比较满意。

53. 对企业家的道德满意度

	2013 年	2016 年	2017 年
非常不满意	8.0%	4.2%	2.6%
比较不满意	38.5%	19.4%	28.7%
比较满意	50.3%	46.7%	63.4%
非常满意	3.2%	29.6%	5.3%
总计	100.0%	100.0%	100.0%

三年数据表明，2016 年居民对企业家的道德评价表示“比较不满意”的比例明显高于其他两个年份，总体上，大部分居民对企业家道德状况比较满意。

54. 对演艺娱乐界的道德满意度

	2013 年	2016 年	2017 年
非常不满意	14.6%	10.1%	10.8%
比较不满意	40.2%	22.7%	43.1%
比较满意	41.7%	44.2%	42.3%
非常满意	3.6%	23.0%	3.8%
总计	100.0%	100.0%	100.0%

三年数据表明，2016 年居民对演艺娱乐界的道德评价表示“比较不满意”的比例比其余两个年份低，表示“非常满意”的比例比其余两个年份高。总体上，多数居民对演艺娱乐界的道德状况比较满意。

55. 对教师的道德满意度

	2013 年	2016 年	2017 年
非常不满意	3.0%	3.7%	2.3%
比较不满意	16.6%	12.5%	18.7%
比较满意	63.7%	28.9%	69.5%
非常满意	16.6%	54.9%	9.6%
总计	100.0%	100.0%	100.0%

三年数据中，2016 年居民对教师的道德状况表示“非常满意”的比例明显高于其余两个年份，总体上，居民对教师的道德状况比较满意。

56. 对青少年的道德满意度

	2013 年	2016 年	2017 年
非常不满意	2.0%	2.3%	2.0%
比较不满意	23.7%	15.6%	16.4%
比较满意	64.3%	38.7%	70.7%
非常满意	10.0%	43.5%	10.9%
总计	100.0%	100.0%	100.0%

三年数据中，2016 年居民对青少年的道德状况表示“非常满意”的比例明显高于其余两个年份，总体上，居民对青少年的道德状况比较满意。

57. 对弱势群体的道德满意度

	2013 年	2016 年	2017 年
非常不满意	1.8%	2.7%	2.3%
比较不满意	21.0%	11.8%	21.5%
比较满意	68.5%	39.7%	74.4%
非常满意	8.6%	45.8%	1.8%
总计	100.0%	100.0%	100.0%

三年数据中，2016 年居民对弱势群体的道德状况表示“非常满意”的比例明显高于其余两个年份，表示“比较不满意”的比例明显低于其余两个年份，总体上，居民对弱势群体的道德状况比较满意。

58. 对自由职业者的道德满意度

	2013 年	2016 年	2017 年
非常不满意	1.8%	3.4%	1.6%
比较不满意	24.0%	19.0%	18.4%
比较满意	68.9%	43.9%	76.5%
非常满意	5.3%	33.7%	3.5%
总计	100.0%	100.0%	100.0%

三年数据中，2017 年居民对自由职业者的道德状况表示“比较满意”的比例最高，2016 年“非常满意”比例最高，总体上居民对自由职业者的道德状况比较满意。

59. 对农民的道德满意度

	2013 年	2016 年	2017 年
非常不满意	0.9%	2.1%	1.6%
比较不满意	10.2%	10.5%	10.7%
比较满意	68.0%	26.3%	77.5%
非常满意	20.9%	61.2%	10.2%
总计	100.0%	100.0%	100.0%

三年数据中，2016 年居民对农民的道德状况表示“非常满意”的比例明显高于其余两个年份，总体上，居民对农民的道德状况比较满意。

60. 对商人的道德满意度

	2013 年	2016 年	2017 年
非常不满意	7.3%	5.5%	2.5%
比较不满意	39.1%	19.9%	31.0%
比较满意	49.3%	45.3%	62.6%
非常满意	4.4%	29.3%	3.9%
总计	100.0%	100.0%	100.0%

三年数据中，2016 年居民对商人的道德状况表示“非常满意”的比例明显高于其余两个年份，表示“比较不满意”的比例明显低于其余两个年份，总体上，居民对商人的道德状况比较满意。

61. 对工人的道德满意度

	2013 年	2016 年	2017 年
非常不满意	0.3%	1.6%	1.0%
比较不满意	9.5%	11.0%	11.7%
比较满意	75.9%	30.4%	81.2%
非常满意	14.3%	57.0%	6.1%
总计	100.0%	100.0%	100.0%

三年数据中，2016 年居民对工人的道德状况表示“非常满意”的比例明显高于其余两个年份，总体上，居民对工人的道德满意度较高。

62. 对专家学者的道德满意度

	2013 年	2016 年	2017 年
非常不满意	3.7%	3.2%	1.6%
比较不满意	16.5%	12.4%	17.1%
比较满意	66.5%	32.3%	73.4%
非常满意	13.3%	52.1%	8.0%
总计	100.0%	100.0%	100.0%

三年数据中，2016 年居民对专家学者的道德状况表示“非常满意”的比例明显高于其余两个年份，总体上，居民对专家学者的满意度比较高。

63. 对医生的道德满意度

	2013 年	2016 年	2017 年
非常不满意	5.6%	4.7%	3.4%
比较不满意	23.7%	13.5%	22.2%
比较满意	58.9%	33.7%	68.1%
非常满意	11.8%	48.1%	6.2%
总计	100.0%	100.0%	100.0%

三年数据中，2016 年居民对医生的道德状况表示“非常满意”的比例明显高于其余两个年份，总体上，居民对医生的满意度比较高。

64. “自己会经常关心比自己不幸的人”这一说法是否符合您的实际情况

	2013 年	2016 年	2017 年
完全不符合	2.8%	4.2%	3.3%

续表

	2013 年	2016 年	2017 年
不太符合	19.4%	18.2%	21.0%
一般			33.9%
比较符合	57.7%	52.1%	32.7%
完全符合	20.2%	25.5%	9.2%
总计	100.0%	100.0%	100.0%

三年数据无明显差异，大部分居民认为自己符合“自己会经常关心比自己不幸的人”这一说法。

65. “在做决定前，会试着从每个人的立场去考虑问题”这一说法是否符合您的实际情况

	2013 年	2016 年	2017 年
完全不符合	2.8%	2.8%	3.3%
有点符合	13.3%	14.0%	19.7%
一般			36.3%
比较符合	64.6%	58.3%	32.1%
完全符合	19.3%	24.9%	8.6%
总计	100.0%	100.0%	100.0%

三年数据无明显差异，大部分居民认为自己符合“在做决定前，会试着从每个人的立场去考虑问题”这一说法。

66. “当看到有人被利用时，有点想要保护他们”这一说法是否符合您的实际情况

	2013 年	2016 年	2017 年
完全不符合	2.8%	3.4%	4.4%
有点符合	17.2%	17.8%	21.8%
一般			37.5%
比较符合	62.0%	55.6%	30.2%
完全符合	18.1%	23.1%	6.1%
总计	100.0%	100.0%	100.0%

三年数据无明显差异，大部分居民认为自己符合“当看到有人被利用时，有

点想要保护他们”这一说法。

67. “有时会试图站在他人的角度，以更好地理解朋友”这一说法是否符合您的实际情况

	2013 年	2016 年	2017 年
完全不符合	1.1%	2.7%	2.7%
有点符合	6.1%	12.1%	19.4%
一般			32.2%
比较符合	71.0%	58.9%	36.0%
完全符合	21.7%	26.3%	9.7%
总计	100.0%	100.0%	100.0%

三年数据无明显差异，大部分居民认为自己符合“有时会试图站在他人的角度，以更好地理解朋友”这一说法。

68. “当对某人很不耐烦的时候，通常会暂时站在他/她的位置上”这一说法是否符合您的实际情况

	2013 年	2016 年	2017 年
完全不符合	5.7%	4.4%	8.5%
有点符合	28.9%	23.3%	23.7%
一般			36.1%
比较符合	55.1%	53.9%	25.9%
完全符合	10.3%	18.4%	5.8%
总计	100.0%	100.0%	100.0%

三年数据无明显差异，大部分居民认为自己符合“当对某人很不耐烦的时候，通常会暂时站在他/她的位置上”这一说法。

69. “当在读一个有趣的故事或者看一部电影的时候，会想象如果这些事情发生在自己身上，会是怎样的感受”这一说法是否符合您的实际情况

	2013 年	2016 年	2017 年
完全不符合	9.1%	8.8%	13.9%
有点符合	23.9%	26.8%	20.0%
一般			33.2%
比较符合	51.7%	46.4%	26.0%

续表

	2013 年	2016 年	2017 年
完全符合	15.2%	18.0%	6.9%
总计	100.0%	100.0%	100.0%

三年数据无明显差异，大部分居民认为自己比较符合“当在读一个有趣的故事或者一部电影的时候，会想象如果这些事情发生在自己身上，会是怎样的感受”这一说法。

2013 年、2016 年、2017 年江苏省诸群体道德认知的共识与差异

1. 您认为当前我国社会道德生活中最重要的元素是什么

2013 年

	官员	企业家	企业员工	农民	科教医群体	弱势群体	做小生意者	演艺界	自由职业者	总计
意识形态中所提倡的社会主义道德	44.4%	27.8%	27.9%	34.3%	26.7%	29.5%	27.5%	25.0%	27.3%	29.5%
中国传统道德	33.3%	44.4%	51.1%	46.3%	45.7%	42.9%	48.4%	75.0%	45.5%	46.7%
西方文化影响而形成的道德	3.7%	5.6%	2.5%	1.1%	3.4%	3.3%	4.4%			2.8%
市场经济中形成的道德	18.5%	22.2%	18.0%	16.6%	23.3%	22.4%	18.7%		27.3%	19.8%
其他			0.5%	1.7%	0.9%	1.9%	1.1%			1.2%
总计	100.0%	100.0%	100.0%	100.0%	100.0%	100.0%	100.0%	100.0%	100.0%	100.0%
$\chi^2=22.424$ sig = 0.896										

如表所示，2013 年诸群体在对“当前我国社会道德生活中最重要的元素”的认知上无显著差异。

2016 年：当前我国社会道德生活中最重要的元素

	官员	企业家	企业员工	农民	科教医群体	弱势群体	做小生意者	演艺界	总计
意识形态中所提倡的社会主义道德	36.9%	36.5%	29.1%	24.1%	30.0%	25.1%	23.0%	20.0%	26.6%
中国传统道德	52.0%	51.8%	59.3%	60.0%	56.7%	58.3%	58.6%	64.0%	58.6%
西方文化影响而形成的道德	3.0%	2.5%	2.6%	4.8%	3.6%	3.9%	3.9%	4.0%	3.7%
市场经济中形成的道德	8.1%	9.1%	9.0%	10.9%	9.7%	12.4%	14.4%	8.0%	11.0%
其他			0.1%	0.2%		0.2%	0.2%	4.0%	0.2%
总计	100.0%	100.0%	100.0%	100.0%	100.0%	100.0%	100.0%	100.0%	100.0%
$\chi^2=83.052$ sig = 0.000									

如表所示，2016 年诸群体在对“当前我国社会道德生活中最重要的元素”的认知上存在显著差异。

2016 年：当前我国社会道德生活中第二重要的元素

	官员	企业家	企业员工	农民	科教医群体	弱势群体	做小生意者	演艺界	总计
意识形态中所提倡的社会主义道德	42.8%	41.1%	44.3%	46.4%	40.1%	45.5%	38.2%	52.0%	44.4%
中国传统道德	34.0%	37.0%	29.4%	26.7%	33.9%	26.6%	29.0%	32.0%	28.4%
西方文化影响而形成的道德	6.2%	3.1%	7.0%	8.1%	5.4%	7.3%	8.9%	8.0%	7.3%
市场经济中形成的道德	17.0%	18.8%	19.1%	18.6%	20.2%	20.3%	23.7%	8.0%	19.6%
其他			0.1%	0.2%	0.4%	0.3%	0.2%		0.2%
总计	100.0%	100.0%	100.0%	100.0%	100.0%	100.0%	100.0%	100.0%	100.0%
$\chi^2=42.643$　sig = 0.038									

如表所示，2016 年诸群体在对“当前我国社会道德生活中第二重要的元素”的认知上存在显著差异。

2016 年：当前我国社会道德生活中第三重要的元素

	官员	企业家	企业员工	农民	科教医群体	弱势群体	做小生意者	演艺界	总计
意识形态中所提倡的社会主义道德	14.5%	16.3%	20.7%	21.9%	23.3%	21.6%	27.6%	16.0%	21.6%
中国传统道德	8.8%	7.4%	8.6%	9.9%	6.3%	11.0%	8.8%		9.5%
西方文化影响而形成的道德	18.7%	21.6%	18.0%	20.0%	19.6%	21.7%	19.6%	32.0%	20.0%
市场经济中形成的道德	57.0%	54.7%	51.8%	47.7%	49.2%	45.0%	43.2%	48.0%	48.1%
其他	1.0%		0.9%	0.4%	1.7%	0.7%	0.8%	4.0%	0.7%
总计	100.0%	100.0%	100.0%	100.0%	100.0%	100.0%	100.0%	100.0%	100.0%
$\chi^2=63.071$　sig = 0.000									

如表所示，2016 年诸群体在对“当前我国社会道德生活中第三重要的元素”的认知上存在显著差异。

2017 年：您认为当前我国社会道德生活中最重要的内容是什么？

	官员	企业家	企业员工	农民	科教医群体	弱势群体	做小生意者	演艺界
意识形态中所提倡的社会主义道德	29.4%	23.5%	32.0%	35.7%	38.5%	30.3%	33.4%	31.3%
中国传统道德	54.4%	52.9%	49.9%	48.9%	47.2%	53.1%	47.7%	46.9%

续表

	官员	企业家	企业员工	农民	科教医群体	弱势群体	做小生意者	演艺界
西方文化影响而形成的道德	1.5%	11.8%	5.7%	4.4%	3.6%	5.0%	8.0%	12.5%
市场经济中形成的道德	14.7%	11.8%	12.3%	10.9%	10.8%	11.5%	10.9%	9.4%
其他				0.1%		0.1%		
总计	100.0%	100.0%	100.0%	100.0%	100.0%	100.0%	100.0%	100.0%
$\chi^2=33.278$ sig = 0.226								

如表所示，2017 年诸群体在对“当前我国社会道德生活中最重要的元素”的认知上不存在显著差异。

2017 年：您认为当前我国社会道德生活中第二重要的内容是什么？

	官员	企业家	企业员工	农民	科教医群体	弱势群体	做小生意者	演艺界
意识形态中所提倡的社会主义道德	42.4%	43.8%	40.3%	37.6%	37.7%	43.9%	38.9%	56.3%
中国传统道德	25.8%	21.9%	29.0%	29.6%	32.5%	26.9%	30.2%	23.0%
西方文化影响而形成的道德	6.1%	9.4%	11.0%	11.1%	9.4%	8.7%	10.5%	12.5%
市场经济中形成的道德	25.8%	25.0%	19.7%	21.7%	20.4%	20.6%	20.3%	6.3%
总计	100.0%	100.0%	100.0%	100.0%	100.0%	100.0%	100.0%	100.0%
$\chi^2=23.113$ sig = 0.338								

如表所示，2017 年诸群体在对“当前我国社会道德生活中第二重要的元素”的认知上不存在显著差异。

2017 年：您认为当前我国社会道德生活中第三重要的内容是什么？

	官员	企业家	企业员工	农民	科教医群体	弱势群体	做小生意者	演艺界
意识形态中所提倡的社会主义道德	27.0%	34.4%	22.1%	21.0%	18.8%	21.7%	22.7%	6.5%
中国传统道德	11.1%	15.6%	14.1%	14.8%	16.1%	13.4%	12.9%	12.9%
西方文化影响而形成的道德	15.9%	15.6%	18.2%	15.0%	19.4%	16.6%	17.8%	16.1%
市场经济中形成的道德	46.0%	34.4%	45.6%	49.2%	45.7%	48.4%	46.6%	64.5%
总计	100.0%	100.0%	100.0%	100.0%	100.0%	100.0%	100.0%	100.0%
$\chi^2=18.504$ sig = 0.617								

如表所示，2017 年诸群体在对“当前我国社会道德生活中第三重要的元素”

的认知上不存在显著差异。

综上所述，在三年的数据中，民众对于“当前我国社会道德生活中最重要的元素”无明显差异，存在共识。不同职业的群体认为，当前我国社会道德生活“最重要”的元素是“中国传统道德”，“第二重要”的是“意识形态中所提倡的社会主义道德”，“第三重要”的是“市场经济中形成的道德”，且群体间无较大差异。因此，我们认为三年间，不同群体在对此问题的看法上存在共识。

2. 对伦理关系和道德生活，您最向往或怀念的是

2013 年

	官员	企业家	企业员工	农民	科教医群体	弱势群体	做小生意者	演艺界	自由职业者	总计
传统社会的伦理和道德（如仁义礼智信）	29.6%	33.3%	40.0%	36.7%	37.4%	37.0%	37.0%	25.0%	45.5%	37.8%
战争年代为理想而献身的革命精神	22.2%	16.7%	10.5%	16.0%	10.4%	15.5%	16.3%	50.0%		13.6%
新中国成立后到“文化大革命”前的大公无私的集体主义精神	29.6%	16.7%	21.2%	18.6%	16.5%	20.1%	12.0%		18.2%	19.4%
追求个人利益的市场经济下的道德	7.4%		2.4%	11.7%	0.9%	5.4%	8.7%		9.1%	5.2%
自由、平等、博爱的西方道德	11.1%	33.3%	25.9%	17.0%	34.8%	22.0%	26.1%	25.0%	27.3%	24.0%
总计	100.0%	100.0%	100.0%	100.0%	100.0%	100.0%	100.0%	100.0%	100.0%	100.0%
$\chi^2=63.575$　sig = 0.001										

如表所示，2013 年诸群体在对“最向往的伦理关系和道德生活”的选择上存在显著差异。

2016 年

	官员	企业家	企业员工	农民	科教医群体	弱势群体	做小生意者	演艺界	总计
传统社会的伦理和道德（如仁义礼智信）	50.8%	50.3%	49.3%	41.7%	51.6%	44.2%	43.8%	28.0%	45.4%
战争年代为理想而献身的革命精神（如革命烈士无私献身精神）	23.6%	19.1%	15.9%	21.4%	13.0%	16.6%	17.3%	32.0%	17.9%

续表

	官员	企业家	企业员工	农民	科教医群体	弱势群体	做小生意者	演艺界	总计
新中国成立后到“文化大革命”前的大公无私的集体主义精神	11.1%	13.1%	11.3%	15.9%	7.7%	10.7%	11.1%	8.0%	12.2%
追求个人利益的市场经济下的道德	3.5%	3.0%	4.9%	6.5%	2.0%	6.6%	6.9%	8.0%	5.8%
自由、平等、博爱的西方道德	11.1%	14.6%	18.5%	14.4%	25.6%	22.0%	20.9%	24.0%	18.6%
总计	100.0%	100.0%	100.0%	100.0%	100.0%	100.0%	100.0%	100.0%	100.0%
$\chi^2=133.096$ sig = 0.000									

如表所示，2016 年诸群体在对“最向往的伦理关系和道德生活”的选择上存在显著差异。

2017 年

	官员	企业家	企业员工	农民	科教医群体	弱势群体	做小生意者	演艺界
传统社会的伦理和道德（如仁义礼智信）	60.3%	57.6%	59.5%	57.6%	62.1%	54.1%	59.2%	45.5%
战争年代为理想而献身的革命精神（如革命烈士无私献身精神）	14.7%	27.3%	19.5%	22.8%	14.9%	18.2%	22.3%	24.2%
新中国成立后到“文化大革命”前的大公无私的集体主义精神	8.8%	3.0%	7.1%	9.5%	9.7%	9.5%	9.7%	12.1%
追求个人利益的市场经济下的道德	14.7%	9.1%	7.5%	8.7%	8.2%	10.8%	5.4%	9.1%
西方道德（如个人主义，实用主义，功利主义）	1.5%	3.0%	4.7%	0.6%	3.6%	5.2%	1.6%	6.1%
其他			1.7%	0.6%	1.5%	2.3%	1.8%	3.0%
总计	100.0%	100.0%	100.0%	100.0%	100.0%	100.0%	100.0%	100.0%
$\chi^2=92.179$ sig = 0.000								

如表所示，2017 年诸群体在对“最向往的伦理关系和道德生活”的选择上存在显著差异。

综上所述，诸群体在三年中关于“最向往的伦理关系和道德生活”的选择上存在差异。随着时间的推移，不同群体民众对于“传统社会的伦理和道德”的向往提升了 10% 左右，而对于“西方道德”的向往 2017 年较之以前有明显降低。因此，我们认为不同群体在其间对这一问题的看法上存在差异。

3. 您认为目前我国社会成员之间的收入差距

2013 年

	官员	企业家	企业员工	农民	科教医群体	弱势群体	做小生意者	演艺界	自由职业者	总计
合理，可以接受	11.1%	5.6%	6.5%	19.3%	5.2%	10.1%	10.8%			9.7%
不合理，但可以接受	40.7%	38.9%	37.0%	40.6%	41.4%	35.3%	37.6%	75.0%	27.3%	37.6%
不合理，不能接受	37.0%	38.9%	45.9%	31.3%	39.7%	37.4%	38.7%		36.4%	39.5%
说不清	11.1%	16.7%	10.6%	8.9%	13.8%	17.2%	12.9%	25.0%	36.4%	13.2%
总计	100.0%	100.0%	100.0%	100.0%	100.0%	100.0%	100.0%	100.0%	100.0%	100.0%
$\chi^2=54.514$　sig = 0.000										

如表所示，2013 年诸群体在对“目前我国社会成员之间的收入差距”的评价上存在显著差异。

2016 年

	官员	企业家	企业员工	农民	科教医群体	弱势群体	做小生意者	演艺界	总计
合理，可以接受	14.6%	16.8%	17.9%	27.2%	16.4%	18.6%	19.8%	24.0%	20.5%
不合理，但可以接受	52.5%	44.9%	42.4%	33.8%	52.5%	39.2%	40.1%	32.0%	39.7%
不合理，不能接受	25.8%	29.6%	28.9%	26.7%	19.3%	28.9%	23.4%	28.0%	27.4%
说不清	7.1%	8.7%	10.9%	12.3%	11.9%	13.3%	16.7%	16.0%	12.3%
总计	100.0%	100.0%	100.0%	100.0%	100.0%	100.0%	100.0%	100.0%	100.0%
$\chi^2=120.088$　sig = 0.000									

如表所示，2016 年诸群体在对“目前我国社会成员之间的收入差距”的评价上存在显著差异。

2017 年

	官员	企业家	企业员工	农民	科教医群体	弱势群体	做小生意者	演艺界
合理，可以接受	22.7%	15.2%	13.5%	14.3%	19.7%	11.3%	15.4%	9.1%
不合理，但可以接受	68.2%	57.6%	56.9%	53.9%	60.1%	55.6%	55.1%	66.7%
不合理，不能接受	9.1%	27.3%	29.7%	31.8%	20.2%	33.0%	29.4%	24.2%

续表

	官员	企业家	企业员工	农民	科教医群体	弱势群体	做小生意者	演艺界
总计	100.0%	100.0%	100.0%	100.0%	100.0%	100.0%	100.0%	100.0%
$\chi^2=41.038$ sig = 0.000								

如表所示，2017 年诸群体在对“目前我国社会成员之间的收入差距”的评价上存在显著差异。

综上所述，三年间诸群体在对于“目前我国社会成员之间的收入差距”这一问题的评价上存在差异。2013—2017 年，官员认为“不合理，但可以接受”的比重明显提升，而认为“不合理，不能接受”的比重明显减少；农民、弱势群体越来越多地认为不合理，不能接受；演艺界越来越认为“不合理，但可以接受”。

4. 跟三年前相比，您觉得自己的社会经济地位

2013 年

	官员	企业家	企业员工	农民	科教医群体	弱势群体	做小生意者	演艺界	自由职业者	总计
上升很多	33.3%	27.8%	23.9%	55.8%	21.6%	28.2%	41.5%			31.2%
略有上升	37.0%	38.9%	54.9%	34.5%	58.6%	51.7%	39.4%	100.0%	81.8%	49.7%
没有变化	11.1%	22.2%	15.9%	8.1%	10.3%	14.0%	16.0%		9.1%	13.5%
略有下降	18.5%	11.1%	3.4%	1.5%	9.5%	3.7%	2.1%			4.0%
下降很多			1.9%			2.4%	1.1%		9.1%	1.5%
总计	100.0%	100.0%	100.0%	100.0%	100.0%	100.0%	100.0%	100.0%	100.0%	100.0%
$\chi^2=130.310$ sig = 0.000										

如表所示，2013 年诸群体在对“跟三年前相比，自己的社会经济地位”变化的认知上存在显著差异。

2016 年

	官员	企业家	企业员工	农民	科教医群体	弱势群体	做小生意者	演艺界	总计
上升了	39.7%	35.2%	37.9%	43.0%	40.2%	32.6%	41.5%	28.0%	38.0%
差不多	43.7%	49.2%	45.1%	42.2%	43.9%	47.4%	41.5%	60.0%	44.8%
下降了	9.0%	9.5%	10.1%	10.2%	8.9%	10.4%	9.6%	12.0%	10.1%
不好说/说不清	7.5%	6.0%	7.0%	4.6%	6.9%	9.7%	7.5%		7.1%

续表

	官员	企业家	企业员工	农民	科教医群体	弱势群体	做小生意者	演艺界	总计
总计	100.0%	100.0%	100.0%	100.0%	100.0%	100.0%	100.0%	100.0%	100.0%
$\chi^2=71.794$　sig = 0.000									

如表所示，2016 年诸群体在对“跟三年前相比，自己的社会经济地位”变化的认知上存在显著差异。

2017 年

	官员	企业家	企业员工	农民	科教医群体	弱势群体	做小生意者	演艺界	总计
上升了	67.2%	75.8%	59.4%	54.2%	73.5%	54.9%	58.3%	59.4%	57.8%
差不多	28.1%	18.2%	37.0%	40.4%	23.3%	38.5%	37.3%	40.6%	37.3%
下降了	4.7%	6.1%	3.6%	5.4%	3.2%	6.6%	4.4%		5.0%
总计	100.0%	100.0%	100.0%	100.0%	100.0%	100.0%	100.0%	100.0%	100.0%
$\chi^2=47.236$　sig = 0.000									

如表所示，2017 年诸群体在对“跟五年前相比，自己的社会经济地位”变化的认知上存在显著差异。

综上所述，在三年间诸群体之间显示明显差异。通过比较 2013—2017 年三年数据，可以明显看出 2017 年较之前两年，各群体普遍认为“上升了”，增长了 10%—20%，差异明显；“差不多”也随之下降很多。因此，我们认为，诸群体对“跟三年前相比，自己的社会经济地位”的认知有明显差异。

5. 您认为当今中国社会最基本的伦理冲突是

2013 年：当今社会第一伦理冲突

	官员	企业家	企业员工	农民	科教医群体	弱势群体	做小生意者	演艺界	自由职业者	总计
人与自然的冲突	14.8%	33.3%	17.3%	13.5%	23.0%	15.2%	15.9%	25.0%	9.1%	16.7%
人自我内在的冲突	14.8%	11.1%	13.5%	8.2%	16.8%	12.6%	12.5%		18.2%	12.7%
人与人之间的冲突	40.7%	38.9%	40.9%	47.1%	31.9%	47.3%	43.2%	50.0%	18.2%	42.7%
个人与社会的冲突	22.2%	5.6%	12.5%	12.9%	16.8%	9.7%	10.2%		27.3%	12.2%
个人与政府的冲突	7.4%	11.1%	15.8%	17.6%	11.5%	15.2%	17.0%	25.0%	27.3%	15.4%
其他				0.6%			1.1%			0.2%
总计	100.0%	100.0%	100.0%	100.0%	100.0%	100.0%	100.0%	100.0%	100.0%	100.0%
$\chi^2=42.864$　sig = 0.349										

如表所示，2013 年诸群体在对“当今社会第一伦理冲突”的认知上无显著差异。

2013 年：当今社会第二伦理冲突

	官员	企业家	企业员工	农民	科教医群体	弱势群体	做小生意者	演艺界	自由职业者	总计
人与自然的冲突	14.8%	11.1%	9.6%	11.8%	4.4%	7.9%	8.2%		10.0%	8.9%
人自我内在的冲突	11.1%	11.1%	17.8%	12.4%	16.8%	22.6%	11.8%		10.0%	17.5%
人与人之间的冲突	14.8%	22.2%	24.6%	21.1%	32.7%	25.6%	29.4%	25.0%	40.0%	25.4%
个人与社会的冲突	33.3%	27.8%	31.7%	35.4%	34.5%	27.1%	36.5%	75.0%	20.0%	31.6%
个人与政府的冲突	25.9%	27.8%	16.2%	18.6%	11.5%	16.8%	14.1%		20.0%	16.5%
其他				0.6%						0.1%
总计	100.0%	100.0%	100.0%	100.0%	100.0%	100.0%	100.0%	100.0%	100.0%	100.0%
$\chi^2=42.211$ sig $=0.376$										

如表所示，2013 年诸群体在对“当今社会第二伦理冲突”的认知上无显著差异。

2013 年：当今社会第三伦理冲突

	官员	企业家	企业员工	农民	科教医群体	弱势群体	做小生意者	演艺界	自由职业者	总计
人与自然的冲突	11.1%	16.7%	14.1%	12.7%	10.4%	18.6%	19.0%	25.0%	10.0%	15.2%
人自我内在的冲突	25.9%	11.1%	16.7%	19.0%	17.0%	12.4%	15.5%	25.0%	20.0%	15.9%
人与人之间的冲突	22.2%	27.8%	20.8%	14.6%	17.9%	17.7%	20.2%		30.0%	18.9%
个人与社会的冲突	18.5%	33.3%	27.2%	27.2%	26.4%	29.8%	21.4%		10.0%	27.1%
个人与政府的冲突	22.2%	11.1%	21.1%	25.9%	28.3%	20.8%	23.8%	50.0%	30.0%	22.6%
其他				0.6%		0.6%				0.3%
总计	100.0%	100.0%	100.0%	100.0%	100.0%	100.0%	100.0%	100.0%	100.0%	100.0%
$\chi^2=32.474$ sig $=0.795$										

如表所示，2013 年诸群体在对“当今社会第三伦理冲突”的认知上无显著差异。

2013 年：当今社会第四伦理冲突

	官员	企业家	企业员工	农民	科教医群体	弱势群体	做小生意者	演艺界	自由职业者	总计
人与自然的冲突	25.9%	12.5%	23.5%	30.1%	23.8%	21.4%	23.2%	25.0%	40.0%	23.9%

续表

	官员	企业家	企业员工	农民	科教医群体	弱势群体	做小生意者	演艺界	自由职业者	总计
人自我内在的冲突	11.1%	25.0%	20.9%	25.6%	20.0%	24.3%	20.7%	50.0%	20.0%	22.4%
人与人之间的冲突	18.5%	6.3%	9.7%	10.9%	13.3%	8.6%	7.3%			9.8%
个人与社会的冲突	18.5%	25.0%	20.9%	15.4%	18.1%	23.6%	25.6%	25.0%	30.0%	21.1%
个人与政府的冲突	25.9%	31.3%	25.1%	16.7%	24.8%	21.7%	23.2%		10.0%	22.6%
其他				1.3%		0.3%				0.3%
总计	100.0%	100.0%	100.0%	100.0%	100.0%	100.0%	100.0%	100.0%	100.0%	100.0%
$\chi^2=35.370$ sig = 0.679										

如表所示，2013 年诸群体在对“当今社会第四伦理冲突”的认知上无显著差异。

2013 年：当今社会第五伦理冲突

	官员	企业家	企业员工	农民	科教医群体	弱势群体	做小生意者	演艺界	自由职业者	总计
人与自然的冲突	33.3%	33.3%	35.7%	32.3%	39.4%	37.5%	34.1%	25.0%	30.0%	35.8%
人自我内在的冲突	40.7%	40.0%	29.9%	30.3%	30.8%	26.3%	39.0%	25.0%	30.0%	30.1%
人与人之间的冲突	3.7%		3.7%	3.9%	2.9%	2.6%	1.2%	25.0%	10.0%	3.2%
个人与社会的冲突	3.7%	6.7%	7.6%	9.0%	2.9%	6.7%	4.9%		10.0%	6.8%
个人与政府的冲突	18.5%	20.0%	21.8%	22.6%	22.1%	25.3%	18.3%	25.0%	20.0%	22.6%
其他			1.3%	1.9%	1.9%	1.6%	2.4%			1.6%
总计	100.0%	100.0%	100.0%	100.0%	100.0%	100.0%	100.0%	100.0%	100.0%	100.0%
$\chi^2=25.425$ sig = 0.965										

如表所示，2013 年诸群体在对“当今社会第五伦理冲突”的认知上无显著差异。

2016 年：当今中国社会最基本的伦理冲突第一位

	官员	企业家	企业员工	农民	科教医群体	弱势群体	做小生意者	演艺界	合计
人与自然的冲突	32.7%	30.5%	25.9%	21.4%	28.7%	22.5%	18.4%	28.0%	23.6%
人自我内在的冲突	8.7%	11.2%	8.5%	7.8%	12.3%	9.2%	6.7%	8.0%	8.6%
人与人之间的冲突	30.6%	28.4%	43.1%	44.1%	34.0%	44.5%	48.1%	40.0%	43.0%
与社会的冲突个人	17.9%	19.3%	15.5%	16.0%	17.2%	14.1%	14.3%	20.0%	15.4%
个人与政府的冲突	10.2%	10.7%	6.7%	10.3%	7.4%	9.3%	12.3%	4.0%	9.1%

续表

	官员	企业家	企业员工	农民	科教医群体	弱势群体	做小生意者	演艺界	合计
其他			0. 3%	0. 5%	0. 4%	0. 3%	0. 2%		0. 3%
总计	100. 0%	100. 0%	100. 0%	100. 0%	100. 0%	100. 0%	100. 0%	100. 0%	100. 0%
χ^2 = 93. 257 sig = 0. 000									

如表所示，2016 年诸群体在对“当今社会最基本的伦理冲突第一位”的认知上存在显著差异。

2016 年：当今中国社会最基本的伦理冲突第二位

	官员	企业家	企业员工	农民	科教医群体	弱势群体	做小生意者	演艺界	合计
人与自然的冲突	11. 8%	17. 9%	15. 2%	19. 0%	16. 5%	15. 2%	16. 0%	16. 7%	16. 3%
人自我内在的冲突	14. 9%	19. 5%	18. 9%	19. 5%	21. 5%	18. 9%	18. 6%	12. 5%	19. 0%
人与人之间的冲突	29. 7%	28. 9%	25. 5%	24. 2%	24. 4%	24. 4%	20. 2%	29. 2%	24. 6%
与社会的冲突个人	30. 8%	24. 7%	29. 3%	25. 8%	24. 4%	30. 4%	32. 0%	20. 8%	28. 6%
个人与政府的冲突	12. 8%	8. 4%	11. 0%	11. 4%	12. 8%	11. 1%	13. 2%	20. 8%	11. 4%
其他		0. 5%	0. 1%	0. 1%	0. 4%	0. 1%			0. 1%
总计	100. 0%	100. 0%	100. 0%	100. 0%	100. 0%	100. 0%	100. 0%	100. 0%	100. 0%
χ^2 = 48. 471 sig = 0. 065									

如表所示，2016 年诸群体在对“当今社会最基本的伦理冲突第二位”的认知上无显著差异。

2016 年：当今中国社会最基本的伦理冲突第三位

	官员	企业家	企业员工	农民	科教医群体	弱势群体	做小生意者	演艺界	合计
人与自然的冲突	20. 5%	18. 5%	19. 4%	22. 8%	22. 1%	20. 9%	21. 4%	17. 4%	21. 0%
人自我内在的冲突	21. 0%	18. 0%	20. 2%	18. 3%	21. 7%	18. 5%	20. 0%	13. 0%	19. 2%
人与人之间的冲突	20. 5%	22. 8%	18. 2%	17. 8%	19. 2%	17. 5%	17. 6%	17. 4%	18. 1%
与社会的冲突个人	23. 1%	24. 9%	26. 1%	24. 0%	24. 2%	25. 5%	23. 4%	21. 7%	24. 9%
个人与政府的冲突	14. 4%	15. 3%	14. 8%	16. 5%	12. 9%	16. 6%	16. 4%	30. 4%	15. 9%
其他	0. 5%	0. 5%	1. 3%	0. 6%		1. 0%	1. 4%		0. 9%
总计	100. 0%	100. 0%	100. 0%	100. 0%	100. 0%	100. 0%	100. 0%	100. 0%	100. 0%
χ^2 = 29. 878 sig = 0. 714									

如表所示，2016 年诸群体在对“当今社会最基本的伦理冲突第三位”的认知上无显著差异。

2017 年：您认为当今中国社会最基本的伦理冲突是？

	官员	企业家	企业员工	农民	科教医群体	农民	做小生意者	演艺界	合计
人与自然的冲突	14.7%	9.1%	19.2%	15.9%	25.0%	15.4%	13.9%	21.2%	16.9%
人与自身的冲突	20.6%	12.1%	28.5%	22.1%	24.5%	21.3%	25.5%	27.3%	24.3%
人与人之间的冲突	50.0%	69.7%	60.3%	65.3%	59.4%	64.0%	62.2%	54.5%	62.4%
个人与社会的冲突	61.8%	33.3%	47.7%	44.4%	45.3%	42.1%	48.0%	51.5%	45.4%
个人与政府的冲突	10.3%	12.1%	11.5%	15.4%	8.3%	9.2%	11.6%	18.2%	11.4%
总计	68	33	1265	755	192	1217	490	33	

如表所示，2017 年诸群体在对“当今社会最基本的伦理冲突”的认知上无显著差异。

综上所述，三年间，诸群体对于“当今社会最基本的伦理冲突”具有共识。从三年的数据对比可以看出，在 2013 年、2016 年、2017 年这三年间，各群体对于这一问题的看法无明显差异，因此认为具有共识。

6. 您认为造成环境污染的最主要原因是

2013 年

	官员	企业家	企业员工	农民	科教医群体	弱势群体	做小生意者	演艺界	自由职业者	合计
企业唯利是图	44.4%	44.4%	39.6%	29.9%	31.0%	34.0%	32.3%		36.4%	35.1%
政府缺乏生态意识，政策失当	29.6%	33.3%	35.2%	30.4%	47.4%	30.1%	36.6%		45.5%	34.0%
个人缺乏环保意识	7.4%	5.6%	8.3%	20.1%	9.5%	17.2%	10.8%	25.0%	9.1%	13.0%
当代人自私自利，不顾未来和子孙利益	18.5%	16.7%	17.0%	19.6%	12.1%	18.7%	20.4%	75.0%	9.1%	17.8%
总计	100.0%	100.0%	100.0%	100.0%	100.0%	100.0%	100.0%	100.0%	100.0%	100.0%
$\chi^2=51.701$ sig = 0.001										

如表所示，2013 年诸群体在对“造成环境污染的最主要原因”的认知上存在显著差异。

2016 年

	官员	企业家	企业员工	农民	科教医群体	弱势群体	做小生意者	演艺界	合计
企业唯利是图	33.5%	33.3%	34.0%	32.9%	29.7%	35.7%	32.1%	25.0%	33.8%
政府缺乏生态意识，政策失当	28.4%	29.3%	25.0%	23.5%	30.9%	23.4%	28.4%	41.7%	24.9%
当代人自私自利，不顾未来和子孙利益	15.2%	15.2%	18.7%	16.6%	16.7%	16.7%	18.8%	16.7%	17.3%
个人缺乏环保意识	22.8%	22.2%	22.3%	27.0%	22.8%	24.2%	20.7%	16.7%	24.0%
总计	100.0%	100.0%	100.0%	100.0%	100.0%	100.0%	100.0%	100.0%	100.0%
$\chi^2 = 34.833$　sig = 0.029									

如表所示，2016 年诸群体在对“造成环境污染的最主要原因”的认知上存在显著差异。

2017 年

	官员	企业家	企业员工	农民	科教医群体	弱势群体	做小生意者	演艺界	合计
企业唯利是图	27.9%	23.5%	32.1%	31.7%	35.2%	33.5%	31.5%	30.3%	32.4%
政府缺乏生态意识，政策失当	29.4%	35.3%	33.7%	28.9%	34.2%	31.6%	32.3%	54.5%	32.1%
个人缺乏环保意识	19.1%	11.8%	16.5%	19.3%	14.8%	18.1%	21.4%	9.1%	18.0%
当代人自私自利，不顾未来和子孙利益	22.1%	26.5%	17.3%	19.7%	15.3%	15.8%	14.5%	6.1%	16.9%
其他	1.5%	2.9%	0.4%	0.4%	0.5%	1.0%	0.4%		0.6%
总计	100.0%	100.0%	100.0%	100.0%	100.0%	100.0%	100.0%	100.0%	100.0%
$\chi^2 = 42.789$　sig = 0.036									

如表所示，2017 年诸群体在对“造成环境污染的最主要原因”的认知上存在显著差异。

综上所述，这三年，诸群体在对“造成环境污染的最主要原因”认知上具有共识。通过上述数据可以看出，不同群体均普遍认为企业唯利是图，以及政府责任也很大，随着时间的推移，这种认识的强度有所增加。所以，我们认为三年间具有共识。

7. 您认为哪一种关系对社会秩序最具有根本性意义？

2013 年

	官员	企业家	企业员工	农民	科教医群体	弱势群体	做小生意者	演艺界	自由职业者	合计
家庭伦理关系或血缘关系	25.9%		29.0%	27.9%	22.4%	28.4%	31.2%		27.3%	27.6%
个人与社会的关系	29.6%	64.7%	37.2%	35.0%	46.6%	35.1%	31.2%	25.0%	45.5%	36.9%
职业伦理关系	7.4%	5.9%	2.4%	2.7%	1.7%	3.5%	2.2%	25.0%		2.9%
个人与国家民族的关系	29.6%	29.4%	22.4%	29.0%	23.3%	25.9%	28.0%	25.0%	18.2%	25.2%
人与自然的关系	3.7%		3.6%	3.3%	4.3%	1.9%	3.2%	25.0%		3.1%
个人与他自身的关系	3.7%		5.4%	2.2%	1.7%	5.1%	4.3%		9.1%	4.3%
总计	100.0%	100.0%	100.0%	100.0%	100.0%	100.0%	100.0%	100.0%	100.0%	100.0%
$\chi^2=47.358$ sig $=0.198$										

如表所示，2013 年诸群体在“对社会秩序最具有根本性意义的关系”的认知上无显著差异。

2016 年

	官员	企业家	企业员工	农民	科教医群体	弱势群体	做小生意者	演艺界	合计
家庭伦理或血缘关系	33.8%	26.4%	38.5%	46.1%	29.4%	41.7%	36.0%	32.0%	40.3%
个人与社会关系	33.3%	32.0%	31.5%	22.0%	38.0%	27.7%	32.0%	32.0%	28.3%
职业伦理关系	2.6%	0.5%	2.5%	2.0%	2.4%	3.4%	3.7%	8.0%	2.7%
个人与国家民族关系	24.6%	33.5%	20.2%	24.1%	24.5%	20.7%	22.0%	20.0%	22.2%
人与自然关系	3.6%	2.0%	4.1%	2.5%	2.9%	3.5%	3.9%	4.0%	3.4%
个人与他自身关系	2.1%	5.6%	3.2%	3.2%	2.9%	3.0%	2.5%	4.0%	3.1%
总计	100.0%	100.0%	100.0%	100.0%	100.0%	100.0%	100.0%	100.0%	100.0%
$\chi^2=126.439$　sig $=0.000$									

如表所示，2016 年诸群体在“对社会秩序最具有根本性意义的关系”的认知上存在显著差异。

2017 年

	官员	企业家	企业员工	农民	科教医群体	弱势群体	做小生意者	演艺界	合计
家庭关系或血缘关系	26.5%	30.3%	23.9%	28.2%	28.6%	30.1%	26.6%	39.4%	27.5%

续表

	官员	企业家	企业员工	农民	科教医群体	弱势群体	做小生意者	演艺界	合计
个人与社会的关系	33.8%	30.3%	43.1%	40.9%	38.3%	41.6%	45.2%	33.3%	41.9%
职业关系	4.4%	9.1%	4.5%	2.2%	5.1%	2.7%	2.8%	9.1%	3.4%
个人与国家民族的关系	29.4%	27.3%	22.9%	23.3%	21.4%	20.2%	18.3%	12.1%	21.6%
人与自然的关系	1.5%		2.1%	1.0%	3.1%	1.4%	2.0%		1.7%
个人与自身的关系	4.4%	3.0%	3.5%	4.4%	3.6%	3.9%	5.0%	6.1%	4.0%
总计	100.0%	100.0%	100.0%	100.0%	100.0%	100.0%	100.0%	100.0%	100.0%
$\chi^2 = 55.549$ sig = 0.015									

如表所示，2017 年诸群体在“对社会秩序最具有根本性意义的关系”的认知上存在显著差异。

综上所述，诸群体在“对社会秩序最具有根本性意义的关系”的选择上，三年数据存在差异。以上数据可以看出，在三年间，“农民”“弱势群体”对“家庭关系或血缘关系”和“个人和社会关系”的选择上存在明显数据变化，变化在 10% 以上，因此，我们认为诸群体在此方面的认知上存在明显差异。

8. 对于个人而言，您认为家庭、社会和国家三者的重要性程度如何？

2013 年：对于个人而言，家庭、社会和国家哪个排在第一位

	官员	企业家	企业员工	农民	科教医群体	弱势群体	做小生意者	演艺界	自由职业者	合计
国家	59.3%	47.1%	46.6%	71.0%	43.1%	51.9%	47.8%		36.4%	51.8%
社会			3.2%	3.1%		2.6%	2.2%	25.0%	9.1%	2.6%
家庭	40.7%	52.9%	50.2%	25.9%	56.9%	45.5%	50.0%	75.0%	54.5%	45.6%
总计	100.0%	100.0%	100.0%	100.0%	100.0%	100.0%	100.0%	100.0%	100.0%	100.0%
$\chi^2 = 58.269$ sig = 0.000										

如表所示，2013 年诸群体在对“家庭、社会和国家哪个排在第一位”的选择上存在显著差异。

2013 年：对于个人而言，家庭、社会和国家哪个排在第二位

	官员	企业家	企业员工	农民	科教医群体	弱势群体	做小生意者	演艺界	自由职业者	合计
国家	25.9%	29.4%	30.6%	20.2%	25.9%	26.4%	30.4%	50.0%	27.3%	27.2%

续表

	官员	企业家	企业员工	农民	科教医群体	弱势群体	做小生意者	演艺界	自由职业者	合计
社会	59.3%	58.8%	47.6%	42.0%	61.2%	47.5%	45.7%	25.0%	63.6%	48.3%
家庭	14.8%	11.8%	21.8%	37.8%	12.9%	26.1%	23.9%	25.0%	9.1%	24.5%
总计	100.0%	100.0%	100.0%	100.0%	100.0%	100.0%	100.0%	100.0%	100.0%	100.0%
$\chi^2=39.535$　sig = 0.001										

如表所示，2013 年诸群体在对“家庭、社会和国家哪个排在第二位”的选择上存在显著差异。

2013 年：对于个人而言，家庭、社会和国家哪个排在第三位

	官员	企业家	企业员工	农民	科教医群体	弱势群体	做小生意者	演艺界	自由职业者	合计
国家	14.8%	23.5%	23.3%	8.8%	31.0%	21.3%	19.8%	50.0%	36.4%	20.9%
社会	40.7%	41.2%	48.8%	54.9%	38.8%	49.9%	53.8%	50.0%	27.3%	49.0%
家庭	44.4%	35.3%	27.9%	36.3%	30.2%	28.8%	26.4%		36.4%	30.0%
总计	100.0%	100.0%	100.0%	100.0%	100.0%	100.0%	100.0%	100.0%	100.0%	100.0%
$\chi^2=36.863$　sig = 0.002										

如表所示，2013 年诸群体在对“家庭、社会和国家哪个排在第三位”的选择上存在显著差异。

2016 年：对于个人而言，您认为家庭、社会和国家最重要的是

	官员	企业家	企业员工	农民	科教医群体	弱势群体	做小生意者	演艺界	合计
国家	74.5%	68.3%	65.4%	69.6%	65.0%	60.5%	60.8%	60.0%	65.0%
社会	2.5%	4.5%	2.9%	3.4%	3.7%	3.3%	3.6%	8.0%	3.3%
家庭	23.0%	27.1%	31.7%	27.0%	31.3%	36.2%	35.6%	32.0%	31.7%
总计	100.0%	100.0%	100.0%	100.0%	100.0%	100.0%	100.0%	100.0%	100.0%
$\chi^2=51.861$　sig = 0.000									

如表所示，2016 年诸群体在对“家庭、社会和国家哪个最重要”的选择上存在显著差异。

2016 年：对于个人而言，您认为家庭、社会和国家第二重要的是

	官员	企业家	企业员工	农民	科教医群体	弱势群体	做小生意者	演艺界	合计
国家	13.6%	19.8%	21.3%	19.4%	19.4%	23.3%	23.3%	16.0%	21.2%

续表

	官员	企业家	企业员工	农民	科教医群体	弱势群体	做小生意者	演艺界	合计
社会	60.8%	56.9%	55.0%	52.3%	59.1%	52.5%	51.9%	56.0%	53.7%
家庭	25.6%	23.4%	23.7%	28.3%	21.5%	24.2%	24.8%	28.0%	25.1%
总计	100.0%	100.0%	100.0%	100.0%	100.0%	100.0%	100.0%	100.0%	100.0%
χ^2 = 29.653 sig = 0.009									

如表所示，2016 年诸群体在对“家庭、社会和国家哪个第二重要”的选择上存在显著差异。

2016 年：对于个人而言，您认为家庭、社会和国家第三重要的是

	官员	企业家	企业员工	农民	科教医群体	弱势群体	做小生意者	演艺界	合计
国家	10.7%	11.7%	13.3%	10.6%	14.8%	15.8%	14.9%	24.0%	13.4%
社会	37.1%	38.8%	42.2%	44.6%	37.7%	44.5%	44.8%	36.0%	43.3%
家庭	52.3%	49.5%	44.4%	44.8%	47.5%	39.8%	40.3%	40.0%	43.3%
总计	100.0%	100.0%	100.0%	100.0%	100.0%	100.0%	100.0%	100.0%	100.0%
χ^2 = 43.270 sig = 0.000									

如表所示，2016 年诸群体在对“家庭、社会和国家哪个第三重要”的选择上存在显著差异。

2017 年：对于个人而言，您认为家庭、社会和国家三者的重要性程度如何？第一位

	官员	企业家	企业员工	农民	科教医群体	弱势群体	做小生意者	演艺界	合计
国家	55.9%	54.5%	54.1%	60.9%	55.1%	45.8%	53.1%	36.4%	52.4%
社会	5.9%	3.0%	3.4%	2.4%	2.6%	3.0%	2.8%	3.0%	3.0%
家庭	38.2%	42.4%	42.5%	36.7%	42.3%	51.2%	44.1%	60.6%	44.6%
总计	100.0%	100.0%	100.0%	100.0%	100.0%	100.0%	100.0%	100.0%	100.0%
χ^2 = 58.190 sig = 0.000									

如表所示，2017 年诸群体在对“家庭、社会和国家哪个第一重要”的选择上存在显著差异。

2017 年：对于个人而言，您认为家庭、社会和国家三者的重要性程度如何？第二位

	官员	企业家	企业员工	农民	科教医群体	弱势群体	做小生意者	演艺界	合计
国家	22.1%	32.4%	33.3%	30.8%	29.6%	41.1%	37.8%	40.6%	35.6%

续表

	官员	企业家	企业员工	农民	科教医群体	弱势群体	做小生意者	演艺界	合计
社会	35.3%	29.4%	23.6%	20.0%	29.6%	18.7%	18.6%	28.1%	21.3%
家庭	42.6%	38.2%	43.1%	49.2%	40.8%	40.2%	43.6%	31.3%	43.1%
总计	100.0%	100.0%	100.0%	100.0%	100.0%	100.0%	100.0%	100.0%	100.0%
χ^2 = 61.167　sig = 0.000									

如表所示，2017 年诸群体在对“家庭、社会和国家哪个第二重要”的选择上存在显著差异。

综上所述，通过三年数据的对比，诸群体在对“家庭、社会和国家哪个重要”的选择上存在差异。通过数据对比可以看出，三年数据中，国家始终排在第一位，但是第二重要的因素并不稳定，三年之间存在差异。

9. 在您的下列关系中，您认为哪些关系重要？

2013 年：排在第一位的关系

	官员	企业家	企业员工	农民	科教医群体	弱势群体	做小生意者	演艺界	自由职业者	合计
父母与子女	63.0%	61.1%	64.7%	53.6%	47.0%	70.1%	60.2%	25.0%	72.7%	62.5%
夫妇	25.9%	22.2%	21.7%	26.6%	30.4%	19.8%	26.9%	50.0%	27.3%	23.3%
兄弟姐妹				1.6%		0.8%				0.5%
同事或同学					0.9%	0.3%				0.2%
上级或下级		5.6%		1.6%						0.3%
师生						0.3%				0.1%
与自然的关系			1.0%		2.6%	1.3%	1.1%			1.0%
个人与社会			1.2%	4.7%		0.8%	4.3%			1.7%
个人与国家	11.1%	11.1%	6.0%	9.4%	7.8%	3.7%	3.2%			5.9%
个人与工作单位			1.0%			0.8%				0.6%
朋友			1.0%	1.6%	0.9%					0.6%
个人与自身的关系（身心和谐）			3.4%	1.0%	10.4%	2.1%	4.3%	25.0%		3.3%
总计	100.0%	100.0%	100.0%	100.0%	100.0%	100.0%	100.0%	100.0%	100.0%	100.0%
χ^2 = 141.936　sig = 0.000										

如表所示，2013 年诸群体在对“最重要的关系”的认知上存在显著差异。

2013 年：排在第二位的关系

	官员	企业家	企业员工	农民	科教医群体	弱势群体	做小生意者	演艺界	自由职业者	合计
父母与子女	29.6%	33.3%	23.9%	33.2%	39.1%	21.2%	26.9%	75.0%	27.3%	26.6%
夫妇	48.1%	61.1%	55.9%	43.2%	41.7%	56.0%	48.4%	25.0%	63.6%	52.0%
兄弟姐妹	7.4%		6.3%	7.9%	4.3%	10.6%	17.2%		9.1%	8.4%
同事或同学			1.0%	1.1%	2.6%	0.8%				1.0%
上级或下级	11.1%	5.6%	1.7%	1.1%	0.9%	0.8%	1.1%			1.4%
师生			0.2%	0.5%		0.8%				0.4%
与自然的关系			1.0%	1.1%	0.9%	1.3%				1.0%
个人与社会	3.7%		5.4%	3.7%	8.7%	3.4%	1.1%			4.3%
个人与国家			2.0%	4.2%		4.0%	3.2%			2.7%
个人与工作单位			1.0%	1.6%			1.1%			0.6%
通过网络建立的关系				0.5%						0.1%
朋友			0.7%	1.6%	0.9%	0.5%	1.1%			0.8%
个人与自身的关系（身心和谐）			1.0%	0.5%	0.9%	0.5%				0.6%
总计	100.0%	100.0%	100.0%	100.0%	100.0%	100.0%	100.0%	100.0%	100.0%	100.0%

$\chi^2 = 113.293$ sig = 0.110

如表所示，2013 年诸群体在对“第二重要的关系”的认知上无显著差异。

2013 年：排在第三位的关系

	官员	企业家	企业员工	农民	科教医群体	弱势群体	做小生意者	演艺界	自由职业者	合计
父母与子女	7.4%	5.6%	6.6%	6.9%	8.8%	4.6%	6.5%			6.2%
夫妇	7.4%	11.1%	8.3%	13.3%	14.0%	9.1%	17.4%			10.5%
兄弟姐妹	40.7%	50.0%	60.3%	57.4%	52.6%	64.2%	55.4%	75.0%	72.7%	59.6%
同事或同学	11.1%	16.7%	5.6%	3.2%	7.0%	3.8%	4.3%		9.1%	5.0%
上级或下级			2.0%	2.7%		1.3%	1.1%	25.0%		1.6%
师生			0.5%	1.1%		1.9%				0.9%
与自然的关系			1.2%	1.1%	2.6%	2.2%				1.5%
个人与社会	3.7%		3.7%	3.7%	3.5%	3.8%	5.4%			3.7%
个人与国家	18.5%	5.6%	3.2%	5.3%	3.5%	2.2%	3.3%		9.1%	3.6%
个人与工作单位	3.7%		2.0%	1.1%	2.6%	1.6%			9.1%	1.7%

续表

	官员	企业家	企业员工	农民	科教医群体	弱势群体	做小生意者	演艺界	自由职业者	合计
朋友	7.4%	11.1%	4.4%	4.3%	2.6%	4.6%	5.4%			4.5%
个人与自身的关系（身心和谐）			2.2%		2.6%	0.8%	1.1%			1.3%
总计	100.0%	100.0%	100.0%	100.0%	100.0%	100.0%	100.0%	100.0%	100.0%	100.0%

$\chi^2 = 104.931$　sig = 0.105

如表所示，2013 年诸群体在对“第三重要的关系”的认知上无显著差异。

2013 年：排在第四位的关系

	官员	企业家	企业员工	农民	科教医群体	弱势群体	做小生意者	演艺界	自由职业者	合计
父母与子女			2.5%	3.9%	1.8%	1.4%	1.1%			2.1%
夫妇	11.1%		4.0%	10.0%	5.4%	4.5%	3.4%			5.2%
兄弟姐妹	7.4%	16.7%	8.8%	15.6%	12.6%	6.4%	12.6%	25.0%	9.1%	9.9%
同事或同学	33.3%	11.1%	25.6%	7.8%	22.5%	19.3%	11.5%		9.1%	19.4%
上级或下级	3.7%	11.1%	9.5%	4.4%	8.1%	8.7%	8.0%		9.1%	8.1%
师生	7.4%	5.6%	3.5%	4.4%	9.0%	3.9%	5.7%		9.1%	4.6%
与自然的关系	7.4%	5.6%	4.5%	1.7%	2.7%	5.3%	1.1%	25.0%		4.0%
个人与社会	14.8%	22.2%	6.0%	7.8%	11.7%	13.4%	10.3%	25.0%	9.1%	9.9%
个人与国家	3.7%	5.6%	6.3%	17.2%	5.4%	7.3%	10.3%		9.1%	8.4%
个人与工作单位	3.7%	11.1%	5.8%	3.9%	7.2%	6.4%	3.4%			5.6%
通过网络建立的关系						0.6%				0.2%
朋友	3.7%	11.1%	21.1%	20.6%	9.0%	19.3%	29.9%	25.0%	36.4%	19.6%
个人与自身的关系（身心和谐）	3.7%		2.5%	2.8%	4.5%	3.4%	2.3%		9.1%	3.0%
总计	100.0%	100.0%	100.0%	100.0%	100.0%	100.0%	100.0%	100.0%	100.0%	100.0%

$\chi^2 = 155.138$　sig = 0.000

如表所示，2013 年诸群体在对“第四重要的关系”的认知上存在显著差异。

2013 年：排在第五位的关系

	官员	企业家	企业员工	农民	科教医群体	弱势群体	做小生意者	演艺界	自由职业者	合计
父母与子女			0.5%	0.6%		1.4%	1.1%			0.8%

续表

	官员	企业家	企业员工	农民	科教医群体	弱势群体	做小生意者	演艺界	自由职业者	合计
夫妇			2.8%	3.4%		1.4%	2.3%			2.0%
兄弟姐妹	15.4%	5.6%	5.0%	5.1%	7.3%	5.4%	1.1%			5.3%
同事或同学	7.7%	5.6%	13.1%	13.1%	14.7%	14.2%	21.8%	50.0%	27.3%	14.3%
上级或下级	11.5%	16.7%	12.3%	8.0%	11.0%	9.7%	9.2%		27.3%	10.7%
师生	3.8%		5.0%	8.0%	4.6%	4.3%	2.3%			4.8%
与自然的关系	3.8%		3.5%	2.9%	8.3%	4.3%	4.6%			4.1%
个人与社会	19.2%	22.2%	15.1%	21.1%	11.9%	14.0%	14.9%	25.0%	18.2%	15.6%
个人与国家	15.4%	5.6%	9.6%	13.1%	10.1%	12.8%	9.2%			11.0%
个人与工作单位	3.8%	11.1%	12.1%	1.7%	10.1%	7.7%	12.6%	25.0%		8.8%
通过网络建立的关系			0.3%							0.1%
朋友	15.4%	22.2%	14.6%	17.7%	14.7%	17.7%	10.3%		18.2%	15.8%
个人与自身的关系（身心和谐）	3.8%	11.1%	6.0%	5.1%	7.3%	7.1%	10.3%		9.1%	6.7%
总计	100.0%	100.0%	100.0%	100.0%	100.0%	100.0%	100.0%	100.0%	100.0%	100.0%

$\chi^2 = 93.130$　sig = 0.564

如表所示，2013 年诸群体在对“第五重要的关系”的认知上无显著差异。

2016 年：下列关系，你认为最重要的

	官员	企业家	企业员工	农民	科教医群体	弱势群体	做小生意者	演艺界	合计
父母与子女	54.5%	59.1%	60.7%	63.0%	55.3%	64.3%	65.5%	64.0%	62.3%
夫妇	19.5%	21.2%	20.3%	16.6%	17.1%	18.2%	16.5%	12.0%	18.2%
兄弟姐妹			0.2%	1.5%		0.7%	0.8%	4.0%	0.7%
同事或同学	0.5%	0.5%	0.6%	0.6%	1.6%	0.5%	1.5%		0.7%
上级或下级	1.0%		0.4%	0.3%	1.2%	0.4%	0.2%	4.0%	0.4%
师生				0.4%		0.2%			0.2%
与自然的关系	0.5%	0.5%	0.9%	0.5%	2.0%	1.0%	1.0%		0.8%
个人与社会	2.0%	2.0%	2.3%	1.5%	0.8%	1.2%	1.3%		1.6%
个人与国家	19.0%	15.2%	12.2%	13.8%	17.5%	10.9%	10.7%	16.0%	12.7%
个人与工作单位	0.5%	0.5%	0.6%	1.0%	1.6%	0.7%	0.8%		0.8%
朋友	0.5%		0.1%			0.4%	0.4%		0.2%

续表

	官员	企业家	企业员工	农民	科教医群体	弱势群体	做小生意者	演艺界	合计
个人与自身的关系（身心和谐）	2.0%	1.0%	1.6%	0.9%	2.8%	1.4%	1.3%		1.4%
总计	100.0%	100.0%	100.0%	100.0%	100.0%	100.0%	100.0%	100.0%	100.0%
$\chi^2 = 137.319$ sig = 0.000									

如表所示，2016 年诸群体在对“最重要的关系”的认知上存在显著差异。

2016 年：下列关系，你认为第二重要的

	官员	企业家	企业员工	农民	科教医群体	弱势群体	做小生意者	演艺界	合计
父母与子女	30.7%	23.9%	25.8%	22.5%	24.4%	23.8%	22.8%	16.0%	24.1%
夫妇	44.7%	49.2%	50.0%	53.9%	45.5%	49.5%	52.6%	52.0%	50.7%
兄弟姐妹	2.5%	5.1%	7.6%	7.9%	6.5%	10.9%	9.2%	8.0%	8.5%
同事或同学	1.0%	1.0%	1.0%	1.2%	0.4%	1.3%	1.2%		1.1%
上级或下级	2.5%	2.0%	0.7%	1.3%	2.8%	1.4%	1.2%		1.3%
师生		0.5%	0.1%	0.4%		0.6%	0.4%	4.0%	0.4%
与自然的关系	2.0%	2.0%	1.4%	1.1%	1.6%	1.1%	1.0%	4.0%	1.3%
个人与社会	8.5%	6.1%	6.5%	6.1%	10.2%	5.6%	6.0%	8.0%	6.3%
个人与国家	4.5%	6.6%	3.8%	3.4%	4.5%	3.2%	3.5%	4.0%	3.6%
个人与工作单位	1.5%	1.0%	1.3%	0.8%	2.0%	0.9%	0.8%		1.0%
通过网络建立的关系			0.1%	0.1%		0.1%			0.1%
朋友	1.0%	1.0%	0.9%	1.1%	0.4%	0.9%	1.0%	4.0%	1.0%
个人与自身的关系（身心和谐）	1.0%	1.5%	0.8%	0.4%	1.6%	0.8%	0.6%		0.7%
总计	100.0%	100.0%	100.0%	100.0%	100.0%	100.0%	100.0%	100.0%	100.0%
$\chi^2 = 114.146$ sig = 0.016									

如表所示，2016 年诸群体在对“第二重要的关系”的认知上存在显著差异。

2016 年：下列关系，你认为第三重要的

	官员	企业家	企业员工	农民	科教医群体	弱势群体	做小生意者	演艺界	合计
父母与子女	5.5%	7.7%	5.8%	7.1%	7.8%	5.3%	6.9%	4.0%	6.2%
夫妇	12.1%	11.3%	10.7%	11.6%	11.8%	11.5%	11.7%	4.0%	11.3%

续表

	官员	企业家	企业员工	农民	科教医群体	弱势群体	做小生意者	演艺界	合计
兄弟姐妹	48.2%	49.2%	54.0%	59.3%	51.0%	56.8%	58.5%	56.0%	56.1%
同事或同学	4.0%	2.6%	3.7%	2.6%	4.1%	5.5%	3.1%	12.0%	3.9%
上级或下级	4.5%	2.1%	2.6%	1.8%	2.9%	1.6%	1.5%	4.0%	2.0%
师生	0.5%	2.1%	0.8%	1.5%	1.2%	0.9%	1.2%		1.1%
与自然的关系	5.5%	3.6%	2.4%	1.8%	4.1%	2.4%	1.2%	4.0%	2.4%
个人与社会	6.0%	5.1%	4.7%	3.9%	6.5%	4.3%	4.4%	4.0%	4.5%
个人与国家	5.5%	5.6%	5.9%	5.0%	4.1%	5.1%	4.6%	4.0%	5.2%
个人与工作单位	3.5%	3.6%	2.9%	0.7%	3.3%	1.5%	2.1%		1.9%
通过网络建立的关系		0.5%	0.2%	0.1%		0.1%	0.4%		0.1%
朋友	3.0%	3.1%	4.3%	4.0%	1.2%	3.7%	3.3%	4.0%	3.8%
个人与自身的关系（身心和谐）	1.5%	3.6%	2.0%	0.7%	2.0%	1.3%	1.2%	4.0%	1.4%
总计	100.0%	100.0%	100.0%	100.0%	100.0%	100.0%	100.0%	100.0%	100.0%

$\chi^2 = 151.677$　sig = 0.000

如表所示，2016 年诸群体在对“第三重要的关系”的认知上存在显著差异。

2016 年：下列关系，你认为第四重要的

	官员	企业家	企业员工	农民	科教医群体	弱势群体	做小生意者	演艺界	合计
父母与子女	4.5%	5.2%	4.0%	3.6%	4.9%	3.2%	2.3%	12.0%	3.6%
夫妇	4.5%	4.7%	4.4%	4.9%	4.5%	3.9%	5.8%	4.0%	4.5%
兄弟姐妹	11.1%	11.9%	9.1%	10.2%	6.1%	9.1%	11.0%		9.6%
同事或同学	19.1%	18.7%	20.4%	16.8%	22.5%	19.4%	17.4%	36.0%	19.0%
上级或下级	8.5%	5.7%	6.7%	4.8%	4.5%	6.1%	4.6%		5.8%
师生	2.0%	1.6%	3.1%	4.2%	6.6%	4.3%	4.4%	8.0%	3.9%
与自然的关系	3.0%	8.3%	3.8%	3.7%	5.7%	4.5%	5.0%	8.0%	4.3%
个人与社会	11.6%	7.3%	10.5%	10.0%	8.6%	10.1%	9.7%	12.0%	10.0%
个人与国家	10.1%	10.4%	10.0%	13.6%	9.4%	10.5%	9.8%	8.0%	11.1%
个人与工作单位	12.1%	6.2%	8.0%	2.6%	8.2%	4.3%	5.4%		5.3%
通过网络建立的关系	0.5%	0.5%	0.1%	0.2%	0.8%	0.4%		4.0%	0.3%
朋友	9.5%	15.0%	17.1%	23.1%	13.9%	21.7%	22.0%	8.0%	20.0%

续表

	官员	企业家	企业员工	农民	科教医群体	弱势群体	做小生意者	演艺界	合计
个人与自身的关系（身心和谐）	3.5%	4.7%	2.6%	2.3%	4.1%	2.4%	2.5%		2.6%
总计	100.0%	100.0%	100.0%	100.0%	100.0%	100.0%	100.0%	100.0%	100.0%
$\chi^2=227.279$ sig = 0.000									

如表所示，2016 年诸群体在对“第四重要的关系”的认知上存在显著差异。

2016 年：下列关系，你认为第五重要的

	官员	企业家	企业员工	农民	科教医群体	弱势群体	做小生意者	演艺界	合计
父母与子女	2.0%	1.0%	1.5%	1.3%	2.9%	1.2%	0.8%		1.3%
夫妇	4.0%	1.6%	2.9%	3.4%	5.4%	2.9%	3.1%	16.0%	3.2%
兄弟姐妹	4.5%	8.8%	6.1%	6.2%	4.1%	5.0%	4.5%	4.0%	5.6%
同事或同学	13.6%	11.9%	13.2%	11.1%	9.9%	13.6%	13.4%	4.0%	12.6%
上级或下级	11.1%	14.5%	9.5%	5.7%	8.3%	8.4%	7.6%	16.0%	8.2%
师生	2.5%	4.1%	3.0%	4.3%	3.3%	4.5%	4.7%	4.0%	4.0%
与自然的关系	7.6%	6.7%	5.2%	6.1%	6.6%	5.9%	4.3%	12.0%	5.8%
个人与社会	14.1%	11.9%	13.8%	17.7%	15.3%	14.6%	17.5%	16.0%	15.4%
个人与国家	11.6%	7.3%	11.7%	15.2%	9.5%	11.7%	14.8%		12.6%
个人与工作单位	5.6%	8.3%	7.9%	3.3%	10.3%	5.5%	3.5%	4.0%	5.6%
通过网络建立的关系	0.5%	0.5%	0.6%	0.7%	0.4%	0.4%	0.8%		0.6%
朋友	13.6%	18.1%	16.9%	20.0%	15.7%	18.3%	17.9%	24.0%	18.1%
个人与自身的关系（身心和谐）	9.1%	5.2%	7.7%	5.0%	8.3%	7.9%	7.4%		7.0%
总计	100.0%	100.0%	100.0%	100.0%	100.0%	100.0%	100.0%	100.0%	100.0%
$\chi^2=193.047$ sig = 0.000									

如表所示，2016 年诸群体在对“第五重要的关系”的认知上存在显著差异。

2017 年：在下列关系中，您认为哪些关系对您来说最重要？第一位

	官员	企业家	企业员工	农民	科教医群体	弱势群体	做小生意者	演艺界	合计
父母与子女	67.6%	52.9%	67.2%	60.6%	66.3%	69.3%	67.3%	69.7%	66.6%
夫妇	17.6%	32.4%	18.6%	24.7%	18.9%	17.1%	21.9%	24.2%	19.7%

续表

	官员	企业家	企业员工	农民	科教医群体	弱势群体	做小生意者	演艺界	合计
兄弟姐妹			0.4%	0.5%	1.0%	0.4%	0.6%		0.5%
同事或同学	1.5%		0.9%	0.3%	1.0%	0.3%	0.8%		0.6%
上级或下级	1.5%		0.5%	0.3%		0.3%	0.2%		0.3%
师生						0.1%			
与自然的关系			0.6%	0.6%		0.3%	0.4%		0.5%
个人与社会	1.5%	5.9%	2.1%	3.2%	3.1%	1.6%	2.6%		2.2%
个人与国家	8.8%	8.8%	7.4%	7.8%	7.7%	8.4%	5.0%	6.1%	7.6%
个人与工作单位			0.5%	0.8%	0.5%	0.7%	0.4%		0.6%
通过网络建立的关系			0.1%	0.4%		0.2%			0.2%
朋友			0.7%	0.3%	0.5%	0.6%	0.4%		0.5%
个人与自身的关系（身心和谐）	1.5%		1.0%	0.6%	1.0%	0.7%	0.4%		0.8%
总计	100.0%	100.0%	100.0%	100.0%	100.0%	100.0%	100.0%	100.0%	100.0%

$\chi^2 = 75.301$ sig $= 0.740$

如表所示，2017 年诸群体在对“第一重要的关系”的认知上不存在显著差异。

2017 年：在下列关系中，您认为哪些关系对您来说最重要？第二位

	官员	企业家	企业员工	农民	科教医群体	弱势群体	做小生意者	演艺界	合计
父母与子女	25.0%	35.3%	21.6%	27.3%	21.4%	22.1%	21.3%	21.2%	22.9%
夫妇	51.5%	41.2%	52.6%	48.1%	52.0%	50.3%	55.2%	48.5%	51.2%
兄弟姐妹	2.9%	14.7%	11.3%	11.4%	8.7%	14.2%	10.0%	15.2%	11.9%
同事或同学	7.4%		2.3%	1.9%	3.1%	2.1%	2.6%		2.3%
上级或下级	1.5%		1.5%	1.1%	0.5%	1.2%	2.0%		1.3%
师生				0.3%	1.0%	0.3%			0.2%
与自然的关系			1.4%	1.8%	2.0%	0.6%	1.0%		1.2%
个人与社会	2.9%		2.7%	2.7%	4.6%	3.1%	3.2%	9.1%	3.0%
个人与国家	4.4%	2.9%	2.8%	2.7%	3.1%	2.3%	2.4%		2.6%
个人与工作单位	4.4%	2.9%	1.2%	0.9%	1.5%	1.0%	1.2%		1.2%
通过网络建立的关系			0.1%	0.1%		0.1%			0.1%
朋友		2.9%	1.9%	1.1%	1.5%	2.0%	0.8%	3.0%	1.6%

续表

	官员	企业家	企业员工	农民	科教医群体	弱势群体	做小生意者	演艺界	合计
个人与自身的关系（身心和谐）			0.5%	0.6%	0.5%	0.8%	0.2%	3.0%	0.6%
总计	100.0%	100.0%	100.0%	100.0%	100.0%	100.0%	100.0%	100.0%	100.0%
$\chi^2=100.707$　sig = 0.103									

如表所示，2017 年诸群体在对“第二重要的关系”的认知上不存在显著差异。

2017 年：在下列关系中，您认为哪些关系对您来说最重要？第三位

	官员	企业家	企业员工	农民	科教医群体	弱势群体	做小生意者	演艺界	合计
父母与子女	5.9%	8.8%	4.5%	3.8%	5.1%	3.8%	4.6%	6.1%	4.2%
夫妇	13.2%	8.8%	11.9%	13.7%	11.2%	13.4%	11.1%	6.1%	12.6%
兄弟姐妹	52.9%	50.0%	50.3%	57.3%	51.0%	50.5%	55.9%	39.4%	52.3%
同事或同学	5.9%	5.9%	6.9%	3.6%	9.7%	7.2%	6.4%	24.2%	6.6%
上级或下级	1.5%	5.9%	2.6%	1.7%	3.6%	1.5%	1.2%	3.0%	1.9%
师生	1.5%		1.2%	0.4%	2.6%	1.0%	0.4%		0.9%
与自然的关系	1.5%		2.2%	1.7%	2.6%	2.2%	2.0%	3.0%	2.1%
个人与社会	4.4%	5.9%	3.7%	5.2%	3.6%	3.6%	3.0%	6.1%	3.9%
个人与国家	4.4%	2.9%	5.9%	5.2%	2.6%	8.1%	5.2%	3.0%	6.2%
个人与工作单位	4.4%	2.9%	2.7%	1.4%	3.6%	1.7%	2.4%	3.0%	2.2%
通过网络建立的关系			0.3%			0.1%	0.4%		0.2%
朋友	4.4%	8.8%	6.5%	5.1%	3.6%	6.1%	6.0%	6.1%	5.9%
个人与自身的关系（身心和谐）			1.2%	0.6%	1.0%	0.8%	1.2%		0.9%
总计	100.0%	100.0%	100.0%	100.0%	100.0%	100.0%	100.0%	100.0%	100.0%
$\chi^2=122.820$　sig = 0.015									

如表所示，2017 年诸群体在对“第三重要的关系”的认知上存在显著差异。

2017 年：在下列关系中，您认为哪些关系对您来说最重要？第四位

	官员	企业家	企业员工	农民	科教医群体	弱势群体	做小生意者	演艺界	合计
父母与子女			2.7%	2.4%	3.1%	1.8%	1.6%	3.0%	2.2%

续表

	官员	企业家	企业员工	农民	科教医群体	弱势群体	做小生意者	演艺界	合计
夫妇	4.4%		4.1%	3.1%	3.1%	3.7%	4.0%	3.0%	3.7%
兄弟姐妹	22.1%	14.7%	13.4%	11.3%	11.8%	14.5%	12.9%	18.2%	13.5%
同事或同学	19.1%	20.6%	22.7%	16.4%	30.3%	19.9%	19.6%	27.3%	20.6%
上级或下级	5.9%	8.8%	3.9%	4.0%	4.1%	3.2%	3.4%	9.1%	3.7%
师生	2.9%	2.9%	3.0%	2.3%	4.6%	3.6%	2.2%		3.0%
与自然的关系	1.5%	2.9%	3.1%	4.6%	3.6%	2.6%	3.8%		3.3%
个人与社会	13.2%	17.6%	9.6%	14.4%	8.2%	9.9%	12.1%	6.1%	10.9%
个人与国家	8.8%		8.6%	13.3%	8.7%	9.8%	8.1%	6.1%	9.7%
个人与工作单位	11.8%	5.9%	7.8%	2.8%	7.2%	5.1%	5.6%	9.1%	5.8%
通过网络建立的关系	1.5%	5.9%	0.9%	0.3%		0.6%	0.4%	3.0%	0.7%
朋友	8.8%	17.6%	18.4%	22.4%	13.3%	23.8%	23.8%	15.2%	21.1%
个人与自身的关系（身心和谐）		2.9%	1.6%	1.9%	2.1%	1.5%	2.4%		1.7%
总计	100.0%	100.0%	100.0%	100.0%	100.0%	100.0%	100.0%	100.0%	100.0%

$\chi^2 = 187.738$　sig = 0.000

如表所示，2017 年诸群体在对“第四重要的关系”的认知上存在显著差异。

2017 年：在下列关系中，您认为哪些关系对您来说最重要？第五位

	官员	企业家	企业员工	农民	科教医群体	弱势群体	做小生意者	演艺界	合计
父母与子女	1.5%	2.9%	1.1%	1.2%	0.5%	0.4%	1.2%		0.9%
夫妇		2.9%	2.1%	2.6%	2.6%	1.9%	1.0%	3.0%	2.0%
兄弟姐妹		2.9%	5.2%	4.8%	6.2%	5.3%	4.5%	6.1%	5.0%
同事或同学	14.7%	11.8%	14.5%	12.0%	11.9%	15.3%	15.4%	6.1%	14.2%
上级或下级	7.4%	2.9%	8.4%	4.9%	10.9%	6.2%	6.3%	12.1%	6.9%
师生		14.7%	4.6%	3.0%	9.8%	3.7%	6.1%	12.1%	4.5%
与自然的关系	1.5%	2.9%	3.1%	5.0%	2.1%	4.1%	3.6%	12.1%	3.8%
个人与社会	8.8%	5.9%	15.0%	21.1%	10.4%	15.2%	15.8%	9.1%	15.8%
个人与国家	20.6%	14.7%	12.7%	16.3%	13.0%	15.3%	14.0%	12.1%	14.5%
个人与工作单位	11.8%	14.7%	8.4%	4.7%	10.9%	7.6%	4.3%	9.1%	7.2%
通过网络建立的关系	4.4%	2.9%	1.0%	1.2%	1.0%	2.1%	1.4%	6.1%	1.6%
朋友	23.5%	14.7%	20.0%	18.5%	16.6%	18.3%	22.7%	9.1%	19.3%

续表

	官员	企业家	企业员工	农民	科教医群体	弱势群体	做小生意者	演艺界	合计
个人与自身的关系（身心和谐）	5.9%	5.9%	3.7%	3.8%	4.1%	4.4%	3.8%	3.0%	4.0%
总计	100.0%	100.0%	100.0%	100.0%	100.0%	100.0%	100.0%	100.0%	100.0%
$\chi^2=191.784$　sig = 0.000									

如表所示，2017 年诸群体在对“第五重要的关系”的认知上存在显著差异。

综上所述，诸群体在“哪些关系对您来说最重要”这一问题的选择上，三年间存在共识。通过数据比较可以看出，各群体在三年间均呈现“父母与子女”第一位，“夫妇”第二位，“兄弟姐妹”第三位的一致结果。因此，我们认为这三年间，不同群体在这一问题上存在共识。

10. 当前中国社会中个体道德素质存在的主要问题是

2013 年

	官员	企业家	企业员工	农民	科教医群体	弱势群体	做小生意者	演艺界	自由职业者	合计
道德上无知	19.2%	33.3%	13.4%	9.9%	14.7%	13.8%	10.9%		36.4%	13.5%
有道德知识，但不见诸行动	61.5%	50.0%	73.2%	76.4%	75.9%	73.4%	76.1%	100.0%	54.5%	73.6%
既无知，也不行动	11.5%	16.7%	12.2%	10.5%	8.6%	9.8%	10.9%		9.1%	10.8%
其他	7.7%		1.2%	3.1%	0.9%	2.9%	2.2%			2.2%
总计	100.0%	100.0%	100.0%	100.0%	100.0%	100.0%	100.0%	100.0%	100.0%	100.0%
$\chi^2=27.708$　sig = 0.273										

如表所示，2013 年诸群体在对“当前中国社会中个体道德素质存在的主要问题”的认知上无显著差异。

2016 年

	官员	企业家	企业员工	农民	科教医群体	弱势群体	做小生意者	演艺界	合计
道德上无知	15.6%	16.6%	13.3%	17.4%	13.4%	13.6%	13.8%	12.0%	14.7%
有道德知识，但不见诸行动	76.4%	76.4%	79.6%	70.4%	79.8%	78.3%	77.1%	80.0%	76.4%
既无知，也不行动	7.5%	6.5%	5.5%	9.6%	5.7%	6.3%	7.5%	8.0%	7.1%

续表

	官员	企业家	企业员工	农民	科教医群体	弱势群体	做小生意者	演艺界	合计
其他	0.5%	0.5%	1.6%	2.6%	1.2%	1.7%	1.5%		1.8%
总计	100.0%	100.0%	100.0%	100.0%	100.0%	100.0%	100.0%	100.0%	100.0%
$\chi^2 = 57.561$ sig = 0.000									

如表所示，2016 年诸群体在对“当前中国社会中个体道德素质存在的主要问题”的认知上存在显著差异。

2017 年

	官员	企业家	企业员工	农民	科教医群体	弱势群体	做小生意者	演艺界	合计
道德上无知	10.3%	12.1%	9.9%	10.2%	9.2%	8.1%	11.5%	15.2%	9.6%
有道德知识，但不见诸行动	77.9%	84.8%	80.0%	78.5%	81.6%	81.3%	75.4%	75.8%	79.7%
既无知，也不行动	11.8%	3.0%	10.0%	11.0%	9.2%	10.1%	12.9%	9.1%	10.5%
其他			0.1%	0.3%		0.5%	0.2%		0.3%
总计	100.0%	100.0%	100.0%	100.0%	100.0%	100.0%	100.0%	100.0%	100.0%
$\chi^2 = 50.534$ sig = 0.488									

如表所示，2017 年诸群体在对“当前中国社会中个体道德素质存在的主要问题”的认知上无显著差异。

综上所述，诸群体在对“当前中国社会中个体道德素质存在的主要问题”的认知上，三年间存在共识。通过数据可以看出，各群体在三年的看法始终保持较为一致，“有道德知识，但不见诸行动”为占比最大的选项，变化较小，无较大差异。

11. 您认为对社会生活而言，个体德性（即个人的道德品质）和社会公正哪个更重要？

2013 年

	官员	企业家	企业员工	农民	科教医群体	弱势群体	做小生意者	演艺界	自由职业者	合计
个体德性最重要	7.4%	5.6%	8.8%	11.1%	5.2%	14.7%	15.1%			10.9%
社会公正最重要	40.7%	22.2%	33.9%	47.4%	26.7%	34.8%	37.6%	25.0%	72.7%	36.1%

续表

	官员	企业家	企业员工	农民	科教医群体	弱势群体	做小生意者	演艺界	自由职业者	合计
二者应当统一，但二者矛盾时应先追求个体德性	7.4%	11.1%	15.9%	13.2%	13.8%	17.4%	11.8%			15.0%
二者应当统一，但二者矛盾时应先追求社会公正	44.4%	61.1%	41.5%	28.4%	54.3%	33.2%	35.5%	75.0%	27.3%	38.1%
总计	100.0%	100.0%	100.0%	100.0%	100.0%	100.0%	100.0%	100.0%	100.0%	100.0%
$\chi^2=57.021$　sig = 0.000										

如表所示，2013 年诸群体在对“个体德性和社会公正哪个更重要”的选择上存在显著差异。

2016 年

	官员	企业家	企业员工	农民	科教医群体	弱势群体	做小生意者	演艺界	合计
个人道德性最重要	16.0%	18.2%	16.2%	18.2%	16.6%	17.1%	19.8%	20.0%	17.4%
社会公正最重要	30.0%	34.3%	30.8%	36.7%	22.7%	32.9%	27.7%	36.0%	32.5%
二者应当统一，但二者矛盾时应先追求个体德性	16.0%	14.1%	18.3%	19.7%	21.5%	19.5%	18.7%	8.0%	18.9%
二者应当统一，但二者矛盾时应先追求社会公正	38.0%	33.3%	34.7%	25.5%	39.3%	30.5%	33.8%	36.0%	31.2%
总计	100.0%	100.0%	100.0%	100.0%	100.0%	100.0%	100.0%	100.0%	100.0%
$\chi^2=66.614$　sig = 0.000									

如表所示，2016 年诸群体在对“个体德性和社会公正哪个更重要”的选择上存在显著差异。

2017 年

	官员	企业家	企业员工	农民	科教医群体	弱势群体	做小生意者	演艺界	自由职业者	合计
个体德性最重要	5.9%	17.6%	14.0%	18.5%	15.3%	12.4%	18.3%	21.2%	14.8%	5.9%
社会公正最重要	25.0%	17.6%	32.0%	37.3%	27.0%	30.4%	34.7%	15.2%	32.2%	25.0%

续表

	官员	企业家	企业员工	农民	科教医群体	弱势群体	做小生意者	演艺界	自由职业者	合计
二者应当统一，但二者矛盾时应先追求个体德性	32.4%	41.2%	23.7%	22.9%	24.5%	30.3%	23.5%	45.5%	26.2%	32.4%
二者应当统一，但二者矛盾时应先追求社会公正	36.8%	23.5%	30.3%	21.3%	33.2%	26.9%	23.5%	18.2%	26.8%	36.8%
总计	100.0%	100.0%	100.0%	100.0%	100.0%	100.0%	100.0%	100.0%	100.0%	100.0%
$\chi^2=88.355$　sig = 0.000										

如表所示，2017 年诸群体在对“个体德性和社会公正哪个更重要”的选择上存在显著差异。

综上所述，诸群体在关于“个体德性和社会公正哪个更重要”的选择上，三年间存在差异。诸群体中“官员”对于“个体德性最重要”这一观点的看法有较大变化，2017 年降低 10% 左右，对于“个体德性最重要”的总体看法也相对减少。随着时间变化，民众更加看重“二者矛盾时应先追求个体德性”，三年间持增长趋势。

12. 您根据什么来判断某种行为是否符合伦理或道德

2013 年

	官员	企业家	企业员工	农民	科教医群体	弱势群体	做小生意者	演艺界	自由职业者	合计
传统	11.1%	16.7%	15.0%	10.5%	11.3%	10.9%	9.8%		18.2%	12.3%
风俗习惯	3.7%		6.1%	7.3%	2.6%	5.6%	9.8%			5.9%
大多数人认同的道德规范	40.7%	44.4%	37.5%	20.9%	43.5%	30.6%	27.2%	75.0%	27.3%	32.9%
当事人共同利益和意志	3.7%	11.1%	3.1%		10.4%	2.1%	5.4%			3.3%
自己的良心	37.0%	27.8%	38.0%	60.2%	32.2%	49.5%	47.8%	25.0%	54.5%	45.0%
自己利益	3.7%		0.2%	1.0%		1.3%				0.7%
总计	100.0%	100.0%	100.0%	100.0%	100.0%	100.0%	100.0%	100.0%	100.0%	100.0%
$\chi^2=94.562$　sig = 0.000										

如表所示，2013 年诸群体在对“判断某种行为是否符合伦理或道德”的标准

的认知上存在显著差异。

2016 年

	官员	企业家	企业员工	农民	科教医群体	弱势群体	做小生意者	演艺界	合计
传统	17.5%	16.1%	17.1%	19.3%	14.2%	15.2%	17.7%	12.0%	17.0%
风俗习惯	8.0%	11.1%	7.9%	12.2%	7.3%	8.8%	9.2%	20.0%	9.5%
大多数人认同的道德规范	32.5%	29.6%	27.5%	20.7%	29.1%	23.3%	21.8%	16.0%	24.2%
大多当事人共同利益和意志	2.0%	2.5%	3.8%	3.4%	5.3%	3.6%	4.6%	4.0%	3.7%
自己的良心	21.5%	22.6%	27.0%	36.4%	20.2%	33.9%	32.3%	20.0%	31.4%
自己的利益			0.7%	0.6%		1.0%	0.6%		0.7%
意识形态要求	5.5%	3.0%	1.9%	2.5%	4.5%	1.9%	2.5%	4.0%	2.4%
己立立人，立达达人；己所不欲，勿施于人	13.0%	15.1%	14.1%	4.9%	19.4%	12.3%	11.5%	24.0%	11.2%
总计	100.0%	100.0%	100.0%	100.0%	100.0%	100.0%	100.0%	100.0%	100.0%
$\chi^2=235.743$　sig = 0.000									

如表所示，2016 年诸群体在对“判断某种行为是否符合伦理或道德”的标准的认知上存在显著差异。

2017 年：您根据什么来判断某种行为是否符合伦理或道德？

	官员	企业家	企业员工	农民	科教医群体	农民	做小生意者	演艺界	合计
传统道德观念	61.8%	59.4%	63.4%	56.0%	63.1%	55.1%	58.2%	51.5%	58.7%
风俗习惯	29.4%	31.3%	31.1%	36.4%	37.9%	33.8%	38.1%	48.5%	34.2%
大多数人认同的道德规范	45.6%	53.1%	47.7%	48.2%	55.4%	43.2%	49.5%	60.6%	47.1%
当事人共同利益和意志	23.5%	6.3%	21.1%	16.9%	20.5%	16.2%	19.3%	21.2%	18.5%
自己的良心	52.9%	65.6%	61.0%	64.8%	52.3%	64.5%	64.1%	63.6%	62.7%
总计	68	32	1278	789	195	1244	493	33	

如表所示，2017 年诸群体在对“判断某种行为是否符合伦理或道德”的标准的认知上存在显著差异。

综上所述，诸群体在对“判断某种行为是否符合伦理或道德”的标准的认知上，三年间不存在差异。民众都最看重“自己的良心”“大多数人认同的道德规范”和“传统道德观念”。

13. 当遭遇人与人之间的利益冲突时，你首选的办法是

2013 年：家庭成员之间发生冲突

	官员	企业家	企业员工	农民	科教医群体	弱势群体	做小生意者	演艺界	自由职业者	合计
诉诸法律，打官司			1.0%	0.5%	0.9%	0.5%				0.6%
直接找对方沟通但得理让人，适可而止	70.4%	61.1%	60.2%	60.3%	64.3%	52.5%	59.6%	50.0%	36.4%	58.2%
通过第三方（如社会机构，朋友等）从中调解，尽量不伤和气	7.4%	5.6%	10.9%	5.2%	7.0%	10.0%	10.6%	50.0%	18.2%	9.4%
能忍则忍	22.2%	33.3%	27.9%	34.0%	27.8%	36.9%	29.8%		45.5%	31.7%
总计	100.0%	100.0%	100.0%	100.0%	100.0%	100.0%	100.0%	100.0%	100.0%	100.0%

$\chi^2 = 29.789$ sig = 0.192

如表所示，2013 年诸群体在对“家庭成员之间发生冲突的解决办法”的认知上无显著差异。

2013 年：朋友之间发生冲突

	官员	企业家	企业员工	农民	科教医群体	弱势群体	做小生意者	演艺界	自由职业者	合计
诉诸法律，打官司			1.7%	2.7%	0.9%	4.3%	2.2%			2.5%
直接找对方沟通但得理让人，适可而止	59.3%	27.8%	53.8%	55.4%	53.1%	43.3%	48.4%	75.0%	45.5%	50.1%
通过第三方（如社会机构，朋友等）从中调解，尽量不伤和气	29.6%	55.6%	28.5%	23.1%	27.4%	29.1%	34.4%	25.0%	36.4%	28.7%
能忍则忍	11.1%	16.7%	16.1%	18.8%	18.6%	23.3%	15.1%		18.2%	18.7%
总计	100.0%	100.0%	100.0%	100.0%	100.0%	100.0%	100.0%	100.0%	100.0%	100.0%

$\chi^2 = 33.056$ sig = 0.103

如表所示，2013 年诸群体在对“朋友之间发生冲突的解决办法”的认知上无显著差异。

2013 年：同事之间发生冲突

	官员	企业家	企业员工	农民	科教医群体	弱势群体	做小生意者	演艺界	自由职业者	合计
诉诸法律，打官司			1.7%	1.8%		3.3%	2.2%		20.0%	2.2%
直接找对方沟通但得理让人，适可而止	63.0%	44.4%	47.1%	47.9%	50.9%	41.2%	47.3%	75.0%	30.0%	46.0%
通过第三方（如社会机构，朋友等）从中调解，尽量不伤和气	18.5%	27.8%	29.0%	21.2%	28.9%	29.8%	26.4%	25.0%	30.0%	27.7%
能忍则忍	18.5%	27.8%	22.2%	29.1%	20.2%	25.7%	24.2%		20.0%	24.1%
总计	100.0%	100.0%	100.0%	100.0%	100.0%	100.0%	100.0%	100.0%	100.0%	100.0%
$\chi^2=35.812$ sig $=0.057$										

如表所示，2013 年诸群体在对“同事之间发生冲突的解决办法”的认知上无显著差异。

2013 年：商业伙伴之间发生冲突

	官员	企业家	企业员工	农民	科教医群体	弱势群体	做小生意者	演艺界	自由职业者	合计
诉诸法律，打官司	63.0%	72.2%	54.8%	37.9%	56.4%	47.6%	43.5%	25.0%	60.0%	50.0%
直接找对方沟通但得理让人，适可而止	25.9%	11.1%	20.9%	28.0%	20.0%	28.0%	31.5%	75.0%		24.7%
通过第三方（如社会机构，朋友等）从中调解，尽量不伤和气	3.7%	16.7%	17.6%	9.3%	20.9%	16.0%	14.1%		40.0%	15.8%
能忍则忍	7.4%		6.8%	24.8%	2.7%	8.4%	10.9%			9.5%
总计	100.0%	100.0%	100.0%	100.0%	100.0%	100.0%	100.0%	100.0%	100.0%	100.0%
$\chi^2=93.236$ sig $=0.000$										

如表所示，2013 年诸群体在对“商业伙伴之间发生冲突的解决办法”的认知上存在显著差异。

2016 年：发生利益冲突的解决办法

	官员	企业家	企业员工	农民	科教医群体	弱势群体	做小生意者	演艺界	合计
诉讼法律，打官司	9.5%	10.1%	8.6%	7.8%	6.1%	9.7%	9.0%	24.0%	8.8%

续表

	官员	企业家	企业员工	农民	科教医群体	弱势群体	做小生意者	演艺界	合计
主动与对方沟通，适可而止	62.5%	65.7%	55.6%	48.6%	62.2%	55.1%	53.7%	48.0%	54.2%
找第三方帮助沟通调解，尽量不伤和气	21.5%	18.2%	26.4%	28.6%	25.2%	25.4%	28.3%	20.0%	26.3%
能忍则忍	6.5%	6.1%	9.4%	15.0%	6.5%	9.8%	9.0%	8.0%	10.7%
总计	100.0%	100.0%	100.0%	100.0%	100.0%	100.0%	100.0%	100.0%	100.0%
$\chi^2=91.762$ sig = 0.000									

如表所示，2016 年诸群体在对“发生利益冲突的解决办法”的认知上存在显著差异。

2017 年：家庭成员之间发生冲突

	官员	企业家	企业员工	农民	科教医群体	弱势群体	做小生意者	演艺界	自由职业者	合计
诉诸法律，打官司		3.1%	0.8%	0.6%	1.6%	1.3%	0.8%		1.0%	
直接找对方沟通但得理让人，适可而止	70.6%	37.5%	51.0%	49.6%	52.3%	58.6%	51.1%	39.4%	53.4%	70.6%
通过第三方（如社会机构，朋友等）从中调解，尽量不伤和气	8.8%	3.1%	8.5%	12.7%	11.9%	9.9%	9.3%	12.1%	10.0%	8.8%
能忍则忍	20.6%	56.3%	39.7%	37.1%	34.2%	30.2%	39.0%	48.5%	35.6%	20.6%
总计	100.0%	100.0%	100.0%	100.0%	100.0%	100.0%	100.0%	100.0%	100.0%	100.0%
$\chi^2=65.196$ sig = 0.000										

如表所示，2017 年诸群体在对“家庭成员之间发生冲突的解决办法”的认知上有显著差异。

2017 年：朋友之间发生冲突

	官员	企业家	企业员工	农民	科教医群体	弱势群体	做小生意者	演艺界	自由职业者	合计
诉诸法律，打官司	2.9%	2.9%	2.9%	1.6%	1.5%	2.3%	2.0%		2.3%	2.9%
直接找对方沟通但得理让人，适可而止	64.7%	41.2%	51.0%	49.2%	54.4%	59.1%	52.7%	39.4%	53.7%	64.7%

续表

	官员	企业家	企业员工	农民	科教医群体	弱势群体	做小生意者	演艺界	自由职业者	合计
通过第三方（如社会机构，朋友等）从中调解，尽量不伤和气	22.1%	26.5%	22.5%	24.0%	21.5%	20.4%	21.6%	24.2%	22.0%	22.1%
能忍则忍	10.3%	29.4%	23.6%	25.3%	22.6%	18.2%	23.6%	36.4%	22.0%	10.3%
总计	100.0%	100.0%	100.0%	100.0%	100.0%	100.0%	100.0%	100.0%	100.0%	100.0%

$\chi^2 = 48.176$　sig = 0.001

如表所示，2017 年诸群体在对“朋友之间发生冲突的解决办法”的认知上有显著差异。

2017 年：同事之间发生冲突

	官员	企业家	企业员工	农民	科教医群体	弱势群体	做小生意者	演艺界	自由职业者	合计
诉诸法律，打官司	2.9%	5.9%	4.6%	3.0%	2.1%	4.7%	3.8%		4.1%	2.9%
直接找对方沟通但得理让人，适可而止	63.2%	41.2%	52.5%	50.1%	50.3%	58.3%	49.1%	46.9%	53.5%	63.2%
通过第三方（如社会机构，朋友等）从中调解，尽量不伤和气	25.0%	23.5%	29.1%	33.0%	30.8%	26.7%	31.4%	37.5%	29.3%	25.0%
能忍则忍	8.8%	29.4%	13.7%	13.9%	16.9%	10.3%	15.7%	15.6%	13.1%	8.8%
总计	100.0%	100.0%	100.0%	100.0%	100.0%	100.0%	100.0%	100.0%	100.0%	100.0%

$\chi^2 = 50.094$　sig = 0.000

如表所示，2017 年诸群体在对“同事之间发生冲突的解决办法”的认知上有显著差异。

2017 年：商业伙伴之间发生冲突

	官员	企业家	企业员工	农民	科教医群体	弱势群体	做小生意者	演艺界	自由职业者	合计
诉诸法律，打官司	35.1%	23.5%	44.8%	39.6%	42.9%	39.2%	36.8%	21.9%	40.5%	35.1%
直接找对方沟通但得理让人，适可而止	40.4%	41.2%	22.9%	25.3%	25.4%	30.6%	24.9%	37.5%	26.7%	40.4%

续表

	官员	企业家	企业员工	农民	科教医群体	弱势群体	做小生意者	演艺界	自由职业者	合计
通过第三方（如社会机构，朋友等）从中调解，尽量不伤和气	22.8%	23.5%	26.8%	29.6%	24.9%	26.0%	31.8%	31.3%	27.5%	22.8%
能忍则忍	1.8%	11.8%	5.4%	5.6%	6.8%	4.3%	6.5%	9.4%	5.3%	1.8%
总计	100.0%	100.0%	100.0%	100.0%	100.0%	100.0%	100.0%	100.0%	100.0%	100.0%
$\chi^2=50.622$ sig = 0.000										

如表所示，2017 年诸群体在对“商业伙伴之间发生冲突的解决办法”的认知上存在显著差异。

综上所述，诸群体在三年间针对以上问题存在共识。三年间，除针对“商业伙伴”外的身份，诸群体对此普遍采取“找对方沟通，适可而止”和“能忍则忍”的态度。只有针对“商业伙伴”会“诉诸法律，打官司”，总体比重较低。

14. 您觉得大多数人都是可以相信的吗?

2013 年

	官员	企业家	企业员工	农民	科教医群体	弱势群体	做小生意者	演艺界	自由职业者	合计
大多数人都可以相信	44.4%	27.8%	21.5%	24.4%	16.4%	18.6%	28.7%	25.0%	9.1%	21.6%
一部分人可以相信	11.1%	16.7%	15.5%	19.8%	25.9%	14.9%	18.1%	25.0%	9.1%	17.0%
一般	18.5%	33.3%	29.0%	23.9%	39.7%	26.3%	22.3%	25.0%	27.3%	27.7%
大多数人都不可信	14.8%	22.2%	19.3%	17.8%	9.5%	20.2%	13.8%	25.0%	18.2%	18.0%
对其他人都应小心防备	11.1%		14.7%	14.2%	8.6%	20.2%	17.0%		36.4%	15.7%
总计	100.0%	100.0%	100.0%	100.0%	100.0%	100.0%	100.0%	100.0%	100.0%	100.0%
$\chi^2=55.538$ sig = 0.006										

如表所示，2013 年诸群体在对“是否大多数人都可以信任”的认知上存在显著差异。

2016 年

	官员	企业家	企业员工	农民	科教医群体	弱势群体	做小生意者	演艺界	合计
大多数人都可以相信	35.5%	39.2%	30.4%	29.8%	30.9%	25.9%	29.0%	16.0%	29.2%

续表

	官员	企业家	企业员工	农民	科教医群体	弱势群体	做小生意者	演艺界	合计
一部分人可以相信	21.5%	21.6%	22.8%	21.2%	23.6%	23.3%	22.3%	8.0%	22.4%
一般	26.5%	23.6%	30.1%	28.1%	32.5%	32.5%	28.8%	52.0%	30.1%
大多数人都不可信	10.5%	9.5%	9.7%	11.5%	10.2%	11.2%	11.8%	8.0%	10.8%
对其他人都应小心防备	6.0%	6.0%	6.8%	9.4%	2.8%	7.1%	8.2%	16.0%	7.5%
总计	100.0%	100.0%	100.0%	100.0%	100.0%	100.0%	100.0%	100.0%	100.0%
$\chi^2=61.949$ sig = 0.000									

如表所示，2016 年诸群体在对“是否大多数人都可以信任”的认知上存在显著差异。

2017 年

	官员	企业家	企业员工	农民	科教医群体	弱势群体	做小生意者	演艺界	合计
大多数人都可以相信	11.8%	8.8%	9.5%	10.1%	14.4%	8.4%	8.6%	18.2%	9.5%
一部分人可以相信	38.2%	32.4%	34.1%	39.0%	35.9%	32.5%	31.3%	18.2%	34.1%
一般	39.7%	32.4%	42.7%	36.6%	39.5%	43.7%	44.4%	42.4%	41.8%
大多数人都不可信	7.4%	23.5%	12.2%	12.0%	9.7%	13.2%	14.3%	21.2%	12.7%
对其他人都应小心防备	2.9%	2.9%	1.6%	2.3%	0.5%	2.2%	1.4%		1.9%
总计	100.0%	100.0%	100.0%	100.0%	100.0%	100.0%	100.0%	100.0%	100.0%
$\chi^2=45.391$ sig = 0.020									

如表所示，2017 年诸群体在对“是否大多数人都可以信任”的认知上存在显著差异。

综上所述，诸群体对“是否大多数人都可以信任”的认知上，三年间存在差异。2017 年，各群体选择“大多数人都可以信任”的比重大幅度下降，较之前两年下降近 20%。

15. 您认为对当前我国伦理关系和道德风尚造成最大负面影响的因素是

2013 年

	官员	企业家	企业员工	农民	科教医群体	弱势群体	做小生意者	演艺界	自由职业者	合计
传统文化的崩坏	22.2%	33.3%	27.8%	27.8%	28.7%	25.1%	23.3%	50.0%	27.3%	26.8%

续表

	官员	企业家	企业员工	农民	科教医群体	弱势群体	做小生意者	演艺界	自由职业者	合计
外来文化的冲击	18.5%	11.1%	14.8%	9.7%	15.7%	12.8%	7.8%		18.2%	13.0%
市场经济导致的个人主义	37.0%	44.4%	40.6%	41.5%	43.5%	46.5%	53.3%	50.0%	45.5%	43.8%
计算机网络技术的发展	18.5%	5.6%	12.8%	10.8%	9.6%	13.4%	12.2%			12.2%
其他	3.7%	5.6%	3.9%	10.2%	2.6%	2.2%	3.3%		9.1%	4.2%
总计	100.0%	100.0%	100.0%	100.0%	100.0%	100.0%	100.0%	100.0%	100.0%	100.0%
$\chi^2=37.926$ sig = 0.217										

如表所示，2013 年诸群体在对“当前我国伦理关系和道德风尚造成最大负面影响的因素”的认知上无显著差异。

2016 年

	官员	企业家	企业员工	农民	科教医群体	弱势群体	做小生意者	演艺界	合计
传统文化的崩坏	21.6%	22.3%	20.2%	28.6%	22.0%	23.3%	19.5%	36.0%	23.5%
外来文化的冲击	12.6%	12.7%	9.8%	8.0%	9.3%	8.9%	10.9%	12.0%	9.3%
市场经济导致的个人主义	26.6%	19.8%	26.0%	19.0%	27.2%	23.3%	25.4%	4.0%	23.1%
网络技术的发展	5.5%	5.1%	6.8%	6.2%	6.9%	6.6%	8.8%		6.6%
分配不公，两极分化	18.6%	20.3%	19.5%	19.6%	14.6%	18.9%	15.9%	28.0%	18.9%
以权谋私，官员腐败	15.1%	19.8%	17.7%	18.6%	19.9%	19.0%	19.5%	20.0%	18.6%
总计	100.0%	100.0%	100.0%	100.0%	100.0%	100.0%	100.0%	100.0%	100.0%
$\chi^2=84.958$ sig = 0.000									

如表所示，2016 年诸群体在对“当前我国伦理关系和道德风尚造成最大负面影响的因素”的认知上存在显著差异。

2017 年

	官员	企业家	企业员工	农民	科教医群体	农民	做小生意者	演艺界	合计
传统文化的崩坏	42.6%	44.1%	38.0%	37.6%	36.8%	37.3%	37.7%	33.3%	37.7%
外来文化的冲击	20.6%	32.4%	39.2%	32.8%	33.2%	33.8%	39.1%	48.5%	35.8%
市场经济导致的个人主义	30.9%	32.4%	27.9%	24.4%	32.6%	26.4%	25.7%	39.4%	27.0%

续表

	官员	企业家	企业员工	农民	科教医群体	农民	做小生意者	演艺界	合计
网络技术的发展	25.0%	14.7%	26.0%	17.5%	26.8%	18.4%	24.8%	30.3%	22.0%
分配不公，两极分化	38.2%	47.1%	35.3%	42.8%	32.6%	38.4%	37.1%	27.3%	37.8%
以权谋私，官员腐败	22.1%	26.5%	23.6%	33.5%	25.8%	27.6%	25.5%	21.2%	26.9%
总计	68	34	1248	710	190	1166	483	33	

如表所示，2017 年诸群体在对“当前我国伦理关系和道德风尚造成最大负面影响的因素”的认知上存在差异。

综上所述，诸群体在“当前我国伦理关系和道德风尚造成最大负面影响的因素”的认知上，三年间存在差异。在三年间，2017 年较之前两年，各群体关于“外来文化的冲击”看法增加了近 20%，增幅明显，且对“分配不公”这一看法的比重上升，差异明显。

16. 您认为当今中国社会最重要和最需要的德性是（排序题）

2013 年：当今中国社会最重要和最需要的第一德性

	官员	企业家	企业员工	农民	科教医群体	弱势群体	做小生意者	演艺界	自由职业者	合计
爱（仁爱、博爱、友爱）	33.3%	55.6%	40.8%	28.3%	44.8%	41.8%	37.0%	25.0%	45.5%	39.3%
义（道义、义务）			2.4%	2.6%	1.7%	4.9%	5.4%			3.2%
宽容	3.7%		4.9%	11.0%	1.7%	6.8%	6.5%			6.1%
责任	3.7%	11.1%	14.7%	14.1%	13.8%	14.4%	13.0%	25.0%	18.2%	14.1%
正义或公正	22.2%	16.7%	14.2%	11.0%	13.8%	10.1%	8.7%		18.2%	12.2%
诚信	25.9%	16.7%	9.8%	6.3%	6.9%	5.2%	14.1%		9.1%	8.3%
忠恕	3.7%		0.2%	0.5%		1.1%	1.1%			0.6%
理智			1.0%		1.7%	0.3%	1.1%			0.6%
节制			0.2%	0.5%						0.2%
谦让			1.0%	2.1%	1.7%	1.1%	3.3%			1.4%
恭敬						0.5%				0.2%
勇敢			0.2%			0.5%				0.2%
正直	3.7%		2.4%	5.8%	2.6%	3.5%	1.1%			3.2%
善良			2.4%	4.7%	3.4%	4.1%		50.0%		3.2%
力行或知行合一			0.5%		0.9%	0.3%				0.3%

续表

	官员	企业家	企业员工	农民	科教医群体	弱势群体	做小生意者	演艺界	自由职业者	合计
教养			1.5%	1.6%	2.6%	2.2%	4.3%			1.9%
孝悌	3.7%		2.7%	9.9%	3.4%	3.3%	3.3%		9.1%	4.1%
气节			0.2%	0.5%	0.9%		1.1%			0.3%
中庸			0.2%	0.5%						0.2%
敬业			0.5%	0.5%						0.2%
总计	100.0%	100.0%	100.0%	100.0%	100.0%	100.0%	100.0%	100.0%	100.0%	100.0%
$\chi^2 = 172.683$ sig = 0.120										

如表所示，2013 年诸群体在对“当今中国社会最重要和最需要的第一德性”的认知上无显著差异。

2013 年：当今中国社会最重要和最需要的第二德性

	官员	企业家	企业员工	农民	科教医群体	弱势群体	做小生意者	演艺界	自由职业者	合计
爱（仁爱、博爱、友爱）	22.2%	5.6%	10.9%	6.3%	7.8%	7.1%	5.4%	50.0%		8.5%
义（道义、义务）	14.8%	27.8%	19.3%	11.1%	20.7%	16.7%	16.3%	25.0%	36.4%	17.3%
宽容	7.4%	16.7%	10.9%	11.6%	11.2%	12.0%	9.8%	25.0%		11.2%
责任	18.5%	11.1%	17.0%	11.1%	16.4%	16.9%	15.2%		18.2%	15.8%
正义或公正	3.7%	16.7%	10.4%	8.4%	7.8%	10.9%	15.2%		9.1%	10.3%
诚信	14.8%	16.7%	7.9%	11.6%	11.2%	10.1%	10.9%		9.1%	9.9%
忠恕			1.0%	1.6%	1.7%	1.1%				1.1%
理智			2.0%	2.6%	2.6%	1.6%	3.3%			2.0%
节制				0.5%	0.9%	0.5%	1.1%			0.4%
谦让	3.7%		2.0%	2.1%	2.6%	3.8%	8.7%			3.1%
恭敬	3.7%		0.2%	1.6%		1.1%				0.7%
勇敢			0.2%	0.5%	0.9%	0.5%			9.1%	0.5%
正直	3.7%		4.7%	4.7%	4.3%	3.3%	4.3%		9.1%	4.1%
善良		5.6%	5.9%	13.2%	0.9%	5.5%	6.5%		9.1%	6.3%
力行或知行合一			0.2%							0.1%
教养	3.7%		3.2%	3.7%	4.3%	3.3%	2.2%			3.3%
孝悌	3.7%		2.2%	8.4%	1.7%	4.1%				3.5%
气节			0.2%	0.5%	1.7%	0.5%				0.5%

续表

	官员	企业家	企业员工	农民	科教医群体	弱势群体	做小生意者	演艺界	自由职业者	合计
中庸			0.5%							0.2%
敬业			1.2%	0.5%	3.4%	0.8%	1.1%			1.1%
总计	100.0%	100.0%	100.0%	100.0%	100.0%	100.0%	100.0%	100.0%	100.0%	100.0%
$\chi^2=163.649$　sig = 0.245										

如表所示，2013 年诸群体在对“当今中国社会最重要和最需要的第二德性”的认知上无显著差异。

2013 年：当今中国社会最重要和最需要的第三德性

	官员	企业家	企业员工	农民	科教医群体	弱势群体	做小生意者	演艺界	自由职业者	合计
爱（仁爱、博爱、友爱）	14.8%		5.7%	3.7%	5.2%	3.3%	11.1%			5.1%
义（道义、义务）			5.9%	6.3%	6.1%	4.1%	2.2%		9.1%	5.0%
宽容	22.2%	27.8%	18.3%	16.3%	12.2%	16.3%	18.9%	25.0%	27.3%	17.2%
责任	7.4%	27.8%	14.1%	12.6%	20.0%	14.9%	7.8%			14.1%
正义或公正	11.1%	16.7%	8.7%	7.4%	10.4%	11.3%	15.6%		9.1%	10.1%
诚信	18.5%	16.7%	19.6%	21.6%	13.0%	13.5%	5.6%		18.2%	16.3%
忠恕			0.5%	1.1%		2.2%				1.0%
理智	3.7%	5.6%	3.7%	2.6%	1.7%	3.9%			9.1%	3.2%
节制			1.2%	0.5%		1.4%				0.9%
谦让			3.0%	6.3%	0.9%	5.2%	6.7%	25.0%		4.2%
恭敬				1.1%	1.7%	0.8%				0.6%
勇敢	7.4%		1.2%	3.2%	3.5%	1.9%	2.2%	25.0%		2.2%
正直	3.7%		3.0%	2.1%	7.8%	3.9%	8.9%	25.0%		4.0%
善良			6.4%	10.0%	7.8%	6.9%	8.9%		18.2%	7.3%
力行或知行合一	3.7%		0.5%		0.9%					0.3%
教养			3.5%	2.1%	2.6%	5.8%	10.0%		9.1%	4.3%
孝悌	3.7%		2.5%	3.2%	3.5%	2.8%	1.1%			2.6%
气节			0.7%			0.8%				0.5%
中庸			0.5%							0.2%
敬业	3.7%	5.6%	1.0%		2.6%	1.1%	1.1%			1.1%
总计	100.0%	100.0%	100.0%	100.0%	100.0%	100.0%	100.0%	100.0%	100.0%	100.0%
$\chi^2=193.033$　sig = 0.014										

如表所示，2013 年诸群体在对“当今中国社会最重要和最需要的第三德性”的认知上存在显著差异。

2013 年：当今中国社会最重要和最需要的第四德性

	官员	企业家	企业员工	农民	科教医群体	弱势群体	做小生意者	演艺界	自由职业者	合计
爱（仁爱、博爱、友爱）	3.7%		4.2%	5.3%	2.6%	4.2%				3.8%
义（道义、义务）	11.1%		3.7%	2.7%	5.2%	2.5%	2.2%			3.3%
宽容	18.5%	6.3%	10.0%	5.9%	13.0%	10.3%	10.0%		18.2%	9.9%
责任	14.8%	12.5%	12.5%	10.1%	11.3%	10.8%	20.0%	25.0%	36.4%	12.4%
正义或公正	7.4%	12.5%	7.7%	6.4%	13.9%	9.4%	4.4%			8.3%
诚信		6.3%	13.2%	10.1%	7.8%	11.4%	15.6%	25.0%	18.2%	11.6%
忠恕			1.0%	3.2%		1.7%	1.1%			1.4%
理智	3.7%	6.3%	3.5%	3.2%	6.1%	3.9%	2.2%	25.0%		3.8%
节制			1.7%	1.1%		2.2%				1.4%
谦让	3.7%	6.3%	4.0%	6.4%	1.7%	5.8%	7.8%			5.0%
恭敬			1.5%	1.6%	0.9%	1.1%	2.2%			1.3%
勇敢			3.2%	5.3%	1.7%	5.0%	3.3%			3.8%
正直	18.5%	18.8%	8.5%	10.6%	9.6%	6.4%	6.7%			8.4%
善良	7.4%	12.5%	8.2%	9.6%	9.6%	10.3%	12.2%		18.2%	9.6%
力行或知行合一			0.5%	1.1%	1.7%	0.3%	1.1%			0.7%
教养		12.5%	7.5%	7.4%	6.1%	6.9%	4.4%			6.8%
孝悌	3.7%		3.2%	5.3%	3.5%	5.0%	3.3%		9.1%	4.1%
气节	3.7%		1.0%			1.1%	1.1%			0.8%
中庸			0.5%	1.1%						0.3%
敬业	3.7%	6.3%	4.2%	3.7%	5.2%	1.7%	2.2%	25.0%		3.4%
总计	100.0%	100.0%	100.0%	100.0%	100.0%	100.0%	100.0%	100.0%	100.0%	100.0%
$\chi^2 = 137.639$ sig = 0.792										

如表所示，2013 年诸群体在对“当今中国社会最重要和最需要的第四德性”的认知上无显著差异。

2013 年：当今中国社会最重要和最需要的第五德性

	官员	企业家	企业员工	农民	科教医群体	弱势群体	做小生意者	演艺界	自由职业者	合计
爱（仁爱、博爱、友爱）	11.1%		4.8%	5.3%	1.7%	5.6%			18.2%	4.6%
义（道义、义务）	3.7%	6.3%	1.8%	3.7%	0.9%	1.7%	5.6%			2.3%
宽容	7.4%	18.8%	8.5%	8.0%	11.3%	4.7%	6.7%			7.4%
责任	7.4%		7.0%	8.0%	7.0%	8.1%	8.9%		9.1%	7.5%
正义或公正	11.1%		9.8%	5.9%	2.6%	5.6%	7.8%		27.3%	7.1%
诚信	11.1%		10.8%	9.0%	18.3%	13.1%	2.2%			11.0%
忠恕			1.8%	1.1%	0.9%	0.8%	1.1%			1.2%
理智			5.5%	3.2%	3.5%	7.0%	8.9%			5.4%
节制			2.0%	3.7%		1.7%	4.4%			2.1%
谦让	7.4%	12.5%	5.3%	4.3%	4.3%	5.6%	5.6%			5.2%
恭敬			1.0%	1.6%	1.7%	1.4%	3.3%		9.1%	1.5%
勇敢			5.0%	7.4%	4.3%	3.3%	6.7%		9.1%	4.8%
正直	14.8%		6.0%	8.0%	7.0%	7.2%	10.0%	50.0%		7.3%
善良	7.4%	25.0%	8.0%	9.6%	11.3%	9.7%	13.3%	25.0%		9.7%
力行或知行合一	7.4%		1.8%	1.6%	1.7%	2.8%				2.0%
教养	3.7%	12.5%	6.3%	8.0%	10.4%	6.1%	7.8%			6.9%
孝悌	3.7%		5.0%	7.4%	1.7%	5.6%	3.3%			5.0%
气节			2.3%	0.5%	1.7%	2.5%	1.1%		9.1%	1.9%
中庸			1.0%			0.6%	1.1%	25.0%		0.7%
敬业	3.7%	25.0%	6.8%	3.7%	9.6%	7.0%	2.2%		18.2%	6.5%
总计	100.0%	100.0%	100.0%	100.0%	100.0%	100.0%	100.0%	100.0%	100.0%	100.0%
$\chi^2=219.920$　sig = 0.000										

如表所示，2013 年诸群体在对“当今中国社会最重要和最需要的第五德性”的认知上存在显著差异。

2016 年：您认为当今中国社会第一重要和第一需要的德性是

	官员	企业家	企业员工	农民	科教医群体	弱势群体	做小生意者	演艺界	合计
爱（仁爱、博爱、友爱）	43.0%	40.9%	42.9%	37.5%	40.9%	38.4%	37.5%	60.0%	39.6%
义（道义、义务）	7.0%	5.1%	5.2%	3.5%	3.6%	4.4%	4.8%	4.0%	4.5%

续表

	官员	企业家	企业员工	农民	科教医群体	弱势群体	做小生意者	演艺界	合计
宽容	2.0%	1.0%	3.5%	5.2%	4.0%	3.7%	4.2%	4.0%	4.0%
责任	11.5%	16.2%	15.0%	14.9%	17.0%	14.8%	16.0%	8.0%	15.0%
正义或公正	13.5%	14.1%	12.0%	10.1%	12.1%	12.8%	13.0%	12.0%	12.0%
诚信	10.5%	10.1%	8.9%	7.9%	9.7%	9.3%	9.0%		8.8%
忠恕	1.5%		1.3%	0.9%	1.2%	0.9%	1.1%	4.0%	1.0%
理智		1.0%	0.5%	1.2%	0.8%	1.2%	1.0%		0.9%
节制			0.1%	0.3%		0.2%	0.2%		0.2%
谦让	1.0%		0.8%	2.1%	0.4%	1.2%	0.4%		1.2%
恭敬		1.0%	0.3%	0.8%		0.6%	0.4%		0.5%
勇敢			0.1%	0.9%		0.5%	0.6%		0.4%
正直	2.0%	2.5%	1.8%	2.6%	1.2%	2.6%	2.3%	4.0%	2.3%
善良	2.5%	3.5%	2.7%	5.3%	2.0%	4.1%	3.0%	4.0%	3.8%
力行或知行合一	0.5%		0.3%			0.2%			0.1%
教养	0.5%	1.0%	1.5%	1.2%	1.2%	1.7%	3.2%		1.3%
孝悌	3.5%	3.5%	2.3%	4.7%	3.6%	2.7%	2.1%		3.1%
气节			0.2%	0.1%	0.8%		0.4%		0.1%
中庸			0.1%	0.1%		0.1%	0.2%		0.1%
敬业	1.0%		0.4%	0.7%	1.2%	0.7%	0.8%		0.7%
总计	100.0%	100.0%	100.0%	100.0%	100.0%	100.0%	100.0%	100.0%	100.0%

$\chi^2=194.036$　sig = 0.000

如表所示，2016 年诸群体在对“当今中国社会第一重要和第一需要的德性”的认知上存在显著差异。

2016 年：您认为当今中国社会第二重要和第二需要的德性是

	官员	企业家	企业员工	农民	科教医群体	弱势群体	做小生意者	演艺界	合计
爱（仁爱、博爱、友爱）	11.5%	10.6%	9.0%	9.2%	10.1%	11.3%	11.3%	4.0%	10.1%
义（道义、义务）	13.0%	12.1%	17.9%	16.6%	17.8%	17.6%	18.1%	28.0%	17.2%
宽容	5.5%	5.0%	6.5%	6.7%	8.5%	6.5%	6.3%	16.0%	6.6%
责任	17.0%	19.6%	16.7%	13.7%	15.0%	15.7%	16.8%	8.0%	15.6%
正义或公正	15.0%	14.1%	12.7%	13.0%	10.1%	10.3%	12.8%	8.0%	12.1%

续表

	官员	企业家	企业员工	农民	科教医群体	弱势群体	做小生意者	演艺界	合计
诚信	15.0%	16.1%	13.4%	13.6%	13.8%	12.3%	13.2%	12.0%	13.2%
忠恕	2.5%	1.0%	0.8%	1.5%	1.2%	1.4%	0.8%		1.2%
理智	5.0%	3.5%	2.5%	2.3%	2.4%	2.8%	2.1%	4.0%	2.6%
节制	0.5%		0.3%	0.4%	1.2%	0.3%	0.4%		0.4%
谦让	1.5%	2.0%	1.8%	1.7%	2.8%	2.5%	2.5%		2.1%
恭敬	0.5%	0.5%	0.9%	0.5%	0.4%	1.0%	0.4%	4.0%	0.7%
勇敢		0.5%	0.7%	1.2%	0.4%	0.7%	0.8%		0.8%
正直	3.0%	3.5%	3.6%	3.2%	2.8%	3.1%	2.3%	4.0%	3.2%
善良	2.5%	5.0%	6.8%	8.8%	4.0%	7.2%	5.7%	4.0%	7.0%
力行或知行合一	1.5%	0.5%	0.2%	0.1%	0.4%	0.2%	0.6%		0.3%
教养	2.5%	2.5%	1.8%	2.3%	1.6%	3.0%	1.9%	8.0%	2.4%
孝悌	1.5%	1.0%	2.9%	3.3%	2.8%	3.0%	2.9%		2.9%
气节			0.1%	0.2%	0.8%	0.1%	0.2%		0.2%
中庸			0.2%	0.1%		0.1%			0.1%
敬业	2.0%	2.5%	1.3%	1.5%	3.6%	1.0%	1.1%		1.4%
总计	100.0%	100.0%	100.0%	100.0%	100.0%	100.0%	100.0%	100.0%	100.0%
$\chi^2=163.192$　sig = 0.039									

如表所示，2016 年诸群体在对“当今中国社会第二重要和第二需要的德性”的认知上存在显著差异。

2016 年：您认为当今中国社会第三重要和第三需要的德性是

	官员	企业家	企业员工	农民	科教医群体	弱势群体	做小生意者	演艺界	合计
爱（仁爱、博爱、友爱）	8.0%	9.0%	7.3%	6.5%	7.7%	8.2%	8.2%	12.0%	7.6%
义（道义、义务）	4.0%	5.0%	4.8%	6.5%	6.5%	5.8%	5.7%		5.7%
宽容	13.0%	16.6%	15.2%	15.6%	12.6%	14.6%	17.0%	16.0%	15.1%
责任	9.0%	8.5%	12.6%	9.3%	14.6%	10.8%	9.4%	20.0%	10.8%
正义或公正	15.0%	11.6%	10.1%	7.6%	12.1%	9.6%	7.3%	16.0%	9.4%
诚信	18.0%	17.1%	19.9%	20.0%	15.0%	19.0%	18.9%	16.0%	19.2%
忠恕	0.5%	1.0%	0.5%	1.4%	0.4%	1.1%	1.3%		1.0%
理智	2.0%	2.0%	2.5%	2.3%	3.6%	2.5%	2.5%		2.4%

续表

	官员	企业家	企业员工	农民	科教医群体	弱势群体	做小生意者	演艺界	合计
节制	1.5%		0.5%	1.2%	1.2%	0.9%	1.0%	4.0%	0.9%
谦让	0.5%	1.5%	1.7%	2.5%	1.2%	2.0%	1.5%		1.9%
恭敬			0.7%	0.7%	0.4%	0.5%	0.4%		0.6%
勇敢	1.5%	0.5%	1.3%	2.8%	1.6%	1.7%	3.1%		2.0%
正直	4.5%	2.5%	3.3%	3.3%	2.4%	3.6%	3.1%		3.3%
善良	5.5%	7.0%	7.4%	8.5%	6.5%	8.7%	8.4%	4.0%	8.1%
力行或知行合一	1.0%	1.0%	1.0%	1.0%	2.8%	0.7%	2.1%		1.1%
教养	3.5%	6.0%	3.8%	2.5%	3.6%	3.6%	3.2%	4.0%	3.4%
孝悌	3.5%	4.5%	3.2%	4.3%	0.8%	3.5%	2.5%	4.0%	3.5%
气节	1.5%	0.5%	0.5%	0.7%	1.2%	0.4%	0.6%		0.6%
中庸	0.5%		0.1%	0.1%		0.1%	0.2%	4.0%	0.1%
敬业	7.0%	5.5%	3.6%	3.1%	5.7%	2.6%	3.8%		3.4%
总计	100.0%	100.0%	100.0%	100.0%	100.0%	100.0%	100.0%	100.0%	100.0%
χ^2 = 201.484 sig = 0.000									

如表所示，2016 年诸群体在对“当今中国社会第三重要和第三需要的德性”的认知上存在显著差异。

2017 年：您认为当今中国社会最重要和最需要的德性是？第一位

	官员	企业家	企业员工	农民	科教医群体	弱势群体	做小生意者	演艺界	合计
爱（仁爱、博爱、友爱）	27.9%	26.5%	27.1%	21.1%	31.1%	24.8%	22.3%	36.4%	24.9%
义（道义、义务）	4.4%	2.9%	3.4%	3.8%	5.1%	3.7%	3.4%	3.0%	3.7%
宽容	1.5%	2.9%	4.1%	4.1%	3.6%	3.5%	4.4%		3.8%
责任	8.8%	8.8%	4.8%	4.4%	5.6%	5.9%	7.0%	6.1%	5.5%
正义或公正	22.1%	8.8%	14.7%	15.1%	12.2%	15.6%	12.1%	9.1%	14.7%
诚信	13.2%	23.5%	16.1%	18.0%	18.4%	17.6%	17.5%	6.1%	17.1%
忠恕			1.8%	2.2%	2.6%	1.5%	1.6%	6.1%	1.8%
理智			0.3%	0.3%		0.5%	1.2%	3.0%	0.5%
节制			1.0%	1.5%		0.5%	1.0%	9.1%	0.9%
谦让	2.9%		2.6%	4.1%	1.5%	2.6%	3.8%		2.9%
恭敬			1.2%	1.5%	2.0%	1.4%	2.4%		1.5%

续表

	官员	企业家	企业员工	农民	科教医群体	弱势群体	做小生意者	演艺界	合计
勇敢	2.9%		4.3%	2.0%	2.0%	2.5%	4.2%		3.1%
正直	5.9%		5.5%	7.4%	2.0%	8.0%	6.4%	9.1%	6.6%
善良	10.3%	26.5%	12.7%	14.1%	12.8%	11.7%	11.1%	12.1%	12.5%
力行或知行合一			0.5%	0.4%	1.0%	0.1%	1.4%		0.5%
教养				0.1%		0.1%			0.1%
孝悌	27.9%	26.5%	27.1%	21.1%	31.1%	24.8%	22.3%	36.4%	24.9%
气节	4.4%	2.9%	3.4%	3.8%	5.1%	3.7%	3.4%	3.0%	3.7%
中庸	1.5%	2.9%	4.1%	4.1%	3.6%	3.5%	4.4%		3.8%
敬业	8.8%	8.8%	4.8%	4.4%	5.6%	5.9%	7.0%	6.1%	5.5%
总计	100.0%	100.0%	100.0%	100.0%	100.0%	100.0%	100.0%	100.0%	100.0%
$\chi^2=166.618$　sig = 0.000									

如表所示，2017 年诸群体在对“当今中国社会最重要和最需要的第一德性”的认知上存在显著差异。

2017 年：您认为当今中国社会最重要和最需要的德性是？第二位

	官员	企业家	企业员工	农民	科教医群体	弱势群体	做小生意者	演艺界	合计
爱（仁爱、博爱、友爱）	8.8%	5.9%	11.0%	9.8%	13.3%	10.9%	11.7%	24.2%	11.0%
义（道义、义务）	10.3%	5.9%	16.8%	10.0%	13.8%	11.9%	8.9%	15.2%	12.7%
宽容	8.8%	14.7%	6.6%	5.0%	7.7%	6.3%	6.4%	15.2%	6.4%
责任	5.9%		8.5%	6.0%	9.7%	8.7%	9.9%	6.1%	8.2%
正义或公正	19.1%	17.6%	11.8%	14.1%	14.8%	13.0%	12.9%	6.1%	13.0%
诚信	20.6%	20.6%	16.6%	16.8%	14.8%	17.2%	16.1%	6.1%	16.7%
忠恕	2.9%	2.9%	2.2%	3.4%	2.6%	2.4%	1.8%		2.4%
理智	1.5%	2.9%	1.2%	1.1%	2.0%	1.1%	1.8%		1.3%
节制	1.5%	2.9%	1.8%	4.4%	1.0%	2.7%	3.2%		2.7%
谦让	1.5%		3.0%	3.8%	2.0%	2.4%	3.0%	9.1%	2.9%
恭敬	1.5%		2.0%	2.5%	0.5%	1.7%	3.2%		2.1%
勇敢	2.9%	2.9%	3.0%	2.4%	1.5%	2.6%	4.0%		2.8%
正直	4.4%	11.8%	6.9%	10.5%	9.2%	8.9%	8.0%	3.0%	8.4%
善良	8.8%	5.9%	7.9%	8.6%	4.6%	9.2%	8.0%	9.1%	8.3%

续表

	官员	企业家	企业员工	农民	科教医群体	弱势群体	做小生意者	演艺界	合计
力行或知行合一	1.5%	5.9%	0.7%	1.3%	2.6%	1.0%	1.0%	6.1%	1.1%
教养				0.1%					
孝悌	8.8%	5.9%	11.0%	9.8%	13.3%	10.9%	11.7%	24.2%	11.0%
气节	10.3%	5.9%	16.8%	10.0%	13.8%	11.9%	8.9%	15.2%	12.7%
中庸	8.8%	14.7%	6.6%	5.0%	7.7%	6.3%	6.4%	15.2%	6.4%
敬业	5.9%		8.5%	6.0%	9.7%	8.7%	9.9%	6.1%	8.2%
总计	100.0%	100.0%	100.0%	100.0%	100.0%	100.0%	100.0%	100.0%	100.0%
$\chi^2=161.157$ sig = 0.000									

如表所示，2017 年诸群体在对“当今中国社会最重要和最需要的第二德性”的认知上存在显著差异。

2017 年：您认为当今中国社会最重要和最需要的德性是？第三位

	官员	企业家	企业员工	农民	科教医群体	弱势群体	做小生意者	演艺界	合计
爱（仁爱、博爱、友爱）	7.4%	20.6%	7.2%	5.5%	9.7%	7.7%	7.6%	12.1%	7.4%
义（道义、义务）	4.4%	14.7%	7.5%	6.1%	5.6%	6.4%	7.4%	3.0%	6.8%
宽容	17.6%	14.7%	18.9%	18.9%	20.4%	15.6%	18.7%	21.2%	17.8%
责任	19.1%	8.8%	14.5%	12.9%	15.3%	13.0%	13.1%	9.1%	13.6%
正义或公正	5.9%	5.9%	6.6%	7.7%	6.6%	8.6%	8.5%	3.0%	7.7%
诚信	8.8%	8.8%	10.3%	11.1%	15.3%	11.8%	9.9%	12.1%	11.1%
忠恕	4.4%		2.4%	4.1%	1.0%	2.9%	5.2%	15.2%	3.3%
理智	4.4%		3.9%	3.8%	2.6%	3.9%	3.6%	3.0%	3.8%
节制	1.5%		1.8%	2.4%	1.5%	1.8%	2.4%		1.9%
谦让		2.9%	2.6%	2.4%	1.0%	2.6%	1.0%	6.1%	2.3%
恭敬	1.5%	2.9%	3.3%	2.9%	2.0%	3.0%	3.2%	3.0%	3.0%
勇敢	11.8%	8.8%	4.9%	5.9%	4.6%	6.2%	5.8%		5.7%
正直	2.9%	8.8%	6.8%	8.6%	6.1%	7.6%	4.2%	9.1%	7.0%
善良	4.4%	2.9%	6.7%	6.8%	5.6%	7.2%	5.8%	3.0%	6.6%
力行或知行合一	5.9%		2.5%	0.9%	2.6%	1.7%	3.4%		2.1%
教养	7.4%	20.6%	7.2%	5.5%	9.7%	7.7%	7.6%	12.1%	7.4%
孝悌	4.4%	14.7%	7.5%	6.1%	5.6%	6.4%	7.4%	3.0%	6.8%

续表

	官员	企业家	企业员工	农民	科教医群体	弱势群体	做小生意者	演艺界	合计
气节	17.6%	14.7%	18.9%	18.9%	20.4%	15.6%	18.7%	21.2%	17.8%
中庸	19.1%	8.8%	14.5%	12.9%	15.3%	13.0%	13.1%	9.1%	13.6%
敬业	5.9%	5.9%	6.6%	7.7%	6.6%	8.6%	8.5%	3.0%	7.7%
总计	100.0%	100.0%	100.0%	100.0%	100.0%	100.0%	100.0%	100.0%	100.0%
$\chi^2 = 132.264$　sig = 0.012									

如表所示，2017 年诸群体在对“当今中国社会最重要和最需要的第三德性”的认知上存在显著差异。

2017 年：您认为当今中国社会最重要和最需要的德性是？第四位

	官员	企业家	企业员工	农民	科教医群体	弱势群体	做小生意者	演艺界	合计
爱（仁爱、博爱、友爱）	4.4%	2.9%	5.3%	6.2%	6.6%	6.2%	4.6%		5.7%
义（道义、义务）	4.4%	2.9%	5.0%	4.5%	5.1%	6.3%	4.4%	9.1%	5.3%
宽容	4.4%	2.9%	9.2%	7.3%	8.2%	8.3%	9.1%		8.3%
责任	16.2%	20.6%	21.8%	18.2%	19.4%	18.5%	16.7%	24.2%	19.3%
正义或公正	8.8%	17.6%	8.6%	8.1%	10.2%	8.3%	7.9%	12.1%	8.5%
诚信	20.6%	11.8%	9.4%	9.0%	12.2%	10.2%	12.7%	12.1%	10.3%
忠恕			2.5%	2.1%	1.5%	2.9%	1.6%	3.0%	2.4%
理智	1.5%		3.1%	3.6%	2.0%	3.4%	2.4%	3.0%	3.1%
节制	2.9%		2.1%	3.5%	4.1%	2.7%	3.0%	3.0%	2.7%
谦让	4.4%	5.9%	4.0%	5.8%	4.1%	3.7%	5.6%	3.0%	4.4%
恭敬	1.5%		1.4%	3.2%	2.0%	2.0%	1.8%	3.0%	2.0%
勇敢	11.8%	5.9%	5.3%	4.2%	4.1%	4.3%	4.8%	6.1%	4.8%
正直	13.2%	17.6%	12.8%	13.1%	8.7%	11.9%	14.3%	12.1%	12.6%
善良	4.4%	11.8%	7.4%	10.0%	7.7%	9.3%	9.5%	9.1%	8.7%
力行或知行合一	1.5%		2.1%	1.3%	4.1%	2.0%	1.4%		1.9%
教养	4.4%	2.9%	5.3%	6.2%	6.6%	6.2%	4.6%		5.7%
孝悌	4.4%	2.9%	5.0%	4.5%	5.1%	6.3%	4.4%	9.1%	5.3%
气节	4.4%	2.9%	9.2%	7.3%	8.2%	8.3%	9.1%		8.3%
中庸	16.2%	20.6%	21.8%	18.2%	19.4%	18.5%	16.7%	24.2%	19.3%

续表

	官员	企业家	企业员工	农民	科教医群体	弱势群体	做小生意者	演艺界	合计
敬业	8.8%	17.6%	8.6%	8.1%	10.2%	8.3%	7.9%	12.1%	8.5%
总计	100.0%	100.0%	100.0%	100.0%	100.0%	100.0%	100.0%	100.0%	100.0%

$\chi^2 = 106.793$　sig = 0.255

如表所示，2017 年诸群体在对“当今中国社会最重要和最需要的第四德性”的认知上不存在显著差异。

2017 年：您认为当今中国社会最重要和最需要的德性是？第五位

	官员	企业家	企业员工	农民	科教医群体	弱势群体	做小生意者	演艺界	合计
爱（仁爱、博爱、友爱）	7.4%	9.0%	7.3%	6.5%	7.7%	8.2%	8.2%	12.0%	7.6%
义（道义、义务）	2.9%	5.0%	4.8%	6.5%	6.5%	5.8%	5.7%		5.7%
宽容	1.1%	16.6%	15.2%	15.6%	12.6%	14.6%	17.0%	16.0%	15.1%
责任	2.9%	8.5%	12.6%	9.3%	14.6%	10.8%	9.4%	20.0%	10.8%
正义或公正	10.3%	11.6%	10.1%	7.6%	12.1%	9.6%	7.3%	16.0%	9.4%
诚信	8.8%	17.1%	19.9%	20.0%	15.0%	19.0%	18.9%	16.0%	19.2%
忠恕	1.5%	1.0%	0.5%	1.4%	0.4%	1.1%	1.3%		1.0%
理智	2.9%	2.0%	2.5%	2.3%	3.6%	2.5%	2.5%		2.4%
节制	2.9%		0.5%	1.2%	1.2%	0.9%	1.0%	4.0%	0.9%
谦让	4.4%	1.5%	1.7%	2.5%	1.2%	2.0%	1.5%		1.9%
恭敬	4.4%		0.7%	0.7%	0.4%	0.5%	0.4%		0.6%
勇敢	17.6%	0.5%	1.3%	2.8%	1.6%	1.7%	3.1%		2.0%
正直	10.3%	2.5%	3.3%	3.3%	2.4%	3.6%	3.1%		3.3%
善良	10.3%	7.0%	7.4%	8.5%	6.5%	8.7%	8.4%	4.0%	8.1%
力行或知行合一	8.8%	1.0%	1.0%	1.0%	2.8%	0.7%	2.1%		1.1%
教养	7.4%	6.0%	3.8%	2.5%	3.6%	3.6%	3.2%	4.0%	3.4%
孝悌	2.9%	4.5%	3.2%	4.3%	0.8%	3.5%	2.5%	4.0%	3.5%
气节	4.4%	0.5%	0.5%	0.7%	1.2%	0.4%	0.6%		0.6%
中庸	2.9%		0.1%	0.1%		0.1%	0.2%	4.0%	0.1%
敬业	10.3%	5.5%	3.6%	3.1%	5.7%	2.6%	3.8%		3.4%
总计	100.0%	100.0%	100.0%	100.0%	100.0%	100.0%	100.0%	100.0%	100.0%

$\chi^2 = 138.870$　sig = 0.004

如表所示，2017 年诸群体在对“当今中国社会最重要和最需要的第五德性”的认知上存在显著差异。

综上所述，诸群体在对“当今中国社会最重要和最需要的德性”的认知上中，三年间存在差异。2017 年民众对于“爱”的重视程度较之以前下降，差异明显，其余各群体变化不明显。

17. 您认为在自己的成长中得到道德训练的最重要场所或机构是

2013 年

	官员	企业家	企业员工	农民	科教医群体	弱势群体	做小生意者	演艺界	自由职业者	合计
家庭	37.0%	38.9%	40.8%	42.5%	34.5%	36.3%	37.2%	50.0%	36.4%	38.7%
学校	11.1%	16.7%	26.2%	18.7%	38.8%	29.7%	24.5%		27.3%	26.6%
社会（包括职业生活）	25.9%	38.9%	23.8%	27.5%	20.7%	25.0%	28.7%	50.0%	27.3%	25.2%
国家或政府	22.2%	5.6%	5.1%	7.3%	2.6%	6.6%	4.3%		9.1%	6.0%
媒体	3.7%		2.2%	1.6%	1.7%	1.1%	2.1%			1.7%
其他			1.9%	2.6%	1.7%	1.3%	3.2%			1.8%
总计	100.0%	100.0%	100.0%	100.0%	100.0%	100.0%	100.0%	100.0%	100.0%	100.0%
$\chi^2=46.209$　sig = 0.231										

如表所示，2013 年诸群体在对“在自己的成长中得到道德训练的最重要场所或机构”的认知上无显著差异。

2016 年

	官员	企业家	企业员工	农民	科教医群体	弱势群体	做小生意者	演艺界	合计
家庭	35.0%	39.7%	43.2%	43.0%	38.1%	43.5%	40.8%	33.3%	42.4%
学校	24.0%	25.1%	24.1%	20.3%	30.0%	25.5%	23.6%	25.0%	23.7%
社会（包括职业生活）	28.0%	27.1%	26.0%	25.8%	25.5%	24.9%	29.5%	37.5%	26.1%
国家或政府	10.0%	5.5%	4.8%	8.9%	3.2%	4.7%	4.0%		5.9%
媒体	2.0%	1.5%	0.8%	1.2%	2.4%	0.8%	1.3%		1.1%
其他	1.0%	1.0%	1.0%	0.9%	0.8%	0.5%	0.8%	4.2%	0.8%
总计	100.0%	100.0%	100.0%	100.0%	100.0%	100.0%	100.0%	100.0%	100.0%
$\chi^2=86.651$　sig = 0.000									

如表所示，2016 年诸群体在对“在自己的成长中得到道德训练的最重要场所

或机构”的认知上存在显著差异。

2017 年

	官员	企业家	企业员工	农民	科教医群体	弱势群体	做小生意者	演艺界	合计
家庭	19.1%	32.4%	30.0%	36.1%	30.1%	38.7%	33.0%	27.3%	34.2%
学校	20.6%	23.5%	25.8%	19.6%	31.6%	24.6%	18.3%	21.2%	23.6%
社会（包括职业生活）	36.8%	32.4%	34.0%	30.3%	25.5%	27.5%	36.0%	39.4%	31.1%
国家或政府	14.7%	5.9%	5.4%	11.3%	5.6%	5.0%	7.4%	9.1%	6.7%
媒体			2.2%	1.0%	2.0%	1.3%	2.6%	3.0%	1.7%
其他	8.8%	5.9%	2.6%	1.6%	5.1%	2.9%	2.6%		2.7%
总计	100.0%	100.0%	100.0%	100.0%	100.0%	100.0%	100.0%	100.0%	100.0%
$\chi^2=130.645$ sig = 0.000									

如表所示，2017 年诸群体在对“在自己的成长中得到道德训练的最重要场所或机构”的认知上存在显著差异。

综上所述，诸群体在对“在自己的成长中得到道德训练的最重要场所或机构”的认知上存在共识。三年间各群体在对自己的成长中得到道德训练的最重要场所或机构的选择上无明显变化，各群体变化较小，因此，我们认为在这一问题上存在共识。

18. 您的思想行为受什么人影响最大？

2013 年：对您思想行为影响第一重要的人

	官员	企业家	企业员工	农民	科教医群体	弱势群体	做小生意者	演艺界	自由职业者	合计
政府官员	3.7%	5.9%	11.6%	18.2%	4.4%	14.4%	13.0%		9.1%	12.5%
企业家			1.0%	3.4%	2.7%	1.9%	4.3%			2.0%
演艺明星、体育明星			0.7%			0.5%				0.4%
教师	7.4%	5.9%	9.4%	11.4%	15.9%	13.0%	8.7%	50.0%	9.1%	11.4%
知识精英			4.0%		7.1%	1.9%	4.3%			2.9%
自由撰稿人			0.2%			0.3%				0.2%
农民			0.7%	2.3%		1.9%				1.2%
工人			2.5%	2.3%		0.5%				1.3%

续表

	官员	企业家	企业员工	农民	科教医群体	弱势群体	做小生意者	演艺界	自由职业者	合计
先哲先贤	7.4%	11.8%	7.2%	6.3%	5.3%	6.2%	6.5%	25.0%	9.1%	6.7%
父母	81.5%	76.5%	62.6%	56.3%	64.6%	59.3%	63.0%	25.0%	72.7%	61.5%
总计	100.0%	100.0%	100.0%	100.0%	100.0%	100.0%	100.0%	100.0%	100.0%	100.0%
$\chi^2=80.863$　sig = 0.222										

如表所示，2013 年诸群体在对“思想行为影响第一重要的人”的认知上无显著差异。

2013 年：对您思想行为影响第二重要的人

	官员	企业家	企业员工	农民	科教医群体	弱势群体	做小生意者	演艺界	自由职业者	合计
政府官员	14.8%		7.3%	11.7%	2.7%	9.7%	9.4%			8.3%
企业家		6.3%	5.5%	5.6%	1.8%	4.7%	8.2%			4.9%
演艺明星、体育明星			1.8%	3.1%		2.4%	1.2%			1.8%
教师	40.7%	50.0%	47.0%	31.5%	51.4%	43.8%	41.2%		54.5%	43.6%
知识精英		6.3%	6.3%	3.7%	8.1%	5.3%	7.1%		18.2%	5.8%
自由撰稿人			0.3%			0.6%			9.1%	0.4%
农民	11.1%		3.4%	15.4%	0.9%	5.3%	7.1%			5.8%
工人	7.4%		4.4%	2.5%	0.9%	3.8%	3.5%	25.0%		3.6%
先哲先贤	18.5%	18.8%	9.4%	7.4%	13.5%	4.1%	5.9%	25.0%		8.0%
父母	7.4%	18.8%	14.6%	19.1%	20.7%	20.3%	16.5%	50.0%	18.2%	17.7%
总计	100.0%	100.0%	100.0%	100.0%	100.0%	100.0%	100.0%	100.0%	100.0%	100.0%
$\chi^2=144.659$　sig = 0.000										

如表所示，2013 年诸群体在对“思想行为影响第二重要的人”的认知上存在显著差异。

2013 年：对您思想行为影响第三重要的人

	官员	企业家	企业员工	农民	科教医群体	弱势群体	做小生意者	演艺界	自由职业者	合计
政府官员	30.8%	26.7%	13.9%	15.7%	13.5%	17.6%	22.5%		27.3%	16.5%
企业家		13.3%	5.0%	0.7%	3.8%	5.0%	2.5%			4.0%

续表

	官员	企业家	企业员工	农民	科教医群体	弱势群体	做小生意者	演艺界	自由职业者	合计
演艺明星、体育明星	3.8%		7.8%	2.6%	1.9%	5.7%	5.0%			5.3%
教师	23.1%	26.7%	16.4%	13.7%	12.5%	14.8%	20.0%	25.0%	9.1%	15.7%
知识精英	19.2%	6.7%	16.7%	4.6%	27.9%	10.4%	5.0%	50.0%	27.3%	13.5%
自由撰稿人			2.8%		4.8%	1.9%	1.3%			2.1%
农民	3.8%		7.8%	27.5%	3.8%	12.3%	11.3%		9.1%	11.6%
工人	3.8%	13.3%	8.1%	9.2%	2.9%	11.3%	7.5%			8.5%
先哲先贤	11.5%	6.7%	13.6%	17.0%	17.3%	13.5%	11.3%		18.2%	14.1%
父母	3.8%	6.7%	7.8%	9.2%	11.5%	7.5%	13.8%	25.0%	9.1%	8.7%
总计	100.0%	100.0%	100.0%	100.0%	100.0%	100.0%	100.0%	100.0%	100.0%	100.0%
$\chi^2=152.587$ sig = 0.000										

如表所示，2013 年诸群体在对“对思想行为影响第三重要的人”的认知上存在显著差异。

2016 年：您的思想行为受什么人影响最大

	官员	企业家	企业员工	农民	科教医群体	弱势群体	做小生意者	演艺界	合计
政府官员	15.1%	12.1%	13.2%	17.9%	13.8%	12.7%	13.6%	20.0%	14.4%
企业家		2.0%	2.2%	1.9%	0.4%	1.3%	1.9%		1.7%
演艺明星、体育明星	1.0%	0.5%	0.4%	0.2%	0.4%	0.6%	0.4%	4.0%	0.5%
教师	11.6%	12.1%	11.5%	10.9%	14.6%	13.8%	12.5%	16.0%	12.3%
知识精英	4.0%	3.0%	2.8%	1.6%	3.7%	2.6%	1.1%	4.0%	2.4%
自由撰稿人	0.5%		0.1%	0.2%		0.4%	0.2%		0.2%
农民	2.0%	1.0%	1.2%	6.0%	1.2%	2.0%	3.1%		2.9%
工人		1.5%	1.3%	0.5%		1.2%	1.3%		1.0%
先哲先贤	8.5%	7.6%	4.3%	2.0%	5.7%	3.4%	4.2%	4.0%	3.7%
父母	57.3%	60.1%	63.1%	58.9%	60.2%	62.0%	61.7%	52.0%	61.1%
总计	100.0%	100.0%	100.0%	100.0%	100.0%	100.0%	100.0%	100.0%	100.0%
$\chi^2=208.235$ sig = 0.000									

如表所示，2016 年诸群体在对“对思想行为影响最大的人”的认知上存在显著差异。

2016 年：您的思想行为受什么人影响第二大

	官员	企业家	企业员工	农民	科教医群体	弱势群体	做小生意者	演艺界	合计
政府官员	15.7%	12.8%	10.7%	14.2%	4.1%	10.1%	11.1%	12.0%	11.5%
企业家	5.1%	7.7%	5.7%	4.7%	5.7%	4.9%	7.0%	4.0%	5.3%
演艺明星、体育明星	0.5%	0.5%	1.4%	1.1%	1.6%	1.7%	1.6%	4.0%	1.4%
教师	35.9%	40.0%	41.4%	33.1%	43.9%	41.1%	41.7%	32.0%	39.0%
知识精英	4.0%	4.6%	6.2%	3.6%	13.9%	6.1%	5.4%	8.0%	5.6%
自由撰稿人		1.5%	0.9%	0.9%	1.2%	0.4%	0.6%		0.7%
农民	4.0%	4.1%	4.8%	16.1%	1.6%	7.9%	6.8%	4.0%	8.7%
工人	3.0%	4.6%	4.1%	4.6%	1.2%	4.7%	3.3%	4.0%	4.2%
先哲先贤	10.6%	9.7%	9.5%	6.6%	11.9%	7.2%	7.2%	12.0%	8.0%
父母	21.2%	14.4%	15.3%	15.0%	14.8%	16.0%	15.3%	20.0%	15.6%
总计	100.0%	100.0%	100.0%	100.0%	100.0%	100.0%	100.0%	100.0%	100.0%

$\chi^2 = 309.221$　sig = 0.000

如表所示，2016 年诸群体在对“对思想行为影响第二大的人”的认知上存在显著差异。

2016 年：您的思想行为受什么人影响第三大

	官员	企业家	企业员工	农民	科教医群体	弱势群体	做小生意者	演艺界	合计
政府官员	17.4%	13.0%	17.7%	15.0%	13.3%	16.2%	15.7%	12.0%	16.0%
企业家	2.1%	6.2%	5.7%	4.0%	3.7%	4.5%	7.7%	16.0%	4.9%
演艺明星、体育明星	2.6%	2.1%	3.7%	2.9%	5.0%	3.8%	5.5%		3.6%
教师	14.9%	16.6%	15.1%	14.6%	17.8%	15.1%	13.8%	16.0%	15.0%
知识精英	16.9%	18.1%	13.7%	7.8%	17.0%	13.2%	14.4%	8.0%	12.4%
自由撰稿人	3.1%	1.0%	2.0%	2.2%	1.7%	2.6%	2.2%	8.0%	2.3%
农民	8.7%	7.3%	8.4%	20.3%	3.7%	10.0%	10.0%	4.0%	11.9%
工人	5.6%	3.6%	8.4%	11.9%	2.1%	9.3%	7.7%	4.0%	9.0%
先哲先贤	19.0%	20.2%	15.3%	10.0%	22.4%	15.4%	13.6%	12.0%	14.3%
父母	9.7%	11.9%	10.0%	11.4%	13.3%	9.8%	9.4%	20.0%	10.5%
总计	100.0%	100.0%	100.0%	100.0%	100.0%	100.0%	100.0%	100.0%	100.0%

$\chi^2 = 324.414$　sig = 0.000

如表所示，2016 年诸群体在对“对思想行为影响第三大的人”的认知上存在显著差异。

2017 年：您的思想行为受什么人影响最大

	官员	企业家	企业员工	农民	科教医群体	农民	做小生意	演艺界	合计
政府官员	40.3%	23.5%	24.1%	33.2%	16.4%	22.2%	26.9%	6.1%	25.3%
企业家	13.4%	29.4%	21.7%	21.6%	13.3%	17.0%	32.0%	18.2%	21.0%
演艺明星	4.5%	8.8%	10.0%	6.6%	8.2%	5.7%	7.0%	12.1%	7.5%
教师	34.3%	41.2%	48.4%	41.5%	52.8%	42.6%	44.0%	51.5%	44.8%
知识精英	25.4%	20.6%	17.4%	15.0%	19.5%	13.2%	18.2%	30.3%	16.2%
公众人物	29.9%	23.5%	30.3%	27.3%	25.6%	22.3%	30.0%	24.2%	27.0%
农民	1.5%		4.8%	15.1%	4.1%	7.2%	6.8%	12.1%	7.6%
工人			2.7%	3.6%	2.1%	4.1%	3.3%		3.3%
先哲先贤	17.9%	17.6%	16.3%	10.9%	24.1%	10.9%	13.0%	24.2%	13.7%
父母	70.1%	76.5%	68.3%	66.8%	71.8%	71.8%	64.0%	66.7%	68.8%
网络大 V	4.5%	2.9%	4.7%	2.0%	4.6%	2.3%	3.7%	3.0%	3.3%
宗教人士			1.0%	1.1%	0.5%	0.7%	0.6%		0.8%
总计	67	34	1246	754	195	1209	484	33	

如表所示，2017 年诸群体在对“对思想行为影响最大的人”的认知上存在差异。

综上所述，诸群体在对“您的思想行为受什么人影响最大?”的认知上，三年间差异不大，最重要的都是父母。

19. 对形成我国当前各种新型伦理关系和道德观念，哪些因素影响最大?

2013 年：对形成我国当前各种新型伦理关系和道德观念，第一重要的因素

	官员	企业家	企业员工	农民	科教医群体	弱势群体	做小生意者	演艺界	自由职业者	合计
网络和媒体	37.0%	55.6%	41.5%	30.5%	52.6%	41.9%	43.2%	75.0%	40.0%	41.5%
政府	40.7%	27.8%	35.1%	41.5%	23.7%	29.3%	31.8%		30.0%	32.8%
大学及其文化	14.8%		6.9%	9.8%	7.0%	8.4%	4.5%		10.0%	7.6%
市场	3.7%	11.1%	7.9%	6.7%	8.8%	9.8%	11.4%	25.0%	10.0%	8.7%
企业			1.7%	1.8%	0.9%	0.6%	2.3%			1.3%
社会团体	3.7%	5.6%	6.1%	7.3%	7.0%	9.8%	6.8%		10.0%	7.5%
其他			0.7%	2.4%		0.3%				0.7%
总计	100.0%	100.0%	100.0%	100.0%	100.0%	100.0%	100.0%	100.0%	100.0%	100.0%

$\chi^2 = 50.568$ sig = 0.372

如表所示，2013 年诸群体在对“形成我国当前各种新型伦理关系和道德观念，第一重要的因素”的认知上无显著差异。

2013 年：对形成我国当前各种新型伦理关系和道德观念，第二重要的因素

	官员	企业家	企业员工	农民	科教医群体	弱势群体	做小生意者	演艺界	自由职业者	合计
网络和媒体	14.8%	22.2%	21.4%	10.3%	16.7%	20.3%	16.7%	25.0%	22.2%	18.6%
政府	37.0%	33.3%	24.9%	26.9%	31.6%	28.4%	27.4%		11.1%	27.3%
大学及其文化	25.9%	22.2%	17.0%	13.5%	17.5%	13.3%	13.1%	25.0%	11.1%	15.5%
市场	14.8%	16.7%	15.8%	25.0%	16.7%	17.1%	19.0%	25.0%	22.2%	17.8%
企业			7.4%	7.7%	2.6%	5.2%	9.5%		11.1%	6.2%
社会团体	7.4%	5.6%	13.2%	14.7%	14.9%	15.1%	13.1%	25.0%	22.2%	14.0%
其他			0.3%	1.9%		0.6%	1.2%			0.6%
总计	100.0%	100.0%	100.0%	100.0%	100.0%	100.0%	100.0%	100.0%	100.0%	100.0%
$\chi^2=44.416$　sig = 0.621										

如表所示，2013 年诸群体在对“形成我国当前各种新型伦理关系和道德观念，第二重要的因素”的认知上无显著差异。

2013 年：对形成我国当前各种新型伦理关系和道德观念，第三重要的因素

	官员	企业家	企业员工	农民	科教医群体	弱势群体	做小生意者	演艺界	自由职业者	合计
网络和媒体	14.8%	5.9%	12.8%	16.2%	12.0%	10.8%	17.9%			12.8%
政府	7.4%	5.9%	15.1%	12.8%	12.0%	16.8%	15.5%	25.0%	33.3%	14.9%
大学及其文化	7.4%	23.5%	17.8%	18.2%	23.1%	12.9%	14.3%	50.0%	11.1%	16.5%
市场	33.3%	23.5%	19.8%	20.9%	25.0%	24.3%	20.2%		22.2%	22.2%
企业	11.1%		11.0%	13.5%	7.4%	9.3%	8.3%		11.1%	10.1%
社会团体	25.9%	41.2%	22.5%	14.9%	19.4%	25.2%	21.4%	25.0%	22.2%	22.3%
其他			1.0%	3.4%	0.9%	0.6%	2.4%			1.3%
总计	100.0%	100.0%	100.0%	100.0%	100.0%	100.0%	100.0%	100.0%	100.0%	100.0%
$\chi^2=50.327$　sig = 0.381										

如表所示，2013 年诸群体在对“形成我国当前各种新型伦理关系和道德观念，第三重要的因素”的认知上无显著差异。

2016 年：对形成我国当前各种新型伦理关系和道德观念，哪些因素影响最大

	官员	企业家	企业员工	农民	科教医群体	弱势群体	做小生意者	演艺界	合计
网络和媒体	49.0%	48.2%	43.3%	28.2%	39.0%	39.3%	44.4%	60.0%	38.5%
政府	32.8%	33.0%	32.8%	45.0%	27.6%	32.6%	27.4%	20.0%	35.2%
大学及其文化	6.1%	2.5%	5.2%	5.0%	9.3%	7.2%	6.2%	8.0%	6.0%
市场	4.5%	6.6%	6.6%	9.6%	7.3%	7.8%	9.5%	4.0%	7.9%
企业	1.5%	1.0%	1.2%	2.6%	0.8%	1.5%	1.2%		1.6%
社会团体	2.0%	5.1%	5.3%	5.4%	7.3%	6.6%	6.2%		5.7%
知识精英	2.0%	1.5%	2.7%	2.4%	3.7%	2.7%	1.7%	4.0%	2.5%
国外价值观与生活方式	2.0%	2.0%	2.4%	1.4%	4.9%	1.7%	3.3%	4.0%	2.1%
其他			0.4%	0.3%		0.5%	0.2%		0.3%
总计	100.0%	100.0%	100.0%	100.0%	100.0%	100.0%	100.0%	100.0%	100.0%
$\chi^2=219.810$　sig = 0.000									

如表所示，2016 年诸群体在对“形成我国当前各种新型伦理关系和道德观念，第一重要的因素”的认知上存在显著差异。

2016 年：对形成我国当前各种新型伦理关系和道德观念，哪些因素影响第二大

	官员	企业家	企业员工	农民	科教医群体	弱势群体	做小生意者	演艺界	合计
网络和媒体	19.4%	16.7%	17.6%	18.7%	20.6%	17.4%	18.2%	20.0%	18.0%
政府	31.1%	31.3%	30.8%	27.9%	32.1%	29.3%	32.7%	20.0%	29.8%
大学及其文化	12.8%	10.9%	10.1%	9.6%	12.8%	9.8%	10.0%	8.0%	10.1%
市场	12.8%	15.1%	17.1%	17.9%	12.8%	17.7%	13.9%	16.0%	16.8%
企业	4.1%	7.8%	6.3%	8.7%	4.1%	6.0%	5.1%	4.0%	6.6%
社会团体	6.1%	8.3%	10.0%	9.9%	8.6%	11.5%	10.8%	4.0%	10.2%
知识精英	6.1%	4.2%	3.9%	5.1%	6.2%	4.8%	5.1%	4.0%	4.7%
国外价值观与生活方式	7.7%	5.7%	4.1%	2.1%	2.9%	3.3%	3.9%	24.0%	3.5%
其他			0.3%	0.1%		0.3%	0.2%		0.2%
总计	100.0%	100.0%	100.0%	100.0%	100.0%	100.0%	100.0%	100.0%	100.0%
$\chi^2=109.023$　sig = 0.000									

如表所示，2016 年诸群体在对“形成我国当前各种新型伦理关系和道德观念，第二重要的因素”的认知上存在显著差异。

2016 年：对形成我国当前各种新型伦理关系和道德观念，哪些因素影响第三大

	官员	企业家	企业员工	农民	科教医群体	弱势群体	做小生意者	演艺界	合计
网络和媒体	8.7%	5.3%	10.9%	11.2%	12.4%	10.5%	10.4%	8.0%	10.6%
政府	7.7%	10.5%	12.0%	10.9%	11.6%	14.1%	12.6%	8.0%	12.2%
大学及其文化	15.9%	15.3%	17.0%	16.6%	15.7%	16.8%	17.9%	28.0%	16.8%
市场	24.1%	23.2%	18.7%	19.5%	19.4%	18.5%	18.7%	16.0%	19.2%
企业	5.6%	5.8%	6.5%	7.9%	5.8%	7.6%	6.3%	4.0%	7.1%
社会团体	19.0%	17.9%	17.9%	20.4%	15.7%	18.0%	17.3%	16.0%	18.4%
知识精英	9.7%	12.6%	8.7%	8.7%	11.6%	7.7%	9.3%	8.0%	8.7%
国外价值观与生活方式	8.2%	8.9%	7.6%	4.1%	7.0%	5.9%	6.3%	8.0%	6.1%
其他	1.0%	0.5%	0.8%	0.8%	0.8%	0.9%	1.2%	4.0%	0.8%
总计	100.0%	100.0%	100.0%	100.0%	100.0%	100.0%	100.0%	100.0%	100.0%

$\chi^2 = 70.288$　sig = 0.095

如表所示，2016 年诸群体在对“形成我国当前各种新型伦理关系和道德观念，第三重要的因素”的认知上无显著差异。

2017 年：对形成我国当前各种新型伦理关系和道德观念，哪些因素影响最大

	官员	企业家	企业员工	农民	科教医群体	农民	做小生意者	演艺界	合计
网络和媒体	73.1%	76.5%	62.6%	42.0%	72.8%	53.7%	58.0%	72.7%	56.7%
政府	64.2%	58.8%	57.4%	69.4%	63.4%	61.0%	64.1%	72.7%	62.0%
大学及其文化	28.4%	14.7%	23.0%	19.9%	32.5%	20.2%	15.5%	27.3%	21.2%
市场	28.4%	41.2%	39.1%	46.1%	29.8%	34.9%	46.2%	36.4%	39.3%
企业	11.9%	5.9%	23.4%	31.0%	12.6%	21.4%	30.9%	24.2%	24.2%
社会团体	14.9%	17.6%	20.5%	24.6%	17.3%	21.4%	21.6%	18.2%	21.3%
知识精英	13.4%	5.9%	10.4%	11.1%	6.8%	8.5%	9.5%	12.1%	9.7%
国外的思潮与生活方式	16.4%	29.4%	23.1%	11.0%	18.8%	11.9%	12.6%	15.2%	16.0%
总计	67	34	1222	674	191	1124	476	33	

如表所示，2017 年诸群体在对“形成我国当前各种新型伦理关系和道德观念，哪些因素影响最大”的认知上存在差异。

综上所述，诸群体在“形成我国当前各种新型伦理关系和道德观念重要的因素”的认知上方面存在共识。在三年的统计数据中，“网络和媒体”在诸群体中的

比重始终处于较高位置，变化差异较小，因此存在共识。

20. 您认为哪种因素应当对当今不良道德风尚负主要责任

2013 年

	官员	企业家	企业员工	农民	科教医群体	弱势群体	做小生意者	演艺界	自由职业者	合计
官员腐败	44.4%	61.1%	47.8%	30.6%	42.2%	39.0%	47.8%		54.5%	42.1%
企业不讲诚信和损害社会利益	3.7%		7.3%	6.5%	5.2%	7.5%	5.4%		9.1%	6.7%
学校道德教育功能弱化	22.2%	16.7%	7.1%	7.5%	11.2%	6.7%	7.6%			7.8%
家庭伦理功能弱化	3.7%		4.1%	12.4%	2.6%	7.3%	3.3%	25.0%	9.1%	6.1%
社会的不良影响	25.9%	22.2%	33.7%	43.0%	38.8%	39.5%	35.9%	75.0%	27.3%	37.2%
总计	100.0%	100.0%	100.0%	100.0%	100.0%	100.0%	100.0%	100.0%	100.0%	100.0%
$\chi^2=60.233$ sig = 0.002										

如表所示，2013 年诸群体在对“哪种因素应当对当今不良道德风尚负主要责任”的认知上存在显著差异。

2016 年：对形成我国当前各种新型伦理关系和道德观念，哪些因素影响最大

	官员	企业家	企业员工	农民	科教医群体	弱势群体	做小生意者	演艺界	合计
网络和媒体	49.0%	48.2%	43.3%	28.2%	39.0%	39.3%	44.4%	60.0%	38.5%
政府	32.8%	33.0%	32.8%	45.0%	27.6%	32.6%	27.4%	20.0%	35.2%
大学及其文化	6.1%	2.5%	5.2%	5.0%	9.3%	7.2%	6.2%	8.0%	6.0%
市场	4.5%	6.6%	6.6%	9.6%	7.3%	7.8%	9.5%	4.0%	7.9%
企业	1.5%	1.0%	1.2%	2.6%	0.8%	1.5%	1.2%		1.6%
社会团体	2.0%	5.1%	5.3%	5.4%	7.3%	6.6%	6.2%		5.7%
知识精英	2.0%	1.5%	2.7%	2.4%	3.7%	2.7%	1.7%	4.0%	2.5%
国外价值观与生活方式	2.0%	2.0%	2.4%	1.4%	4.9%	1.7%	3.3%	4.0%	2.1%
其他			0.4%	0.3%		0.5%	0.2%		0.3%
总计	100.0%	100.0%	100.0%	100.0%	100.0%	100.0%	100.0%	100.0%	100.0%
$\chi^2=219.810$ sig = 0.000									

如表所示，2016 年诸群体在对“形成我国当前各种新型伦理关系和道德观念，哪些因素影响最大”的认知上存在显著差异。

2016 年：对形成我国当前各种新型伦理关系和道德观念，哪些因素影响第二大

	官员	企业家	企业员工	农民	科教医群体	弱势群体	做小生意者	演艺界	合计
网络和媒体	19.4%	16.7%	17.6%	18.7%	20.6%	17.4%	18.2%	20.0%	18.0%
政府	31.1%	31.3%	30.8%	27.9%	32.1%	29.3%	32.7%	20.0%	29.8%
大学及其文化	12.8%	10.9%	10.1%	9.6%	12.8%	9.8%	10.0%	8.0%	10.1%
市场	12.8%	15.1%	17.1%	17.9%	12.8%	17.7%	13.9%	16.0%	16.8%
企业	4.1%	7.8%	6.3%	8.7%	4.1%	6.0%	5.1%	4.0%	6.6%
社会团体	6.1%	8.3%	10.0%	9.9%	8.6%	11.5%	10.8%	4.0%	10.2%
知识精英	6.1%	4.2%	3.9%	5.1%	6.2%	4.8%	5.1%	4.0%	4.7%
国外价值观与生活方式	7.7%	5.7%	4.1%	2.1%	2.9%	3.3%	3.9%	24.0%	3.5%
其他			0.3%	0.1%		0.3%	0.2%		0.2%
总计	100.0%	100.0%	100.0%	100.0%	100.0%	100.0%	100.0%	100.0%	100.0%

$\chi^2 = 109.023$　sig = 0.000

如表所示，2016 年诸群体在对“形成我国当前各种新型伦理关系和道德观念，哪些因素影响第二大”的认知上存在显著差异。

2016 年：对形成我国当前各种新型伦理关系和道德观念，哪些因素影响第三大

	官员	企业家	企业员工	农民	科教医群体	弱势群体	做小生意者	演艺界	合计
网络和媒体	8.7%	5.3%	10.9%	11.2%	12.4%	10.5%	10.4%	8.0%	10.6%
政府	7.7%	10.5%	12.0%	10.9%	11.6%	14.1%	12.6%	8.0%	12.2%
大学及其文化	15.9%	15.3%	17.0%	16.6%	15.7%	16.8%	17.9%	28.0%	16.8%
市场	24.1%	23.2%	18.7%	19.5%	19.4%	18.5%	18.7%	16.0%	19.2%
企业	5.6%	5.8%	6.5%	7.9%	5.8%	7.6%	6.3%	4.0%	7.1%
社会团体	19.0%	17.9%	17.9%	20.4%	15.7%	18.0%	17.3%	16.0%	18.4%
知识精英	9.7%	12.6%	8.7%	8.7%	11.6%	7.7%	9.3%	8.0%	8.7%
国外价值观与生活方式	8.2%	8.9%	7.6%	4.1%	7.0%	5.9%	6.3%	8.0%	6.1%
其他	1.0%	0.5%	0.8%	0.8%	0.8%	0.9%	1.2%	4.0%	0.8%
总计	100.0%	100.0%	100.0%	100.0%	100.0%	100.0%	100.0%	100.0%	100.0%

$\chi^2 = 70.288$　sig = 0.095

如表所示，2016 年诸群体在对“形成我国当前各种新型伦理关系和道德观

念，哪些因素影响第三大”的认知上无显著差异。

2017 年：造成当今不良道德风尚的最主要原因是？

	官员	企业家	企业员工	农民	科教医群体	农民	做小生意者	演艺界	合计
以权谋私，官员腐败	46.3%	64.7%	60.7%	59.1%	63.5%	57.7%	64.0%	64.5%	59.9%
企业不讲诚信和损害社会利益	32.8%	32.4%	40.6%	41.3%	38.1%	32.0%	44.7%	51.6%	38.4%
学校道德教育功能弱化	20.9%	35.3%	30.0%	21.7%	28.6%	19.9%	26.7%	22.6%	24.8%
家庭伦理功能弱化	16.4%	20.6%	16.8%	18.5%	22.2%	15.5%	19.3%	29.0%	17.4%
个人缺乏道德自觉	55.2%	32.4%	44.5%	51.0%	41.8%	48.1%	46.3%	61.3%	47.1%
分配不公，两极分化	29.9%	41.2%	34.1%	37.9%	29.6%	35.3%	30.7%	25.8%	34.5%
社会的不良影响	46.3%	41.2%	41.8%	41.4%	40.7%	40.9%	36.2%	29.0%	40.7%
总计	67	34	1258	734	189	1197	486	31	

如表所示，2017 年诸群体在对“造成当今不良道德风尚的最主要原因”的认知上无显著差异。

综上所述，根据 2013 年、2017 年数据，诸群体对官员腐败作为社会不良道德观念有基本共识，但与 2016 年相比，政府在形成社会新型伦理关系和道德观念方面的比例明显低于 2013 年与 2017 年数据。因此，诸群体在对“造成当今不良道德风尚的最主要原因”的认知上存在差异。

21. 您认为政府在制定政策和决策时充分考虑伦理道德方面的要求了吗（如社会公平、利益均衡、关怀弱势群体，以及大多数人的利益和感受）？

2013 年

	官员	企业家	企业员工	农民	科教医群体	弱势群体	做小生意者	演艺界	自由职业者	合计
是	66.7%	66.7%	55.4%	60.7%	50.0%	58.4%	60.0%	75.0%	50.0%	57.4%
否	33.3%	33.3%	44.6%	39.3%	50.0%	41.6%	40.0%	25.0%	50.0%	42.6%
总计	100.0%	100.0%	100.0%	100.0%	100.0%	100.0%	100.0%	100.0%	100.0%	100.0%
$\chi^2=6.770$ sig = 0.562										

如表所示，2013 年诸群体在对“政府在制定政策和决策时是否充分考虑伦理道德方面的要求”的评价上无显著差异。

2016 年

	官员	企业家	企业员工	农民	科教医群体	弱势群体	做小生意者	演艺界	合计
有考虑	39.0%	37.2%	38.1%	43.6%	30.4%	34.9%	36.8%	32.0%	38.2%
有考虑，但不够	58.5%	57.3%	58.2%	48.4%	65.2%	57.7%	57.7%	60.0%	55.7%
比较赞同没有考虑	2.5%	5.5%	3.7%	8.0%	4.5%	7.3%	5.5%	8.0%	6.1%
总计	100.0%	100.0%	100.0%	100.0%	100.0%	100.0%	100.0%	100.0%	100.0%
$\chi^2=81.607$　sig = 0.000									

如表所示，2016 年诸群体在对“政府在制定政策和决策时是否充分考虑到伦理道德方面的要求”的评价上存在显著差异。

2017 年

	官员	企业家	企业员工	农民	科教医群体	弱势群体	做小生意者	演艺界	合计
有考虑，能够从日常生活中感受到	38.2%	41.2%	33.3%	31.6%	41.3%	31.3%	33.3%	27.3%	32.8%
有考虑，能够从政策文件中体会到	36.8%	35.3%	30.8%	30.3%	27.0%	29.5%	28.1%	39.4%	30.0%
只是口头上说说，没有实质性行动	17.6%	23.5%	26.5%	28.4%	21.4%	31.4%	29.3%	30.3%	28.4%
没有考虑，政策制度都是从自己的政绩和富人的利益着想	4.4%		9.1%	9.5%	10.2%	7.7%	8.7%	3.0%	8.5%
其他	2.9%		0.3%	0.1%		0.2%	0.6%		0.3%
总计	100.0%	100.0%	100.0%	100.0%	100.0%	100.0%	100.0%	100.0%	100.0%
$\chi^2=51.635$　sig = 0.004									

如表所示，2017 年诸群体在对“政府在制定政策和决策时是否充分考虑到伦理道德方面的要求”的评价上存在显著差异。

综上所述，诸群体在对“政府在制定政策和决策时是否充分考虑到伦理道德方面的要求”的评价上，三年间存在共识。三年间，各群体民众对于这一问题都较偏向于“政府没有充分考虑”的选项。

22. 您认为解决当前我国的公民道德和社会风尚问题，最关键的是

2013 年

	官员	企业家	企业员工	农民	科教医群体	弱势群体	做小生意者	演艺界	自由职业者	合计
加强法制	37.0%	33.3%	35.0%	43.4%	30.2%	38.6%	37.0%		18.2%	36.8%
弘扬已有的优秀道德传统	14.8%	27.8%	22.2%	24.9%	21.6%	17.8%	20.7%	25.0%	27.3%	21.1%
建设新的伦理道德的核心价值	18.5%	11.1%	10.6%	5.3%	21.6%	9.9%	7.6%	25.0%	9.1%	10.6%
惩治官员腐败	18.5%	22.2%	17.2%	11.1%	11.2%	18.9%	22.8%	25.0%	27.3%	16.9%
解决分配不公问题	11.1%	5.6%	13.3%	10.6%	13.8%	10.4%	10.9%	25.0%	18.2%	11.8%
其他			1.7%	4.8%	1.7%	4.4%	1.1%			2.9%
总计	100.0%	100.0%	100.0%	100.0%	100.0%	100.0%	100.0%	100.0%	100.0%	100.0%
$\chi^2=57.043$ sig = 0.000										

如表所示，2013 年诸群体在对“解决当前我国的公民道德和社会风尚问题，最关键的因素”的认知上存在显著差异。

2016 年

	官员	企业家	企业员工	农民	科教医群体	弱势群体	做小生意者	演艺界	合计
加强法制	36.4%	42.2%	33.4%	34.6%	27.1%	31.0%	27.6%	44.0%	32.7%
弘扬优秀道德传统	28.8%	22.6%	22.3%	22.2%	23.1%	22.0%	19.7%	4.0%	22.2%
建设伦理道德的核心价值	7.6%	9.5%	9.3%	6.1%	10.5%	8.1%	8.4%	16.0%	8.1%
惩治官员腐败	6.6%	8.0%	11.9%	13.0%	10.9%	12.2%	16.5%	8.0%	12.3%
解决分配不公问题	10.6%	6.0%	7.7%	10.0%	5.7%	9.3%	8.4%	16.0%	8.8%
提高个人道德素质	10.1%	11.6%	15.5%	14.1%	22.7%	17.4%	19.3%	12.0%	16.0%
总计	100.0%	100.0%	100.0%	100.0%	100.0%	100.0%	100.0%	100.0%	100.0%
$\chi^2=95.046$ sig = 0.000									

如表所示，2016 年诸群体在对“解决当前我国的公民道德和社会风尚问题，最关键的因素”的认知上存在显著差异。

2017 年

	官员	企业家	企业员工	农民	科教医群体	农民	做小生意者	演艺界	合计
加强法制	52.2%	44.1%	46.2%	43.1%	44.1%	46.6%	41.6%	30.3%	45.1%
弘扬优秀传统道德	41.8%	44.1%	50.9%	55.9%	50.8%	47.7%	53.1%	60.6%	51.0%
建设伦理道德的核心价值	32.8%	26.5%	20.1%	12.8%	20.0%	13.6%	16.1%	36.4%	16.7%
惩治官员腐败	10.4%	5.9%	21.4%	27.9%	20.5%	23.2%	31.2%	18.2%	24.0%
解决分配不公问题	13.4%	20.6%	14.6%	13.7%	12.3%	11.5%	15.1%	18.2%	13.5%
提高个人道德素质	31.3%	35.3%	32.6%	34.5%	33.8%	36.7%	29.2%	18.2%	33.8%
总计	67	34	1285	786	195	1263	497	33	

如表所示，2017 年诸群体在对“解决当前我国的公民道德和社会风尚问题，最关键的因素”的认知上存在差异。

综上所述，诸群体对于“解决当前我国的公民道德和社会风尚问题，最关键的因素”的认知上方面存在共识，都认为最重要的是“加强法制”和“弘扬优秀道德传统”。

23. 一些政府机关、企事业单位和大中小学，利用权力让本单位的职工子女在入学、招工中提供特殊政策，您认为这种行为道德吗？

2013 年

	官员	企业家	企业员工	农民	科教医群体	弱势群体	做小生意者	演艺界	自由职业者	合计
为本单位人员谋福利，符合道德	3.7%	5.6%	4.6%	3.6%	2.6%	6.6%	6.5%		9.1%	5.0%
以权谋私，不道德	51.9%	55.6%	49.6%	56.4%	44.7%	59.0%	53.8%	50.0%	63.6%	53.6%
是对社会公众的欺骗，严重不道德	22.2%	16.7%	24.0%	22.6%	18.4%	15.6%	14.0%			19.6%
符合本单位员工利益和内部伦理，但严重侵蚀社会道德	18.5%	16.7%	15.7%	10.8%	25.4%	10.1%	17.2%	50.0%	18.2%	14.4%
无所谓道德不道德	3.7%	5.6%	6.1%	6.7%	8.8%	8.7%	8.6%		9.1%	7.3%
总计	100.0%	100.0%	100.0%	100.0%	100.0%	100.0%	100.0%	100.0%	100.0%	100.0%

$\chi^2=48.171$　sig = 0.033

如表所示，2013 年诸群体在对“政府机关、企事业单位和大中小学，利用权力为本单位的职工子女在入学、招工中提供特殊政策的行为”的评价上存在显著差异。

2016 年

	官员	企业家	企业员工	农民	科教医群体	弱势群体	做小生意者	演艺界	合计
为本单位人员谋福利，符合道德	6.0%	5.1%	6.5%	6.9%	6.5%	6.8%	6.3%	12.0%	6.6%
以权谋私，不道德	51.5%	59.6%	56.5%	58.3%	48.8%	58.4%	57.3%	52.0%	57.2%
是对社会公众的欺骗，严重不道德	19.0%	19.2%	19.8%	22.3%	19.9%	20.5%	20.5%	24.0%	20.7%
符合本单位员工利益，但严重侵蚀社会道德	18.5%	12.6%	13.3%	7.8%	20.7%	10.2%	11.7%	12.0%	11.2%
无所谓道德不道德	5.0%	3.5%	3.8%	4.8%	4.1%	4.1%	4.2%		4.2%
总计	100.0%	100.0%	100.0%	100.0%	100.0%	100.0%	100.0%	100.0%	100.0%

$\chi^2=69.307$ sig = 0.000

如表所示，2016 年诸群体在对“政府机关、企事业单位和大中小学，利用权力为本单位的职工子女在入学、招工中提供特殊政策的行为”的评价上存在显著差异。

2017 年

	官员	企业家	企业员工	农民	科教医群体	弱势群体	做小生意者	演艺界	合计
为本单位人员谋福利，符合道德	10.3%	23.5%	12.2%	12.8%	13.8%	11.4%	18.7%	18.2%	13.0%
以权谋私，不道德	45.6%	32.4%	45.2%	48.8%	39.8%	47.4%	42.8%	39.4%	45.9%
是对社会公众的欺骗，严重不道德	25.0%	32.4%	30.2%	22.2%	29.1%	27.4%	23.5%	33.3%	27.0%
符合本单位员工利益，但严重侵蚀社会道德	7.4%	11.8%	6.6%	6.2%	15.3%	7.7%	7.2%	6.1%	7.4%
无所谓道德不道德	11.8%		5.7%	10.0%	2.0%	6.1%	7.8%	3.0%	6.7%
总计	100.0%	100.0%	100.0%	100.0%	100.0%	100.0%	100.0%	100.0%	100.0%

$\chi^2=90.525$ sig = 0.000

如表所示，2017 年诸群体在对“政府机关、企事业单位和大中小学，利用权力为本单位的职工子女在入学、招工中提供特殊政策的行为”的评价上存在显著差异。

综上所述，诸群体在对“政府机关、企事业单位和大中小学，利用权力为本单位的职工子女在入学、招工中提供特殊政策的行为”的评价上，三年间存在差异。2017 年，诸群体中主动强化了这一现象的不道德性，认为“是对社会公众的欺骗，严重不道德”的比重大幅度增加。因此，三年间，诸群体在此问题上存在共识。

24. 主流媒体的报道和朋友圈或国外媒体的消息不一致时，您会相信哪一个？

2013 年

	官员	企业家	企业员工	农民	科教医群体	弱势群体	做小生意者	演艺界	自由职业者	合计
主流媒体	51.9%	27.8%	50.9%	81.1%	38.6%	53.4%	56.5%	25.0%	18.2%	55.0%
国外报道	11.1%	16.7%	9.5%	3.6%	11.4%	6.1%	8.7%	25.0%	18.2%	7.9%
谁都不相信，自己判断	29.6%	38.9%	27.3%	7.7%	36.8%	27.0%	14.1%	25.0%	54.5%	24.5%
说不清	7.4%	16.7%	12.4%	7.7%	13.2%	13.5%	20.7%	25.0%	9.1%	12.6%
总计	100.0%	100.0%	100.0%	100.0%	100.0%	100.0%	100.0%	100.0%	100.0%	100.0%
$\chi^2 = 103.833$　sig = 0.000										

如表所示，2013 年诸群体在对“主流媒体的报道和朋友圈或国外媒体的消息不一致时，您会相信哪一个？”的选择上存在显著差异。

2016 年

	官员	企业家	企业员工	农民	科教医群体	弱势群体	做小生意者	演艺界	合计
主流媒体	59.6%	63.3%	53.2%	57.5%	51.6%	48.2%	48.2%	24.0%	52.8%
朋友圈/亲朋圈子	9.1%	8.0%	8.3%	13.4%	9.8%	11.6%	10.0%	24.0%	10.9%
国外报道	1.0%	2.5%	1.4%	0.7%	3.7%	1.6%	2.5%	4.0%	1.5%
都不相信	8.1%	5.5%	10.1%	10.3%	5.7%	13.1%	10.8%	16.0%	10.7%
自己比较判断应该相信哪个	21.7%	20.6%	26.4%	17.4%	28.0%	24.8%	27.2%	32.0%	23.4%
其他	0.5%		0.6%	0.7%	1.2%	0.6%	1.3%		0.7%
总计	100.0%	100.0%	100.0%	100.0%	100.0%	100.0%	100.0%	100.0%	100.0%
$\chi^2 = 144.902$　sig = 0.000									

如表所示，2016 年诸群体在对“主流媒体的报道和朋友圈或国外媒体的消息不一致时，您会相信哪一个？”的选择上存在显著差异。

2017 年

	官员	企业家	企业员工	农民	科教医群体	弱势群体	做小生意者	演艺界	自由职业者	合计
主流媒体	71.6%	63.6%	66.6%	76.0%	65.4%	71.9%	70.1%	38.7%	70.2%	71.6%
国外报道		12.1%	3.6%	1.3%	6.4%	2.7%	1.7%	6.5%	2.8%	
谁都不相信，自己判断	28.4%	24.2%	29.9%	22.7%	28.2%	25.5%	28.1%	54.8%	27.0%	28.4%
总计	100.0%	100.0%	100.0%	100.0%	100.0%	100.0%	100.0%	100.0%	100.0%	100.0%
$\chi^2=63.005$ sig = 0.000										

如表所示，2017 年诸群体在对“主流媒体的报道和朋友圈或国外媒体的消息不一致时，您会相信哪一个?”的选择上存在显著差异。

综上所述，诸群体在对“主流媒体的报道和朋友圈或国外媒体的消息不一致时，您会相信哪一个?”的认知上方面存在共识。三年间民众选择还是集中于相信主流媒体，比重一直处于较为稳定且较高的水平。因此，诸群体在此问题上存在共识。

25. 下列哪些因素可能影响人际关系紧张（多选）

2013 年

	官员	企业家	企业员工	农民	科教医群体	弱势群体	做小生意者	演艺界	自由职业者	合计	卡方值	Sig
社会资源缺乏，引发恶性竞争	44.4%	38.9%	41.6%	46.7%	37.9%	38.2%	38.3%	25.0%	36.4%	40.7%	31.970[a]	0.128
相关部门过度宣扬竞争意识	18.5%	11.1%	23.1%	20.8%	16.4%	18.1%	22.3%	50.0%	18.2%	20.3%	23.471[a]	0.102
社会财富分配不公，贫富差距过大	70.4%	72.2%	75.2%	56.3%	82.8%	71.2%	66.0%	100.0%	90.9%	71.1%	46.718[a]	0.000
个人主义盛行	37.0%	38.9%	36.8%	40.1%	42.2%	39.0%	31.9%	25.0%	36.4%	38.1%	17.272[a]	0.368
缺乏爱心	48.1%	50.0%	40.4%	42.1%	42.2%	50.3%	50.0%	50.0%	54.5%	45.0%	24.235[a]	0.085
缺乏宽容	63.0%	66.7%	49.5%	45.7%	56.9%	55.8%	54.3%	75.0%	63.6%	52.6%	23.901[a]	0.092
缺乏相互理解与沟通的意识和能力	77.8%	33.3%	53.1%	47.2%	61.2%	52.4%	55.3%	50.0%	54.5%	53.1%	27.407[a]	0.037

续表

	官员	企业家	企业员工	农民	科教医群体	弱势群体	做小生意者	演艺界	自由职业者	合计	卡方值	Sig
制度安排不公正，机会不平等	48.1%	61.1%	53.1%	35.5%	59.5%	54.7%	43.6%	75.0%	45.5%	50.8%	41.414[a]	0.000
一切诉诸利益或法律，人际关系缺乏伦理调节的机制和能力	29.6%	27.8%	22.4%	23.9%	25.0%	24.3%	21.3%		36.4%	23.6%	19.680[a]	0.235

如表所示，2013 年诸群体在对“可能影响人际关系紧张的因素”的认知上存在显著差异。

2016 年

	官员	企业家	企业员工	农民	科教医群体	弱势群体	做小生意者	演艺界	合计	卡方值	sig
社会资源缺乏，引发恶性竞争	29.5%	27.6%	28.8%	27.0%	35.2%	28.8%	25.7%	28.0%	28.3%	9.460[a]	0.221
过度宣扬竞争意识	16.0%	13.6%	15.0%	11.6%	21.5%	14.7%	15.2%	20.0%	14.3%	22.275[a]	0.002
社会财富分配不公，贫富差距过大	53.0%	54.8%	47.8%	43.6%	52.2%	46.0%	44.2%	52.0%	46.4%	20.514[a]	0.005
个人主义盛行	18.0%	20.1%	22.6%	25.3%	28.3%	22.6%	18.7%	20.0%	23.0%	18.819[a]	0.009
缺乏爱心	33.0%	28.6%	27.8%	30.3%	27.9%	29.0%	33.3%	40.0%	29.5%	9.418[a]	0.224
缺乏宽容	23.5%	23.6%	26.9%	27.9%	31.2%	25.9%	27.0%	28.0%	26.8%	6.288[a]	0.507
缺乏相互理解与沟通的意识和能力	28.5%	28.1%	26.7%	20.3%	33.2%	25.6%	23.6%	12.0%	24.7%	36.289[a]	0.000
制度安排不公正，机会不平等	32.5%	30.7%	29.0%	25.0%	31.2%	26.0%	29.7%	36.0%	27.4%	16.685[a]	0.020
以权谋私，官员腐败	38.0%	44.7%	38.5%	40.1%	37.2%	36.8%	35.0%	44.0%	38.3%	10.346[a]	0.170
缺乏道德信用	27.5%	34.8%	26.6%	26.4%	26.8%	27.4%	30.9%	28.0%	27.5%	10.061[a]	0.185

续表

	官员	企业家	企业员工	农民	科教医群体	弱势群体	做小生意者	演艺界	合计	卡方值	sig
人与人、人与社会之间缺乏信任	38.5%	47.2%	38.6%	30.8%	40.1%	38.1%	38.1%	32.0%	36.7%	40.227[a]	0.000
传统伦理瓦解，社会缺乏统一的价值观	17.5%	18.6%	12.4%	10.5%	19.4%	11.4%	10.7%	36.0%	12.2%	45.155[a]	0.000
一切诉诸利益或法律，人际关系缺乏伦理调节的机制和能力	6.5%	5.5%	6.8%	6.1%	10.5%	6.6%	10.3%	12.0%	7.0%	17.812[a]	0.013

如表所示，2016 年诸群体在对“可能影响人际关系紧张的因素”的认知上存在显著差异。

2017 年

	官员	企业家	企业员工	农民	科教医群体	农民	做小生意者	演艺界	合计
社会资源缺乏，引发恶性竞争	24.2%	11.8%	25.5%	21.1%	30.4%	19.6%	24.5%	36.4%	23.0%
过度宣扬竞争意识	16.7%	32.4%	24.6%	21.5%	25.8%	19.8%	28.0%	27.3%	23.0%
社会财富分配不公，贫富差距过大	28.8%	32.4%	33.1%	33.8%	43.3%	33.7%	32.3%	39.4%	33.8%
个人主义盛行	25.8%	17.6%	22.2%	23.6%	20.6%	19.7%	26.4%	24.2%	22.2%
缺乏爱心	22.7%	38.2%	26.0%	26.2%	18.0%	23.2%	24.3%	36.4%	24.7%
缺乏相互理解和沟通的意识和能力	12.1%	5.9%	18.2%	15.0%	21.6%	16.0%	18.9%	27.3%	17.0%
制度安排不公正，机会不平等	27.3%	14.7%	25.4%	22.8%	25.3%	24.1%	24.3%	18.2%	24.3%
以权谋私，官员腐败	22.7%	23.5%	23.7%	29.0%	24.2%	22.5%	24.7%	21.2%	24.4%
缺乏道德信用	16.7%	29.4%	25.7%	31.3%	18.6%	26.6%	24.5%	21.2%	26.4%
人与人、人与社会之间缺乏信任	40.9%	41.2%	35.4%	36.2%	34.0%	39.0%	32.7%	15.2%	36.2%
传统伦理瓦解，社会缺乏统一的价值观	16.7%	14.7%	9.3%	7.8%	6.7%	7.0%	5.9%	15.2%	8.0%

续表

	官员	企业家	企业员工	农民	科教医群体	农民	做小生意者	演艺界	合计
一切诉诸利益或法律，人际关系缺乏伦理调节的机制和能力	3.0%	2.9%	4.6%	4.1%	5.7%	5.4%	4.1%	9.1%	4.7%
总计	66	34	1274	755	194	1234	493	33	

如表所示，2017 年诸群体在对“可能影响人际关系紧张的因素”的认知上存在显著差异。

综上所述，诸群体在“可能影响人际关系紧张的因素”的认知上存在显著差异。三年间民众选择越来越分散，2013 年和 2016 年，民众选择最多的是“社会财富分配不公，贫富差距过大”，2017 年，民众选择最多的是“人与人、人与社会之间缺乏信任”，在 2017 年，民众对各类原因的选择分布较为均匀。因此，诸群体在此问题上存在差异。

后　记
数字写春秋

纤弱婉约而又婀娜多姿的数字从现身于茫茫宇宙的那一刻，便携带了太多的神奇密码。十个阿拉伯数字仅用了前七个，配上某些标识抑扬顿挫的符号，呆板的信息立马好似被赋予上帝所吹的那口灵气而成为变幻无穷的音乐。人们对数字如此信赖和崇拜，据说寻找外星人最重要的地球符号便是数字。不过，数字的灵性来自人赋予的意义，数字的无穷魅力在于其排列组合所表征的那个或隐或显的大千世界。呈现于眼前的这个偌大的数据库是由图或表组合的数字王国，它的特异之处在于，以伦理道德为主角，演绎着一个可道而又不可道的精神的王国，背后透迤的是40年改革开放激荡在精神世界苍穹所写意的春秋诗篇。这是一个数字呈现的火红时代的精神春秋，当然也包括呈现它的学者及其团队拔节成长的生命春秋。数字写春秋，既是本书的主题，也是创造它的人们的宏愿，只是无论春江水暖，还是秋意阑珊，我们都期待一次灵魂的缠绵。

40年改革开放，留下的不只是被某些固守帝国心态的西方人视为“威胁”的经济奇迹，更留下了一个跌宕起伏的精神世界，只是这个世界难以触摸，不仅因为它因其静水流深，更因为这个世界是由无数星辰构成的浩瀚宇宙，没有博大的视界和具有穿透力的思想难以发现其一泻千里的银河和作为宇宙星标的北斗。“四十而不惑”，改革开放已经到达不惑之境，对它的认知和呈现能否“不惑”，如何“不惑”，这不仅是对我们的学术能力的考验，也是对我们学术抱负的考验。为了迈向“不惑”，十年前，在改革开放的“而立”之年，我们东南大学的伦理学团队便开启“而立”之行，通过大规模全国调查，描绘和演绎这个时代伦理道德发展的精神史。历史机遇让我们在漫游思辨王国的同时打开了数字世界的大门，我们决心以最具确定性的数字写意最不具确定性的精神。这是一个浩大、枯燥而又考量耐力的艰苦工程，不仅每一次调查都是一次伦理关系与道德生活的精神体检，而且只有通过多次调查所获得的大数据的链接，才能触摸精神世界脉动的旋律。马克思说，伦理道德是物质生活条件的反映；黑格尔说，伦理道德是绝对精神的客观形态，家庭、社会和国家都是它的外化。伦理道德到底是物质世界的追随者还是生活世界的创造者？我们决定通过数字倾听和体验这一来自两个世界的天籁之音。伴随改革开放，伦理道德到底是“滑坡”，是“爬坡”，还是“永远在路上”？数字向我们展示了被激扬的社会情绪的不息旋律，也展示了经过反思的理性乐章，更有潜藏于高亢情绪和深沉理性背后的那种“天不变道亦不变”的伦理型文化的本能和基因。它让我们坚定了一种追求和抱负，至少坚定了一种信念：以数字展现这个伟大时代到达不惑之境的伦理道德的精神世界及其成长历史，从而为民族精神发展提供集体记忆力；为学术研究提供客观依据；为党和政府治国理政提供科学信息。

历史是人类在生命成长中踏成的康庄大道。在这条大道上，有人欢马啼的缤纷，有对身后足迹的眷念，更有一往无前通向远方的行进。黑格尔将历史分为三种，记事的历史，反省的历史，精神的历史，其中只有精神的历史才具有哲学意义。黑格尔的历史观当然具有绝对精神的偏见，但三种历史的自觉确实具有启发意义。这皇皇数十卷的数据库对改革开放 40 年的伦理道德发展具有记事意义，藉此可以对中国伦理道德发展进行历史反思，同时由它们所构成的信息链和数据流既呈现了改革开放 40 年，从中也可以透视整个中国伦理道德发展的精神哲学规律，因而具有深刻的精神史意义。在由“记事的历史”向“反省的历史”和“精神的历史”的不断提升中，我们期待着学术发现和学术慧见。这个数据库呈现的不仅是改革开放 40 年伦理道德发展的春秋史，它的建构过程，也是我们这个团队在改革开放中成长的春秋史。三轮全国调查、四轮江苏调查，从 2007 年到 2017 年，十年生命节律不仅呈现了改革开放从“三十而立”到“四十而不惑”的伦理道德的发展史，而且也呈现了东南大学伦理学团队和社会学团队，以及与之相关的其他学术团队，从对中国伦理道德国情包括对调查研究方法从无知到知，从知之不多到走向专业化的成长之路。在学术和学科成长的过程中，如果说 2007 年伦理学团队展开的全国和江苏调查是少年期，2013 年伦理学与社会学团队汇合而进行的大调查是青春期，那么 2017 年的大调查便是成熟期，标志着我们的伦理道德国情研究跟随改革开放同步进入“不惑”之境，其间 2015 年道德发展高端智库和道德发展研究院的成立，是由青春期的躁动走向“不惑”期的成熟的标志。在这个过程中，不仅伦理学与社会学的整合、东南大学与中国人民大学、北京大学等专业调查组织的合作显现学科发展的改革与开放的气派，而且思辨研究和实证研究的深度切合，宣示追求“顶天立地”的“不惑”，并由此迈向“知天命”即履行自己的学术天命的学术征程。

也许有人认为，我们的持续大调查和建立数据库的努力，暗合了当今人文科学的社会科学化及其走向应用的国际趋势。坦率说，每每听到这类评价，我总是保持高度的警惕和紧张。不错，大数据的建立和运用是当今包括人文科学在内的一切科学发展的重要的趋势，国际顶尖的学术机构如哈佛大学的人文科学研究，借助社会科学方法的移植也确实取得了某些突破性进展。但人文科学的“社会科学化”确实必须警惕，两种学科之间的区分，不仅是数据的运用与否，更重要的是理想主义与现实主义两种不同取向，如果失去理想主义，失去意义世界建构的追求，人文科学最终将因“还俗”而失去自身。当今人文科学研究和人的精神世界“祛魅”的现代病，与人文科学被“化”或社会科学对人文科学的僭越存在深刻关联。西方世界运用数学和数据分析的方法进行的学术研究，在经济学等领域占主导地位，有很强的科学性与客观性，但其潜在的问题也已经被发现，经济学领域对人的经济行为的非经济分析已经预示一种新智慧的出现。与之相关的另一种“社会科学化”是所谓“应用研究”。与社会科学相比，人文科学相当程度上指向人的精神世界，其价值是“以无用求大用”。当然，人文科学也应当并且必须服务于国家重大需求，但直接而过度的应用导向同样会使人文科学难以完成自己的学术天命。在这个西方学术掌控话语权与评价权的时代，学术研究的方法和取向很容易以西方学术趋势为趋势，然而事实已经证明，西方学术已经面临难题，甚至正遭遇危机。

2010 年我在伦敦国王学院做访问教授时，曾对大英图书馆和伦敦国王学院图书馆的伦理学藏书做过一次比较全面的检索，试图发现和描绘西方伦理学发展的趋势。结果令我惊讶不已，自 20 世纪 70 年代以来，西方伦理学确实发生走向应用的重大转向，其中 20 世纪 90 年代和 21 世纪初是一个重要拐点，所有藏书中经济伦理、商务伦理、法伦理、伦理心理学等应用类藏书大幅度增加，与之相反，理论研究与历史研究的著作逐年减少，并且越来越少。图书馆折射的不仅是藏书，更是知识生产的状况。这一特点确实是西方趋势，但现实的并不是合理的，它表明，西方学术研究发展已经形成一种断裂带甚至走到悬崖边，宏大高远的理论研究和理论建构，让位于就事论事的问题研究，长此以往，将对文化传承和学术发展以及人的精神世界及其完整性产生深远影响。面对这一“西方趋向”，我们的选择不是跟风，而是保持一份清醒和警惕，以一种学术创新和学术自信宣告：在西方学术的断裂处，我们来了！应该说，这是中国学术发展的一次真正走向世界和赢得话语权的机遇，其中的关键在于，我们是否有足够的卓识和担当。

为此，无论是建立数据库，还是在运用数据库进行研究的过程中，我们都有一份学术清醒，将“热点”和“前沿”分开，将思辨研究和实证研究紧密结合。我们的努力不只是通过数据链和信息流发现和揭示伦理道德发展的事实，更不只是追随“热点”，而是由此寻找和追踪伦理道德发展的前沿，进行前沿性的理论研究和现实研究。我们追求的境界是“顶天立地”，“顶天”即尖端性的理论研究，“立地”即扎实而科学的调查研究，然而理论研究与现实研究、“顶天”与“立地”并不是两个过程，因为前沿和尖端并不存在于理论演绎中，甚至并不只存在于对以往研究的文献综述中，而是存在于现实、存在于生活世界中。这就是数据的意义，也是我们调查研究和建立数据库的意义。通过调查研究和数据分析，作出新发现新解释，甚至发出具有诊断意义的预警，由此进行前沿性的理论研究和理论建构，这是我们进行调查研究和建立数据库的学术追求。这种独特追求的要义就是：在这个不断变化的世界和不断推进的学术发展中，自己谱写自己的学术春秋。

演绎改革开放40年伦理道德发展的精神史的春秋，见证学术团队和学术研究成长史的春秋，自己谱写自己的学术春秋，一言蔽之，这套千万言的数据库和分析报告的要义就是：数字写春秋！

樊　浩

2018年9月10日